Einstieg in SAP® ERP

SAP PRESS

SAP PRESS ist eine gemeinschaftliche Initiative von SAP SE und der Rheinwerk Verlag GmbH. Unser Ziel ist es, Anwendern qualifiziertes SAP-Wissen zur Verfügung zu stellen. SAP PRESS vereint das Know-how der SAP und die verlegerische Kompetenz von Rheinwerk. Die Bücher bieten Ihnen Expertenwissen zu technischen wie auch zu betriebswirtschaftlichen SAP-Themen.

Damit Sie nach weiteren Titeln Ihres Interessengebiets nicht lange suchen müssen, haben wir eine kleine Auswahl zusammengestellt.

Reinhold Plota, Waldemar Fix
SAP – Der technische Einstieg
2018, 489 Seiten, broschiert
ISBN 978-3-8362-6667-3
https://www.sap-press.de/4788

Thorsten Franz, Karl-Heinz Kühnhauser
Einstieg in ABAP
2019, 620 Seiten, broschiert
ISBN 978-3-8362-7107-3
https://www.sap-press.de/4922

Ulf Koglin
SAP S/4HANA
Voraussetzungen – Nutzen – Erfolgsfaktoren
2018, 411 Seiten, geb.
ISBN 978-3-8362-6038-1
https://www.sap-press.de/4553

Jens Kappauf, Matthias Koch, Bernd Lauterbach
Logistik mit SAP
Der umfassende Einstieg
2017, 749 Seiten, geb.
ISBN 978-3-8362-4386-5
https://www.sap-press.de/4261

Christian Drumm, Marlene Knigge,
Bernd Scheuermann, Stefan Weidner

Einstieg in SAP® ERP

Geschäftsprozesse, Komponenten, Zusammenhänge

Erklärt am Beispielunternehmen Global Bike

Rheinwerk
Publishing

Liebe Leserin, lieber Leser,

vielen Dank, dass Sie sich für ein Buch von SAP PRESS entschieden haben.

SAP PRESS spricht ganz unterschiedliche Zielgruppen an – Berater, Entwickler, Administratoren, Entscheider und natürlich Anwender aus verschiedenen Unternehmensbereichen.

Beim vorliegenden Einstieg in SAP ERP haben Christian Drumm, Marlene Knigge, Bernd Scheuermann und Stefan Weidner ausdrücklich eine weitere Zielgruppe im Blick: Studierende und Dozenten. Diese Zielgruppe zeichnet aus, dass sie den Umgang mit SAP ERP in der Regel anhand des Beispielunternehmens Global Bike erlernt.

Da es bisher an einer Einführung in SAP ERP fehlte, die Lesern die grundlegenden Begriffe, Prozesse und Funktionen anhand genau dieses Beispielunternehmens erklärt, haben unsere Autoren diese ganz besondere Einführung verfasst. Auch als Leser, die Global Bike noch nicht kennen, erhalten Sie mit diesem Buch einen fundierten Einstieg in SAP ERP. Mit Zugang zum Beispielunternehmen können Sie Ihr Wissen zudem in zahlreichen Übungen praktisch direkt erproben. So sind Sie nicht nur auf die nächste Klausur vorbereitet, sondern auch auf Ihren beruflichen Einstieg in SAP ERP.

Wir freuen uns stets über Lob, aber auch über kritische Anmerkungen, die uns helfen, unsere Bücher zu verbessern. Scheuen Sie sich nicht, sich bei mir zu melden. Ihr Feedback ist jederzeit willkommen.

Ihre Daniela Kämmerer
Lektorat SAP PRESS

daniela.kaemmerer@rheinwerk-verlag.de
www.rheinwerk-verlag.de
Rheinwerk Verlag · Rheinwerkallee 4 · 53227 Bonn

Auf einen Blick

Wir hoffen, dass Sie Freude an diesem Buch haben und sich Ihre Erwartungen erfüllen. Ihre Anregungen und Kommentare sind uns jederzeit willkommen. Bitte bewerten Sie doch das Buch auf unserer Website unter **www.rheinwerk-verlag.de/feedback**.

An diesem Buch haben viele mitgewirkt, insbesondere:

Lektorat Daniela Kämmerer
Korrektorat Annette Lennartz, Bonn
Herstellung Nadine Preyl
Typografie und Layout Vera Brauner
Einbandgestaltung Nadine Kohl
Coverbilder iStock:669040928 © jacoblund; 672429896 © FredFroese; 912953132 © golero; Shutterstock:363634991 © cybrain
Satz Typographie & Computer, Krefeld
Druck Beltz Grafische Betriebe, Bad Langensalza

Dieses Buch wurde gesetzt aus der TheAntiquaB (9,35/13,7 pt) in FrameMaker. Gedruckt wurde es auf chlorfrei gebleichtem Offsetpapier (90 g/m²). Hergestellt in Deutschland.

Bibliografische Information der Deutschen Nationalbibliothek:
Die Deutsche Nationalbibliothek verzeichnet diese Publikation in der Deutschen Nationalbibliografie; detaillierte bibliografische Daten sind im Internet über *http://dnb.d-nb.de* abrufbar.

ISBN 978-3-8362-6298-9

1. Auflage 2019

Informationen zu unserem Verlag und Kontaktmöglichkeiten finden Sie auf unserer Verlagswebsite **www.rheinwerk-verlag.de**. Dort können Sie sich auch umfassend über unser aktuelles Programm informieren und unsere Bücher und E-Books bestellen.

Inhalt

Einleitung

Sie suchen ein praxisorientiertes Lehrbuch, das Sie verständlich in die zentralen Funktionalitäten von SAP ERP einführt? Dieses Buch begleitet Sie auf einer Entdeckungsreise durch die wichtigsten Geschäftsprozesse des internationalen Fahrradherstellers *Global Bike*, dem weltweit meistverwendeten Beispielunternehmen für den akademischen und schulischen SAP-Unterricht. Erfahren Sie, wie Sie dieses Buch nutzen können.

Zielgruppe Studierende

Als Student oder Studentin an einer Fachhochschule, Dualen Hochschule oder Universität erhalten Sie ein Buch, das die Lerninhalte aus Ihrer Vorlesung und den begleitenden Übungen am Rechner plastisch greifbar und praxisnah vertieft und Sie zielgerichtet auf die bevorstehende Prüfung vorbereitet. Mit diesem Buch erleben Sie, wie der Einsatz von Enterprise Resource Planning (*ERP*) die Aufgaben und Geschäftsprozesse eines Unternehmens unterstützen kann. Anhand des marktführenden Produkts SAP ERP begreifen Sie, wie ein ERP-System die Daten und Abläufe eines Unternehmens integriert, die Mitarbeiter entlastet und deren Zusammenarbeit erleichtert. Dabei bewegen Sie sich durchgängig durch das Beispielunternehmen Global Bike, das auch Ihr Dozent oder Ihre Dozentin einsetzt. Folglich arbeiten Sie sowohl im Unterricht als auch im Buch im gleichen Umfeld, also z. B. mit den gleichen Waren, Standorten, Arbeitsplätzen, Stücklisten, Lagerstrukturen und Konten, die im ERP-System abgebildet sind. Typischerweise steht Ihnen das ERP-System Ihrer Hochschule während des Semesters auch außerhalb des Unterrichts zum ständigen Üben zur Verfügung. So können Sie die zahlreichen Beispiele und Übungen im Buch direkt mit Ihrem eigenen Benutzerkonto auf dem bereitgestellten Schulungssystem nachvollziehen und umsetzen. Das Buch greift auch die Fallstudien auf, die Sie im Unterricht nutzen, und erklärt Ihnen die betriebswirtschaftlichen und informationstechnischen Hintergründe. Darüber hinaus bietet Ihnen das Buch weiterführende Praxisfälle, die Sie auf dem SAP-System ausführen, wodurch Sie fortschreitend selbstständiger arbeiten und sich eigenverantwortlich im SAP-System orientieren können.

Zielgruppe Dozierende

Als Dozent oder Dozentin möchten Sie die Inhalte Ihres Unterrichts stets ansprechend, praxisnah und zugleich theoretisch fundiert gestalten. Mit diesem Buch erhalten Sie das passende Begleitwerk für Ihre Vorlesung und Ihre Übungen im Umfeld von Enterprise Resource Planning. Wenn Sie Ihren Unterricht auf Basis von SAP ERP aufbauen, verwenden Sie typischerweise ein SAP-System, das durch ein University Competence Center (*UCC*) bereitgestellt wird, und setzen das Beispielunternehmen Global Bike für praktische Übungen am Rechner ein. Entsprechend verwendet auch dieses Buch das Beispielunternehmen Global Bike als durchgängiges Praxisbeispiel. Die Übertragbarkeit der Inhalte auf Ihren Unterricht wird somit maßgeblich beschleunigt. Darüber hinaus erhalten Sie im Downloadbereich zum Buch unter *http://www.sap-press.de/4640* (**Materialien zum Buch**) bereits vorbereitetes umfangreiches Präsentations- und Übungsmaterial, das Sie in Ihren Unterricht einbringen können. Setzen Sie dieses Buch auch ein, um mit Ihren Studierenden die bekannten Fallstudien Ihres UCCs zu vertiefen. Steigern Sie die Begeisterung, die Eigeninitiative und den Lernerfolg Ihrer Studierenden, indem Sie das Basiswissen aus den Fallstudien mit fortgeschrittenen Praxisfällen erweitern.

Zielgruppe berufliche Einsteiger

Für Ihre berufliche Tätigkeit erhalten Sie ein Buch, das Ihnen einen kompakten und verständlichen Einstieg in SAP ERP ermöglicht. Dieses Buch bietet Ihnen eine Einführung in die zentralen Funktionalitäten des SAP-Systems, die im industriellen Umfeld meist verwendet werden. Auf Basis der Beschreibungen im Buch explorieren Sie, wie sich die Strukturen und Abläufe des Beispielunternehmens Global Bike in Form von Organisations-, Stamm- und Bewegungsdaten im SAP-System darstellen lassen. Sie lernen eine Auswahl von industrierelevanten logistischen und finanzwirtschaftlichen Geschäftsprozessen kennen. Sie können Übungsaufgaben im Buch bearbeiten und Ihren Lernerfolg anhand der mitgelieferten Lösungen überprüfen. Somit sind Sie bald fit für die erfolgreiche Arbeit mit SAP.

Zugang zur Lernumgebung

University Alliances Program

Das vom deutschen Softwarekonzern SAP gegründete *University Alliances Program* stellt Bildungseinrichtungen seit 1988 seine Software kostenfrei zum Zweck der Ausbildung, Lehre und Forschung bereit. Die ersten nutzenden Einrichtungen – meist praktisch lehrende Fachhochschulen – waren zunächst selbst für die Finanzierung und Beschaffung notwendiger Rechentechnik, die Installation und Wartung der Software sowie die Ausbildung geeigneten Personals verantwortlich.

SAP-Hochschulkompetenzzentren

Nach der Markteinführung der SAP-Standardsoftware SAP R/3 wurden Mitte der 1990er Jahre die Quantität und Qualität der SAP-Nutzung an deutschen Bildungseinrichtungen analysiert. Gemeinsam mit Vertretern der Hochschulen entschied die SAP AG, den Betrieb und den Support der SAP-Lösungen in Zukunft in die Verantwortung von sogenannten *Hochschulkompetenzzentren* zu geben. Ab dem Ende der 1990er Jahre eröffnete das SAP University Alliances Program an Hochschulen weltweit Standorte solcher SAP-Hochschulkompetenzzentren (SAP HCC). Diese richteten in Kooperation mit Hardwareherstellern große Rechenzentren ein, bildeten Mitarbeiter in der Administration und Nutzung von SAP-Software aus und erarbeiteten erste Lehrmaterialien für den Unterricht.

SAP University Competence Center

Für den deutschsprachigen Raum sind heute die beiden *SAP University Competence Center* (SAP UCC) an der Otto-von-Guericke-Universität Magdeburg und der Technischen Universität München verantwortlich. Gemeinsam stellen sie SAP-Lösungen für mehr als 900 berufliche Schulen und Hochschulen bereit und unterstützen jährlich ca. 6.000 Dozenten beim Einsatz von SAP in Ausbildung und Lehre.

Lehr- und Lernumgebungen

Gegen eine jährliche Gebühr erhalten angeschlossene Bildungseinrichtungen Zugriff auf *Lehr- und Lernumgebungen*. Diese bestehen jeweils aus drei Bestandteilen: einer SAP-Systemlandschaft, einem Beispielunternehmen sowie Lehr- und Lernmaterialien. Diese Materialien umfassen für die praktische Bearbeitung im Einzel- oder Gruppenunterricht neben Foliensätze mit theoretischen Hintergründen auch einfache, geführte Übungen mit Lösungen, komplexere Fallstudien und freie Übungen (»Herausforderungen«). Darüber hinaus werden Hinweise und Hilfestellungen für Dozenten bereitgestellt.

SAP ERP

In den letzten 20 Jahren hat sich SAP ERP zur mit Abstand am häufigsten eingesetzten SAP-Lösung in der akademischen Lehre entwickelt. An Fakultäten nahezu aller Wissenschaftsdisziplinen lernen Studierende integrierte Geschäftsprozesse am Beispiel dieser Standardsoftware kennen. Die Standardlernumgebung besteht dabei aus einem SAP-ERP-System, in dem das Beispielunternehmen Global Bike eingerichtet wurde. Die Curricula (Gesamtheit aller Lehrmaterialien zu einer Lernumgebung) ermöglichen bis zu 1.000 Studierenden gleichzeitig die individuelle Arbeit am SAP-System.

UCC-Übungen, UCC-Fallstudien

Diese von UCC-Mitarbeitern und Professoren der SAP University Alliances Community erarbeiteten Lernmaterialien werden in diesem Buch als *UCC-Übungen* und *UCC-Fallstudien* bezeichnet. Sie decken bereits eine Vielzahl betrieblicher Geschäftsprozesse und SAP-Komponenten ab und dienen Ihnen als Einstieg und Grundlage für das in diesem Buch vermittelte Wissen.

SAP University Alliances Mitgliedschaft

Für die Durchführung der UCC-Fallstudien und der praktischen Übungen in diesem Buch benötigen Sie Zugang zu einer Global-Bike-Lernumgebung. Voraussetzung für deren Bereitstellung durch die beiden SAP UCC in Magdeburg und München ist die Mitgliedschaft im SAP University Alliances Program. Falls Ihre Institution noch kein Mitglied ist oder Sie keine Kenntnis darüber haben, wenden Sie sich über folgende E-Mail-Adresse an das SAP-University-Alliances-Team in Walldorf (*uasupport@sap.com*).

Zugang zur Lernumgebung

Neben der SAP-UA-Mitgliedschaft schließt die Institution mit einem SAP UCC Verträge zur Bereitstellung aller benötigten SAP-Lösungen ab. Die SAP-Systeme werden in den zertifizierten Rechenzentren an den UCC-Standorten Magdeburg und München betrieben. Für einen störungsfreien Zugriff aus dem Büro oder dem Klassenraum an der Hochschule sowie von zu Hause aus ist eine stabile Internetverbindung erforderlich. Die Verbindung zu SAP ERP kann dabei über die lokal zu installierende Clientsoftware, die sogenannte *SAP GUI*, oder über einen Webbrowser hergestellt werden (siehe Abschnitt 1.5, »Navigation in SAP ERP«). Alle benötigten Informationen zum Verbindungsaufbau erhalten Sie vom zentralen Ansprechpartner Ihrer Bildungseinrichtung.

Konzept der Praxisfälle

Ihnen wird im weiteren Verlauf des Buches eine Reihe von Praxisfällen begegnen. Insofern soll hier das Konzept und die Intention allgemein dargestellt werden. Jeder Praxisfall basiert auf einem einleitenden Szenario, das gewisse Umstände und Geschehnisse im Beispielunternehmen Global Bike beschreibt. Als virtueller Mitarbeiter von Global Bike sollen Sie sodann die erforderlichen Schritte zur Bearbeitung des Praxisfalls durchführen.

Praxisfälle unterstützen Sie nach der Bearbeitung und Rekapitulation der einführenden UCC-Fallstudien, Ihre Kompetenzen in der Anwendung von SAP ERP auszubauen. Versuchen Sie, die erforderlichen Schritte in hohem Maße eigenständig, also mit möglichst wenig Hilfestellung, herauszufinden und umzusetzen. Sie werden umso intensiver und nachhaltiger lernen, je mehr Sie selbst nach den notwendigen Transaktionen und Befehlen suchen, diese probieren und falls erforderlich wieder korrigieren oder revidieren.

Praktische Einführung in SAP ERP

Wenn Sie die Praxisfälle eingehend studieren, werden Sie:

- die zuvor vermittelten theoretischen Grundlagen vertiefen
- die vielfältigen Abweichungen von Standardprozessen selbst erleben (hierzu gehören z. B. Prozessvariationen, Folgeprozesse, Änderungsmaßnahmen oder auch Fehlerbehandlungen)
- möglichst selbstständig das SAP-Easy-Access-Menü, die Pulldown-Menüs, die Buttons und sonstigen Bildschirmelemente kennenlernen und explorieren
- die Systematik von SAP ERP verstehen:
  - die Benennung von Transaktionen, Prozessschritten und Business-Objekten

  - die typische Dreiteilung bei der Verarbeitung von Business-Objekten: anlegen, ändern und anzeigen
  - die auditfähigen Korrekturmaßnahmen: Änderungen, Löschungen und Storni
- das Potenzial von Prozessintegration und das Prinzip der industriellen Arbeitsteilung aus der Perspektive unterschiedlicher Mitarbeiterrollen erkennen

Stufen der Praxisfälle

Die Praxisfälle in diesem Buch werden Ihnen durchgängig in drei verschiedenen Stufen angeboten (siehe Abbildung 1):

- **Praxisfall ohne Hilfestellung:**
  Ein Praxisfall skizziert eine grobe Prozessbeschreibung, strukturiert in eine Folge von Blöcken. Die Prozessbeschreibung zu den Blöcken beschränkt sich auf die Angaben, die notwendig sind, um das im Szenario geschilderte Problem zu lösen. Je Block erhalten Sie nur eine Umschreibung dessen, was zu tun ist. Jeder Block aggregiert jeweils einen oder mehrere Schritte, die durchgeführt werden müssen, wobei Sie angehalten sind, diese Schritte selbst herauszufinden. Häufig handelt es sich bei einem Block zentral um ein Business-Objekt, das Sie anlegen oder ändern müssen. Sie erhalten nur Hinweise auf die wichtigsten Eingaben, damit Sie zum Ziel gelangen. Weitere benötigte Eingaben sollen Sie sich selbst erschließen, recherchieren oder frei bestimmen. Die Hinweise auf Eingaben beschränken sich zudem auf namentliche Bezeichnungen oder Beschreibungen von Stammdaten, Bewegungsdaten und Belegen. Die zugehörigen Schlüssel und Nummern sollen Sie z. B. durch Verwendung der [F4]-Hilfe (Hilfefunktion in SAP ERP durch Drücken der Taste [F4]) selbst ermitteln. Beobachten Sie dabei fortwährend die Auswirkungen Ihrer Aktivitäten, z. B. indem Sie autark die Entwicklung von Beständen verfolgen, Belege lesen und die automatisierten Buchungen im Finanzwesen und Controlling analysieren.
- **Praxisfall mit Hilfestellung:**
  Auf dieser Stufe des Praxisfalls werden die Prozessblöcke auf die zugehörigen Schritte disaggregiert. Dabei ist jeder Schritt mit der Ausführung einer SAP-Transaktion assoziiert. Sie erhalten detaillierte Hinweise, um das im Szenario beschriebene Problem leichter lösen zu können. Hierzu gehören die Transaktionsnummer, die Transaktionsbezeichnung, der zugehörige Pfad im SAP-Easy-Access-Menü sowie eine Auflistung aller erforderlichen Tastatureingaben und der wichtigsten Aktionen auf Bildschirmelementen. Nach wie vor beschränken sich die Hinweise auf namentliche Bezeichnungen oder Beschreibungen von Stammdaten, Be-

wegungsdaten und Belegen. Auch hier sollen Sie die zugehörigen Schlüssel und Nummern selbst ermitteln. Ebenso sollen Sie wieder die Auswirkungen Ihrer Aktivitäten beobachten. Jedoch werden Ihnen, im Gegensatz zum Praxisfall ohne Hilfestellung, die hierzu erforderlichen Transaktionen als Schritte dargeboten. Zudem erhalten Sie bei relevanten Transaktionen Hinweise zur Behebung falscher oder zur Ergänzung fehlender Eingaben.

- **Praxisfall mit anleitender Fallstudie:**
  Angelehnt an die Struktur und Schreibweise der UCC-Fallstudien, werden auf dieser Stufe die Schritte zur Lösung des im Szenario dargestellten Problems sehr detailliert dargestellt. Die Schritte aus der Praxisfallstudie mit Hilfestellung sind dabei eindeutig auf die Schritte der Fallstudie abgebildet. Die Fallstudie begleitet Sie ausführlich durch alle Maus- und Tastatureingaben, ergänzt durch zahlreiche illustrierende Screenshots. Ebenso unterstützt Sie die Fallstudie durch direkte Angabe aller Schlüssel und Belegnummern (oder zeigt, wie Sie diese wieder auffinden können).

[!]

Fallstudien

Die genannten Fallstudien finden Sie im Downloadbereich zum Buch unter *http://www.sap-press.de/4640* (**Materialien zum Buch**). Im vorliegenden Buch erhalten Sie jeweils eine Referenz auf die entsprechenden elektronischen Dokumente.

Qualifikationsniveaus

Bestimmen Sie also selbst, auf welcher Stufe Sie an den Praxisfall herangehen. Die jeweiligen Stufen unterstützen dabei unterschiedliche Qualifikationsniveaus, wie in Abbildung 1 gezeigt:

- **Experte:**
  Als Experte erforschen Sie das SAP-Easy-Access-Menü eigenständig und suchen nach Transaktionen, die zur Prozessbeschreibung im jeweiligen Block des Praxisfalls passen. Bei Bedarf recherchieren Sie in unterschiedlichen Quellen, z. B. auf den Hilfeseiten von SAP SE (*http://help.sap.com*), oder Sie nutzen die F1-Hilfe (Hilfestellung in SAP ERP durch Drücken der Taste [F1]), um Erläuterungen und Definitionen zu unbekannten Feldern zu Meldungen zu erhalten. Falls erforderlich, korrigieren Sie falsche Eingaben über Änderungstransaktionen. Die Auswirkungen falscher Buchungen machen Sie rückgängig, indem Sie im SAP-Easy-Access-Menü nach den zugehörigen Stornotransaktionen suchen und diese ausführen.

- **Fortgeschrittener:**
  Als Fortgeschrittener trauen Sie sich bereits zu, das SAP-System zeitweise eigenständig zu bedienen. Insbesondere kennen Sie schon die Struktur und Bedeutung von Bildschirmelementen und können besonders Routineaufgaben (z. B. [F4]-Suche, Bestand kontrollieren, Belege lesen) allein erledigen. Sie nutzen die im Praxisfall angegebenen Transaktionen und Eingabehinweise, um schnell und sicher das Ziel zu erreichen.
- **Anfänger**:
  Als Anfänger wünschen Sie sich eine detaillierte Darstellung aller Interaktionen mit dem SAP-ERP-System. Sie wollen sicher sein, dass Sie alle Aktionen korrekt und vollständig erledigt haben, indem Sie Ihren Bildschirm mit den Screenshots in der Fallstudie vergleichen. Ebenso wollen Sie keine interessanten Aspekte verpassen, indem Sie gezielt auf die Effekte Ihres Handelns hingewiesen werden. Vielleicht haben Sie gerade nur wenig Zeit und wollen mithilfe der Fallstudie noch schneller ans Ziel kommen.

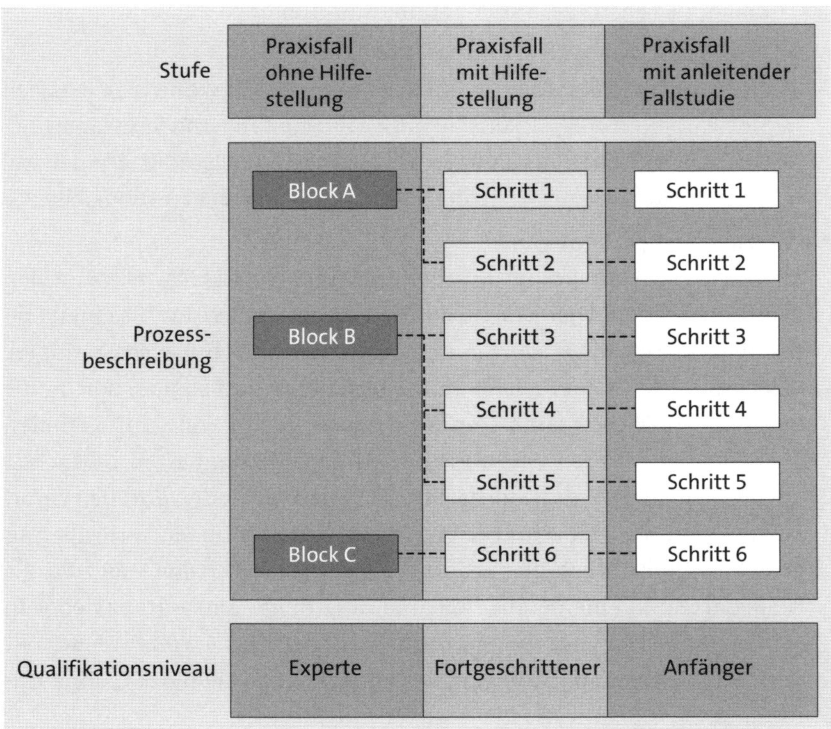

Abbildung 1 Vereinfachte Darstellung eines Praxisfalls mit Stufen, Prozessbeschreibungen und unterstützten Lernstilen

Umgang mit den Praxisfällen

Sie können individuell für jeden Praxisfall Ihre gewünschte Einstiegsstufe wählen. Im Gebrauch ergeben sich für Sie alternative Lernpfade, wie in Abbildung 2 dargestellt:

- **Sequenzielle Lernpfade:**
  Sie bearbeiten alle Prozessblöcke bzw. Schritte innerhalb einer Stufe in der vorgesehenen Reihenfolge. Dabei ergeben sich die folgenden Verwendungsmöglichkeiten:
  - **Wahl des Qualifikationsniveaus:**
    Sie starten bei den ersten Praxisfällen zunächst als Anfänger mit anleitenden Fallstudien. Bei späteren Praxisfällen arbeiten Sie bereits ohne Fallstudie, zunächst als Fortgeschrittener mit Hilfestellung und schließlich als Experte ohne Hilfestellung.
  - **Wiederholungen:**
    Sie können die Praxisfälle z. B. zur Prüfungsvorbereitung mehrfach wiederholen. Das heißt, Sie führen den gleichen Praxisfall zunächst mit einer angeleiteten Fallstudie durch und anschließend noch einmal ohne Fallstudie, mit oder ohne Hilfestellung.
  - **Verifikation:**
    Sie nutzen die detaillierten Praxisfälle zur Erfolgskontrolle. Beispiel: Sie bearbeiten einen Praxisfall ohne Hilfestellung und lesen anschließend die Hilfestellungen oder die zugehörige Fallstudie, um den beschriebenen Lösungsweg mit Ihrem eigenen Ansatz zu vergleichen.
- **Alternierende Lernpfade:**
  Sie wechseln während der Bearbeitung eines Praxisfalls zwischen den drei Stufen hin und her. Wie in Abbildung 2 gezeigt, starten Sie einen Praxisfall mit Block A. Merken Sie, dass Sie zusätzliche Hinweise benötigen, wechseln Sie in den Praxisfall mit Hilfestellung und steigen dort in die zugehörigen Schritte 1 und 2 ein. Bei der Bearbeitung von Schritt 2 finden Sie nicht den erforderlichen Button, den Sie klicken müssten, und schlagen deshalb in der Fallstudie bei Schritt 2 nach. Sie finden dort den geforderten Button als Icon und nochmals im Screenshot. Sie verbleiben in Schritt 3 in der Fallstudie. Schritt 4 sieht für Sie vertraut aus, und Sie brauchen nun keine detaillierte Anleitung mehr. Sie kehren wieder in den Praxisfall mit Hilfestellung zurück. Nach Schritt 5 wollen Sie wieder verstärkt eigenständig arbeiten, deshalb erledigen Sie Block C ohne Hilfestellung.

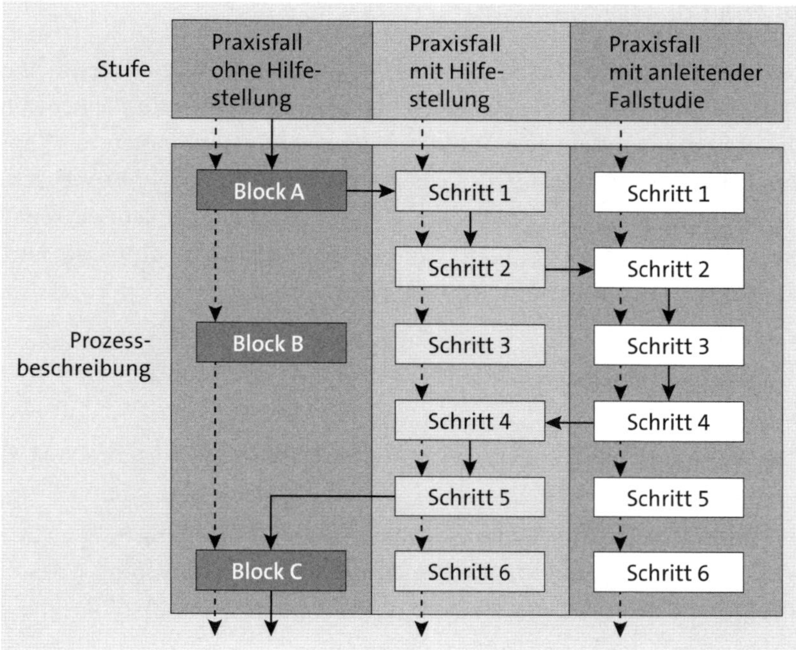

Abbildung 2 Exemplarische Lernpfade durch einen Praxisfall: sequenziell (gestrichelte Pfeile), alternierend (durchgezogene Pfeile)

Insbesondere die Idee der alternierenden Lernpfade bietet Ihnen die Möglichkeit, bereits frühzeitig ohne Hilfestellung zu arbeiten. Da Ihnen die Praxisfälle auch mit Hilfestellung oder mit Fallstudie bereitstehen, haben Sie stets eine Art Sicherheitsnetz. Der Weg mag zwar mühsamer und langsamer sein, jedoch wird die Lernerfahrung wesentlich intensiver und nachhaltiger. Sie werden dadurch alternative Lösungsstrategien testen, die informationstechnischen und betriebswirtschaftlichen Zusammenhänge innerhalb eines ERP-Systems besser verstehen und mit Systemmeldungen leichter umgehen können. Sie profitieren davon, nicht nur für die Prüfungsvorbereitung, sondern auch in der beruflichen Praxis.

Begleitmaterialien

Wie bereits erwähnt, gehören zu den Begleitmaterialien dieses Buches neben den UCC-Übungen und UCC-Fallstudien auch von den Autoren neu erstellte Foliensätze und Praxisfälle. Alle im Buch referenzierten Begleitmaterialien können in elektronischer Form im Downloadbereich zum Buch unter *http://www.sap-press.de/4640*, **Materialien zum Buch**, heruntergeladen werden.

Aufbau des Buches

Kapitel in diesem Buch

Nach der Einleitung beginnt dieses Buch mit einem Grundlagenkapitel. Dieses fasst alle wichtigen Aspekte zusammen, die Ihnen für die Arbeit mit den weiteren Kapiteln bekannt sein sollten. Es wird empfohlen, das Kapitel zunächst aufmerksam durchzuarbeiten. An das Grundlagenkapitel schließen sich die folgenden Kapitel an, die jeweils einen betriebswirtschaftlichen Themenkomplex abbilden und gleichzeitig in SAP durch die einzelnen Komponenten repräsentiert werden:

- **Kapitel 2**:
  »Vertrieb« (SAP-Komponente Sales and Distribution, SD)
- **Kapitel 3**:
  »Materialwirtschaft« (SAP-Komponente Materials Management, MM)
- **Kapitel 4**:
  »Rechnungswesen« (Finanzbuchhaltung und Controlling – SAP-Komponenten Financial Accounting, FI, und Controlling, CO)
- **Kapitel 5**:
  »Produktionsplanung und -steuerung« (SAP-Komponente Production Planning and Control, PP)
- **Kapitel 6**:
  »Lagerverwaltung« (SAP-Komponente Warehouse Management, WM)

Auswahl der SAP-Komponenten

Für den Einstieg in SAP ERP wurden die Komponenten Vertrieb (SD) und Materialwirtschaft (MM) gewählt, da Ihnen große Teile der zugrunde liegenden Geschäftsprozesse aus dem eigenen Lebensumfeld bekannt – und daher leicht zugänglich – sein dürften. Es folgt Kapitel 4 zum Rechnungswesen (FI/CO), das eng mit den anderen Funktionen verknüpft ist. Da Vertrieb und Materialwirtschaft bereits zuvor bearbeitet wurden, können Sie als Leser hier die Verknüpfungen der Prozesse mit dem Rechnungswesen wiedererkennen und genauer betrachten. Es schließt sich das für alle produzierenden Unternehmen zentrale Thema der Produktion (PP) in Kapitel 5 an, gefolgt von dem für produzierende und handelnde Unternehmen wichtigen Aspekt der Lagerverwaltung (WM) in Kapitel 6. Somit deckt dieses Buch die Kernprozesse vieler Unternehmen ab und betont in jedem Kapitel die Integration zu den anderen Funktionen. Dabei ist es aber auch möglich, von der vorgegebenen Struktur abzuweichen oder einzelne Kapitel auszusparen. Auch wenn es an der einen oder anderen Stelle Verweise auf die anderen Kapitel gibt, ist es möglich, die Inhalte, Übungen, Fallstudien und Praxisfälle unabhängig voneinander zu bearbeiten.

Grundlagenkapitel

Im Grundlagenkapitel 1 sind die Aspekte zum Unternehmensaufbau und typischen Unternehmensabläufen zusammengefasst, die zum Verständnis der Funktionsweise eines ERP-Systems notwendig sind. Es folgt eine produktunabhängige Einführung in ERP-Systeme. Darauf aufbauend wird das ERP-System von SAP eingeführt, das als Grundlage für dieses Buch einschließlich der bereitgestellten Übungen und Praxisfälle dient. Dabei wird sowohl ein kurzer Überblick über die Architektur des SAP-Systems als auch über die Datenarten Organisations-, Stamm- und Bewegungsdaten gegeben. Es folgt eine Einführung in die grundlegende Navigation im SAP-ERP-System, die für Sie insbesondere dann wichtig ist, wenn Sie zuvor noch nicht mit dem System gearbeitet haben.

Kapitel zu SAP-Komponenten

Die Kapitel für die einzelnen Funktionen bzw. SAP-Module folgen einer einheitlichen Struktur. Sie beginnen jeweils mit einer Vorstellung der betrieblichen Aufgabe und Akteure. Danach werden die für den jeweiligen Themenkomplex relevanten Organisations-, Stamm- und Bewegungsdaten im Detail vorgestellt. Anschließend erfolgt eine Beschreibung wichtiger Teilprozesse, beispielsweise der einzelnen Prozessschritte im Kundenauftragsprozess in Kapitel 2, »Vertrieb«. Zu jedem Kapitel gibt es von den SAP UCCs zur Verfügung gestellte passende Übungen, auf die, wo sinnvoll, referenziert wird. Die SAP-UCC-Fallstudien werden nach der Vorstellung der Teilprozesse in diesem Buch weitergehend analysiert und rekapituliert. Jedes Kapitel schließt mit ein oder mehreren Praxisfällen, die die erworbenen Kenntnisse mit praktischen Übungen am System weiter vertiefen sollen.

Symbole in diesem Buch

In hervorgehobenen Informationskästen sind in diesem Buch Inhalte zu finden, die wissenswert und hilfreich sind. Damit Sie die Informationen sofort einordnen können, sind die Stellen mit Symbolen gekennzeichnet:

- Dieses Symbol weist Sie auf *Besonderheiten* hin, die Sie beachten sollten. Es warnt Sie außerdem vor Problemen, die auftreten können. [!]
- In Kästen, die mit diesem Symbol gekennzeichnet sind, finden Sie Informationen zu *weiterführenden Themen* oder wichtigen Inhalten, die Sie sich merken sollten. [«]
- Überall, wo Sie dieses Symbol sehen, steht Ihnen zu einem Thema begleitendes Material zum *Download* zur Verfügung.
- Dieses Symbol kennzeichnet schließlich Stellen, an denen Sie selbst aktiv werden können. Die *Übungen* helfen Ihnen, das theoretisch Gelernte in der Praxis zu vertiefen. [/]
- Mit diesem Symbol sind die *Lösungen* zu den Übungsaufgaben markiert.

Kapitel 1
Grundlagen

Lernen Sie ERP-Systeme allgemein sowie die Lösung SAP ERP im Speziellen kennen. Zudem führt Sie dieses Kapitel in eine Reihe von betriebswirtschaftlichen Grundlagen und betrieblichen Abläufen ein, die Sie im weiteren Verlauf dieses Buches benötigen werden.

Um zu verstehen, warum ERP-Systeme in ihrem Aufbau sinnvoll und verbreitet sind, ist ein grundlegendes Verständnis des Aufbaus von Unternehmen sowie betrieblicher Prozessabläufe wichtig. Daher beschreibt dieses Kapitel wesentliche Konzepte von ERP-Systemen zunächst allgemein und erläutert sie anschließend beispielhaft an der Softwarelösung SAP ERP. Eine besondere Rolle spielen dabei die Datenarten Organisationsdaten, Stammdaten und Bewegungsdaten. Am Ende des Kapitels erfolgt eine Einführung in die Navigation in SAP-ERP-Systemen.

1.1 Unternehmensaufbau und -abläufe

Global-Bike-Konzern

Im Rahmen dieses Buches wird als Beispielkonzern das fiktive Unternehmen *Global Bike* verwendet, das seit 2008 von Simha Magal, Jeff Word und Stefan Weidner im Rahmen des University Alliances Programs (UA-Programm) von SAP SE entwickelt wird. Unter der Leitung des SAP University Competence Centers (UCC) an der Otto-von-Guericke-Universität Magdeburg wird es stetig weiterentwickelt.

Global Bike – Unternehmensgeschichte

Weitere Hintergrundinformationen zum fiktiven Global-Bike-Konzern finden Sie im Abschnitt »Unternehmensgeschichte« in der UCC-Fallstudie »Global Bike Story« im Downloadbereich dieses Buches unter *http://www.sap-press.de/4640*, **Materialien zum Buch**.

Das Beispielunternehmen dient der Darstellung von Unternehmensstrukturen (der *Aufbauorganisation*) eines realistischen globalen Konzerns. Den Strukturen sind abteilungsinterne betriebliche Aufgaben zugeordnet. Diese

Aufgaben ergeben in einer für den Geschäftszweck sinnvollen Reihenfolge abteilungsübergreifende *Geschäftsprozesse* (die *Ablauforganisation*).

1.1.1 Grundlagen der Unternehmensmodellierung

Informationsmodelle

Aufgrund der komplexen Natur betrieblicher Organisationen und Abläufe verwendet man abstrakte *Informationsmodelle* zur Darstellung von Geschäftsprozessen. Solche Informationsmodelle bilden alle informationsbezogenen Aspekte des betrieblichen Geschehens ab.

Unternehmensmodell

Die Gesamtheit aller Modelle zur Visualisierung der Aufbau- und Ablauforganisation eines Unternehmens werden unter dem Begriff *Unternehmensmodell* zusammengefasst. Solche Modelle folgen in der Regel etablierten *Enterprise Architecture Frameworks* (EAF). Diese Ordnungsrahmen haben in der Vergangenheit Standards und diverse Modellierungswerkzeuge hervorgebracht.

Für die Visualisierung der Aufbau- und Ablauforganisation im Global-Bike-Konzern wird in diesem Buch die *ARIS-Notation* verwendet. Die Architektur integrierter Informationssysteme (ARIS) beschreibt betriebliche Systeme in fünf Sichten: Organisation, Daten, Funktionen, Prozesse und Leistungen.

[»]

ARIS-Notation

Detaillierte Informationen zur ARIS-Notation finden Sie im Buch »Architektur integrierter Informationssysteme« von A.-W. Scheer (Springer 1992).

Generell bezeichnet der Begriff *Prozess* eine inhaltlich abgeschlossene, zeitliche und sachlogische Abfolge von Aktivitäten, die zur Bearbeitung eines Objekts notwendig ist. Ein Prozess wird durch ein oder mehrere *Startereignisse* ausgelöst. Die Erreichung bzw. Teil- oder Nichterreichung seines Ziels wird durch ein oder mehrere mögliche *Endereignisse* definiert. Bei Bedarf können die Ergebnisse einzelner Aktivitäten durch *Zwischenereignisse* dargestellt werden.

Im Kontext betriebswirtschaftlicher Abläufe ist der *Geschäftsprozess* eine sachlogische Folge von Aktivitäten zur Bearbeitung eines relevanten Objekts, wie z. B. eines Kunden oder einer Kundenanfrage.

Prozessmodell

Realweltliche Abläufe können zum Zweck der Organisationsgestaltung in *Prozessmodellen* abgebildet werden. Prozessdiagramme dienen der abstrakten Repräsentation der Ablauforganisation.

Geschäftsprozessmodell

Als eine Modellunterart stellen *Geschäftsprozessmodelle* die Integration der Sichten Organisation, Funktionen und Daten dar. Sie dienen in der Praxis als Wissensträger und Kommunikationsmedium. Konstruiert werden sie mit Modellierungstechniken und unter Einhaltung der *Grundsätze ordnungsmäßiger Modellierung* (GoM).

Ereignisgesteuerte Prozesskette

Im weiteren Verlauf dieses und der folgenden Kapitel werden Elemente der ARIS-Modellierungssprache EPK (ereignisgesteuerte Prozesskette) verwendet, um betriebliche Abläufe zu verdeutlichen. Abbildung 1.1 zeigt die grundlegenden Modellierungselemente *Ereignis* (dargestellt durch ein Sechseck), *Funktion* (repräsentiert durch ein abgerundetes Rechteck) und *Kontrollfluss* (abgebildet durch einen gestrichelten, gerichteten Pfeil).

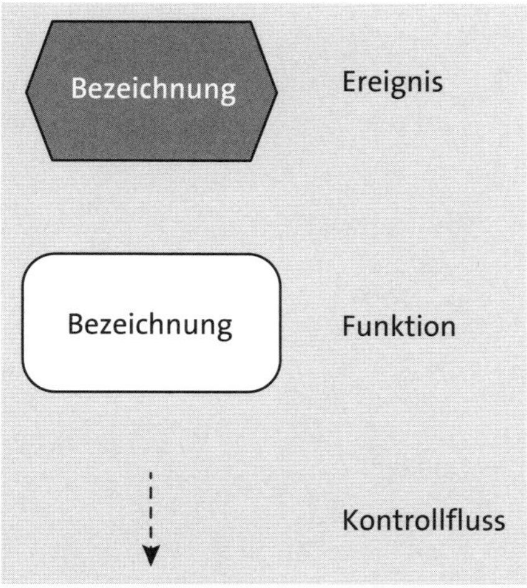

Abbildung 1.1 Grundlegende EPK-Modellierungselemente

Da ein Geschäftsprozess mindestens mit einem Ereignis beginnen und einem weiteren enden muss, stellt Abbildung 1.2 die schematische Darstellung einer sehr einfachen Prozesskette dar. Der Kontrollfluss in EPK-Diagrammen wird von oben nach unten modelliert und gelesen.

Verknüpfungsoperatoren

Entscheidungen in Prozessabläufen basieren auf Bedingungen und Regeln und führen zu Verzweigungen. Zur Visualisierung werden sogenannte *Verknüpfungsoperatoren* verwendet. Diese logischen Operatoren können die Verknüpfungen UND, ODER und EXKLUSIVES ODER ausdrücken.

Split

Die Operatoren können durch einen sogenannten *Split* den Kontrollfluss in zwei oder mehrere Verzweigungen aufspalten. Abbildung 1.3 stellt die drei Splitoperationen grafisch dar. Dabei verzweigt der Kontrollfluss beim UND-Operator zwingend in alle ausgehenden Optionen. Beim ODER-Operator wird der Fluss auf einen, mehrere oder alle möglichen Wege aufgespalten. Beim EXKLUSIVEN ODER kann der Prozess ausschließlich in einem ausgehenden Kontrollfluss fortgesetzt werden.

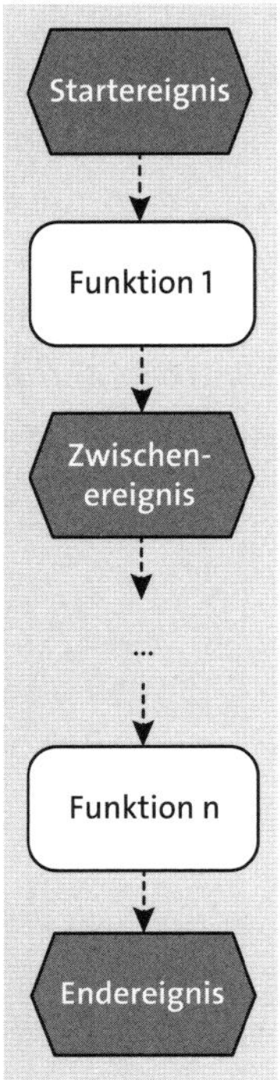

Abbildung 1.2 Schematische Prozessdarstellung (EPK)

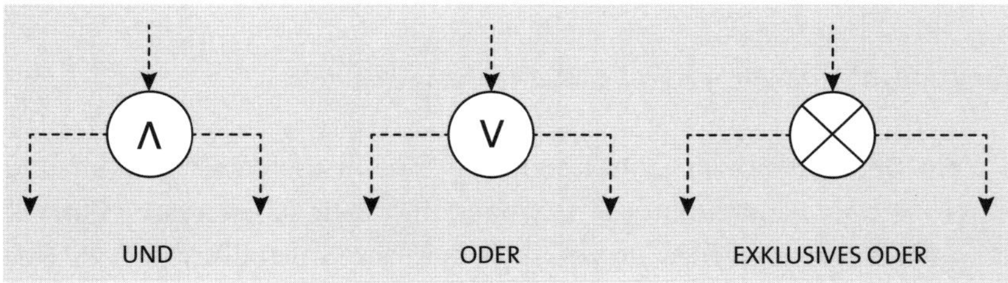

Abbildung 1.3 Logische Splitoperationen

Join In gleicher Weise können die drei Operatoren durch einen sogenannten *Join* den Kontrollfluss auch zusammenführen. Abbildung 1.4 verdeutlicht diese Operationen.

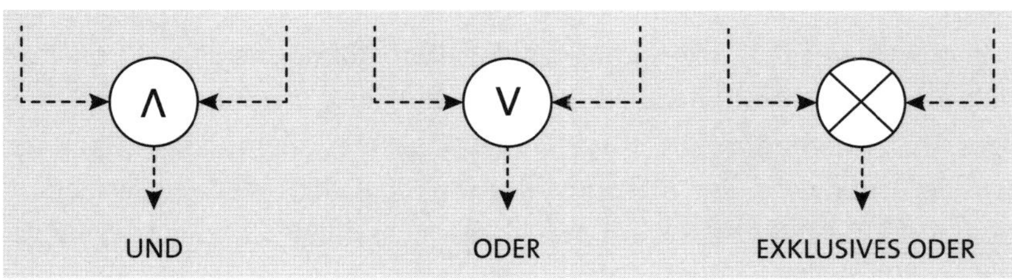

Abbildung 1.4 Logische Splitoperationen

Bei der UND-Verknüpfung müssen zwingend beide bzw. alle eingehenden Kontrollflüsse erfüllt sein, beim ODER-Operator einer, mehrere oder alle und beim EXKLUSIVEN ODER ausschließlich eine der möglichen eingehenden Verbindungen.

Die Verwendung dieser Grundelemente der einfachen ereignisgesteuerten Prozesskette ermöglicht bereits die Modellierung simpler Prozessabläufe. Abbildung 1.5 zeigt einen schematischen Prozess mit einem Split und einem Join.

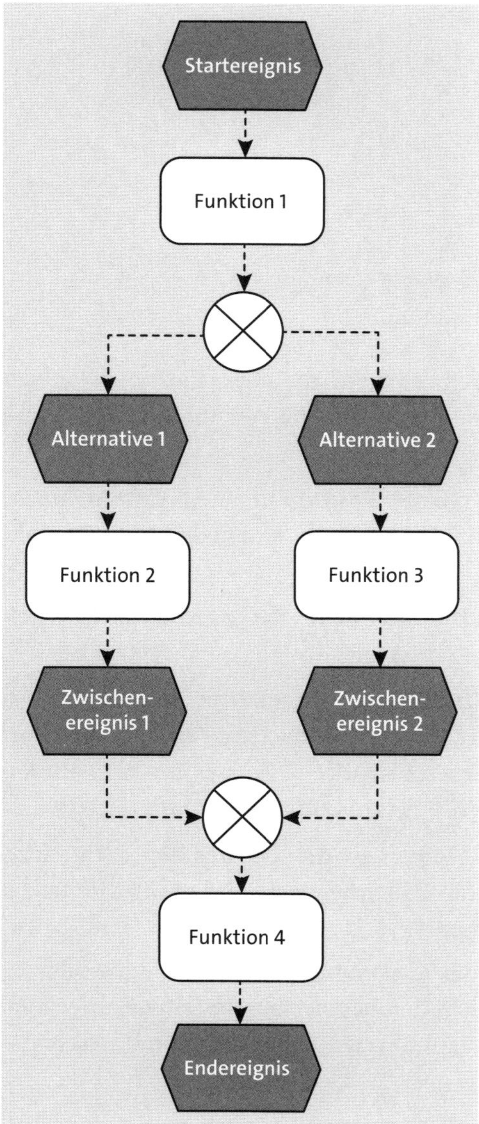

Abbildung 1.5 Schematische Prozessdarstellung mit Split und Join (EPK)

Erweiterte ereignisgesteuerte Prozesskette

Im Gegensatz zu einer einfachen EPK können in einer *erweiterten ereignisgesteuerten Prozesskette* (eEPK) jeder Funktion ausführende Organisationseinheiten und Akteure sowie ein- und ausgehende Datenobjekte zugeordnet werden. Abbildung 1.6 zeigt die wesentlichen Modellierungselemente der Organisationssicht.

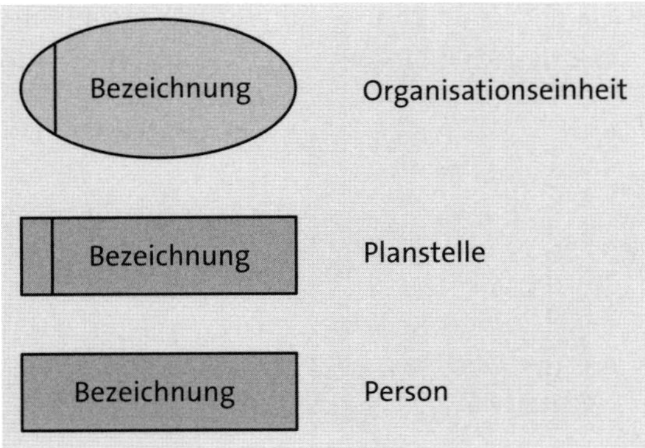

Abbildung 1.6 Grundlegende Modellierungselemente der ARIS-Organisationssicht

Eine *Organisationseinheit* beschreibt einen in sich abgeschlossenen Bereich in einem Unternehmen, in dem verantwortliche Personen sowie weitere Mitarbeiter tätig sein können.

Eine *Planstelle* beschreibt eine konkrete Position in einem Unternehmen, die zu einem bestimmten Zeitpunkt von keinem, einem oder anteilig mehreren Mitarbeitern besetzt sein kann.

Personen sind Mitarbeiter eines Unternehmens. Sie besetzen die Planstellen in der jeweiligen Organisationsstruktur.

Zur Abbildung hierarchischer Unternehmensstrukturen sowie Leitungs- und Kommunikationsbeziehungen wird der Modelltyp *Organigramm* verwendet. Abbildung 1.7 enthält eine schematische Darstellung der beispielhaften Hierarchieebenen Konzern, Firma und Fachabteilung.

In einer eEPK können neben Elementen der Organisationssicht auch Modellierungselemente der Datensicht integriert werden. Abbildung 1.8 zeigt vier wesentliche Datenelemente.

Elemente der Datensicht

Ein *Datenobjekt*, auch *Entität* oder engl. *entity* genannt, ist ein eindeutig identifizierbarer und mit Eigenschaften beschreibbarer Datenelementtyp. Ein *Papierdokument* entspricht dem physischen Original eines Geschäftsdokuments.

Ein *System* beschreibt ein elektronisches Datenverarbeitungssystem (*EDV-System*) in einem Unternehmen.

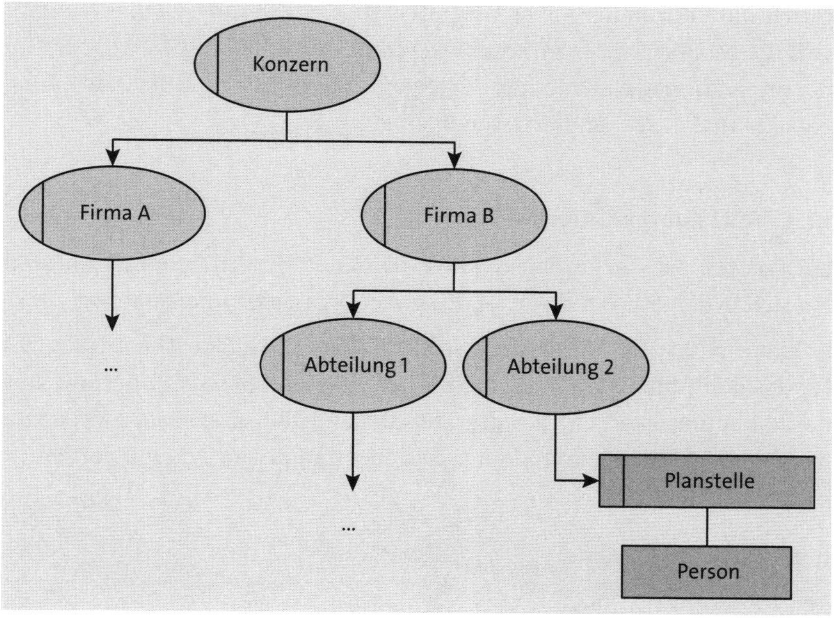

Abbildung 1.7 Schematische Organisationsdarstellung (Organigramm)

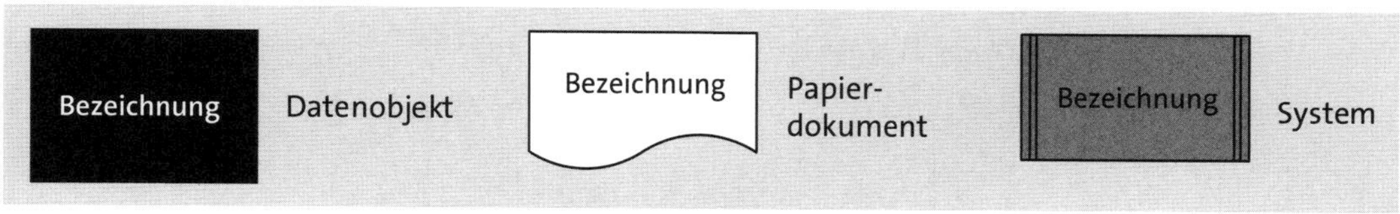

Abbildung 1.8 Modellierungselemente der ARIS-Datensicht

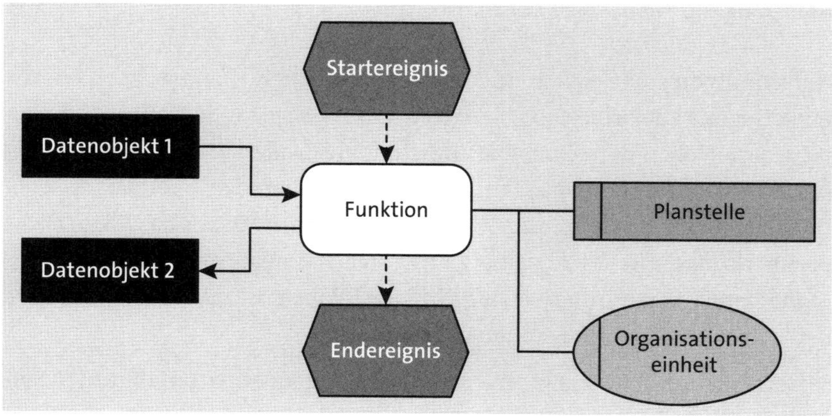

Abbildung 1.9 Schematische Prozessdarstellung (eEPK)

Durch die Verwendung aller vorgestellten Modellierungselemente ergibt sich die Möglichkeit einer komplexeren eEPK. Abbildung 1.9 zeigt neben der Integration von Elementen der Organisationssicht auch die Darstellung von ein- und ausgehenden Datenobjekten.

1.1.2 Aufbauorganisation

Zur Darstellung von komplexen hierarchischen Unternehmensstrukturen hat sich in der Praxis die Verwendung von Organigrammen etabliert.

Konzernstruktur Global Bike

Abbildung 1.10 zeigt die Konzernstruktur von Global Bike. Die Angabe des Landes dient hier zunächst lediglich der geografischen Orientierung. Aus der Abbildung ist erkennbar, dass der Global-Bike-Konzern aus zwei unabhängigen Tochtergesellschaften in den USA und in Deutschland besteht.

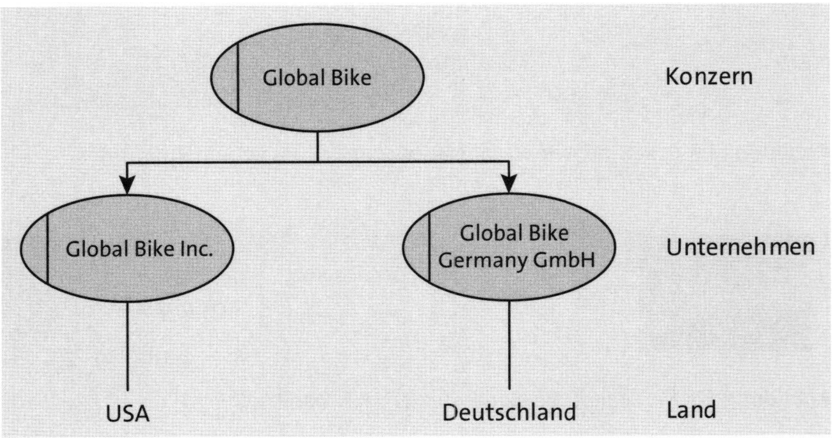

Abbildung 1.10 Global-Bike-Konzernstruktur

Global Bike Inc.

Aufgrund von steuerlichen und handelsrechtlichen Überlegungen hat die eingetragene US-Firma *Global Bike Inc.* ihren Hauptsitz in Dallas. Sie bilanziert somit nach dem Buchhaltungsstandard *United States Generally Accepted Accounting Principles* (kurz US-GAAP, dt. Allgemein anerkannte Rechnungslegungsgrundsätze der Vereinigten Staaten). Zu Global Bike gehört darüber hinaus die in Heidelberg ansässige Tochterfirma *Global Bike Germany GmbH*. Diese unterliegt den dortigen Bilanzierungsvorschriften sowie deutschen Handels- und Steuergesetzen.

Materialplanung, Finanzwesen, Verwaltung, Personalwirtschaft und IT-Service sind in Dallas konzentriert. Die dortige Fabrik produziert Waren für die USA und den Export. Ihre Läger beliefern die mittleren USA und Internethändler. Global Bike hat darüber hinaus Versandzentren in San Diego und Miami. San Diego bedient die Westküste und Exporte nach Asien, während Miami die Ostküste und den Export nach Lateinamerika verantwortet.

Global Bike Germany GmbH

Die Global Bike Germany GmbH ist in Heidelberg ansässig. Dort sind Forschung und Entwicklung beheimatet. Heidelberg ist darüber hinaus die Hauptfertigungsstätte für Europa. Das Lager in Heidelberg beliefert den Süden Deutschlands sowie Süd- und Osteuropa, während aus Hamburg Großbritannien, Irland, der Mittlere Osten und Afrika bedient werden. Global Bike verkauft seine Fahrräder auf der ganzen Welt und beschäftigt etwa 100 Mitarbeiter, wovon zwei Drittel in den USA tätig sind.

Abbildung 1.11 stellt den für den Bereich Logistik relevanten Teil der Unternehmensstruktur dar.

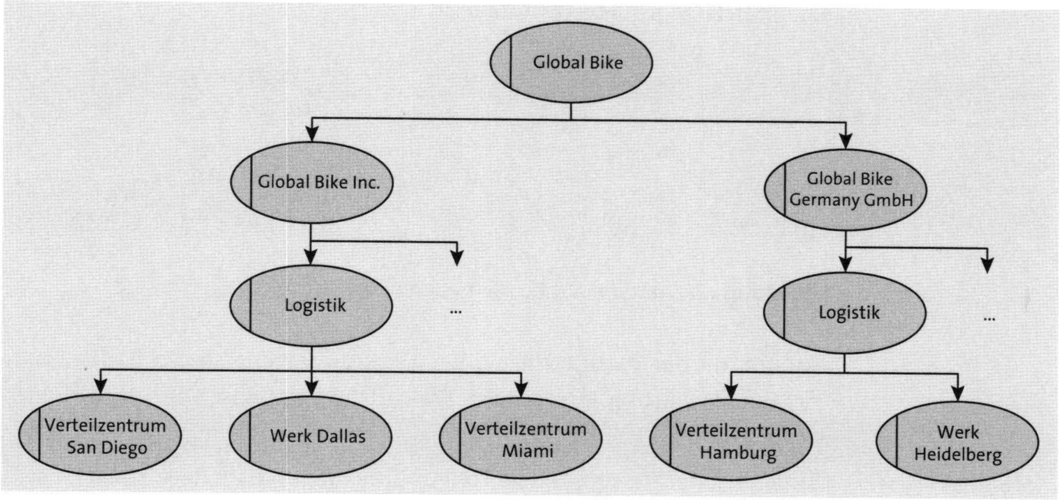

Abbildung 1.11 Unternehmensstruktur – Logistik (Ausschnitt)

Im Jahr 2008 hat der Global-Bike-Konzern die Lösung SAP ERP eingeführt. Im SAP-ERP-System werden zur Abgrenzung gegenüber allgemeingültigen Begriffen wie Konzern, Fabrik oder Lager eigene Termini verwendet. In Abschnitt 1.2 folgt daher eine kurze Einführung in die SAP-Terminologie.

1.1.3 Betriebliche Aufgaben und Akteure

Aufgaben

Jeder Bereich eines Unternehmens ist für verschiedene Aufgaben im Unternehmen verantwortlich. Hierbei unterscheidet man zwischen primären und sekundären Tätigkeiten:

- Das Handlungsziel von *primären Aufgaben*, auch *Kernaufgaben* genannt, ist dadurch gekennzeichnet, dass ihre Erfüllung direkten Anteil an der betrieblichen Wertschöpfung hat.

- *Sekundäre Aufgaben* unterstützen die primären Aufgaben lediglich und tragen damit nur indirekt zur betrieblichen Leistung bei.

Zu den primären Aufgaben gehören bei Global Bike unter anderem die Bearbeitung eines Kundenauftrags, die Montage eines Fahrrades oder der Versand eines Zubehörteils. Sekundäre Aufgaben sind z. B. die Wartung von Montagearbeitsplätzen oder die Erstellung von Umsatzberichten.

Akteure

Den verschiedenen Bereichen einer Aufbauorganisation können auf allen hierarchischen Ebenen *Akteure* als Aufgabenträger zugeordnet werden. So sind z. B. die beiden Co-CEOs John Davis und Peter Schwarz für Global Bike auf Konzernebene alleinvertretungsberechtigt. Abbildung 1.12 komplettiert die definierten Planstellen auf höchster Unternehmensebene und nennt die ihnen zugeordneten Mitarbeiter.

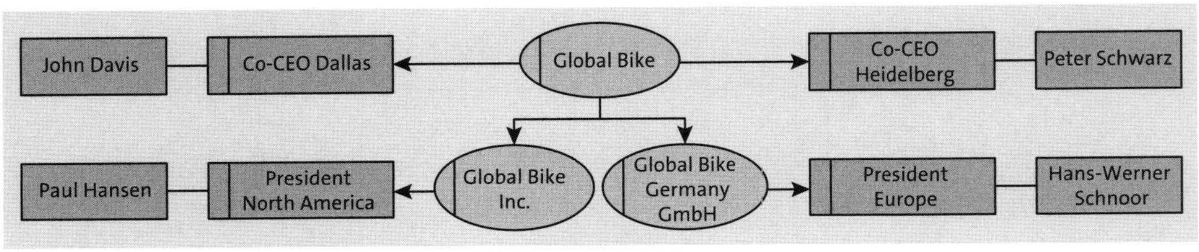

Abbildung 1.12 Akteure auf Konzernebene

Akteure auf der darunterliegenden Abteilungsebene sind z. B. der Leiter Personalverwaltung Europa, der Einkaufsleiter Miami oder der IT-Hardwarespezialist.

Mensch-Aufgabe-Beziehung

Durch die Zuordnung von Planstellen – und dadurch im Regelfall auch Mitarbeitern – zu betrieblichen Aufgaben wird eine sogenannte *Mensch-Aufgabe-Beziehung* hergestellt. Unabhängig vom Grad der Unterstützung oder Automatisierung dieser Beziehung durch jegliche Art von Technik definiert diese Kombination eindeutige *Ziele* und funktionale Anforderungen an eine *Einzelaktivität* bzw. ein *Aktivitätsbündel* (eine definierte Menge logisch zusammengehörender Einzelaktivitäten):

- Ziele können zur Termineinhaltung (Zeit), Ressourcennutzung (Kosten) oder Ergebniserreichung (Qualität) für den ganzen Konzern, eine Abteilung oder einen einzelnen Mitarbeiter definiert werden.
- *Funktionale Anforderungen* beschreiben Input, Output sowie Verarbeitungsschritte einer Aktivität.

Dem Beispiel der Bearbeitung eines Kundenauftrags folgend, können nun die Einzelaktivitäten »Kundenauftrag anlegen« oder »Kundenauftrag ändern« definiert werden. Einzelaktivitäten lassen sich zur Abgrenzung von betrieblichen Verantwortungsbereichen zu Bündeln zusammenfassen. Diese dienen im Kontext der Akteure (Dimension Mensch) der Tätigkeitsbeschreibung von Mitarbeiterplanstellen.

Bei Global Bike werden alle Aktivitäten zur Erstellung und Nachverfolgung von Kundenanfragen am Standort Hamburg z. B. durch die Planstelle Verkaufsperson Nord 1 ausgeführt (siehe Abbildung 1.13). Diese Planstelle ist durch die Mitarbeiterin Mandy Anton besetzt.

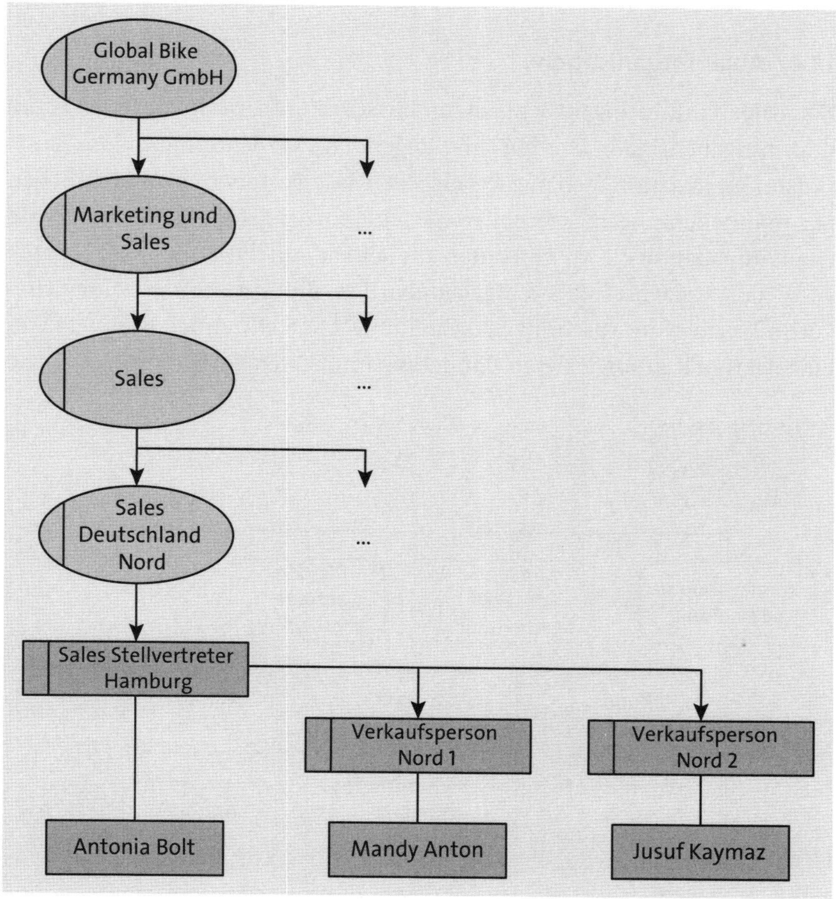

Abbildung 1.13 Akteure auf Abteilungsebene (Ausschnitt)

Mensch-Aufgabe-Technik-System

Im *Mensch-Aufgabe-Technik-System* werden beim Übergang auf die Dimension Technik aus den Aktivitätsbündeln *Einzelfunktionen*, *Funktionsbündel* und *Benutzerrollen* abgeleitet. In Abschnitt 1.2 wird mit dem ERP-System ein Beispiel für *Anwendungssysteme* zur computergestützten Bearbeitung betrieblicher Aufgaben eingeführt.

Global Bike – Organigramm

Weiterführende Einsichten in die Unternehmens- und Abteilungsorganisation von Global Bike erfahren Sie mit der UCC-Fallstudie »Business Process Analysis«. Der Abschnitt »Organisationsstruktur« erläutert Ihnen die Elemente und Beziehungen des Organigramms auf vier Hierarchieebenen (siehe *http://www.sap-press.de/4640*, **Materialien zum Buch**).

1.1.4 Ablauforganisation

Nach der Einführung in Unternehmensstrukturen (Aufbauorganisation) und Aufgabenträger werden im Folgenden die Unternehmensabläufe (Ablauforganisation) genauer betrachtet. Diese bestehen im Wesentlichen aus manuellen und maschinellen Aktivitäten zur Erfüllung von betrieblichen Aufgaben sowie Mischformen aus beiden. Auf die Dimension Technik wird hier zunächst nicht eingegangen. Die Einführung der Dimension Technik erfolgt in Abschnitt 1.2. Abbildung 1.14 stellt einige Beispiele von Einzelaktivitäten sowie deren Bündelung im Bereich Vertrieb dar.

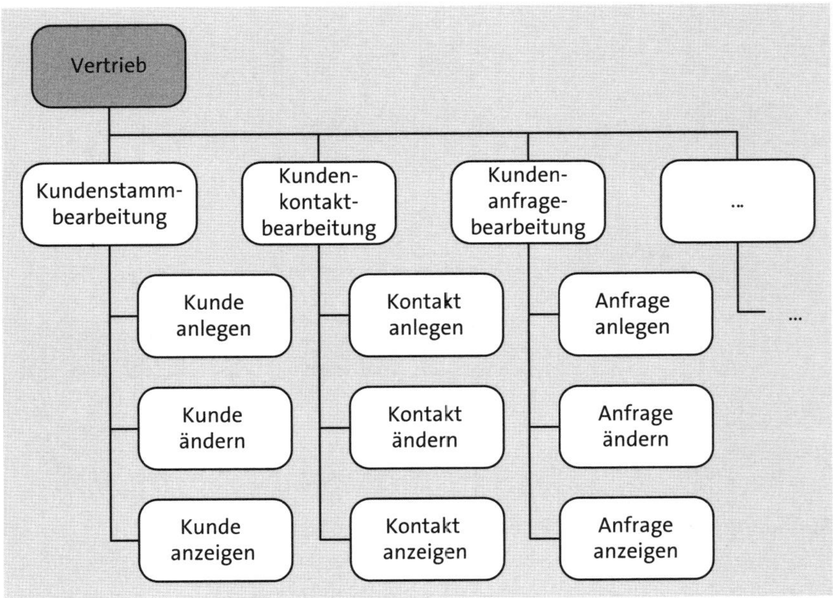

Abbildung 1.14 Aktivitäten im Vertrieb (Ausschnitt)

Durch sachlogische und chronologische Reihung dieser Aktivitäten sowie die Dokumentation von Zuständen werden betriebliche Prozesse modelliert. Abbildung 1.15 zeigt beispielhaft einen vereinfachten Geschäftsprozess zur Kundenauftragsbearbeitung.

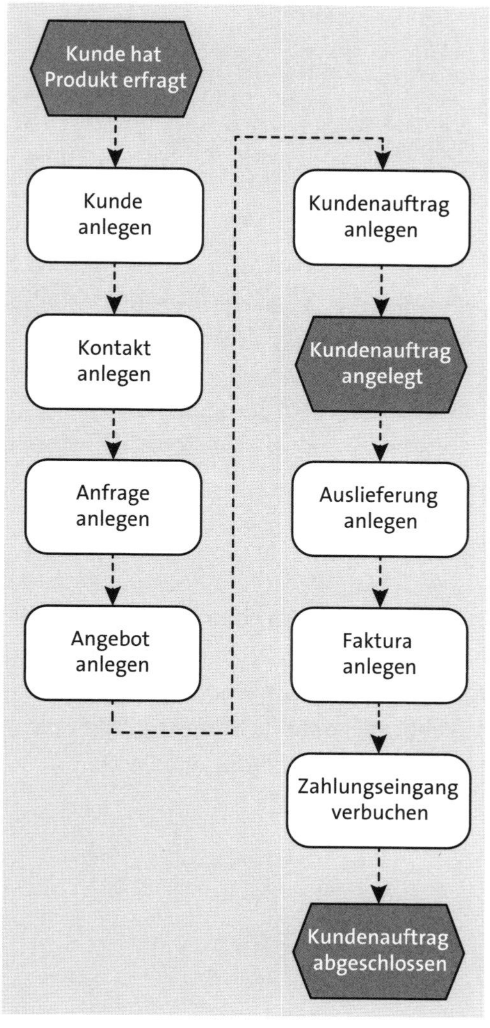

Abbildung 1.15 Geschäftsprozess »Kundenauftragsbearbeitung«

Geschäftsprozessarten

In Unternehmen unterscheidet man zwischen *Kerngeschäftsprozessen*, wie z. B. der Kundenauftragsabwicklung, *Steuerungsprozessen*, beispielsweise dem Projekt- oder Risikomanagement, und *Unterstützungsprozessen* wie dem Personalwesen.

Anhand des Einkaufs im Global-Bike-Konzern wird nun auch die Integration von Akteuren und Datenobjekten erläutert. Analog zu Abbildung 1.14 für den Vertrieb sind in Abbildung 1.16 Beispiele für Aktivitäten der Einkaufsabteilungen in Dallas und Heidelberg aufgelistet.

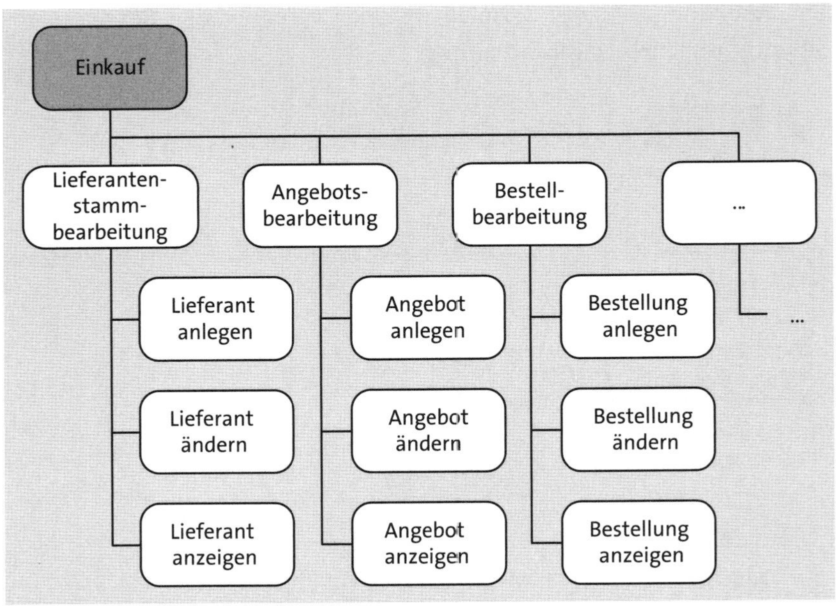

Abbildung 1.16 Aktivitäten im Einkauf (Ausschnitt)

Eine wichtige Aktivität des Einkaufs ist das Anlegen einer Bestellung. Abbildung 1.17 stellt diese Aktivität in einer einfachen EPK dar. Da Bestellungen bei Global Bike häufig mit Bezug auf Lieferantenangebote erstellt werden, ist in der EPK als Startereignis »Angebot ausgewählt« hinterlegt. Das Endereignis nach erfolgreicher Bearbeitung lautet »Bestellung angelegt«.

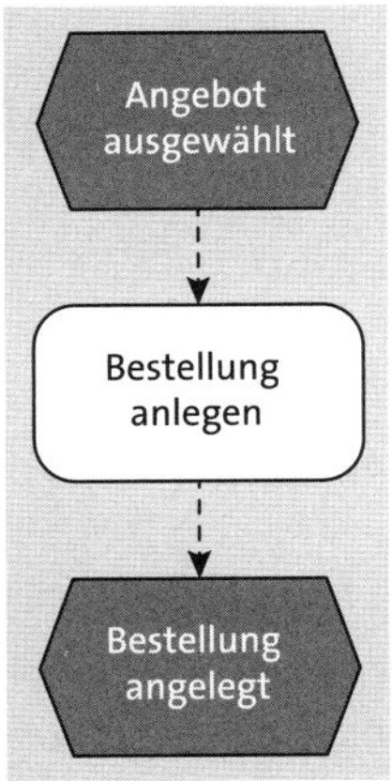

Abbildung 1.17 Geschäftsprozessausschnitt »Bestellung anlegen« (EPK)

Global Bike – Geschäftsprozesse (EPK)

Für einen Einstieg in das gesamte Geschäftsprozessmodell von Global Bike mit eEPK-Diagrammen eignet sich ebenfalls die UCC-Fallstudie »Business Process Analysis«, Abschnitt »Geschäftsprozesse« (siehe *http://www.sap-press.de/4640*, **Materialien zum Buch**).

Für die oben dargestellte Aktivität ist bei Global Bike der Lieferungsverantwortliche zuständig (siehe Abbildung 1.18). Dieser gehört zu einer Einkaufsorganisation und zu einer Einkäufergruppe. Für das Anlegen einer Bestellung mit Bezug zu einem Angebot ist neben dem Lieferantenangebot und den zu bestellenden Produkten als Input die resultierende Bestellung als Output definiert.

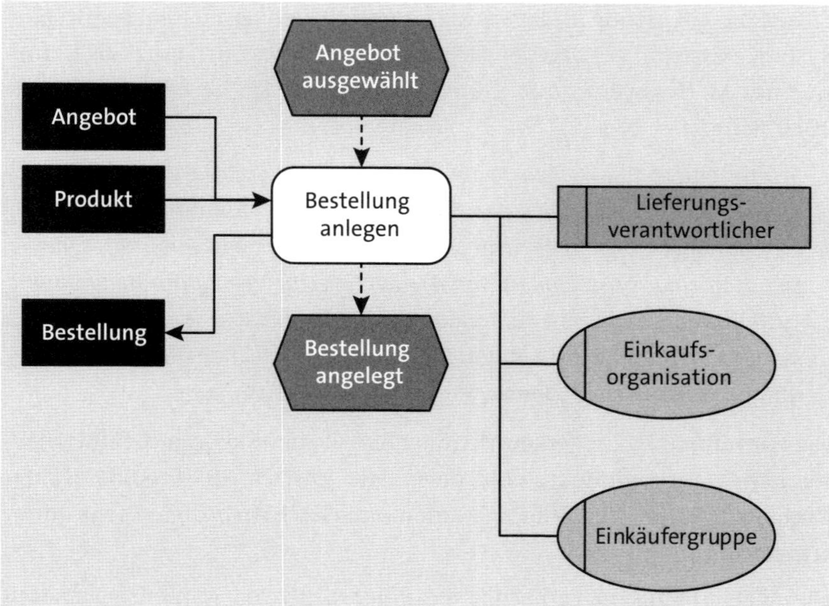

Abbildung 1.18 Geschäftsprozessausschnitt »Bestellung anlegen« (eEPK)

Global Bike – Geschäftsprozesse (eEPK)

Die Abschnitte »eEPK: Organisationseinheiten« und »eEPK: Daten« in der bereits erwähnten UCC-Fallstudie »Business Process Analysis« erläutern die Integration von Akteuren, Organisationseinheiten und Datenobjekten am Beispiel des Global-Bike-Unternehmensmodells (siehe *http://www.sap-press.de/4640*, **Materialien zum Buch**).

1.2 Einführung in ERP-Systeme

Abschnitt 1.1 hat am Beispiel von Global Bike gezeigt, wie Geschäftsprozesse in Unternehmen aufgebaut sind. Sie bestehen aus datenverarbeitenden Aktivitäten, die von verschiedenen Organisationseinheiten ausgeführt werden. Geschäftsprozesse können vollständig oder in Teilen durch *Informationssysteme* unterstützt und automatisiert werden. Für die Abbildung von Geschäftsprozessen spielen ERP-Systeme eine zentrale Rolle. Im folgenden Abschnitt wird der Begriff ERP-System definiert. Darauf aufbauend gibt Abschnitt 1.3 eine Einführung in die Softwarelösung SAP ERP, die im Beispielunternehmen Global Bike eingesetzt wird.

1.2.1 Was ist ein ERP-System?

Definition

ERP ist die Abkürzung für *Enterprise Resource Planning*. Für den Begriff ERP-System existieren verschiedene Definitionen. Dieses Buch nutzt die Definition aus M. Hesseler und M. Görtz, »Basiswissen ERP-Systeme« (Springer 2017), Seite 5 f.:

> *»Unter einem ERP-System wird eine integrierte Software verstanden, die auf Basis standardisierter Module alle oder wesentliche Teile der Geschäftsprozesse eines Unternehmens aus betriebswirtschaftlicher Sicht informationstechnisch unterstützt. Die zur Verfügung stehenden Systemfunktionalitäten liefern dabei aktuelle Informationen auf Basis der erfassten und verarbeiteten Daten und ermöglichen hierdurch eine unternehmensweite Planung, Steuerung und Kontrolle.«*

Die Formulierung lässt erkennen, dass ERP-Systeme sehr große unternehmerische Anwendungssysteme darstellen. Je nach ERP-Produkt ist der Umfang der unterstützten Funktionen und Geschäftsprozesse sehr unterschiedlich.

Ressourcen

Die obige Definition vernachlässigt einen zentralen Namensbestandteil von ERP-Systemen: die *Ressourcen*. Entsprechend lässt sich die Rolle von Ressourcen, wie in N. Gronau, »Enterprise Resource Planning: Architektur, Funktionen und Management von ERP-Systemen« (De Gruyter Oldenbourg 2014) auf Seite 4 beschrieben, ergänzen:

> *»Ein ERP-System [...] umfasst [...] die Verwaltung aller zur Durchführung von Geschäftsprozessen notwendigen Informationen über die Ressourcen Material, Personal, Kapazitäten (Maschinen, Handarbeitsplätze etc.), Finanzen und Information.«*

Ressourcen-integration

Für die eindeutige Abgrenzung von ERP-Systemen zu spezialisierten Informationssystemen fordert Gronau, dass mindestens drei der genannten

Ressourcen integriert werden. Folglich wird ein Informationssystem, das lediglich Informationen über Personen und Maschinenkapazitäten zur Durchführung einer Produktionsplanung verwaltet, nicht als ERP-System bezeichnet. Als minimaler Integrationsumfang für diese Informationen wird eine gemeinsame Datenhaltung gefordert.

Durch die Integration der verschiedenen Ressourcen decken ERP-Systeme Funktionen aus verschiedenen Unternehmensbereichen ab. Dies lässt sich gut am Beispiel des im vorangegangenen Abschnitt eingeführten Kundenauftragsprozesses darstellen (siehe Abbildung 1.19). Das Anlegen des Kunden und des Kundenauftrags erfolgt im Global-Bike-Konzern durch den Vertrieb, das Anlegen der Faktura durch die Finanzabteilung.

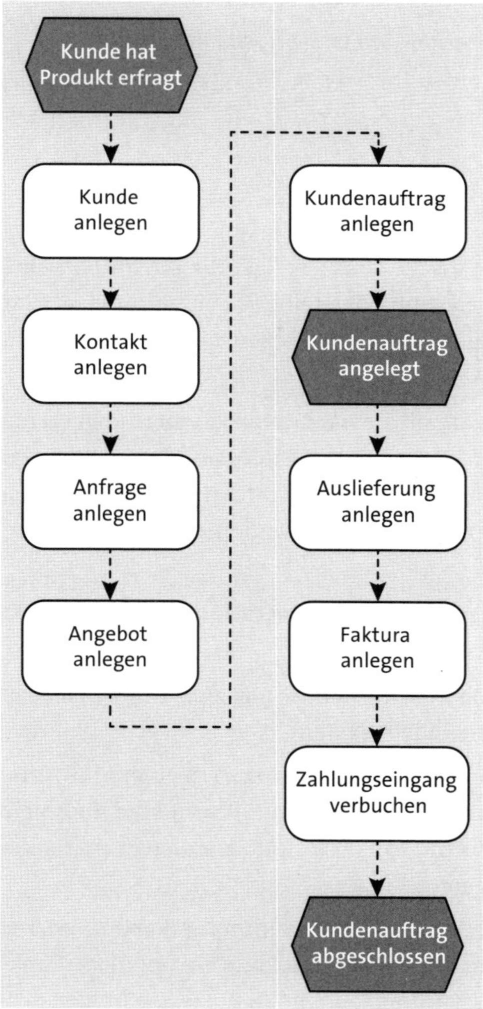

Abbildung 1.19 Kundenauftragsprozess im Global-Bike-Konzern

Standardsoftware

Bei ERP-Systemen handelt es sich in der Regel um *Standardsoftware* mit vordefinierten Geschäftsprozessen. Die in dieser Software abgebildeten Geschäftsprozesse orientieren sich typischerweise an industriellen *Best Practices*. Ein Unternehmen kann seine Geschäftsabläufe an den Standardprozessen des ERP-Systems ausrichten oder das System durch *Parametrierung* und/oder Programmierung an seine Bedürfnisse anpassen. Prinzipiell wäre die Entwicklung eines ERP-Systems auch als *Individualsoftware* möglich, jedoch mit sehr hohem Aufwand verbunden. Für die meisten Unternehmen überwiegen daher bei ERP-Systemen die Vorteile von hoher Standardisierung und hohem Reifegrad beim Einsatz von Standardsoftware.

[»]

ERP-System – Standardsoftware

Mehr über die Vor- und Nachteile von Standardsoftware in Bezug auf ERP-Systeme erfahren Sie in N. Gronau, »Enterprise Resource Planning« (De Gruyter Oldenbourg 2014).

1.2.2 Integration

Die Definition in Abschnitt 1.2.1 macht deutlich, dass die *Integration* eine zentrale Eigenschaft eines ERP-Systems darstellt. Die Integration besitzt dabei unterschiedliche Merkmale: Reichweite, Gegenstand, Richtung und Umfang.

Integrationsreichweite

Die *Integrationsreichweite* definiert, ob die Integration in einem abgegrenzten organisatorischen Bereich, innerhalb eines Prozesses, innerhalb eines Unternehmens oder unternehmensübergreifend erfolgt. Die Integrationsreichweite der meisten aktuellen ERP-Systeme ist die Grenze des eigenen Unternehmens.

Integrationsgegenstand

Der *Integrationsgegenstand* unterscheidet die Integration von Daten, Funktionen, Prozessen, Methoden und Programmen:

- Die *Datenintegration*, also die Zusammenführung von Daten, ist eine zwingende Voraussetzung für ein ERP-System.
- Die *Funktionsintegration* beschreibt, wie Funktionen in einem Informationssystem eingegliedert und aufeinander abgestimmt sind. Beispiele für Funktionen im Kundenauftragsprozess sind »Kundenauftrag anlegen« oder »Auslieferung anlegen«.
- Die Funktionsintegration ist eine Grundlage der *Prozessintegration*. Bei der Prozessintegration werden für Geschäftsabläufe erforderliche Funktionen und Daten in einen zusammenhängenden Prozess gebracht.

- Darauf aufbauend folgt die *Methodenintegration*. Hier werden Methoden innerhalb der Prozesse aufeinander abgestimmt. So wird z. B. im Kundenauftragsprozess die gleiche Methode zur Verfügbarkeitsprüfung verwendet wie in der Materialwirtschaft. Diese Form der Integration ist bei aktuellen ERP-Systemen meist gegeben.

Integrationsrichtung

Die *Integrationsrichtung* definiert, ob eine horizontale oder eine vertikale Integration vorliegt. Unter der *horizontalen Integration* versteht man die Abbildung von Prozessen über mehrere Abteilungs- oder Funktionsbereiche hinweg. So kann durch eine horizontale Integration z. B. ein Kundenauftragsprozess bereitgestellt werden, der Prozessschritte aus dem Vertrieb, der Beschaffung, der Produktion und dem Versand enthält. Die *vertikale Integration* beschreibt, dass neben den Funktionen für die operative Prozessdurchführung auch Funktionen für die Planung und Kontrolle der Prozesse verfügbar sind. Aktuelle ERP-Systeme weisen in diesem Bereich sowohl eine horizontale als auch eine vertikale Integration auf.

Integrationsumfang

In Bezug auf den *Integrationsumfang* wird zwischen vollständiger und partieller Integration unterschieden. Eine *vollständige Integration* liegt vor, wenn alle Funktionsbereiche eines Unternehmens in einem ERP-System abgebildet sind. Obwohl viele ERP-Systeme die Möglichkeit einer vollständigen Integration bieten, findet man in der Praxis sehr häufig eine *partielle Integration*. In diesem Fall sind nur einzelne, aber nicht alle Funktionsbereiche eines Unternehmens in dem System abgebildet. So gibt es in der Praxis häufig Einzellösungen, z. B. für das Finanzwesen, die Produktion oder das Personalwesen. Der Grund hierfür liegt häufig in historisch gewachsenen Systemlandschaften.

1.2.3 Architektur von ERP-Systemen

Drei-Schichten-Architektur

ERP-Systeme sind keine Einplatzsysteme (wie z. B. eine Textverarbeitung), sondern unterstützen betriebswirtschaftliche Funktionen, die in der Regel von mehreren Mitarbeitern über mehrere Abteilungen hinweg an unterschiedlichen Standorten benötigt werden. Für solche Mehrplatzszenarien sind effiziente Systemarchitekturen erforderlich. In der Praxis haben sich Client-Server-Systeme mit einer *Schichtenarchitektur* bewährt. Die grundlegende Architektur aktueller ERP-Systeme ist eine *Drei-Schichten-Architektur* (siehe Abbildung 1.20) bestehend aus einer *Datenhaltungsschicht*, einer *Anwendungsschicht* und einer *Präsentationsschicht*.

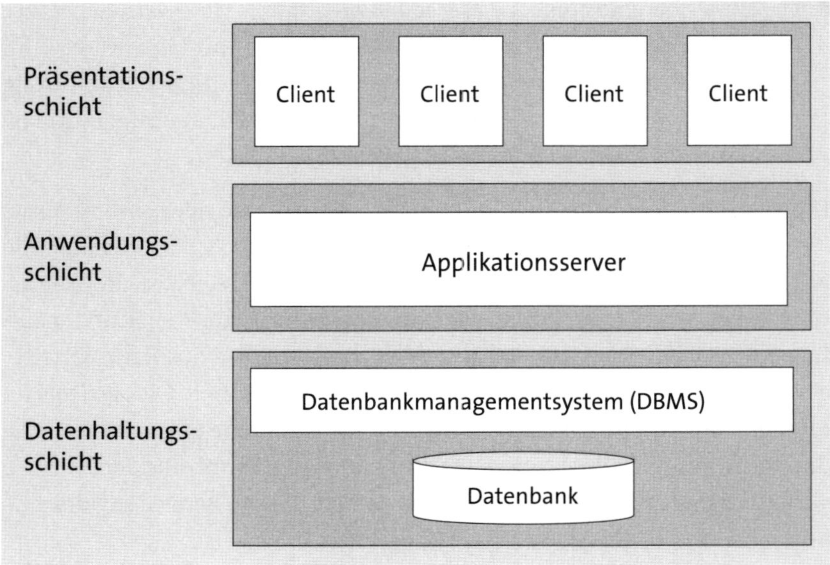

Abbildung 1.20 Architektur von ERP-Systemen

Datenhaltungsschicht

Typischerweise werden alle Datenbestände in einer zentralen *Datenbank* bereitgestellt, wobei der *Datenbankserver* selbst eine Mehrprozessor- oder Cluster-Architektur besitzen kann. Die Datenbank stellt die Anwendungsdaten zur Verfügung, die vom *Applikationsserver* zur Ausführung benötigt werden. Das *Datenbankmanagementsystem* (DBMS) kümmert sich um die konfliktfreie Verwaltung der zentral gespeicherten Datenbestände bei zeitgleichem Zugriff durch mehrere Benutzer.

Transaktionen

Die Datenverwaltung auf ERP-Systemen basiert auf Transaktionen. Eine *Transaktion* ist eine Abfolge von Schreib- und Lesezugriffen auf einer Datenbank. Die *Transaktionsverwaltung* ist bemüht, jede Transaktion korrekt und vollständig abzuschließen. In Fehlerfällen müssen Korrekturmaßnahmen ergriffen werden, z. B. durch Rücksetzung (*Rollback*) oder Fortsetzung nach Unterbrechung. Somit wird sichergestellt, dass die Ausführung jeder Transaktion die Datenbank von einem konsistenten Zustand vor der Transaktion wieder in einen konsistenten Zustand nach der Transaktion überführt.

Anwendungsschicht

Die Ausführung der betriebswirtschaftlichen Anwendungslogik erfolgt auf dem Applikationsserver. Dieser besteht typischerweise aus mehreren Applikationsserverinstanzen, die auf einer Menge von physikalischen Rechnern laufen können. Diese Rechner sind durch ein lokales Netzwerk oder auch über das Internet verbunden. Der Applikationsserver stellt den Kern des ERP-Systems dar, denn hier werden die softwareseitig implementierten Funktionen und Prozesse der Geschäftslogik des Unternehmens ausgeführt.

Softwarearchitektur

Die Softwarearchitektur des Applikationsservers ist in Abbildung 1.21 dargestellt. Sie besteht aus den Komponenten: Datenbankschnittstelle, Programmierumgebung, Applikationskern, Applikationen, Customizing-Umgebung und Benutzerschnittstelle.

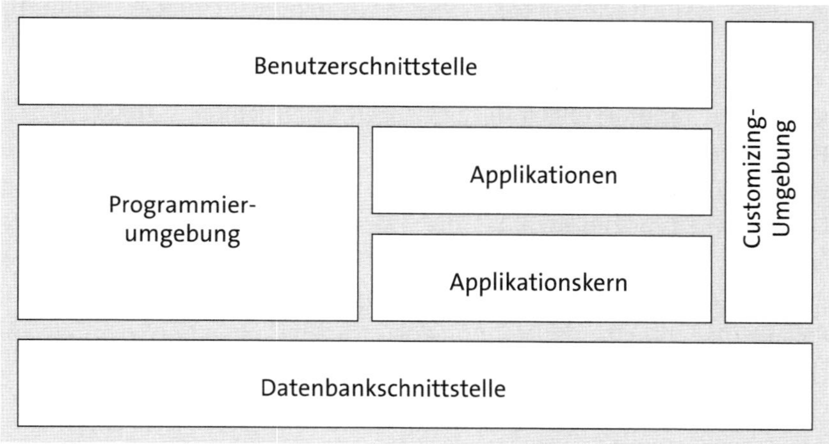

Abbildung 1.21 Softwarearchitektur des Applikationsservers

Die *Datenbankschnittstelle* bildet die Basis der Softwarearchitektur der Applikationsschicht. Die Datenbankschnittstelle stellt die in den Datenbankmanagementsystemen gehaltenen Daten den weiteren Komponenten zur Verfügung. Diese Komponenten sind somit unabhängig von dem verwendeten Datenbankmanagementsystem (z. B. *Oracle Database*, *Microsoft SQL Server* oder *MySQL*).

Den Kern der Softwarearchitektur bilden die *Applikationen* (Anwendungen), die die Funktionalität des ERP-Systems bereitstellen. Der *Applikationskern* enthält Funktionen, die von allen Applikationen benötigt werden. Über die Programmierumgebung können die im ERP-System enthaltenen Anwendungen ergänzt oder erweitert werden. Die Programmierumgebung ermöglicht außerdem die Implementierung von Schnittstellen, über die Daten aus anderen Anwendungssystemen gelesen oder diesen Systemen bereitgestellt werden können.

Die *Benutzerschnittstelle* enthält die serverseitigen Bestandteile der Benutzeroberflächen für das ERP-System. Für die Benutzeroberfläche von ERP-Systemen existieren zwei prinzipielle Ansätze: die Verwendung einer speziellen *Clientsoftware* zum Zugriff auf das ERP-System oder die Verwendung einer Webanwendung. Im ersten Fall sendet die Benutzerschnittstelle die notwendigen Daten zur Darstellung an die Clientsoftware. Im zweiten Fall wird in der Benutzerschnittstelle der HTML-Code erzeugt.

Vor der Inbetriebnahme eines ERP-Systems muss die Software an das einführende Unternehmen angepasst werden. Das Produkt wird also für den Kunden (engl. *customer*) eingerichtet. Die dafür nötigen Maßnahmen bezeichnet man entsprechend als *Customizing*. Das Customizing geschieht bei ERP-Systemen typischerweise durch eine *Parametrierung* des Applikationskerns, der Applikationen und der Benutzerschnittstelle. Über diese Parametrierung lassen sich die durch das ERP-System bereitgestellten Funktionen den Anforderungen des jeweiligen Unternehmens anpassen. Die Parametrierung ist notwendig, um die in ERP-Systemen implementierten standardisierten Geschäftsprozesse den Anforderungen des jeweiligen Unternehmens anzupassen. Beispiele für Parametrierungen sind das Anlegen von unternehmerischen Organisationsstrukturen (z. B. Werke und Abteilungen) im ERP-System oder die Definition der Höhe der Mahnkosten, die im Rahmen eines Mahnprozesses einem Kunden in Rechnung gestellt werden.

Präsentationsschicht

Clientsoftware

Benutzer bedienen das ERP-System, indem sie entweder über eine speziell entwickelte Clientsoftware, einen Browser (Webanwendung) oder über eine mobile App auf die Programme der Anwendungsschicht zugreifen. Typischerweise kommen clientseitig PCs, Workstations oder mobile Endgeräte zum Einsatz. Die Clientsoftware nimmt die Maus- und Tastatureingaben der Benutzer entgegen. Die Eingaben werden bereits lokal vorverarbeitet und schließlich an die serverseitige Benutzerschnittstelle der Anwendungsschicht weitergeleitet. Ebenso nimmt die Clientsoftware die berechneten Ergebnisse vom Applikationsserver entgegen und bereitet diese zur Ausgabe auf dem Bildschirm auf.

Vor- und Nachteile

Die Verwendung einer Drei-Schichten-Architektur hat eine Reihe von Vorteilen: Bei Ausfall eines Clients oder einer Applikationsserverinstanz sollte das Gesamtsystem weiterhin verfügbar bleiben. Zudem können auf allen Schichten Hardware und Betriebssysteme unterschiedlicher Hersteller zum Einsatz kommen. Auch in der Datenhaltungsschicht können häufig Datenbankprodukte verschiedener Hersteller verwendet werden. Insgesamt lässt sich die Rechenlast funktionsbezogen auf die Rechner der drei Schichten verteilen. Auch kann bei veränderlicher Benutzeranzahl die Rechenleistung über die Anzahl der bereitgestellten Clients und Applikationsserverinstanzen skaliert werden. Nachteilig kann sich jedoch die Abhängigkeit von einem zentralen Datenbankserver auswirken. Zudem erfordert das System eine ständig stabile und sichere Netzwerkinfrastruktur.

1.2.4 Grundlegende Konzepte

In diesem Abschnitt werden grundlegende Konzepte in ERP-Systemen vorgestellt. Nach einer Erläuterung der in ERP-Systemen vorhandenen Datenarten werden darauf aufbauend die für diese Arten zur Verfügung stehenden Manipulationsoperationen definiert.

Datenarten in ERP-Systemen

ERP-Systeme enthalten drei Arten von Daten: Organisationsdaten, Stammdaten und Bewegungsdaten.

Organisationsdaten

Wie in Abschnitt 1.1 dargestellt, bildet die Aufbauorganisation die Struktur eines Unternehmens mit verschiedenen Unternehmensbereichen und Abteilungen ab. Dies erfolgt in ERP-Systemen durch *Organisationsdaten*. Beispiele für Organisationsdaten sind ein Konzern, die Tochtergesellschaften eines Konzerns oder die Lager einer bestimmten Fabrik. Durch die Organisationsdaten wird in ERP-Systemen die Ausführung von Prozessen gesteuert. So sagen die Daten über ein Lager beispielsweise aus, welche Arten von Produkten dort gelagert werden können. Die Organisationsdaten werden im Rahmen der Parametrisierung des ERP-Systems (Customizing) eingerichtet und geändert – und nicht im Rahmen von Geschäftsprozessen. Organisationsdaten sind in der Regel von normalen Anwendern des ERP-Systems nicht änderbar. Dies unterscheidet sie von Stamm- und Bewegungsdaten.

Stammdaten

Stammdaten repräsentieren jene Datenobjekte, die in Geschäftsprozessen bearbeitet werden. In dem in Abschnitt 1.1 dargestellten Kundenauftragsprozess werden von Kunden bestimmte Produkte bestellt. Zentral für diesen Prozess sind die Stammdaten Kunde und Produkt. Bevor im Kundenauftragsprozess ein Kundenauftrag erfasst werden kann, müssen zumindest die Stammdaten Kunde und Produkt vorhanden sein. Stammdaten sind dadurch gekennzeichnet, dass sie wiederholt in Geschäftsprozessen verwendet werden können. Einem Kunden können verschiedene Kundenaufträge zugeordnet sein, und ein Produkt kann in den Kundenaufträgen verschiedener Kunden verwendet werden. Daraus folgt, dass Stammdaten häufiger gelesen als geändert werden.

Bewegungsdaten

Bewegungsdaten dokumentieren in ERP-Systemen einen einzelnen Geschäftsvorfall mit allen notwendigen Informationen. Sie kombinieren Organisations- und Stammdaten mit situationsbezogenen Daten, z. B. zu einem Angebot oder einem Kundenauftrag. In einem Kundenauftrag wird beispielsweise erfasst, welcher Kunde (Stammdatum) welches Produkt (Stammdatum) bestellt. Weiterhin wird im Kundenauftrag erfasst, aus welcher Fabrik (Organisationsdatum) die Auslieferung erfolgt. In Kombination mit situationsbezogenen Informationen, wie dem Bestelldatum, der Bestellmenge und dem Benutzer, der den Kundenauftrag angelegt hat, ergibt sich somit ein individueller Kundenauftrag. Stamm- und Bewegungsdaten besitzen in einem ERP-System einen eindeutigen Schlüssel (z. B. Kundenauftragsnummer).

Im Gegensatz zu den Stammdaten ändern sich die Bewegungsdaten recht häufig. Zum einen werden für jede Prozessdurchführung neue Bewegungsdaten erstellt, zum anderen werden diese im Rahmen der Prozessdurchführung regelmäßig geändert. So wird für jede Änderung anhand von Bewegungsdaten erfasst, wann diese durch wen durchgeführt wurde. Dadurch lässt sich nachverfolgen, wann z. B. ein Kundenauftrag durch welchen Mitarbeiter im ERP-System erfasst wurde oder welcher Mitarbeiter wann die Bestellmenge für den Auftrag geändert hat.

Kopf- und Positionsdaten

Bewegungsdaten in ERP-Systemen bestehen häufig aus zwei Bereichen: den *Kopfdaten* und den *Positionsdaten*. In den Kopfdaten werden Informationen gespeichert, die für das gesamte Bewegungsdatenobjekt gültig sind. In einer Bestellung sind dies z. B. der Lieferant oder die Zahlungsbedingungen. In den Positionsdaten sind Informationen enthalten, die je Position gültig sind. In einem Kundenauftrag sind dies z. B. das Material, die Menge und der Verkaufspreis.

Manipulationsoperationen auf Datenobjekten

Für Stammdaten und Bewegungsdaten ist in ERP-Systemen eine Reihe von allgemeinen Operationen definiert. Solche Operationen werden in SAP ERP in Form von Transaktionen realisiert (mehr zu SAP-Transaktionen siehe Abschnitt 1.5.2).

CRUD-Operationen

Sowohl für Stamm- als auch für Bewegungsdaten sind in ERP-Systemen die *CRUD-Operationen* verfügbar. CRUD ist ein Akronym für folgende Begriffe:

- Create
- Read
- Update
- Delete

Stamm- und Bewegungsdaten werden in ERP-Systemen demnach erst angelegt (Operation `Create`). Zur Durchführung eines Kundenauftragsprozesses muss also eine Funktion zum Anlegen eines Kundenauftrags verfügbar sein. Im Verlauf der Prozessbearbeitung werden die Daten dann gelesen (Operation `Read`), um z. B. den aktuellen Bearbeitungsstand eines Kundenauftrags einzusehen. Bei jeder Modifikation von Daten werden alle Änderungen gespeichert (Operation `Update`). Mögliche Änderungen von Bewegungsdaten sind insbesondere die Änderung des Status zur Dokumentation des Bearbeitungsfortschritts.

Das Löschen ist in ERP-Systemen im Allgemeinen nicht möglich. Eine Operation `Delete` steht somit nicht direkt zur Verfügung. Stattdessen sind, abhängig von der Datenart, die Varianten *Löschkennzeichen* und *Stornierung* möglich.

Löschkennzeichen

Stammdaten, die nicht mehr verwendet werden sollen (z. B. nicht mehr verfügbare Produkte), werden mit einem speziellen Löschstatus versehen, jedoch nicht aus dem System entfernt. Stammdaten, die diesen Status besitzen, können nicht mehr zur Bearbeitung von Geschäftsprozessen verwendet werden. Hintergrund dieser Einstellung ist, dass es in ERP-Systemen möglich sein muss, bereits abgeschlossene Geschäftsprozesse zu einem späteren Zeitpunkt nachzuvollziehen. Das wiederum ist nur möglich, wenn alle mit einem Geschäftsprozess in Verbindung stehende Datenobjekte noch angezeigt werden können.

Stornierung

Im Gegensatz dazu existieren für Bewegungsdaten Funktionen zur Stornierung. Das sind Buchungen, die eine fehlerhafte Buchung neutralisieren. Am besten deutlich werden sie bei einem Beispiel mit Auswirkungen auf das Finanzwesen. Es ist z. B. nicht möglich, einen Zahlungseingang zu einem Kundenauftrag zu löschen, weil die Verarbeitung eines Zahlungseingangs Auswirkungen auf die Sachkonten im Finanzwesen hat. Falls ein Zahlungseingang falsch verbucht wurde und deshalb rückgängig gemacht werden soll, ist dies nur durch eine entsprechende Stornobuchung möglich. Dadurch bleibt auch hier die Historie nachvollziehbar.

[!]

Stornoprozess

Abhängig vom Bearbeitungsstatus eines Prozesses ist eine Fehlerkorrektur in ERP-Systemen häufig nur in Verbindung mit einem Stornoprozess möglich. Um einen Fehler im Verkaufspreis eines Produkts in einem abgeschlossenen Kundenauftragsprozess zu korrigieren, müssen unter Umständen folgende Schritte durchgeführt werden:

1. Stornierung der Zahlungszuordnung
2. Stornierung der Fakturierung

3. Stornierung des Warenausgangs
4. Korrektur des Preises im Kundenauftrag
5. erneute Buchung des Warenausgangs
6. erneute Fakturierung
7. erneute Zahlungszuordnung

Nur durch dieses Vorgehen kann sichergestellt werden, dass im ERP-System durchgeführte Änderungen jederzeit nachvollziehbar bleiben.

1.3 Einführung in SAP ERP

Der SAP-Konzern fokussierte sich von Anfang an auf die Entwicklung betrieblicher Anwendungssoftware. Um den heutigen Aufbau des Systems SAP ERP zu verstehen, ist es hilfreich, einen Blick auf die Entwicklung des zentralen Produkts zu werfen. Hierauf aufbauend werden dann der aktuelle Funktionsumfang und der modulare Aufbau von SAP ERP verdeutlicht. Zum Abschluss des Abschnitts werden die heutige SAP-Systemarchitektur sowie typische SAP-Systemlandschaften beschrieben.

1.3.1 Entwicklung von SAP ERP

System RF

Die erste Software, mit der die Firmengründer Hans-Werner Hector, Dietmar Hopp, Hasso Plattner, Klaus Tschira und Claus Wellenreuther 1973 den Markt betraten, war das System *RF* (*Realtime Financials*), das man nach heutigen Maßstäben nicht als ein vollständiges ERP bezeichnen würde. Der Fokus lag eindeutig auf der Unterstützung von Prozessen in der Finanzbuchhaltung. Der Buchstabe *R* (für engl. *realtime*) im Produktnamen betonte den Echtzeitcharakter der Software. Wobei der verwendete Begriff Realtime nicht mit dem heutigen Verständnis und den Anforderungen an moderne Echtzeitsysteme vergleichbar ist, die zuverlässig in der Lage sind, innerhalb einer vordefinierten Zeitspanne das Rechenergebnis zu liefern. Vielmehr unterstrich der Name den Unterschied zu Konkurrenzprodukten: Ausgeführte Transaktionen wurden unmittelbar auf die betroffenen Sachkonten gebucht – man musste nicht erst warten, dass nachts die über den Tag gesammelten Buchungen in einem Batch-Job durchgeführt wurden.

SAP R/1

Unter dem Namen *SAP R/1* erschien zwei Jahre später ein weiterentwickeltes Produkt. Wie sein Vorgängersystem RF zeichnete sich auch R/1 noch durch eine monolithische und einschichtige Architektur aus, die die zentralen Aufgaben Datenhaltung, Anwendungsverarbeitung und Präsentation auf einer Rechenmaschine vereinte. Der Funktionsumfang wuchs: Ab 1975 wurden der Einkauf, die Bestandsführung und die Rechnungsprüfung unter dem Begriff Materialwirtschaft (*System RM*) eingeführt. Diese Funktionserweiterung ermöglichte eine daten- und anwenderseitige Integration der genannten Bereiche, was die effiziente, funktionsübergreifende Kooperation im Unternehmen förderte. So führten wertmäßige Bewegungen in der Materialwirtschaft z. B. zu automatisierten Buchungen und Rechnungsprüfungen in der Finanzbuchhaltung. 1978 wurde der Funktionsumfang um die Anlagenbuchhaltung ergänzt.

SAP R/2

Ab 1979 kam *SAP R/2* auf den Markt. Erstmals fand eine Trennung in zwei Schichten statt: Datenhaltung und Anwendung wurden von der Präsentation separiert. Typisch war eine Bedienung des Systems über textbasierte Terminals. Angesichts zwischenzeitlicher Innovationen in der System- und Datenbanktechnologie wurden Anwendungen neu konzipiert und überarbeitet. Die Funktionsbereiche umfassten z. B. die Finanzbuchhaltung (RF), die Kostenrechnung (RK), die Materialwirtschaft (RM-MAT), die Produktionsplanung und -steuerung (RM-PPS), die Instandhaltung (RM-INST), die Personalwirtschaft (RP) und den Vertrieb (RV). Im Jahr 1989 erhielt das System eine bedienerfreundlichere Oberfläche und neue Werkzeuge, wie z. B. die Programmierumgebung *ABAP/4*.

SAP R/3

Mit *SAP R/3* wurde ab 1991 ein ERP-Produkt eingeführt, dessen Name einerseits die Tradition der Versionsnummerierung fortsetzte. Andererseits spiegelte der Produktname R/3 den neuen dreischichtigen technischen Aufbau mit einer strikten Trennung in Datenbankschicht, Anwendungsschicht und Präsentationsschicht wider. Das Drei-Schichten-Konzept (eingeführt in Abschnitt 1.2.3) erlaubte eine Verteilung und Entkopplung der Systemaufgaben auf dedizierte Server und Arbeitsplatzrechner. Erstmals war es möglich, die Software auf vergleichsweise preiswerten Servern und Workstations zu betreiben, die eine effiziente Skalierung der Rechenkapazitäten im Mehrbenutzerbetrieb erlaubten. R/3 wurde bei seiner Einführung bereits von vielen Hardwareherstellern unterstützt. Auch das Spektrum möglicher Betriebssysteme wurde nach und nach ausgebaut. Die Herstellerunabhängigkeit auf mehreren Systemebenen war ein wichtiger Differenzierungsfaktor gegenüber Konkurrenten. Eine weitere Neuerung stellte die grafische Benutzeroberfläche *SAP GUI* (GUI für Graphical User Interface) dar, die die Benutzerfreundlichkeit steigerte. Der erweiterte Funktionsumfang deckte im Wesentlichen alle Prozesse in der gesamten Wertschöpfungskette eines Unternehmens ab.

mySAP ERP

Im Laufe der 1990er Jahre begann der Siegeszug des Internets. Das World Wide Web revolutioniert seither die Art und Weise, wie Unternehmen und

Kunden miteinander kommunizieren und wirtschaften. Im Jahr 1999 wurde mit der mySAP.com-Strategie eine komplette Neuausrichtung der SAP-Produkte und eine Anbindung der existierenden ERP-Anwendungen an E-Commerce-Lösungen angekündigt. Im Jahr 2003 wurde mit *SAP R/3 Enterprise Release 4.7* letztmals das Produkt mit dem Namensbestandteil »Realtime« vertrieben. Die Umbenennung in *mySAP ERP* wurde von der 1999 gegründeten *EnjoySAP-Initiative* begleitet. Deren Ziel war es, die Bedürfnisse des Anwenders in den Mittelpunkt zu stellen: Die Software sollte sich noch leichter erlernen, schneller bearbeiten und einfacher anpassen lassen.

mySAP ECC 5.0

Im Jahr 2004 erschien *mySAP ECC 5.0* mit dem Kürzel *ECC* für *ERP Central Component*. Zugleich wurde die Produktlandschaft neu geordnet: Die *mySAP Business Suite* (siehe Abbildung 1.22) wurde als Produktpaket angeboten und enthielt neben der Hauptanwendung mySAP ERP die Lösungen *mySAP Supplier Relationship Management* (SRM), *mySAP Customer Relationship Management* (CRM), *mySAP Supply Chain Management* (SCM) sowie *mySAP Product Lifecycle Management* (PLM).

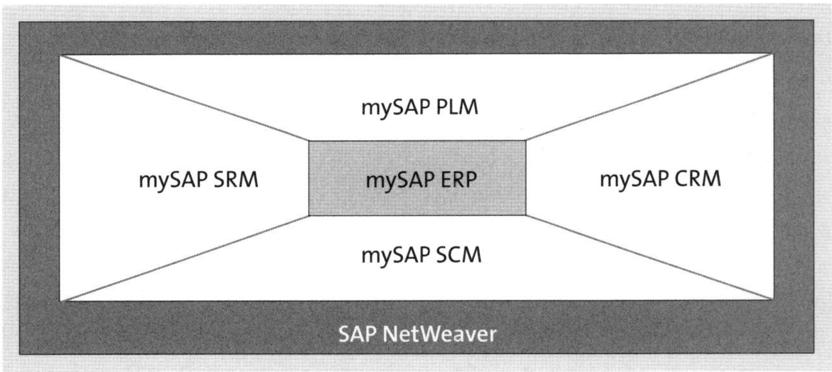

Abbildung 1.22 mySAP Business Suite

SAP NetWeaver

Die Technologiekomponenten wurden zudem von Anwendungskomponenten getrennt. Technologiekomponenten wurden unter dem Sammelbegriff *SAP NetWeaver* zusammengefasst. Kernfunktion war die Integration von Benutzern (*People Integration*), Informationen (*Information Integration*) und von Prozessen (*Process Integration*). Zudem enthielt SAP NetWeaver die Plattform zur Ausführung der Geschäftslogik. Bestandteile von SAP NetWeaver waren zudem das *Enterprise Service Repository* und das *Enterprise Portal*. Hiermit entwickelte sich das Produkt hin zu einer *serviceorientierten Architektur* (SOA) und erleichterte die Entwicklung und Orchestrierung von webservicebasierten Geschäftsanwendungen. Die neuen Benutzeroberflächen von Webanwendungen nutzten die Web-Dynpro-

Technologie mit einer strikten Trennung zwischen Layout- und Business-Daten.

mySAP ECC 6.0

Die Version *mySAP ECC 6.0* wurde 2005 eingeführt. Seither ist die Releasenummer unverändert geblieben. Ab 2006 wurden Erweiterungen und Neuerungen über *Enhancement Packages* (EHP) ausgerollt. Die Leitidee war, dem Kunden mehr Planungssicherheit durch eine langfristig stabile Plattform zu geben, ohne auf Neuerungen verzichten zu müssen. Die Neuerungen in EHPs wurden als *Business Functions* angeboten, die man selektiv installieren und aktivieren konnte.

SAP Business Suite und SAP HANA

Ab 2007 wurde das Präfix »my« wieder aus allen Produkten entfernt und seit 2009 wird SAP ERP als Teil der SAP Business Suite vermarktet. Vier Jahre später erschien *SAP ERP powered by SAP HANA* (inoffiziell auch als R/4 bezeichnet), was den Absatz der eigenen *In-Memory-Datenbank SAP HANA* vorantreiben sollte. Nach und nach wurden rechen- und datenintensive Funktionen, die noch traditionell auf dem R/3-Kern basierten, durch die Integration mit SAP HANA beschleunigt. Während die neue Lösung als Benutzeroberfläche weiterhin SAP GUI und die Web-Dynpro-Technologie nutzt, ist die Benutzerinteraktion insbesondere bei den SAP-HANA-basierten Funktionen durch *SAPUI5* (UI-Development Toolkit auf Basis von *HTML5*) und *SAP Fiori* leichter und zeitgemäßer. Die Anwendungen werden damit benutzerfreundlicher – vergleichbar mit üblichen Consumer-Apps, die sich durch klare und aufgeräumte Bedienelemente auszeichnen.

SAP S/4 HANA

Seit 2015 ist SAP ERP auch zentraler Bestandteil der *SAP Business Suite 4 SAP HANA* (kurz *SAP S/4HANA*). Das Produkt lässt sich ausschließlich mit der SAP-HANA-Datenbank nutzen. Mit der Umstellung werden In-Memory-Computing und Echtzeit-Datenverarbeitung intensiver in geschäftlichen Anwendungen eingesetzt.

1.3.2 Modularer Aufbau von SAP ERP

Komponenten und Anwendungen

Die Anwendungslogik von SAP ERP ist in eine Reihe von *Komponenten* modularisiert. Die Komponenten sind weitestgehend voneinander unabhängige Teile mit einer spezifischen Funktionalität, z. B. für den Vertrieb, die Materialwirtschaft, das Finanzwesen, die Produktionsplanung oder die Lagerverwaltung. Die Modularisierung vereinfacht die Pflege und Wartung des Systems und fördert dessen Wandlungsfähigkeit. Um heutige hochgradig arbeitsteilige Geschäftsprozesse abzubilden, müssen die Komponenten interoperabel und flexibel miteinander kooperieren können. Die Komponenten von SAP ERP werden in drei *Anwendungen* gruppiert: Rechnungswesen, Personalwirtschaft und Logistik. Tabelle 1.1 gibt eine Übersicht über die Komponenten der Anwendung Rechnungswesen. Entsprechend zeigen Tabelle 1.2 und Tabelle 1.3 die Komponenten der Anwendung Personalwirtschaft bzw. Logistik.

Bezeichnung (dt.)	Bezeichnung (engl.)	Komponente (Kürzel)
Finanzbuchhaltung/externes Rechnungswesen	Financial Accounting	FI
Controlling/internes Rechnungswesen	Controlling	CO
Financial Supply Chain Management		FSCM
Finanzmanagement	Treasury	TR
Investitionsmanagement	Investment Management	IM
Unternehmens-Controlling	Enterprise Controlling	EC
Immobilien	Real Estate Management	RE
Projektsystem	Project System	PS

Tabelle 1.1 Komponenten aus der Anwendung Rechnungswesen

Bezeichnung (dt.)	Bezeichnung (engl.)	Komponente (Kürzel)
Personaladministration	Personnel Administration	PA
Personalbeschaffung	Recruitment	RC
Personalplanung und -entwicklung	Personnel Development	PD
Personalabrechnung	Payroll	PY
Veranstaltungsmanagement	Training and Event Management	PE
Personalzeitwirtschaft	Time Management	PT
Organisationsmanagement	Organizational Management	OM
Reisemanagement	Travel Management	TM

Tabelle 1.2 Komponenten aus der Anwendung Personalwirtschaft

Bezeichnung (dt.)	Bezeichnung (engl.)	Komponente (Kürzel)
Materialwirtschaft	Materials Management	MM
Produktionsplanung und -steuerung	Production Planning and Control	PP
Vertrieb	Sales and Distribution	SD
Kundenservice	Customer Service	CS
Lagerverwaltung	Warehouse Management	WM
Logistics Execution		LE
Qualitätsmanagement	Quality Management	QM
Instandhaltung	Plant Maintenance	EAM (PM)
Umweltmanagement, Gesundheitsschutz und Arbeitssicherheit	Environment, Health & Safety	EHS

Tabelle 1.3 Komponenten aus der Anwendung Logistik

1.3.3 Systemtechnische Architektur von SAP ERP

Seit SAP R/3 und auch noch beim heutigen SAP ERP wird eine technische Trennung des ERP-Systems in drei dedizierte Schichten für Datenhaltung, Anwendung und Präsentation verwendet. In Abschnitt 1.2.3 wurde diese Drei-Schichten-Architektur bereits aus funktionaler und herstellerunabhängiger Sicht vorgestellt. Die nachfolgende Beschreibung fokussiert sich hingegen auf die Realisierung dieses Architekturkonzepts bei SAP ERP in systemtechnischen Bestandteilen und deren Interaktion.

- **Applikationsserver der Anwendungsschicht**:
  Der Applikationsserver in der Anwendungsschicht von SAP ERP wird als *SAP NetWeaver Application Server* (SAP NetWeaver AS) bezeichnet.
- **Datenbank der Datenhaltungsschicht**:
  Pro SAP-ERP-System existiert in der Datenhaltungsschicht eine zentrale Datenbank. Diese stellt neben den Anwendungsdaten mitunter auch die Anwendungslogik bereit, die vom Applikationsserver während der Laufzeit geladen wird. Es können Datenbankprodukte verschiedener Hersteller verwendet werden, z. B. SAP HANA, Oracle Database oder IBM DB2.

- **Clientsoftware der Präsentationsschicht:**
  In der Präsentationsschicht arbeiten die Benutzer mit SAP ERP, indem sie über eine Clientsoftware auf die Programme der Anwendungsschicht zugreifen. Der Zugriff ist entweder über SAP GUI oder per Browser möglich. Die Benutzerinteraktion läuft über *Dynpro* (dynamisches Programm), eine Oberflächentechnik von SAP. Hierfür stellt Dynpro Elemente zur Oberflächengestaltung zur Verfügung: Masken mit Buttons, Listen, Tabellen, Checkboxen etc. Über Dynpro wird auch die Ablauflogik der Benutzerdialoge definiert.

Die nachfolgende Betrachtung konzentriert sich auf den Aufbau und die Funktionsweise des SAP NetWeaver AS. Bei dessen Installation kann man zwischen zwei möglichen Ausprägungen wählen: SAP NetWeaver AS ABAP und SAP NetWeaver AS Java.

SAP NetWeaver Application Server ABAP

ABAP Stack

Da es sich bei SAP ERP um ein ABAP-System handelt, wird die Entwicklung und Ausführung von ABAP-basierten Applikationen unterstützt (optional können auch ausgewählte SAP-Java-Anwendungen ausgeführt werden). Die Drei-Schichten-Architektur mit eingebettetem SAP NetWeaver AS ABAP bezeichnet man häufig als *ABAP Stack* (siehe Abbildung 1.23).

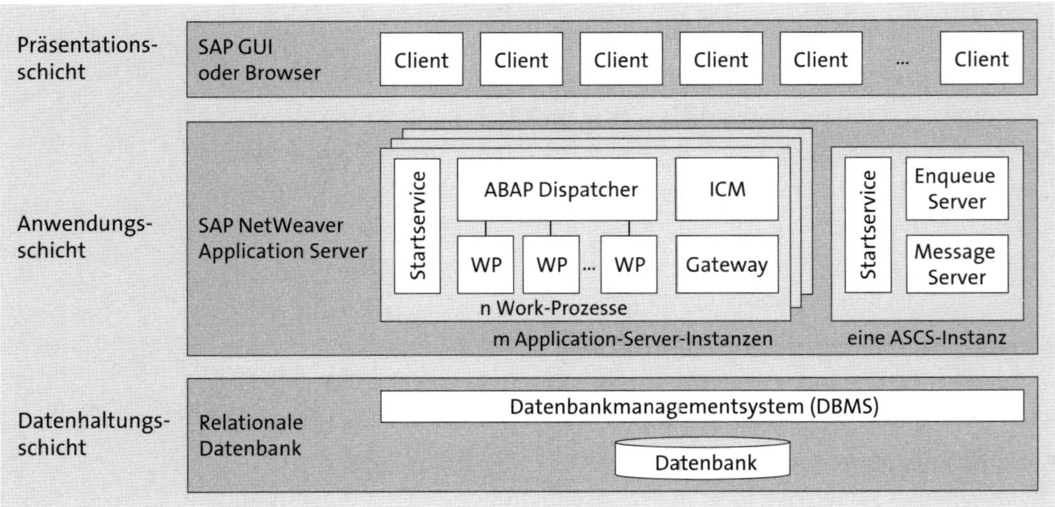

Abbildung 1.23 ABAP Stack

Instanzen

Der ABAP Stack verfügt über mehrere *Instanzen*: administrative Einheiten, die jeweils eindeutig durch eine System-ID und eine Instanznummer identifiziert werden. Instanzen können *Application-Server-Instanzen* oder eine *ABAP-System-Central-Services-Instanz* (ASCS-Instanz) sein.

ASCS-Instanz

Wie in Abbildung 1.23 dargestellt, läuft in der Anwendungsschicht genau eine ASCS-Instanz, die über einen eigenen *Startservice* verfügt und zudem den *Message Server* und den *Enqueue Server* enthält. Mit der ASCS-Instanz können keine Dialoganfragen bearbeitet werden. Vielmehr übernimmt sie administrative Aufgaben: Mit dem Message Server wird ein zentraler Kommunikationskanal zwischen den einzelnen Application-Server-Instanzen bereitgestellt. Er dient der Lastverteilung bei Systemanmeldungen und ist Informationsstelle für die Application-Server-Instanzen, die sich beim Start beim Message Server anmelden müssen. Über den Enqueue Server werden systemweit Sperren auf Datenbanktabellen verwaltet. Dadurch werden Konflikte beim Lesen und Schreiben von gemeinsam genutzten Datenbeständen identifiziert und aufgelöst.

Application-Server-Instanzen

Application-Server-Instanzen sind z. B. für die Bearbeitung von Benutzeranfragen zuständig und kommen in der Regel mehrfach vor. Sie bestehen jeweils aus einem Startservice, mehreren *Work-Prozessen*, einem *ABAP Dispatcher*, einem *Internet Communication Manager* (ICM) und einem *Gateway*.

Auf jeder Maschine existiert ein Startservice, mit dem die ASCS-Instanz oder neue Application-Server-Instanzen gestartet, gestoppt und überwacht werden können.

Work-Prozesss

In jeder Application-Server-Instanz laufen parallel arbeitende Work-Prozesse, auf denen die Applikationen ausgeführt werden. Jeder Work-Prozess besitzt einen *ABAP-Prozessor*, einen Dialog-Interpreter (*Dynpro-Prozessor*) und eine Datenbankschnittstelle (siehe Abbildung 1.24). Der ABAP-Prozessor führt die in der SAP-eigenen Programmiersprache ABAP/4 erstellten Applikationen aus, während der Dynpro-Prozessor die Dialogschritte aus der Interaktion mit dem Benutzer auswertet.

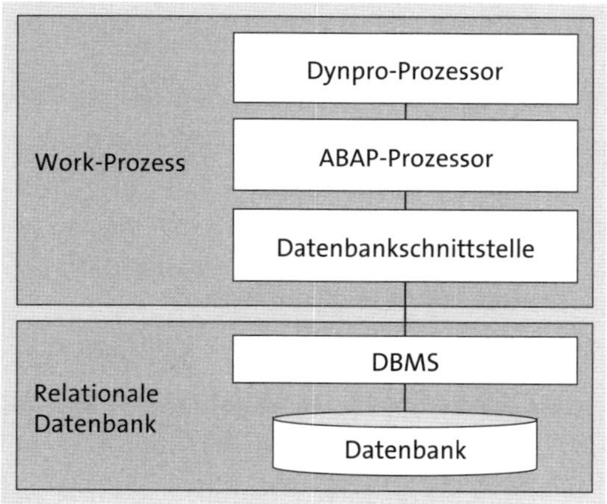

Abbildung 1.24 Work-Prozess

ABAP Dispatcher

Die Kommunikation mit den Clients in der Präsentationsschicht läuft dabei über den *ABAP Dispatcher*. Dieser nimmt die Eingaben der Benutzer entgegen und leitet sie an den zuständigen Work-Prozess weiter. Zugleich kümmert sich der ABAP Dispatcher um die Lastverteilung, also um eine gleichmäßige Verteilung der ausgeführten Transaktionen über die Menge der vorhandenen Work-Prozesse. Der ABAP Dispatcher kann Arbeitspausen im Benutzerdialog erkennen und den belegten Work-Prozess für andere Benutzer freigeben. Bei Fortsetzung der Benutzerinteraktion wird ein freier Work-Prozess identifiziert und darin die Verarbeitung wiederaufgenommen. Darüber hinaus kümmert sich der ABAP Dispatcher um die *Pufferverwaltung* im Arbeitsspeicher und koordiniert Kommunikationsprozesse innerhalb der Application-Server-Instanz.

Internet Communication Manager

Der Internet Communication Manager läuft als eigener Work-Prozess und wird insofern durch den ABAP Dispatcher gestartet und überwacht. Die Application-Server-Instanz kann über den ICM mit der Außenwelt als Server und als Client kommunizieren – basierend auf den Protokollen *HTTP*, *HTTPS* oder *SMTP*. In der Serverrolle nimmt der ICM z.B. eine Anfrage (*Request*) aus einer Webanwendung entgegen, die über einen Webbrowser in der Präsentationsschicht gesendet wurde. Anschließend leitet er sie zur Verarbeitung an den zuständigen Work-Prozess weiter und verschickt schließlich die zugehörige Antwort (*Response*).

Gateway

Auch das Gateway läuft als Work-Prozess und wird als solcher durch den ABAP Dispatcher gestartet und überwacht. Das Gateway kommuniziert über das *TCP/IP-Protokoll*. Es bietet eine Schnittstelle für RFCs, also für den Aufruf von Funktionen (oder Programmen) auf anderen Application-Server-Instanzen, auf anderen SAP-Systemen und auf Nicht-SAP-Systemen. Auf diese Art kann ein SAP-ERP-System auch mit externen ERP-Systemen kommunizieren.

SAP NetWeaver Application Server Java

Java Stack

Das reine Java-System ist konform zu *Java Platform Enterprise Edition 5* (Java EE 5) und unterstützt die Entwicklung und Ausführung von Java-EE-Applikationen. Allerdings können keine ABAP-Applikationen ausgeführt werden. Die Drei-Schichten-Architektur mit eingebettetem SAP NetWeaver Application Server Java bezeichnet man auch als *Java Stack* (siehe Abbildung 1.25).

Der clientseitige Zugriff aus der Präsentationsschicht geschieht typischerweise per Browser. Ansonsten ähnelt der Aufbau der oben beschriebenen Architektur des ABAP Stacks. Analog existieren mehrere Application-Server-Instanzen und nur eine *System-Central-Service-Instanz* (SCS-Instanz) mit vergleichbaren Aufgaben.

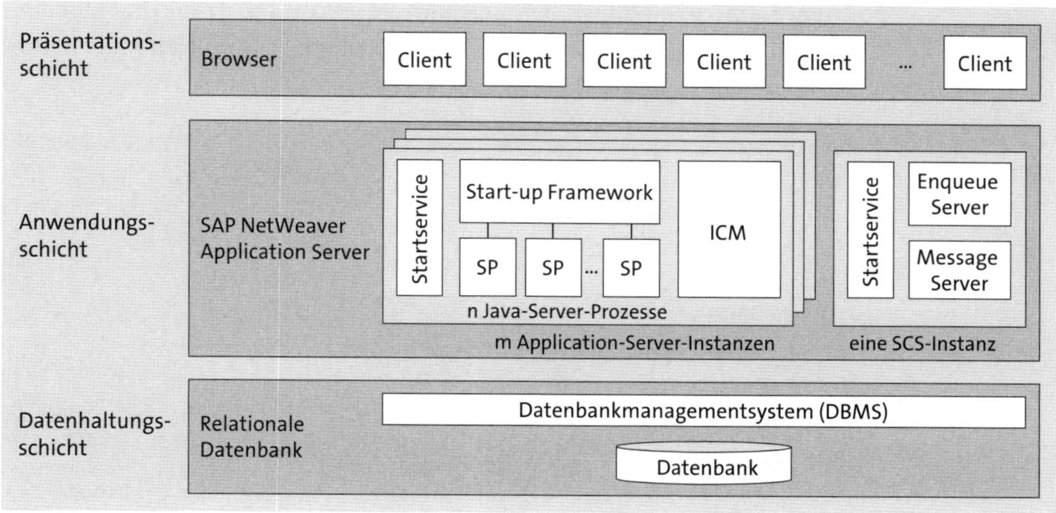

Abbildung 1.25 Java Stack

Prozesse

Java-Applikationen werden in einer Reihe von *Java-Server-Prozessen* (SP) ausgeführt. Jeder Prozess verfügt über eine *SAP Java Virtual Machine* (SAP JVM), auf der zur Laufzeit der Java-Bytecode einer Applikation interpretiert wird. Alle Prozesse derselben Application-Server-Instanz verfügen über die gleichen Funktionen und haben Zugriff auf einen gemeinsam genutzten Speicher.

Start-up Framework

Das *Start-up Framework* verwaltet den Lebenszyklus der Java-Server-Prozesse: Es kann Prozesse starten, stoppen und überwachen. Fällt ein Prozess aus, startet es den entsprechenden Prozess neu. Es zeigt den Zustand der Systemumgebung und bietet Optionen zur Problemanalyse.

1.3.4 Drei-System-Landschaft

Aufbau einer Drei-System-Landschaft

Mit SAP ERP kann eine Systemlandschaft aufgebaut werden (siehe Abbildung 1.26). Die darin enthaltenen SAP-ERP-Systeme sind über ein Rechnernetz miteinander verbunden. In der Praxis gestaltet und verwaltet man beispielsweise eine Drei-System-Landschaft, bestehend aus einem Entwicklungssystem *DEV*, einem Qualitätssicherungssystem *QAS* und einem Produktivsystem *PRD*. Auf den Systemen werden spezifische *Mandanten* konfiguriert. Aus technischer Perspektive bildet jeder Mandant eine für sich handelsrechtlich, organisatorisch und datentechnisch abgeschlossene Einheit innerhalb eines SAP-Systems. Der Mandant ist die höchste Hierarchieebene im SAP-System. Mehr zur betriebswirtschaftlichen Interpretation eines Mandanten vermittelt Abschnitt 1.4.1. In der beschriebenen Drei-System-Landschaft können beispielsweise auf DEV ein Customizing-Mandant *CUST*, auf QAS ein Qualitätssicherungsmandant *QTST* und auf PRD ein Produktivmandant *PROD* konfiguriert werden.

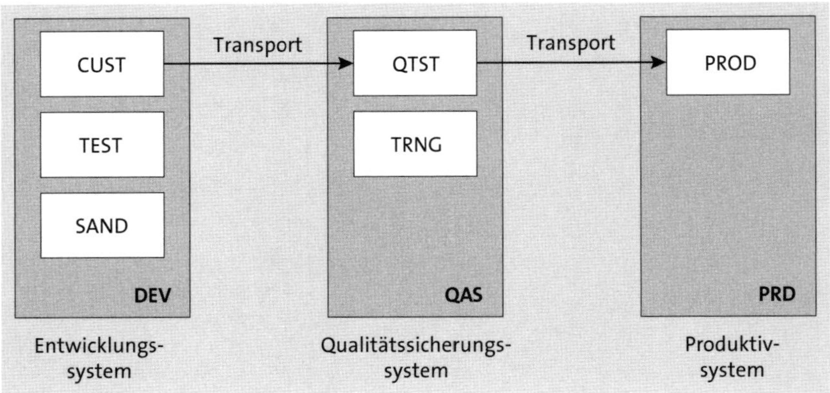

Abbildung 1.26 Drei-System-Landschaft mit SAP ERP

Transport

Änderungen werden in der Praxis zunächst an den Customizing-Daten und den Repository-Objekten in CUST durchgeführt und entsprechende Änderungsaufträge generiert. Nach der Freigabe dieser Änderungsaufträge werden die Änderungen nach QTST transportiert. Auf QAS kann nun getestet werden, ob der *Transport* vollständig und korrekt war. Zudem wird überprüft, dass auch der Transport der mandantenunabhängigen Konfigurationsdaten korrekt vollzogen wurde. Nach erfolgreichem Test auf QAS unter realitätsgetreuen Bedingungen erfolgt schließlich der Transport und Einsatz auf dem Produktivsystem PROD.

Neben den bereits genannten Mandanten können weitere Mandanten genutzt werden, z. B. ein Entwicklungstestmandant *TEST* oder eine *Sandbox* als Prototypmandant (*SAND*) auf dem DEV-System. Trainingsmandanten *TRNG* zur Mitarbeiterschulung sollte man vorzugsweise auf QAS bereitstellen.

1.4 Datenarten in SAP ERP

Wie bereits erläutert, verwenden ERP-Systeme drei Arten von Daten: Organisationsdaten, Stammdaten und Bewegungsdaten. Basierend auf den realweltlichen Beispielen in Tabelle 1.4 werden folgend deren Entsprechungen im SAP-ERP-System vorgestellt.

Organisationsdatum	Stammdatum	Bewegungsdatum
Konzern	Produkt	Kundenauftrag
Tochtergesellschaft	Kunde	Lieferantenbestellung
Vertriebsabteilung	Lieferant	Produktionsauftrag
Fabrik	Maschine	Kundenrechnung
Lager	Mitarbeiter	Lieferantenrechnung

Tabelle 1.4 Praxisbeispiele für Organisationsdaten, Stammdaten und Bewegungsdaten mit realweltlichen Bezeichnungen

Bei den ersten beiden Datenarten (Organisationsdaten und Stammdaten) handelt es sich in SAP ERP um *statische Daten*. Das bedeutet, sie liegen im System meist langfristig und in nahezu unveränderter Form vor. Ein wesentliches Unterscheidungsmerkmal zwischen den beiden Datenarten ist der Benutzerkreis, der die Daten anlegt und pflegt.

Organisationsdaten

In SAP-ERP-Einführungsprojekten werden Organisationsdaten meist durch externe Unternehmensberater (meist mit Expertenwissen in einem bestimmten Funktionsbereich) und interne *Key User* (auf einen Funktionsbereich spezialisierte Mitarbeiter) eingerichtet. Das Ziel ist die vollständige Abbildung der Aufbauorganisation eines Unternehmens in SAP ERP. Die Einrichtung der Organisationsdaten gehört zur Parametrierung der Standardsoftware. In SAP ERP werden alle konzernabhängigen Änderungen unter dem Begriff Customizing subsumiert. Ziel eines jeden Einführungsprojekts ist zunächst die Identifizierung der für das Unternehmen notwendigen Standardfunktionalität, danach die Adaption auf betriebliche Gegebenheiten der Aufbau- und Ablauforganisation und bei Bedarf die Änderung oder Erweiterung logischer Programmbausteine.

Stammdaten

Stammdaten sind Daten in SAP ERP, die nicht im Rahmen der Systemparametrierung angelegt werden, sondern von Anwendern zur Durchführung betrieblicher Geschäftsprozesse. In Abschnitt 1.4.2 wird unter anderem erläutert, wie bestimmte Attribute von Stammdaten mit Bezug zu ausgewählten Organisationsdaten gepflegt werden können.

Bewegungsdaten

Bewegungsdaten stellen – im Gegensatz zu Organisations- und Stammdaten – in SAP ERP *dynamische Daten* dar, die die Bearbeitung betrieblicher Prozesse dokumentieren und deren Ergebnisse auditierbar festhalten. In Abschnitt 1.4.3 folgen Beispiele dieser Datenart.

1.4.1 Organisationsdaten

Jedes Unternehmen ist – bedingt durch seine Historie und Entwicklung – individuell aufgebaut. Die Aufbauorganisation hängt von Faktoren wie der Größe, der Branche oder der Geschäftsform des Unternehmens ab. Die folgenden Ausführungen werden wieder am globalen Beispielunternehmen Global Bike veranschaulicht.

Organisationseinheiten

Organisationseinheiten werden zur Strukturierung verschiedener Funktionsbereiche im Unternehmen verwendet, z. B. des Vertriebs, der Materialwirtschaft oder des Personalwesens. Dabei werden bereichsübergreifende und bereichsspezifische Einheiten unterschieden. Während die Organisationseinheit Werk im Vertrieb, dem Einkauf, der Produktion und der Instandhaltung genutzt wird, ist die Einheit Verkaufsorganisation nur für den Verkauf relevant. Folgend werden einige Organisationseinheiten beispielhaft vorgestellt.

Mandant

Der Mandant stellt im SAP-ERP-System betriebswirtschaftlich die größte handelsrechtliche organisatorische Einheit dar. Er entspricht in der Regel dem realweltlichen Begriff Konzern oder Muttergesellschaft. Technisch können in SAP ERP mehrere Mandanten in einem System abgebildet werden. Mandanten dienen der Entwicklung, dem Test bzw. Produktivbetrieb des jeweiligen Konzerns. Die Daten eines Mandanten sind aus der Sicht anderer Mandanten innerhalb eines SAP-Systems geschützt in mandantenabhängigen Tabellen abgelegt und nur für berechtigte Mitarbeiter verfügbar. Ein Mandant wird innerhalb eines SAP-Systems durch einen dreistelligen numerischen Schlüssel eindeutig identifiziert. Dieser muss beim Anmelden am SAP-System explizit ausgewählt werden und kann bis zum Abmelden nicht geändert werden. Bezogen auf unser Beispielunternehmen heißt das, dass der Global-Bike-Konzern im SAP-ERP-System als Mandant abgebildet wird.

Buchungskreis

Der *Buchungskreis* stellt in SAP ERP betriebswirtschaftlich die kleinste Organisationseinheit des externen Rechnungswesens (Finanzwesen) dar, für die eine vollständige, in sich abgeschlossene Buchhaltung abgebildet werden kann. Auf Buchungskreisebene werden die Bilanz und die Gewinn-und-Verlust-Rechnung (GuV) erstellt.

Buchungskreise werden im Rahmen von Einführungsprojekten initial im Customizing des SAP-ERP-Systems eingerichtet. Neben einer innerhalb des Mandanten eindeutigen, vierstelligen, alphanumerischen Nummer müssen der Name der Firma sowie die Währung hinterlegt werden. Zusätzlich können Ort, Land, Sprache und Adressdetails gepflegt werden.

Das Beispielunternehmen Global Bike besteht aus zwei finanziell eigenständigen Tochterfirmen: der Global Bike Inc. (GBI) in den USA und der Global Bike Germany GmbH in Deutschland. Sie sind im SAP-System als Buchungskreise mit den Nummern US00 und DE00 angelegt worden. Abbildung 1.27 zeigt die eingestellten Details des deutschen Buchungskreises.

Abbildung 1.27 Buchungskreis DE00 (Global Bike Germany GmbH)

[/]

Global Bike – SAP-ERP-Einführung

Da der Fokus dieses Buches auf der Vermittlung und Bearbeitung von Geschäftsprozessen liegt, werden grundlegende Tätigkeiten zur initialen technischen Einrichtung des SAP-ERP-Systems zwar erwähnt, in den verwendeten Lehr- und Lernumgebungen ist diese Einrichtung jedoch vorab bereits erfolgt, sodass Sie direkt mit der Bearbeitung der Geschäftsprozesse starten können.

Mehr über die Planung und Durchführung von SAP-ERP-Einführungsprojekten erfahren Sie in der sehr umfangreichen UCC-Fallstudie »Einführung in SAP ERP Customizing mit Global Bike«.

Vor der Bearbeitung der Fallstudie im SAP-ERP-System sollten Sie sich über die Möglichkeiten und Grenzen des Customizings informieren. Beachten Sie auch, ob zusätzliche Benutzerberechtigungen erforderlich sind und dass die Customizing-Aktivitäten in SAP ERP Risiken bedeuten können.

Verkaufsorganisation

Verkaufsorganisationen unterstützen im SAP-ERP-System als Organisationseinheit des Vertriebs den Verkauf bestimmter Waren oder Dienstleistungen. Die Zuständigkeit umfasst die Haftung für verkaufte Produkte sowie die Verantwortung von Kundenregressforderungen. Verkaufsorganisationen bilden üblicherweise Vertriebsgebiete lokal oder regional ab. Jede Verkaufsorganisation ist dabei genau einem Buchungskreis fest zugeordnet. Innerhalb eines Buchungskreises können dagegen mehrere Verkaufsorganisationen tätig sein.

Die Global Bike Inc. in den USA wurde in die beiden Verkaufsgebiete US West und US Ost aufgeteilt. Bei Global Bike in Deutschland wird vertrieblich zwischen dem Norden und dem Süden unterschieden. Die Verkaufsorganisationen tragen die vierstelligen, sprechenden Kürzel UW00, UE00, DN00 und DS00. In Abbildung 1.28 sind die im SAP-ERP-System definierten Einheiten mit Schlüssel und Bezeichnung dargestellt.

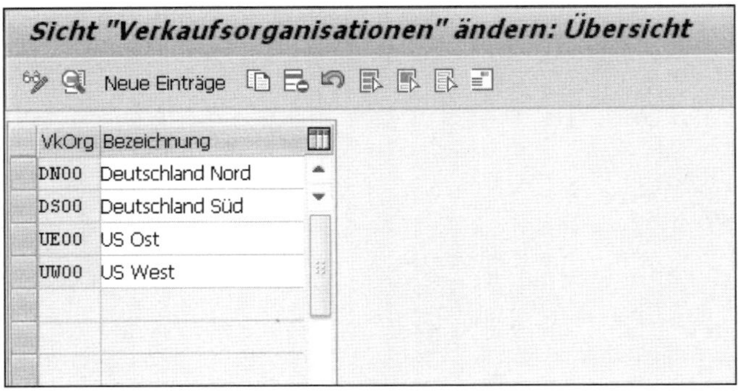

Abbildung 1.28 Verkaufsorganisationen von Global Bike

Werk

Werke dienen im SAP-System der Durchführung aller Vorgänge zur Bewegung und Bearbeitung von *Material*. In Form einer Betriebsstätte oder Niederlassung eines Unternehmens kann ein Werk dabei eine oder mehrere der folgenden vier Aufgaben erfüllen:

- Waren einkaufen (*Beschaffungswerk*)
- Waren produzieren (*Fertigungswerk*)
- Waren verteilen (*Distributionswerk*)
- Anlagen warten (*Instandhaltungsplanungswerk*)

Genau wie Verkaufsorganisationen sind Werke dabei jeweils genau einem Buchungskreis zugeordnet. In einem Buchungskreis hingegen können Beziehungen zu mehreren Werken abgebildet werden.

Für Global Bike sind im SAP-System folgende Werke definiert (siehe Abbildung 1.29).

Erneut wurden sprechende, vierstellige Zeichenfolgen verwendet. Während die Verteilzentren (engl. *Distribution Center*, DC) in Hamburg, Miami und San Diego von den vier oben genannten Aufgaben lediglich die der Beschaffung und Distribution wahrnehmen, erbringen die Werke (engl. *Plant*) in Dallas und Heidelberg an ihren Standorten alle vier Tätigkeiten.

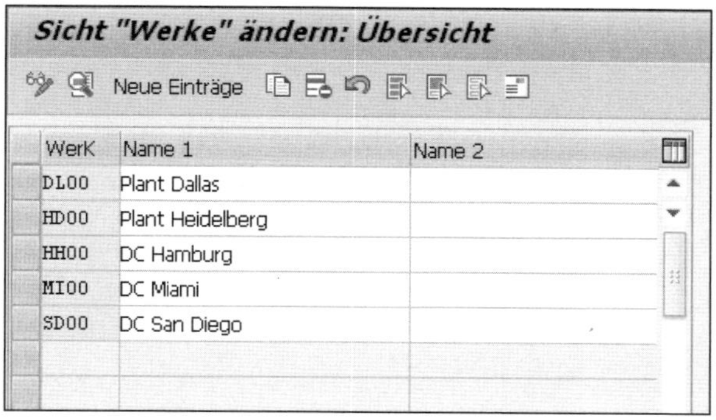

Abbildung 1.29 Werke von Global Bike

Lagerort

Lagerorte ermöglichen eine feinere Unterscheidung von Lagerbeständen innerhalb eines Werkes, z. B. nach Materialarten wie Fertigerzeugnissen, Rohstoffen oder Handelswaren. Typische Aktivitäten auf Lagerortebene sind die mengenmäßige Bestandsführung, die Inventur sowie die Pflege spezifischer Eigenschaften in den Materialstammsätzen je Lagerort.

Der vierstellige alphanumerische Schlüssel eines Lagerortes muss dabei innerhalb eines Werkes eindeutig vergeben sein. In Abbildung 1.30 ist erkennbar, dass es dagegen durchaus möglich ist, sowohl im Werk Heidelberg als auch Hamburg Lagerorte mit dem Namen TG00 für Handelswaren (engl. *Trading Goods*, TG) zu vergeben.

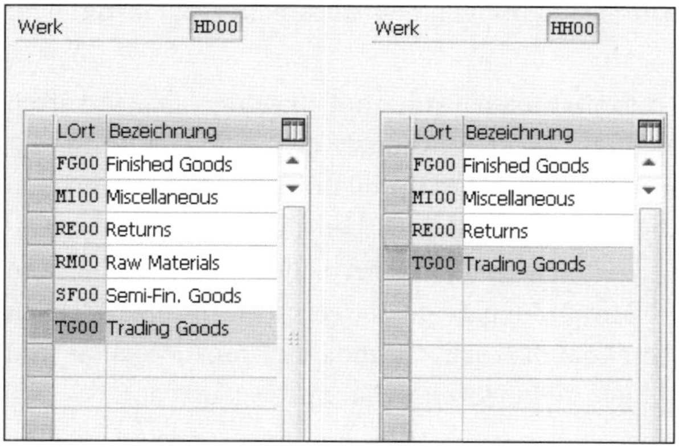

Abbildung 1.30 Lagerorte in den Werken Heidelberg und Hamburg

SAP-ERP-Terminologie – Überblick

Wie zu Beginn dieses Abschnitts angekündigt, wurden realweltliche Begriffe für Organisationsdaten in die SAP-ERP-Terminologie übersetzt. Tabelle 1.5 stellt die Zuordnung der Begriffe zusammenfassend dar.

Begriff in der Praxis	Begriff in SAP ERP
Konzern	Mandant
Tochtergesellschaft	Buchungskreis
Vertriebsabteilung	Verkaufsorganisation
Fabrik	Werk
Lager	Lagerort

Tabelle 1.5 Überführung der Organisationsdaten in die SAP-ERP-Terminologie

1.4.2 Stammdaten

Wie bereits erläutert, repräsentieren Stammdaten statische Datenobjekte, die in Geschäftsprozessen verwendet werden. Sie können sich z. B. auf einen Kunden oder ein Produkt beziehen. In SAP ERP werden die Stammdaten zentral abgelegt und können aus allen Bereichen, für die sie relevant sind (z. B. Vertrieb, Einkauf), bearbeitet werden. Stammdaten enthalten zunächst Informationen, die konzernweit – in SAP ERP im gesamten Mandanten – Gültigkeit besitzen. Daneben verfügen Stammdaten über Datenfelder, die nur für Teilbereiche des Unternehmens gelten. Grund hierfür ist, dass beispielsweise ein Mitarbeiter in der Materialwirtschaft Zugriff auf andere Produktinformationen benötigt als ein Mitarbeiter im Einkauf oder im Vertrieb.

Sichten

Die unterschiedlichen Informationen werden auf einzelnen Registerkarten (in SAP ERP *Sichten* genannt) zusammengefasst. Sichten dienen somit der Bündelung von Eigenschaften eines Stammdatums nach betrieblichen Aktivitäten und zur Abgrenzung von Zugriffsberechtigungen für Systembenutzer. Das Konzept der Sichten findet bei nahezu allen komplexen Stammdaten in SAP ERP Anwendung. Folgend werden die in Tabelle 1.4 beispielhaft genannten Stammdaten Produkt, Kunde, Lieferant, Maschine und Mitarbeiter einzeln definiert und in ihren SAP-Kontext gebracht.

Material

Produkte eines Unternehmens werden in SAP ERP als Material bezeichnet – unabhängig davon, ob es sich um materielle oder immaterielle Güter handelt. Sie können beschafft, gefertigt, gelagert oder verkauft werden. Diese Verwendung und die damit verbundenen Grundeigenschaften werden durch die Zuordnung zu *Materialarten* definiert. Materialarten steuern unter anderem den Zweck eines einzelnen Materials, die verfügbaren Sichten sowie die Reihenfolge der zu pflegenden Datenfelder. Im SAP-ERP-System wird jedes Material genau einer Materialart zugeordnet. Beispiele für

Materialarten sind Rohstoffe, Fertigerzeugnisse, Handelswaren, Nichtlagermaterial, Dienstleistungen oder Verpackungsmaterial.

Abbildung 1.31 liefert einen Überblick über die Sichten eines zum Verkauf vorgesehenen Materials am Beispiel des schwarzen Deluxe Touring Bikes aus dem Portfolio des Global-Bike-Unternehmens.

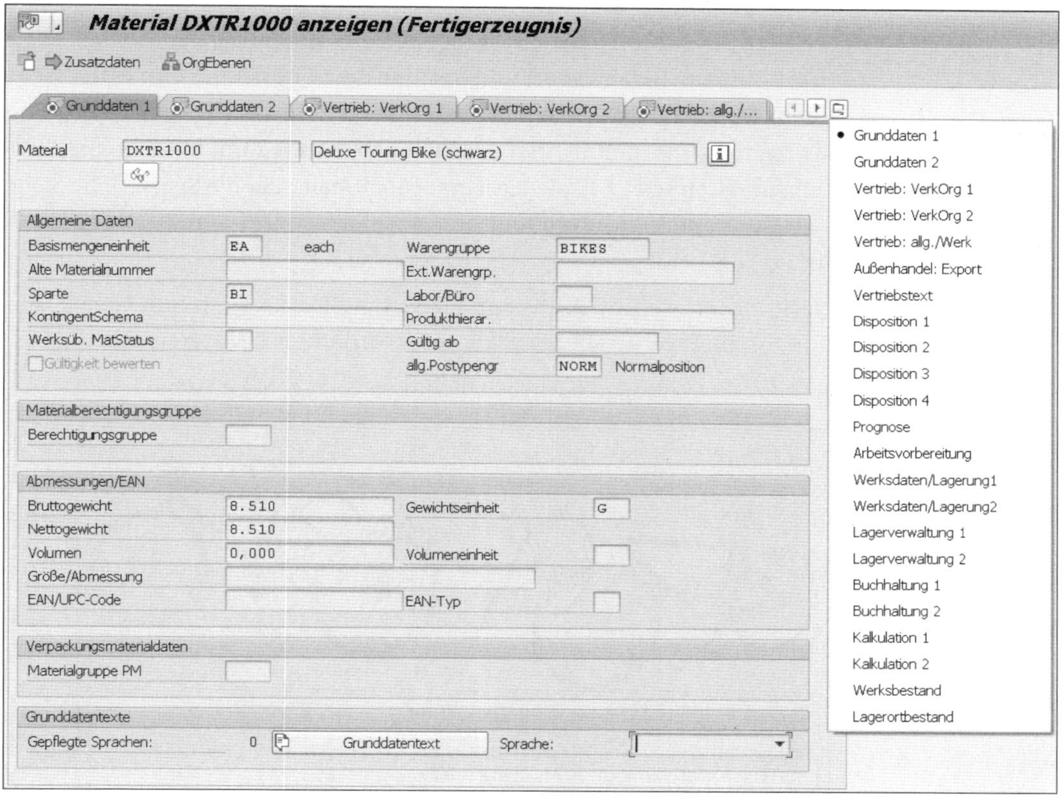

Abbildung 1.31 Sichten im Materialstamm (Transaktion MM03)

Sichten im Materialstamm

Unabhängig von ihrer Materialart besitzen alle Materialstammsätze die Sicht **Grunddaten**. Hierbei handelt es sich um Daten, die im gesamten Mandant Gültigkeit besitzen, wie z. B. die Materialnummer, die Bezeichnung, die Basismengeneinheit sowie die Sparte. Im dargestellten Beispiel des Deluxe Touring Bikes (schwarz) handelt es sich um Stückware (EA) aus der Warengruppe Fahrräder (BIKES) und aus der Sparte Fahrräder (BI).

Gibt es zu einer Sicht mehr Informationen, als sich übersichtlich auf einer Seite darstellen lassen, werden diese auf mehrere Registerkarten aufgeteilt. Beispiele hierfür sind die Sichten Grunddaten oder Disposition (siehe Abbildung 1.31).

Alle weiteren Sichten und deren Datenfelder hängen von der gewählten Materialart ab. Zu dem in Abbildung 1.31 dargestellten Material ist z. B. die Pflege der Sicht **Einkauf** nicht vorgesehen, da schwarze Straßenfahrräder bei Global Bike ausschließlich selbst gefertigt werden.

Welche Sichten ein Benutzer sieht, kann abhängig von seiner organisatorischen Zuordnung und seinen betrieblichen Aufgaben im System eingestellt werden. Die Sichten **Vertrieb: VerkOrg1**, **Vertrieb: VerkOrg 2**, **Vertrieb: allg./Werk**, **Außenhandel: Export** und **Vertriebstext** enthalten z. B. vertriebsrelevante Materialdaten. Dabei ist die Verwendung der Sichten nicht überschneidungsfrei. Ein Attribut des Materialstamms kann in mehreren Sichten enthalten sein, z. B. die Basismengeneinheit oder die Sparte. Eine Sicht, z. B. die Grunddaten, kann für unterschiedliche Unternehmensbereiche relevant sein.

Materialstamm von Global Bike

Nachfolgend werden die Materialien im Materialstamm von Global Bike vorgestellt. Die Darstellung erfolgt strukturiert nach Materialarten.

Abbildung 1.32 zeigt die Fertigerzeugnisse von Global Bike.

Deluxe Touring Bike schwarz: DXTR1### silber: DXTR2### rot: DXTR3###	Profi Touringbike schwarz: DXTR1### silber: DXTR2### rot: DXTR3###	Mountain Bike Herren: ORMN1### Damen: ORWN1###

Abbildung 1.32 Auswahl von Fertigerzeugnissen von Global Bike: schwarzes Deluxe Touring Bike (links), silber Profi Touringbike (Mitte), Mountainbike Herren (rechts) (Quelle: Bäuerle 2019)

Fertigerzeugnisse

Zu den Materialien der Firma Global Bike gehören Deluxe Touring Bikes in drei unterschiedlichen Rahmenfarben: Schwarz, Silber und Rot. Profi Touringbikes befinden sich in einer etwas höheren Preisklasse. Sie bestehen zwar aus den gleichen Bauteilen wie Deluxe Touring Bikes. Allerdings sind die Vorder- und Hinterräder aus Kohlefaser statt Aluminium gefertigt. Profi Touringbikes werden ebenfalls in den Rahmenfarben Schwarz, Silber und Rot angeboten. Mountainbikes kommen in zwei unterschiedlichen Bauformen für Herren und für Damen vor.

Abbildung 1.33 gibt einen Überblick über die Halbfabrikate von Global Bike.

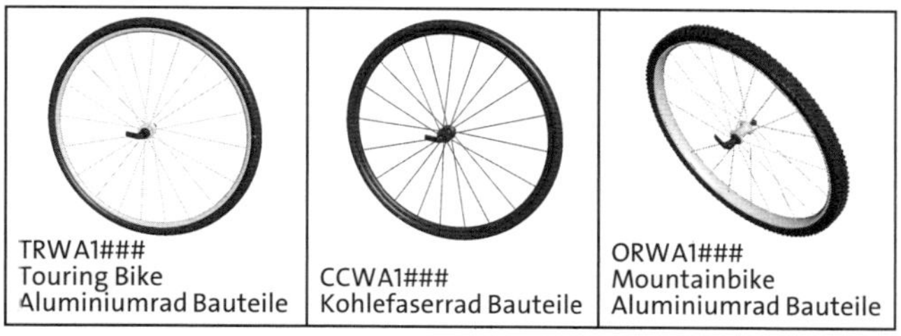

Abbildung 1.33 Halbfabrikate von Global Bike (Quelle: Bäuerle 2019)

Halbfabrikate

Alle Halbfabrikate von Global Bike sind Räder, die in der Produktion der zuvor genannten Fertigerzeugnisse als Vorder- oder Hinterrad verbaut werden.

Rohstoffe

Abbildung 1.34 gibt einen Überblick über die bei Global Bike eingesetzten Rohstoffe.

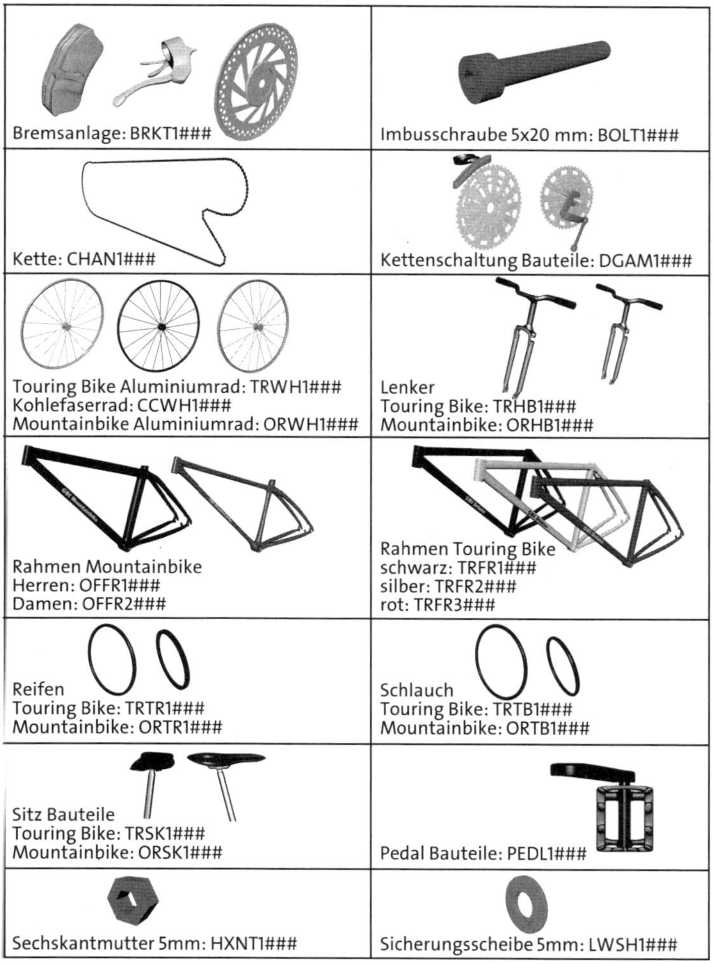

Abbildung 1.34 Rohstoffe von Global Bike (Quelle: Bäuerle 2019)

Alle visualisierten Rohstoffe sind Bauteile, die für die Montage der Halbfabrikate und Fertigerzeugnisse benötigt werden. Dokumentation und Verpackungsmaterialien sind in der Abbildung nicht enthalten.

Handelswaren Global Bike führt zudem die in Abbildung 1.35 gezeigten zehn Handelswaren.

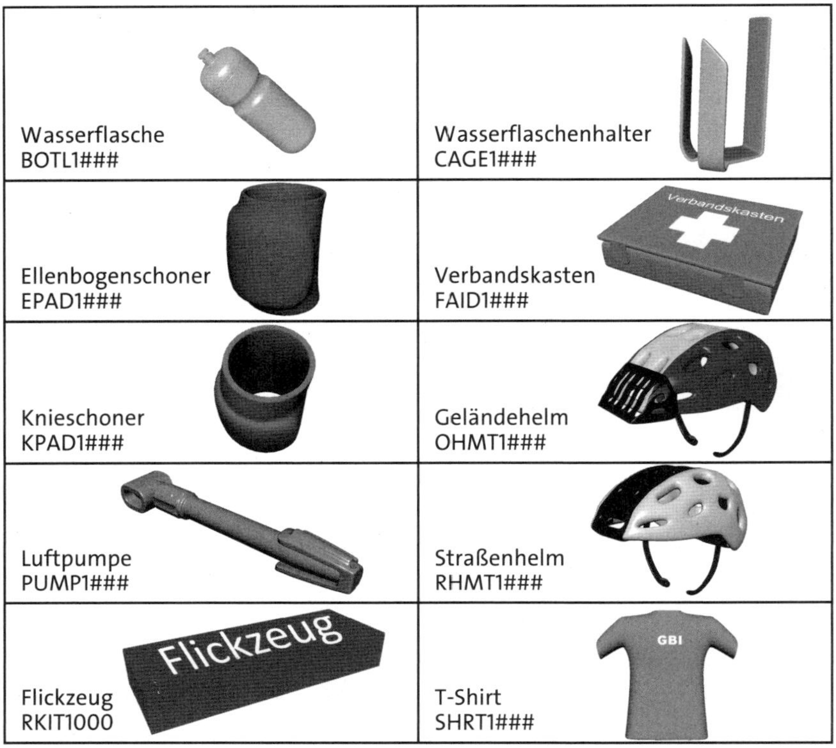

Abbildung 1.35 Handelswaren von Global Bike (Quelle: Bäuerle 2019)

Solche Handelswaren werden nicht eigengefertigt, sondern ausschließlich fremdbeschafft. Es handelt sich um Ausstattung und Fahrradzubehörteile, die nur für den Verkauf und nicht für Produktionszwecke bei Global Bike bestimmt sind.

Kunde Neben dem Material spielt der *Kunde* als zentraler Geschäftspartner eine wesentliche Rolle in ERP-Systemen. Insbesondere bei der Verwendung im Rechnungswesen wird der Kunde als *Debitor* bezeichnet.

Sichten im Kundenstamm Aufgrund seiner Relevanz für die Funktionsbereiche Vertrieb und Rechnungswesen ist der Kundenstamm in SAP ERP in drei Bereiche untergliedert: allgemeine Daten, Buchungskreisdaten und Vertriebsbereichsdaten. In den **Allgemeinen Daten** sind Informationen wie die Debitorennummer, der Name, Adressen sowie Zahlungsverbindungen gespeichert. Die **Buchungskreisdaten** umfassen aus der Sicht eines Tochterunternehmens alle buchhalterisch relevanten Daten eines Kunden. Die **Vertriebsbereichsdaten** hingegen enthalten die für Vertriebsaktivitäten erforderlichen Daten.

Kundenstamm von Global Bike

Global Bike vertreibt seine Produkte an zwölf Großhändler in den USA und zwölf Großhändler in Deutschland. Jeder dieser Kunden ist jeweils nur für einen der beiden Buchungskreise relevant, entweder US00 oder DE00. Abbildung 1.36 zeigt die Sicht **Kontoführung** der Buchungskreisdaten von Kunde VeloDOM in Magdeburg. Neben dem Buchungskreis Global Bike Germany GmbH (DE00) ist das Sachkonto 110000 (Forderungen aus Lieferungen und Leistungen) als **Abstimmkonto** gepflegt. Diese und weitere Sichten mit Bezug zur Finanzbuchhaltung werden in Kapitel 5, »Produktionsplanung und -steuerung«, näher erläutert.

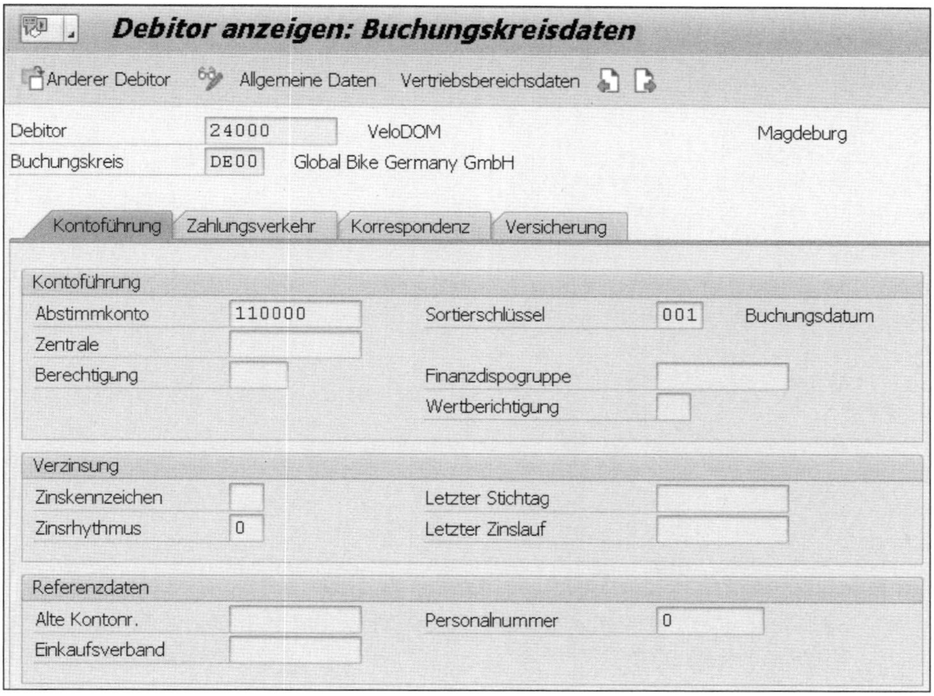

Abbildung 1.36 Buchungskreisdaten im Debitorenstamm (Transaktion XD03)

Die **Vertriebsbereichsdaten** enthalten alle Kundeninformationen des Verkaufs und Versands. Hier ist zu beachten, dass die Feldinhalte mehrfach gepflegt werden können, da sie verschiedenen Organisationsdaten zugeordnet sein können.

Für den Kunden VeloDOM unseres Beispielunternehmens sind Informationen für folgende fünf Vertriebsbereiche gepflegt (jeweils Verkaufsorganisation – Vertriebsweg – Sparte):

- Deutschland Nord – Internet – Zubehör
- Deutschland Nord – Internet – Fahrräder
- Deutschland Nord – Großhandel – Zubehör
- Deutschland Nord – Großhandel – Fahrräder
- USA West – Großhandel – Fahrräder

Abbildung 1.37 und Abbildung 1.38 verdeutlichen die Mehrfachpflege am Beispiel der letzten beiden genannten Kombinationen. Man erkennt die Unterschiede in den Datenfeldern **Verkaufsorg.** und **Auslieferungswerk**. Diese und weitere Sichten mit Bezug zum Vertrieb werden in Kapitel 2, »Vertrieb«, näher erläutert.

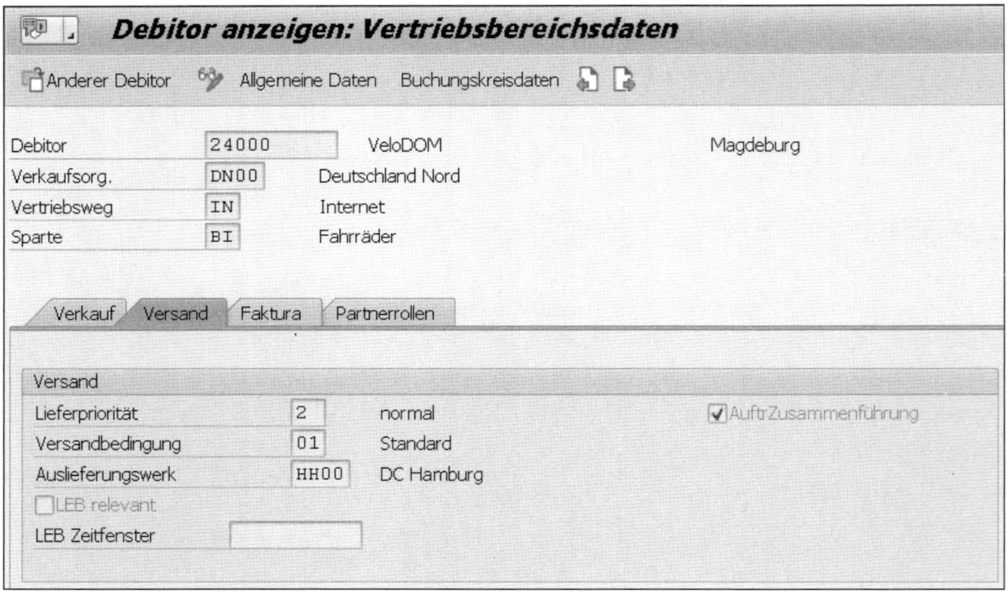

Abbildung 1.37 Versanddaten des Kunden VeloDOM in Deutschland (Transaktion XD03)

Lieferant

Dem Stammsatz des Kunden bzw. des Debitors im Vertrieb steht im Einkauf der *Lieferant* bzw. der *Kreditor* gegenüber. Analog zum Kundenstamm ist der Lieferantenstamm ebenfalls in drei Bereiche unterteilt: allgemeine Daten, Buchungskreisdaten und Einkaufsorganisationsdaten. Global Bike hat auch hier zwölf Lieferanten in den USA und zwölf in Deutschland.

Sichten des Lieferantenstamms

In den **Allgemeinen Daten** finden sich neben der Kreditorennummer der Name, die Adresse sowie die Bankverbindungen des Lieferanten. Die **Buchungskreisdaten** enthalten alle relevanten Informationen für die Finanzbuchhaltung.

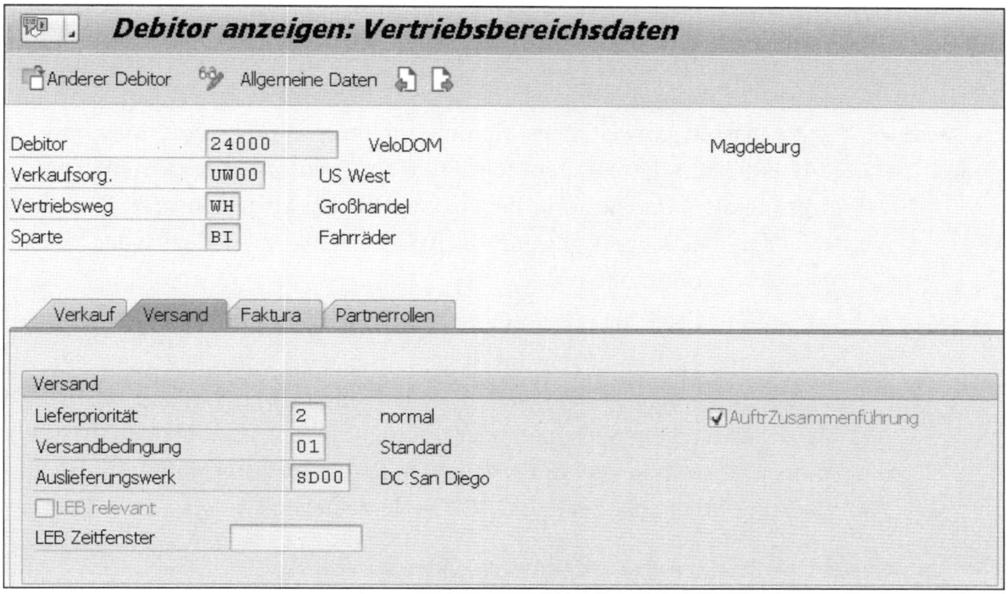

Abbildung 1.38 Versanddaten des Kunden VeloDOM in den USA (Transaktion XD03)

In Abbildung 1.39 ist die Sicht **Kontoführung** der Buchungskreisdaten von Lieferant Cologne Bike Supplies in Köln dargestellt. Neben dem Buchungskreis Global Bike Germany GmbH (DE00) ist das Sachkonto **300000** (Verbindlichkeiten) im Feld **Abstimmkonto** gepflegt. Diese und weitere Sichten mit Bezug zur Finanzbuchhaltung werden in Kapitel 5, »Produktionsplanung und -steuerung«, näher erläutert.

Abbildung 1.39 Buchungskreisdaten im Kreditorenstamm (Transaktion XK03)

Die **Einkaufsorganisationsdaten** enthalten alle beschaffungsrelevanten Informationen zu einem Lieferanten. Diese umfassen z. B. die Bestellwährung, Zahlungsbedingungen und gegebenenfalls Mindestbestellwerte.

Maschine

Als nächstes realweltliches Stammdatenbeispiel dient eine Maschine. In SAP ERP kann diese in der Produktion als *Arbeitsplatz*, in der Finanzbuchhaltung als *Anlage* und in der Instandhaltung als *technischer Platz* und/oder *Equipment* gepflegt werden. An dieser Stelle wird lediglich der Arbeitsplatz kurz vorgestellt.

Arbeitsplatz

An einem Arbeitsplatz werden im Rahmen der Produktionsplanung und -steuerung Fertigungsschritte, sogenannte *Vorgänge*, ausgeführt. Ein Arbeitsplatz kann in SAP ERP neben Maschinen und Maschinengruppen auch Personen, Personengruppen oder Roboterarbeitsplätze abbilden. In Abbildung 1.40 sind die Sichten sowie die Kalkulationsinformationen des Verpackungsarbeitsplatzes PACK1000 in Heidelberg zu sehen.

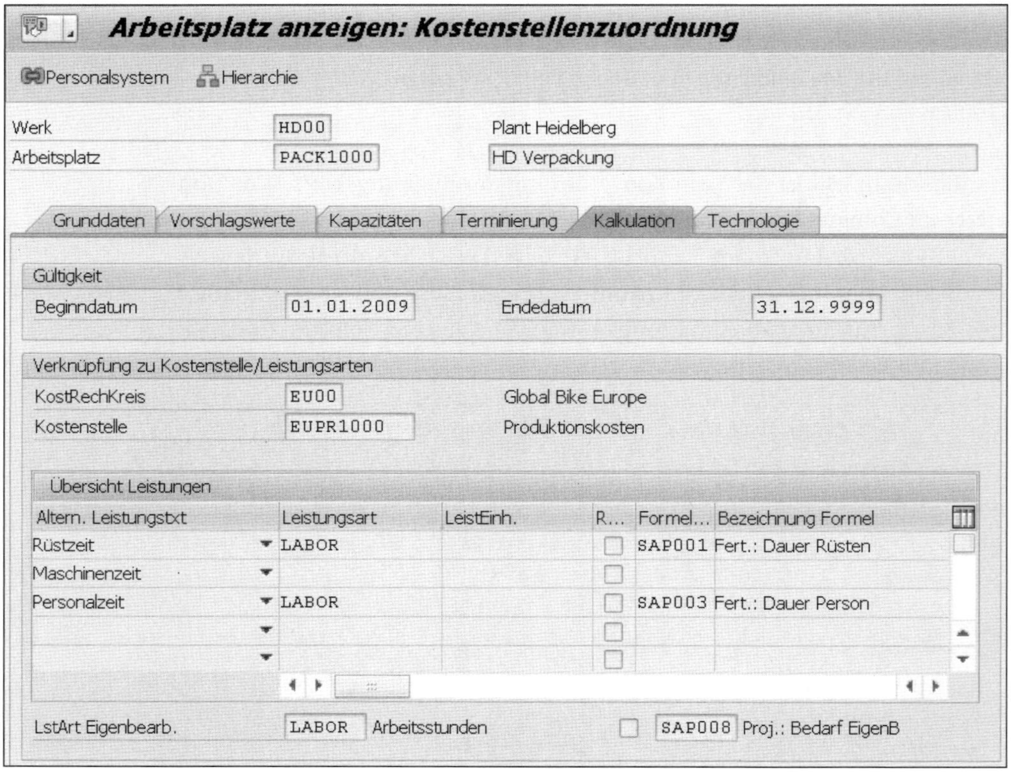

Abbildung 1.40 Kalkulationsdaten des Arbeitsplatzes PACK1000 (Transaktion CR03)

Person

Als letztes statisches Datenobjekt wird der Mitarbeiter betrachtet. In SAP ERP wird dieser mit dem Begriff *Person* oder *Personalstamm* beschrieben.

Personalstamm

Ein Personalstamm ist der zentrale Ort zur Erfassung und Pflege personalrelevanter Daten eines Bewerbers, Mitarbeiters, Ehemaligen oder eines externen Mitarbeiters. Die Vielzahl möglicher Attribute einer Person führt zu sehr vielen verschiedenen Sichten, die in der Komponente *Personal* im SAP-ERP-System auch *Infotypen* genannt werden. Abbildung 1.41 zeigt einen Ausschnitt der Personalakte von Co-CEO John Davis.

Neben der Personalnummer (**Personalnr**) und dem Namen (**Name**) sind hier unter anderem die Mitarbeitergruppe (**MitarbGruppe**) sowie der Personalbereich (**PersBereich**) und Personalteilbereich (**Teilber.**) definiert.

Abbildung 1.41 Personaldaten von John Davis, Co-CEO Global Bike (Transaktion PA10)

Stammdaten im Global-Bike-Mandanten

Für den Einsatz im Unterricht sind die meisten Stammdaten in Ihrem Global-Bike-Mandanten in jeweils 1.000 Kopien vorhanden. So finden Sie beispielsweise zum Kunden VeloDOM aus Abbildung 1.37 insgesamt 1.000 vorbereitete Debitorenstammsätze mit inhaltlich gleichen Angaben. Diese Kunden sind mit Debitorennummern von 24000 bis 24999 durchnummeriert. Dabei werden die letzten drei Ziffern verwendet, um den einzelnen Debitor eindeutig einem Benutzer zuzuordnen. Besitzen Sie z. B. den Benutzer LEARN-123, so ist Ihnen der Kunde VeloDOM mit der Nummer 24123 zugeordnet. Auf die gleiche Art und Weise wurden z. B. auch alle Kreditoren und Materialien 1.000-fach repliziert. Dieses Vorgehen ermöglicht ein unabhängiges Arbeiten der Teilnehmer im Unterricht: Sie können Ihre eigenen Stammdaten pflegen, ohne den Lernfortschritt der anderen Teilnehmer zu beeinflussen, und umgekehrt.

Im weiteren Verlauf dieses Buches wird wiederholt das dreifache Hashtag ### als Platzhalter für die Benutzernummer verwendet. Werden Sie also in Übungen oder Praxisfällen z. B. zur Eingabe der Debitorennummer 24### aufgefordert, so ersetzen Sie die Zeichenkette »###« durch die letzten drei Ziffern Ihres LEARN-Benutzers.

Darüber hinaus erscheinen in Screenshots durchgängig die Stammdaten des Demobenutzers LEARN-000. Die Nummern solcher Stammdaten enden auf die drei Ziffern 000. Wollen Sie die in Screenshots dargestellten Transaktionen selbst ausführen und nachvollziehen, sollten Sie zuvor die Ziffernfolge 000 durch die letzten drei Ziffern Ihres eigenen LEARN-Benutzers ersetzen.

Im industriellen Einsatz von SAP ERP werden von Debitoren, Kreditoren und Materialien natürlich keine Kopien verwendet, sondern alle Benutzer verwenden ein gemeinsames Stammdatum.

SAP-ERP-Terminologie – Überblick

Wie zu Beginn dieses Abschnitts angekündigt, wurden realweltliche Begriffe für Stammdaten in die SAP-ERP-Terminologie übersetzt. Tabelle 1.6 stellt die Zuordnung der Begriffe zusammenfassend dar.

Begriff in der Praxis	Begriff in SAP ERP
Produkt	Material
Kunde	Kunde/Debitor
Lieferant	Lieferant/Kreditor
Maschine	Arbeitsplatz
Mitarbeiter	Person

Tabelle 1.6 Überführung der Stammdaten in die SAP-ERP-Terminologie

1.4.3 Bewegungsdaten

Wie bereits in Abschnitt 1.2.4 erläutert, dokumentieren Bewegungsdaten Geschäftsvorfälle. Ein Bewegungsdatum ist über eine Nummer eindeutig identifizierbar. Die Daten haben dynamischen Charakter, da sie regelmäßig erzeugt und während eines Geschäftsprozesses aktualisiert werden. Den Bewegungsdaten sind Organisations- und Stammdaten zugeordnet. Dies hat den Vorteil, dass Informationen nicht jedes Mal neu erfasst werden müssen, sondern bei Bedarf aus dem referenzierten Datensatz gelesen werden können. Im Folgenden werden die in Tabelle 1.4 genannten Bewegungsdaten Kundenauftrag, Lieferantenbestellung, Produktionsauftrag, Kundenrechnung sowie Lieferantenrechnung einzeln definiert und in den SAP-Kontext gebracht.

Kundenauftrag

Als *Kundenauftrag* wird in SAP ERP das Ergebnis eines Verkaufsvorgangs bezeichnet. Ihm können andere Verkaufsbelege, wie z. B. eine *Kundenanfrage* oder ein *Kundenangebot* vorausgehen. Ein Kundenauftrag stellt eine vertraglich bindende Vereinbarung zwischen einer Verkaufsorganisation und einem Auftraggeber (Kunden) über die Lieferung von Materialien oder die Erbringung von Dienstleistungen zu definierten Mengen, Preisen sowie Zeitpunkten dar. Dabei werden Kundenaufträge in verschiedene *Kundenauftragsarten* unterschieden. So spricht man vom *Barverkauf*, wenn die Ware bar bezahlt wird, von einem *Sofortauftrag*, wenn der Kunde sie sofort abholt oder er noch am gleichen Tag beliefert wird. Eine häufige Auftragsart ist der *Terminauftrag*, bei dem zum Wunschtermin des Kunden geliefert wird, sofern dies möglich ist.

Referenzierte Organisations- und Stammdaten

Wie erwähnt, sind dem Kundenauftrag eine Reihe von Organisations- und Stammdaten zugeordnet. Abbildung 1.42 zeigt einen Terminauftrag in Verantwortung eines bestimmten Vertriebsbereichs.

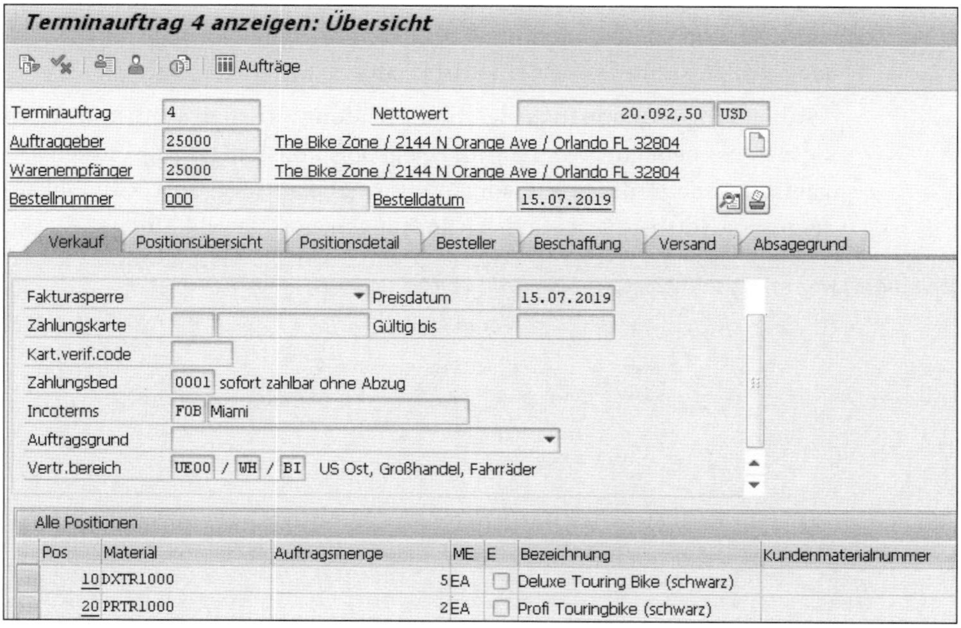

Abbildung 1.42 Aufbau eines Kundenauftrags (Transaktion VA03)

In der Mitte des Screenshots kann man erkennen, dass die Verkaufsorganisation **US Ost**, der Vertriebsweg **Großhandel** und die Sparte **Fahrräder** dem Auftrag zugeordnet sind (siehe **Vertr.bereich**). Beim Anlegen eines Terminauftrags muss darüber hinaus genau ein Kunde (als **Auftraggeber**) angegeben werden. Im Beispiel des abgebildeten Kundenauftrags orderte der Kunde Beantown Bikes in Boston am 05.07.2019 5 Stück des schwarzen Deluxe Touring Bikes (Materialnummer DXTR1000). Der **Nettowert** des Kundenauftrags beläuft sich auf 15.000,00 US$.

Kopf- und Positionsdaten

Neben den referenzierten Organisations- und Stammdaten ist die Struktur von Bewegungsdaten sehr gut erkennbar. Im oberen Bereich sind in den *Kopfdaten* Informationen wie die Kundenauftragsnummer (in diesem Fall **Terminauftrag**), der **Auftraggeber**, die **Bestellnummer** sowie der Vertriebsweg vermerkt. Im Feldbereich **Alle Positionen** findet man die *Positionsdaten*. Hierzu zählen unter anderem die Positionsnummer (**Pos**), das **Material**, die **Auftragsmenge** oder das Auslieferungswerk. In Kapitel 2, »Vertrieb«, wird im Detail auf die Felder eines Kundenauftrags und deren Bedeutung eingegangen.

Bestellung

Lieferantenbestellungen werden in SAP ERP immer mit dem Begriff *Bestellung* bezeichnet. Eine Bestellung dokumentiert die Aufforderung einer Einkaufsorganisation an einen externen Lieferanten oder ein internes Werk, zu einem bestimmten Zeitpunkt und Preis eine bestimmte Menge an Materialien zu liefern oder bestimmte Dienstleistungen zu erbringen. Auf die verschiedenen Bestellarten wie *Normalbestellung* oder *Umlagerungsbestellung* wird in Kapitel 3, »Materialwirtschaft«, näher eingegangen.

In Abbildung 1.43 kann man die Unterscheidung zwischen Kopf- und Positionsdaten erneut gut erkennen. Im Belegkopf kann man als zugeordnete Organisationsdaten die Einkaufsorganisation (**Einkaufsorg**) GBI US, die **Einkäufergruppe** North America und den **Buchungskreis** Global Bike Inc. erkennen.

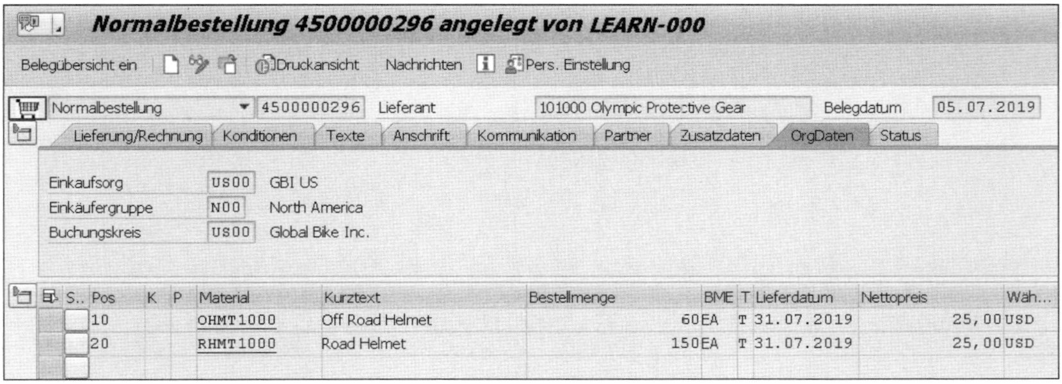

Abbildung 1.43 Aufbau einer Bestellung (Transaktion ME23N)

Als Stammdaten sieht man in den Kopfdaten den Lieferanten (**Lieferant**) Olympic Protective Gear und in den Positionsdaten die beiden bestellten Waren (**Material**) Off Road Helmet und Road Helmet. Die Werte beider Positionen ergeben zusammen einen Nettogesamtbestellwert von 5.250,00 US$ (**Nettopreis**).

Fertigungsauftrag

Produktionsaufträge jeglicher Art werden in SAP ERP mit dem Begriff *Fertigungsauftrag* bezeichnet. Ein Fertigungsauftrag definiert neben dem zu produzierenden Material das Produktionswerk, alle Arbeitsgänge und das Produktionsdatum. Abbildung 1.44 zeigt den Einstiegsbildschirm zum Anlegen eines Fertigungsauftrags. Als Pflichtfelder verlangt das SAP-ERP-System an dieser Stelle das Organisationsdatum **Produktionswerk** und das Stammdatum **Material**. In Kapitel 5, »Produktionsplanung und -steuerung«, wird auf den Fertigungsauftrag im Detail eingegangen.

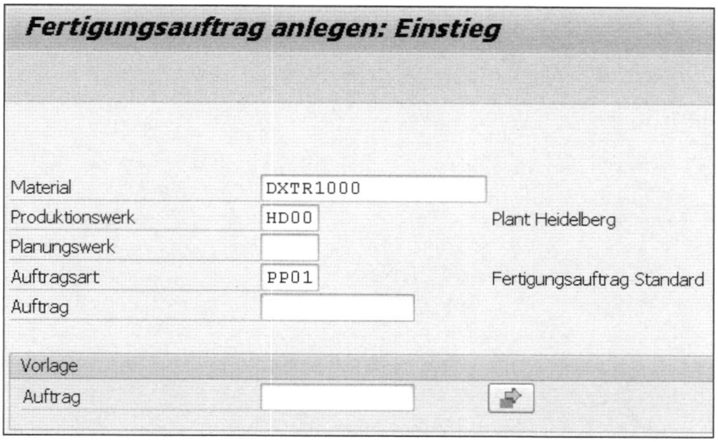

Abbildung 1.44 Einstiegsbildschirm zum Anlegen eines Fertigungsauftrags (Transaktion CO01)

[!]

Bezeichnungen von Bewegungsdaten in SAP ERP

Seit es ein zentrales ERP-System für alle Geschäftsprozesse gibt, ist es notwendig, dass Bewegungsdaten eindeutig bezeichnet sind. Daher sind sie immer aus Sicht des eigenen Unternehmens definiert. Eine der häufigsten Quellen für Missverständnisse in ERP-Systemen ist der Begriff der Bestellung. Bestellungen können sich – realweltlich gesprochen – auf an Kunden verkaufte Produkte oder von Lieferanten bestellte Waren beziehen. Die Perspektive des Unternehmens annehmend, verwendet SAP ERP den Begriff Kundenauftrag im Hinblick auf den Verkauf an den Kunden, obgleich der Kunde aus seiner Perspektive eigentlich bei einem Lieferanten (hier dem betrachteten Unternehmen) ein Produkt bestellt.

In englischer Sprache besteht sogar noch größere Verwechslungsgefahr: Die in SAP ERP verwendeten Begriffe »Customer Order« (Kundenauftrag), »Purchase Order« (Bestellung), »Production Order« (Fertigungsauftrag) sowie weitere, wie z. B. »Maintenance Order« (Instandhaltungsauftrag) werden im Alltag oft alle mit »Order« abgekürzt.

Debitoren- und Kreditorenrechnung

Weitere Beispiele von Bewegungsdaten in ERP-Systemen stellen die *Kunden-* und die *Lieferantenrechnungen* dar. In SAP ERP werden in Finanzprozessen für die Stammdaten Kunde und Lieferant die Begriffe Debitor bzw. Kreditor verwendet. Aus diesem Grund wird eine Kundenrechnung als *Debitorenrechnung* und eine Lieferantenrechnung immer als *Kreditorenrechnung* bezeichnet.

Abbildung 1.45 zeigt die vom SAP-ERP-System erzeugte Debitorenrechnung zum Kundenauftrag aus Abbildung 1.42.

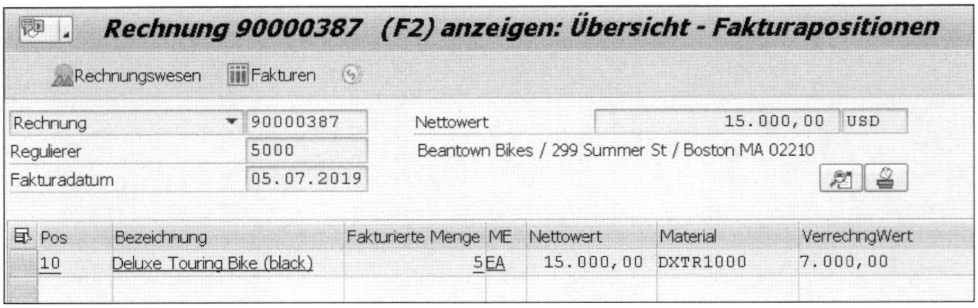

Abbildung 1.45 Debitorenrechnung (Transaktion VF03)

Die Verkaufserlöse betragen 15.000,00 US$ (**Nettowert**). Bei Warenausgang hat die verkaufte Ware einen Bestandswert von 7.000,00 US$ (**VerrechngWert**). Zu dieser Debitorenrechnung gehört ein Buchhaltungsbeleg (siehe Abbildung 1.46).

Abbildung 1.46 Buchhaltungsbeleg zur Debitorenrechnung (Transaktion FB03)

Als zugeordnete Organisationsdaten und Stammdaten erscheinen der **Buchungskreis** US00, das Debitorenkonto 5000 des Kunden Beantown Bikes und das Erfolgskonto 600000 (Verkaufserlöse). Der Buchhaltungsbeleg zeigt, dass bei der Fakturierung 15.000,00 US$ auf der Soll-Seite von Konto 5000 und 15.000,00 US$ auf der Haben-Seite von 600000 verbucht werden. Haben-seitige Buchungen erkennt man am negativen Vorzeichen hinter dem Buchungsbetrag.

Abbildung 1.47 zeigt die in SAP ERP erzeugte Kreditorenrechnung zur Bestellung aus Abbildung 1.43. Darin sind unter anderem der **Kreditor**, der **Betrag** der Rechnung über 5.250,00 US$ und die beiden Bestellpositionen ausgewiesen.

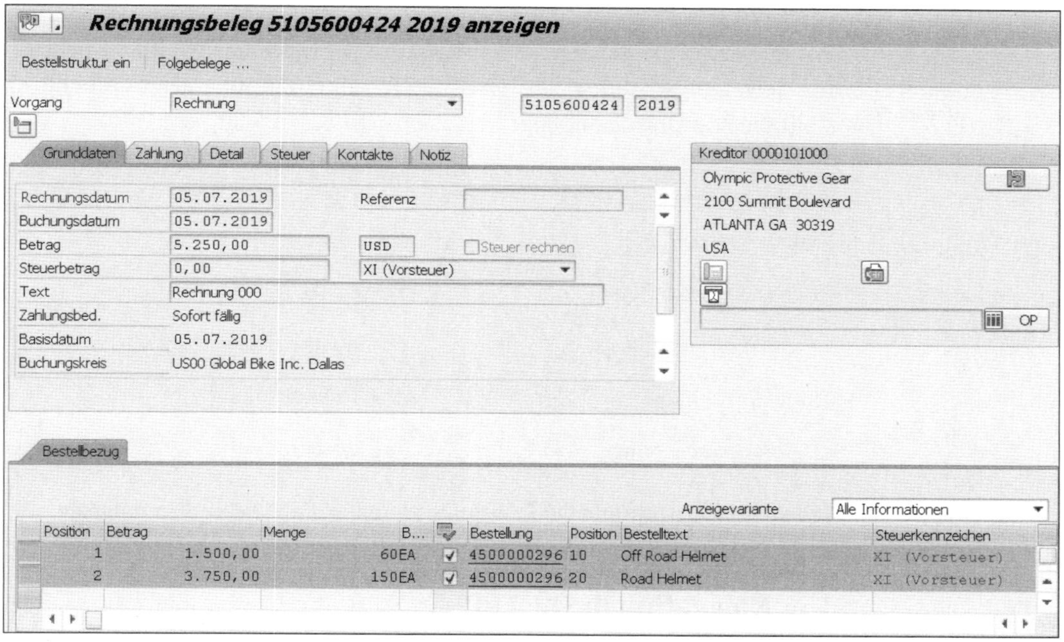

Abbildung 1.47 Kreditorenrechnung (Transaktion MIR4)

Den zugeordneten Buchhaltungsbeleg zeigt Abbildung 1.48. Mit der Fakturierung der Kreditorenrechnung werden auf der Haben-Seite 5.250,00 US$ Verbindlichkeiten auf dem Lieferantenkonto 101000 (Olympic Protective Gear) gebucht.

Die zugehörigen Buchungen auf der Soll-Seite erfolgen je Bestellposition auf dem Konto 310000 (Wareneingang-Rechnungseingang-Verrrechnungskonto).

Abbildung 1.48 Buchhaltungsbeleg zur Kreditorenrechnung (Transaktion FB03)

SAP-ERP-Terminologie – Überblick

Wie zu Beginn dieses Abschnitts angekündigt, wurden realweltliche Begriffe für Bewegungsdaten in die SAP-ERP-Terminologie übersetzt. Tabelle 1.7 stellt die Zuordnung der Begriffe zusammenfassend dar.

Begriff in der Praxis	Begriff in SAP ERP
Kundenbestellung	Kundenauftrag
Lieferantenbestellung	Bestellung
Produktionsauftrag	Fertigungsauftrag
Kundenrechnung	Debitorenrechnung
Lieferantenrechnung	Kreditorenrechnung

Tabelle 1.7 Überführung der Bewegungsdaten in die SAP-ERP-Terminologie

1.5 Navigation in SAP ERP

In diesem Abschnitt wird neben der An- und Abmeldung die Navigation in SAP ERP vorgestellt. Sie sollten zuvor die UCC-Navigationsfallstudie durchgearbeitet haben, um an dieser Stelle die wichtigsten Erkenntnisse zu rekapitulieren und weiter zu vertiefen.

Global Bike – Navigationsfallstudie

Die UCC-Fallstudie »Navigation in SAP-Systemen« (siehe *http://www.sap-press.de/4640*, **Materialien zum Buch**) eignet sich an dieser Stelle zum Kennenlernen der SAP-Oberfläche (SAP GUI) und zum praktischen Erlernen der grundlegenden Navigation im System.

Anschließend werden Hilfefunktionen vorgestellt, die in das SAP-ERP-System integriert sind. Es folgen Hinweise auf weitere Informationsquellen zu SAP ERP, die außerhalb des Systems zu finden sind.

[!]

Zugang Global-Bike-Übungssystem

Für die Durchführung der in diesem Buch beschriebenen Übungen und Fallstudien ist ein Global-Bike-Mandant erforderlich, da er die Daten der fiktiven Firma Global Bike (siehe Abschnitt 1.1) enthält. Dieser kann, wie in der Einleitung beschrieben, im Rahmen des SAP-UA-Programms über ein SAP UCC bezogen werden. In der Einleitung finden Sie darüber hinaus die Anleitung zur Installation der SAP-GUI-Software sowie zur Einrichtung der Verbindung mit einem SAP-System.

Anmeldung

Zur Anmeldung an Ihren Global-Bike-Mandanten muss zunächst das Programm **SAP Logon** geöffnet werden. Synonym wird dieses Programm als SAP GUI (Graphical User Interface) bezeichnet. Auf der linken Seite des Fensters ist der Ordner **Verbindungen** selektiert. Entsprechend erscheinen im rechten Teil des Fensters die eingerichteten Verbindungen zu SAP-Systemen (siehe Abbildung 1.49). Im dargestellten Beispiel handelt es sich um zwei Verbindungen. Durch Doppelklick auf den zutreffenden Eintrag wird die Verbindung zum gewählten SAP-System hergestellt.

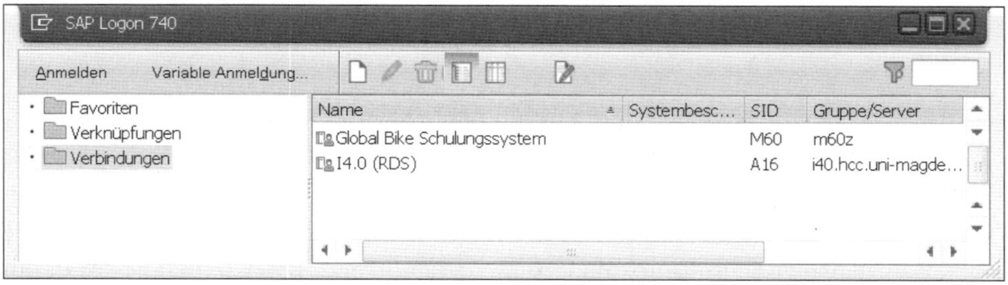

Abbildung 1.49 SAP-Logon-Bildschirm mit Systemeinträgen

Daraufhin öffnet sich die in Abbildung 1.50 gezeigte Anmeldemaske.

Mandant

Bis hierher wurde lediglich das vom SAP UCC zu Übungszwecken vorbereitete SAP-System ausgewählt. Anschließend muss ein **Mandant** anhand seiner dreistelligen Nummer spezifiziert werden. Wie in Abschnitt 1.4.1 beschrieben, wird ein Konzern in SAP ERP als Mandant abgebildet.

[!]

Global Bike Mandant

Die Mandantennummer wird Dozenten von ihrem SAP UCC mit den Systemverbindungsdaten mitgeteilt. Jede Institution arbeitet in ihrer eigenen

Kopie des Global-Bike-Konzerns und somit getrennt von anderen Institutionen. Bei den im Rahmen dieses Buches verwendeten Übungen und Fallstudien können Dozenten und Studierende somit nicht die Daten anderer Institutionen sehen oder manipulieren.

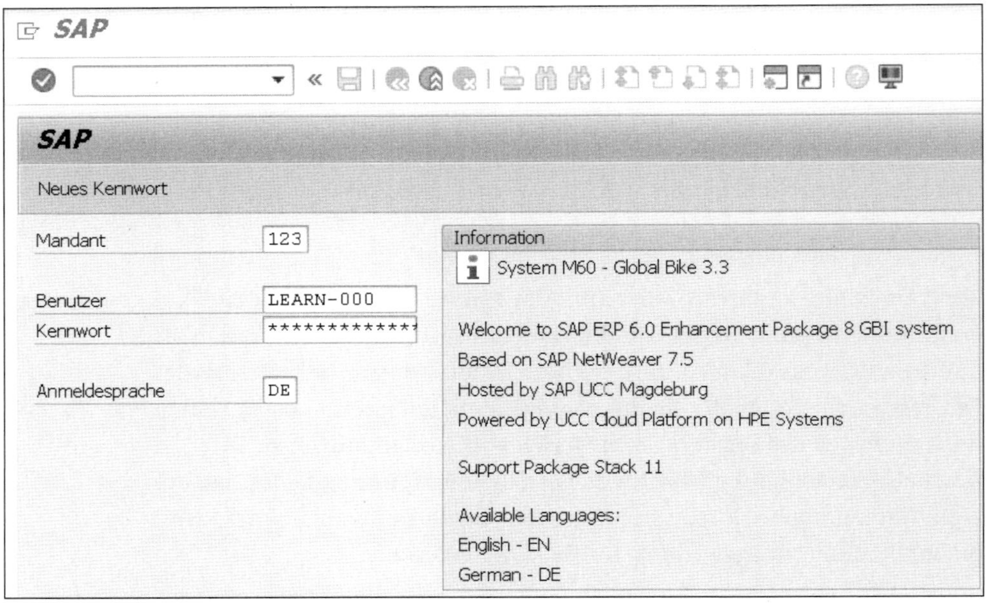

Abbildung 1.50 Anmeldemaske nach Verbindungsaufbau

Anmeldedaten

Neben dem Mandanten müssen **Benutzer** und **Kennwort** eingegeben werden. Beide Angaben werden vom SAP UCC bereitgestellt. Dabei hat der *Benutzerstammsatz* des Dozenten in der Regel umfangreichere Berechtigungen als der der studentischen Benutzer – z. B. für die *Benutzerpflege* (beispielsweise zum Entsperren von Benutzern). Bei der Eingabe des Kennwortes führen häufig die Sterne im Feld **Kennwort** zu Verwirrung (siehe Abbildung 1.50). Diese können nicht gelöscht werden, sie repräsentieren in diesem Fall jedoch keine bereits eingegebenen Zeichen. Das Kennwort wird einfach in das Feld eingegeben, auch wenn es nicht leer erscheint. Bei der ersten Anmeldung an ein SAP-System wird der Anwender dazu aufgefordert, sein **Kennwort** zu ändern. Das geänderte Kennwort wird für alle zukünftigen Anwendungen benötigt. Nach mehrfacher Falscheingabe wird das Benutzerkonto gesperrt und kann nur von einem Berechtigten entsperrt werden, bei Global Bike von einem Dozenten (siehe Abschnitt 1.5.5). Dieser kann auch ein neues Kennwort vergeben. Sperrt der Dozent seinen Benutzerstammsatz, muss er sich an sein SAP UCC wenden. In realen Unternehmen liegt die Verantwortung für die Benutzerverwaltung in der

Regel in der IT-Abteilung, und es gibt definierte Prozesse für die Kommunikation, z. B. eine Hotline oder ein Ticketsystem, wo eine Passwortrücksetzung beauftragt werden kann.

Sprache

Als Letztes kann auf der Anmeldemaske die **Anmeldesprache** gewählt werden. Wird sie nicht explizit ausgewählt, wird das System in der für den Benutzer hinterlegten Standardsprache gestartet. SAP-Systeme sind *mehrsprachig* ausgelegt. Dies kann hilfreich sein, wenn ein Unternehmen in verschiedenen Ländern tätig ist. So können sich die Mitarbeiter jeweils in ihrer Landessprache am System anmelden. In der Praxis werden SAP-Systeme häufig kundenindividuell angepasst und erweitert. Dies geschieht allerdings meist nur in der Sprache des Kunden. Erfolgt dann die Anmeldung in einer anderen Sprache, kann es vorkommen, dass z. B. Tabellenüberschriften kryptisch erscheinen. Ist die Sprache nicht im System gepflegt, werden statt sprechender Bezeichnungen die technischen Feldnamen angezeigt. Die SAP-Global-Bike-Mandanten sind für verschiedene Sprachen gepflegt (siehe Abbildung 1.50).

1.5.1 Aufbau des Bildschirms

Menüleiste

Nach der Anmeldung am System erscheint der SAP-ERP-Einstiegsbildschirm (siehe Abbildung 1.51). Ganz oben findet sich die *Menüleiste*, die, abhängig von der betrieblichen Aufgabe, unterschiedliche Einträge enthalten kann.

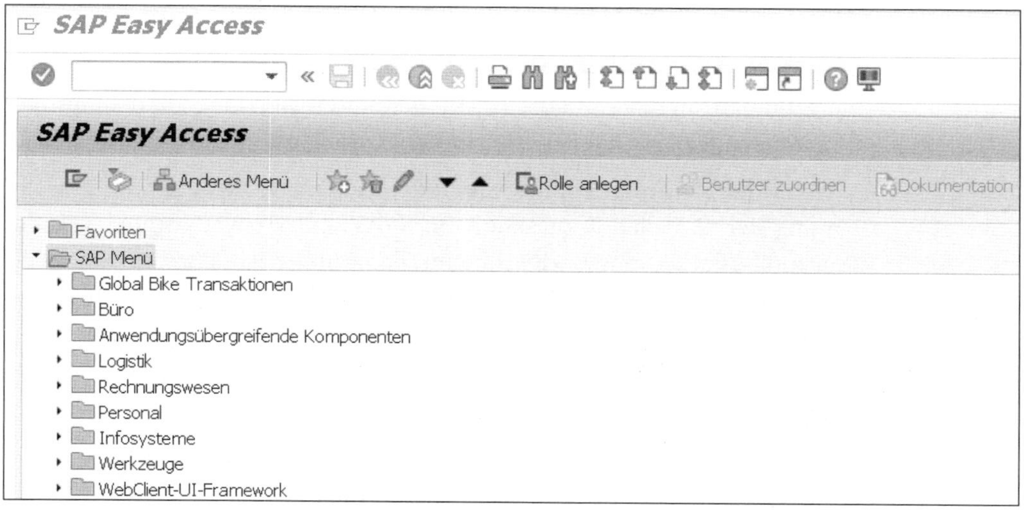

Abbildung 1.51 SAP-ERP-Einstiegsbildschirm

Systemfunktionsleiste

Unter der Menüleiste findet sich die *Systemfunktionsleiste*. Ganz links befindet sich ein grüner Button mit einem Haken ( ) zum Bestätigen von Eingaben oder Aktionen. Die Funktion dieses Buttons ist identisch mit der der [↵]-Taste auf der Tastatur. Daneben befindet sich das *Befehlsfeld* zur Eingabe von *Transaktionscodes* (). Das Thema Transaktioncodes wird in Abschnitt 1.5.2 vertieft. Sollte dieses Feld nicht sichtbar sein, ist es zugeklappt und kann durch Klicken auf den seitlichen kleinen Doppelpfeil nach rechts aufgeklappt werden.

Speichern und Suchen

Das Diskettensymbol () dient dem Sichern von Eingaben. Rechts daneben folgen drei Buttons (, und), mit denen Transaktionen verlassen werden können. Sind die Buttons ausgegraut, bedeutet dies, dass sie in der jeweiligen Situation nicht verfügbar sind. Grundsätzlich bedeutet Grün einen Schritt zurück, Gelb beendet eine Transaktion, Rot bricht diese ab. Das Icon ruft das Druckmenü auf. Die beiden Ferngläser bieten Suchfunktionen (zum Suchen, zum Weitersuchen). Die vier Icons , , und dienen dem Blättern – oder Scrollen – in mehrseitigen Listen.

Arbeiten mit mehreren Modi

Mit dem nächsten Button () kann ein neuer *Modus* erzeugt werden. Das bedeutet, das SAP-System öffnet ein zusätzliches Fenster. Es kann nun in zwei Modi auf demselben System gearbeitet werden. Dies kann sinnvoll sein, wenn in einem Fenster Daten erfasst werden, während an anderer Stelle etwas gesucht wird. Je nach Konfiguration des SAP-Systems können bis zu 30 Modi parallel geöffnet werden. Die Standardeinstellung auf einem Globale-Bike-System sind sechs Modi.

Verknüpfung auf dem Desktop

Mit dem nächsten Button () kann aus der aktuellen Transaktion heraus eine Verknüpfung auf dem Desktop angelegt werden. Wird diese angeklickt, wird sofort die hinterlegte Transaktion aufgerufen. Der Button mit dem Fragezeichen () öffnet die *F1-Hilfe* (siehe Abschnitt 1.5.4). Über den letzten Button () kann das *Layout* der SAP-Anwendung auf dem lokalen Rechner angepasst werden (siehe Abschnitt 1.5.3).

Unter der Systemfunktionsleiste findet sich in der *Titelleiste* die Bezeichnung der aktuellen Transaktion im SAP-ERP-System. Darunter befindet sich die transaktionsspezifische *Anwendungsfunktionsleiste*. Im Einstiegsbildschirm ist das Menü **SAP Easy Access** geöffnet. Dieses besteht aus einer Ordnerstruktur, die die Anwendungsbereiche eines Unternehmens widerspiegelt. Diese Ordner können aufgeklappt werden. Es können sich weitere Unterordner oder auch direkt Transaktionen darin befinden.

1.5.2 Transaktionen und Transaktionscodes

Transaktion

Sämtliche Aktivitäten im SAP-ERP-System, wie das Anlegen, Anzeigen und Ändern von Daten oder das Aufrufen von Auswertungen, werden in Form von Transaktionen ausgeführt. Die Ausführung einer SAP-Transaktion kann beim Anlegen oder Ändern von Datenobjekten eine Änderung in der Datenbank verursachen, was im Datenbank-Kontext ebenfalls als »Transaktion« bezeichnet wird. Im Folgenden sind mit dem Begriff jedoch die Transaktionen auf Benutzerebene gemeint, soweit nicht explizit anders beschrieben.

SAP Easy Access

Transaktionen können über das Menü **SAP Easy Access** aufgerufen werden. Das Menü ist die Ordnerstruktur, die nach der Anmeldung am System erscheint. In den Ordnern werden die möglichen Transaktionen mit einem weißen Quader angezeigt (siehe Abbildung 1.52). Durch Doppelklick können sie aufgerufen werden. Im dargestellten Beispiel würde sich die Transaktion »Bestellung ändern« öffnen.

Abbildung 1.52 Transaktionen im SAP-Easy-Access-Menü

Abhängig von der Rolle eines Benutzers im Unternehmen verfügt er über auf ihn zugeschnittene *Berechtigungen*. Jedem Benutzer stehen typischerweise nur die Daten und Transaktionen zur Verfügung, die er für seine Arbeit benötigt.

Favoriten

Häufig genutzte Transaktionen können benutzerindividuell im Ordner **Favoriten** abgelegt werden, um schneller auf sie zuzugreifen. Darüber hinaus ist es möglich, in den Favoriten auch URLs abzulegen oder auf andere Objekte wie Webseiten oder lokale Dokumente zu verlinken (siehe Abbildung 1.53).

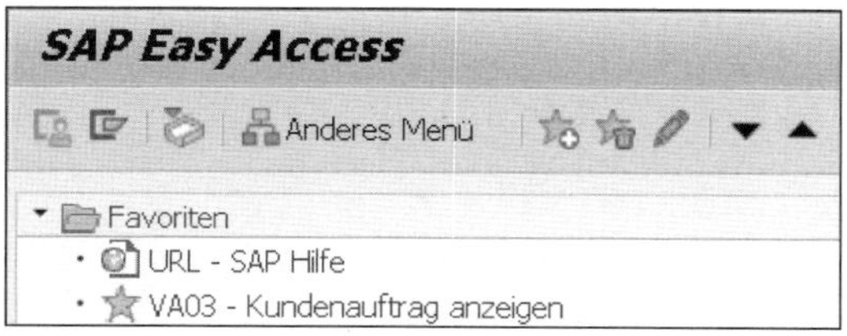

Abbildung 1.53 Beispiel Favoriten

Um eine Transaktion in den **Favoriten** abzulegen, klickt man mit der rechten Maustaste auf die Transaktion und wählt anschließend **Zu den Favoriten hinzufügen**. Alternativ lässt sich die Transaktion den **Favoriten** per Drag & Drop hinzufügen.

Transaktionscodes

Der schnellste Zugriff auf häufig genutzte Transaktionen erfolgt über *Transaktionscodes*. Jede Transaktion besitzt einen eindeutigen alphanumerischen Transaktionscode, der in dem weißen Befehlsfeld 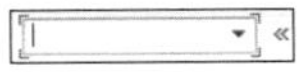 oben links in der Systemfunktionsleiste eingegeben werden kann (siehe Abschnitt 1.5.1), wenn der Ausgangszustand das SAP-ERP-Easy-Access-Menü ist. Um die Transaktionscodes im Navigationsbaum dieses Menüs anzuzeigen, muss einmalig eine Einstellung im System verändert werden. Dazu wird im Pulldown-Menü **Zusätze** den Menüeintrag **Einstellungen** ausgewählt. Im sich öffnenden Pop-up-Fenster (siehe Abbildung 1.54) muss der Haken bei **Technische Namen anzeigen** gesetzt werden. Mit dem grünen Haken wird die Auswahl bestätigt.

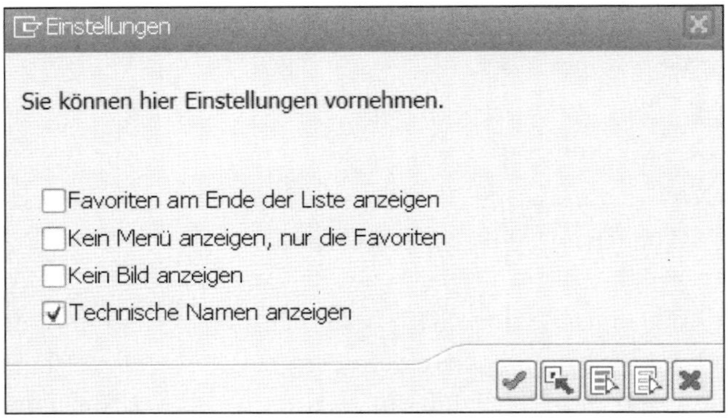

Abbildung 1.54 Einstellung zum Anzeigen von Transaktionscodes

Transaktionscodes anzeigen

Öffnet man nun wieder die Ordnerstruktur im Navigationsbaum, wird neben jeder Transaktion der zugehörige Transaktionscode angezeigt, z. B. MME22N zum Ändern einer Bestellung (siehe Abbildung 1.55).

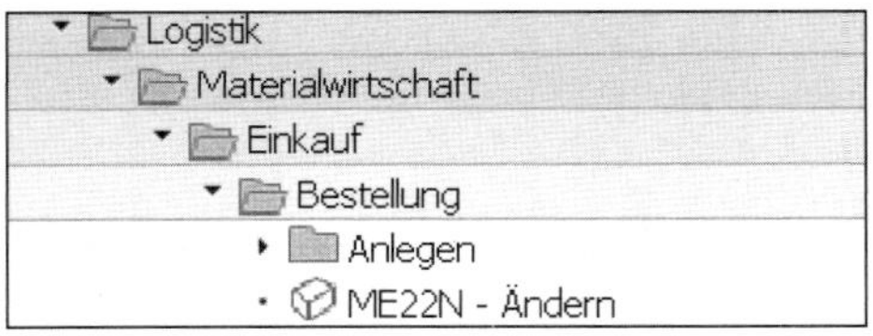

Abbildung 1.55 Transaktionscodes im SAP-Easy-Access-Menü

Aufbau von Transaktionscodes

Transaktionscodes unterliegen in vielen Fällen einer gewissen Logik, die auf die verschiedenen Manipulationsoperationen von Datenobjekten (siehe Abschnitt 1.2.4) verweist. MM01 steht für Material anlegen, MM02 für Material ändern und MM03 für Material anzeigen. VD01 steht für Kunde anlegen, VD02 für Kunde ändern und VD03 für Kunde anzeigen. Die Endung 01 bedeutet in der Regel, dass mit der betreffenden Transaktion ein Objekt angelegt werden kann. Die Endung 02 steht für eine Transaktion zum Ändern, 03 für eine reine Anzeigetransaktion. Auf diese Art werden die verschiedenen Manipulationsoperationen in SAP ERP umgesetzt (siehe Abschnitt 1.2.4).

Verschiedene Benutzergruppen haben unterschiedliche Berechtigungen zum Anlegen, Anzeigen oder Ändern von Objekten. Insofern können sich Berechtigungen auf die Ausführungsrechte von Transaktionen auswirken: Während ein Mitarbeiter ein Material nur ansehen darf, kann ein anderer es auch ändern.

Steuerungsparameter

Neben Transaktionscodes können in das Befehlsfeld (oben links) auch *Steuerungsparameter* eingegeben werden. Tabelle 1.8 zeigt eine Übersicht der wichtigsten Steuerungsparameter für die Navigation im SAP-System.

Steuerungsparameter	Bedeutung	Aktion
/n	Transaktion beenden	Beendet die laufende Transaktion.
/nXXXX	Transaktion wechseln	Beendet die laufende Transaktion und startet Transaktion XXXX im gleichen Modus.
/o	neuen Modus öffnen	Erzeugt einen neuen, leeren Modus.
/oXXXX	Transaktion in neuem Modus starten	Startet Transaktion XXXX in einem neuen Modus.
/i	Modus schließen	Schließt den gewählten Modus. Ist er der einzige, wird die Sitzung auf dem Client geschlossen.
/nend	Sitzung auf dem Client beenden	Beendet die Sitzung auf dem Client (alle Modi, mit Bestätigungsabfrage).
/nex	Sitzung auf dem Client beenden	Beendet die Sitzung auf dem Client sofort (alle Modi, ohne weitere Bestätigung).

Tabelle 1.8 Wichtige Steuerungsparameter

Beispielsweise lässt sich durch Eingabe von /n oder /o eine laufende Transaktion beenden bzw. ein neuer Modus öffnen. Zudem können diese beiden Steuerungsparameter jeweils einem beliebigen Transaktionscode (in Tabelle 1.8 mit XXXX bezeichnet) vorangestellt werden. So würde die Eingabe /nXXXX im Befehlsfeld die aktuell laufende Transaktion beenden und die Transaktion XXXX im gleichen Modus starten. Die Eingabe von /oXXXX würde hingegen die aktuell laufende Transaktion nicht beenden, sondern einen neuen Modus öffnen und darin die Transaktion XXXX starten.

1.5.3 Individuelle Benutzereinstellungen

Lokale Systemeinstellungen

Jeder Benutzer kann auf seinem Rechner lokale Einstellungen am System vornehmen. Diese wirken sich alleinig auf sein lokales System aus. Mit Klick auf den Button öffnet sich ein Menü. Nach Klick auf den Eintrag **Optionen...** Öffnet sich die in Abbildung 1.56 dargestellte Maske.

Meldungen

Im Rahmen dieses Buches ist die folgende Option besonders hilfreich: Im Ordner **Interaktionsdesign** befindet sich der Bereich **Benachrichtigungen**. Im Abschnitt **Meldungen** lässt sich wählen, welche Art von *Meldungen* (Erfolgsmeldung, Warnmeldung, Fehlermeldung) in einem gesonderten Dialogfenster angezeigt werden sollen. Für SAP-Einsteiger empfiehlt es sich, zunächst alle Meldungen anzeigen zu lassen. Diese werden sonst nur temporär in der unteren Leiste des SAP-Bildschirms angezeigt, wo sie schnell übersehen werden können.

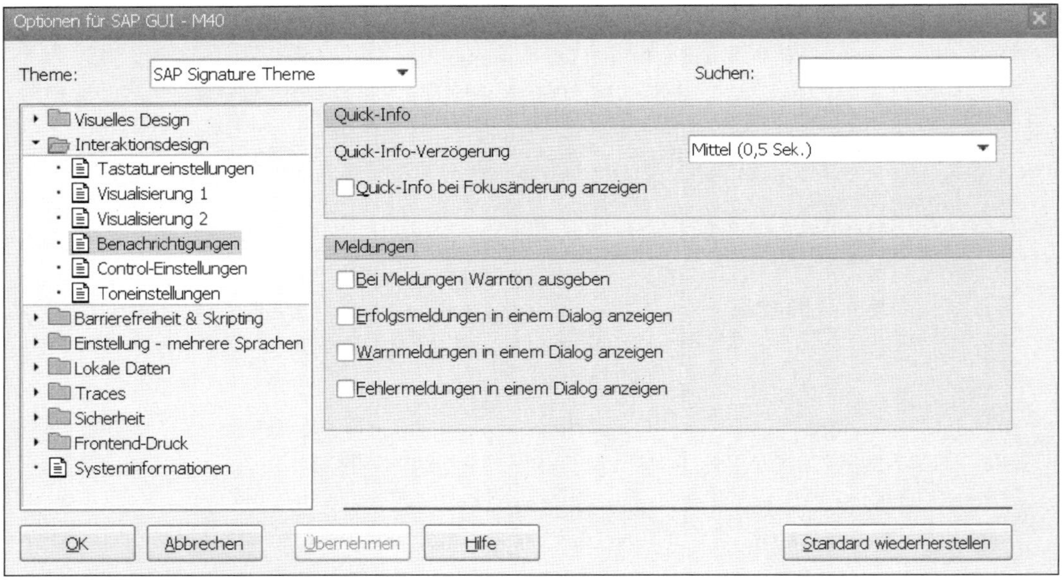

Abbildung 1.56 Layout lokal anpassen

1.5.4 Die F1- und die F4-Hilfe

F1-Hilfe

SAP ERP bietet zu jedem Feld eine Hilfe an. Steht der Cursor in einem Feld, öffnet sich mit der F1-Taste die sogenannte F1-Hilfe (siehe Abbildung 1.57). Hier finden Sie beschreibende Informationen zum gewählten Feld.

Über das Icon mit dem Schraubenschlüssel () können technische Informationen zum Feld angezeigt werden.

F4-Hilfe

Wenn nicht klar ist, was in ein Eingabefeld eingetragen werden muss – etwa weil die Materialnummer nicht zur Hand ist – ist die *F4-Hilfe*, auch *Wertehilfe* genannt, von Nutzen. Um die [F4]-Hilfe zu verwenden, wird der Cursor zunächst in dem Feld positioniert, für das mögliche Werte gesucht werden sollen. Nun kann hier über die [F4]-Taste die Hilfe gestartet werden. Am rechten Rand von Eingabefeldern, die über eine Wertehilfe verfügen, erscheint folgender Button: .

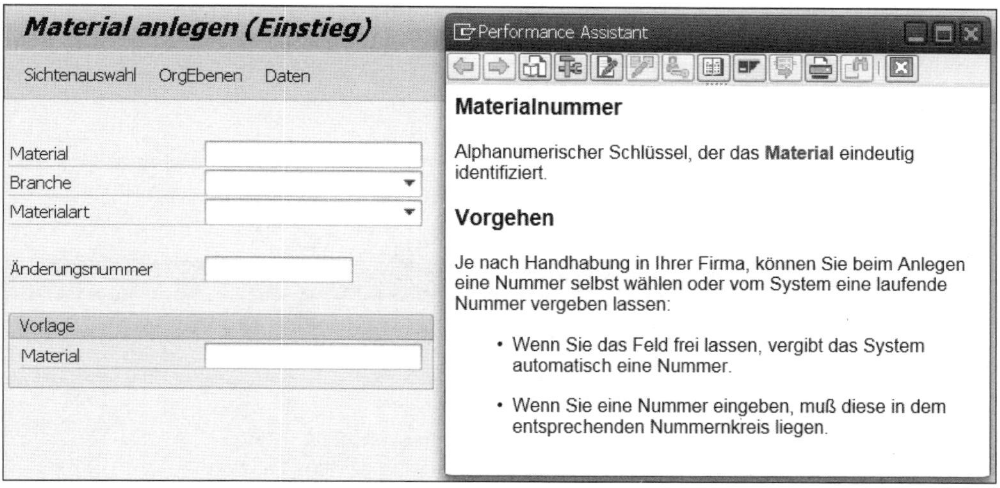

Abbildung 1.57 Die F1-Hilfe (hier in Transaktion MM01)

Auch durch Anklicken dieses Buttons wird die F4-Hilfe gestartet. Anschließend erscheint häufig zunächst eine Suchmaske zur Eingrenzung der Ergebnismenge. Wie in Abbildung 1.58 gezeigt, kann hier beispielsweise der **Materialkurztext** (= Materialbeschreibung, Name des Materials) oder ein Teil davon mit Platzhaltern – »*« oder »+« eingegeben werden. Alternativ kann auch nach der **Materialnummer** oder – ebenfalls mit Platzhaltern – einem Teil davon gesucht werden. Ein »*« entspricht dabei beliebig vielen Zeichen, ein »+« genau einem Zeichen.

Trefferzahl begrenzen

Die Suche wird mit [↵] gestartet und liefert alle Ergebnisse, die zu den Eingaben in der Suchmaske passen. In der Regel wird die Trefferanzahl vom System begrenzt. In Abbildung 1.58 ist zu sehen, dass für die gezeigte Beispielsuche die **Maximale Trefferzahl** auf 500 begrenzt ist. Die in Abbildung 1.59 dargestellte Ergebnismenge (Ausschnitt) beträgt 500 Treffer (siehe Kopfzeile). Das bedeutet, dass es in diesem Fall auch mehr als 500 Treffer geben könnte. Hier kann die Suche weiter verfeinert werden, um die Anzahl der Treffer zu reduzieren. Durch Heraufsetzen des Wertes im Feld **Maximale Trefferzahl** kann die maximal angezeigte Anzahl der Ergebnisse erhöht werden.

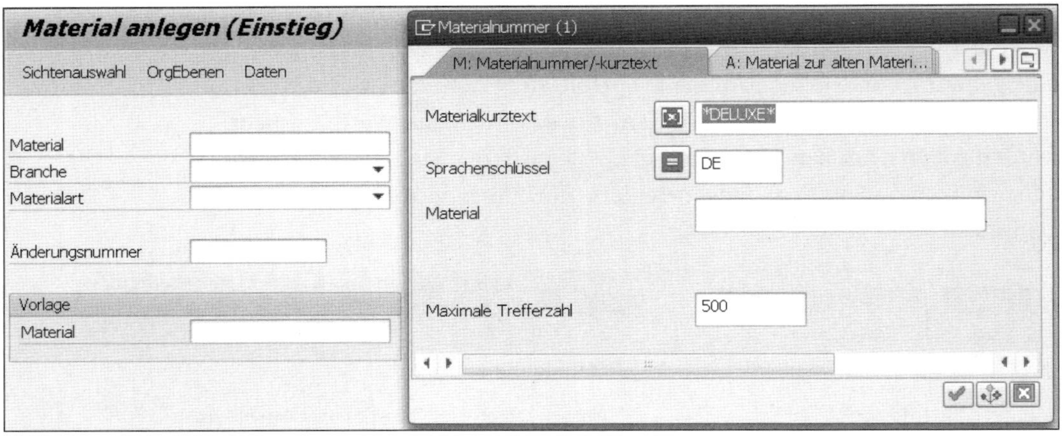

Abbildung 1.58 Suchmaske der F4-Hilfe (hier in Transaktion MM01)

Abbildung 1.59 Die F4-Hilfe – Ergebnisse

Aus der Ergebnismenge kann dann der gesuchte Wert gewählt werden. Er wird vom System in das Feld übernommen, aus dem die F4-Hilfe gestartet wurde.

1.5.5 Benutzermanagement

Benutzerpflege

Der Transaktionscode SU01 führt zur zentralen Benutzerpflege (siehe Abbildung 1.60). Hier können Benutzer angelegt (), geändert (), angezeigt () und gelöscht () werden. Es ist möglich, einen neuen Benutzer durch Kopieren eines bereits vorhandenen Benutzers zu erstellen (). An dieser Stelle kann ein Benutzer auch gesperrt oder entsperrt () sowie sein Kennwort geändert werden ().

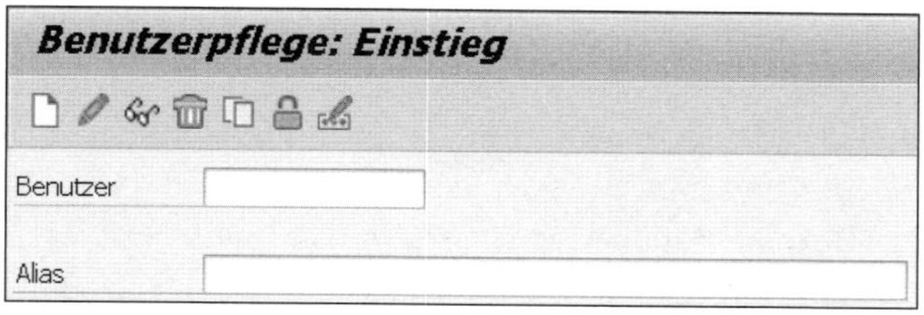

Abbildung 1.60 Einstiegsbildschirm Benutzerpflege (Transaktion SU01)

Benutzerstammsatz

Im Benutzerstammsatz können zahlreiche Informationen hinterlegt werden, wie Name, Adresse, Arbeitsplatz, Raumnummer etc. An dieser Stelle werden dem Benutzer Rollen und Profile zugeordnet. Einen Eindruck vermittelt Abbildung 1.61. Da das SAP-Benutzermanagement sehr komplex ist, wird an dieser Stelle auf eine detailliertere Erläuterung verzichtet.

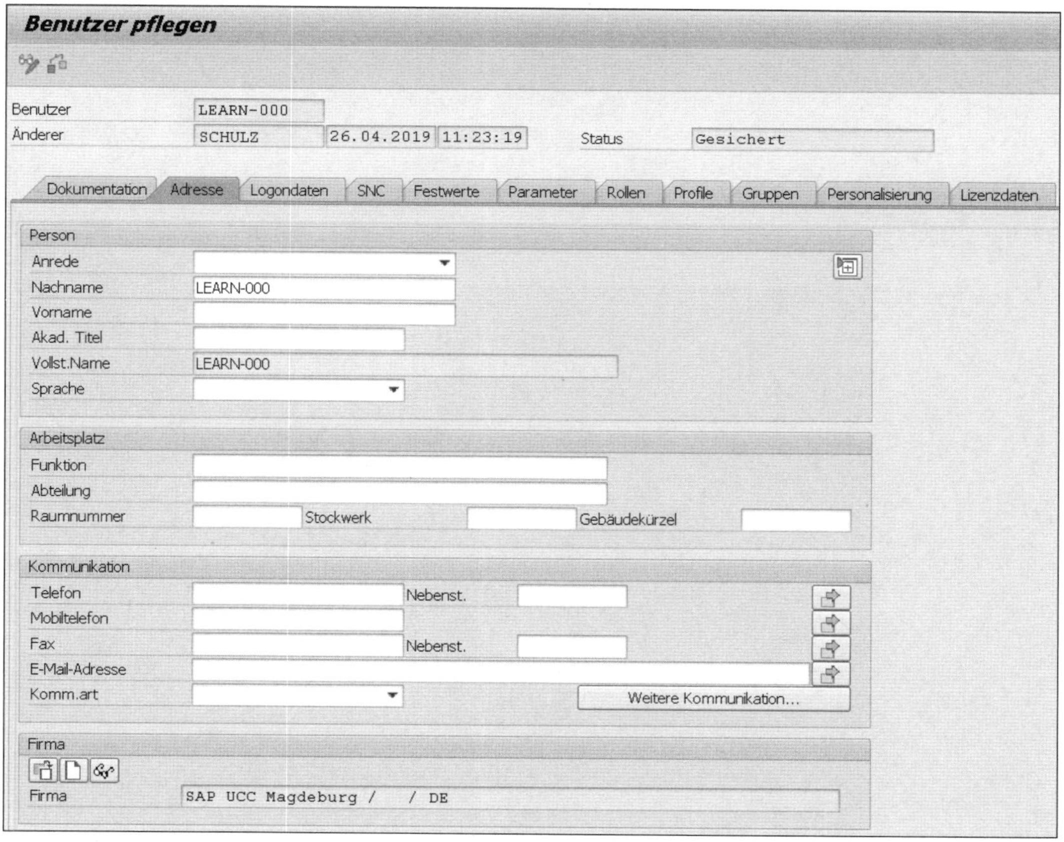

Abbildung 1.61 Benutzer pflegen (Transaktion SU01)

[!]

Benutzerpflege für das Beispielunternehmen Global Bike

Im Lehrkontext übernehmen die Dozenten die Benutzerpflege, insbesondere das Anlegen, Sperren und Entsperren der Benutzer. Dozenten erhalten die für sie relevanten Dokumentationen von ihrem SAP UCC, einschließlich Information zur Nutzung von sehr hilfreichen Transaktionen, mit denen gleichzeitig mehrere Benutzer gepflegt werden können (*Massenbenutzerpflege*).

1.5.6 Weitere Informationsquellen

SAP Help Portal

Ein zentraler Punkt, um Hilfe zu den verschiedenen SAP-Produkten zu erhalten, ist das in Abbildung 1.62 gezeigte *SAP Help Portal*, das über einen Internetbrowser genutzt werden kann.

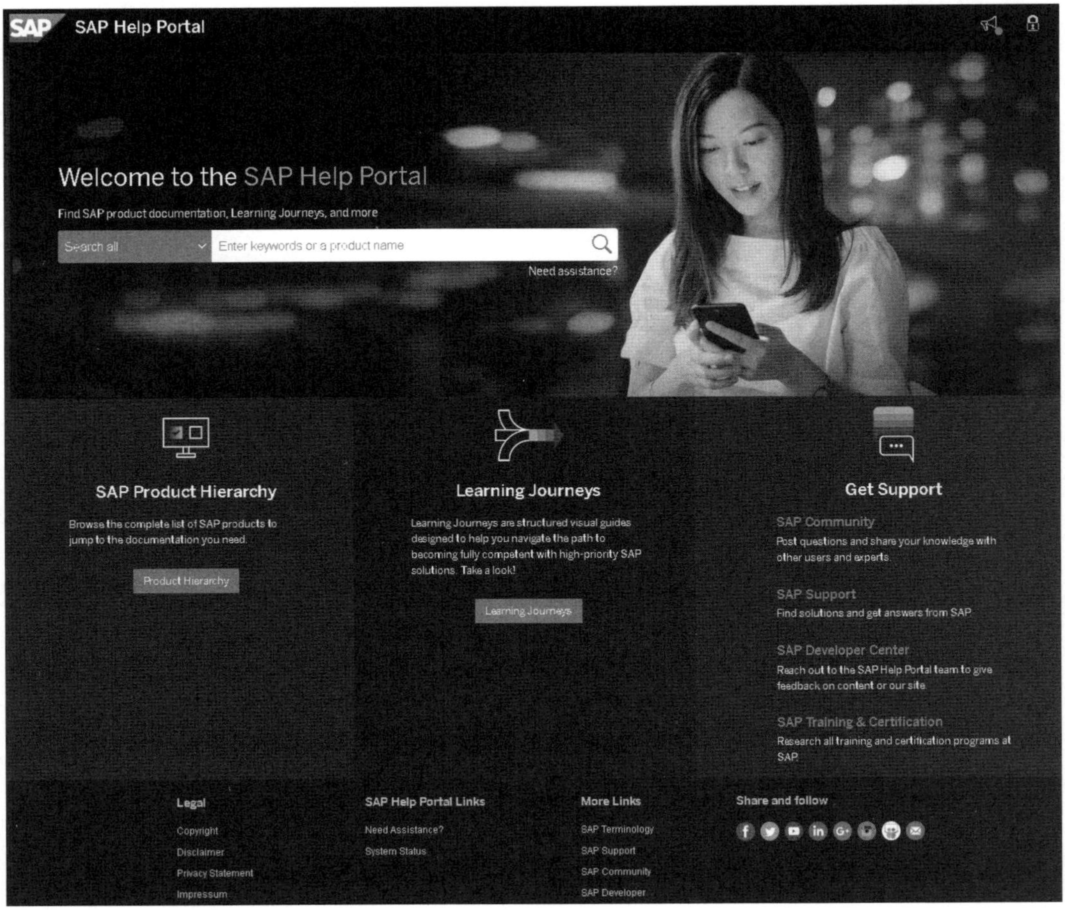

Abbildung 1.62 Das SAP-Hilfe-Portal: help.sap.com

Die URL lautet *https://help.sap.com*. Die Inhalte umfassen ausführliche Produktdokumentationen, die über die Volltextsuche – das weiße Feld mit der Beschriftung **Enter keywords or a product name** durchsucht werden kann. Alternativ kann man auch durch die **SAP-Product-Hierarchy** navigieren. Einen Einstieg in verschiedene SAP-Produkte bieten die **SAP Learning Journeys**. Neben Links zu kostenpflichtigen Materialien sind hier auch Links auf frei verfügbare Videos (YouTube) oder *Massive Open Online Courses* (MOOCs) für das Selbststudium verfügbar, die über die *SAP-Schulungsplattform https://open.sap.com* zur Verfügung gestellt werden.

Weitere hilfreiche Links

In der rechten Spalte des SAP-Hilfe-Portals befinden sich weitere hilfreiche Links auf die **SAP Community**, ein Bereich, in dem sich Benutzer untereinander austauschen können, den **SAP Support**, das **SAP Developer Center** und den Bereich **SAP Training & Certification**. Einige Bereiche sind frei zugänglich, andere erfordern die Anmeldung als S-User mit entsprechenden Berechtigungen.

Das SAP-Hilfe-Portal erweist sich oft als sehr nützlich: bei Problemen, Fragen oder um neue Produkte und Entwicklungen zu entdecken und zu verfolgen.

Kapitel 2
Vertrieb

In diesem Kapitel lernen Sie neben Grundfunktionen des Vertriebs wesentliche Organisations-, Stamm- und Bewegungsdaten sowie Prozesse der Komponente SD in SAP ERP kennen. Zur Vertiefung des Gelernten führen Sie Übungen und Fallstudien im SAP-System durch.

Unter dem Begriff *Vertrieb* werden in Unternehmen alle Strukturen, Aufgaben und Abläufe des Verkaufs und Versands zusammengefasst. Diese werden in SAP ERP in der Komponente *SD* (Sales and Distribution) abgebildet. Die Komponente SD in SAP ERP unterstützt dabei sowohl den Vertrieb von Waren als auch von Dienstleistungen.

Dieses Kapitel gibt zunächst einen Überblick über die betrieblichen Aufgaben, Akteure und Prozesse im Vertrieb (Abschnitt 2.1). Anschließend werden die notwendigen Organisationsdaten zur Abbildung der Strukturen im Vertrieb (Abschnitt 2.2) erläutert. Danach erfolgt eine Darstellung der Stamm- (Abschnitt 2.3) und Bewegungsdaten (Abschnitt 2.4), die benötigt werden, um die Aufgaben und Abläufe des Vertriebs abzubilden. Auf dieser Basis erläutert Abschnitt 2.5 ausgewählte Teilaspekte des Vertriebsprozesses in der Komponente SD. Zur Vertiefung der erworbenen Kenntnisse schließt das Kapitel mit einer Analyse der UCC-Fallstudie sowie zweier Praxisfälle.

2.1 Betriebliche Aufgaben und Akteure

Vertriebsaufgaben

Oft werden die Aufgaben des Vertriebs auf das reine Verkaufen reduziert. Tatsächlich stellt der Verkauf das Bindeglied zwischen den *Vorverkaufsaktivitäten* (Presales) und der *Kundenauftragsabwicklung* dar.

Zu den Vertriebstätigkeiten der Kundenauftragsabwicklung zählen die folgenden Aufgaben:

- Integration in die *Materialwirtschaft* (Transport, Verfügbarkeitsprüfung)
- Integration in die *Finanzbuchhaltung* (Rechnungserstellung, Nachverfolgung des Zahlungseingangs)

- Integration in den *Kundenservice* (Bearbeitung von Wartungs- und Garantiefällen)
- Zoll- und Außenhandel
- Kommissionierung, Verpackung und Versand

Beispielhafte Vertriebsaufgaben

Abbildung 2.1 zeigt Beispiele konkreter Vertriebsaufgaben auf. Die Pfeile drücken hierbei lediglich eine sachlogische Zugehörigkeit und keine klare zeitlogische Abfolge aus. Dennoch sind die Aufgaben bereits den beiden Phasen (Vorverkaufsaktivitäten und Kundenauftragsabwicklung) zugeordnet und in eine erste chronologische Reihung gebracht.

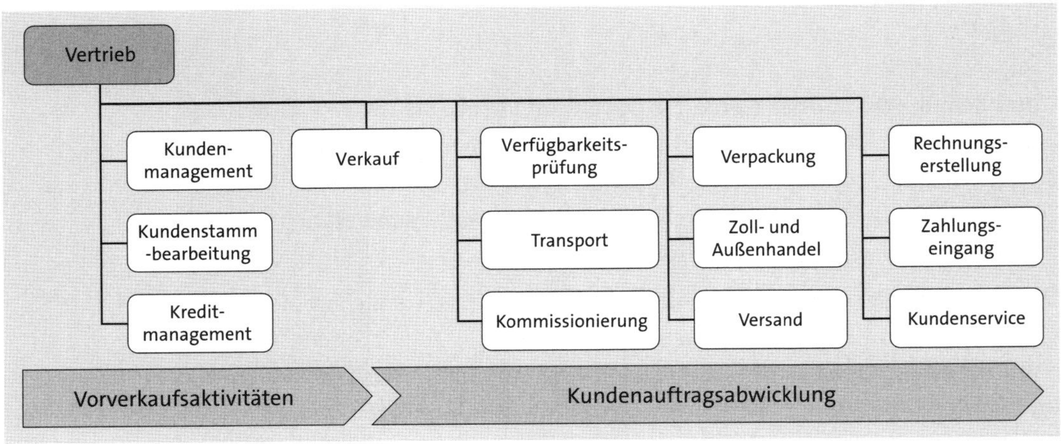

Abbildung 2.1 Aufgaben des Vertriebs (Ausschnitt)

Ein Blick ins SAP-ERP-System offenbart eine ähnliche Strukturierung der Transaktionen in der Komponente SD. Abbildung 2.2 zeigt das SAP-Easy-Access-Menü mit den expandierten Knoten **Logistik** und **Vertrieb**.

Abbildung 2.2 SAP-Easy-Access-Menü für die Komponente SD

Vertriebsaufgaben – Global Bike

An dieser Stelle lohnt sich eine Analyse der im Global-Bike-Konzern definierten Vertriebsaufgaben: Wesentliche Vorverkaufsaktivitäten und die Vertriebsunterstützung werden zentral von Marketingabteilungen in Dallas und Heidelberg erbracht. Um den Verkauf und Versand von Fahrrädern und Zubehörteilen kümmern sich alle fünf Werke lokal und selbstverantwortlich. Das Organigramm in Abbildung 2.3 stellt sowohl die Verantwortlichkeiten in den USA als auch in Deutschland dar.

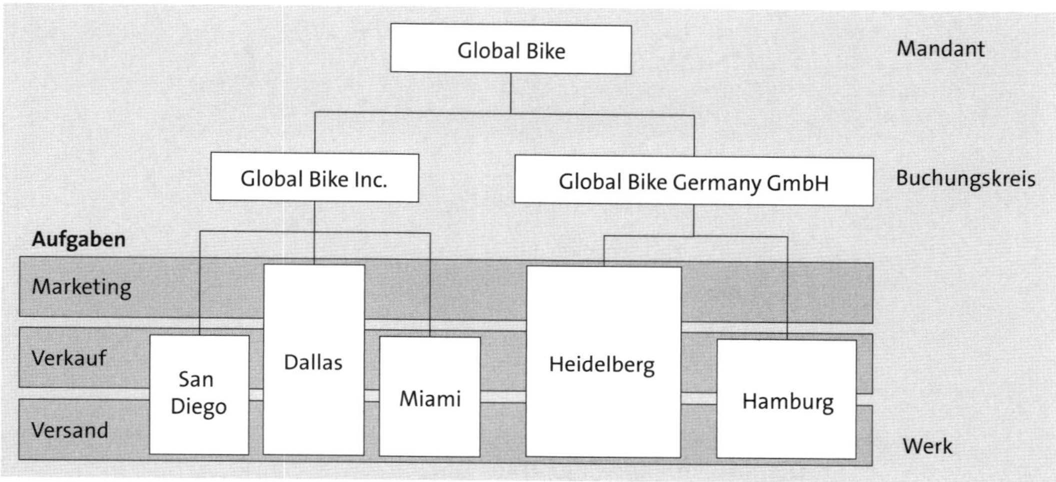

Abbildung 2.3 Vertriebsaufgaben bei Global Bike

Akteure, Stellen, Planstellen

Vertriebsaktivitäten werden im Unternehmen von verschiedenen *Akteuren* übernommen. Ein Akteur stellt hierbei keine einzelne Person, sondern eine *Stelle* zur Klassifikation von ortsungebundenen Aktivitäten dar. Da einige der Akteure in Global Bike in Deutschland und den USA gleichzeitig existieren, wurden in den beiden Tochtergesellschaften zunächst generische Stellen definiert und im SAP-System gepflegt. Soll eine Stelle, z. B. die eines Vertriebsleiters, in einer oder mehreren Regionen ausgeschrieben werden, sind entsprechend viele *Planstellen* anzulegen, die dann entweder noch nicht, anteilig oder zu 100 % von internen oder externen Mitarbeitern besetzt werden können. Einige Beispiele solcher konkreten Planstellen sind Vice President Marketing and Sales, Vertriebsleiter San Diego und Verkaufsperson 1 San Diego. Im Global-Bike-Konzern sind die genannten Planstellen durch die Mitarbeiter Alex Kuhn, Andrea Marino und Karim Messalem besetzt (siehe Abbildung 2.4).

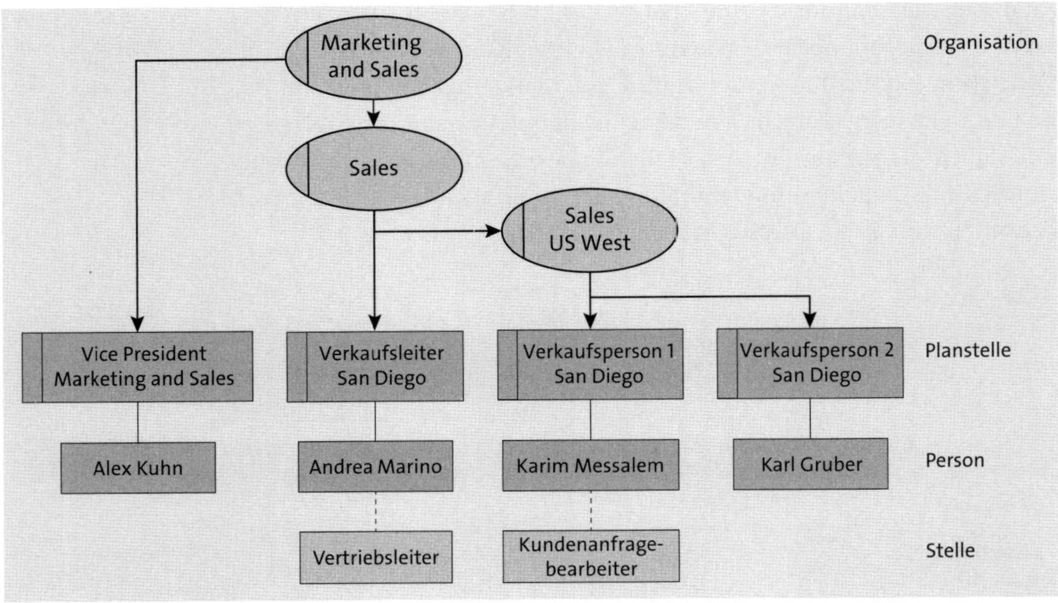

Abbildung 2.4 Stellen und Planstellen bei Global Bike (Ausschnitt)

> **Global Bike – Organigramm**
> Die UCC-Fallstudie »Business Process Analysis« eignet sich an dieser Stelle zur eigenständigen Erkundung aller Organisationsstrukturen des Vertriebs im Global-Bike-Konzern (siehe *http://www.sap-press.de/4640*, **Materialien zum Buch**).

Erweiterte Kundenauftragsabwicklung

Abbildung 2.5 zeigt die erweiterte Kundenauftragsabwicklung bei Global Bike. Im Gegensatz zur einfachen Abwicklung eines Kundenauftrags geht dieser Kerngeschäftsprozess von einem Neukunden aus, dessen Stammdaten zunächst bearbeitet, für den eine Kundenanfrage erfasst sowie ein Angebot erstellt werden muss. Anschließend wird der Kundenauftrag mit Bezug auf das in den Vorverkaufsaktivitäten erzeugte Angebot angelegt. Bei den darauffolgenden Aktivitäten – Auslieferung, Kommissionierung, Versand, Rechnungserstellung und Zahlungseingang – läuft der Prozess wie bei der klassischen Auftragsbearbeitung weiter.

Die Darstellung der erweiterten Kundenauftragsabwicklung geht von den folgenden Voraussetzungen aus:

1. Für einen Neukunden muss ein Kundenstammsatz angelegt werden.
2. Dieser Kunde stellt eine offizielle Anfrage.
3. Mit Bezug auf diese Kundenanfrage wird ein Angebot erstellt.

4. Der Kunde nimmt dieses Angebot an.
5. Mit Bezug auf dieses Angebot wird ein Kundenauftrag erstellt.
6. Die Ware ist in ausreichender Menge am Lager vorrätig.
7. Die Ware wird ohne Vorauszahlung kommissioniert und versandt.
8. Es ist keine Mahnung notwendig.

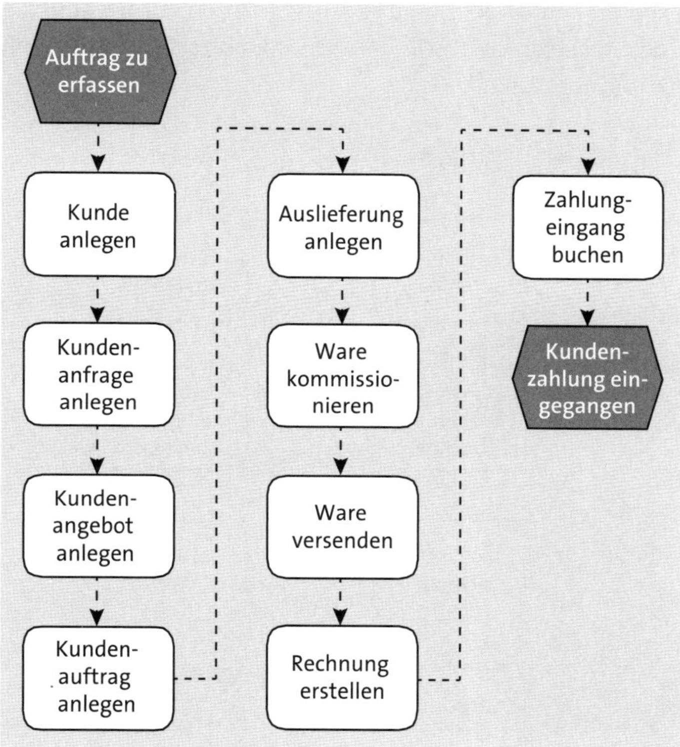

Abbildung 2.5 Erweiterte Kundenauftragsabwicklung

Prozessvarianten

Daneben ist eine Vielzahl von Prozessvarianten möglich. Anhand der selbst für diesen einfachen Prozess umfangreichen Liste an Annahmen lässt sich erahnen, dass Geschäftsprozesse in der Praxis sehr flexibel gesteuert werden müssen. Mithilfe von Unternehmensregeln (so genannten *Business Rules*) kann nun z. B. fest eingestellt werden, in welchen Regionen Kunden zwingend Vorauszahlungen leisten müssen. Die resultierende Prozessvariante »Kundenauftrag mit Vorauszahlung« wäre dann für alle relevanten Länder verpflichtend. Flexibler als Prozessvarianten können Prozessverzweigungen eingesetzt werden. Diese definieren in Geschäftsprozessen Bedingungen, die während der Durchführung überprüft werden. So kann man z. B. abhängig vom Land, dem Kunden oder dem Auftragsvolumen entscheiden, wie und wann die Rechnungsstellung erfolgen soll. Folgende Beispiele im Global-Bike-Konzern zeigen den Unterschied.

Beispiel für Prozessvarianten

Global Bike bietet seine Waren auf zwei verschiedenen Vertriebswegen an: Großhandel und Internetverkauf. Während den zwölf langjährigen Handelskunden in den USA Kundenkredite eingeräumt werden, wird von Internetkunden eine Anzahlung oder komplette Vorauszahlung verlangt. Abbildung 2.6 zeigt die drei entsprechenden Prozessvarianten zur Rechnungsstellung nach der Auslieferung sowie der Teil- oder Gesamtfakturierung vor der Auslieferung der Waren.

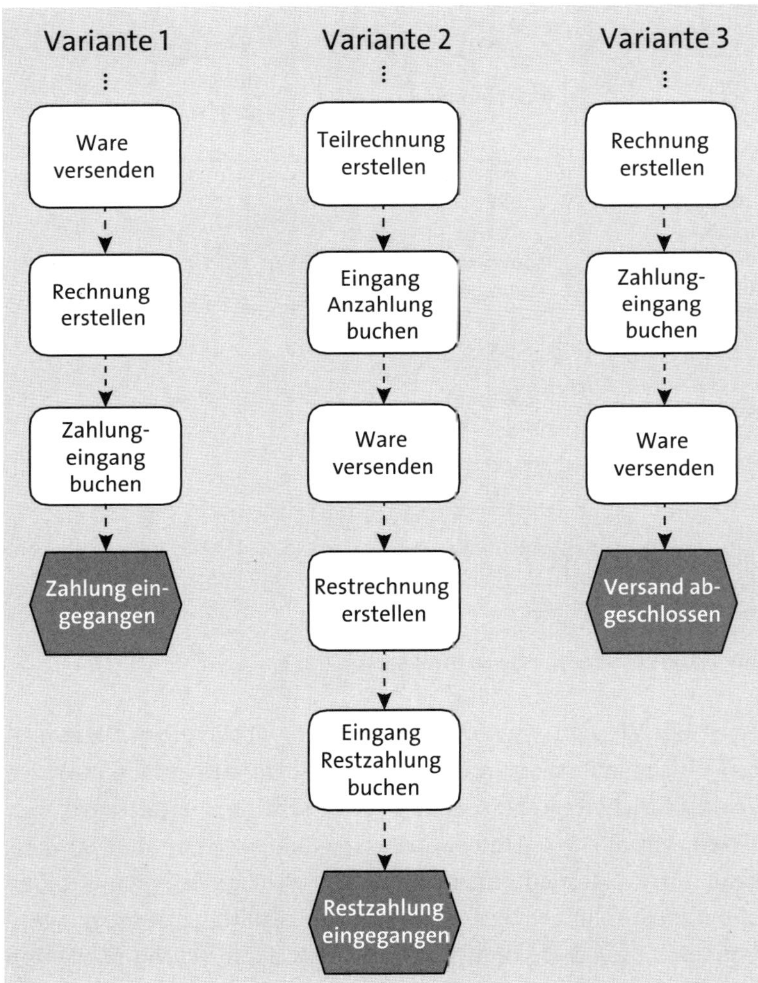

Abbildung 2.6 Prozessvarianten zum Zahlungszeitpunkt

2.2 Organisationsdaten

Dieser Abschnitt erläutert die wesentlichen Organisationseinheiten des Vertriebs in SAP ERP am Beispiel der Unternehmensstrukturen von Global Bike. Eine Einführung in die Organisationsstrukturen des SAP-Systems findet sich in Abschnitt 1.4, »Datenarten in SAP ERP«.

Mandant

Der *Mandant* stellt die größte handelsrechtliche organisatorische Einheit in SAP ERP dar und wird mit dem Fachbegriff *Konzern* oder *Muttergesellschaft* gleichgesetzt. Damit bildet der Mandant Global Bike den Rahmen für die Organisations-, Stamm- und Bewegungsdaten.

Buchungskreis

Auf der nächsten Hierarchieebene unterhalb des Mandanten definiert der *Buchungskreis* die kleinste Organisationseinheit für eine abgeschlossene Finanzbuchhaltung. Für den Fahrradkonzern sind im SAP-ERP-System die Tochterfirmen Global Bike Inc. in den USA sowie Global Bike Germany GmbH in Deutschland als Buchungskreise abgebildet (siehe Abbildung 2.7).

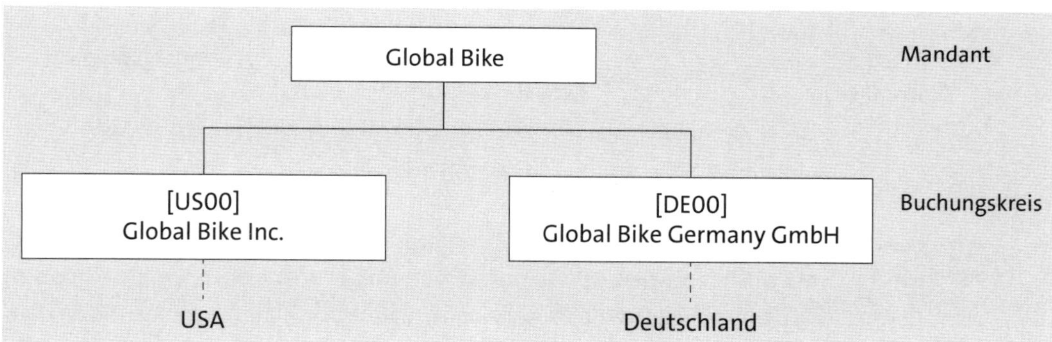

Abbildung 2.7 Mandant und Buchungskreis

Durch ihre abgeschlossene Buchhaltung bilden die beiden dargestellten Buchungskreise ebenso den Rahmen für alle finanzrelevanten Geschäftsvorfälle des Vertriebs in den USA und in Deutschland. Zur Steuerung und Dokumentation des in Abschnitt 2.1 eingeführten Geschäftsprozesses zur erweiterten Kundenauftragsabwicklung werden jedoch noch weitere Organisationseinheiten in SAP ERP benötigt.

Kreditkontrollbereich

Mithilfe eines *Kreditkontrollbereichs* können für verschiedene Kunden Kreditlinien gewährt und überwacht werden. Dies bedeutet, dass für jeden Kunden ein Limit für die Summe der offenen Forderungen in SAP ERP hinterlegt werden kann. Falls mit dem Auftragsvolumen ein gesetztes Kundenlimit überschritten wäre, kann SAP ERP das Anlegen eines Kundenauftrags so lange unterbinden, bis der Kunde offene Zahlungen in ausreichender Höhe begleicht oder das Management eine Erhöhung des Kreditlimits veranlasst.

Kreditkontrollbereich – Global Bike

Da bei Global Bike Großkunden aus Deutschland theoretisch auch in den USA bestellen könnten und umgekehrt, ist der Kreditkontrollbereich buchungskreisübergreifend und somit weltweit angelegt. Das ermöglicht das Setzen eines globalen Kreditlimits unterhalb der Summe aller in den Buchungskreisen dezentral gewährten Kreditrahmen. Alternativ hätte für ein rein buchungskreisanaloges Kreditmanagement ebenso eine 1:1-Zuordnung abgebildet werden können. Abbildung 2.8 zeigt jedoch die Zuordnung beider Buchungskreise zum globalen Kreditkontrollbereich.

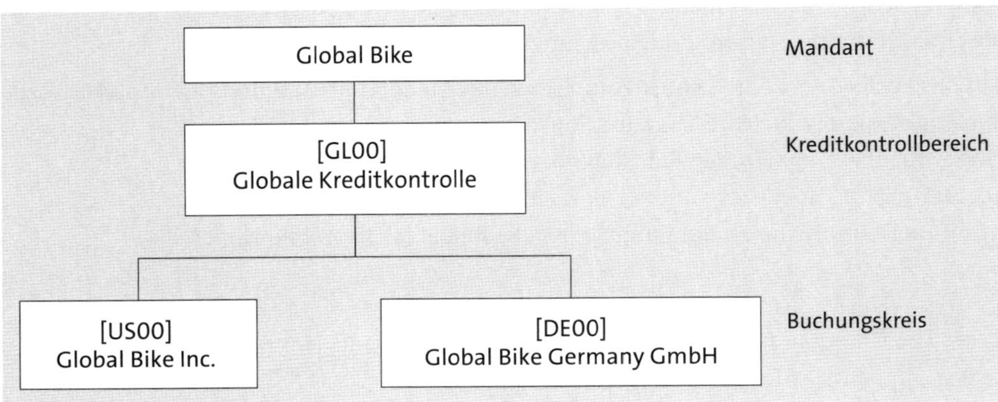

Abbildung 2.8 Einordnung des Kreditkontrollbereichs

Verkaufsorganisation

Die *Verkaufsorganisation* ist als organisatorische Einheit des Vertriebs verantwortlich für den Absatz von Waren und Dienstleistungen, darüber hinaus jedoch auch für die Produkthaftung im rechtlichen Sinn. Grundsätzlich gilt, dass in jedem Buchungskreis mit Vertriebsaktivitäten mindestens eine Verkaufsorganisation definiert sein muss, gegebenenfalls aber auch mehrere existieren können. Eine Verkaufsorganisation dagegen ist genau dem Buchungskreis zugeordnet, in dem ihre Geschäftsvorfälle buchhalterisch dokumentiert werden.

Das Management von Global Bike nutzt dieses Organisationselement zusätzlich zur regionalen Unterteilung des Marktes. Im SAP-System von Global Bike sind insgesamt vier Vertriebsregionen abgebildet: USA West, USA Ost, Deutschland Nord und Deutschland Süd (siehe Abbildung 2.9).

Vertriebsweg

Als *Vertriebswege* werden in SAP ERP Distributionskanäle bezeichnet, über die Produkte und Dienstleistungen zu den Kunden gelangen. Wie eingangs bereits erwähnt, verkauft Global Bike seine Fahrräder an den Großhandel und über das Internet.

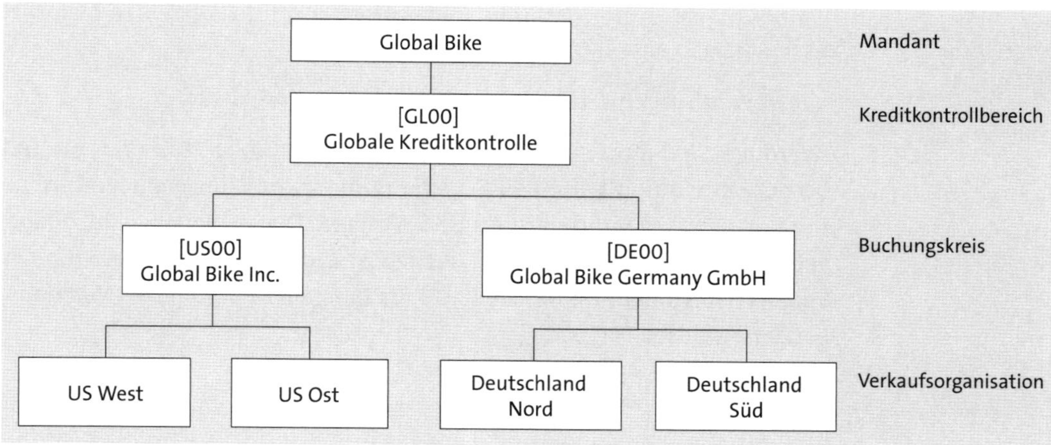

Abbildung 2.9 Verkaufsorganisation

Vertriebslinie

Kombinationen aus Verkaufsorganisationen und Vertriebswegen werden in SAP ERP *Vertriebslinien* genannt. Eine Vertriebslinie kann für mehrere Werke im SAP-ERP-System tätig sein. Eine Besonderheit ist dabei, dass diese Werke nicht demselben Buchungskreis angehören müssen. Dies ermöglicht es Global Bike z. B., dass im Fall von Streiks oder Havarien Standorte in den USA als alternative Auslieferungswerke für Vertriebslinien in Deutschland festgelegt werden könnten. Da hierbei die Verkaufsorganisation und das Werk unterschiedlicher Buchungskreise betroffen wären, müsste eine interne Verrechnung des Warenwertes zu vorab definierten Transferpreisen zwischen Deutschland und den USA erfolgen.

Sparte

Zur Gruppierung von Waren und Dienstleistungen kann in SAP ERP die *Sparte* als weitere Organisationseinheit des Vertriebs verwendet werden. Global Bike nutzt im Wesentlichen zwei Sparten: Fahrräder und Zubehör. Da in SAP ERP einem Kundenauftrag nur genau eine Sparte zugeordnet werden kann, gibt es bei Global Bike darüber hinaus die dritte Kategorie spartenübergreifend. Für Materialien verschiedener Produktgruppen, die gemeinsam in einem Kundenauftrag verwendet werden sollen, muss dieser spartenübergreifende Verkauf erlaubt sein. Nur so ist z. B. der Verkauf eines Rennrades (Sparte Fahrräder) zusammen mit einem Helm (Sparte Zubehör) möglich.

Vertriebsbereich

Ein *Vertriebsbereich* stellt genau genommen keine eigenständige Organisationseinheit dar, sondern ist eine für die Vertriebsaktivitäten einer Firma relevante Kombination aus Verkaufsorganisation, Vertriebsweg und Sparte. Global Bike legt so für seine vier Verkaufsorganisationen fest, welche Vertriebswege genutzt werden und welche Sparten möglich sind. Für die oben definierten Organisationseinheiten ergäben sich für Global Bike maximal 24 Vertriebsbereichsmöglichkeiten:

4 Verkaufsorganisationen × 2 Vertriebswege × 3 Sparten

Allerdings sind nur 16 dieser Kombinationen für Global Bike relevant und bei der Einrichtung des SAP-ERP-Systems im Customizing gepflegt worden. Der Vertriebsweg Internet ist für USA West und Deutschland Süd nicht ausgeprägt. Spartenübergreifender Vertrieb ist zudem über das Internet nicht vorgesehen. Abbildung 2.10 stellt alle für Global Bike definierten Vertriebsbereiche grafisch dar.

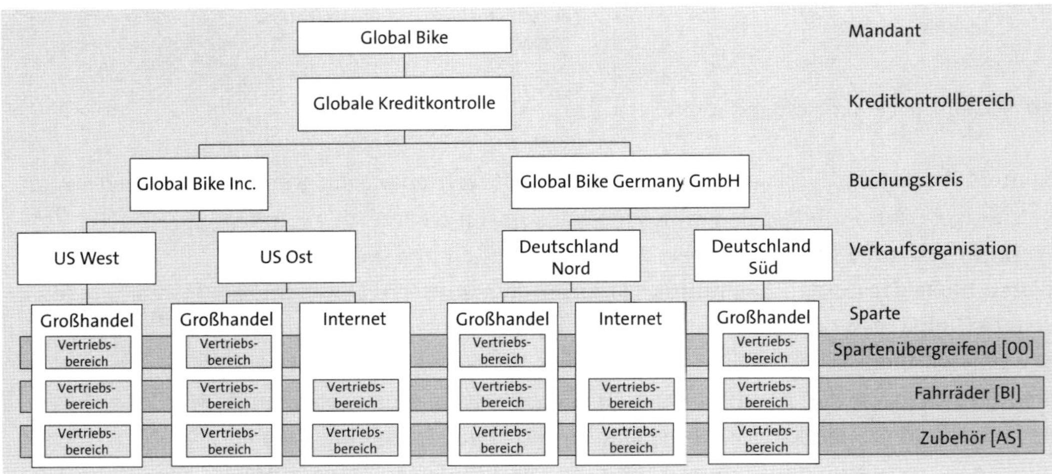

Abbildung 2.10 Vertriebsbereich

Verkaufsbüro, Verkäufergruppe, Verkäufer

Für jeden Vertriebsbereich können ein oder mehrere *Verkaufsbüros* definiert sein. Diese sind für den Verkauf in einem geografischen Gebiet zuständig. Ein Verkaufsbüro kann wiederum einem oder mehreren Vertriebsbereichen zugeordnet sein. In Global Bike verfügen alle fünf Standorte über je ein Verkaufsbüro. Organisatorisch sind zur feineren Untergliederung *Verkäufergruppen*, z. B. für eine bestimmte Sparte, definierbar. Außerdem können für Verkäufer Personalstammsätze eingerichtet werden, die einer Verkäufergruppe und einem Verkaufsbüro zugeordnet sind.

Integration mit logistischen Komponenten

Die Komponente SD ist durch die Zuordnung aller finanzrelevanten Geschäftsvorfälle zu einem Buchungskreis mit dem externen Rechnungswesen (Buchhaltung) verzahnt. Eine ähnlich starke Integration existiert zu den logistischen Komponenten in SAP ERP:

- Materialwirtschaft (Beschaffung, Lagerung und innerbetrieblicher Transport)

- Produktion
- Instandhaltung

Zu diesem Zweck gibt es in SAP ERP einige Organisationseinheiten, die in allen Logistikkomponenten gleichermaßen verwendet werden: Werk, Lagerort und Versandstelle.

Auslieferungswerk

Ein *Werk* erfüllt im SAP-System im Wesentlichen vier verschiedene Aufgaben: Fertigung, Beschaffung, Disposition und Wartung. Im Vertrieb wird das Werk lediglich zur Disposition verwendet. Bei Global Bike ist für jeden der fünf Standorte je ein Werk im SAP-System gepflegt. Alle fünf Standorte können als Auslieferungswerk fungieren.

Lagerort

Innerhalb eines Werkes können physische Lagerbestände zusätzlich nach Form und Art der Materialien oder nach Art der Lagerung unterschieden werden. Die sogenannten *Lagerorte* bilden in Werken ohne Warehouse-Management-System die unterste Ebene der Bestandsverwaltung (siehe Kapitel 3, »Materialwirtschaft«, und Kapitel 6, »Lagerverwaltung«).

Global Bike unterscheidet Lagerorte nach Materialart. Abbildung 2.11 stellt alle Werke und Lagerorte der Global Bike Inc. in den USA dar.

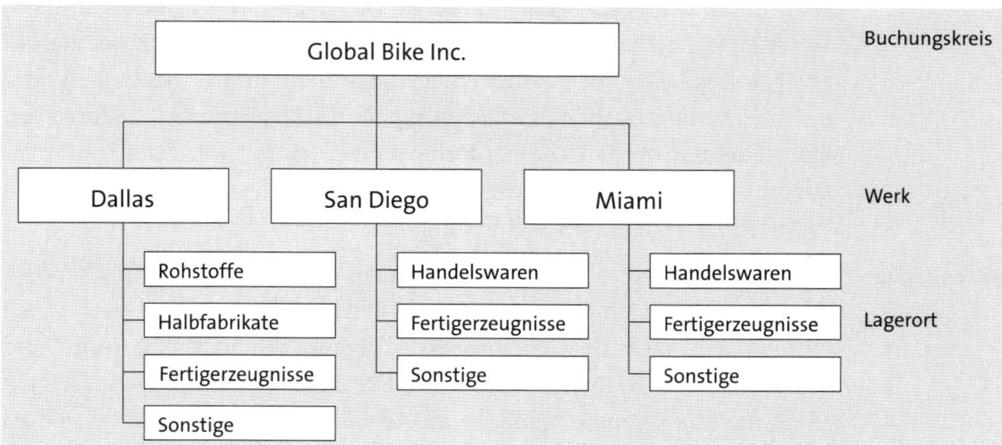

Abbildung 2.11 Auslieferungswerk und Lagerort

Versandstelle

In einem Werk erfolgt der tatsächliche physische Versand von Waren über sogenannte Versandstellen. Diese bearbeiten und überwachen alle Auslieferungen und die anschließende Warenausgabe. Mit ihrer Hilfe kann die Versandabwicklung nach Versandart oder nach Hilfs- und Transportmitteln untergliedert werden. Im Global-Bike-Konzern sind für jedes Werk je eine Versandstelle für den Versand und eine für Retouren definiert.

2.3 Stammdaten

Für den Vertrieb relevante Stammdaten

Für die Durchführung von Geschäftsprozessen im Vertrieb spielen neben den Organisationsdaten auch die Stammdaten eine wesentliche Rolle. Von zentraler Bedeutung sind hierbei die Kunden, auch *Debitoren* genannt. Darüber hinaus werden Stammdaten zu Produkten und Waren benötigt, die in SAP ERP zusammengefasst im *Materialstammsatz* abgelegt werden. Dienstleistungen werden idealerweise mit einem *Leistungsstammsatz* im System hinterlegt, können aber auch als Materialien erfasst werden. Zu den Stammdaten im Vertrieb gehören außerdem die Konditionssätze und Nachrichten. Im Folgenden werden diese Stammdaten detailliert erläutert.

2.3.1 Kunden

Debitoren

In SAP ERP werden alle Informationen von Geschäftspartnern, an die Produkte und Dienstleistungen verkauft werden, zentral in *Debitorenstammsätzen* (oder Kundenstammsätzen) gespeichert. Die zentrale Speicherung in Debitorenstammsätzen ist Voraussetzung dafür, dass alle Akteure mit Vertriebsaufgaben und mit den notwendigen Berechtigungen auf die gleichen Informationen zugreifen können. Der Debitorenstammsatz umfasst somit alle Informationen über den Kunden, die von der Dokumentation einer Anfrage über das Bearbeiten eines Kundenauftrags, die Auslieferung der Waren, das Erstellen der Rechnung bis zur Regelung des Zahlungsverkehrs benötigt werden. Diese Informationen sind im Debitorenstammsatz auf die Sichten **Adresse**, **Steuerungsdaten**, **Zahlungsverkehr**, **Marketing** und **Exportdaten** verteilt (siehe Abbildung 2.12).

Debitorenrollen

Im Debitorenstammsatz sind alle Partnerrollen, (auch *Debitorenrollen*) eines Kunden abgebildet. Die Partnerrollen legen fest, welche Funktionen ein Kunde in einem Geschäftsprozess erfüllen kann und welche Rechte und Pflichten er hat. Für Kunden sind in SAP ERP die Rollen *Auftraggeber*, *Warenempfänger*, *Rechnungsempfänger* und *Regulierer* (*Bezahler*) definiert. Jedem Kunden sind mindestens diese Rollen zugeordnet, da er die entsprechenden Funktionen im Geschäftsprozess ausfüllen können muss. Der Debitorenstammsatz ist in drei Bereiche unterteilt (siehe Abbildung 2.12):

- **Allgemeine Daten**
- **Buchungskreisdaten**
- **Vertriebsbereichsdaten**

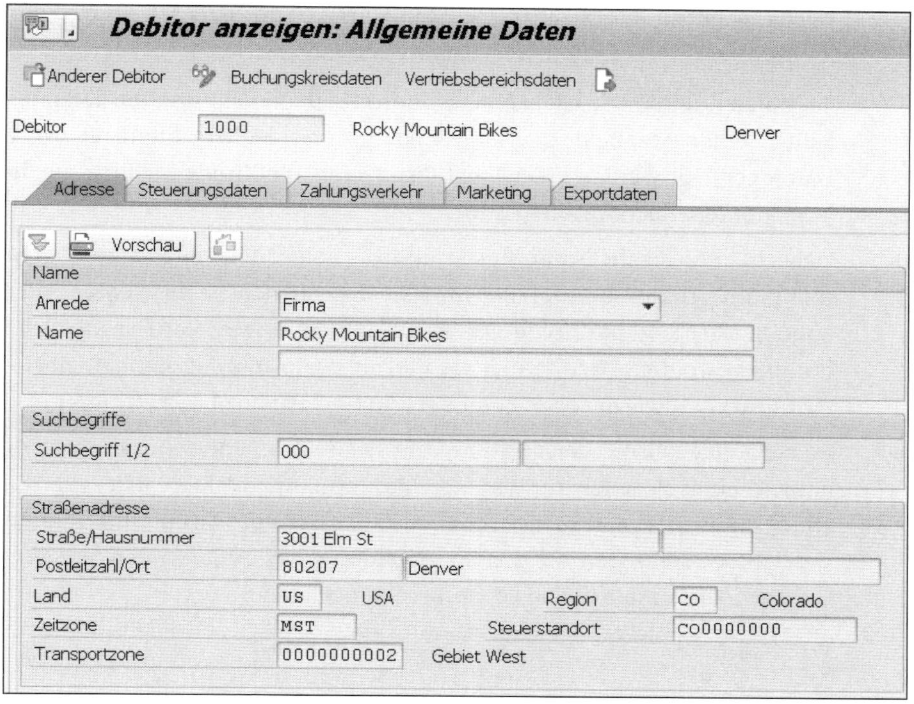

Abbildung 2.12 Allgemeine Daten eines Debitorenstammsatzes in der Transaktion XD03 (Debitor anzeigen)

Allgemeine Daten

Ein Debitorenstammsatz enthält, wie generell alle Stammdaten in SAP ERP, zunächst allgemeine Daten, die für den Gesamtkonzern in gleicher Weise gültig sind. Zu diesen mandantenweit geltenden Kundendaten gehören z. B. die eindeutige Kundennummer, sein Name, seine postalische Hauptadresse sowie weitere Kommunikationskanäle.

Buchungskreisdaten

Weiter enthält ein Debitorenstammsatz **Buchungskreisdaten**. Diese sind von buchhalterischer Relevanz für jeweils genau einen Buchungskreis. Dazu zählen z. B. das Abstimmkonto, Zahlungsbedingungen, Toleranzgruppen und Mahndaten.

Falls für ein Tochterunternehmen die Debitorenbuchhaltung verwendet wird, ist das **Abstimmkonto** das Sachkonto, über das alle üblichen Finanzbuchungen von Debitoren in das *Hauptbuch* fortgeschrieben werden. Über das Feld **Zahlungsbedingungen** lässt sich ein Skontosatz für Einzelzahlungen mit bis zu drei Zahlungskonditionen sowie ein Basisdatum für die Zahlung festlegen. Die **Toleranzgruppe** legt für den Kunden fest, inwieweit Abweichungen bei Zahlungsbeträgen (Toleranzen) automatisch verbucht werden sollen. Sie regelt darüber hinaus, auf welche Sachkonten die Differenzen gebucht werden. Über die **Mahndaten** wird gesteuert, ob und wie Mahnungen für den Kunden automatisch erfolgen.

Für einen Kunden von Global Bike könnten in den Buchungskreisdaten für keinen, einen oder beide Buchungskreise unterschiedliche finanzrelevante Daten gepflegt werden. Bei Global Bike treten alle Kunden jedoch nur in jeweils einem Buchungskreis auf.

Vertriebsbereichsdaten

Der dritte Bereich im Debitorenstammsatz – neben den **Allgemeinen Daten** und den **Buchungskreisdaten** – umfasst die **Vertriebsbereichsdaten**. Hier können vertriebsspezifische Daten für alle genutzten Vertriebsbereiche hinterlegt werden. Dazu zählen die Verkaufswährung, das Standardauslieferungswerk sowie die oben bereits erwähnte Partnerrollenzuordnung.

Beispiel

Das folgende Beispiel zeigt die Funktionsweise des Debitorenstammsatzes anhand eines Beispiels für das Modellunternehmen Global Bike. Die Buchungskreise Global Bike Inc. und Global Bike Germany GmbH unterhalten Geschäftsbeziehungen zu den in Abbildung 2.13 aufgelisteten je zwölf Großhandelskunden in den USA und in Deutschland.

Lnd	Postleitz.	Ort	Name 1	Debitor
DE	04277	LEIPZIG	DRAHTESEL	18000
DE	10999	BERLIN	CAPITAL BIKES	16000
DE	17389	ANKLAM	OSTSEERAD	21000
DE	20249	HAMBURG	ALSTER ADVENTURES	25001
DE	20249	HAMBURG	ALSTER CYCLING	14000
DE	22767	HAMBURG	RED LIGHT BIKES	23000
DE	30629	HANNOVER	CRUISER BIKES	17000
DE	39126	MAGDEBURG	VELODOM	24000
DE	44784	BOCHUM	FAHRPOTT	19000
DE	63263	NEU-ISENBURG	AIRPORT BIKES	13000
DE	69120	HEIDELBERG	NECKARAD	20000
DE	70499	STUTTGART	RÄDLELAND	22000
DE	81829	MÜNCHEN	BAVARIA BIKES	15000
US	02210	BOSTON	BEANTOWN BIKES	5000
US	10014	NEW YORK CITY	BIG APPLE BIKES	2000
US	19073	PHILADELPHIA	PHILLY BIKES	3000
US	20003	WASHINGTON DC	DC BIKES	11000
US	30319	ATLANTA	PEACHTREE BIKES	4000
US	32804	ORLANDO	THE BIKE ZONE	25000
US	48076	DETROIT	MOTOWN BIKES	8000
US	49504	GRAND RAPIDS	FURNITURE CITY BIKES	7000
US	60515	CHICAGO	WINDY CITY BIKES	6000
US	80207	DENVER	ROCKY MOUNTAIN BIKES	1000
US	92612	IRVINE	SOCAL BIKES	9000
US	94304	PALO ALTO	SILICON VALLEY BIKES	10000
US	98146	SEATTLE	NORTHWEST BIKES	12000

Abbildung 2.13 Übersicht über die Kunden von Global Bike in den USA und Deutschland

Die Zuordnung dieser Kunden zu den Verkaufsorganisationen in den USA und Deutschland sowie die Lage der Werke des Beispielunternehmens Global Bike sind in Abbildung 2.14 bzw. in Abbildung 2.15 dargestellt.

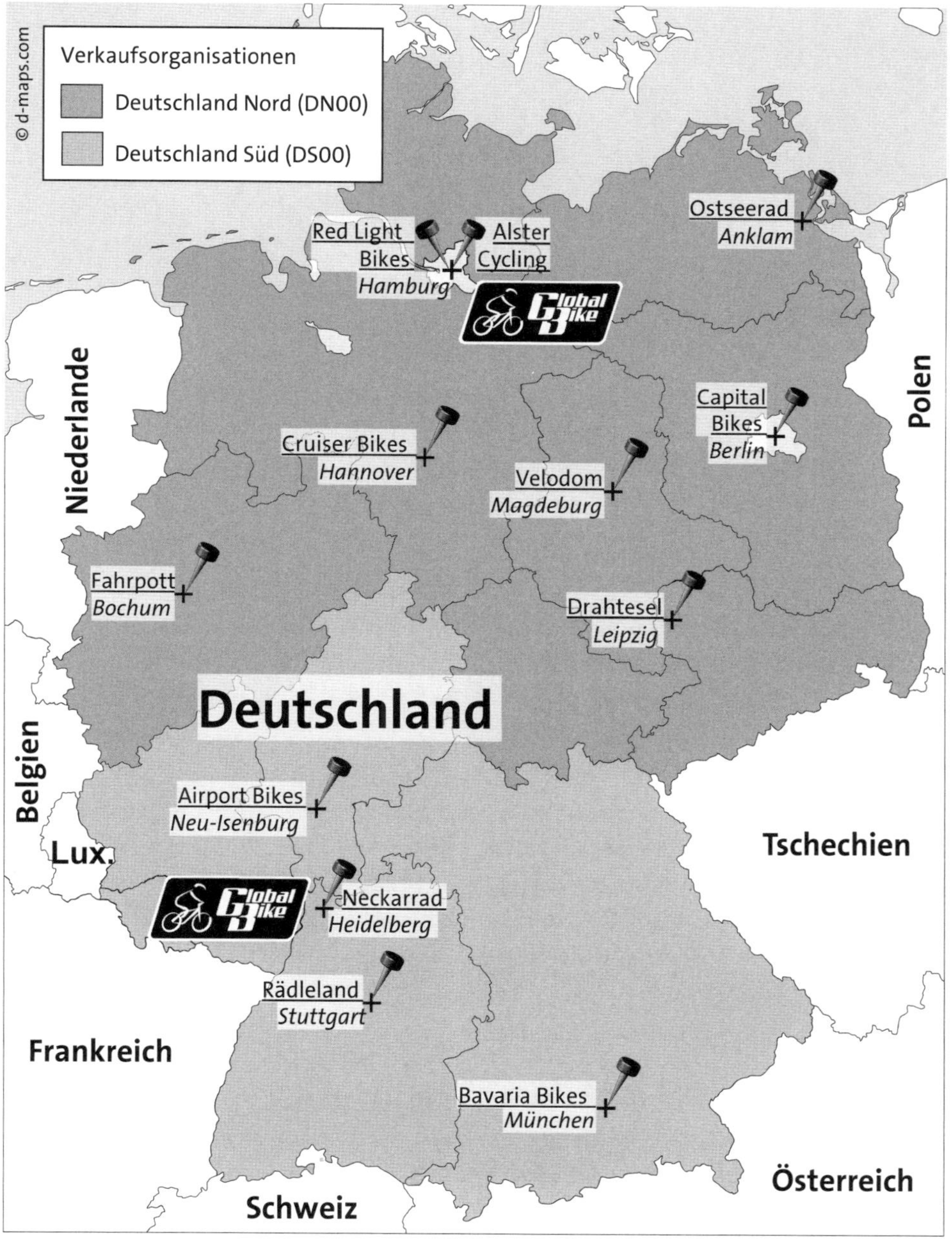

Abbildung 2.14 Lage der Verkaufsorganisationen, Debitoren (Pinnadeln) und Werke (Logos) der Global Bike Germany GmbH (Quelle: https://d-maps.com)

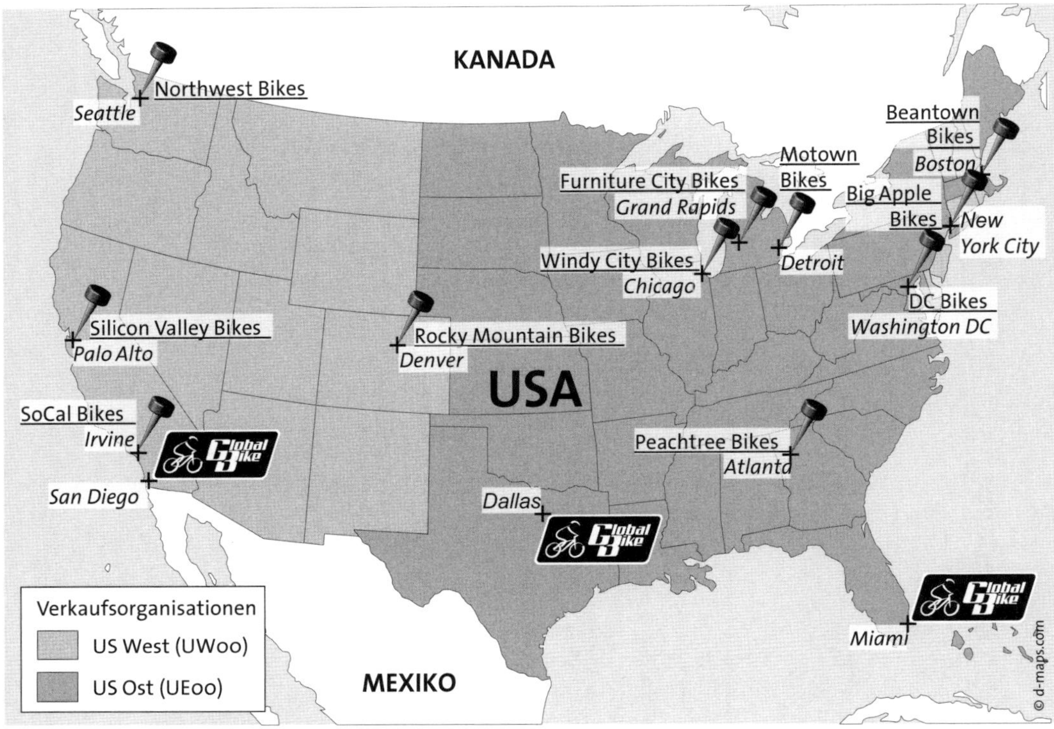

Abbildung 2.15 Lage der Verkaufsorganisationen, Debitoren (Pinnadeln) und Werke (Logos) von Global Bike Inc. (Quelle: https://d-maps.com)

[/]

UCC-Übung SD 1

Für eine detaillierte Einführung in die Bereiche und Attribute eines Debitorenstammsatzes in SAP ERP bearbeiten Sie, die erste UCC-Übung, »SD 1: Anzeigen Kundenstammsatz«, (Sie finden diese unter *http://www.sap-press.de/4640*, **Materialien zum Buch**). In der Rolle der Verkaufsmitarbeiterin Maria Diaz schauen Sie sich den Kunden Beantown Bikes in Boston genauer an.

Übung: Kundenstammsätze anzeigen

[/]

Im SAP-Easy-Access-Menü gibt es unter dem Menüpfad **Logistik • Vertrieb • Stammdaten • Geschäftspartner • Kunde • Anzeigen** zwei verschiedene Transaktionen zum Anzeigen von Kundenstammsätzen:

- Transaktion VD03 (Vertrieb)
- Transaktion XD03 (Gesamt)

Einigen Mitarbeitern steht für die Arbeit mit Debitorenstammsätzen die Transaktion VD03 zur Verfügung. Andere nutzen hierfür die Transaktion XD03. Die beiden Ausprägungen der Transaktion ermöglichen es, den Benutzern nur jeweils die Daten zur Verfügung zu stellen, die sie für ihre Arbeit benötigen. Mit Transaktion XD03 können alle Sichten des Kundenstamms angesehen werden, mit Transaktion VD03 nur die Grunddaten und die vertriebsrelevanten Sichten. Verschiedene Mitarbeiter sehen und/oder bearbeiten somit unterschiedliche Teilbereiche des Debitorenstammsatzes. Im Folgenden werden die beiden Transaktionen einander gegenübergestellt.

Rufen Sie Transaktion VD03 auf. Suchen Sie Ihren Kunden mit der [F4]-Hilfe (siehe Abschnitt 1.5.4, »Die F1- und die F4-Hilfe«), im Beispiel **Beantown Bikes**, oder geben Sie dessen Debitorennummer (hier **5000**) im Feld **Debitor** ein (siehe Abbildung 2.16). Bestätigen Sie anschließend über [↵]. Das SAP-System zeigt die allgemeinen Daten Ihres Kunden an. Verlassen Sie die Transaktion.

Abbildung 2.16 Einstieg in den Debitorenstammsatz »Vertrieb«

Rufen Sie die Transaktion VD03 nun ein zweites Mal auf – dieses Mal, um sich die Vertriebsbereichsdaten anzeigen zu lassen. Wählen Sie beim Aufruf der Transaktion über den Button **Vertriebsbereiche des Debitors...** einen der für diesen Kunden gepflegten Vertriebsbereiche aus, und bestätigen Sie mit [↵]. Statt in die **Allgemeinen Daten** gelangen Sie nun in die **Vertriebsbereichsdaten**. Über einen Klick auf die Buttons in der Toolbar können Sie zwischen den beiden Bereichen wechseln. Verlassen Sie die Transaktion.

Schritte in Transaktion XD03

Öffnen Sie anschließend die Transaktion XD03. Das Einstiegsbild ähnelt Transaktion VD03 – mit einem entscheidenden Unterschied: Wie in Abbildung 2.17 zu sehen ist, gibt es hier zusätzlich das Feld **Buchungskreis**.

Geben Sie in dem Beispiel den amerikanischen Buchungskreis **US00** in das Feld **Buchungskreis** ein, und bestätigen Sie mit [↵]. Sie gelangen in die

Buchungskreisdaten, was mit der Transaktion VD03 nicht möglich war. Mit den Buttons **Allgemeine Daten**, **Vertriebsbereichsdaten** und **Buchungskreisdaten** können Sie nun zwischen drei Bereichen navigieren.

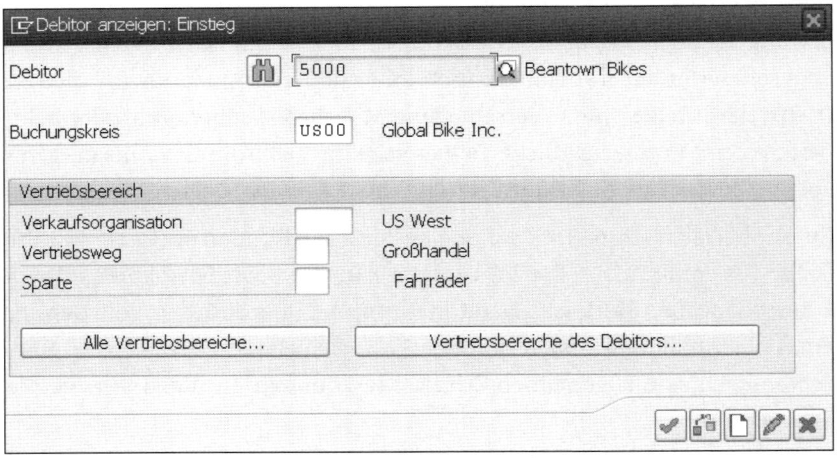

Abbildung 2.17 Einstieg in den Debitorenstammsatz »Gesamt«

Transaktionen zur Verwaltung von Kunden

Tabelle 2.1 gibt Ihnen einen Überblick über die wichtigsten Transaktionen zur Verwaltung von Kunden und Ansprechpartnern.

Transaktion	Name	Menüpfad
VD01	Debitor anlegen	**Logistik • Vertrieb • Geschäftspartner • Kunde • Anlegen • Vertrieb**
VD02	Debitor ändern	**Logistik • Vertrieb • Geschäftspartner • Kunde • Ändern • Vertrieb**
VD03	Debitor anzeigen	**Logistik • Vertrieb • Geschäftspartner • Kunde • Anzeigen • Vertrieb**
XD01	Debitor anlegen	**Logistik • Vertrieb • Geschäftspartner • Kunde • Anlegen • Gesamt**
XD02	Debitor ändern	**Logistik • Vertrieb • Geschäftspartner • Kunde • Ändern • Gesamt**
XD03	Debitor anzeigen	**Logistik • Vertrieb • Geschäftspartner • Kunde • Anzeigen • Gesamt**

Tabelle 2.1 Auswahl von Transaktionen zur Verwaltung der Stammdaten »Kunde«

2.3.2 Material

Materialarten

Unternehmen verkaufen materielle oder immaterielle Güter, z. B. Produkte oder Dienstleistungen. Diese kaufen sie zuvor für Handelszwecke ein (*Handelswaren*) oder stellen sie selbst aus Rohstoffen oder Halbfabrikaten her (*Fertigerzeugnisse*). Global Bike produziert und verkauft hochqualitative Fahrräder. Deren Komponenten werden zuvor von Zulieferern eingekauft. Zusätzlich handelt Global Bike mit Zubehör, wie z. B. Fahrradhelmen, die eingekauft und unverändert weitergehandelt werden. SAP ERP definiert für diese Materialeigenschaften verschiedenste *Materialarten*. Für die Komponente SD sind insbesondere die Arten Fertigerzeugnisse und Handelswaren sowie gegebenenfalls Dienstleitungen relevant.

Materialstammdaten für den Vertrieb

Aufgrund seiner zentralen Bedeutung wurde der Materialstamm bereits in Abschnitt 1.4.2, »Stammdaten«, erläutert. Speziell für den Vertrieb relevante Daten sind in folgenden Sichten enthalten:

- **Vertrieb: VerkOrg**
- **Vertrieb: allg./Werk**

Die Sicht **Vertrieb: VerkOrg** (Verkaufsorganisation) ist auf zwei Registerkarten verteilt (**Vertrieb: VerkOrg 1** und **Vertrieb: VerkOrg 2**). Hier sind unter anderem die Konditionen für den Verkauf, das für die Auslieferung zuständige Werk und Steuersätze hinterlegt. In der Sicht **Vertrieb: allg./Werk** werden z. B. für die Verpackung und den Versand relevante Daten wie Gewichte sowie Transport- und Lademittel gespeichert.

In den Sichten **Werksbestand** und **Lagerortbestand** kann man prüfen, welche Menge des Materials an welchem Ort vorhanden ist. Außerdem erkennt man, ob das Material frei verwendbar, reserviert oder gesperrt ist.

2.3.3 Konditionen

Preisbestandteile

Ein wesentlicher Teil eines Vertriebsprozesses ist die Vereinbarung von Preisen für Produkte. Die Preise für ein Produkt können üblicherweise nicht von einem Vertriebsmitarbeiter frei definiert werden, sondern hängen von verschiedenen festgelegten Preisbestandteilen ab. So gibt es üblicherweise einen *Basispreis* für ein Produkt. Zu diesem Basispreis werden Zu- und Abschläge hinzugerechnet. Ein Beispiel für einen Abschlag ist ein prozentualer Rabatt für eine bestimmte Kundengruppe. Außerdem müssen noch Steuern bei der Berechnung des *Verkaufspreises* für Produkte berücksichtigt werden. Der Prozess zur Ermittlung eines Verkaufspreises für ein Produkt wird in SAP ERP als *Preisfindung* bezeichnet.

Preisfindung Die Basis der Preisfindung in SAP ERP bilden Kalkulationsschemata, Konditionsarten, Zugriffsfolgen und Konditionssätze. Über das *Kalkulationsschema* wird gesteuert, welche Konditionsarten mit welcher Logik zur Berechnung des Verkaufspreises verwendet werden. Das Kalkulationsschema stellt somit den Berechnungsrahmen für den Verkaufspreis dar. Im Kalkulationsschema sind die einzelnen Preisbestandteile über die Konditionsarten abgebildet.

Über die *Konditionsart* wird definiert, ob es sich bei dem Preisbestandteil um einen Preis, einen Zu- und Abschlag oder Steuern handelt und welche Art von **Rechenregel** für den Preisbestandteil angewendet wird (Abschnitt **Steuerungsdaten 1** in Abbildung 2.18). Letztere ermöglicht z. B. die Definition von Festpreisen sowie volumen- oder mengenabhängigen Preisen als Preisbestandteile.

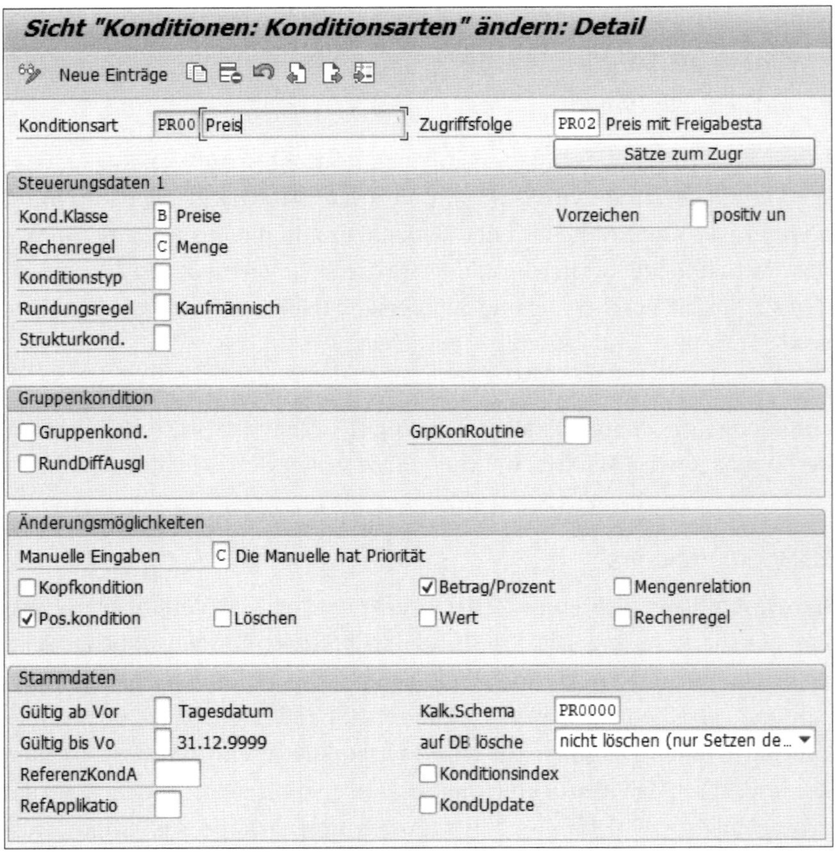

Abbildung 2.18 Beispiel einer Konditionsart in SAP ERP

Weiterhin steuert die Konditionsart, ob ein Preisbestandteil im Kundenauftrag manuell änderbar ist oder nicht (Abschnitt **Änderungsmöglichkeiten** in Abbildung 2.18). Über die *Zugriffsfolge* wird die Konditionsart mit den Konditionssätzen verknüpft. Sie steuert, in welcher Reihenfolge bestimmte Konditionssätze berücksichtigt werden. So kann einem kundenspezifischen Preis für ein Material ein Vorrang vor einem allgemeinen Materialpreis eingeräumt werden. Die eigentlichen Konditionen (z. B. Preise für ein Material oder prozentuale Zuschläge) sind schließlich in den *Konditionssätzen* enthalten.

Das Zusammenspiel von Kalkulationsschema, Konditionsarten, Zugriffsfolgen und Konditionssätzen zur Preisfindung wird in Abschnitt 2.5.1 genauer beschrieben.

Transaktionen zur Verwaltung von Konditionen

Tabelle 2.2 gibt einen Überblick über eine Auswahl von relevanten Transaktionen zur Verwaltung von Konditionen.

Transaktion	Name	Menüpfad
VK31	Kondition anlegen	**Logistik • Vertrieb • Stammdaten • Konditionen • Anlegen**
VK32	Kondition ändern	**Logistik • Vertrieb • Stammdaten • Konditionen • Ändern**
VK33	Kondition anzeigen	**Logistik • Vertrieb • Stammdaten • Konditionen • Anzeigen**
VK34	Kondition anlegen mit Vorlage	**Logistik • Vertrieb • Stammdaten • Konditionen • Anlegen mit Vorlage**

Tabelle 2.2 Auswahl von Transaktionen zur Verwaltung von Konditionen

2.3.4 Nachrichten

Nachrichten enthalten Information, die ein Unternehmen dem Kunden übermitteln möchte. Dies kann z. B. ein Angebot an einen Kunden sein, eine Bestätigung für eine Bestellung oder auch eine Rechnung. Diese unterschiedlichen als Nachrichten bezeichneten Dokumente können auf verschiedenen Wegen und mittels verschiedener Medien dem Kunden übermittelt werden, z. B. per Briefpost, als E-Mail, über eine direkte elektronische Schnittstelle zur Datenübermittlung (*Electronic Data Interchange*, EDI), per Fax oder auch als XML-Datei. Insofern stellen die erzeugten Nachrichten Bewegungsdaten dar. Allerdings können die Vorlagen von Nachrichten, also beispielsweise wiederkehrende Texte, im System hinterlegt werden und haben dann Stammdatencharakter.

Transaktionen zur Verwaltung von Nachrichten

Tabelle 2.3 gibt einen Überblick über eine Auswahl von relevanten Transaktionen zur Verwaltung von Nachrichtenstammsätzen.

Transaktion	Name	Menüpfad
VV11	Verkaufsbeleg anlegen	**Logistik • Vertrieb • Stammdaten • Nachrichten • Verkaufsbeleg • Anlegen**
VV12	Verkaufsbeleg ändern	**Logistik • Vertrieb • Stammdaten • Nachrichten • Verkaufsbeleg • Ändern**
VV13	Verkaufsbeleg anzeigen	**Logistik • Vertrieb • Stammdaten • Nachrichten • Verkaufsbeleg • Anzeigen**
VV31	Faktura anlegen	**Logistik • Vertrieb • Stammdaten • Nachrichten • Faktura • Anlegen**
VV32	Faktura ändern	**Logistik • Vertrieb • Stammdaten • Nachrichten • Faktura • Ändern**
VV33	Faktura anzeigen	**Logistik • Vertrieb • Stammdaten • Nachrichten • Faktura • Anzeigen**

Tabelle 2.3 Auswahl von Transaktionen zur Verwaltung von Nachrichtenstammsätzen für den Verkauf, den Versand und die Faktura

2.4 Bewegungsdaten

Bewegungsdaten der Kundenauftragsabwicklung

Im Vertrieb werden neben den Stammdaten auch vielfältige Bewegungsdaten erzeugt und benötigt. Aus der erweiterten Kundenauftragsabwicklung (siehe Abbildung 2.5) können folgende Bewegungsdaten abgeleitet werden: Kundenanfragen, Kundenangebote, Kundenaufträge und Auslieferungen in Verbindung mit Kundenrechnungen. Jede dieser Aktivitäten erzeugt in SAP ERP einen *Beleg* mit den relevanten Daten. Dabei müssen die Daten nicht bei jeder Aktivität neu erfasst werden. Stattdessen können in SAP ERP Daten aus vorhergehenden Belegen übernommen werden.

Beispiel

Zur Darstellung der Bewegungsdaten wird folgendes Beispiel verwendet: Der Kunde The Bike Zone fragt fünf schwarze Deluxe Touring Bikes und zwei schwarze Profi Touringbikes bei Global Bike an. Diese Anfrage wird bei Global Bike als Kundenanfrage im SAP-System erfasst. Anschließend wird dem Kunden ein Angebot geschickt. Dieses wird auf Basis der Kundenanfrage erstellt. Der Kunde The Bike Zone erteilt nun auf Grundlage des Kundenangebots einen verbindlichen Kundenauftrag über die sieben Fahrräder.

Im Folgenden werden zunächst die Bewegungsdaten näher erläutert, bevor auf den Belegfluss im SAP-System eingegangen wird.

2.4.1 Kundenanfrage

Ein Einkäufer des Kunden The Bike Zone meldet sich bei Global Bike und erkundigt sich nach fünf schwarzen Deluxe Touring Bikes und zwei schwarzen Profi Touringbikes. Der Vertriebsmitarbeiter bei Global Bike erstellt daraufhin eine *Kundenanfrage* im SAP-System. In einer Kundenanfrage wird erfasst, für welches Material oder welche Dienstleistung sich der Kunde interessiert, zusammen mit der Menge des Materials und gegebenenfalls dem gewünschten Lieferdatum. Eine Kundenanfrage stellt noch keinen abgeschlossenen Vertrag dar und beinhaltet somit noch keine Kauf- oder Verkaufsverpflichtung, sondern ist als Informationsgesuch zu betrachten. In der Kundenanfrage kann der Vertriebsmitarbeiter aber auch bereits Informationen zu Kosten und Verfügbarkeit des Materials oder der Dienstleistung erfassen. Alternativ können diese Daten auch erst im Kundenangebot oder im Kundenauftrag erfasst werden (siehe Prozessvarianten in Abschnitt 2.1).

Aufbau einer Kundenanfrage

Wie aus Abbildung 2.19 ersichtlich wird, ist die Kundenanfrage in SAP ERP in verschiedene Bereiche unterteilt. In den Kopfdaten finden sich Informationen, die für den gesamten Beleg relevant sind, wie **Auftraggeber** und **Warenempfänger** beim Kunden oder **Zahlungsbedingungen**, die z. B. aus dem Kundenstammsatz gezogen wurden. Die Positionsdaten enthalten Informationen zu den angefragten Produkten oder Leistungen, wie die Menge je Position oder optional die Materialnummer des Produkts auf Kundenseite. Die Kosten für die einzelnen Positionen und die Gesamtanfrage werden vom System berechnet und angezeigt, ebenso weitere Details zur Kundenanfrage wie Währung und Gesamtgewicht. Auch ein **Absagegrund** kann erfasst werden, sollte das Geschäft nicht zustande kommen.

Positionsdetails

Aus der **Positionsübersicht** kann jeweils auf die Registerkarten mit den Positionsdetails der einzelnen Positionen gewechselt werden. Zu jeder Position können spezifische Informationen erfasst werden, wie **Konditionen**, **Einteilungen** und **Faktura**. In Abbildung 2.20 wird dies am Beispiel der Konditionen für die erste Position der Kundenanfrage (5 schwarze Deluxe Touring Bikes) illustriert. Die Konditionen wurden in diesem Fall aus den Konditionsstammdaten automatisch in die Anfrage übernommen. Für das zweite Produkt in dieser Kundenanfrage, die zwei schwarzen Profi Touringbikes, könnten abweichende Konditionen gepflegt werden. Darüber hinaus können z. B. Details für den Versand, Ansprechpartner auf Kundenseite, Texte und der aktuelle Status des Geschäftsvorgangs für diese Position angezeigt werden.

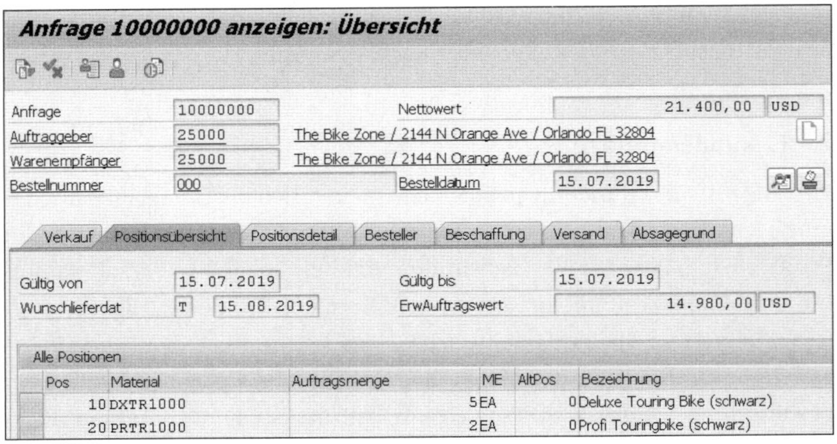

Abbildung 2.19 Kundenanfrage: Kopf- und Positionsdaten

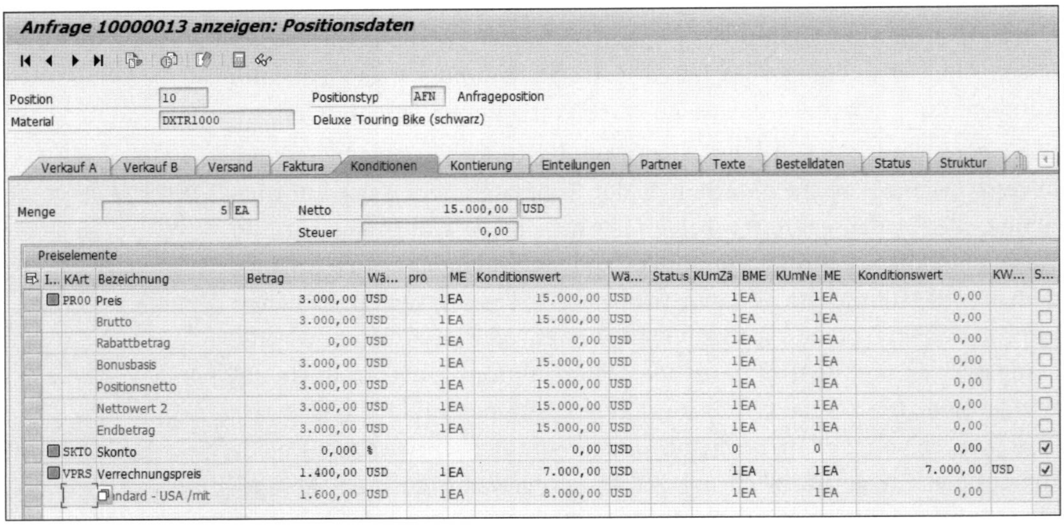

Abbildung 2.20 Kundenanfrage: Positionsdaten

Transaktionen zur Verwaltung von Kundenanfragen

Tabelle 2.4 zeigt die verfügbaren Transaktionen zur Verwaltung von Kundenanfragen.

Transaktion	Name	Menüpfad
VA11	Anfrage anlegen	**Logistik • Vertrieb • Verkauf • Anfrage • Anlegen**

Tabelle 2.4 Transaktionen zur Verwaltung von Kundenanfragen

Transaktion	Name	Menüpfad
VA12	Anfrage ändern	**Logistik • Vertrieb • Verkauf • Anfrage • Ändern**
VA13	Anfrage anzeigen	**Logistik • Vertrieb • Verkauf • Anfrage • Anzeigen**

Tabelle 2.4 Transaktionen zur Verwaltung von Kundenanfragen (Forts.)

2.4.2 Kundenangebot

Das *Kundenangebot* stellt ein verbindliches Angebot über die Lieferung bestimmter Materialien in einem bestimmten Zeitrahmen zu einem im Voraus festgelegten Preis dar. Das Angebot kann durch Übernahme von Daten aus einer bestehenden Kundenanfrage (mit Bezug zu dieser Anfrage) angelegt werden. Der Vertriebsmitarbeiter kann das Kundenangebot anschließend weiterbearbeiten, bevor er es an den Kunden schickt. Es ist aber ebenso möglich, ein Kundenangebot ohne Bezugnahme auf einen Vorgängerbeleg zu erstellen.

Aufbau eines Kundenangebots

Das Kundenangebot ist in SAP ERP analog zur Kundenanfrage in verschiedene Bereiche unterteilt. In den Kopfdaten finden sich analog zur Kundenanfrage Informationen, die für das gesamte Angebot relevant sind, in den Positionsdaten zu den angefragten Produkten oder Leistungen. Im Gegensatz zur unverbindlichen Kundenanfrage stellt es jedoch ein verbindliches Angebot an den Kunden dar, das dieser annehmen oder ablehnen kann.

Transaktionen zur Verwaltung von Kundenangeboten

Tabelle 2.5 gibt einen Überblick über eine Auswahl von relevanten Transaktionen zur Verwaltung von Kundenangeboten.

Transaktion	Name	Menüpfad
VA21	Angebot anlegen	**Logistik • Vertrieb • Verkauf • Angebot • Anlegen**
VA22	Angebot ändern	**Logistik • Vertrieb • Verkauf • Angebot • Ändern**
VA23	Angebot anzeigen	**Logistik • Vertrieb • Verkauf • Angebot • Anzeigen**

Tabelle 2.5 Auswahl von Transaktionen zur Verwaltung von Kundenangeboten

2.4.3 Kundenauftrag

Der Kunde The Bike Zone entschließt sich, die angebotenen Fahrräder zu kaufen. Der Vertriebsmitarbeiter bei Global Bike muss nun einen *Kundenauftrag* im SAP-System erfassen.

Ein Kundenauftrag stellt die verbindliche Bestellung eines Kunden über Produkte oder Dienstleistungen zu festgelegten Bedingungen dar. Kundenaufträge können ohne Vorlage oder aber mit Bezug auf *Vorgängerbelege* erstellt werden. Ein Bezug existiert etwa dann, wenn ein Kunde ein zuvor an ihn versandtes Kundenangebot annimmt. Es müssen also nicht zwingend Kundenanfrage und/oder -angebot vorgelegen haben, damit ein Kundenauftrag erstellt werden kann. Wird ein Kundenauftrag jedoch mit Bezug auf einen Vorgängerbeleg erstellt, werden auch die Daten aus dem Vorgängerbeleg übernommen und können vom Bearbeiter, falls notwendig, angepasst werden. Weitere Auslöser, die zur Erfassung eines Kundenauftrags führen, können z. B. ein bestehender *Rahmenvertrag* sein, der Anruf eines Kunden, die Beauftragung von einem Kunden über E-Mail, über das Internet oder auch im persönlichen Gespräch.

Aufbau eines Kundenauftrags

Ein Kundenauftrag ist analog zur Kundenanfrage und zum Kundenangebot in Kopf- und Positionsdaten unterteilt.

Der Kundenauftrag umfasst Liefertermine und -mengen. Die Lieferung zu einem Kundenauftrag kann gegebenenfalls in mehrere Einteilungen unterteilt werden. Dies ist z. B. erforderlich, wenn nicht der gesamte Auftrag zum gewünschten Termin beliefert werden kann (siehe hierzu Abschnitt 2.5.2 und Abschnitt 2.5.3). Es können weitere individuelle Informationen zur Lieferung sowie auch Informationen für die Rechnung erfasst werden. Sofern erforderlich, werden bei der Auftragserstellung in SAP ERP Anforderungen an die Materialbedarfsplanung für die Produktion und, wie auch bei Handelswaren, an den Einkauf erstellt (siehe Kapitel 3, »Materialwirtschaft«).

Der Vertriebsmitarbeiter wird zudem in SAP ERP durch die Preisfindung unterstützt. Diese kann sowohl auf Kopfebene für den gesamten Auftrag erfolgen als auch auf Positionsebene für jede einzelne Position. SAP ERP berücksichtigt hierbei auch bereits eingegebene oder in den Konditionen hinterlegte Preise, Rabatte, Zuschläge, Steuern und Frachtkosten. Die Preisgestaltung kann der Vertriebsmitarbeiter in einem definierten Umfang durchführen. Steuern und Frachtkosten werden allerdings generiert und können nicht manuell eingegeben werden (siehe Abschnitt 2.5.1)

Transaktionen zur Verwaltung von Kundenaufträgen

Tabelle 2.6 zeigt eine Auswahl relevanter Transaktionen zur Verwaltung von Kundenaufträgen.

Transaktion	Name	Menüpfad
VA01	Kundenauftrag anlegen	**Logistik • Vertrieb • Verkauf • Auftrag • Anlegen**
VA02	Kundenauftrag ändern	**Logistik • Vertrieb • Verkauf • Auftrag • Ändern**
VA03	Kundenauftrag anzeigen	**Logistik • Vertrieb • Verkauf • Auftrag • Anzeigen**

Tabelle 2.6 Auswahl von Transaktionen zur Verwaltung von Kundenaufträgen

2.4.4 Auslieferung und Kundenrechnung

Nach dem Zustandekommen eines Kundenauftrags muss dieser bedient werden. Die *Auslieferung* der Waren zu einem Kundenauftrag kann dabei komplett als *Einmallieferung* oder über mehrere *Teillieferungen* verteilt stattfinden. SAP ERP macht hier Vorschläge, die Entscheidung liegt letztendlich aber beim Mitarbeiter. Dieser muss bei der Erstellung eines Kundenauftrags die Liefertermine für die Gesamtbestellung oder für jede Position erstellen. SAP ERP errechnet einen *Lieferplan* unter Berücksichtigung der Materialverfügbarkeit oder der *Available-to-Promise*-Menge (ATP-Menge, siehe Abschnitt 2.5.2).

Auslieferungsprozess

Im Rahmen des Auslieferungsprozesses gibt es folgende Teilschritte:

- **Lieferschein erstellen**
  Für die Auslieferung zu einem Kundenauftrag wird ein *Lieferschein* erstellt. Dieses Dokument steuert die Versandprozesse, unter anderem Kommissionierung, Verpackung, Ladung und den Warenausgang.
- **Auslieferung durchführen**
  Die Auslieferung erfolgt von der Versandstelle des Unternehmens, die beim Anlegen des Auftrags vom SAP-System ermittelt wurde. Dabei kann für jede Position eines Auftrags eine eigene Versandstelle bestimmt werden.
- **Warenausgang**
  Der *Warenausgang* bzw. die Auslieferung ist das Ereignis, bei dem sich die Besitzverhältnisse der Produkte ändern. Die Auslieferung ist aufgrund der *Warenbewegung*, bei der der Bestand reduziert und die Selbstkosten fortgeschrieben werden, mit der Bestandsführung und auch mit dem Rechnungswesen verbunden. Hier werden die Konten im Hauptbuch aktualisiert. Der Warenausgang beendet den Versandvorgang.

- **Fakturabeleg erzeugen**
  Aus dem Kundenauftrag und/oder dem Lieferschein wird der *Fakturabeleg* erzeugt. Dabei kann die Abrechnung kundenauftragsbasiert oder lieferbasiert erfolgen. Die Kundenrechnung wird erzeugt, und der unternehmensinterne Kreditstatus des Kunden wird aktualisiert.
- **Zahlung erfassen**
  Die Erfassung der eingegangenen *Zahlung* des Kunden im SAP-System ist der letzte Schritt im regulären Kundenauftragsprozess.

Transaktionen zur Verwaltung von Auslieferungen

Tabelle 2.7 zeigt eine Auswahl zentraler Transaktionen zur Verwaltung von Auslieferungen. Über die angegebenen Transaktionen können auch die Folgeaktivitäten für das Kommissionieren, das Laden, das Transportieren und für die Warenbewegung der ausgelieferten Waren gesteuert werden.

Transaktion	Name	Menüpfad
VL01N	Auslieferung anlegen	**Logistik • Vertrieb • Versand und Transport • Auslieferung • Anlegen • Einzelbeleg • mit Bezug zum Kundenauftrag**
VL02N	Auslieferung ändern	**Logistik • Vertrieb • Versand und Transport • Auslieferung • Ändern • Einzelbeleg**
VL03N	Auslieferung anzeigen	**Logistik • Vertrieb • Versand und Transport • Auslieferung • Anzeigen**

Tabelle 2.7 Auswahl von Transaktionen zur Verwaltung der Auslieferung

2.4.5 Belege

Veränderungen durch Aktivitäten wie die Erfassung einer Kundenanfrage oder die Erstellung eines Kundenauftrags werden im SAP-ERP-System als Belege gespeichert. Für jede Kundenanfrage, jedes Kundenangebot, jeden Kundenauftrag, aber auch bei jeder Warenbewegung im Lager, bei der Auslieferung und schließlich der Rechnung wird ein Beleg erzeugt.

Belege im Kundenauftragsprozess

Abbildung 2.21 gibt einen Überblick über typische Belege im Kundenauftragsprozess und die Transaktionen, mit denen sie angelegt werden. Hier wird deutlich, dass sich diese nicht nur auf SD-Belege beschränken, sondern dass es eine Integration zu MM für den Warenausgang und FI, ebenfalls für den Warenausgang, die Rechnung und den Zahlungseingang gibt. Über die Belege kann jeder Geschäftsvorgang mit einem Kunden nachvollzogen werden. Belege, zu denen bereits Folgebelege existieren, können nicht aus dem System gelöscht werden.

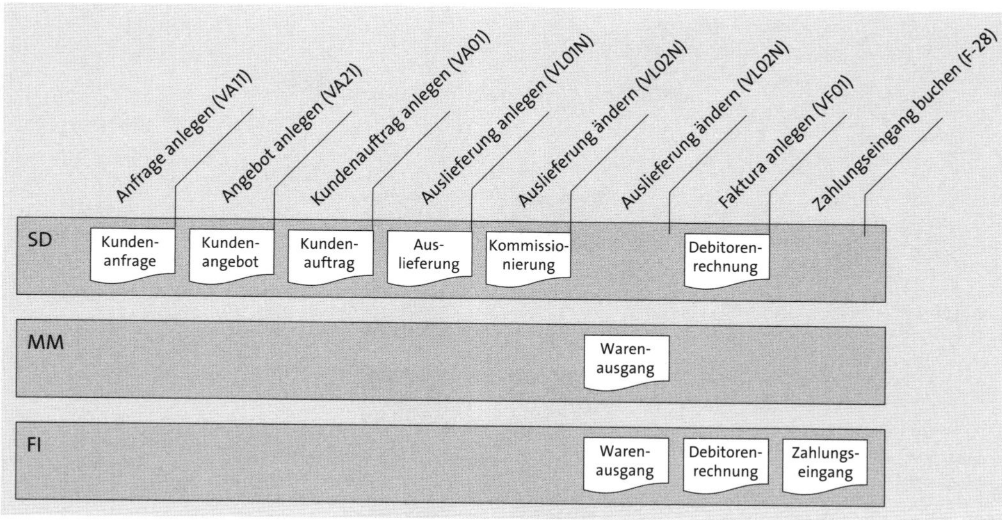

Abbildung 2.21 Übersicht über die erzeugten Belege im Kundenauftragsprozess

Für spätere Analysezwecke ist es grundsätzlich besser, keine Verkaufsbelege zu löschen, sondern mit Absagegründen zu beenden.

[!]

Belege in der Buchführung und Belege in SAP ERP

In der Buchführung versteht man den Begriff Beleg als das Bindeglied zwischen Geschäftsvorfällen und den zugehörigen Buchungen. Das *Belegprinzip* besagt hier, dass keine Buchung ohne Beleg durchgeführt wird. In SAP ERP ist der Begriff Beleg allgemeiner gefasst. In SAP ERP wird ein Beleg als elektronischer Nachweis für eine Aktivität oder einen Geschäftsvorfall definiert. Somit werden in SAP ERP auch eine Kundenanfrage, ein Kundenangebot oder ein Auslieferungsbeleg als Belege bezeichnet.

In diesem Buch wird die in SAP ERP verwendete Definition des Begriffs Beleg verwendet.

2.5 Teilprozesse

In Abschnitt 2.1 und Abschnitt 2.4 wurden der erweiterte Kundenauftragsprozess sowie die darin erzeugten Belege dargestellt. Die folgenden Abschnitte erläutern nun ausgewählte Teilprozesse im Detail. Abbildung 2.22 ordnet diese Teilprozesse den jeweiligen Abschnitten zu.

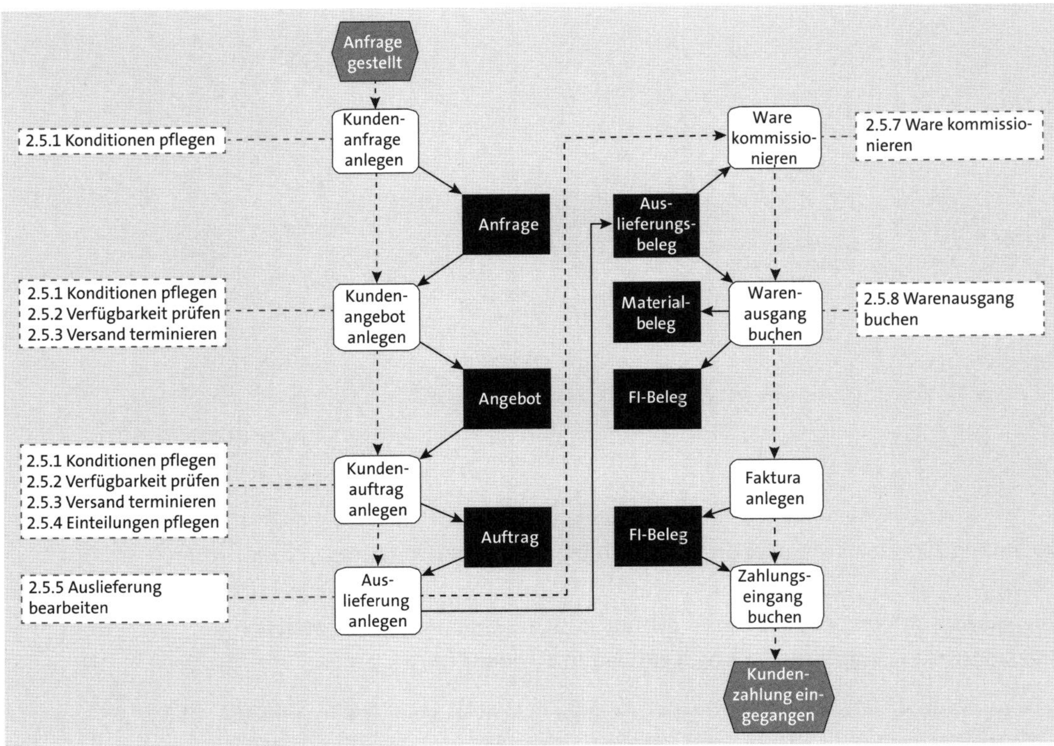

Abbildung 2.22 Anordnung der Teilprozesse im erweiterten Kundenauftrags-prozess

2.5.1 Konditionen pflegen

Das Pflegen der Konditionen erfolgt im Kundenauftrag in zwei Schritten. Sobald im Kundenauftrag eine Position für ein Material und eine Menge erfasst ist, erfolgt die *automatische* Preisfindung. Im zweiten Schritt können dann noch manuelle Konditionen, wie z. B. *Rabatte*, erfasst werden.

Automatischen Preisfindung

Abbildung 2.23 zeigt das Ergebnis der automatischen Preisfindung in der Positionsübersicht. Hier ist zu erkennen, dass für die Fahrradhelme ein Nettopreis von 50 US$ ermittelt wurde. Im Beispiel wurden 50 Helme bestellt, was einen Gesamtnettobetrag von 2.500 US$ ergibt.

Konditionen analysieren

Um die automatische Preisfindung detailliert einzusehen, navigiert man über die Registerkarte **Positionsdetail** zur Registerkarte **Konditionen**. In dieser Sicht (siehe Abbildung 2.24) ist zu erkennen, dass verschiedene Preisbestandteile automatisch ermittelt wurden. So wurden z. B. ein Nettopreis

(Konditionsart **PR00**), die Mehrwertsteuer (Konditionsart **MWST**) und ein Verrechnungspreis (Konditionsart **VPRS**) ermittelt.

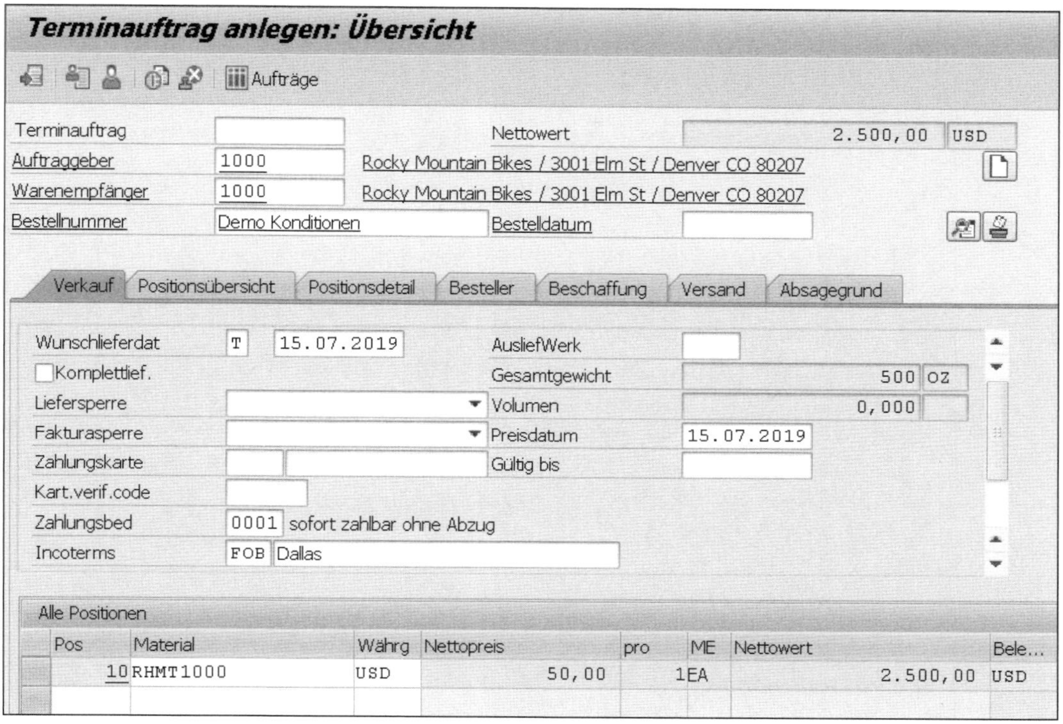

Abbildung 2.23 Automatisch ermittelte Preise im Kundenauftrag

Zu jeder Konditionsart sind der **Betrag** mit der zugehörigen Mengeneinheit (Spalte **ME**) sowie der Konditionswert dargestellt. Des Weiteren ist zu erkennen, dass bestimmte Konditionen manuell geändert werden können (z. B. der Nettopreis, Konditionsart PR00), andere hingegen nicht änderbar sind (z. B. der Verrechnungspreis, Konditionsart VPRS).

Ergebnis im Detail analysieren

Über einen Klick auf den Button **Analyse** navigiert man zur Analysesicht der Preisfindung. Mithilfe der Analyse kann man im Detail nachvollziehen, wie das Ergebnis der Preisfindung zustande kommt.

Die Analysesicht für das Beispiel ist in Abbildung 2.25 dargestellt. Auf der obersten Ebene der Analysesicht ist zu sehen, dass das *Kalkulationsschema* **RVAJUS** für die Preisermittlung verwendet wird. Das Kalkulationsschema wird auf Basis der im Kundenauftrag ausgewählten Verkaufsorganisation, des Vertriebsweges, der Sparte sowie der Auftragsart ermittelt.

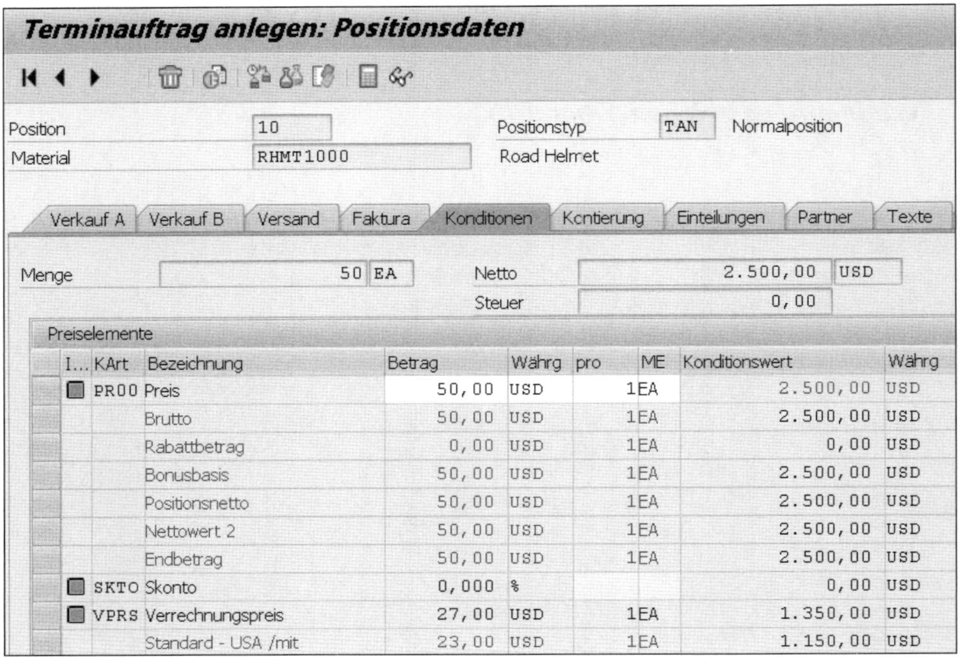

Abbildung 2.24 Ergebnis der automatischen Preisfindung

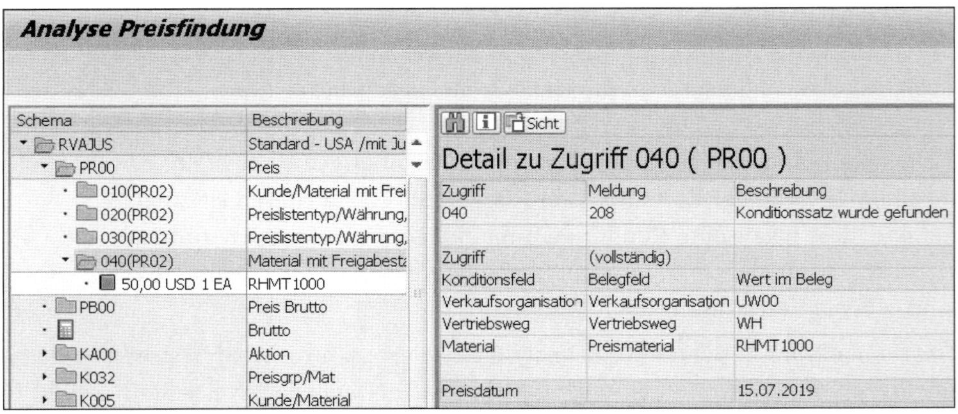

Abbildung 2.25 Analysesicht der Preisfindung

Auf der zweiten Ebene befinden sich die Konditionsarten. Diese werden im Customizing dem Kalkulationsschema zugeordnet. Für die Konditionsart PR00 sind über die Zugriffsfolge PR02 mehrere Möglichkeiten zur Ermittlung des Preises hinterlegt. Die höchste Priorität hat ein kundenspezifischer Preis für das Material, die niedrigste Priorität der im Material hinterlegte Preis. In Abbildung 2.25 ist zu erkennen, dass es keinen kundenspezifischen Preis für das Material gibt. Dieser Teil der Zugriffsfolge PR02 (Schritt 010) führt somit zu keinem Ergebnis. Es wird lediglich ein Preis auf Materialebene gefunden und dieser für die Konditionsart PR00 verwendet.

Konditionen manuell anpassen

Nachdem die automatische Preisfindung erfolgt ist, können die Konditionen manuell angepasst werden. So wäre es im Beispiel möglich, den Preis PR00 manuell zu ändern. Außerdem können auch Konditionsarten der Preisfindung hinzugefügt werden, die im Kalkulationsschema als manuelle Konditionsarten hinterlegt sind. In dem in Abbildung 2.26 gezeigten Beispiel ist das die Konditionsart Absolutrabatt RB00. Mit dieser Konditionsart wurde ein Absolutrabatt von 200 US$ erfasst. Nach manueller Pflege dieser Konditionsart wird die Preisfindung aktualisiert. Insbesondere wird der beim Absolutrabatt eingetragene Rabattbetrag (gültig für die Gesamtauftragsmenge der Position) auf eine Mengeneinheit umgerechnet. So ergibt sich aus dem Absolutrabatt von 200 US$ ein Rabattbetrag von 4 US$ für jeden der Helme.

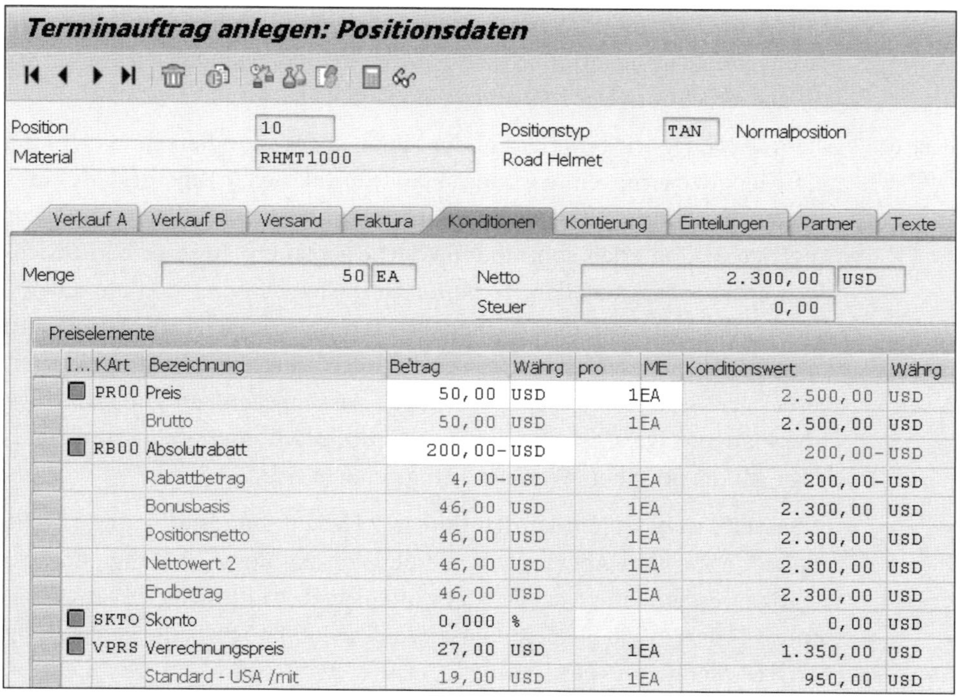

Abbildung 2.26 Manuelle Pflege von Konditionen

2.5.2 Verfügbarkeit prüfen

Bei der Erfassung eines Angebots oder Kundenauftrags in SAP ERP wird für jede Position automatisch eine *Verfügbarkeitsprüfung* durchgeführt. Zielsetzung der Verfügbarkeitsprüfung ist, sicherzustellen, dass dem Kunden zugesagte Mengen und Liefertermine eingehalten werden können.

Verfügbarkeitsprüfung

Für die Verfügbarkeitsprüfung sind in der Komponente SD von SAP ERP verschiedene Vorgehensweisen möglich. So kann etwa mittels der Verfügbarkeitsprüfung gegen Kontingente sichergestellt werden, dass nicht die komplette Menge eines knappen Produkts an nur einen Kunden geliefert wird. Eine weitere Variante der Verfügbarkeitsprüfung ist die Prüfung gegen Vorplanung. Hierbei erfolgt die Verfügbarkeitsprüfung gegen die Primärbedarfe der *Produktionsprogrammplanung* (siehe Kapitel 5, »Produktionsplanung und -steuerung«).

Dynamische Verfügbarkeitsprüfung

Global Bike verwendet die *dynamische* Verfügbarkeitsprüfung. Diese wird in SAP ERP auch als *ATP-Prüfung* (Available To Promise) bezeichnet. Die dynamische Verfügbarkeitsprüfung berechnet die voraussichtlich verfügbare Menge für ein Material zu einem Zeitpunkt in der Zukunft. Diese Menge wird im Folgenden als *ATP-Menge* bezeichnet. Danach wird diese ATP-Menge mit der Auftragsmenge des Kundenauftrags verglichen, um daraus mögliche Liefertermine zu berechnen. Im Folgenden wird zunächst auf die Berechnung der ATP-Menge eingegangen.

Berechnung der ATP-Menge

Die ATP-Menge wird immer auf der Ebene des Werkes berechnet. Um die ATP-Menge zu ermitteln, wird ausgehend vom aktuellen Lagerbestand eines Werkes die Summe aller geplanten Zugänge addiert und die Summe aller Abgänge des Materials subtrahiert. Welche geplanten Zugänge berücksichtigt werden, hängt von der *Beschaffungsart* (siehe Kapitel 3, »Materialwirtschaft«) des Materials ab. Für Handelswaren (fremdbeschaffte Materialien) können als geplante Zugänge Bestellungen oder Bestellanforderungen berücksichtigt werden, für Fertigerzeugnisse hingegen Fertigungsaufträge oder Planaufträge. Geplante Abgänge sind z. B. schon erfasste Kundenaufträge, für die noch kein Warenausgang gebucht wurde.

In SAP ERP ist detailliert konfigurierbar, welche Bestandsarten und welche geplanten Zu- und Abgänge für die Berechnung der ATP-Menge berücksichtigt werden. Eine Übersicht des möglichen Prüfumfangs ist in Abbildung 2.27 dargestellt. Außerdem ist es in SAP ERP möglich, die Berechnung der ATP-Menge auf bestimmte Lagerorte einzuschränken. Um nicht zu sehr ins Detail zu gehen, wird an dieser Stelle auf die Diskussion dieser Variante verzichtet.

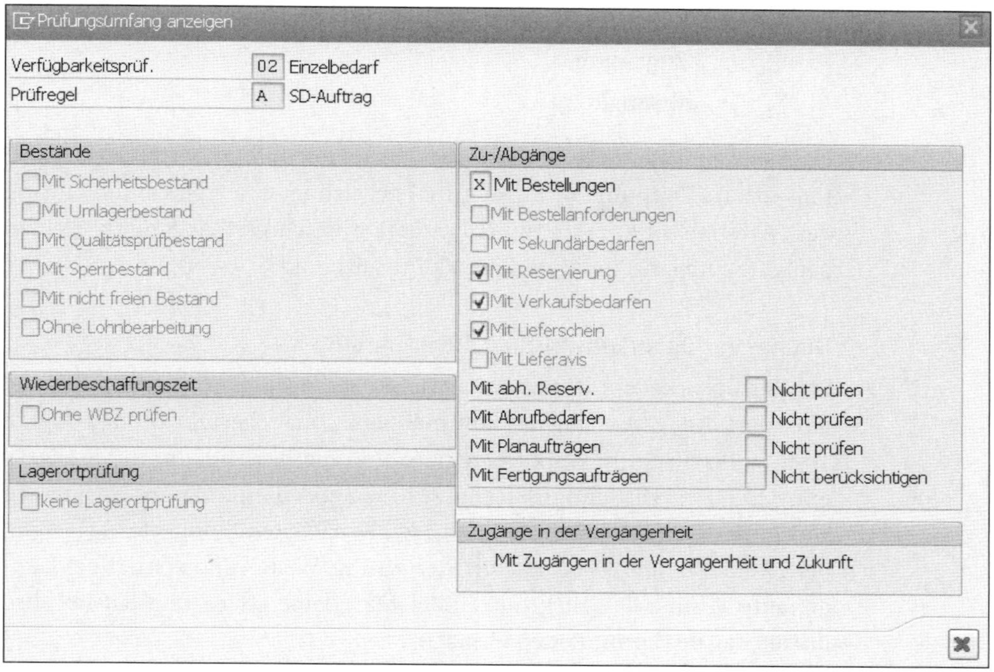

Abbildung 2.27 Steuerung des Prüfumfangs bei der Berechnung der ATP-Menge

Konfiguration des Prüfumfangs

Die Beispiele, die wir in diesem Abschnitt verwenden, basieren auf der Konfiguration des Prüfumfangs, wie sie von Global Bike verwendet wird. In dieser Konfiguration des Prüfumfangs werden die folgenden Größen berücksichtigt:

- Lagerbestand ohne *Sonderbestände*, wie z. B. Sicherheitsbestand oder Umlagerbestand
- Zugänge aus Bestellungen für fremdbeschaffte Materialien (**Mit Bestellungen**)
- Zugänge aus Fertigungsaufträgen und Planaufträgen für eigengefertigte Materialien
- Abgänge in Form von Kundenaufträgen (**Mit Verkaufsbedarfen**)

Eine detaillierte Betrachtung aller verfügbaren Konfigurationsoptionen übersteigt den Umfang einer Einführung in SAP ERP. Für eine detaillierte Betrachtung der dynamischen Verfügbarkeitsprüfung und ihrer Konfiguration empfiehlt sich das Buch »Praxishandbuch Vertrieb mit SAP« von J. Scheibler und W. Schuberth (SAP PRESS 2013).

Basierend auf den obigen Annahmen berechnet sich die ATP-Menge $ATPM(m, t^*, t_0)$ eines Materials m zu einem vorgegebenen Zeitpunkt t^* mit Bezug auf den aktuellen Zeitpunkt t_0 mit $t^* > t_0$ wie folgt:

$$\text{ATPM}(m, t^*, t_0) = \text{Lagerbestand}(m, t_0)$$
$$+ \textstyle\sum_{t_0 \leq t \leq t^*} \text{Zugang}(m,t)$$
$$- \textstyle\sum_{t_0 \leq t \leq t^*} \text{Abgang}(m,t)$$

Hierbei steht Lagerbestand(m,t_0) für den aktuellen Lagerbestand des Materials m zum Zeitpunkt t_0. Zugang(m,t) bezeichnet einen geplanten Zugang des Materials m zum Zeitpunkt t. Analog beschreibt Abgang(m,t) einen geplanten Abgang des Materials m zum Zeitpunkt t.

Übung: Verfügbarkeitsprüfung durchführen

Die Verfügbarkeitsprüfung wird an dieser Stelle wieder mit einem Beispiel illustriert: Am ersten Tag des kommenden Monats besteht für das Deluxe Touring Bike (rot) im Werk Heidelberg ein Lagerbestand von 100 Stück. Es existieren zwei Fertigungsaufträge zu je 50 Stück dieses Materials. Der erste Fertigungsauftrag wird am zweiten Tag des nächsten Monats fertiggestellt, der zweite Fertigungsauftrag am vierten Tag. Weiterhin existiert ein Kundenauftrag über 75 Stück mit einem Materialbereitstellungsdatum zum dritten Tag des kommenden Monats.

Berechnen Sie die ATP-Menge zum fünften Tag des kommenden Monats. Gehen Sie dabei davon aus, dass gemäß Fabrikkalender jeder Kalendertag ein Arbeitstag ist.

Tabelle 2.8 zeigt das Ergebnis der ATP-Mengenberechnung am Beispiel des Monats Februar 2019. Der Zeitpunkt der Auftragserfassung t_0 ist somit am 01.02.2019. Die ATP-Menge für das Material m = DXTR3### wird für den 05.02.2019 (Zeitpunkt t^*) wie folgt berechnet:

Summe	Menge	Typ	Datum
100		**Lagerbestand**	**01.02.2019**
	+50	Fertigungsauftrag	02.02.2019
	+50	Fertigungsauftrag	04.02.2019
100		**geplante Zugänge**	
	–75	Kundenauftrag	03.02.2019
–75		**geplante Abgänge**	
125		ATP-Menge	05.02.2019

Tabelle 2.8 Berechnung der ATP-Menge

Die Berechnung der ATP-Menge ATPM (m, t^*, t_0) ist zusätzlich in Abbildung 2.28 veranschaulicht.

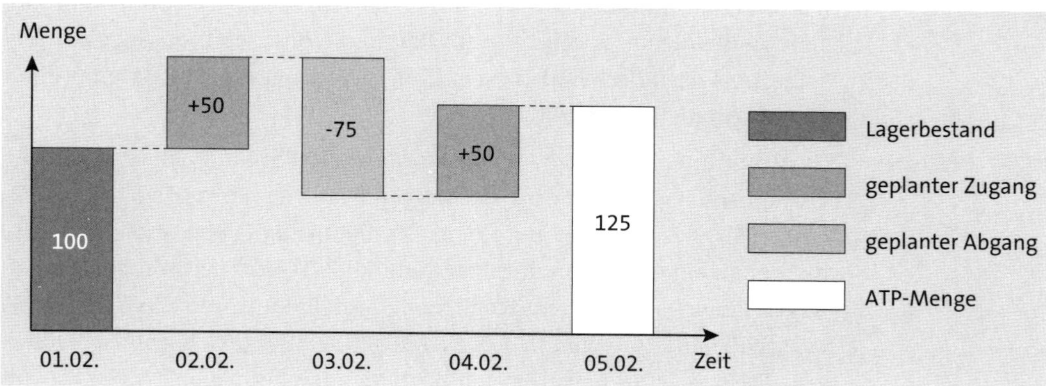

Abbildung 2.28 Beispiel zur Berechnung der ATP-Menge

Verfügbarkeitsprüfung gegen ATP-Mengen

Im Folgenden wird dargestellt, wie sich die Verfügbarkeitsprüfung im Rahmen der Berechnung von Lieferplaneinteilungen für einen Kundenauftrag verwenden lässt. Dafür ist es erforderlich, für jede Position des Kundenauftrags die ATP-Menge zum jeweiligen *Materialbereitstellungsdatum* zu kalkulieren. Dieses Materialbereitstellungsdatum entspricht also dem Zeitpunkt t^*, mit dem die ATP-Mengenberechnung aufgerufen wird. Das Materialbereitstellungsdatum wird im Zuge der Rückwärtsterminierung ermittelt (siehe Abschnitt 2.5.3). Für jede Position eines Kundenauftrags wird die Auftragsmenge des Materials mit der berechneten ATP-Menge verglichen. Dieser Vergleich kann zu zwei Ergebnissen führen:

1. Die Auftragsmenge ist kleiner oder gleich der ATP-Menge.
2. Die Auftragsmenge ist größer als die ATP-Menge.

Im ersten Fall ist eine ausreichende Menge des Materials verfügbar. Die Auftragsmenge des Materials kann also zum Materialbereitstellungsdatum termingerecht kommissioniert werden.

Falls die ATP-Menge zum Materialbereitstellungsdatum kleiner als die Auftragsmenge ist, wird in SAP ERP ein alternativer Liefervorschlag erstellt und dem Benutzer angezeigt.

Liefervorschlag

Bei der Erstellung des *Liefervorschlags* spielt insbesondere die *Wiederbeschaffungszeit* des Materials eine entscheidende Rolle. Bei fremdbeschafften Materialien ist die Wiederbeschaffungszeit die durchschnittliche Zeit, die benötigt wird, um ein Material von den Lieferanten zu beschaffen (siehe Kapitel 3, »Materialwirtschaft«). Bei eigengefertigten Materialien ist die Wiederbeschaffungszeit die durchschnittliche Zeit zur Produktion der Materialien. Wird bei der dynamischen Verfügbarkeitsprüfung die Wiederbeschaffungszeit berücksichtigt, geht SAP ERP davon aus, dass eine beliebige Menge des Materials innerhalb der Wiederbeschaffungszeit beschafft bzw. produziert werden kann. Somit kann im Rahmen eines Liefervorschlags immer spätestens nach der Wiederbeschaffungszeit die gewünschte Menge eines Materials geliefert werden.

Beispiele

Das Zusammenspiel der Berechnung der ATP-Menge mit der dynamischen Verfügbarkeitsprüfung wird nachfolgend an vier Beispielen dargestellt. Diese Beispiele basieren auf einem **Terminauftrag** (siehe Abbildung 2.29) mit genau einer Position über das **Material RKIT1000** (**Flickzeug**). Das Auftragserfassungsdatum entspricht dem Bestelldatum am 25.07.2019. Das Wunschlieferdatum wird in den nachfolgenden Beispielen unterschiedlich sein. Deshalb ist es hier zunächst noch nicht eingetragen. Das Gleiche gilt für die Auftragsmenge. In allen Beispielen wird davon ausgegangen, dass die Versandabwicklung von der Materialbereitstellung bis zum Liefertag beim Kunden in allen Beispielen 4 Tage beträgt und dass das Richten der Ware länger dauert als das Disponieren des Transports. Zudem befinden sich aktuell 50 Stück des Materials RKIT1000 im Lagerort Handelswaren (TG00) im Werk Heidelberg (HD00).

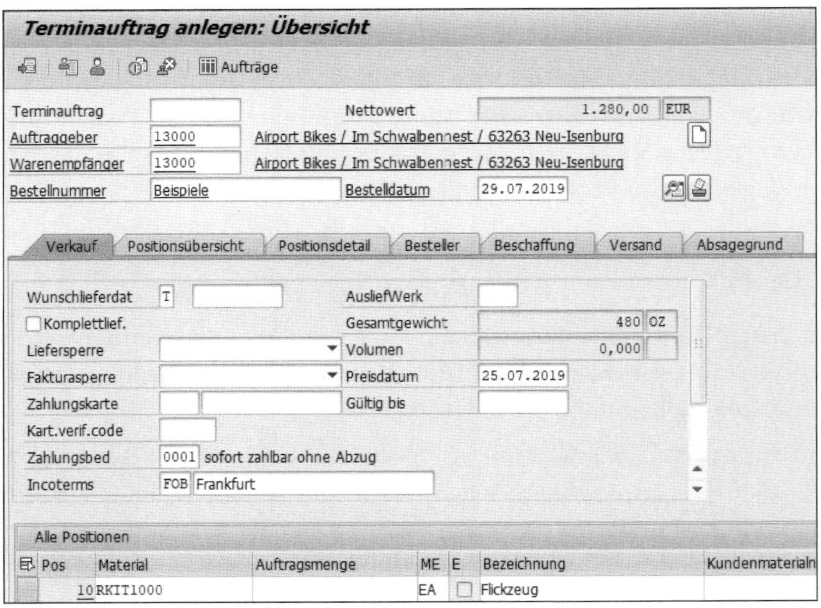

Abbildung 2.29 Erfassung des Terminauftrags für die nachfolgenden Beispiele

Wiederbeschaffungszeit des Materials

Abbildung 2.30 zeigt die Dispositionssicht 2 der Transaktion MM03 (**Logistik • Materialwirtschaft • Materialstamm • Material • Anzeigen • Anzeigen akt. Stand**) zum Material RKIT1000 im Werk Heidelberg. Wie in der Abbildung zu sehen ist, handelt es sich bei dem **Material RKIT1000** um eine **Handelsware**. Die **Beschaffungsart** für dieses Material ist **F** (für Fremdbeschaffung). Des Weiteren ist im Abschnitt **Terminierung** zu sehen, dass die **Planlieferzeit** für das Material fünf Tage beträgt und die **Wareneingangsbearbeitungszeit** einen Tag. Somit ergibt sich für das Material eine gesamte Wiederbeschaffungszeit von sechs Tagen.

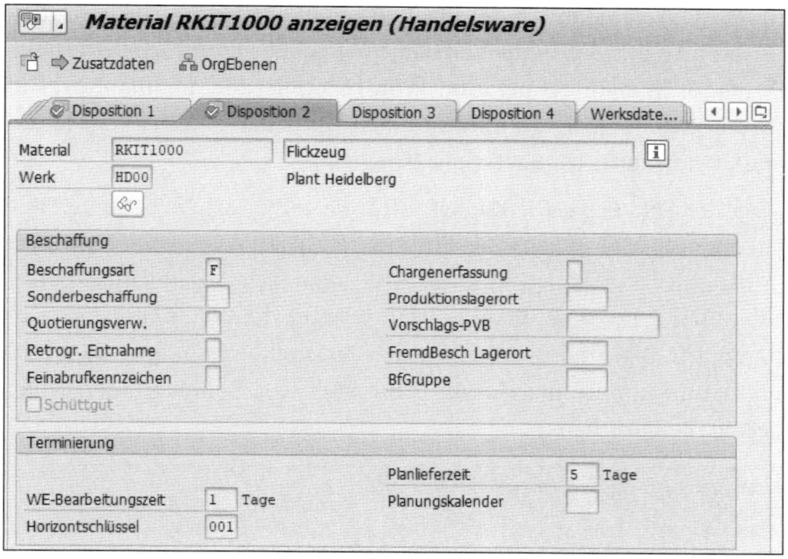

Abbildung 2.30 Die Dispositionssicht 2 zum Material RKIT1000 im Werk HD00

Disposition 2 im Material RKIT1000

Für das Material RKIT1000 ist bei Global Bike in der Auslieferung keine der Dispositionssichten gepflegt. Falls Sie die nachfolgenden Beispiele selbst nachvollziehen möchten, müssen Sie für das Material RKIT1000 in der Transaktion MM01 die in Abbildung 2.30 gezeigten Werte in der Registerkarte **Disposition 2** pflegen.

Beispiel 1: Auftragsmenge kleiner als Lagerbestand

Im ersten Beispiel wird davon ausgegangen, dass die Auftragsmenge kleiner ist als der Lagerbestand. Dazu wird der Terminauftrag über 40 Stück des Materials RKIT1000 erfasst. Das Wunschlieferdatum ist der 29.07.2019.

Automatische Verfügbarkeitsprüfung

Wird dieser Kundenauftrag, wie in Abbildung 2.29 gezeigt, erfasst, wird vom SAP-ERP-System im Hintergrund automatisch die dynamische Verfügbarkeitsprüfung durchgeführt. Da die Auftragsmenge kleiner als die ATP-Menge zum notwendigen Materialbereitstellungsdatum (im Beispiel der

25.07.2019) ist, kann das Wunschlieferdatum des Kunden eingehalten werden. In diesem Fall fordert das SAP-System keine weiteren Eingaben vom Anwender.

Manuelle Verfügbarkeitsprüfung

Über den Button (**Verfügbarkeit Pos. Prüfen**) kann zu jedem Zeitpunkt die Verfügbarkeitsprüfung für eine Position erneut manuell ausgeführt werden. Wird die Verfügbarkeitsprüfung für eine Position ausgeführt, navigiert das SAP-System auf die Ansicht **Verfügbarkeitskontrolle**. Für das Beispiel 1 ist die Ansicht **Verfügbarkeitskontrolle** in Abbildung 2.31 dargestellt. Im Abschnitt **Einmallieferung zum Wunschtermin** erkennt man, dass in diesem Fall eine Menge von 40 Stück zum Materialbereitstellungsdatum (**Lf/MB.Dat**) verfügbar ist (**Bestätigte Menge 40**).

Übrigens, das Feld **Ende WiedBeZeit** informiert über das berechnete Ende der Wiederbeschaffungszeit. Der Eintrag (04.08.2019) berechnet sich aus dem Auftragserfassungsdatum (25.07.2019) zuzüglich der Einkaufsbearbeitungszeit (hier 0 Tage), der Planlieferzeit (5 Tage), der Wareneingangsbearbeitungszeit (1 Tag) und der Zeit für die Versandabwicklung (4 Tage). Zu diesem Datum könnte der Kunde planmäßig jede beliebige Menge der georderten Menge erhalten.

Abbildung 2.31 Die Ansicht »Verfügbarkeitskontrolle« in Beispiel 1

Verfügbarkeitsübersicht anzeigen

Über den Button **ATP-Mengen** in der Kopfzeile kann die Ansicht **Verfügbarkeitsübersicht** aufgerufen werden. In dieser Ansicht wird die Berechnung der ATP-Mengen dargestellt. Abbildung 2.32 zeigt dies für das Beispiel 1. In der **Verfügbarkeitsübersicht** erkennt man, dass zum 25.07.2019 ein Werksbestand (Summe aller Lagerbestände eines Materials in einem Werk) von 50 Stück im Werk Heidelberg existiert (Zeile **BStand**). Zum 25.07.2019 gibt es einen simulierten Bedarf von 40 Stück (Zeile **Si-Bed**). Der simulierte Bedarf ist die Menge des betrachteten Auftrags. Da der Auftrag noch nicht gespeichert ist, wird der Bedarf noch als simuliert dargestellt. Aus der **Verfügbarkeitsübersicht** kann man in die Anzeige des **Prüfumfangs** für die Berechnung der ATP-Mengen wechseln (siehe Abbildung 2.27).

Nachdem der Kundenauftrag gespeichert wurde, kann die Verfügbarkeitsübersicht über einen Klick auf den Button (**Verfügbarkeitssituation anz.**) erneut aufgerufen werden. Die **Verfügbarkeitsübersicht** nach dem Speichern ist in Abbildung 2.33 dargestellt. Hier erkennt man, dass zum 25.07.2019 ein bestätigter Bedarf von 40 Stück aus einem Kundenauftrag existiert (Zeile **K-Auft**). Somit ergibt sich für den 25.07.2019 eine ATP-Menge von 10 Stück.

Zu beachten ist, dass sich die Werte im Feld **Ende WiedBeZeit** in der Verfügbarkeitsübersicht (siehe Abbildung 2.32 und Abbildung 2.33) von dem Wert im gleichnamigen Feld in der Verfügbarkeitskontrolle (siehe Abbildung 2.31) unterscheiden. Dies liegt daran, dass in der Verfügbarkeitsübersicht die Dauer der Versandabwicklung bei der Berechnung des Feldwerts nicht berücksichtigt wird.

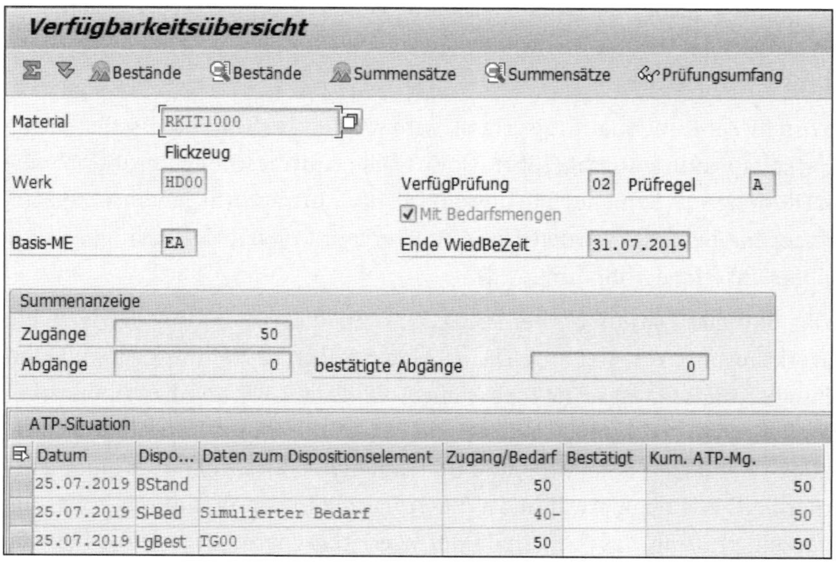

Abbildung 2.32 Verfügbarkeitsübersicht in Beispiel 1 vor dem Speichern des Kundenauftrags

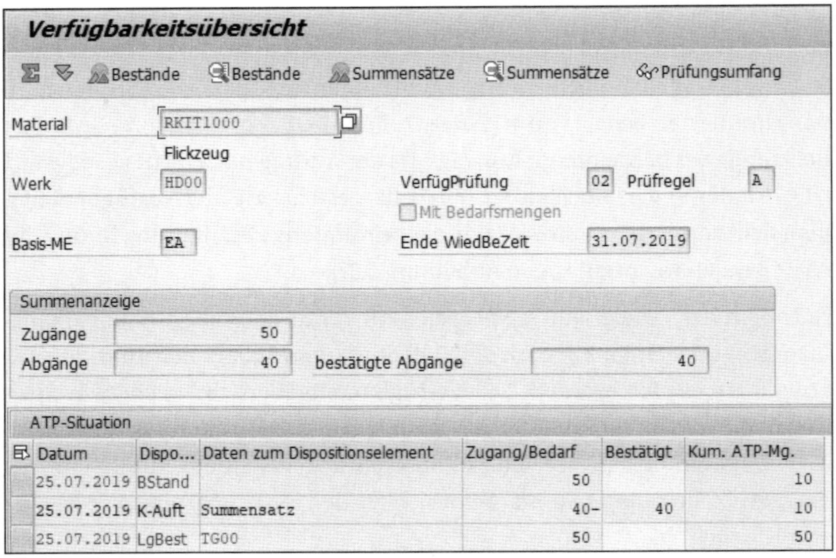

Abbildung 2.33 Verfügbarkeitsübersicht in Beispiel 1 nach dem Speichern des Kundenauftrags

Beispiel 2: Auftragsmenge größer als Lagerbestand und Materialbereitstellung nach Ende der Wiederbeschaffungszeit

In diesem Beispiel wird wieder von einer Auftragsmenge von 100 Stück ausgegangen, die den aktuellen Lagerbestand übersteigt. Das Wunschlieferdatum sei der 08.08.2019. Daraus ergibt sich das Materialbereitstellungsdatum am 04.08.2019.

Automatische Verfügbarkeitsprüfung

Wird dieser Kundenauftrag erfasst, wird wiederum die dynamische Verfügbarkeitsprüfung durchgeführt. Obwohl die Auftragsmenge größer als die ATP-Menge ist, kann auch in diesem Fall der Auftrag zum gewünschten Liefertermin bestätigt werden. Den Grund erkennt man in der Verfügbarkeitsübersicht (siehe Abbildung 2.34).

Verfügbarkeitsübersicht analysieren

Das aktuelle Datum ist der 25.07.2019. Zu diesem Datum existiert ein Werksbestand von 50 Stück. Die im Material RKIT1000 hinterlegte Wiederbeschaffungszeit ist sechs Tage (siehe Abbildung 2.30). Somit ergibt sich ein Ende der Wiederbeschaffungszeit am 31.07.2019. Dieses Datum ist im Feld **Ende WiedBeZeit** erkennbar und im Bereich **ATP-Situation** über einen Pfeil markiert. Wie oben erwähnt, ist die Annahme in der dynamischen Verfügbarkeitsprüfung, dass innerhalb der Wiederbeschaffungszeit eine beliebig große Menge eines Materials beschafft oder produziert werden kann. Der Bedarf aus dem Kundenauftrag in Beispiel 2 ist 100 Stück am 04.08.2019.

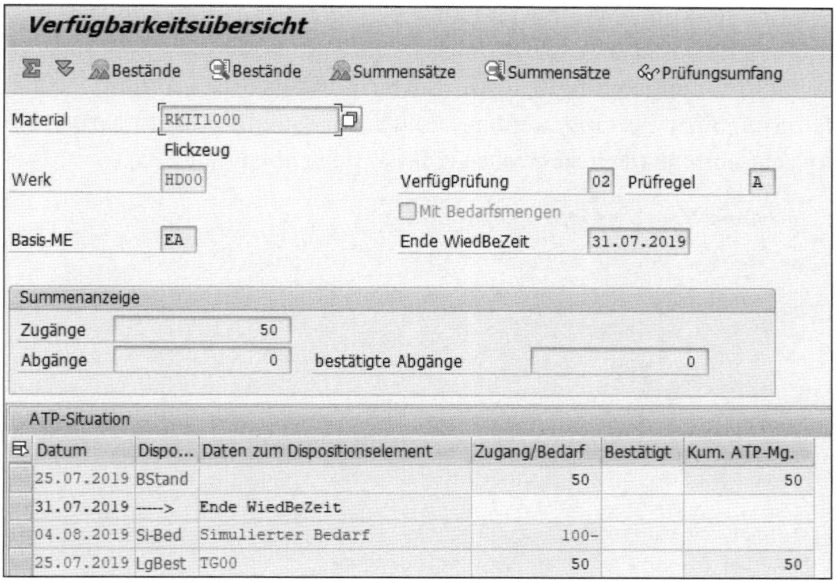

Abbildung 2.34 Verfügbarkeitsübersicht zu Beispiel 2

Der Zeitpunkt t* für den Bedarf liegt also nach dem Ende der Wiederbeschaffungszeit. Somit ist das Ergebnis der dynamischen Verfügbarkeitsprüfung, dass zum 04.08.2019 genügend Material verfügbar ist.

[!]

Bedarfe aus Kundenaufträgen

Durch das Erfassen eines Kundenauftrags wie in Beispiel 2 wird noch kein Beschaffungs- oder Produktionsprozess ausgelöst. Es wird lediglich ein Bedarf im System erzeugt. Dieser muss zu einem späteren Zeitpunkt disponiert werden. Details hierzu werden in Kapitel 3, »Materialwirtschaft«, und Kapitel 5, »Produktionsplanung und -steuerung«, zu den Komponenten MM und PP besprochen.

Beispiel 3: Auftragsmenge größer als Lagerbestand und Materialbereitstellung vor Ende der Wiederbeschaffungszeit

In diesem Beispiel wird wieder von einer Auftragsmenge von 100 Stück ausgegangen, die den aktuellen Lagerbestand übersteigt. Das Wunschlieferdatum sei der 01.08.2019. Daraus ergibt sich das Materialbereitstellungsdatum am 28.07.2019. Das Materialbereitstellungsdatum für die fehlende Bestandsmenge liegt also vor dem Ende der Wiederbeschaffungszeit.

Automatische Verfügbarkeitsprüfung

Wird dieser Kundenauftrag erfasst, stellt die dynamische Verfügbarkeitsprüfung fest, dass der Bedarf zum 28.07.2019 größer als die ATP-Menge ist. Somit kann die Lieferung der gewünschten Auftragsmenge zum Wunschliefertermin nicht bestätigt werden. Aus diesem Grund wird automatisch die Ansicht **Verfügbarkeitskontrolle** geöffnet (siehe Abbildung 2.35).

Abbildung 2.35 Die verschiedenen Optionen in der Verfügbarkeitskontrolle in Beispiel 3

Verfügbarkeitskontrolle

In dieser Ansicht hat der Anwender nun die Möglichkeit, zwischen drei Optionen zu wählen:

1. **Einmallieferung zum Wunschtermin**
   Wählt der Anwender diese Option über einen Klick auf **Einmallieferung**, wird die Auftragsmenge der Position auf die zum Wunschlieferdatum verfügbare ATP-Menge geändert. Zum gewünschten Termin kann in Beispiel 3 nur eine Menge von 50 Stück geliefert werden.
2. **Vollständige Lieferung**
   Wählt der Anwender diese Option (**Volllieferung**), wird das Materialbereitstellungsdatum auf das früheste Datum geändert, zu dem eine ausreichende ATP-Menge verfügbar ist. In Beispiel 3 ist dies nach Ende der Wiederbeschaffungszeit, also am 31.07.2019, der Fall. Somit ist eine vollständige Lieferung zum 04.08.2019 möglich.
3. **Liefervorschlag**
   Als dritte Option erstellt das SAP-System einen **Liefervorschlag**. Abhängig von den maximal erlaubten Teillieferungen (siehe Abschnitt 2.3.1 und der

verfügbaren ATP-Menge werden mehrere Liefertermine berechnet. In Beispiel 3 ist eine Lieferung von 50 Stück zum Wunschlieferdatum und eine weitere Lieferung von 50 Stück nach Ablauf der Wiederbeschaffungszeit möglich. Der Liefervorschlag lässt sich vor Bestätigung manuell anpassen. Wird er über den Button **Liefervorschlag** bestätigt, werden zu Position 10 des Kundenauftrags zwei Einteilungen (siehe Abschnitt 2.5.4) erstellt.

Beispiel 4: Auftragsmenge größer als Lagerbestand, existierende Bestellung für das Material

In diesem Beispiel beträgt die Auftragsmenge 200 Stück, wodurch der aktuelle Lagerbestand wieder überschritten wird. Das Wunschlieferdatum sei der 02.08.2019, woraus sich das Materialbereitstellungsdatum (29.07.2019) berechnen lässt. Das Materialbereitstellungsdatum für die fehlende Bestandsmenge liegt also wieder vor dem Ende der Wiederbeschaffungszeit (31.07.2019). Zudem besteht eine offene Bestellung über 100 Stück des Materials RKIT1000 bei einem Lieferanten von Global Bike. Das erwartete Lieferdatum für diese Bestellung ist der 27.07.2019.

Automatische Verfügbarkeitsprüfung

Nachdem der Kundenauftrag erfasst wurde, stellt die dynamische Verfügbarkeitsprüfung fest, dass der Bedarf zum 29.07.2019 größer als die ATP-Menge ist. Somit kann die Lieferung der gewünschten Auftragsmenge zum Wunschliefertermin nicht bestätigt werden, und die **Verfügbarkeitskontrolle** (siehe Abbildung 2.36) wird geöffnet.

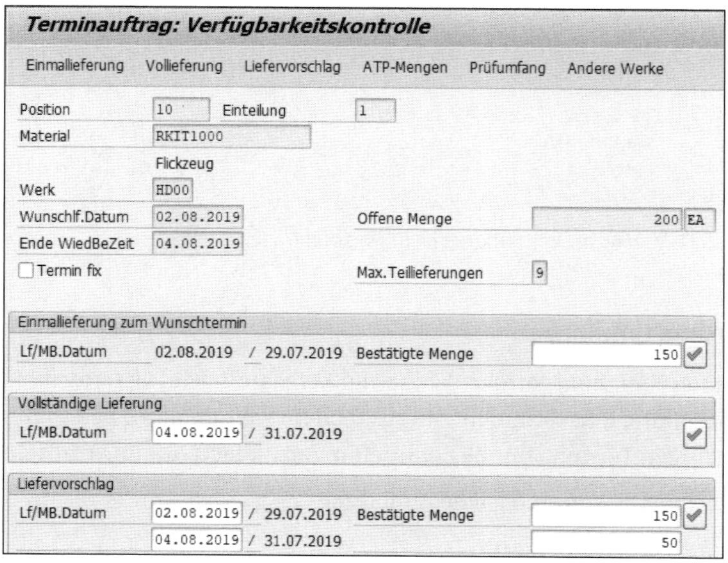

Abbildung 2.36 Die verschiedenen Optionen der Verfügbarkeitskontrolle in Beispiel 4

Liefervorschlag

Im **Liefervorschlag** erkennt man, dass das SAP-System eine Lieferung in zwei Teillieferungen vorschlägt. 150 Stück zum 02.08.2019 und die restlichen 50 Stück zum 04.08.2019.

Verfügbarkeitsübersicht

Nachdem man den Auftrag gespeichert hat, sieht die **Verfügbarkeitsübersicht** aus, wie in Abbildung 2.37 gezeigt. Man erkennt einen Werksbestand von 50 Stück zum 25.07.2019. Durch die existierende Bestellung gibt es einen geplanten Zugang von weiteren 100 Stück zum 27.07.2019 (Zeile **BS-Ein**). Nach einem weiteren Tag zur Wareneingangsbearbeitung steht die eingegangene Ware für den Kundenauftrag ab dem 28.07.2019 zur Verfügung. Somit können zum 29.07.2019 vom Bedarf von 200 Stück aus dem Kundenauftrag 150 Stück bereitgestellt werden. Die restlichen 50 Stück können nach Ende der Wiederbeschaffungszeit zum 31.07.2019 bereitgestellt werden.

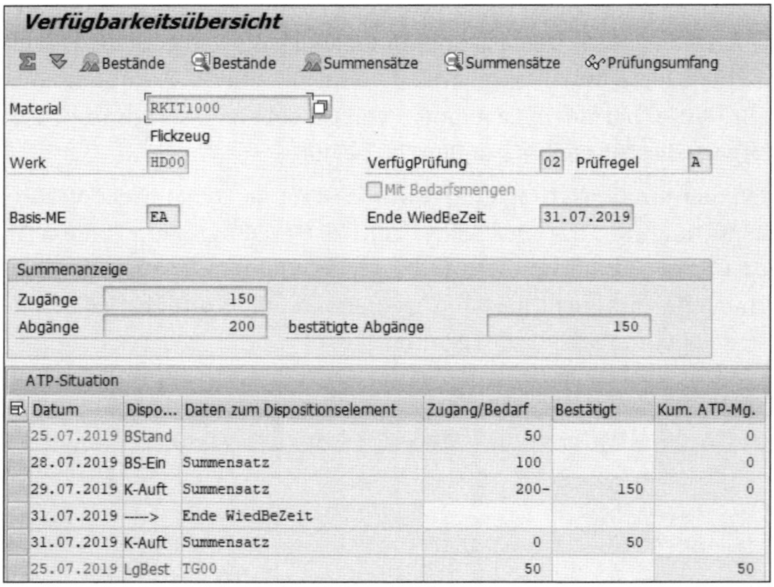

Abbildung 2.37 Verfügbarkeitsübersicht in Beispiel 4

2.5.3 Versand terminieren

Die *Versandterminierung* verfolgt das Ziel der Berechnung des Liefertermins für eine Einteilung eines Kundenauftrags. Zudem werden dabei alle weiteren planmäßigen Termine für die benötigten Versandaktivitäten ermittelt.

Termine

Zu diesen Terminen gehören (siehe Abbildung 2.38):

- **Transportdispositionsdatum**
  An diesem Datum (auch Transportdispodatum) starten spätestens die Maßnahmen zur Planung und Reservierung der Transportmittel.

- **Materialbereitstellungsdatum**
  Das Richten der Ware, also das Kommissionieren und Verpacken, muss spätestens an diesem Tag beginnen.
- **Ladedatum**
  Das Verladen der Ware muss spätestens an diesem Datum starten.
- **Warenausgangsdatum**
  Die Ware muss spätestens an diesem Tag das Haus verlassen.
- **Lieferdatum**
  Das Datum, an dem die Ware den Kunden erreicht.

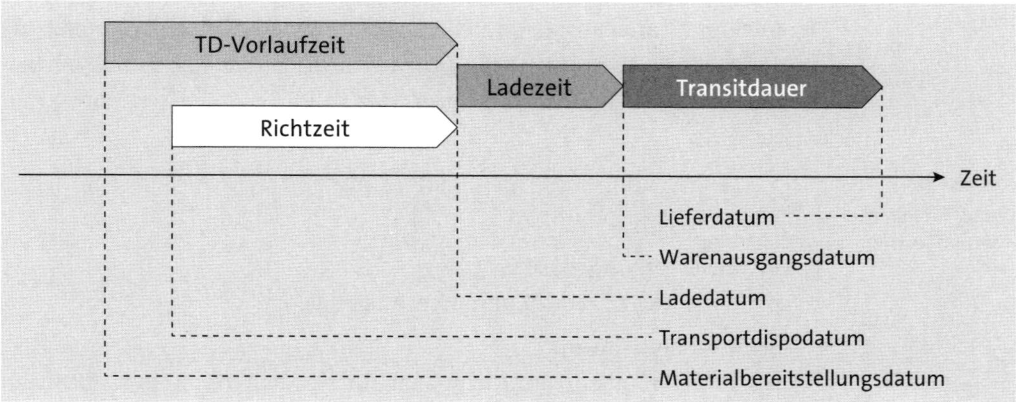

Abbildung 2.38 Übersicht über die in der Versandterminierung verwendeten Zeitdauern und die berechneten Termine

Zeitdauern

Die Versandterminierung kann die obigen Termine z. B. auf Basis der folgenden planmäßigen Zeitdauern berechnen (siehe Abbildung 2.38):

- **Transportdispositionsvorlaufzeit (TD-Vorlaufzeit)**
  Dauer der Transportdisposition (TD)
- **Richtzeit**
  Dauer des Richtens (das Kommissionieren und Verpacken) der Ware
- **Ladezeit**
  Dauer der Verladeaktivitäten
- **Transitdauer**
  Dauer des Transports der Ware zum Kunden

Mit dem Anlegen des Auslieferungsbelegs startet der Auslieferungsprozess. Die ersten dabei durchzuführenden Aktivitäten sind die Transportdisposition und das Richten der Ware mit den zugehörigen spätesten Startterminen Transportdispodatum bzw. Materialbereitstellungsdatum. Damit die Ware den Kunden pünktlich erreicht, muss der Lieferbeleg rechtzeitig bis zum früheren dieser beiden Termine erzeugt werden. Wie in Abbildung 2.38 ersichtlich, können die Transportdisposition und das Richten der Ware zeitgleich stattfinden. Spätestens jedoch zum Ladedatum müssen beide Aktivitäten abgeschlossen sein. Die nachfolgenden Aktivitäten zum Verladen und Transport der Ware sind sequenziell auszuführen. Insofern bestehen die folgenden Abhängigkeiten zwischen Terminen und Zeitdauern:

Ladedatum = Materialbereitstellungsdatum + Richtzeit
= Transportdispodatum + TD-Vorlaufzeit
Warenausgangsdatum = Ladedatum + Ladezeit
Lieferdatum = Warenausgangsdatum + Transitdauer

Die folgende Darstellung von Rechenverfahren zur Versandterminierung geht von einem Terminauftrag (TA) als Auftragsart aus. Davon abweichende Verfahren für andere Auftragsarten sollten später eigenständig herleitbar sein.

Versandterminierung für einen Terminauftrag

Die Versandterminierung für einen Terminauftrag erfordert eine Reihe von weiteren Eingabegrößen:

- **Auftragserfassungsdatum**
  An diesem Tag wird der Kundenauftrag angelegt.
- **Verfügbarkeitsdatum**
  Die Verfügbarkeitsprüfung ermittelt zur betrachteten Materialposition dieses Datum, an dem eine Liefermenge des Materials verfügbar wird. Die Berechnung des Verfügbarkeitsdatums wurde in Abschnitt 2.5.2 eingeführt.
- **Wunschlieferdatum**
  Tag, an dem der Kunde seine Ware gern erhalten möchte

Die Versandterminierung besteht aus einer Rückwärtsterminierung, bei Bedarf gefolgt von einer Vorwärtsterminierung.

Rückwärtsterminierung

Die *Rückwärtsterminierung* geht zunächst optimistisch davon aus, dass das Wunschlieferdatum gehalten werden kann und setzt entsprechend das Lieferdatum gleich dem Wunschlieferdatum.

Termine ermitteln

Anschließend lassen sich alle weiteren Termine ermitteln, indem man die spätesten Startzeitpunkte der einzelnen Versandaktivitäten chronologisch rückwärts berechnet (siehe Abbildung 2.39):

$\text{Lieferdatum}_R := \text{Wunschlieferdatum}$
$\text{Warenausgangsdatum}_R := \text{Lieferdatum}_R - \text{Transitdauer}$
$\text{Ladedatum}_R := \text{Warenausgangsdatum}_R - \text{Ladezeit}$

$Transportdispodatum_R := Ladedatum_R - TD\text{-}Vorlaufzeit$
$Materialbereitstellungsdatum_R := Ladedatum_R - Richtzeit$

Der Index R kennzeichnet dabei die berechneten Termine als das Ergebnis der Rückwärtsterminierung. Durch den Vergleich von Transportdispodatum$_R$ und Materialbereitstellungsdatum$_R$ mit dem Auftragserfassungsdatum und dem Verfügbarkeitsdatum können nun Terminkonflikte identifiziert werden. So können Transportdisposition und das Richten der Ware nicht vor dem Auftragserfassungsdatum (also nicht in der Vergangenheit) gestartet werden. Ebenso kann die Ware frühestens ab dem Verfügbarkeitsdatum gerichtet werden.

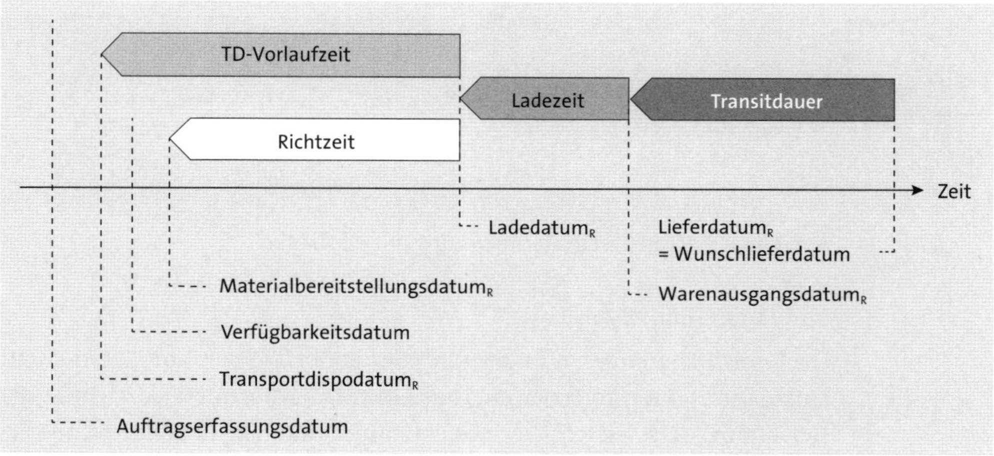

Abbildung 2.39 Berechnung der Termine durch Rückwärtsterminierung – hier ohne Konflikte

Konfliktfreie Rückwärtsterminierung

Insofern ist das Ergebnis der Rückwärtsterminierung konfliktfrei, wenn alle folgenden Bedingungen erfüllt sind:

$Transportdispodatum_R \geq Auftragserfassungsdatum$
$Materialbereitstellungsdatum_R \geq Auftragserfassungsdatum$
$Materialbereitstellungsdatum_R \geq Verfügbarkeitsdatum$

Abbildung 2.39 zeigt eine solche konfliktfreie Rückwärtsterminierung. Das vom Kunden geäußerte Wunschlieferdatum kann planmäßig eingehalten werden. Im gezeigten Beispiel verbleibt sogar ein Puffer, das heißt, die Versandaktivitäten müssen nicht unmittelbar ausgelöst werden. Ist die Rückwärtsterminierung konfliktfrei, dann sind die berechneten Termine bereits endgültig. Sie werden mit der Einteilung gespeichert, und die Versandterminierung endet.

Konflikte bei der Terminierung

Abbildung 2.40 illustriert ein anderes Szenario, in dem sich nach der Rückwärtsterminierung zwei Konflikte aufzeigen: Die Transportdisposition müsste bereits in der Vergangenheit starten, und die Ware müsste bereitgestellt werden, bevor sie überhaupt verfügbar wird.

Ist also mindestens eine der obigen Bedingungen verletzt, so sind Korrekturmaßnahmen erforderlich. Die Vorwärtsterminierung wird angestoßen.

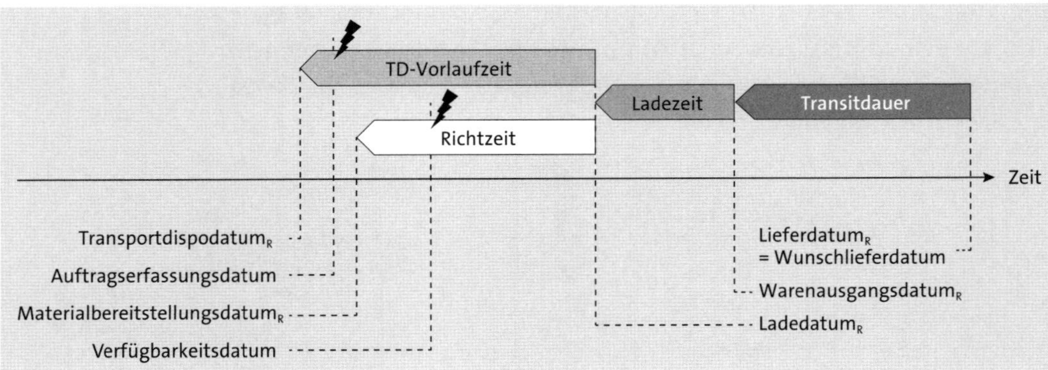

Abbildung 2.40 Rückwärtsterminierung mit Konflikten

Vorwärtsterminierung

Die *Vorwärtsterminierung* startet mit der Auflösung von Konflikten durch Kalkulation eines korrigierten Ladedatums, nachfolgend bezeichnet als Ladedatum$_V$. Der Index V kennzeichnet hier und nachfolgend solche Termine, die aus der Vorwärtsterminierung resultieren. Die Korrektur berücksichtigt dabei folgende Tatsachen:

- Das Laden kann erst nach abgeschlossener Transportdisposition und nach abgeschlossenem Richten der Ware beginnen.
- Die Transportdisposition kann frühestens zum Auftragserfassungsdatum starten.
- Das Richten der Ware kann ebenfalls frühestens zum Auftragserfassungsdatum starten, aber nicht früher als das Verfügbarkeitsdatum (siehe Abbildung 2.41).

Ladedatum

Um unnötige Verspätungen zu vermeiden, gilt für das korrigierte Ladedatum entsprechend:

Ladedatum$_V$:= max (Auftragserfassungsdatum + TD-Vorlaufzeit,
Auftragserfassungsdatum + Richtzeit,
Verfügbarkeitsdatum + Richtzeit).

Verspätung

Somit ergibt sich für das Lieferdatum eine unvermeidbare Verspätung von:

Verspätung := Ladedatum$_V$ - Ladedatum$_R$

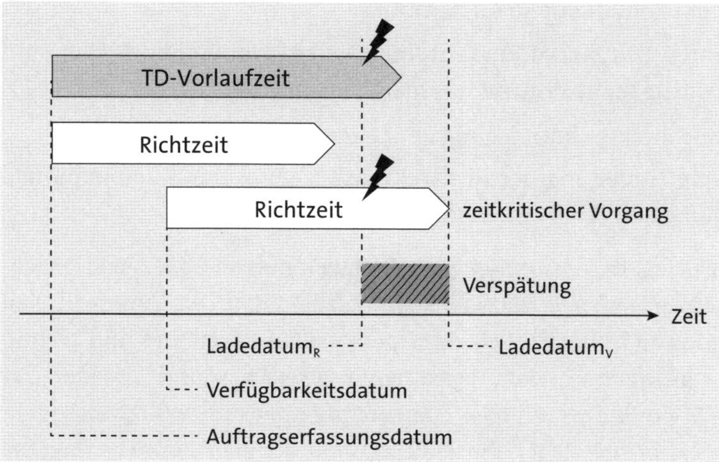

Abbildung 2.41 Berechnung des Ladedatums in der Vorwärtsterminierung

Terminierung

Ausgehend vom korrigierten Ladedatum errechnen sich die übrigen Termine gemäß der logischen Abfolge der Versandaktivitäten, wie in Abbildung 2.42 dargestellt:

Transportdispodatum$_V$:= Ladedatum$_V$ – TD-Vorlaufzeit
Materialbereitstellungsdatum$_V$:= Ladedatum$_V$ – Richtzeit
Warenausgangsdatum$_V$:= Ladedatum$_V$ + Ladezeit
Lieferdatum$_V$:= Warenausgangsdatum$_V$ + Transitdauer

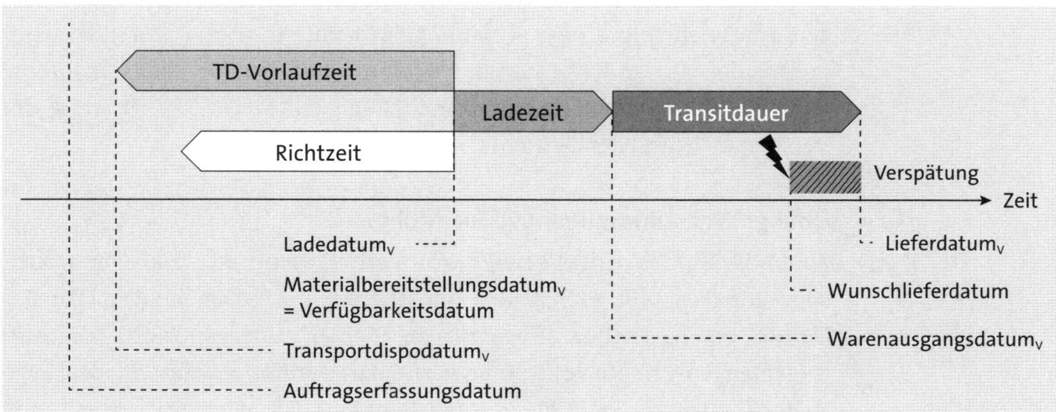

Abbildung 2.42 Berechnung der weiteren Termine in der Vorwärtsterminierung

Abbildung 2.42 zeigt, wie sich die oben berechnete Verspätung auf das Lieferdatum auswirkt. Die berechneten Termine sind nun endgültig. Sie werden mit der Einteilung gespeichert, und die Versandterminierung endet.

Definition der Zeitdauern im Customizing

Die genannten Zeitdauern der einzelnen Versandaktivitäten können auf unterschiedliche Weise ermittelt werden:

- durch eine direkte Hinterlegung der Zeitdauern im Customizing
- durch eine Herleitung der Richtzeit und Ladezeit aus Kombinationen der Merkmale Route, Gewicht und Ladegruppe

Zeitdauern hinterlegen

Im ersten Fall legt das Customizing die Richtzeit und die Ladezeit als Eigenschaften der *Versandstelle* fest (Transaktion OVLZ), denn die Versandstellen unterscheiden sich hinsichtlich ihrer personellen Besetzung und technischen Ausstattung zum Kommissionieren, Verpacken und Verladen der Ware. Die TD-Vorlaufzeit und die Transitdauer hingegen werden als Eigenschaften der *Route* gepflegt (Transaktion OVTC), denn die Route bedingt die verwendeten Transportmittel, Wege und Verkehrsknoten. Alle genannten Zeitdauern können als Anzahl von Arbeitstagen mit bis zu zwei Nachkommastellen eingegeben werden. Wenn keine Arbeitszeiten gepflegt sind, rundet das SAP-System jedoch die berechneten Termine kaufmännisch auf oder ab. Sofern im Fabrikkalender Arbeitszeiten innerhalb von Arbeitstagen definiert wurden, kann die Versandterminierung präziser und arbeitszeitgerecht erfolgen. Grundsätzlich gilt: Eine sorgfältige Ermittlung und fortwährende Aktualisierung der Zeitdauern im Customizing ist unerlässlich für eine angemessene Versandterminierung.

Zeitdauern herleiten

Im zweiten Fall kann im Customizing auch festgelegt werden, dass die Ladezeit routenabhängig oder -unabhängig ermittelt wird unter Rücksichtnahme der verwendeten Versandstelle und Ladegruppe. Ebenso kann die Richtzeit routenabhängig oder -unabhängig unter Berücksichtigung der Versandstelle und der Gewichtsgruppe bestimmt werden.

Übung: Versandterminierung durchführen

[/]

Zum Abschluss wird die Versandterminierung wieder an einem Übungsbeispiel auf Basis von Global Bike illustriert. Sie erfassen heute (aktuelles Datum) einen Terminauftrag mit genau einer Auftragsposition. Die Auftragsmenge ist heute vollständig verfügbar. Der Kunde wünscht, drei Tage später (heute + 3 Tage) die Ware zu erhalten. Die Ware war sogar schon heute vor zehn Tagen (heute –10 Tage) vollständig verfügbar.

Zeitdauern

Führen Sie eine Versandterminierung unter Verwendung der folgenden Zeitdauern durch:

- Customizing-Einstellungen der verwendeten Versandstelle:
  - Ladezeit: 1 Tag
  - Richtzeit: 1 Tag

- Customizing-Einstellungen der verwendeten Route:
  - Transitdauer: 2 Tage
  - TD-Vorlaufzeit: 3 Tage

Dabei gehen Sie davon aus, dass gemäß Fabrikkalender jeder Kalendertag ein Arbeitstag ist.

Prüfen Sie, ob das Wunschlieferdatum gehalten werden kann – oder um wie viele Tage das Lieferdatum verspätet ist.

Unter der Annahme heute sei der 01.02.2019, entspricht das Wunschlieferdatum dem 04.02.2019. Tabelle 2.9 zeigt das Ergebnis der Rückwärtsterminierung.

Rückwärtsterminierung	
Lieferdatum_R := Wunschlieferdatum	04.02.2019
– Transitdauer	2 Tage
= $\text{Warenausgangsdatum}_R$	02.02.2019
– Ladezeit	1 Tag
= Ladedatum_R	01.02.2019
Ladedatum_R	01.02.2019
– TD-Vorlaufzeit	3 Tage
= $\text{Transportdispodatum}_R$	29.01.2019
Ladedatum_R	01.02.2019
– Richtzeit	1 Tag
= $\text{Materialbereitstellungsdatum}_R$	31.01.2019

Tabelle 2.9 Ergebnis der Rückwärtsterminierung

Terminierungskonflikte

Das heutige Datum ist das Auftragserfassungsdatum, also der 01.02.2019. Relativ zu diesem Auftragserfassungsdatum ergeben sich zwei Terminierungskonflikte:

- Das $\text{Materialbereitstellungsdatum}_R$ liegt in der Vergangenheit.
- Das $\text{Transportdispodatum}_R$ liegt in der Vergangenheit.

Folglich ist eine anschließende Vorwärtsterminierung notwendig. Das Resultat ist ersichtlich in Tabelle 2.10.

Vorwärtsterminierung		
Auftragserfassungsdatum	01.02.2019	
+ TD-Vorlaufzeit	3 Tage	04.02.2019
Auftragserfassungsdatum	01.02.2019	
+ Richtzeit	1 Tag	02.02.2019
Verfügbarkeitsdatum	22.01.2019	
+ Richtzeit	1 Tag	23.01.2019
Ladedatum$_V$	Maximum	04.02.2019
Ladedatum$_V$		04.02.2019
– TD-Vorlaufzeit		3 Tage
= Transportdispodatum$_V$		01.02.2019
Ladedatum$_V$		04.02.2019
– Richtzeit		1 Tag
= Materialbereitstellungsdatum$_V$		03.02.2019
Ladedatum$_V$		04.02.2019
+ Ladezeit		1 Tag
= Warenausgangsdatum$_V$		05.02.2019
+ Transitdauer		2 Tage
= Lieferdatum$_V$		07.02.2019

Tabelle 2.10 Ergebnis der Vorwärtsterminierung

Die berechneten Termine der Vorwärtsterminierung sind die endgültigen Ergebnisse der Versandterminierung. Die Lieferung wird voraussichtlich drei Tage verspätet beim Kunden ankommen.

2.5.4 Einteilungen pflegen

Soll die Auftragsmenge in einem Kundenauftrag nicht komplett zu einem Datum geliefert werden, gibt es die Möglichkeit, *Einteilungen* zu der Position des Kundenauftrags zu pflegen. Die Pflege der Einteilungen erfolgt für eine Position in den Positionsdaten des Kundenauftrags. Für jede Einteilung werden ein Lieferdatum und die zugehörige Menge gepflegt (siehe Abbildung 2.43).

Manuelle Einteilung

Abhängig vom betriebswirtschaftlichen Hintergrund kann eine Einteilung manuell oder automatisch erfolgen. Ein Grund für die manuelle Pflege einer Einteilung könnte z. B. der Wunsch des Kunden sein, eine Bestellung über eine größere Menge eines Materials auf mehrere Lieferungen verteilt geliefert zu bekommen. Die Gesamtmenge einer Position des Kundenauftrags könnte dann z. B. in drei Teillieferungen aufgeteilt werden.

Automatische Einteilung

Eine Ursache für automatisch erstellte Einteilungen wurde in Abschnitt 2.5.2 in den Beispielen 2, 3 und 4 gezeigt. Aufgrund nicht ausreichender ATP-Mengen zum Wunschlieferdatum wurde jeweils ein Liefervorschlag durch SAP ERP generiert. Bestätigt der Anwender einen Liefervorschlag, wird dieser als Einteilungen in die Position des Kundenauftrags übernommen. Die aus dem Liefervorschlag in Beispiel 4 in Abschnitt 2.5.2 erstellte Einteilung ist in Abbildung 2.43 dargestellt.

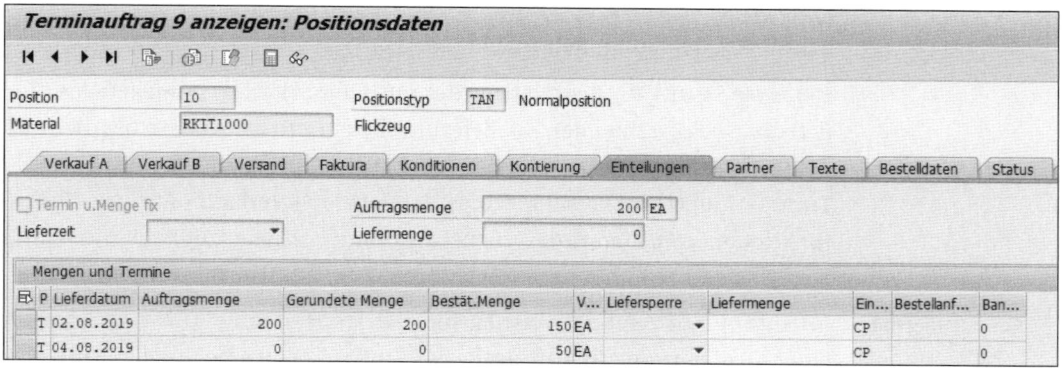

Abbildung 2.43 Aus dem Liefervorschlag in Beispiel 4 erstellte Einteilung für die Position 10

In der Einteilung erkennt man die **Auftragsmenge** von 200 Stück sowie die bereits gelieferte **Liefermenge**. Da für diesen Auftrag noch keine Lieferung erfolgt ist, beträgt diese aktuell noch 0 Stück. Weiterhin erkennt man im Bereich **Mengen und Termine**, dass von der **Auftragsmenge** von 200 Stück 150 Stück zum 02.08.2019 und die verbleibenden 50 Stück zum 04.08.2019 geliefert werden sollen.

Über die Checkbox **Termin u. Menge fix** sowie den **Einteilungstyp** (im Beispiel **CP**) wird gesteuert, wie die Mengen der Einteilung an die Disposition übergeben werden. Für eine detaillierte Beschreibung der Auswirkung dieser Parameter sei erneut auf das Buch »Praxishandbuch Vertrieb mit SAP« von J. Scheibler und W. Schuberth (SAP PRESS 2013) verwiesen.

2.5.5 Auslieferung bearbeiten

Nachdem der Kundenauftrag von der Vertriebsabteilung bearbeitet wurde, ist der nächste Schritt im Prozess der Kundenauftragsabwicklung (siehe Abbildung 2.5) die Bearbeitung der *Auslieferung*. Diese wird im Unternehmen üblicherweise durch die Logistikabteilung durchgeführt.

Teilprozesse der Auslieferung

Die Auslieferung besteht aus den folgenden Teilprozessen:

1. Auslieferung anlegen
2. Ware kommissionieren
3. Lieferpapiere erstellen
4. Warenausgang buchen

Diese Teilprozesse werden in den folgenden Abschnitten detailliert erläutert. Auf die Darstellung des Prozessschritts »Lieferpapiere erstellen« wird verzichtet, da es sich hierbei nur um den Druck der Lieferpapiere handelt.

2.5.6 Auslieferungsbeleg anlegen

Der erste Schritt zur Bearbeitung der Auslieferung ist das Anlegen des *Auslieferungsbelegs*. Über den Auslieferungsbeleg wird die weitere Bearbeitung der Auslieferung gesteuert. Ein neuer Auslieferungsbeleg wird über die Transaktion VL01N angelegt (**Logistik • Vertrieb • Verkauf • Auftrag • Folgefunktionen • Auslieferung**). Man kann eine Auslieferung mit und ohne Bezug zu einem Kundenauftrag anlegen.

Auslieferung mit Auftragsbezug

Abbildung 2.44 zeigt das Einstiegsbild der Transaktion VL01N zum Anlegen einer Auslieferung mit Auftragsbezug. Zum Anlegen einer Auslieferung mit Auftragsbezug muss in den Auftragsdaten ein Kundenauftrag sowie ein Selektionsdatum angegeben werden. Es werden nur diejenigen Positionen vom Kundenauftrag in den Auslieferungsbeleg übernommen, die eine Einteilung mit einer bestätigten Menge zum Selektionsdatum besitzen.

Auslieferungsbeleg

Beim Anlegen der Auslieferung im Beispiel wurde das **Selektionsdatum** 02.08.2019 verwendet. Somit wird in diesem Fall nur die erste Einteilung der Position 10 aus dem Beispiel 4 in Abschnitt 2.5.2 in die Auslieferung übernommen. Dies sind im Beispiel die 150 Stück des Materials RKIT1000 mit dem Lieferdatum 02.08.2019. Der so erstellte Auslieferungsbeleg ist in Abbildung 2.45 dargestellt.

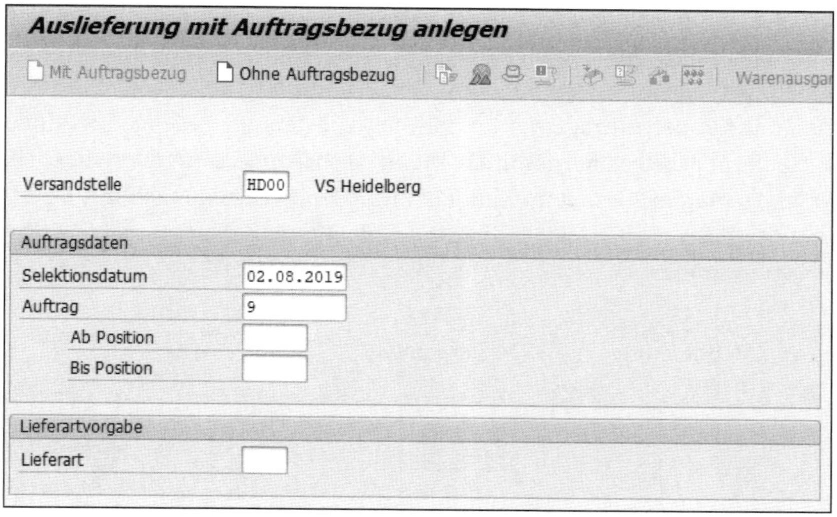

Abbildung 2.44 Einstiegsbild der Transaktion VL01N zum Anlegen einer Auslieferung

Abbildung 2.45 Aus Kundenauftrag erstellter Auslieferungsbeleg

Bei der Erstellung eines Auslieferungsbelegs sind prinzipiell drei Varianten möglich:

- Komplettlieferung
- Teillieferung
- Auftragszusammenführung

Komplettlieferung

Diese Varianten sind in Abbildung 2.46 grafisch dargestellt. Die einfachste Variante ist die *Komplettlieferung*. Bei einer Komplettlieferung wird zu einem Kundenauftrag genau ein Auslieferungsbeleg erstellt. Alle Positionen des Kundenauftrags werden mit den vollständigen Mengen in einen Auslieferungsbeleg übernommen. Dies ist insbesondere nur dann möglich, wenn zu den Positionen im Kundenauftrag keine Einteilungen mit Lieferdatum größer dem Selektionsdatum bei der Erstellung des Auslieferungsbelegs existieren.

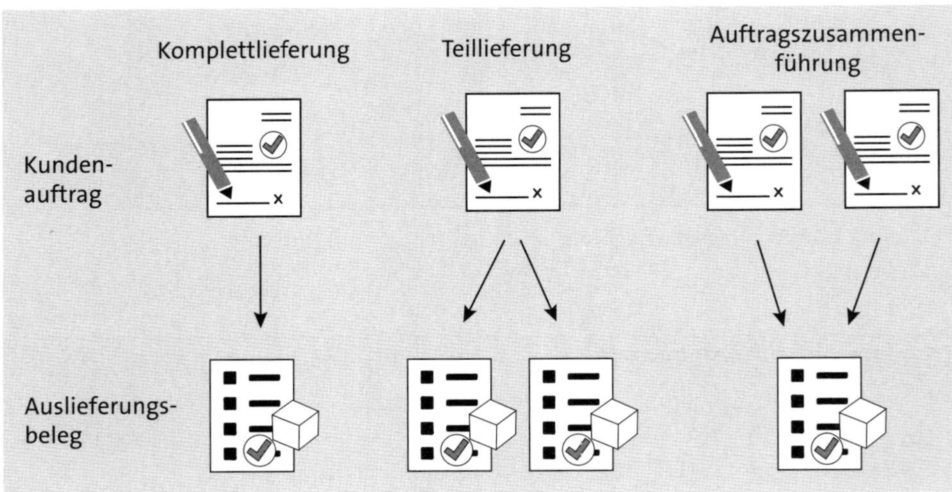

Abbildung 2.46 Die verschiedenen Varianten zur Erstellung von Auslieferungsbelegen

Teillieferung

Bei einer *Teillieferung* werden zu einem Kundenauftrag mehrere Auslieferungsbelege erstellt. Dies erfolgt z. B. dann, wenn die Positionen des Kundenauftrags unterschiedliche Lieferdaten besitzen. Außerdem führen auch Einteilungen zur Erstellung mehrerer Teillieferungen.

Auftrags-zusammen-führung

Bei einer *Auftragszusammenführung* werden schließlich mehrere Kundenaufträge durch einen Auslieferungsbeleg bearbeitet.

Ob ein Kundenauftrag als Komplettlieferung, Teillieferung oder durch eine Auftragszusammenführung ausgeliefert wird, lässt sich im Belegfluss des Kundeauftrags oder des Auslieferungsbelegs erkennen. Abbildung 2.47 zeigt den **Belegfluss** für einen Kundenauftrag. In diesem Beispiel wurden zur Position 10 des Kundenauftrags zwei Auslieferungsbelege erstellt. Somit handelt es sich hierbei um eine Teillieferung.

Abbildung 2.47 Der Belegfluss zu einem Kundenauftrag mit zwei Auslieferungsbelegen zur Position 10

2.5.7 Ware kommissionieren

Der nächste Schritt nach dem Anlegen des Auslieferungsbelegs ist die *Kommissionierung*. Bei der Kommissionierung werden die Materialien der Positionen des Auslieferungsbelegs für den Versand zusammengestellt. Die zu kommissionierenden Materialien können an unterschiedlichen Lagerorten gelagert sein.

Kommissionierung erfassen

Nachdem die Kommissionierung erfolgt ist, muss sie im Auslieferungsbeleg erfasst werden. Dies erfolgt im Auslieferungsbeleg auf der Registerkarte **Kommissionierung**. Dabei muss zum einen der Lagerort erfasst werden, aus dem die Materialien kommissioniert wurden, zum anderen auch die kommissionierte Menge (siehe Abbildung 2.48).

Abbildung 2.48 Kommissionierung im Auslieferungsbeleg erfassen

Das Ergebnis der Kommissionierung ist als Kommissionierauftrag im Status **erledigt** im Belegfluss zum Kundenauftrag sichtbar (siehe Abbildung 2.49).

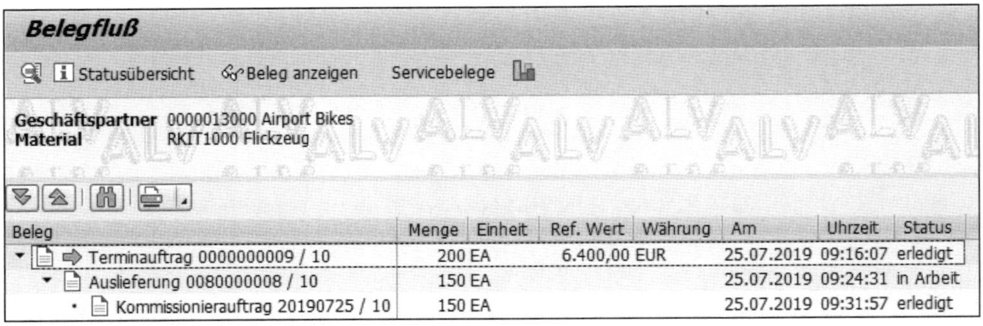

Abbildung 2.49 Belegfluss nach Erfassen der Kommissionierung

2.5.8 Warenausgang buchen

Der letzte Schritt in der Bearbeitung der Auslieferung ist das Buchen des *Warenausgangs*. Das Buchen des Warenausgangs erfolgt genau dann, wenn Waren das Unternehmen physisch verlassen.

Transaktionen zur Warenausgangsbuchung

Das Buchen des Warenausgangs kann über unterschiedliche Transaktionen erfolgen. Die einfachste Möglichkeit ist das Buchen des Warenausgangs aus dem Auslieferungsbeleg (z. B. über die Transaktion VL02N zum Ändern des Auslieferungsbelegs; **Logistik • Vertrieb • Versand und Transport • Auslieferung • Ändern • Einzelbeleg**). In dieser Transaktion kann zu einem Auslieferungsbeleg über den Button **Warenausgang buchen** der Warenausgang gebucht werden. Der Button ist sowohl im Einstiegsbild der Transaktion (siehe Abbildung 2.50) als auch in der Bearbeitungssicht für einen Auslieferungsbeleg (siehe Abbildung 2.51) zu finden.

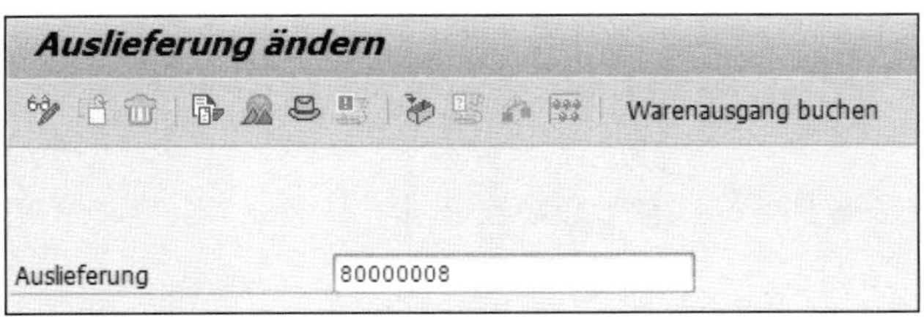

Abbildung 2.50 Warenausgang buchen im Einstiegsbild der Transaktion VL02N

Die Warenausgangsbuchung führt dazu, dass zwei Belege in SAP ERP erstellt werden:

- Materialbeleg
- Buchhaltungsbeleg

Abbildung 2.51 Warenausgang buchen in der Bearbeitungssicht zu einem Auslieferungsbeleg in der Transaktion VL02N

Materialbeleg

Durch den *Materialbeleg* wird die Warenbewegung dokumentiert und der Lagerbestand aktualisiert. Abbildung 2.52 zeigt den Belegfluss des Kundenauftrags nach dem Buchen des Warenausgangs. Der Materialbeleg ist als **WL WarenausLieferung** zu erkennen. Über den Button **Beleg anzeigen** kann der Materialbeleg angezeigt werden (siehe Abbildung 2.53).

Abbildung 2.52 Belegfluss zum Kundenauftrag nach dem Buchen des Warenausgangs

Im Materialbeleg erkennt man, dass ein Warenausgang von 150 Stück des Materials RKIT1000 aus dem Lagerort (**LOrt**) TG00 aus **Werk** HD00 erfolgt ist. Der Warenausgang ist an dem mit Minus versehenen Feld **EAu** (Eingang/Ausgang) zu erkennen.

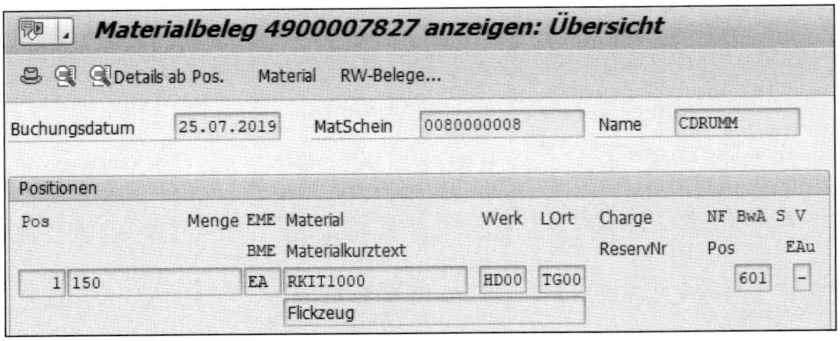

Abbildung 2.53 Materialbeleg, der den Warenausgang dokumentiert

Des Weiteren erkennt man, dass der Warenausgang mit der Bewegungsart (**BwA**) 601 (WL WarenausLieferung) erfolgt ist.

Buchhaltungsbeleg

Aus dem Materialbeleg kann man mit einem Klick auf den Button **RW-Belege** zu den *Buchhaltungsbelegen* navigieren. Der im Beispiel erzeugte Buchhaltungsbeleg ist in Abbildung 2.54 dargestellt. In diesem Fall erfolgte eine Habenbuchung (Buchungsschlüssel 99) auf das Konto 200200 (Materialbestand Handelswaren) und eine Sollbuchung (Buchungsschlüssel 81) auf das Konto 780000 (Herstellungskosten).

Der Buchungsbetrag ergibt sich aus dem Bewertungspreis in der Buchhaltungssicht 1 des Materialstamms (siehe Abschnitt 3.3.1). Im vorliegenden Beispiel ist der Bewertungspreis des Materials 16,00 €, somit ergibt sich ein (kaufmännisch gerundeter) Buchungsbetrag von 16,00 €/Stück × 150 Stück = 2.400,00 €.

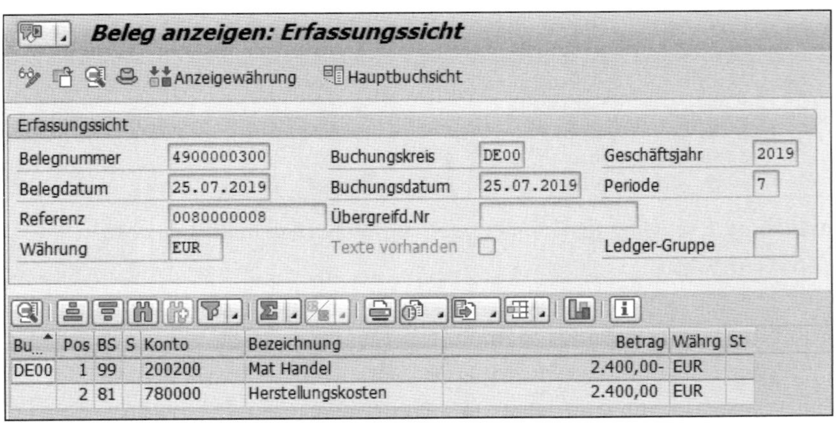

Abbildung 2.54 Durch die Buchung des Warenausgangs erzeugter Buchhaltungsbeleg

2.5.9 Retoure abwickeln

Gründe für Retouren

Die Abwicklung von *Retouren* gehört zu den zentralen und je nach Branche häufig wiederkehrenden Prozessen im Vertrieb. In der Praxis werden Retouren erforderlich, wenn Kunden z. B. mit der erhaltenen Ware unzufrieden sind, die Ware beschädigt oder in falscher Ausführung geliefert wurde und aus Garantie- oder Kulanzgründen zurückgenommen werden soll.

Retourenabwicklung

Die Komponente SD unterstützt durchgängig die dafür notwendigen Prozessschritte. Eine Möglichkeit, den Retourenprozess in SAP ERP mit Transaktionen zu gestalten, ist in Abbildung 2.55 dargestellt.

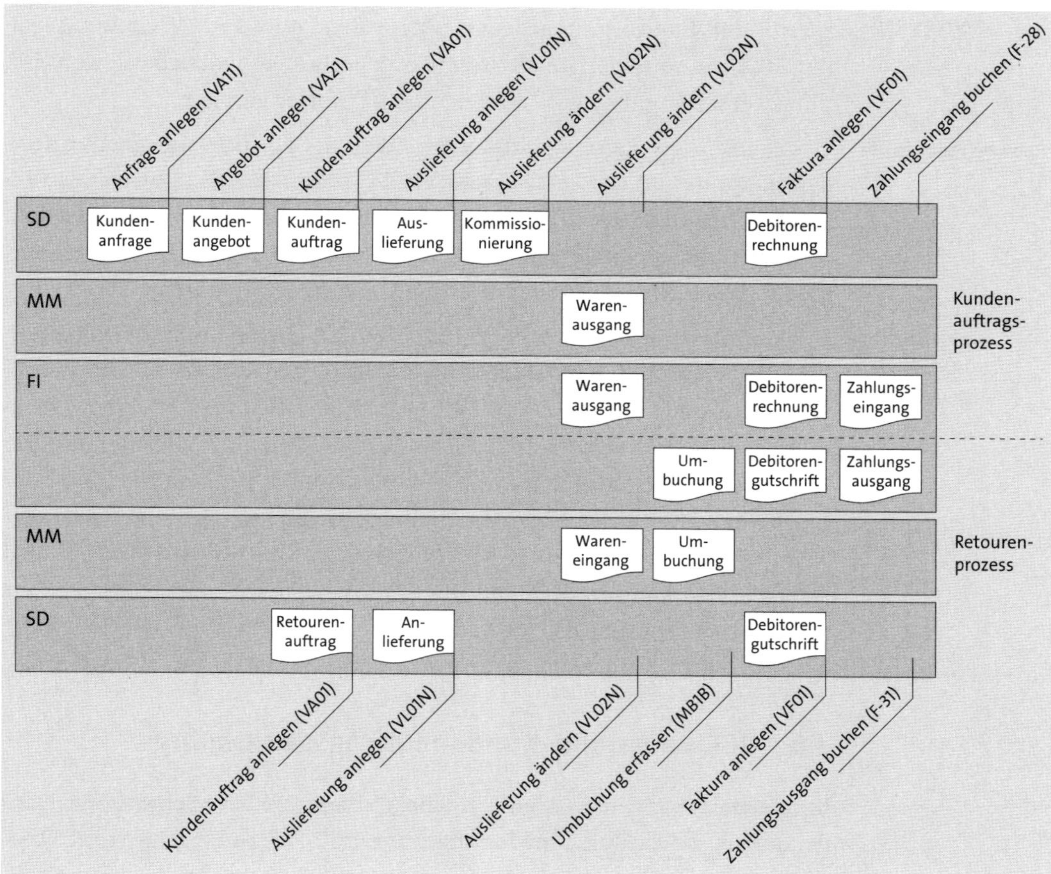

Abbildung 2.55 Übersicht über die erzeugten Belege in der Retourenabwicklung im Vergleich zur Kundenauftragsabwicklung

Sofort auffällig ist in dieser Übersicht die Analogie zwischen den Transaktionen, die in der *Retourenabwicklung* und in der Kundenauftragsabwicklung verwendet werden. Das Gleiche gilt für die erzeugten Belege.

Retourenauftrag anlegen

Ein *Retourenauftrag* kann mit Bezug zu einem existierenden Kundenauftrag angelegt werden. Hierbei kommt die gleiche Transaktion (VA01) zum Einsatz wie beim Anlegen des Kundenauftrags. Als Auftragsart wird hier jedoch Retourenauftrag (**RE**) gewählt. Entsprechend wird mit Bezug zum Retourenauftrag eine Anlieferung (Transaktion VL01N) erzeugt, wobei als Lieferart Retourenanlieferung (**LR**) gesetzt wird. An den Lieferarten wird erkannt, dass es sich um eine Retoure handelt, wodurch die Kommissionierung entfällt und der Warenausgang durch einen Wareneingang ersetzt wird.

Retourensperrbestand

Standardmäßig erscheint die retournierte Ware nach Eingang im *Retourensperrbestand* und ist zunächst zu überprüfen. Sofern die Ware unbeschädigt ist, kann sie in den frei verwendbaren Bestand umgebucht werden. Erst durch diesen Vorgang wird ein Buchhaltungsbeleg erzeugt.

Retourengutschrift

Das Anlegen der *Retourengutschrift* erfolgt analog zum Anlegen der Kundenrechnung mit der Transaktion VF01 (Faktura anlegen), wobei als Fakturaart Retourengutschrift (**RE**) erkannt wird. Bei der Auszahlung an den Kunden (Transaktion F-31) wird die Zahlung mit der Belegart Debitorengutschrift (**DG**) gekennzeichnet.

Erweiterte Retourenabwicklung

Die Retourenabwicklung wird in Praxisfall SD1 (siehe Abschnitt 2.7) detailliert besprochen. Neben der hier beschriebenen standardmäßigen Retourenabwicklung unterstützt SAP ERP zudem die erweiterte Retourenabwicklung mit Funktionalitäten für Kunden- und zusätzlich auch Lieferantenretouren. Die erweiterten Funktionen umfassen z. B. die Unterstützung der Inspektion der retournierten Materialien. Zur Nutzung der erweiterten Retourenabwicklung ist eine Aktivierung im Customizing erforderlich. Aus Platzgründen kann im Rahmen dieses einführenden Lehrbuches nur der Standardprozess für Kundenretouren vertieft werden.

2.6 UCC-Fallstudie: Kundenauftragsabwicklung

In diesem Abschnitt werden retrospektiv verschiedene Schritte der Kundenauftragsabwicklung im Rahmen der UCC-Fallstudie analysiert. Hierdurch wird das Verständnis der in Abschnitt 2.1 bis Abschnitt 2.3 vermittelten Grundlagen vertieft. Sie können die nachfolgend beschriebenen Darstellungen selbst am SAP-System nachvollziehen. Dafür ist es erforderlich, dass Sie die genannte Fallstudie vollständig bearbeiteen, damit die von Ihnen erstellten Stamm- und Bewegungsdaten zur Analyse vorliegen. Sie erhalten die Fallstudie auf *http://www.sap-press.de/4640*, **Materialien zum Buch**.

[!]

Ihre persönliche LEARN-Nummer

Beachten Sie (wie immer), dass Sie in den nachfolgenden Abschnitten stets die drei Hashtags ### durch Ihre persönliche LEARN-Nummer ersetzen. Das Gleiche gilt für die in den Screenshots verwendete Nummer 000, die die LEARN-Nummer des Demobenutzers kennzeichnet. Entsprechend ist diese Nummer ebenfalls durch Ihre persönliche LEARN-Nummer zu ersetzen.

2.6.1 Prozessübersicht

Anlegen von Stammdaten

Nachdem Sie die UCC-Fallstudie erfolgreich im SAP-ERP-System bearbeitet haben, führen Sie sich nun den Gesamtablauf noch einmal vor Augen. Die Fallstudie beschrieb insgesamt 17 Schritte. Die zu verkaufenden Materialien (Deluxe Touring Bike und Professional Touring Bike) existierten bereits im System. Den neuen Geschäftspartner (The Bike Zone in Orlando), der diese Produkte erwerben wollte, mussten Sie hingegen erst neu anlegen. Die ersten drei Schritte der Fallstudien zeigten Ihnen somit das Anlegen eines Debitorenstammsatzes und eines Ansprechpartners für diesen Kunden. Den Ansprechpartner ordneten Sie Ihrem neuen Debitor zu.

[!]

Nummer Ihres Debitorenstammsatzes

Alle für Sie im System initial angelegten Stammdaten enden mit Ihrer persönlichen LEARN-Nummer ###, so z. B. Ihr Deluxe Touring Bike (schwarz) mit der Materialnummer DXTR1###. Das ermöglicht Ihnen die direkte Eingabe der Stammdatennummer.

Es kann sein, dass dies für die Nummer des von Ihnen angelegten Debitors nicht zutrifft. Da im SAP-ERP-System eingestellt ist, dass jeder neu angelegte Debitorenstammsatz die nächste freie Nummer erhält, ist es nicht garantiert bzw. unwahrscheinlich, dass die letzten drei Ziffern der Nummer mit Ihrer LEARN-Nummer übereinstimmen. Beachten Sie dies bei der Suche nach Ihrem Kunden.

Anlegen von Bewegungsdaten

In den Schritten 4 bis 8 legten Sie nacheinander die Kundenanfrage von The Bike Zone, das offizielle Angebot von Global Bike sowie den final von beiden Geschäftsparteien abgestimmten Kundenauftrag im SAP-ERP-System an. Die nächsten fünf Schritte dokumentierten den Auslieferungsprozess inklusive Warenausgang. Abschließend legten Sie in den Schritten 14 bis 17 die Debitorenrechnung an und buchten den Zahlungseingang.

Somit führten Sie die Fallstudie zusammenhängend und an einem realistischen Beispiel im Global-Bike-Konzern für mehrere der in Abschnitt 2.5 beschriebenen Teilprozesse durch. Dabei wurden viele der in Abschnitt 2.4 definierten Bewegungsdaten erzeugt. Im folgenden Abschnitt 2.6.2 schauen Sie sich mit dem Belegfluss nun eine chronologische Übersicht der im Kundenauftragsprozess angelegten Bewegungsdaten an.

2.6.2 Belegfluss analysieren

Belegfluss anzeigen

In Abschnitt 2.4.5 wurden die bei der Durchführung eines Kundenauftragsprozesses erzeugten Belege vorgestellt. Lassen Sie sich jetzt den Belegfluss zu Ihrem Kundenauftrag anzeigen:

1. Öffnen Sie als Erstes Ihren Kundenauftrag, indem Sie in Transaktion VA03 folgenden Menüpfad wählen: **Logistik • Vertrieb • Verkauf • Auftrag • Anzeigen**.
2. Geben Sie Ihre Auftragsnummer aus der UCC-Fallstudie ein.
3. Klicken Sie danach auf den Button **Belegfluss anzeigen**. Es wird Ihnen nun der Belegfluss auf Kopfebene angezeigt (siehe Abbildung 2.56).

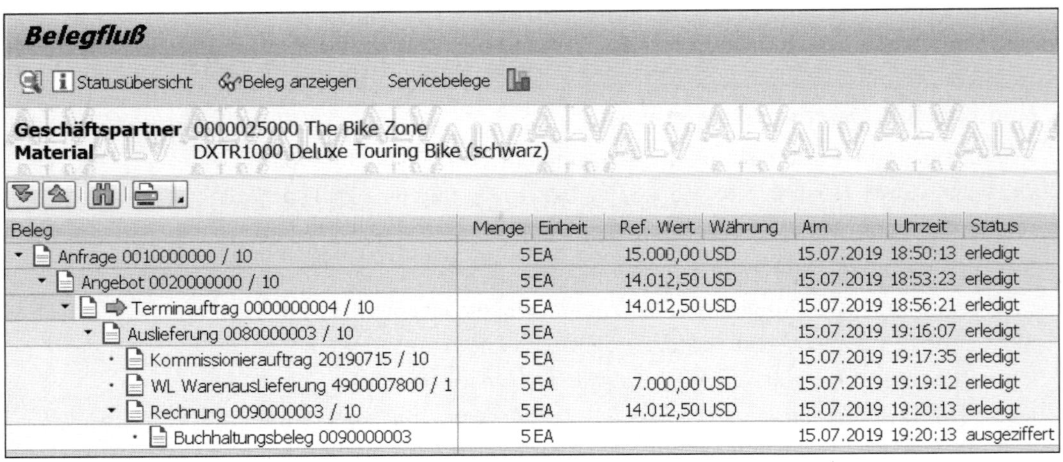

Beleg	Menge	Einheit	Ref. Wert	Währung	Am	Uhrzeit	Status
Anfrage 0010000000 / 10	5	EA	15.000,00	USD	15.07.2019	18:50:13	erledigt
Angebot 0020000000 / 10	5	EA	14.012,50	USD	15.07.2019	18:53:23	erledigt
Terminauftrag 0000000004 / 10	5	EA	14.012,50	USD	15.07.2019	18:56:21	erledigt
Auslieferung 0080000003 / 10	5	EA			15.07.2019	19:16:07	erledigt
Kommissionierauftrag 20190715 / 10	5	EA			15.07.2019	19:17:35	erledigt
WL WarenausLieferung 4900007800 / 1	5	EA	7.000,00	USD	15.07.2019	19:19:12	erledigt
Rechnung 0090000003 / 10	5	EA	14.012,50	USD	15.07.2019	19:20:13	erledigt
Buchhaltungsbeleg 0090000003	5	EA			15.07.2019	19:20:13	ausgeziffert

Abbildung 2.56 Belegfluss auf Kopfebene

Kopfebene analysieren

Sie erkennen hier den Ablauf des von Ihnen durchgeführten Prozesses. Anhand der Hierarchie sehen Sie, in welcher Abhängigkeit die verschiedenen Belege zueinander stehen. Am **Status** der Belege erkennen Sie, dass diese alle **erledigt** sind.

Positionsebene analysieren

Schauen Sie sich als Nächstes den Belegfluss auf Positionsebene an. Hierzu klicken Sie in der Belegübersicht auf den Menüpfad **Belegfluss • Sicht • Positionen**. Danach wird Ihnen der Belegfluss auf Positionsebene angezeigt (siehe Abbildung 2.57). Anhand der Hierarchie sehen Sie nun, in welcher Beziehung die verschiedenen Positionen der Belege zueinander stehen. Weiterhin werden Ihnen in dieser Ansicht noch weitere Details wie Mengen und Preise zu den Positionen dargestellt.

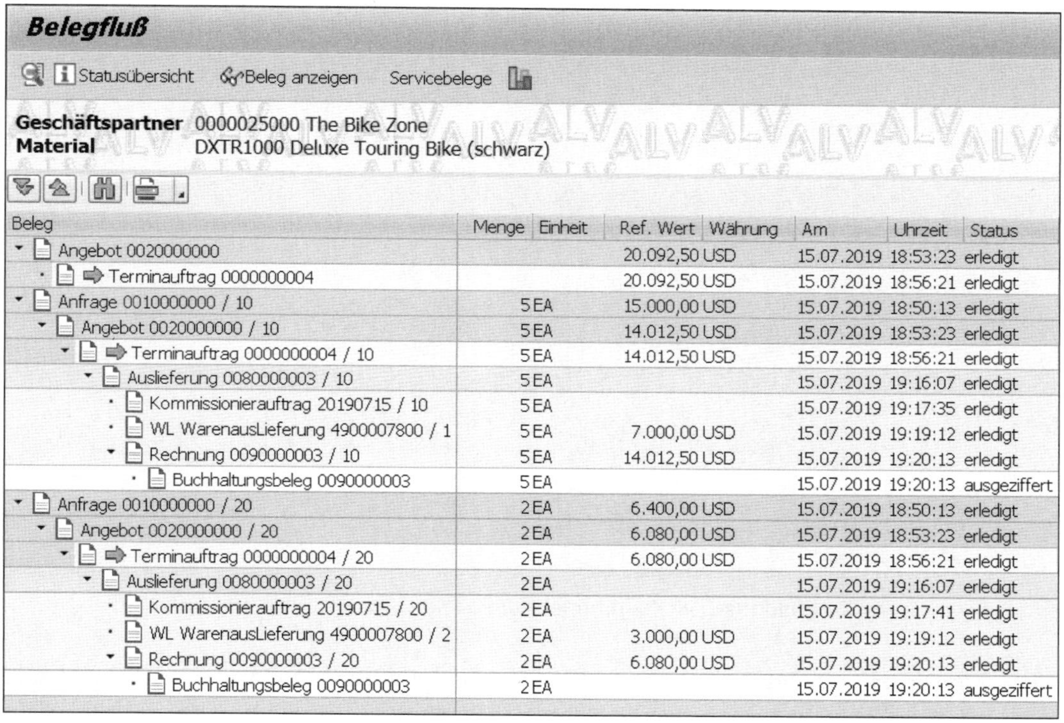

Beleg	Menge	Einheit	Ref. Wert	Währung	Am	Uhrzeit	Status
Angebot 0020000000			20.092,50	USD	15.07.2019	18:53:23	erledigt
Terminauftrag 0000000004			20.092,50	USD	15.07.2019	18:56:21	erledigt
Anfrage 0010000000 / 10	5	EA	15.000,00	USD	15.07.2019	18:50:13	erledigt
Angebot 0020000000 / 10	5	EA	14.012,50	USD	15.07.2019	18:53:23	erledigt
Terminauftrag 0000000004 / 10	5	EA	14.012,50	USD	15.07.2019	18:56:21	erledigt
Auslieferung 0080000003 / 10	5	EA			15.07.2019	19:16:07	erledigt
Kommissionierauftrag 20190715 / 10	5	EA			15.07.2019	19:17:35	erledigt
WL WarenausLieferung 4900007800 / 1	5	EA	7.000,00	USD	15.07.2019	19:19:12	erledigt
Rechnung 0090000003 / 10	5	EA	14.012,50	USD	15.07.2019	19:20:13	erledigt
Buchhaltungsbeleg 0090000003	5	EA			15.07.2019	19:20:13	ausgeziffert
Anfrage 0010000000 / 20	2	EA	6.400,00	USD	15.07.2019	18:50:13	erledigt
Angebot 0020000000 / 20	2	EA	6.080,00	USD	15.07.2019	18:53:23	erledigt
Terminauftrag 0000000004 / 20	2	EA	6.080,00	USD	15.07.2019	18:56:21	erledigt
Auslieferung 0080000003 / 20	2	EA			15.07.2019	19:16:07	erledigt
Kommissionierauftrag 20190715 / 20	2	EA			15.07.2019	19:17:41	erledigt
WL WarenausLieferung 4900007800 / 2	2	EA	3.000,00	USD	15.07.2019	19:19:12	erledigt
Rechnung 0090000003 / 20	2	EA	6.080,00	USD	15.07.2019	19:20:13	erledigt
Buchhaltungsbeleg 0090000003	2	EA			15.07.2019	19:20:13	ausgeziffert

Abbildung 2.57 Belegfluss auf Positionsebene

2.6.3 Konditionen analysieren

Konditionen anzeigen

Die Konditionsstammdaten haben Sie in Abschnitt 2.3.3 und deren Pflege in Abschnitt 2.5.1 kennengelernt. In diesem Abschnitt analysieren Sie die Konditionen Ihres Kundenauftrags:

1. Folgen Sie dem Menüpfad **Logistik • Vertrieb • Verkauf • Auftrag • Anzeigen** (Transaktion VA03).
2. Geben Sie Ihre Auftragsnummer aus der UCC-Fallstudie ein, und drücken Sie die [↵]-Taste.
3. In der Sicht **Terminauftrag anzeigen: Übersicht** klicken Sie auf die Position 10 doppelt.
4. In der Sicht **Terminauftrag anzeigen: Positionsdaten** wechseln Sie dann auf die Registerkarte **Konditionen**. Sie sehen nun die Konditionen zur Position (siehe Abbildung 2.58).

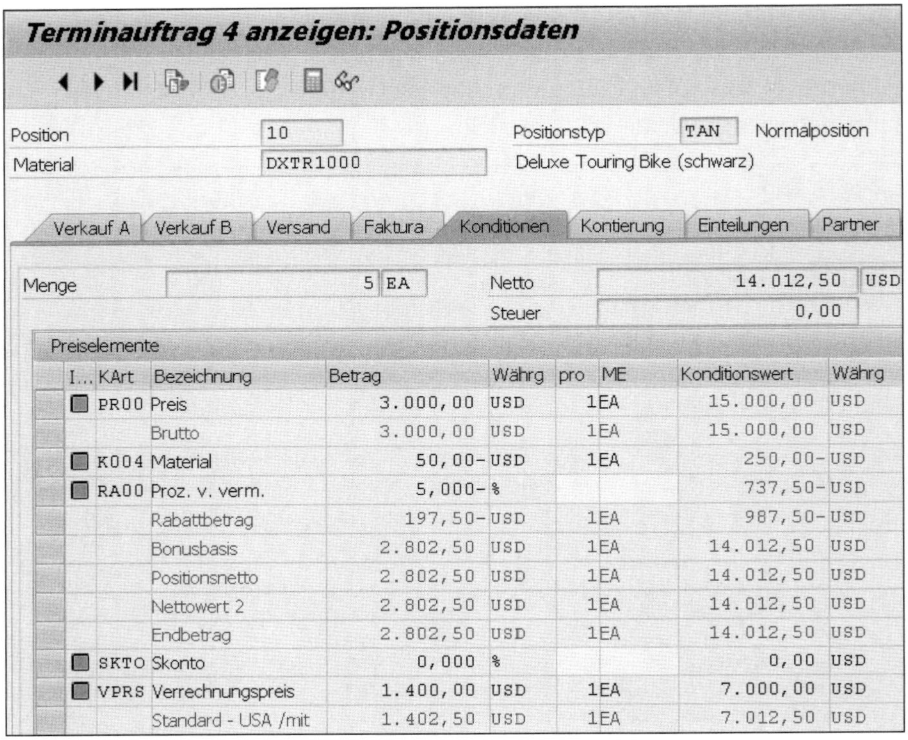

Abbildung 2.58 Konditionen zur Position

Konditionen analysieren

In den Konditionen sehen Sie die Konditionsart (**KArt**) PR00. Diese enthält den Nettopreis des Materials DXTR1###. Aus den fünf Fahrrädern ergibt sich in Summe ein **Konditionswert** von 15.000 US$. Auch die Konditionsart K004 wird Ihnen angezeigt, der von Ihnen vergebene Rabatt von 50 US$. In Summe ergibt sich somit ein Rabattbetrag von 250 US$. Die Konditionsart RA00 ist ein 5-%-Rabatt auf den Nettopreis (737,50 US$). Die folgende Zeile zeigt Ihnen die Zwischensumme aller Rabatte, in der Fallstudie 987,50 US$. Aus dem Nettopreis und den Rabatten ergibt sich der **Endbetrag** von 2.803,50 US$ pro Fahrrad oder 14.012,50 US$ in Summe.

Die Konditionsart VPRS zeigt die Kosten für das Material. In der Fallstudie ist das der Standardpreis des Materials aus den Materialstammdaten. Der **Verrechnungspreis** ermöglicht, den Nettopreis für ein Material mit den Kosten für das Material zu vergleichen.

2.6.4 Einteilungen analysieren

Einteilungen anzeigen

In Abschnitt 2.5.4 wurde das Konzept der Einteilungen eingeführt. Analysieren Sie die von Ihnen erzeugten Einteilungen zu den Auftragspositionen:

1. Hierzu lassen Sie sich Ihren Kundenauftrag anzeigen. Folgen Sie dem Menüpfad **Logistik • Vertrieb • Verkauf • Auftrag • Anzeigen** (Transaktion VA03).
2. Geben Sie Ihre Auftragsnummer aus der UCC-Fallstudie ein, und drücken Sie [↵]. Daraufhin öffnet sich die Sicht **Terminauftrag anzeigen: Übersicht** (siehe Abbildung 2.59).
3. Markieren Sie nun die beiden Positionen 10 und 20, und klicken Sie auf den Button (**Einteilungen Position**).

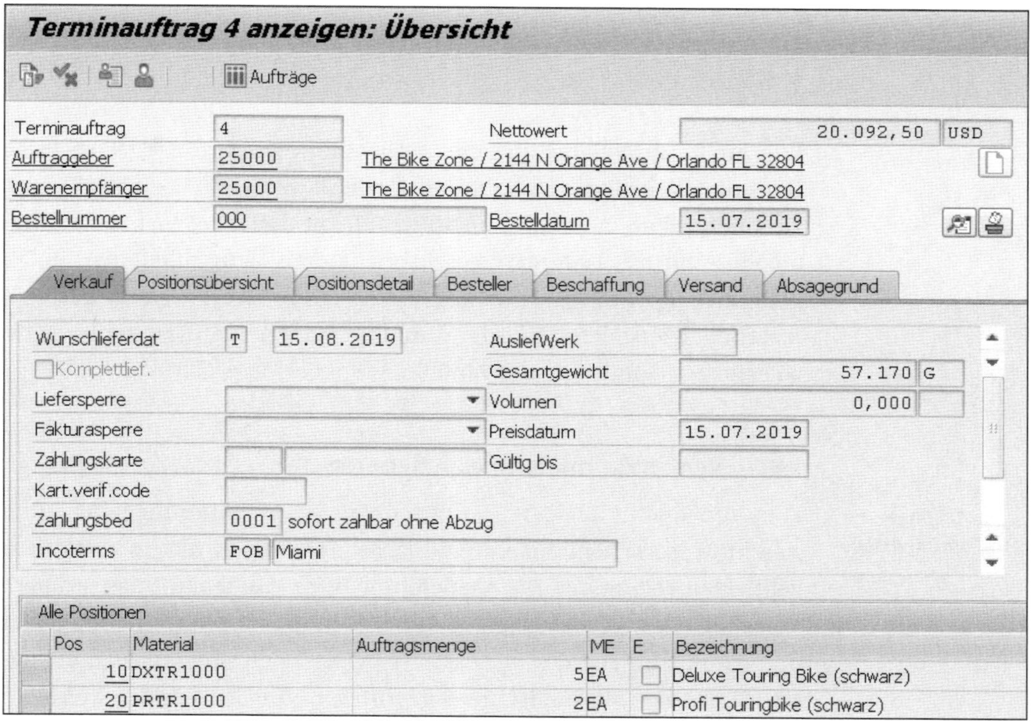

Abbildung 2.59 Kundenauftrag anzeigen (Transaktion VA03)

Einteilungen analysieren

In der Sicht **Terminauftrag anzeigen: Positionsdaten** (siehe Abbildung 2.60) erscheint sodann auf der Registerkarte **Einteilungen** eine Auflistung der Einteilungen für die **Position** 10 (**Material** DXTR1###). Sie erkennen, dass genau eine Einteilung erzeugt wurde, wobei die bestätigte Menge 5 der **Auftragsmenge** entspricht. Ebenso entspricht das terminierte **Lieferdatum** dem von Ihnen eingegebenen Wunschlieferdatum.

Abbildung 2.60 Einteilungen für das Material DXTR1### auf der Position 10 (Transaktion VA03)

Klicken Sie anschließend in der Toolbar auf den Button (**Nächste Position**), um die analogen Einteilungsdaten für Position 20 (Material PRTR1###) zu untersuchen. Auch dort entspricht die bestätigte Menge der **Auftragsmenge**, und das **Lieferdatum** entspricht dem Wunschlieferdatum. Zum Zeitpunkt der Auftragserfassung hatten Sie im Werk Miami von beiden Materialien ausreichend Bestand auf Lager, um den Auftrag termingerecht zu beliefern. Somit war kein Einteilungssplit erforderlich.

2.6.5 Versandterminierung analysieren

Einstellungen zur Versandstelle analysieren

Zum Verständnis der durchgeführten Versandterminierung (eingeführt in Abschnitt 2.5.3) benötigen Sie zunächst Einblick in die im Customizing gepflegten Zeitdauern. Die Auslieferung Ihres Kundenauftrags ist über die Versandstelle Miami erfolgt. Insofern hat die Versandterminierung auf die im Customizing mit der Transaktion OVLZ eingestellten relevanten Eigenschaften dieser Versandstelle zugegriffen. Unter Umständen können Sie mit einem studentischen Benutzer diese Transaktion nicht selbst aufrufen, wenn die erforderlichen Berechtigungen fehlen. Einen Screenshot der Transaktion sehen Sie in Abbildung 2.61. Dort erkennen Sie, dass für die **Versandstelle** Miami eine Ladezeit von einem Arbeitstag und eine Richtzeit von drei Tagen gepflegt wurde.

Route des Kundenauftrags analysieren

Die Routenfindung zu Ihrem Kundenauftrag ermittelte für Ihren Kunden The Bike Zone und das Auslieferwerk Miami die zugehörige Route mit der Bezeichnung »Nordroute«.

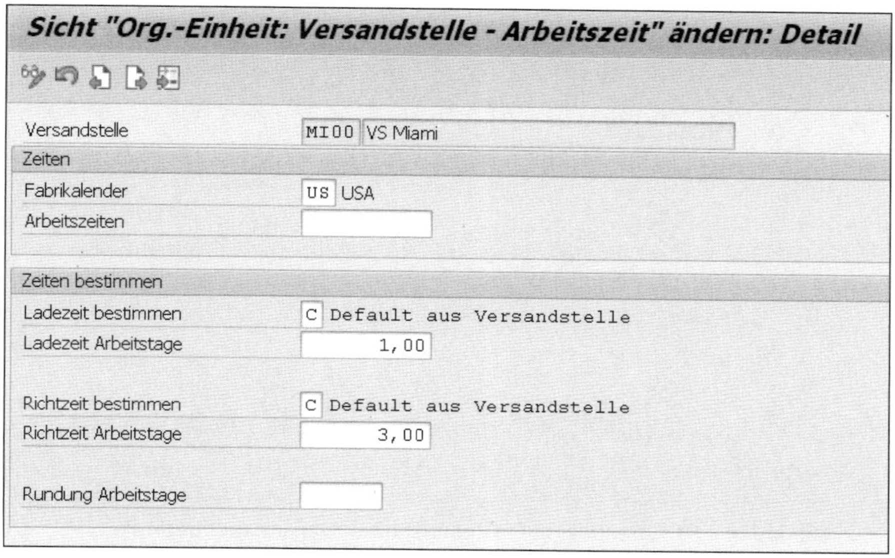

Abbildung 2.61 Customizing-Einstellungen zur Ladezeit und zur Richtzeit als Eigenschaften der Versandstelle Miami (Transaktion OVLZ)

Sie können die Definition dieser Route mit der Transaktion OVTC anzeigen und pflegen. Auch diese Transaktion können Sie unter Umständen mit einem studentischen Benutzer nicht selbst aufrufen, wenn die erforderlichen Berechtigungen fehlen. Einen Screenshot dieser Transaktion sehen Sie in Abbildung 2.62. Sie erkennen die eigetragene **Transitdauer** von zwei Tagen und den relevanten **TD-Vorlauf** von fünf Tagen.

Ergebnis der Versandterminierung anzeigen

Lassen Sie sich nun die Termine der Versandterminierung Ihres Kundenauftrags anzeigen:

1. Folgen Sie dazu dem Menüpfad **Logistik • Vertrieb • Verkauf • Auftrag • Anzeigen** (Transaktion VA03).
2. Navigieren Sie, wie in Abschnitt 2.6.2 beschrieben, zur Einteilung für Position 10 (Material DXTR1###), und klicken Sie auf **Versand**. In der Sicht **Terminauftrag anzeigen: Einteilungsdaten** erhalten Sie auf der Registerkarte **Versand** eine Auflistung aller Termine aus der Versandterminierung (siehe Abbildung 2.63).

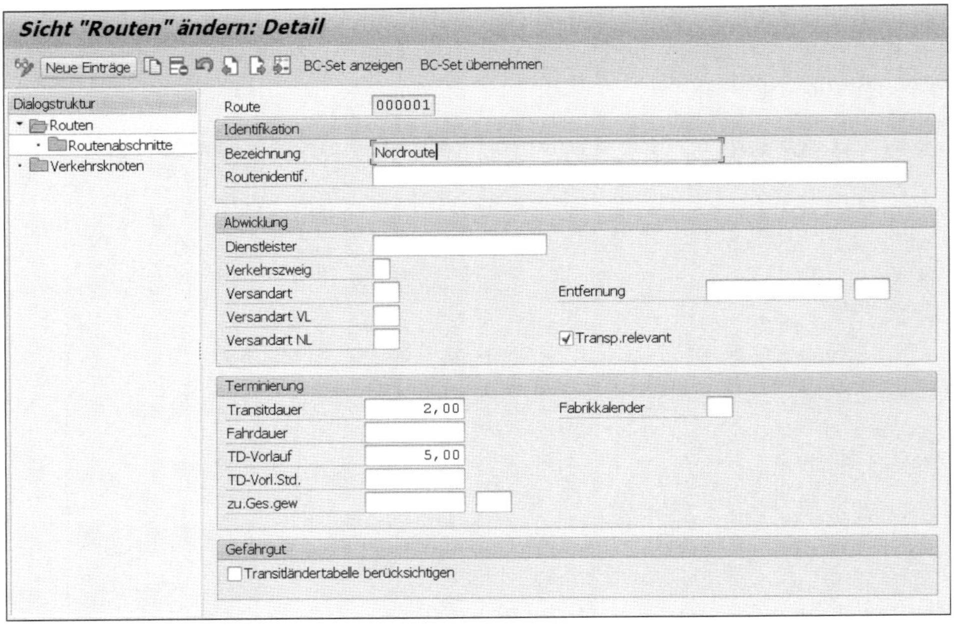

Abbildung 2.62 Customizing-Einstellungen zur Transitdauer und zur TD-Vorlaufzeit als Eigenschaften der Nordroute (Transaktion 0VTC)

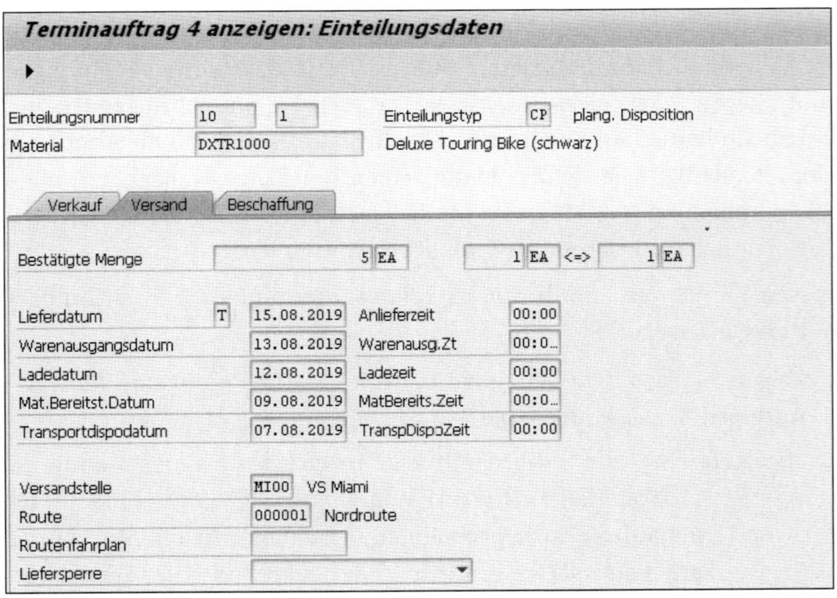

Abbildung 2.63 Ergebnis der Versandterminierung für das Material DXTR1### auf Position 10 (Transaktion VA03)

Wiederholen Sie die gleichen Schritte für die Auftragsposition 20 (Material PRTR1###). Sie erkennen, dass für beide Positionen die gleichen Termine für die Versandaktivitäten berechnet wurden.

Übung: Termine berechnen

[/]

Im folgenden Beispiel berechnen Sie auf Basis des von Ihnen in der UCC-Fallstudie verwendeten Wunschlieferdatums und des eingegebenen Auftragserfassungsdatums (entspricht hier dem Bestelldatum) die Termine aller Versandaktivitäten:

- Lieferdatum
- Warenausgangsdatum
- Materialbereitstellungsdatum
- Transportdispodatum

Vergleichen Sie anschließend Ihre Ergebnisse mit der von SAP ERP berechneten Ausgabe.

[o]

Die hier gezeigte Lösung terminiert die Versandaktivitäten in Übereinstimmung mit den oben gezeigten Screenshots (siehe Abbildung 2.61 bis Abbildung 2.63). Das Auftragserfassungsdatum entspreche dem Bestelldatum 15.07.2019. Das eingegebene Wunschlieferdatum sei demgemäß einen Monat später am 15.08.2019. Daraus ergibt sich die in Tabelle 2.11 gezeigte Ausgabe der Rückwärtsterminierung.

Rückwärtsterminierung	
Lieferdatum$_R$:= Wunschlieferdatum	15.08.2019
– Transitdauer	2 Tage
= Warenausgangsdatum$_R$	13.08.2019
– Ladezeit	1 Tag
= Ladedatum$_R$	12.08.2019
Ladedatum$_R$	12.08.2019
– TD-Vorlaufzeit	5 Tage
= Transportdispodatum$_R$	07.08.2019
Ladedatum$_R$	12.08.2019
– Richtzeit	3 Tage
= Materialbereitstellungsdatum$_R$	09.08.2019

Tabelle 2.11 Ergebnis der Rückwärtsterminierung

Die Auftragsmengen beider Materialien sind am Materialbereitstellungsdatum$_R$ vollständig verfügbar. Zudem liegt das Transportdispodatum$_R$ relativ zum Auftragserfassungsdatum in der Zukunft. Insofern existieren keine Konflikte, und es ist keine Vorwärtsterminierung notwendig. Die in Tabelle 2.11 berechneten Termine sind also endgültig und stellen bereits die Ausgabe der Versandterminierung dar. Das Ergebnis entspricht auch den Werten im SAP-System.

2.6.6 Integration mit dem Finanzwesen

Im Laufe der von Ihnen bearbeiteten UCC-Fallstudie haben Sie eine Reihe von Prozessschritten mit buchhalterischen Auswirkungen ausgeführt. Hierzu gehören das Buchen des Warenausgangs (in Schritt 12 der UCC-Fallstudie), das Anlegen der Kundenrechnung (Schritt 14) und das Buchen des Zahlungseingangs (Schritt 16). Die Integration des Vertriebs (SD) mit dem Finanzwesen (FI) hat dabei bewirkt, dass Sie sich bei Ihrer Arbeit auf das Wesentliche konzentrieren konnten, wie z. B. das Erfassen des Warenausgangs als eine physikalische Materialbewegung oder das Schreiben der Kundenrechnung. Das SAP-System hat dabei jedoch automatisiert im Hintergrund eine Reihe von Buchungen auf den betroffenen Sach- und Erfolgskonten ausgeführt.

Übung: Buchungen im Finanzwesen analysieren

Identifizieren Sie nun diese Konten, und analysieren Sie die durchgeführten Buchungen. Öffnen Sie hierzu nochmals den Belegfluss zu Ihrem Kundenauftrag aus der UCC-Fallstudie (siehe Abbildung 2.56). Die hierfür benötigten Schritte sind in Abschnitt 2.6.2 beschrieben.

Untersuchen Sie zunächst den Warenausgangsbeleg. Hierzu markieren Sie die Zeile **WL Warenauslieferung** und klicken auf **Beleg anzeigen**. Dadurch wird Ihnen zunächst der Warenausgangsbeleg angezeigt (siehe Abbildung 2.64), der einen Materialbeleg darstellt. Sie erkennen, dass beim Warenausgang fünf Deluxe Touring Bikes (schwarz) und zwei Profi Touringbikes (schwarz) bewegt wurden, die aus dem Lagerort Fertigerzeugnisse im Werk Miami entnommen wurden.

Klicken Sie auf **RW-Belege...** und im anschließenden Pop-up-Fenster doppelt auf die Nummer des Buchhaltungsbelegs. Daraufhin wird Ihnen der Buchhaltungsbeleg anzeigt, der dem obigen Materialbeleg eindeutig über eine Referenz zugeordnet ist (siehe Abbildung 2.65).

Abbildung 2.64 Materialbeleg zum Warenausgang

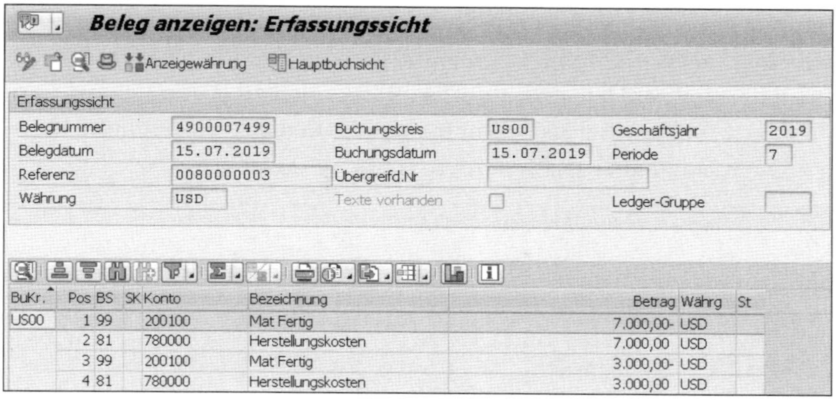

Abbildung 2.65 Buchhaltungsbeleg zum Warenausgang

Sie erkennen die verwendeten Konten Materialbestand Fertigerzeugnisse (Kontonummer 200100) und Herstellungskosten (Kontonummer 780000). Habenseitig belastete Konten erkennen Sie am Minussymbol, das hinter dem Buchungsbetrag ausgegeben wird. Buchungen auf der Sollseite werden ohne Vorzeichensymbol dargestellt.

Fakturabeleg analysieren

Kehren Sie nun zum Belegfluss zurück (siehe Abbildung 2.56), markieren Sie die Zeile **Rechnung**, und klicken Sie wieder auf **Beleg anzeigen**. Daraufhin wird Ihnen der Fakturabeleg Ihrer Kundenrechnung angezeigt (siehe Abbildung 2.66). In der Ausgabe erscheinen die Rechnungspositionen mit den zugehörigen Nettopreisen und auch die gesamte Nettorechnungssumme.

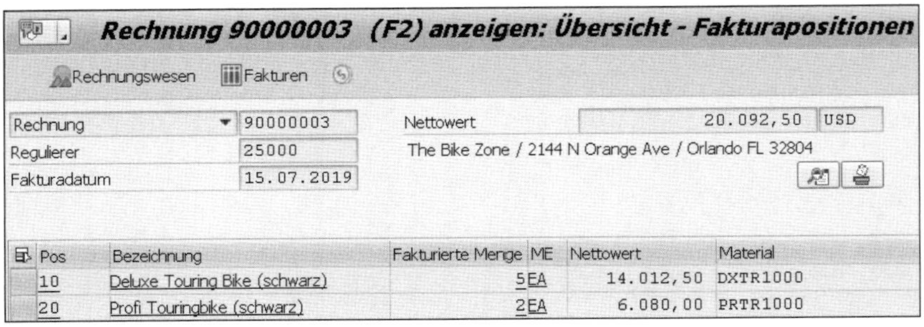

Abbildung 2.66 Fakturabeleg zur Kundenrechnung

Zugehörigen Buchhaltungsbeleg analysieren

Klicken Sie nun auf den Button Rechnungswesen und wählen Sie erneut Ihren Buchhaltungsbeleg (siehe Abbildung 2.67). Sie erkennen die verwendeten Hauptbuchkonten Verkaufserlöse (Kontonummer 600000) und Erlösschmälerungen (Kontonummer 610000). Über das Konto Erlösschmälerungen wurden auf Belegposition 3 der Materialrabatt (Konditionsart K004) für das Deluxe Touring Bike (schwarz) und auf den Belegpositionen 4 und 6 der 5%ige Pauschalrabatt (Konditionsrabatt RA00) verbucht.

Abbildung 2.67 Buchhaltungsbeleg zur Kundenrechnung in der Erfassungssicht

Erfassungssicht

In der sogenannten **Erfassungssicht** dieses Belegs sehen Sie zudem, dass die entstandenen Forderungen auf einem Konto The Bike Zone verbucht wurden. Dieses Konto ist dem *Debitorenbuch* zugehörig, das ein Nebenbuch in der Buchführung von Global Bike darstellt. Jeder Kunde besitzt ein Konto in diesem Debitorenbuch, wobei die Kontobezeichnung stets dem Namen des Kunden und die Kontonummer stets der Kundennummer entspricht.

Hauptbuchsicht

Klicken Sie nun auf den Button Hauptbuchsicht. Es erscheint der gleiche Beleg nochmals (siehe Abbildung 2.68), jedoch werden in dieser Sicht ausschließlich Hauptbuchkonten aufgelistet. Den wesentlichen Unterschied erkennen Sie in der Belegposition 1: Die Forderungen gegenüber dem Kunden The Bike Zone wurden auch auf dem Konto Forderungen aus Lieferungen und Leistungen (Kontonummer 110000) gebucht.

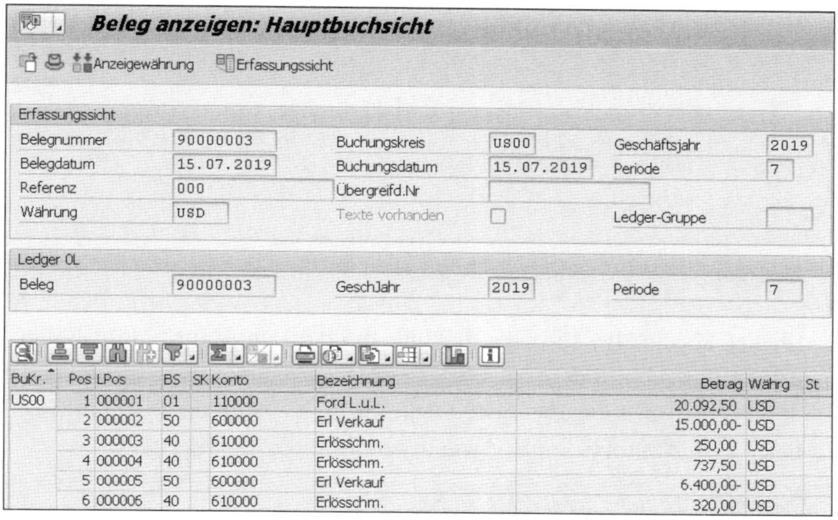

Abbildung 2.68 Buchhaltungsbeleg zur Kundenrechnung in der Hauptbuchsicht

Dieses Konto haben Sie beim Anlegen Ihres Kunden (in Schritt 1 der UCC-Fallstudie) als Abstimmkonto in den Buchungskreisdaten eingetragen. Jede Buchung auf dem Kundenkonto The Bike Zone im Debitorenbuch bewirkt somit automatisiert eine parallele Buchung auf dem Konto Forderungen aus Lieferungen und Leistungen im Hauptbuch.

Buchhaltungsbeleg zum Zahlungseingang anzeigen

Untersuchen Sie nun den Zahlungseingang, indem Sie sich die Buchungen auf dem Kundenkonto von The Bike Zone anzeigen lassen:

1. Hierzu folgen Sie dem Menüpfad **Rechnungswesen • Finanzwesen Debitoren • Konto • Salden anzeigen** (Transaktion FD10N).
2. Auf dem Einstiegsbild tragen Sie die Nummer Ihres Kunden The Bike Zone als Debitor ein, US00 als Buchungskreis und das aktuelle Jahr als Geschäftsjahr.
3. Klicken Sie den Button (**Ausführen**). Es erscheint eine monatsweise Auflistung der Salden des Kundenkontos von The Bike Zone.
4. Klicken Sie in der Spalte **Periode** doppelt auf die Nummer des Monats, in dem das Konto auf der Habenseite mit der Rechnungssumme von 20.092,50 US$ belastet wurde. Es erscheint eine Auflistung der Einzelposten des Kundenkontos im gewählten Monat (siehe Abbildung 2.69).

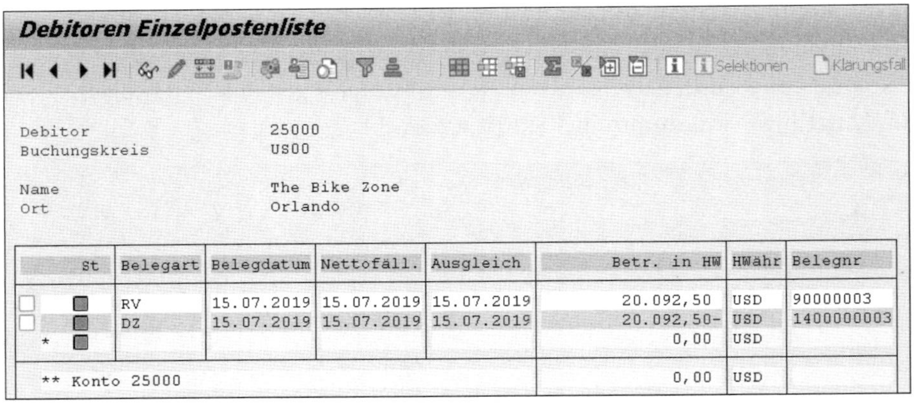

Abbildung 2.69 Einzelpostenliste des Kunden The Bike Zone

5. Klicken Sie die Checkbox vor der Zeile mit der Debitorenzahlung (**Belegart** DZ), danach auf den Button (**Beleg anzeigen**) und schließlich auf den Button (**Belegübersicht aufrufen**). Es erscheint der Buchhaltungsbeleg zum Zahlungseingang, wie in Abbildung 2.70 dargestellt.

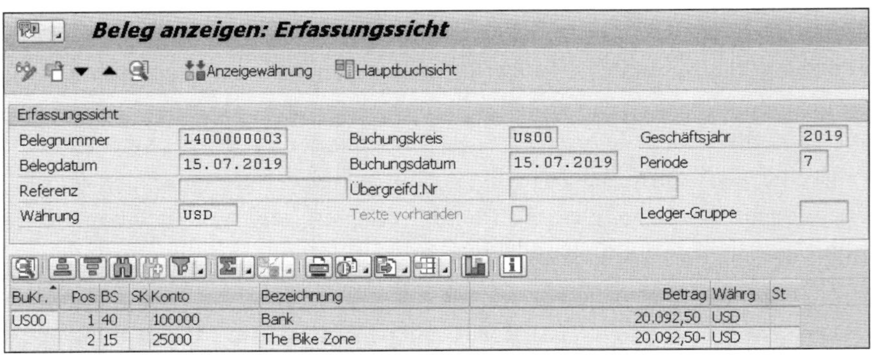

Abbildung 2.70 Buchhaltungsbeleg zum Zahlungseingang Erfassungssicht

Buchhaltungsbeleg analysieren

Erwartungsgemäß wurde der Zahlungseingang auf dem Bankkonto (Kontonummer 100000) sollseitig erfasst. In dieser Darstellung der Erfassungssicht ist zu erkennen, dass die Gegenbuchung auf dem Kundenkonto The Bike Zone (Kontonummer 25000) stattfand, das damit ausgeglichen wurde. Natürlich wurde auch hier wieder parallel im Konto Forderungen aus Lieferungen und Leistungen (Kontonummer 110000), dem Abstimmkonto des Kunden, gebucht (siehe Abbildung 2.71).

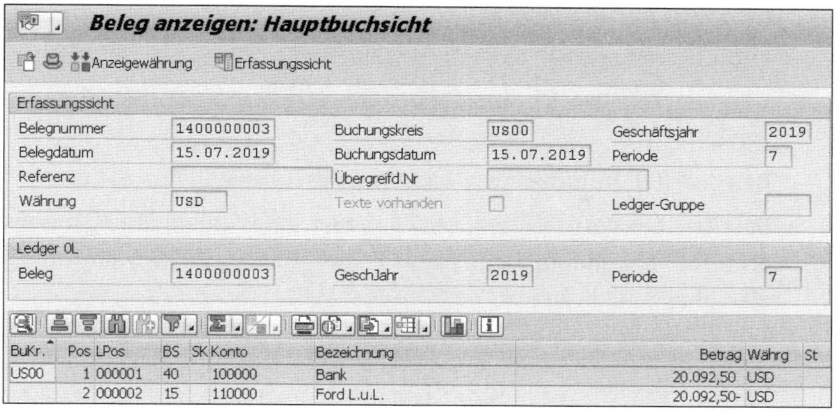

Abbildung 2.71 Buchhaltungsbeleg zum Zahlungseingang in der Hauptbuchsicht

Nutzung von Transaktion FB03 (Beleg anzeigen)

Die in den obigen Abbildungen dargestellten Buchhaltungsbelege werden jeweils durch die Transaktion FB03 (Beleg anzeigen) ausgegeben. Im Verlauf der Übung haben Sie diese Transaktion immer indirekt per Einstieg über den Belegfluss oder über die Saldenanzeige im Debitorenbuch aufgerufen. Sofern Ihnen die Nummer des Buchhaltungsbelegs bereits bekannt ist, können Sie diese Transaktion natürlich auch direkt aufrufen. Sie finden die Transaktion unter **Rechnungswesen • Finanzwesen • Hauptbuch • Beleg • Anzeigen**.

Übung: Buchhaltungssätze darstellen

Untersuchen Sie die in der vorherigen Übung ausgegebenen Buchhaltungsbelege nun genauer. Gehen Sie dabei wie folgt vor:

1. Notieren Sie alle zugehörigen Buchungssätze. Verwenden Sie dabei die in Tabelle 2.12 dargestellte Vorlage.

Lfd. Nr.	Vorgang	Belegnr. (FI)	Bel.-Art	S/H	Konto (HB)	Konto (NB)	Betrag (USD)

Tabelle 2.12 Vorlage für die Darstellung der Buchungssätze im Beispiel

Dabei bedeuten die Spalten:

- **Lfd. Nr.**: laufende Nummer für den Buchungssatz
- **Vorgang**: Kurzbezeichnung für den Geschäftsvorgang, z. B. Warenausgang
- **Belegnr. (FI)**: Nummer des Rechnungswesenbelegs
- **Bel.-Art**: Belegart (Kürzel). Die Belegart eines Buchhaltungsbelegs ermitteln Sie, indem Sie im Fenster **Beleg anzeigen** den Button (**Belegkopf**) anklicken.
- **S/H**: Belastete Kontoseite. Tragen Sie ein »S« für Soll und ein »H« für Haben ein.
- **Konto (HB)**: Kontonummer des Hauptbuchkontos
- **Konto (NB)**: Kontonummer des Nebenbuchkontos
- **Betrag (USD)**: Buchungsbetrag in US-Dollar

2. Übertragen Sie die in Schritt 1 generierten Buchungssätze in eine T-Konten-Darstellung. Notieren Sie für jede Buchungsposition die laufende Nummer und den Buchungsbetrag. Heben Sie anschließend Ihr ausgefülltes T-Konten-Blatt auf. Dieses können Sie in einer aufbauenden Übung zu Praxisfall SD1 in Abschnitt 2.7.5 weiterverwenden.

Die in dieser Lösung gezeigten Belegnummern und die Nummer des Kundenkontos basieren auf den Abbildungen in der vorherigen Übung. Die Nummern Ihrer eigenen Lösung stammen aus der von Ihnen durchgeführten UCC-Fallstudie und werden sehr wahrscheinlich abweichen.

1. Die Buchungssätze zeigt Tabelle 2.13.

Lfd.Nr.	Vorgang	Belegnr. (FI)	Bel.-Art	S/H	Konto (HB)	Konto (NB)	Betrag (USD)
1	Waren-ausgang buchen	4900007499	WL	S	780000		7.000,00
				S	780000		3.000,00
				H	200100		7.000,00
				H	200100		3.000,00
2	Kunden-rechnung fakturieren	90000003	RV	S	110000	25000	20.092,50
				S	610000		250,00
				S	610000		737,50

Tabelle 2.13 Buchungssätze

Lfd.Nr.	Vorgang	Belegnr. (FI)	Bel.-Art	S/H	Konto (HB)	Konto (NB)	Betrag (USD)
				S	610000		320,00
				H	600000		15.000,00
				H	600000		6.400,00
3	Zahlungs-eingang buchen	1400000003	DZ	S	100000		20.092,50
				H	110000	25000	20.092,50

Tabelle 2.13 Buchungssätze (Forts.)

2. Die zugehörige Darstellung in T-Konten zeigt Abbildung 2.72.

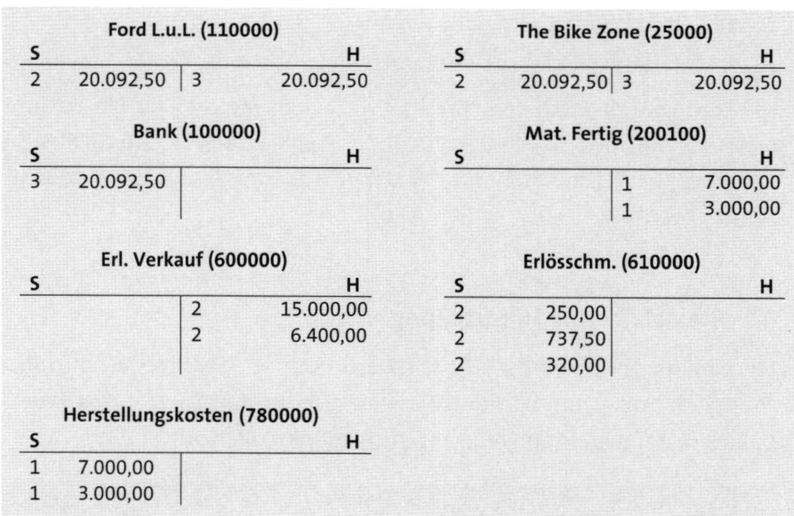

Abbildung 2.72 Buchungen in T-Konten-Darstellung

2.7 Praxisfall SD1: Retourenabwicklung

Der folgende Praxisfall baut auf der UCC-Fallstudie (Vertrieb SD) zur Kundenauftragsabwicklung auf (siehe Abschnitt 2.6). Bearbeiten Sie die UCC-Fallstudie vollständig, bevor Sie mit der Bearbeitung des Praxisfalls beginnen. Der Praxisfall vertieft die Grundlagen zum Retourenprozess, der in Abschnitt 2.5.9 vorgestellt wurde.

2.7.1 Einführung

Anwendungsszenario

Folgende Geschehnisse lösen den Retourenprozess im Praxisfall aus: Ihr Kunde The Bike Zone ist mit einem Teil der Ware, die Sie in der UCC-Fallstudie verkauft haben, nicht zufrieden und möchte diese zurückgeben. Es handelt sich um 2 Stück Deluxe Touring Bike (schwarz). Der Kunde schickt Ihnen die beiden Fahrräder zurück. Sie erfassen nun für Global Bike Inc. (GBI) einen Retourenauftrag, verbuchen den Wareneingang und überprüfen die Ware. Sie verbuchen eine Retourengutschrift und zahlen diese schließlich aus.

[!]

Übersicht der Schritte

Wie in der Einleitung im Abschnitt »Konzept der Praxisfälle« vorgestellt, stehen Ihnen drei Stufen zur Bearbeitung dieses Praxisfalls zur Verfügung:

1. ohne Hilfestellung (beschrieben in Abschnitt 2.7.2)
2. mit Hilfestellung (beschrieben in Abschnitt 2.7.3)
3. mit anleitender Fallstudie (beschrieben in Abschnitt 2.7.4)

Der Lösungsweg durch den Praxisfall wird in insgesamt acht Blöcken und in der Variante mit Hilfestellung in 11 Schritten dargestellt. Entscheiden Sie sich nun, auf welcher Stufe Sie mit der Bearbeitung dieses Praxisfalls einsteigen möchten.

2.7.2 Praxisfall ohne Hilfestellung

Setzen Sie die in Abschnitt 2.7.1 skizzierte Szenariobeschreibung in Ihrem SAP-System um, und wickeln Sie den Retourenprozess gemäß der in Tabelle 2.14 dargestellten Folge von Aufgabenblöcken ab.

Block	Aufgabenbeschreibung
A	Legen Sie einen Retourenauftrag mit Bezug zu Ihrem Kundenauftrag aus der UCC-Fallstudie an. Verwenden Sie dazu folgende Angaben: ▪ **Positionsdaten**: 2 Stück Ihres Fahrrads Deluxe Touring Bike (schwarz) für die ID ### ▪ **Auftragsgrund**: schlechte Qualität ▪ **Fakturasperre**: Gutschrift prüfen
B	Legen Sie die Retourenanlieferung zum Retourenauftrag aus Block A an.
C	Buchen Sie den Wareneingang zur Anlieferung aus Block B.
D	Entfernen Sie die Fakturasperre aus dem Retourenauftrag, den Sie in Block A angelegt haben.

Tabelle 2.14 Aufgabenbeschreibung zum Praxisfall ohne Hilfestellung

Block	Aufgabenbeschreibung
E	Legen Sie die Retourengutschrift zu Ihrem Retourenauftrag aus Block A an. Beachten Sie hierbei: ■ Die eingegangene Ware ist einwandfrei. ■ Lassen Sie den erstatteten Preis und die Konditionen unverändert.
F	Geben Sie die Retourengutschrift für die Buchhaltung frei.
G	Buchen Sie den Zahlungsausgang an Ihren Kunden The Bike Zone über das Debitorenbuch unter Verwendung der folgenden Daten: ■ **Belegart**: Debitorengutschrift ■ **Konto**: Bankkonto
H	Die angelieferten Fahrräder befinden sich noch im Retourensperrbestand. Erfassen Sie eine Umbuchung, damit die Fahrräder wieder frei verwendbar werden. Dabei berücksichtigen Sie folgende Angaben: ■ **Bewegungsart**: Umbuchung Eigen auf Retoure vom Kunden ■ **Werk**: DC Miami ■ **Lagerort**: Fertigerzeugnisse ■ **Kunde**: The Bike Zone aus Ihrer UCC-Fallstudie

Tabelle 2.14 Aufgabenbeschreibung zum Praxisfall ohne Hilfestellung (Forts.)

[!]

Umgang mit Fehlern

Überprüfen Sie nach durchgeführten Warenbewegungen, wie sich der Bestand der Fahrräder Deluxe Touring Bike (schwarz) im Werk DC Miami entwickelt. Ebenso sollten Sie regelmäßig den erfolgreichen Fortschritt Ihrer Buchungen kontrollieren, indem Sie sich den Belegfluss zu Ihrem Kundenauftrag aus der UCC-Fallstudie anzeigen lassen. Sollten Sie falsche Eingaben getätigt haben, versuchen Sie zunächst, die Fehler durch passende Änderungstransaktionen, z. B. Transaktion VA02 (Kundenauftrag ändern) oder Transaktion VL02N (Auslieferung ändern) zu korrigieren. Sollte es erforderlich sein, abgeschlossene Buchungen rückgängig zu machen, suchen Sie nach zugehörigen Stornotransaktionen, oder schlagen Sie diese in Abschnitt 2.8.3 nach.

2.7.3 Praxisfall mit Hilfestellung

Setzen Sie die in Abschnitt 2.7.1 skizzierte Szenariobeschreibung in Ihrem SAP-System um, und wickeln Sie den Retourenprozess gemäß der im Folgenden dargestellten Schrittfolge ab.

[!]

Stornieren von Buchungen

Sollte es erforderlich sein, abgeschlossene Buchungen rückgängig zu machen, erhalten Sie in der Aufgabenbeschreibung des jeweiligen Schritts einen Hinweis auf die zugehörige Stornotransaktion. Falls erforderlich, schlagen Sie in Abschnitt 2.8.3 nach, wie die genannte Stornotransaktion verwendet wird.

Block A

Legen Sie einen Retourenauftrag mit Bezug zu Ihrem Kundenauftrag aus der UCC-Fallstudie an. Verwenden Sie dazu folgende Angaben:

- **Positionsdaten**: 2 Stück Ihres Fahrrads Deluxe Touring Bike (schwarz) für die ID ###
- **Auftragsgrund**: schlechte Qualität
- **Fakturasperre**: Gutschrift prüfen

Schritt 1: Retourenauftrag anlegen

Retourenauftrag anlegen

Legen Sie den Retourenauftrag wie folgt an:

1. Folgen Sie dem Menüpfad **Logistik • Vertrieb • Verkauf • Auftrag • Anlegen** (Transaktion VA01).
2. Legen Sie den Kundenauftrag mit der **Auftragsart** Retoure an, und klicken Sie auf den Button **Anlegen mit Bezug**. Anschließend tragen Sie folgende Eingaben ein:
   - **Auftrag**: Nummer Ihres Kundenauftrags aus der UCC-Fallstudie
   - **Bestellnummer**: ###-Retoure
   - **Bestelldatum**: aktuelles Tagesdatum
   - **Fakturasperre**: Gutschrift prüfen
   - **Auftragsgrund**: schlechte Qualität
   - **Position 10**: 2 Stück Ihres Fahrrads Deluxe Touring Bike (schwarz) für die ID ###
   - **Position 20**: löschen

Sollten Ihnen direkt nach dem Anlegen des Retourenauftrags falsche oder fehlende Einträge auffallen, nutzen Sie die Transaktion VA02, um den Retourenauftrag zu editieren. Mit fortschreitender Bearbeitung des Praxisfalls werden die Editiermöglichkeiten durch das SAP-System jedoch eingeschränkt.

Schritt 2: Bestand anzeigen

Lassen Sie den Lagerortbestand des Deluxe Touring Bike (schwarz) im Werk DC Miami anzeigen.

Bestand anzeigen

1. Folgen Sie dem Menüpfad **Logistik • Materialwirtschaft • Bestandsführung • Umfeld • Bestand • Bestandsübersicht** (Transaktion MMBE).
2. Prüfen Sie den Bestand der Fahrräder Deluxe Touring Bike (schwarz) im Werk DC Miami durch folgende Eingaben:
   - **Material**: Ihr Fahrrad Deluxe Touring Bike (schwarz) für die ID ###
   - **Werk**: DC Miami
3. Betrachten Sie die Bestandsübersicht im Werk DC Miami in der Detailanzeige. Merken Sie sich insbesondere die Höhe des frei verwendbaren Bestands und des Retourenbestands.

Block B

Legen Sie die Retourenanlieferung zum Retourenauftrag aus Block A an.

Schritt 3: Anlieferung anlegen

Legen Sie die Retourenanlieferung an. Gehen Sie dabei vor wie beim Anlegen einer Auslieferung zu einem Kundenauftrag.

Anlieferung anlegen

1. Folgen Sie dem Menüpfad **Logistik • Vertrieb • Versand und Transport • Auslieferung • Anlegen • Einzelbeleg • mit Bezug auf Kundenauftrag** (Transaktion VL01N).
2. Legen Sie die Anlieferung mit folgenden Eingaben an:
   - **Versandstelle**: VS Miami
   - **Selektionsdatum**: aktuelles Tagesdatum
   - **Auftrag**: Nummer Ihres Retourenauftrags aus Block A

Block C

Buchen Sie den Wareneingang zur Anlieferung aus Block B.

Schritt 4: Wareneingang buchen

Buchen Sie den Wareneingang zur Retourenanlieferung auf vergleichbare Weise wie den Warenausgang zur Auslieferung.

Wareneingang buchen

1. Folgen Sie dem Menüpfad **Logistik • Vertrieb • Versand und Transport • Auslieferung • Ändern • Einzelbeleg** (Transaktion VL02N).
2. Ändern Sie Ihre Anlieferung durch folgende Eingaben:
   - **Auslieferung**: Nummer der Anlieferung aus Block B
   - **Kommissionierung Lagerort**: Fertigerzeugnisse
3. Klicken Sie anschließend auf den Button **Wareneingang buchen**.

Falls erforderlich, stornieren Sie einen falsch gebuchten Wareneingang mit der Transaktion VL09.

Schritt 5: Bestand anzeigen

Bestand anzeigen

Lassen Sie sich den Bestand im Werk DC Miami anzeigen, wie in Schritt 2 beschrieben. Beobachten Sie insbesondere die Höhe des frei verwendbaren Bestands und des Retourenbestands.

Block D

Entfernen Sie die Fakturasperre aus dem Retourenauftrag, den Sie in Block A angelegt haben.

Schritt 6: Fakturasperre entfernen

Fakturasperre entfernen

Um die Fakturasperre zu entfernen, müssen Sie den Retourenauftrag ändern:

1. Folgen Sie dem Menüpfad **Logistik • Vertrieb • Verkauf • Auftrag • Ändern** (Transaktion VA02).
2. Ändern Sie Ihren Retourenauftrag mit den folgenden Eingaben:
   - **Auftrag**: Nummer Ihres Retourenauftrags aus Block A
   - **Fakturasperre**: leere Zeile

Block E

Legen Sie die Retourengutschrift zu Ihrem Retourenauftrag aus Block A an. Beachten Sie hierbei:

- Die eingegangene Ware ist einwandfrei.
- Lassen Sie den erstatteten Preis und die Konditionen unverändert.

Schritt 7: Faktura anlegen

Faktura anlegen

Die Fakturierung der Retourengutschrift ist vergleichbar mit dem Anlegen einer Kundenrechnung.

1. Folgen Sie dem Menüpfad **Logistik • Vertrieb • Fakturierung • Faktura • Anlegen** (Transaktion VF01).
2. Legen Sie die Faktura an. Verwenden Sie hierzu im Feld **Beleg** die Nummer Ihres Retourenauftrags aus Block A.

Falls erforderlich, stornieren Sie eine falsch gebuchte Retourengutschrift mit der Transaktion VF11.

Block F

Geben Sie die Retourengutschrift für die Buchhaltung frei.

Schritt 8: Faktura ändern

Faktura ändern

Um die Retourengutschrift für die Buchhaltung freizugeben, müssen Sie die Faktura ändern:

1. Folgen Sie dem Menüpfad **Logistik • Vertrieb • Fakturierung • Faktura • Ändern** (Transaktion VF02).
2. Geben Sie im Feld **Faktura** die Nummer Ihrer Retourengutschrift aus Block E ein.
3. Ändern Sie die Faktura, indem Sie im Menü **Faktura • Freigabe Buchhaltung** wählen.

Block G

Buchen Sie den Zahlungsausgang an Ihren Kunden The Bike Zone über das Debitorenbuch.

Schritt 9: Zahlungsausgang buchen

Zahlungsausgang buchen

Zahlen Sie die Debitorengutschrift aus.

1. Folgen Sie dem Menüpfad **Rechnungswesen • Finanzwesen • Debitoren • Buchung • Sonstige • Zahlungsausgang** (Transaktion F-31).
2. Buchen Sie den Zahlungsausgang mit folgenden Eingaben:
   - **Belegdatum**: aktuelles Tagesdatum
   - **Belegart**: Debitorengutschrift
   - **Buchungskreis**: Global Bike Inc.
   - **Währung**: US-amerikanische Dollar
   - **Bankdaten Konto**: Bankkonto
   - **Betrag**: 5.605,00
   - Im Bereich **Auswahl der offenen Posten** im Feld **Konto**: Nummer Ihres Kunden The Bike Zone aus der UCC-Fallstudie

Falls erforderlich, stornieren Sie einen falsch gebuchten Zahlungsausgang mit der Transaktion FBRA.

Block H

Die angelieferten Fahrräder befinden sich noch im Retourensperrbestand. Erfassen Sie eine Umbuchung, damit die Fahrräder wieder frei verwendbar werden.

Schritt 10: Umbuchung erfassen

Umbuchung erfassen

Sie geben die angelieferten Fahrräder frei, indem Sie deren Bestandsart umbuchen.

1. Folgen Sie dem Menüpfad **Logistik • Materialwirtschaft • Bestandsführung • Warenbewegung • Umbuchung** (Transaktion MB1B).
2. Erfassen Sie die Umbuchung durch folgende Eingaben:
   - **Belegdatum**: aktuelles Tagesdatum
   - **Buchungsdatum**: aktuelles Tagesdatum
   - **Bewegungsart**: Umbuchung Eigen auf Retoure vom Kunden
   - **Werk**: DC Miami
   - **Lagerort**: Fertigerzeugnisse
   - **Kunde**: Nummer Ihres Kunden The Bike Zone aus der UCC-Fallstudie
   - **Abg. LOrt**: Fertigerzeugnisse
   - **Material**: Ihr Fahrrad Deluxe Touring Bike (schwarz) für die ID ###
   - **Menge**: 2

Falls erforderlich, stornieren Sie eine fehlerhafte Umbuchung mit der Transaktion MBST.

Schritt 11: Bestand anzeigen

Bestand anzeigen

Lassen Sie sich den Bestand im Werk DC Miami anzeigen, wie in Schritt 2 beschrieben. Beobachten Sie insbesondere die Höhe des frei verwendbaren Bestands und des Retourenbestands.

2.7.4 Praxisfall mit anleitender Fallstudie

Setzen Sie das in Abschnitt 2.7.1 skizzierte Anwendungsszenario in Ihrem SAP-System gemäß der Fallstudie zum Praxisfall SD1 um. Sie erhalten diese im Downloadbereich zum Buch unter *http://www.sap-press.de/4640*, **Materialien zum Buch**.

2.7.5 Integration mit dem Finanzwesen

Prozessschritte mit buchhalterischer Auswirkung

Während der Retourenabwicklung haben Sie eine Reihe von Prozessschritten mit buchhalterischen Auswirkungen ausgeführt. Hierzu gehören:

- das Anlegen der Retourengutschrift in Block E
- das Auszahlen der Retourengutschrift in Block G

- die Umbuchung aus dem Retourensperrbestand in den frei verwendbaren Bestand in Block H

Vergleichbar zur Kundenauftragsabwicklung in Abschnitt 2.6.6 hat die Integration des Vertriebs (SD) mit dem Finanzwesen (FI) wieder eine Folge automatisierter und weitestgehend unbemerkt im Hintergrund ablaufender Buchungen auf den erforderlichen Sach- und Erfolgskonten bewirkt.

Übung: Buchungssätze analysieren

Untersuchen Sie die Buchungsbelege zu allen von Ihnen durchgeführten buchungsrelevanten Transaktionen aus Praxisfall SD1. Gehen Sie dabei analog zur einführenden Übung in Abschnitt 2.6.6 vor.

Sie können nach dem Materialbeleg zu Ihrer Umbuchung (Block H) mit der Transaktion MB03 suchen. Sie finden diese auch im Menüpfad unter **Logistik • Materialwirtschaft • Bestandsführung Materialbeleg • Anzeigen**. Lassen Sie sich den Materialbeleg ausgeben, und klicken Sie anschließend auf **RW-Belege...**, um den zugehörigen Buchhaltungsbeleg zu untersuchen:

1. Notieren Sie dabei alle zugehörigen Buchungssätze. Verwenden Sie hierfür wieder die Vorlage aus der Übung in Abschnitt 2.6.6. Setzen Sie dabei die laufende Nummerierung fort.
2. Verwenden Sie Ihr bereits ausgefülltes T-Konten-Blatt aus der »Übung: Buchhaltungssätze darstellen« in Abschnitt 2.6.6 als Grundlage, und ergänzen Sie die in der Retourenabwicklung generierten Buchungen. Notieren Sie wieder für jede Buchungsposition die laufende Nummer und den Buchungsbetrag. Heben Sie anschließend Ihr ausgefülltes T-Konten-Blatt auf. Dieses werden Sie in einer aufbauenden Übung zu Praxisfall SD2 in Abschnitt 2.8.5 weiterverwenden.
3. Deuten Sie die durchgeführten Buchungen.

Die in dieser Lösung gezeigten Belegnummern und die Nummer des Kundenkontos basieren auf den Buchungen, die für die Erstellung der begleitenden Fallstudie (siehe erneut den Downloadbereich zum Buch *http://www.sap-press.de/4640*, **Materialien zum Buch**) zu Praxisfall SD1 ausgeführt wurden. Ihre eigenen Belegnummern werden vom System neu vergeben und weichen daher von der Musterlösung sehr wahrscheinlich ab. Eine Übersicht der durchgeführten Buchungen zeigt Tabelle 2.15.

Lfd. Nr.	Vorgang	Belegnr. (FI)	Bel.-Art	S/H	Konto (HB)	Konto (NB)	Betrag (USD)
4	Retouren-gutschrift fakturieren	90000004	RV	S	600000		6.000,00
				H	110000	25000	5.605,00
				H	610000		100,00
				H	610000		295,00
5	Retouren-gutschrift auszahlen	1600000000	DG	S	110000	25000	5.605,00
				H	100000		5.605,00
6	Retouren-bestand umbuchen	4900007511	WA	S	200100		2.800,00
				H	780000		2.800,00

Tabelle 2.15 Buchungssätze

Darstellung in T-Konten

Die zugehörige Darstellung in T-Konten zeigt Abbildung 2.73.

Ford L.u.L. (110000)

S			H
2	20.092,50	3	20.092,50
5	5.605,00	4	5.605,00

The Bike Zone (25000)

S			H
2	20.092,50	3	20.092,50
5	5.605,00	4	5.605,00

Bank (100000)

S			H
3	20.092,50	5	5.605,00

Mat. Fertig (200100)

S			H
6	2.800,00	1	7.000,00
		1	3.000,00

Erl. Verkauf (600000)

S			H
4	6.000,00	2	15.000,00
		2	6.400,00

Erlösschm. (610000)

S			H
2	250,00	4	100,00
2	737,50	4	295,00
2	320,00		

Herstellungskosten (780000)

S			H
1	7.000,00	6	2.800,00
1	3.000,00		

Abbildung 2.73 Buchungen in T-Konten-Darstellung

Deutung der Buchungen

Der Kundenauftrag wurde ohne Betrachtung von Steuern durchgeführt. Insofern entsprechen auch bei der Retourenabwicklung alle Nettowerte den Bruttowerten. Mit dem Fakturieren der Retourengutschrift (lfd. Nr. 4) hatten Sie die Forderungen gegenüber Ihrem Kunden The Bike Zone sowohl im Debitorenbuch als auch im zugeordneten Abstimmkonto (Forderungen aus Lieferung und Leistungen im Hauptbuch) um den Nettowert von zwei verkauften Deluxe Touring Bikes (schwarz) korrigiert. Ebenso hatten Sie die gewährten Rabatte auf der Habenseite zurückgebucht: Den Materialrabatt für zwei Fahrräder (je 50,00 US$) und den anteiligen Pauschalrabatt über 295,00 US$. Bei der Auszahlung der Retourengutschrift (lfd. Nr. 5) wird das Bankkonto mit dem Wert der Gutschrift belastet. Die Gegenbuchung erfolgte entsprechend im Debitorenkonto von The Bike Zone und im zugeordneten Abstimmkonto. Mit der Anlieferung der retournierten Fahrräder wurde das Bestandskonto für Fertigerzeugnisse noch nicht sofort aktualisiert, sondern erst mit der durchgeführten Umbuchung aus dem Retourenbestand in den frei verwendbaren Bestand verbuchten Sie einen Bestandszugang und eine Korrektur der Materialkosten (lfd. Nr. 6).

2.8 Praxisfall SD2: Retourenrückabwicklung

Voraussetzungen für die Bearbeitung von Praxisfall SD2 ist, dass Sie Praxisfall SD1 vollständig abgeschlossen haben. Wie beschrieben, können Sie den Praxisfall »Retourenabwicklung« ohne oder mit Hilfestellung sowie mit anleitender Fallstudie durchführen.

2.8.1 Einführung

Anwendungsszenario

Folgende Geschehnisse sind der Grund, warum eine Reihe von Korrekturmaßnahmen notwendig sind: Sie erfahren, dass Ihnen beim Anlegen des Retourenauftrags für den Debitor The Bike Zone die falsche Materialposition genannt wurde. Entsprechend wurde der Retourenauftrag fälschlicherweise für die Position Deluxe Touring Bike (schwarz) angelegt und der gesamte nachfolgende Retourenprozess bis einschließlich der Gutschriftauszahlung darauf aufbauend falsch abgewickelt. Der Retourenauftrag hätte korrekt über 2 Stück Profi Touringbike (schwarz) lauten müssen.

Nach erfolgreichem Abschluss des Praxisfalls SD2 sind Sie als Benutzer wieder dort, wo Sie in Praxisfall SD1 angefangen hatten und könnten nun im Prinzip starten, die richtigen Profi Touring Bikes zu retournieren.

[!]

Übersicht der Schritte

Wie in der Einleitung im Abschnitt »Konzept der Praxisfälle« vorgestellt, stehen Ihnen wieder drei Stufen zur Bearbeitung dieses Praxisfalls zur Verfügung:

- ohne Hilfestellung (beschrieben in Abschnitt 2.8.2)
- mit Hilfestellung (beschrieben in Abschnitt 2.8.3)
- mit anleitender Fallstudie (beschrieben in Abschnitt 2.8.4)

Der Lösungsweg durch den Praxisfall wird in insgesamt sechs Blöcken und in der Variante mit Hilfestellung in 16 Schritten dargestellt. Entscheiden Sie sich nun, auf welcher Stufe Sie mit der Bearbeitung dieses Praxisfalls einsteigen möchten.

Übung: Fehlerbehebung über Änderung des Retourenauftrags versuchen

[/] Um den beschriebenen Fehler schnell und einfach zu beheben, können Sie zunächst auch versuchen, die falsche Materialposition im Retourenauftrag zu korrigieren oder alternativ den Retourenauftrag zu löschen. Nutzen Sie hierfür die Transaktion VA02 (Kundenauftrag ändern) im Menüpfad **Logistik • Vertrieb • Verkauf • Auftrag • Ändern**. Öffnen Sie damit Ihren Retourenauftrag aus Praxisfall SD1, und bearbeiten Sie diesen gemäß der Aufgabenstellung. Was stellen Sie dabei fest?

[o] Das SAP-System schränkt den Umfang der erlaubten Änderungsmöglichkeiten am Retourenauftrag stark ein. Bereits beim Öffnen der Transaktion erscheint die Meldung [Bitte Folgebelege beachten]. Es wurde erkannt, dass die Retourenabwicklung bereits mit der Anlieferung und weiteren Prozessschritten fortgesetzt wurde. Folglich können Sie nun das Material und die Auftragsmenge in Materialposition 10 über die retournierten Deluxe Touring Bikes (schwarz) nicht mehr editieren. Das Löschen der Position wird ebenfalls unterbunden – wie sich auch der gesamte Retourenauftrag nicht mehr löschen lässt (Pulldown-Menü **Verkaufsbeleg • Löschen**). Es erscheint die Meldung [Der Beleg kann nicht gelöscht werden]. Der Versuch, den Anlieferungsbeleg entsprechend zu ändern oder zu löschen, würde übrigens mit einer vergleichbaren Fehlermeldung abgelehnt.

Stornierung

Die erzeugten Bewegungsdaten können Sie mit fortschreitender Auftragsbearbeitung nur noch eingeschränkt ändern oder löschen. Insbesondere wurden bei der Bearbeitung von Praxisfall SD1 eine Reihe von Folgebelegen erzeugt (siehe Abbildung 2.74):

- Materialbelege: Wareneingang, Umbuchung (Retourenbestand an frei verwendbaren Bestand)
- Fakturabeleg: Debitorengutschrift

- Buchhaltungsbelege: Umbuchung, Debitorengutschrift, Zahlungsausgang

Das Szenario für Praxisfall SD2 schildert, dass der komplette Retourenprozess für ein falsches Material durchgeführt wurde. Der initiale Fehler ist also bereits sehr früh beim Anlegen des Retourenauftrags entstanden.

Belege der Retourenrückabwicklung

Im jetzigen Bearbeitungsstatus erfordert die Korrektur dieses Fehlers eine vollständige Rückabwicklung des Retourenprozesses von der Rücknahme des Zahlungsausgleichs bis zur Absage im Retourenauftrag (siehe Abbildung 2.74).

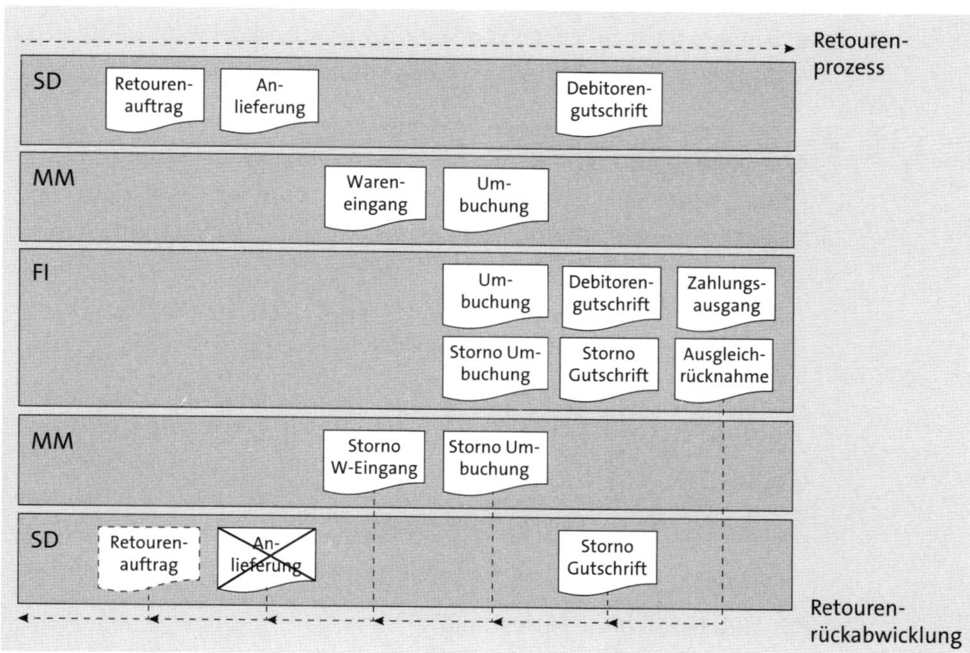

Abbildung 2.74 Übersicht der Belege bei der Retourenrückabwicklung

Stornierungsprozess

Die Retourengutschrift wurde bereits vollständig ausgezahlt. Insofern bestehen zu dem Retourenauftrag keine offenen Posten mehr, und der Zahlungsbeleg erscheint als ausgeziffert. Alle Posten des Retourenauftrags sind somit ausgeglichen. Die Rückabwicklung startet deshalb zunächst mit einer Rücknahme des Ausgleichs. Anschließend werden die oben erwähnten Material-, Faktura- und Buchhaltungsbelege in rückwärtiger Reihenfolge storniert. Hierzu stellt das SAP-System zugehörige Storno-Transaktionen zur Verfügung. Durch die Stornierung von Material- und Fakturabelegen werden die zugehörigen Buchhaltungsbelege ermittelt und ebenfalls storniert. Durch die Stornierung von Materialbelegen werden zugehörige Materialbewegungen rückgängig gemacht. Entsprechend werden Materialien bestandsmäßig korrigiert. Mit der Stornierung von Buchhaltungsbelegen übernimmt SAP ERP den darin enthaltenen Buchungssatz und verbucht ihn nochmals, jedoch mit vertauschten Vorzeichen, das heißt mit vertauschten Soll- und Habenseiten.

Retourenanlieferung löschen

Nachdem alle Folgebelege gelöscht wurden, lässt sich die Retourenanlieferung tatsächlich löschen, wie in Abbildung 2.74 hervorgehoben. Der fehlerhafte Retourenauftrag hingegen lässt sich nicht löschen. Ersatzweise wird die fehlerhafte Retourenposition abgesagt und ein Absagegrund eingetragen.

Es ist zu beachten, dass Storni in der Praxis natürlich nicht nur zur Rückwicklung vollständig abgeschlossener Auftragsprozesse verwendet werden, sondern auch auf Ebene von Teilprozessen zur Korrektur während der Auftragsbearbeitung eingesetzt werden können.

[!]

Konzept der Stornierung

Praxisfall SD2 schildert das Konzept der Stornierung am Beispiel des Retourenprozesses. Alternativ finden sich im SD-Modul natürlich Storno-Transaktionen zu allen unterstützten Prozessen, in denen Belege generiert werden. Storno ist ein wichtiges Konzept, das in der täglichen Arbeit unumgänglich ist und beim eigenständigen Lernen am SAP-System sehr hilfreich ist. Dieses Kapitel vermittelt exemplarisch an Hand des SD-Moduls die Technik des Stornierens im Sinne von »Hilfe zur Selbsthilfe«. Auf vergleichbare Art und Weise lassen sich Belege, die in den weiteren vorgestellten Modulen erzeugt werden, ebenfalls stornieren – wenngleich das Thema in den jeweiligen Kapiteln nicht vertieft wird.

2.8.2 Praxisfall ohne Hilfestellung

Setzen Sie die in Abschnitt 2.8.1 skizzierte Szenariobeschreibung in Ihrem SAP-System um, und führen Sie die Retourenrückabwicklung gemäß der in Tabelle 2.16 dargestellten Folge von Aufgabenblöcken durch.

Block	Aufgabenbeschreibung
I	Stornieren Sie die von Ihnen veranlasste Auszahlung der Retourengutschrift. Gehen Sie dabei zweistufig vor: ■ Nehmen Sie den Ausgleich des Kundenkontos Ihres Kunden The Bike Zone zurück. ■ Stornieren Sie die Auszahlung. Geben Sie dabei **Storno in laufender Periode** im Feld **Stornogrund** ein.

Tabelle 2.16 Beschreibung der Retourenrückabwicklung ohne Hilfestellung

Block	Aufgabenbeschreibung
J	Stornieren Sie die von Ihnen angelegte Retourengutschrift.
K	Stornieren Sie die von Ihnen angelegte Umbuchung, sodass die fälschlich retournierten Fahrräder wieder im Retourenbestand erscheinen.
L	Stornieren Sie den Wareneingang der falsch erfassten Fahrräder.
M	Löschen Sie die Anlieferung der falsch erfassten Fahrräder.
N	Markieren Sie in Ihrem Retourenauftrag die Position der fälschlich erfassten Fahrräder als abgesagt. Geben Sie im Feld **Absagegrund** »unberechtigte Kundenforderung« an.

Tabelle 2.16 Beschreibung der Retourenrückabwicklung ohne Hilfestellung (Forts.)

Prüfen Sie bei der Bearbeitung dieses Praxisfalls regelmäßig, wie sich der Bestand der Fahrräder Deluxe Touring Bike (schwarz) im Werk DC Miami und die Belege im Belegfluss Ihres Kundenauftrags entwickeln.

2.8.3 Praxisfall mit Hilfestellung

Setzen Sie die in Abschnitt 2.8.1 skizzierte Szenariobeschreibung in Ihrem SAP-System um, und führen Sie die Retourenrückabwicklung gemäß der im Folgenden dargestellten Aufgabenblöcke durch.

Block I

Stornieren Sie die von Ihnen veranlasste Auszahlung der Retourengutschrift. Gehen Sie dabei zweistufig vor:

- Nehmen Sie den Ausgleich des Kundenkontos Ihres Kunden The Bike Zone zurück.
- Stornieren Sie die Auszahlung. Geben Sie dabei »Storno in laufender Periode« im Feld **Stornogrund** ein.

Schritt 1: Bestand anzeigen

Bestand anzeigen

Untersuchen Sie zunächst den Lagerortbestand des schwarzen Deluxe Touring Bikes im Werk DC Miami:

1. Folgen Sie dem Menüpfad **Logistik • Materialwirtschaft • Bestandsführung • Umfeld • Bestand • Bestandsübersicht** (Transaktion MMBE).

2. Prüfen Sie den Bestand der Fahrräder Deluxe Touring Bike (schwarz) im Werk DC Miami durch folgende Eingaben:
   - **Material**: Deluxe Touring Bike (schwarz) des Benutzers ###
   - **Werk**: DC Miami
3. Betrachten Sie die Bestandsübersicht im Werk Miami in der Detailanzeige.

Schritt 2: Belegfluss anzeigen

Belegfluss anzeigen

Lassen Sie sich den Belegfluss Ihres Kundenauftrags aus der UCC-Fallstudie anzeigen:

1. Folgen Sie dem Menüpfad **Logistik • Vertrieb • Verkauf • Auftrag • Anzeigen** (Transaktion VA03).
2. Geben Sie im Feld **Auftrag** die Nummer Ihres Kundenauftrags aus der UCC-Fallstudie ein, und lassen Sie sich den Kundenauftrag anzeigen. Rufen Sie den Belegfluss auf, indem Sie im Pulldown-Menü **Umfeld • Belegfluss anzeigen** wählen.
3. Betrachten Sie die Einzelbelege, und lassen Sie sich Details anzeigen. Tipp: Erzeugen Sie einen Screenshot, um die kommenden Änderungen im weiteren Verlauf des Praxisfalls besser zu beobachten.

Schritt 3: Ausgleichsbeleg ermitteln

Ausgleichsbeleg ermitteln

Lassen Sie sich die Buchungen auf dem Debitorenkonto von The Bike Zone anzeigen:

1. Folgen Sie dem Menüpfad **Rechnungswesen • Finanzwesen • Debitoren • Konto • Salden anzeigen** (Transaktion FD10N).
2. Suchen Sie nach der Nummer der Debitorengutschrift durch folgende Eingaben:
   - **Debitor**: Nummer Ihres Kunden The Bike Zone aus der UCC-Fallstudie
   - **Buchungskreis**: Global Bike Inc.
   - **Geschäftsjahr**: aktuelles Jahr
   - Klicken Sie mit der Maus doppelt auf die Periode, in der die Auszahlung der Debitiorengutschrift auf der Sollseite gebucht wurde.
3. Notieren Sie die Belegnummer der Debitorengutschrift, die in der Einzelpostenliste angezeigt wird. Dies ist die Nummer des Ausgleichbelegs.

Schritt 4: Ausgleich zurücknehmen und stornieren

Nehmen Sie den Ausgleich Ihrer Debitorengutschrift zurück.

Ausgleich zurücknehmen und stornieren

1. Folgen Sie dem Menüpfad **Rechnungswesen • Finanzwesen • Debitoren • Beleg • Ausgl. zurücknehmen** (Transaktion FBRA).
2. Nehmen Sie den Ausgleich zurück, und stornieren Sie zugleich die Auszahlung durch die folgende Reihe von Eingaben:
   - **Ausgleichbeleg**: Nummer des Ausgleichsbelegs aus Schritt 3
   - **Buchungskreis**: Global Bike Inc.
   - **Geschäftsjahr**: aktuelles Jahr
   - Wählen Sie im Pulldown-Menü **Ausgleich • Zurücknehmen**.
   - Klicken Sie den Button **Rücknahme und Storno**.
   - **Stornogrund**: Storno in laufender Periode

Schritt 5: Belegfluss anzeigen

Lassen Sie sich den Belegfluss Ihres Kundenauftrags anzeigen, wie in Schritt 2 beschrieben:

Belegfluss anzeigen

1. Lassen Sie sich den Belegfluss Ihres Kundenauftrags anzeigen, wie eingangs (zweiter Schritt) beschrieben.
2. Beobachten Sie besonders die Statusänderung der Retourenauszahlung.

Block J

Stornieren Sie die von Ihnen angelegte Retourengutschrift.

Schritt 6: Retourengutschrift stornieren

Sie stornieren die Retourengutschrift, indem Sie die Faktura stornieren.

Retourengutschrift stornieren

1. Folgen Sie dem Menüpfad **Logistik • Vertrieb • Fakturierung • Faktura • Stornieren** (Transaktion VF11).
2. Geben Sie im Feld **Beleg** die Nummer der Retourengutschrift ein, die Sie in Block E erzeugt haben. Stornieren Sie sie anschließend.

Schritt 7: Belegfluss anzeigen

Lassen Sie sich den Belegfluss Ihres Kundenauftrags anzeigen, wie in Schritt 2 beschrieben. Analysieren Sie den erzeugten Stornobeleg zur Retourengutschrift.

Belegfluss anzeigen

Block K

Stornieren Sie die von Ihnen angelegte Umbuchung, sodass die fälschlich retournierten Fahrräder wieder im Retourenbestand erscheinen.

Schritt 8: Umbuchung stornieren

Umbuchung stornieren

Sie stornieren die Umbuchung in den frei verwendbaren Bestand, indem Sie den zugehörigen Materialbeleg stornieren:

1. Folgen Sie dem Menüpfad **Logistik • Materialwirtschaft • Bestandsführung • Materialbeleg • Stornieren** (Transaktion MBST).
2. Stornieren Sie Ihre Umbuchung durch folgende Eingaben:
   - **Materialbeleg**: Nummer Ihrer Umbuchung
   - **Kunde**: Nummer Ihres Kunden The Bike Zone aus der UCC-Fallstudie

Schritt 9: Bestand anzeigen

Bestand anzeigen

Beenden Sie den Aufgabenblock, indem Sie noch einmal die Bestandsübersicht im Werk DC Miami betrachten:

1. Lassen Sie sich den Bestand im Werk DC Miami anzeigen, wie im ersten Schritt von Aufgabenblock I beschrieben.
2. Beobachten Sie insbesondere die Höhe des frei verwendbaren Bestands und des Retourenbestands.

Block L

Stornieren Sie den Wareneingang der falsch erfassten Fahrräder.

Schritt 10: Wareneingang stornieren

Wareneingang stornieren

Stornieren Sie den Wareneingang. Dieser ist der Nummer der Anlieferung zugeordnet.

1. Folgen Sie dem Menüpfad **Logistik • Logistics Execution • Wareneingangsprozess • Wareneingang zur Anlieferung • Buchung Wareneingang • Storno** (Transaktion VL09).
2. Geben Sie im Feld **Anlieferung/Auslieferung** die Nummer der Retourenanlieferung ein, die Sie in Block B angelegt haben. Klicken Sie den Button **Ausführen**. Wählen Sie Ihren Wareneingang, und klicken Sie den Button **Stornieren**.

Schritt 11: Belegfluss anzeigen

Belegfluss anzeigen

Lassen Sie sich den Belegfluss Ihres Kundenauftrags anzeigen, wie in Schritt 2 beschrieben. Beachten Sie den neu angelegten Stornobeleg, und lassen Sie sich die Details anzeigen.

Schritt 12: Bestand anzeigen

Bestand anzeigen

Lassen Sie sich die Bestandsübersicht – wie in Schritt 1 beschrieben – anzeigen. Beobachten Sie insbesondere die Höhe des frei verwendbaren Bestands und des Retourenbestands.

Block M

Löschen Sie die Anlieferung der falsch erfassten Fahrräder.

Schritt 13: Anlieferung löschen

Anlieferung löschen

Um die Anlieferung zu löschen, müssen Sie die Anlieferung zum Ändern öffnen:

1. Folgen Sie dem Menüpfad **Logistik • Vertrieb • Versand und Transport • Auslieferung • Ändern • Einzelbeleg** (Transaktion VL02N).
2. Geben Sie im Feld **Auslieferung** die Nummer der Retourenanlieferung ein, die Sie in Block B angelegt haben, und lassen Sie sich die Auslieferung anzeigen. Löschen Sie die Anlieferung, indem Sie im Pulldown-Menü **Auslieferung • Löschen** wählen.

Schritt 14: Belegfluss anzeigen

Belegfluss anzeigen

Lassen Sie sich den Belegfluss Ihres Kundenauftrags anzeigen, wie in Schritt 2 beschrieben. Beachten Sie die Änderungen hinsichtlich der veränderten Darstellung von Anlieferung und Materialbelegen.

Block N

Markieren Sie in Ihrem Retourenauftrag die Position der fälschlich erfassten Fahrräder als abgesagt.

Schritt 15: Retourenauftrag ändern

Retourenauftrag ändern

Um eine Position im Retourenauftrag abzusagen, müssen Sie den Retourenauftrag ändern:

1. Folgen Sie dem Menüpfad **Logistik • Vertrieb • Verkauf • Auftrag • Ändern** (Transaktion VA02).
2. Weder der Retourenauftrag noch die Retourenposition lassen sich zum jetzigen Zeitpunkt noch löschen. Stattdessen erzeugen Sie eine Absage für die fälschlich erfasste Retourenposition wie folgt:
   - **Auslieferung**: Nummer des Retourenauftrags, den Sie in Block A angelegt haben
   - Markieren Sie Position 10.
   - Klicken Sie auf die Registerkarte **Positionsdetail**.
   - **Absagegrund**: unberechtigte Kundenforderung

Schritt 16: Belegfluss anzeigen

Belegfluss anzeigen

Lassen Sie sich den Belegfluss des Kundenauftrags anzeigen, wie in Schritt 2 beschrieben. Beachten Sie die Änderung des Status Ihres Retourenauftrags.

2.8.4 Praxisfall mit anleitender Fallstudie

Setzen Sie das in Abschnitt 2.7.1 skizzierte Anwendungsszenario in Ihrem SAP-System gemäß der Fallstudie zum Praxisfall SD2 um. Sie erhalten diese im Downloadbereich zum Buch unter *http://www.sap-press.de/4640*, **Materialien zum Buch**.

2.8.5 Integration mit dem Finanzwesen

Auch während der Retourenrückabwicklung haben Sie eine Reihe von Prozessschritten mit buchhalterischen Auswirkungen ausgeführt. Hierzu gehören:

- die Ausgleichrücknahme und das Storno der Gutschriftauszahlung in Block I
- das Storno der Retourengutschrift in Block J
- das Storno der Umbuchung in Block K

Die Integration des Vertriebs (SD) mit dem Finanzwesen (FI) hat wieder eine Folge von automatisierten Buchungen auf den erforderlichen Sach- und Erfolgskonten bewirkt.

Übung: Buchungssätze analysieren

Untersuchen Sie die Buchungsbelege zu allen von Ihnen durchgeführten buchungsrelevanten Transaktionen aus Praxisfall SD2. Gehen Sie dabei analog zur einführenden Übung in Abschnitt 2.6.6 vor. Verwenden Sie wieder der Transaktion MB03, um nach dem Materialbeleg zum Storno Ihrer Umbuchung (Block K) zu suchen, und navigieren Sie anschließend weiter zum entsprechenden Buchhaltungsbeleg.

1. Notieren Sie dabei alle zugehörigen Buchungssätze. Verwenden Sie hierfür wieder die Vorlage aus der Übung in Abschnitt 2.6.6. Setzen Sie dabei die laufende Nummerierung fort.
2. Verwenden Sie Ihr bereits ausgefülltes T-Konten-Blatt aus der Übung in Abschnitt 2.6.6 als Grundlage, und ergänzen Sie die dort in Schritt 1 generierten Buchungen. Notieren Sie wieder für jede Buchungsposition die laufende Nummer und den Buchungsbetrag.
3. Deuten Sie die durchgeführten Buchungen.

Die in dieser Lösung gezeigten Belegnummern und die Nummer des Kundenkontos basieren auf den Buchungen, die für die Erstellung der begleitenden Fallstudie (siehe den Downloadbereich zum Buch *http://www.sap-*

press.de/4640, **Materialien zum Buch**) zu Praxisfall SD2 ausgeführt wurden. Die Nummern Ihrer eigenen Lösung werden sehr wahrscheinlich davon abweichen. Die Buchungssätze zeigt Tabelle 2.17.

Lfd. Nr.	Vorgang	Belegnr. (FI)	Bel.-Art	S/H	Konto (HB)	Konto (NB)	Betrag (USD)
7	Gutschrift-auszahlung stornieren	1600000001	DA	S	100000		5.605,00
				H	110000	25000	5.605,00
8	Retouren-gutschrift stornieren	100000001	AB	S	110000	25000	5.605,00
				S	610000		100,00
				S	610000		295,00
				H	600000		6.000,00
9	Umbuchung stornieren	4900007512	WA	S	780000		2.800,00
				H	200100		2.800,00

Tabelle 2.17 Buchungssätze

Darstellung in T-Konten

Die zugehörige Darstellung in T-Konten zeigt Abbildung 2.75.

Ford L.u.L. (110000)

S			H
2	20.092,50	3	20.092,50
5	5.605,00	4	5.605,00

The Bike Zone (25000)

S			H
2	20.092,50	3	20.092,50
5	5.605,00	4	5.605,00

Bank (100000)

S			H
3	20.092,50	5	5.605,00
7	5.605,50		

Mat. Fertig (200100)

S			H
6	2.800,00	1	7.000,00
		1	3.000,00
		9	2.800,00

Erl. Verkauf (600000)

S			H
4	6.000,00	2	15.000,00
		2	6.400,00
		8	6.000,00

Erlösschm. (610000)

S			H
2	250,00	4	100,00
2	737,50	4	295,00
2	320,00		
8	100,00		
8	295,00		

Herstellungskosten (780000)

S			H
1	7.000,00	6	2.800,00
1	3.000,00		
9	2.800,00		

Abbildung 2.75 Buchungen in T-Konten-Darstellung

Deutung der Buchungen

Mit allen durchgeführten Buchungen haben Sie die Retourenabwicklung aus Praxisfall SD1 auch buchhalterisch rückgängig gemacht. Durch die Ausgleichrücknahme und Stornierung der Gutschriftauszahlung (lfd. Nr. 7) haben Sie die Auszahlung der Retourengutschrift (lfd. Nr. 5) im Debitoren- und Hauptbuch revidiert – mit der Stornierung der Retourengutschrift (lfd. Nr. 8) die Fakturierung der Retourengutschrift (lfd. Nr. 4) im Debitoren- und Hauptbuch. Mit der Stornierung der Umbuchung (lfd. Nr. 9) haben Sie schließlich die fälschlich verbuchte Bestandszunahme (lfd. Nr. 6) bei den Fertigerzeugnissen wieder ausgeglichen. Zum Abschluss von Praxisfall SD2 entsprechen die Salden Ihrer beteiligten Konten wieder dem Zustand nach Ausführung der Kundenauftragsabwicklung (UCC-Fallstudie).

Kapitel 3
Materialwirtschaft

In diesem Kapitel lernen Sie neben Grundfunktionen der Materialwirtschaft, insbesondere des Einkaufs, wesentliche Organisations-, Stamm- und Bewegungsdaten sowie Prozesse der Komponente MM in SAP ERP kennen. Zur Vertiefung des Gelernten führen Sie Übungen und Fallstudien im SAP-System durch.

Materialwirtschaft

Unter dem Begriff *Materialwirtschaft* werden in Unternehmen alle Strukturen, Aufgaben und Abläufe der Bereitstellung, Beschaffung (z. B. Einkauf), Lagerhaltung und Materialbewertung zusammengefasst. Diese werden in SAP ERP in der Komponente *MM* (Materials Management) abgebildet. Die Komponente MM in SAP ERP unterstützt dabei sowohl die Verwaltung von physischen *Materialien* wie Rohstoffen und Fertigprodukten als auch von immateriellen wie *Dienstleistungen*. Die Materialwirtschaft bildet die Grundlage für die weiteren SAP-Logistik-Prozesse (z. B. Vertrieb, Produktionsplanung und Lagerhaltung).

Diese Kapitel beginnt mit einem Überblick über die betrieblichen Aufgaben, Akteure und Prozesse in der Materialwirtschaft (siehe Abschnitt 2.1). Anschließend werden die notwendigen Organisationsdaten zur Abbildung der Strukturen im Bereich der Materialwirtschaft erläutert (siehe Abschnitt 3.2). Es folgt die Darstellung der Stamm- (siehe Abschnitt 2.3) und Bewegungsdaten (siehe Abschnitt 2.4), die benötigt werden, um die Aufgaben und Abläufe im Bereich der Materialwirtschaft abzubilden. Auf dieser Basis erläutert Abschnitt 3.5 ausgewählte Teilaspekte aus dem Bereich der Materialwirtschaft in der Komponente MM. Zur Vertiefung der erworbenen Kenntnisse endet das Kapitel mit einer Analyse der UCC-Fallstudie sowie einem Praxisfall.

3.1 Betriebliche Aufgaben und Akteure

Materialstamm

Der Bereich der Materialwirtschaft befasst sich mit der Verwaltung der verschiedenen Materialien in einem Unternehmen. Da das Material im SAP-ERP-System in allen Bereichen eine zentrale Rolle spielt, wurde es bereits in Abschnitt 1.4.3, »Bewegungsdaten«, eingeführt. Zur Erinnerung: Im SAP-

ERP-System gibt es verschiedene *Materialarten*, wie beispielsweise Rohstoffe, Fertigerzeugnisse, Handelswaren, Nichtlagermaterialien, Dienstleistungen oder Verpackungsmaterialien. Die Speicherung aller Daten zu einem Material erfolgt im *Materialstamm*.

Einkaufsabwicklung

Ein zentraler Prozess in der Materialwirtschaft ist die *Einkaufsabwicklung*. Diese umfasst Aktivitäten wie die *Bezugsquellenermittlung* (Woher kann das benötigte Material/die benötigte Leistung bezogen werden?), die *Lieferantenauswahl* (Wer soll liefern?), die eigentliche Bestellabwicklung, die Bestellüberwachung, die Verarbeitung des Wareneingangs sowie abschließend die Rechnungsprüfung und die Zahlungsabwicklung.

Materialdisposition, Lagerhaltung, Inventur

Weiter finden in der Materialwirtschaft die *Materialdisposition* mit der *Bedarfsermittlung* (Was wird benötigt?), die *Bestandsführung* und die *Lagerhaltung*, die *Materialbewertung* und die *Inventur* statt. Insbesondere an dieser Stelle gibt es Anknüpfungspunkte und zum Teil auch Überschneidungen zur Komponente *WM* (Warehouse Management), die in Kapitel 6, »Lagerverwaltung«, behandelt wird.

Abbildung 3.1 illustriert Beispiele konkreter Aufgaben aus dem Bereich der Materialwirtschaft. Die Pfeile in der Grafik repräsentieren eine sachlogische Zusammengehörigkeit, jedoch keine klare chronologische Reihenfolge. In der linken Hälfte der Abbildung sind zahlreiche zum Einkaufsprozess gehörende Prozessschritte in loser chronologischer Abfolge dargestellt. Weiter rechts sind auch Warenbewegungen und Warenbewertungen dargestellt, die nicht zwingend mit einem konkreten Einkaufsvorgang in Verbindung stehen müssen. Zusammenfassend lässt sich sagen, dass es im Bereich der Materialwirtschaft verschiedene zentrale Prozesse gibt, die unabhängig voneinander, aber auch miteinander verbunden ablaufen können (z. B. Buchung eines Wareneingangs zu einer Bestellung).

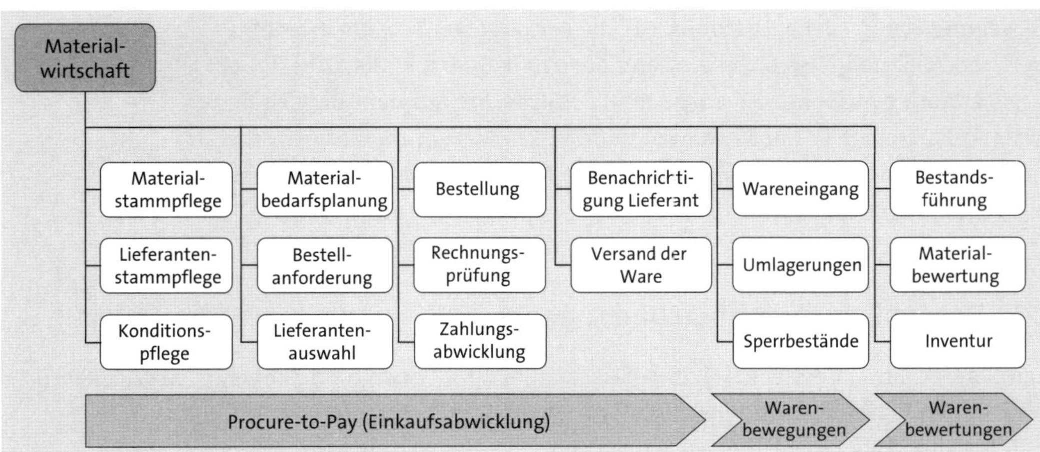

Abbildung 3.1 Aufgaben der Materialwirtschaft (Ausschnitt)

Materialwirtschaft im SAP-Easy-Access-Menü

Im SAP-ERP-System sind die entsprechenden Transaktionen im Bereich Materialwirtschaft im SAP-Easy-Access-Menü hinterlegt. Dieses ist in Abbildung 3.2 mit den expandierten Knoten **Logistik** und **Materialwirtschaft** dargestellt.

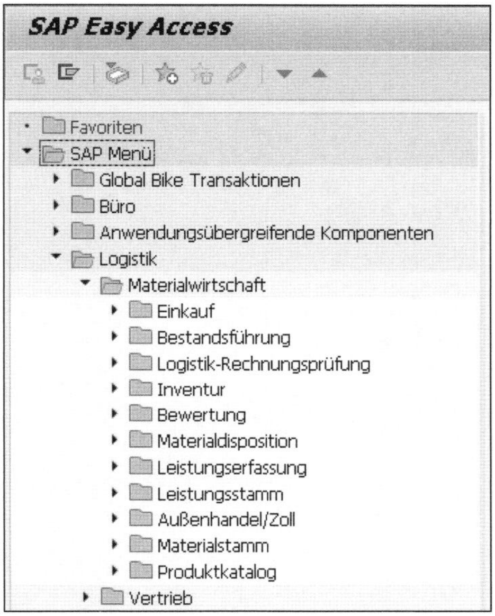

Abbildung 3.2 SAP-Easy-Access-Menü für die Komponente Materialwirtschaft (MM)

Integrationspunkte Materialwirtschaft

Die Materialwirtschaft hat Integrationspunkte zu folgenden weiteren SAP-Komponenten:

- **Vertrieb (SD)**
  Transport, Verfügbarkeitsprüfung
- **Produktionsplanung (PP)**
  Einkauf von Rohstoffen
- **Warehouse Management (WM)**
  Bestände und Lagerverwaltung
- **Finanzbuchhaltung (FI) und Controlling (CO)**
  Lieferantenrechnung, Zahlung, Finanzbelege bei Warenbewegungen

Akteure, Stellen, Planstellen

Aufgaben in der Materialwirtschaft werden im Unternehmen von verschiedenen *Akteuren* übernommen. Hierbei ist ein Akteur keine einzelne Person, sondern eine *Stelle* zur Klassifikation von ortsungebundenen Aktivitäten, z. B. ein Werksmanager oder ein Einkäufer. Ein konkretes Beispiel für eine *Planstelle* im Bereich der Materialwirtschaft ist beispielsweise der für die Abwicklung unter anderem des Werkes Dallas zuständige Vice President Operations. Diese Planstelle ist besetzt durch den Mitarbeiter Antonio Rodriguez. Für das Werk Dallas gibt es die Planstelle Werksmanager Dallas. Sie ist durch den Mitarbeiter Hiro Abe besetzt. Im Bereich Einkauf gibt es im Werk Dallas zwei Personen, die die Planstelle Einkäufer besetzen, Tirrell Winsten und Aura Maxwell (siehe Abbildung 3.3).

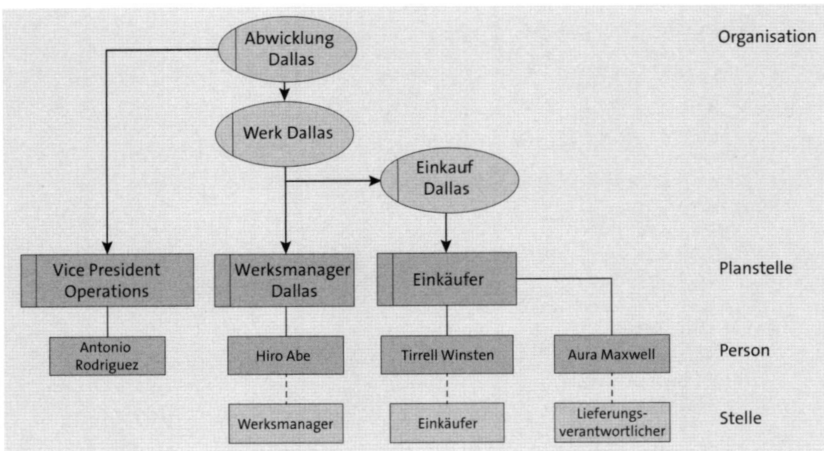

Abbildung 3.3 Planstellen und Stellen in der Materialwirtschaft bei Global Bike, hier: Einkauf im Werk Dallas (Ausschnitt)

Neben den Planstellen und Mitarbeitern in der Leitung und dem Einkauf des Werkes Dallas gibt es dort den Bereich Lager mit den Planstellen Lagervorarbeiter, Lagerangestellter, Lagereingangsbuchhalter und Speditionskaufmann (siehe Abbildung 3.4).

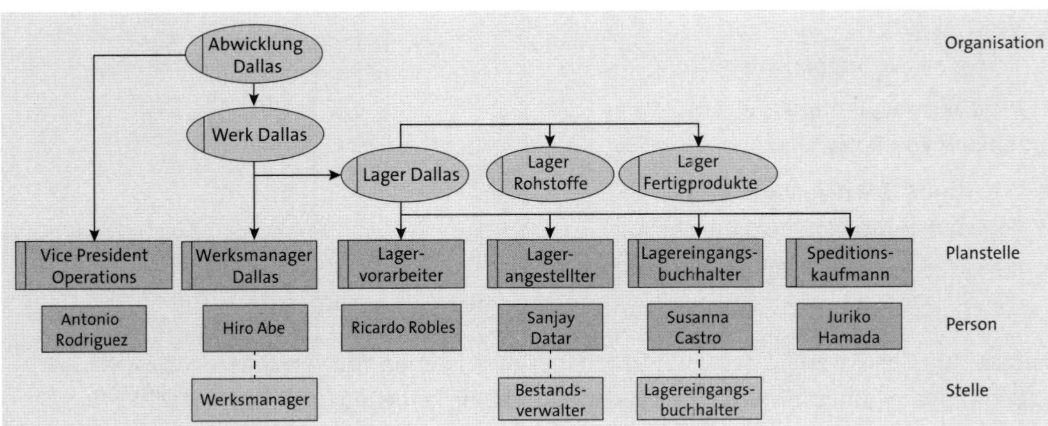

Abbildung 3.4 Planstellen und Stellen in der Materialwirtschaft bei Global Bike, hier: Lager im Werk Dallas (Ausschnitt)

Als dritten Bereich gibt es im Werk Dallas den Bereich Produktion mit der Planstelle Produktionsvorarbeiter und diversen Planstellen für Produktionsstättenarbeiter (siehe Abbildung 3.5).

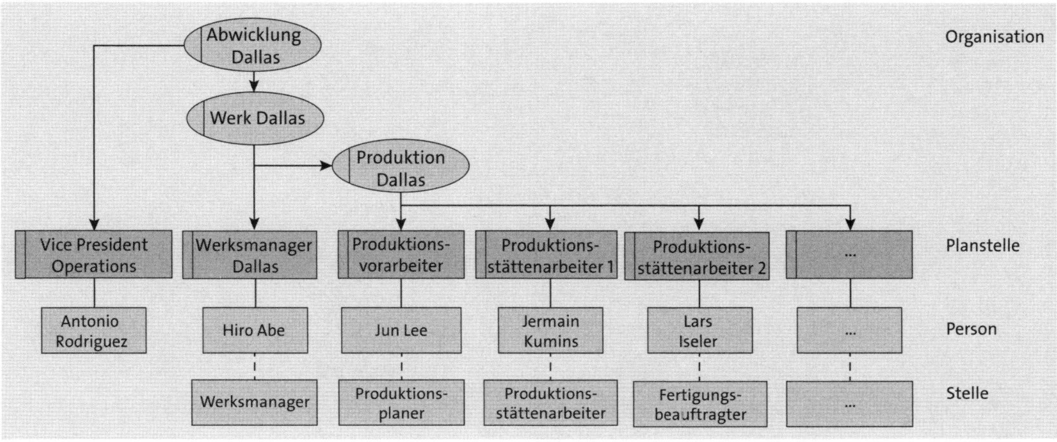

Abbildung 3.5 Planstellen und Stellen in der Materialwirtschaft bei Global Bike, hier: Produktion im Werk Dallas (Ausschnitt)

[/]

Global Bike – Organigramm

Die UCC-Fallstudie »Business Process Analysis« (siehe *http://www.sap-press.de/4640*, **Materialien zum Buch**) eignet sich an dieser Stelle zur eigenständigen Erkundung aller Organisationsstrukturen im Zusammenhang mit dem Bereich Materialwirtschaft im Global-Bike-Konzern.

Einkaufsprozess – Purchase-to-Pay

Einer der Kerngeschäftsprozesse im Bereich Materialwirtschaft ist der *Einkaufsprozess* (auch Purchase-to-Pay). Abbildung 3.6 stellt einen möglichen Ablauf dar. In diesem Beispiel beginnt der Einkaufsprozess mit einer Bestellanforderung (kurz BAnf), die manuell von einem Mitarbeiter eingegeben wird, in anderen Szenarien aber auch automatisch vom System ermittelt werden kann (siehe Abschnitt 3.4.1). Es werden zunächst potenzielle Bezugsquellen für das zu bestellende Material ermittelt. Liegen für das Material noch keine Informationen zu möglichen Lieferanten vor, werden zunächst Anfragen an Lieferanten gestellt, die diese mit verbindlichen Angeboten beantworten können (siehe Abschnitt 3.4.2 und Abschnitt 3.4.3). Das System kann diese vergleichen. Der Einkäufer führt die Lieferantenauswahl durch. Anschließend wird bei dem ausgewählten Lieferanten eine verbindliche Bestellung (siehe Abschnitt 3.4.4) aufgegeben, die dieser dem Unternehmen bestätigt. Es erfolgt der Versand der Ware durch den Lieferanten. In unserem Unternehmen wird anschließend beim Eintreffen der Ware der

Wareneingang (siehe Abschnitt 3.4.5 und Abschnitt 3.5.4) gebucht. Es folgt die Prüfung der Rechnung auf ihre sachliche Richtigkeit (siehe Abschnitt 3.4.5), bevor die Ware im Rahmen der Zahlungsabwicklung beim Lieferanten bezahlt wird.

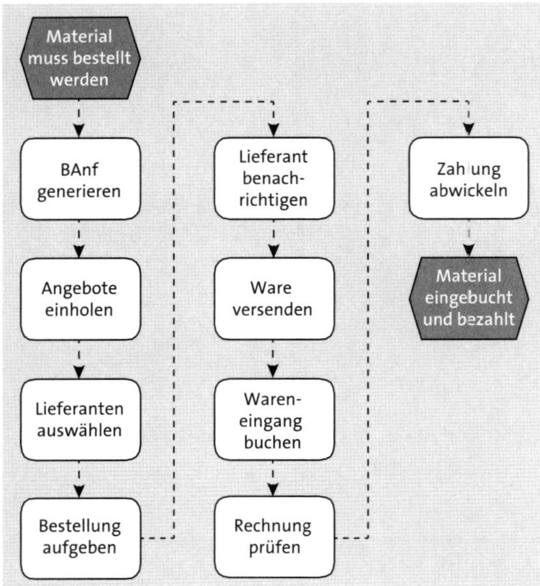

Abbildung 3.6 Einkaufsprozess (möglicher Ablauf)

Geschäftsprozesse, Business Rules

Wie auch im Vertrieb können Geschäftsprozesse im Einkauf in der Praxis flexibel gehandhabt werden. Beispielsweise können Lieferanten für bestimmte Produkte auch fest im System hinterlegt werden, sodass die Einholung von Angeboten nur bei neuen Produkten oder einem grundsätzlichen Wechsel des Lieferanten erforderlich wird und die Lieferantenauswahl gänzlich entfällt. Für weitere Informationen zu *Business Rules*, Prozessvarianten und Prozessverzweigungen siehe Abschnitt 2.1, »Betriebliche Aufgaben und Akteure«.

Bestandsführung, Warenbewegung, Lagerhaltung

Ein weiterer Teil der Materialwirtschaft ist die *Bestandsführung*. Zentrale Prozesse sind hier die *Warenbewegungen*. Ein Beispiel für eine Warenbewegung ist der Wareneingang im Einkaufsprozess. Weitere Beispiele für Warenbewegungen sind Umlagerungen und der Warenausgang. Warenbewegungen können zum einen den Bestand, das heißt die Mengen im Lager (Was und wie viel liegt wo?) verändern. Zum anderen kann sich auch die finanzielle Bewertung ändern, sodass Warenbewegungen auch finanzbuchhalterisch relevant sein können (siehe Kapitel 4, »Rechnungswesen«). Details zu Warenbewegungen werden in Abschnitt 3.5.4 und Abschnitt 3.5.5 beschrieben. Die Lagerverwaltung auf Lagerplatzebene ist in SAP in der

Materialwirtschaft nur begrenzt möglich. Hierfür wird die Komponente WM genutzt (siehe Kapitel 6, »Lagerverwaltung«).

Bestandsbewertung

Mit der Lagerhaltung und der Bestandführung eng verknüpft ist die *Bestandsbewertung*. Im SAP-System werden Bestände, wie oben bereits erwähnt, nicht nur mengenmäßig (Bestände), sondern auch wertmäßig fortgeschrieben (siehe Kapitel 5, »Produktionsplanung und -steuerung«).

Inventur

Ein weiterer Prozess in der Materialwirtschaft ist die *Inventur*. Hierunter versteht man die Ermittlung des tatsächlichen Bestandes von Vermögensgegenständen und Schulden zu einem bestimmten Stichtag.

3.2 Organisationsdaten

Organisationseinheiten

Dieser Abschnitt geht auf die wesentlichen Organisationseinheiten im Bereich der Materialwirtschaft in SAP ERP am Beispiel der Unternehmensstrukturen von Global Bike ein. Auch an dieser Stelle sei – analog zu den anderen Kapiteln – auf die übergreifende Einführung in die Organisationsstrukturen des SAP-Systems in Abschnitt 1.4, »Datenarten in SAP ERP«, verwiesen. Bereits bekannte, aber zentrale Organisationseinheiten werden kurz wiederholt.

Mandant

Der *Mandant* repräsentiert in SAP ERP betriebswirtschaftlich die größte handelsrechtliche organisatorische Einheit und bildet einen Konzern oder eine Muttergesellschaft ab. Somit stellt der Mandant Global Bike den Rahmen für die Organisations-, Stamm- und Bewegungsdaten im Bereich MM dar.

Buchungskreis

Der *Buchungskreis* repräsentiert die nächste Hierarchieebene unterhalb des Mandanten und ist die kleinstmögliche Organisationseinheit für eine abgeschlossene Finanzbuchhaltung. Wie bereits in Abschnitt 1.1.2, »Aufbauorganisation«, und Abschnitt 2.2, »Organisationsdaten«, beschrieben, umfasst der Konzern Global Bike die Tochterfirmen Global Bike Inc. (USA) und Global Bike Germany GmbH (Deutschland), die als Buchungskreise im SAP-ERP-System hinterlegt sind. Diese beiden Buchungskreise bilden im Konzern Global Bike den Rahmen für alle finanzrelevanten Geschäftsvorfälle. Für die Abbildung der *Fremdbeschaffung*, das heißt für Materialien, die nicht selbst hergestellt (Eigenfertigung), sondern eingekauft werden, werden noch weitere Organisationseinheiten im SAP-ERP-System benötigt.

Werk

Das *Werk* repräsentiert eine Betriebsstätte oder einen Tätigkeitsbereich in einem Unternehmen. Ein Werk ist typischerweise verantwortlich für eine oder mehrere der folgenden Tätigkeiten: Produktion, Distribution, Beschaffung, Wartung und Instandhaltung (siehe Abschnitt 1.4, »Datenarten in SAP ERP«). Ein Werk ist dabei organisatorisch immer genau einem Buchungskreis zugeordnet. Einem Buchungskreis können mehrere Werke zugeordnet sein.

Lagerort

Der *Lagerort* ist eine organisatorische Einheit, die stets einem Werk zugeordnet ist. Er unterstützt die Unterscheidung von Materialbeständen innerhalb eines Werkes. Einem Werk können dabei mehrere Lagerorte zugeordnet sein.

Abbildung 3.7 bietet eine Übersicht der Werke des Global-Bike-Konzerns und der zugehörigen Lagerorte.

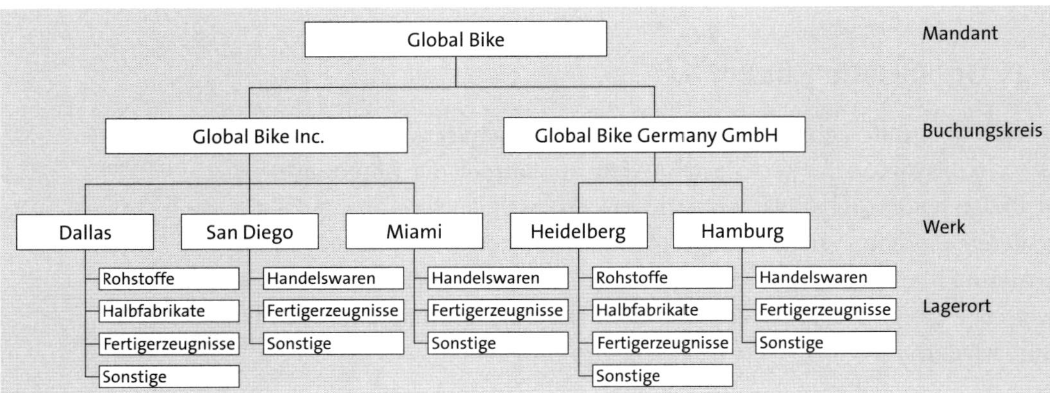

Abbildung 3.7 Werke und Lagerorte im Global-Bike-Konzern

Einkaufs-organisation

Die *Einkaufsorganisation* ist für die Organisation aller Einkaufsaktivitäten für Dienstleistungen und Materialien verantwortlich. Sie übernimmt die Verhandlung von Einkaufskonditionen mit Lieferanten. Dabei kann eine Einkaufsorganisation in SAP ERP einem Werk zugeordnet sein. Sie kann in SAP ERP aber auch auf Buchungskreisebene (werksübergreifend) oder sogar als zentrale Einkaufsorganisation für einen Konzern auf Mandantenebene (buchungskreisübergreifend) abgebildet werden. Der Konzern Global Bike verfügt, wie in Abbildung 3.8 illustriert, über jeweils eine Einkaufsorganisation für die Bereiche USA und Deutschland sowie eine zentrale Einkaufsorganisation für den Gesamtkonzern.

Einkäufergruppe

Die *Einkäufergruppe* fasst Einkäufer oder auch Gruppen von Einkäufern zusammen, die für bestimmte Einkaufstätigkeiten zuständig sind. Dabei dient die Einkäufergruppe als Kommunikationskanal zu den Lieferanten. Im Konzern Global Bike gibt es je eine Einkäufergruppe für die Regionen Nordamerika und Europa.

Abbildung 3.8 bietet eine Übersicht der Einkaufsorganisationen und Einkäufergruppen im Global-Bike-Konzern.

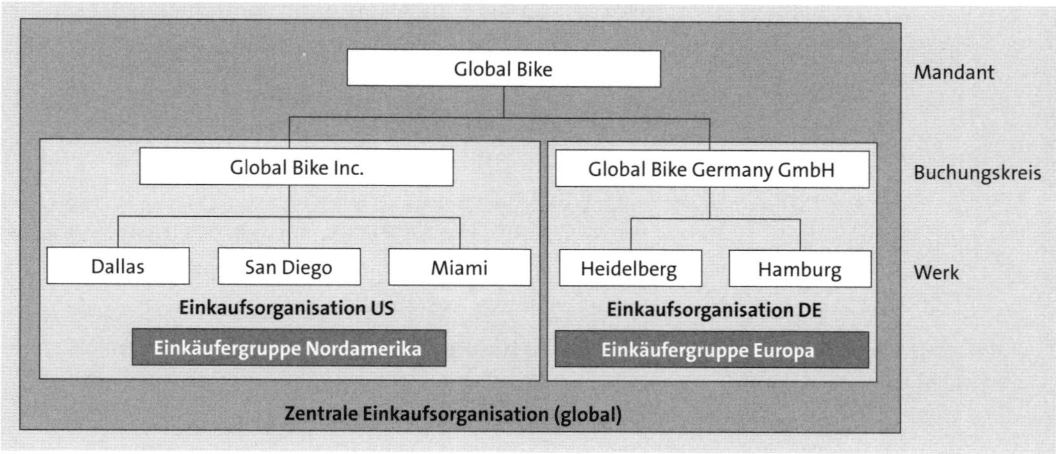

Abbildung 3.8 Einkaufsorganisationen und Einkäufergruppen bei Global Bike

3.3 Stammdaten

Materialstammsatz, Materialart

Für die Durchführung von Prozessen im Bereich Materialwirtschaft sind neben den Organisationsdaten auch *Stammdaten* von wesentlicher Bedeutung. Im *Materialstammsatz* werden Stammdaten zu fremdbezogenen oder eigengefertigten Materialien gepflegt. Diese sind unterschiedlichen Materialarten zugeordnet, z. B. Rohstoffen, Halbfabrikaten, Fertigerzeugnissen oder *Nichtlagerpositionen* (Verbrauchsmaterialien). Dienstleistungen werden bevorzugt mit einem *Leistungsstammsatz* (siehe Abschnitt 3.7.1) im SAP-ERP-System hinterlegt, können aber auch als Material (vom Typ Dienstleistung) erfasst werden.

Lieferantenstammdaten

Da die Beschaffung in der Materialwirtschaft einen zentralen Prozess darstellt, sind auch Lieferantenstammdaten in diesem Umfeld von elementarer Bedeutung. Lieferanten werden, insbesondere im Bereich der Finanzbuchhaltung, auch als *Kreditoren* bezeichnet.

Weitere Stammdaten in der Materialwirtschaft sind Einkaufsinfosätze und Konditions- und Nachrichtenstammsätze. Diese werden in den folgenden Abschnitten detailliert erläutert.

3.3.1 Material

Materialarten

Unternehmen wirtschaften, indem sie materielle oder immaterielle *Güter*, z. B. Produkte oder Dienstleistungen, verkaufen. Diese können sie selbst herstellen, etwa indem sie Rohstoffe oder Halbfabrikate zu Fertigerzeugnissen weiterverarbeiten, oder als Handelswaren fremdbeziehen. Unser Beispielkonzern Global Bike produziert und verkauft hochwertige Fahrräder. Die Bauteile werden zunächst von *Zulieferern* – Lieferanten – eingekauft. Zusätzlich handelt Global Bike mit weiteren Produkten, wie etwa Fahrradhelmen, die zunächst beschafft und dann unverändert weiterveräußert werden. Hierfür werden im SAP-ERP-System unterschiedliche Materialarten definiert, wie Rohstoffe, Halbfabrikate, Fertigerzeugnisse, Handelswaren und gegebenenfalls Dienstleistungen. Weitere Details sind in Abschnitt 1.4.3, »Bewegungsdaten«, beschrieben.

MM-Sichten im Materialstamm

An dieser Stelle werden die für die Komponente MM relevanten Daten im SAP-ERP-System vorgestellt. Die insbesondere in der Materialwirtschaft relevanten Sichten im Materialstamm sind die folgenden:

- **Einkauf**
- **Disposition** (1 bis 4)
- **Allgemeine Werksdaten/LagerungBuchhaltung** (1 und 2)
- **Werksbestand**
- **Lagerortbestand**

Einkaufssicht

Die in Abbildung 3.9 gezeigte Sicht auf der Registerkarte **Einkauf** beinhaltet für den Einkauf relevante Daten für das Material.

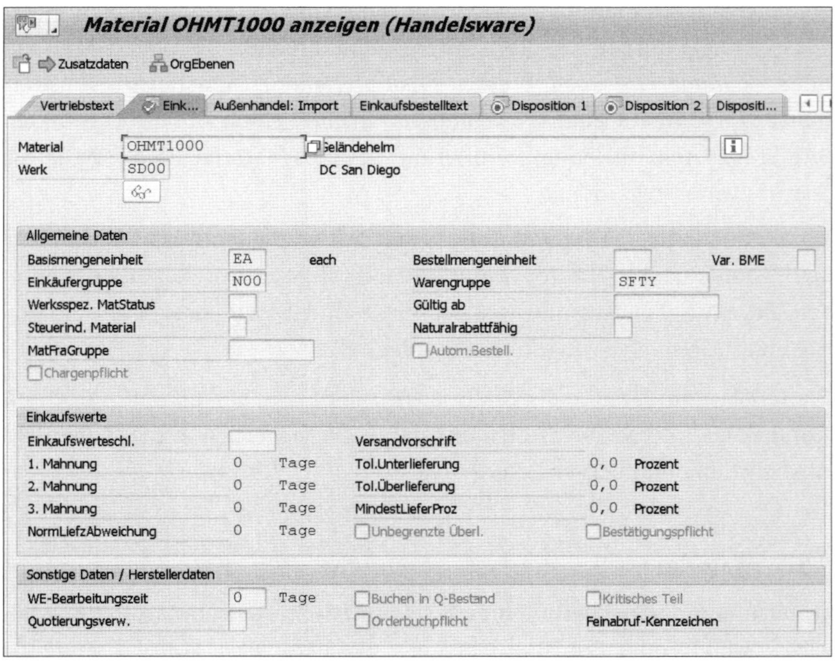

Abbildung 3.9 Materialstamm: Sicht »Einkauf« (Transaktion MM03, Material anzeigen)

Diese umfassen allgemeine Daten im Bereich **Allgemeine Daten** wie die **Basismengeneinheit** und die **Bestellmengeneinheit** des Materials. Die Zuordnung zu einer **Einkäufergruppe** und die **Warengruppe** sind hier hinterlegt. Im Bereich **Einkaufswerte** sind beispielsweise Fristen für Mahnungen hinterlegt.

Disposition

Disposition im Rahmen der Materialwirtschaft umfasst die operative Bedarfsermittlung und die Bedarfsdeckung. Die Beschaffung und Bestandshaltung von Materialien soll dabei so erfolgen, dass möglichst alle Aufträge termingerecht und zu minimalen Kosten bedient werden können. Dabei muss zwischen Lieferterminen und Lagerhaltungskosten abgewogen werden.

Es gibt verschiedene Dispositionsverfahren: die plan- oder *bedarfsgesteuerte* Disposition und die *verbrauchsgesteuerte* Disposition sowie als Spezialfall der plangesteuerten Disposition die *Leitteileplanung*:

Dispositionsverfahren

- **Bedarfsgesteuerte Disposition**:
  Bei der bedarfsgesteuerten Disposition – auch plangesteuerte oder deterministische Disposition – werden die zur Produktion von Fertigerzeugnissen notwendigen Materialien geplant. Da hier mit exakten Mengen gearbeitet wird, genügt es meistens, niedrige Sicherheitsbestände vorzuhalten. Bei der Nettobedarfsrechnung werden zunächst der Lagerbestand sowie fest eingeplante Zugänge aus Einkauf (Bestellungen) und Fertigung (Produktionsaufträge) mit den Planprimärbedarfen und Materialreservierungen verglichen, die aus Kundenaufträgen resultieren. Ist der Bedarf größer als der verfügbare Bestand, wird der Beschaffungsprozess angestoßen.
- **Leitteileplanung**:
  Im Fall der Leitteileplanung werden als Leitteile gekennzeichnete wichtige Fertigerzeugnisse und Baugruppen gesondert disponiert.
- **Verbrauchsgesteuerte Disposition**:
  Im Gegensatz dazu gibt es die Möglichkeit der verbrauchsgesteuerten Disposition. Bei dieser wird der Verbrauch von Rohmaterialien aus der Vergangenheit herangezogen, um den zukünftigen Bedarf zu prognostizieren.
- **Warendisposition**:
  Die Bestandsplanung von Handelswaren, die nicht selbst unter der Verwendung von Rohstoffen hergestellt werden, wird als *Warendisposition* bezeichnet.

Dispositionssichten

Wenn eine Disposition auf Werksebene nicht granular genug ist, können die Steuerungsparameter für die Disposition für einzelne Materialien festgelegt werden. Dafür muss für diese Materialien jeweils im Materialstamm der Dispositionsbereich angelegt werden. Dieser ist in vier Sichten unterteilt. Nur wenn diese für ein Material angelegt werden, wird für dieses Material die Bedarfsplanung mit den Dispositionsbereichen aktiviert.

Dispositionsgruppe, Dispositionsverfahren, Losgröße

Auf der Registerkarte **Disposition 1** kann im Bereich **Allgemeine Daten** im Feld **Dispositionsgruppe** eine Dispositionsgruppe angegeben werden. Über eine Dispositionsgruppe können einer Gruppe von Materialien Steuerungsparameter für die Disposition zugeordnet werden. Im Bereich **Dispoverfahren** kann über das Feld **Dispomerkmal** das Dispositionsverfahren für das Material festgelegt werden – zur Auswahl stehen plangesteuerte und verbrauchsgesteuerte Dispositionsverfahren und die Leitteileplanung. Für die verbrauchsgesteuerte Disposition kann ein **Meldebestand** hinterlegt werden. Sobald dieser unterschritten wird, wird die Nettobedarfsrechnung angestoßen. Weiter können im Bereich **Losgrößendaten** im Feld **Dispolosgröße** das Verfahren zur Losgrößenberechnung für das Material sowie eine minimale, maximale oder feste Losgröße sowie ein Höchstbestand hinterlegt werden (siehe Abbildung 3.10). Bei der Losgröße handelt es sich um die Menge an Produkten, die innerhalb eines Fertigungsauftrags als geschlossener Posten bearbeitet werden.

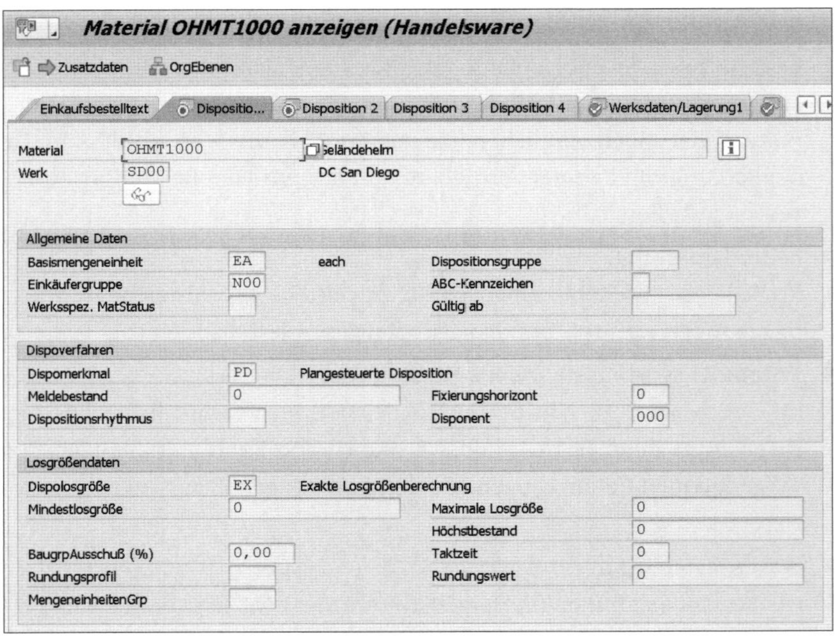

Abbildung 3.10 Materialstamm: Sicht »Disposition 1«

Beschaffungsart

Auf der Registerkarte **Disposition 2** kann im Bereich **Beschaffung** die Beschaffungsart für ein Material festgelegt werden. Hier kann angegeben werden, ob ein Material *eigengefertigt* (Produktion) oder *fremdbeschafft*

(Einkauf) wird oder ob beide Beschaffungsarten zulässig sind. Zusätzlich kann eine *Sonderbeschaffungsart* festgelegt werden. Für die Eigenfertigung können dies Dummy-Baugruppen sein, eine Produktion oder Entnahme aus einem anderen Werk des Konzerns oder eine Direktfertigung (keine schrittweise Fertigung von Zwischenergebnissen wie Baugruppen, sondern gemeinsame Terminierung und Betrachtung der Kosten für die gesamte Stücklistenstruktur). Im Fall der Fremdbeschaffung kann es sich um die Nutzung von Konsignationslagerbeständen (aus Sicht des Einkaufs: Lager des Lieferanten in der Nähe des Kunden; die Ware bleibt Eigentum des Lieferanten, bis der Kunde sie dem Konsignationslager entnimmt), um Lohnbearbeitung, Umlagerungen oder Direktbeschaffung (Beschaffung von Stücklistenkomponenten direkt für einen Planauftrag – am Lager vorbei) handeln. Weiter kann in diesem Bereich im Feld **Produktionslagerort** (Eigenfertigung) bzw. im Feld **FremdBesch Lagerort** (Einkauf) der Lagerort für den Wareneingang festgelegt werden.

Terminierung, Nettobedarfsrechnung

Im Bereich **Terminierung** können Parameter hinterlegt werden, die bei der Terminierung von Lieferterminen (siehe Abschnitt 2.5.3, »Versand terminieren«) herangezogen werden, z. B. die Bearbeitungszeit des Wareneingangs (**WE-Bearbeitungszeit**) und die geplante Lieferzeit im Feld **Planlieferzeit**. Im Bereich **Nettobedarfsrechnung** können Parameter für die Berechnung des Nettobedarfs hinterlegt werden, wie der **Sicherheitsbestand** (siehe Abbildung 3.11). Bei Letzterem handelt es sich um den Bestand eines Materials, der immer im Lager vorhanden sein sollte, um trotz Unwägbarkeiten, wie etwa Unregelmäßigkeiten in der Lieferkette oder schwankenden Bedarfen, handlungsfähig zu bleiben – also produzieren oder liefern zu können.

Sichten Werksdaten/ Lagerung

Werksspezifische Angaben zur Lagerung enthalten allgemeine Spezifikationen zur Lagerung und Handhabung des Materials. Diese sind auch gültig, wenn das Material nicht der Lagerverwaltung durch das Warehouse Management unterliegt. Werksdaten und Daten zur Lagerung sind in zwei Sichten unterteilt: **Werksdaten/Lagerung1** und **Werksdaten/Lagerung2**.

Werksdaten/ Lagerung 1

Die Sicht auf der Registerkarte **Werksdaten/Lagerung 1** in Abbildung 3.12 zeigt die Einträge für das Material Geländehelm im Werk San Diego. Der Bereich **Allgemeine Daten** enthält die dem Material zugeordneten Mengeneinheiten: Neben der aus der Einkaufssicht bekannten **Basismengeneinheit** kann optional eine **Ausgabemengeneinheit** definiert werden. Das Lager kann also abweichend das Material in einer anderen Mengeneinheit ausgeben (z. B. bei Warenausgängen). Ist die Ausgabemengeneinheit nicht definiert, entspricht sie der Basismengeneinheit. Im Feld **Behältervorschrift** wird definiert, in welchen Behälterarten das Material gelagert oder transportiert werden darf.

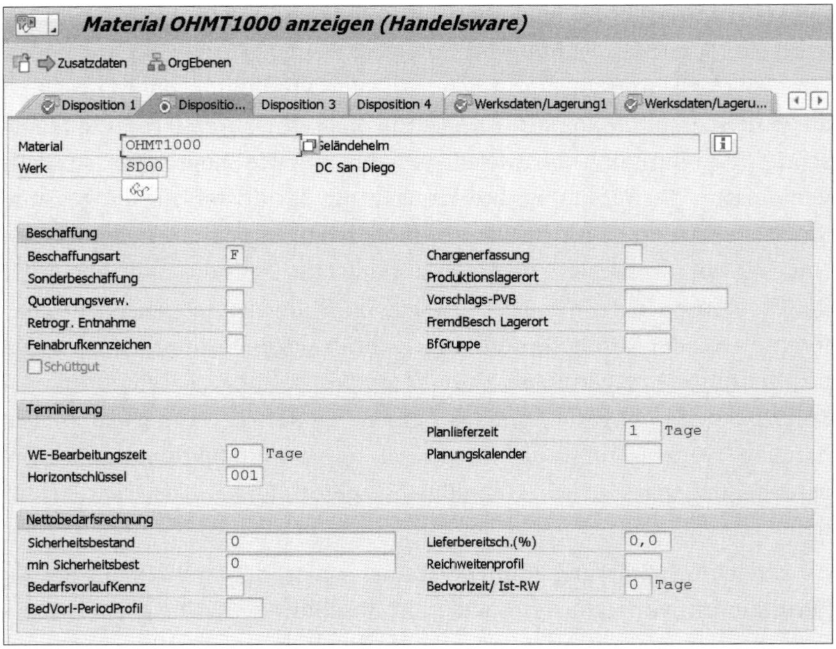

Abbildung 3.11 Materialstamm: Sicht »Disposition 2«

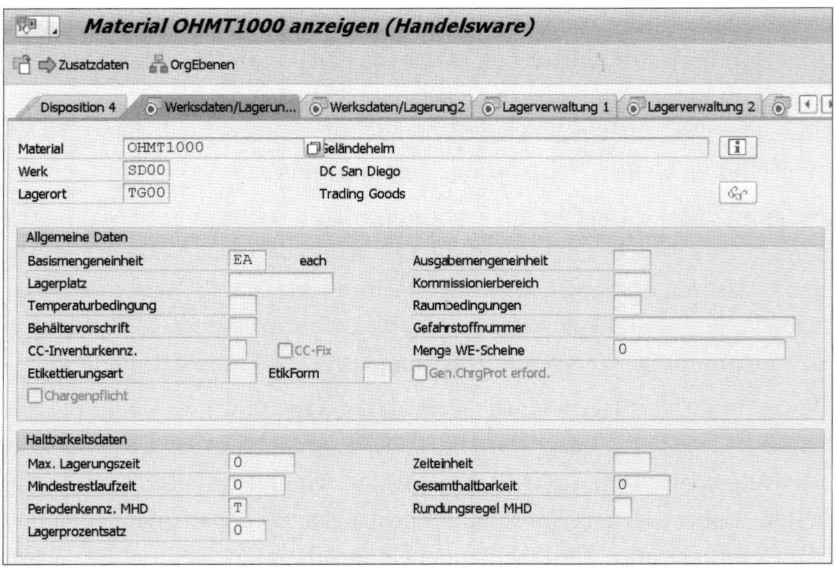

Abbildung 3.12 Materialstamm: Sicht »Werksdaten/Lagerung 1«

In den Feldern **Temperaturbedingung** und **Raumbedingung** (zuvor im Customizing definiert) können dem Material Anforderungen zugeordnet werden, die der Lagerort erfüllen muss. Ein Eintrag im Feld **Gefahrstoff-**

nummer kennzeichnet das Material als gefährlich, wodurch beim Umgang mit dem Material besondere Vorsichtmaßnahmen getroffen werden müssen. Welche dies genau sind, regelt der Gefahrstoffstammsatz.

Im Bereich **Haltbarkeitsdaten** wird die maximale Lagerungszeit (**Max. Lagerungszeit**) beschrieben, wie lange (**Zeiteinheit**) das Material höchstens lagern darf. Das Feld **Mindestrestlaufzeit** regelt, wie lange das Material bei Wareneingang mindestens noch haltbar sein muss. Das Feld **Gesamthaltbarkeit** beschreibt die Haltbarkeitsdauer des Materials ab Herstellung.

Werksdaten/ Lagerung 2

In der Sicht auf der Registerkarte **Werksdaten/Lagerung 2** (siehe Abbildung 3.13) wiederholen sich zunächst die Angaben **Gewicht/Volumen**, die auch in der Sicht Grunddaten gepflegt werden können. In den allgemeinen Werksparametern steuert die logistische Aufwandsgruppe (**Logist. Aufw.gruppe**), wie im jeweiligen Werk die Arbeitslasten z. B. bei der Einlagerung oder Kommissionierung des Materials berechnet werden. Über das Kennzeichen **Neg. Bestände Werk** können negative Bestände des Materials im gewählten Werk erlaubt oder verboten werden. Negative Bestände können vorübergehend auftreten, wenn beispielsweise ein physisch vorhandenes Material entnommen wird, dessen Wareneingang im Bestand noch nicht verbucht wurde.

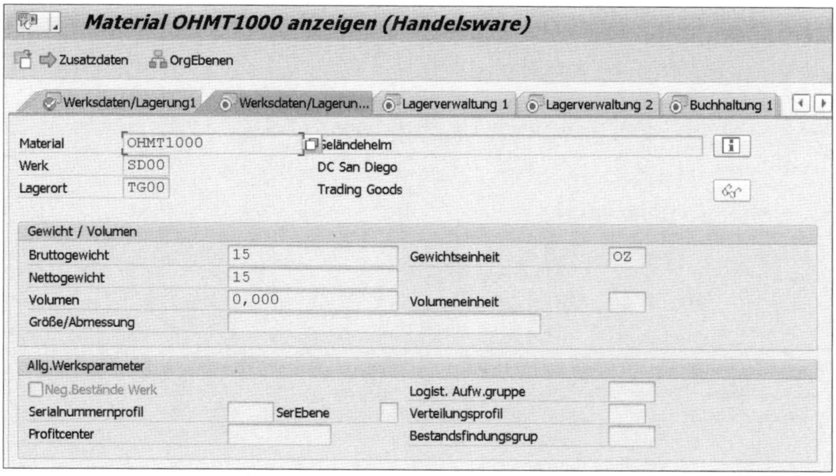

Abbildung 3.13 Materialstamm: Sicht »Werksdaten/Lagerung 2«

Buchhaltungssichten

Der Materialstamm beinhaltet zwei Buchhaltungssichten. In der Sicht auf der Registerkarte **Buchhaltung 1** findet sich die aktuelle Bewertung des Materials – hier kann ein **Standardpreis** gepflegt werden. Alternativ kann das System einen gleitenden Preis kalkulieren, der dann auch hier im Materialstamm angezeigt wird. Auch der **Gesamtbestand** und der **Gesamtwert** werden hier angezeigt – je nach Bewertungsebene auf Ebene des Buchungskreises oder des Werkes (siehe Abbildung 3.14).

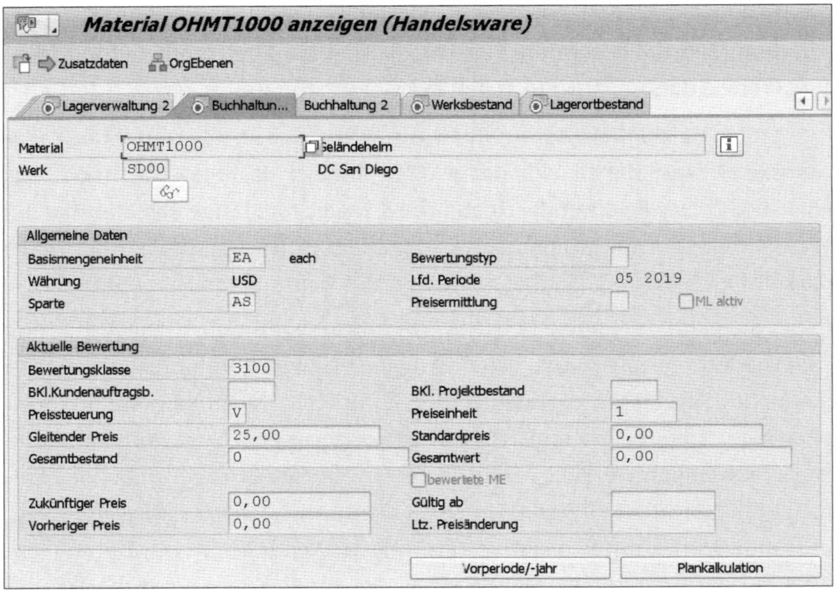

Abbildung 3.14 Materialstamm: Sicht »Buchhaltung 1«

Werksbestand und Lagerortbestand

Die Registerkarte **Werksbestand** bzw. **Lagerortbestand** sind analog aufgebaut und informieren über Lagerortbestände der laufenden Periode und der Vorperiode (siehe Abbildung 3.15).

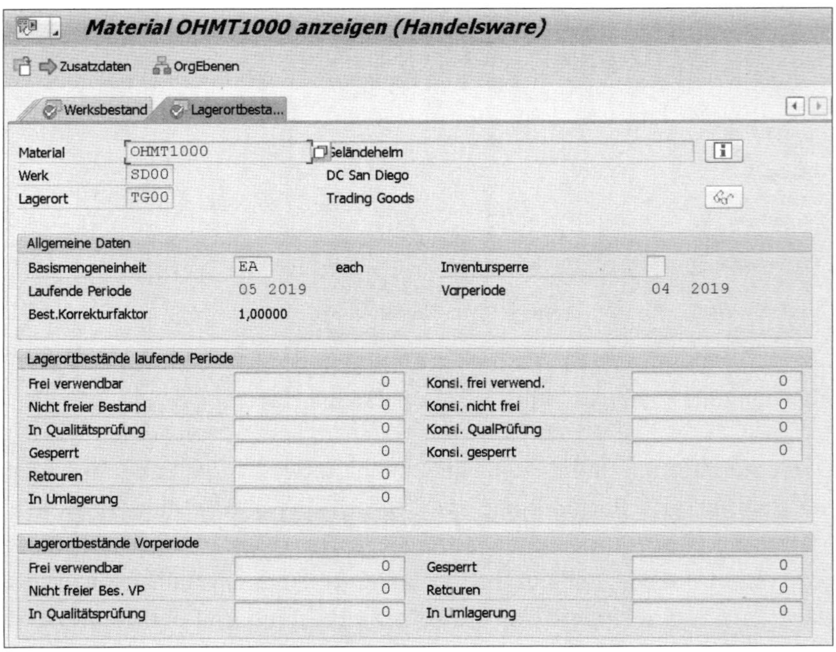

Abbildung 3.15 Materialstamm: Sicht »Lagerortbestand«

Die Darstellung differenziert die Bestände weiter in die verschiedenen Bestandsarten, z. B. durch die Felder **Frei verwendbar**, **Nicht freier Bestand**, **In Qualitätsprüfung**, **Gesperrt**, **Retouren** oder **In Umlagerung**. So sind im Werk San Diego in der angezeigten aktuellen Periode keine Geländehelme verfügbar. Die Werte bei allen Bestandsarten betragen 0.

Transaktionen zur Verwaltung von Materialien

Tabelle 3.1 gibt einen Überblick über die wichtigsten Transaktionen zur Verwaltung von Materialien aus dem Blickwinkel der Materialwirtschaft.

Transaktion	Name	Menüpfad
MM01	Material anlegen (Einstieg)	**Logistik • Materialwirtschaft • Materialstamm • Material • Anlegen allgemein • Sofort**
MM02	Material ändern (Einstieg)	**Logistik • Materialwirtschaft • Materialstamm • Material • Ändern • Sofort**
MM03	Material anzeigen (Einstieg)	**Logistik • Materialwirtschaft • Materialstamm • Material • Anzeigen • Anzeigen akt. Stand**
MMR1	Rohstoff anlegen (Einstieg)	**Logistik • Materialwirtschaft • Materialstamm • Material • Anlegen speziell • Rohstoff**
MMB1	Halbfabrikat anlegen (Einstieg)	**Logistik • Materialwirtschaft • Materialstamm • Material • Anlegen speziell • Halbfabrikat**
MMF1	Fertigerzeugnis anlegen (Einstieg)	**Logistik • Materialwirtschaft • Materialstamm • Material • Anlegen speziell • Fertigerzeugnis**
MMH1	Handelsware anlegen (Einstieg)	**Logistik • Materialwirtschaft • Materialstamm • Material • Anlegen speziell • Handelsware**
MMS1	Dienstleistung anlegen (Einstieg)	**Logistik • Materialwirtschaft • Materialstamm • Material • Anlegen speziell • Dienstleistung**

Tabelle 3.1 Auswahl von Transaktionen zur Verwaltung von Materialien

Neben den hier vorgestellten Transaktionen gibt es noch zahlreiche weitere zum speziellen Anlegen von weiteren Materialarten, darunter MMI1 für Hilfs- und Betriebsstoffe, MMU1 für unbewertetes Material, MMN1 für Nichtlagermaterial, MMV1 für Verpackungsmaterial und MML1 für Leergut.

3.3.2 Lieferanten (Kreditoren)

Der Lieferanten- oder Kreditorenstammsatz wird in der Beschaffung und im Finanzwesen verwendet. Er beinhaltet alle erforderlichen Informationen über externe Zulieferer von Materialien oder Dienstleistungen. In SAP ERP muss für jeden Lieferanten ein Stammsatz im System hinterlegt werden.

Eine Ausnahme sind Einmallieferanten, die über ein Sammelkonto im Kreditorenstamm verwaltet werden können. Diese werden hier jedoch nicht näher betrachtet.

Lieferantenstammsatz

Die zentrale Ablage der Daten in Lieferantenstammsätzen ist die Voraussetzung dafür, dass alle Akteure aus den Bereichen Materialwirtschaft und Finanzbuchhaltung mit den notwendigen Berechtigungen auf dieselben Informationen zugreifen können. Somit umfasst ein Lieferantenstammsatz alle Informationen über einen Lieferanten, die von der Anfrage über die Bestellung, die Lieferung der Ware, die Bearbeitung der Rechnung bis zur Regelung des Zahlungsverkehrs benötigt werden. Der Lieferantenstammsatz ist in drei Bereiche unterteilt (siehe Abbildung 3.16):

- **Allgemeine Daten**
- **Buchungskreis Daten** (FI)
- **Einkaufsorg.Daten** (Einkaufsorganisationsdaten, MM)

Allgemeine Daten

Ein Lieferantenstammsatz enthält analog zu anderen Stammdaten in SAP ERP zunächst **Allgemeine Daten**, die im Gesamtkonzern von Bedeutung sind. Zu diesen mandantenweit geltenden Daten gehören die Lieferantennummer, seine Adresse und bevorzugte Kommunikationswege.

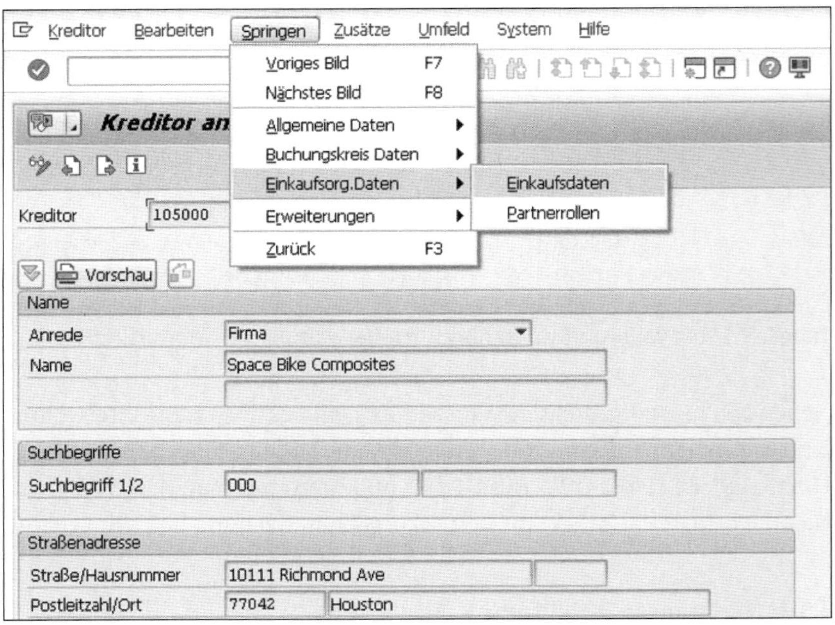

Abbildung 3.16 Bereiche im Lieferantenstammsatz (Transaktion MK03, Kreditor anzeigen [Einkauf])

Buchungskreisdaten

Analog zum Kundenstamm (siehe Abschnitt 2.3.1, »Kunden«) enthält auch der Lieferantenstamm **Buchungskreis Daten**, die jeweils für genau einen

Buchungskreis Gültigkeit besitzen. Im Lieferantenstamm gehören hierzu Abstimmkonten, Zahlungsbedingungen und Kontendaten.

Falls für einen Buchungskreis die Kreditorenbuchhaltung im SAP-System genutzt wird, ist das Abstimmkonto das Sachkonto, über das alle üblichen Finanzbuchungen von Lieferanten in das Hauptbuch fortgeschrieben werden.

Für einen Lieferanten von Global Bike könnten für verschiedene Buchungskreise unterschiedliche finanzrelevante Daten gepflegt werden. Bei Global Bike treten alle Lieferanten jedoch nur in jeweils einem Buchungskreis auf.

Einkaufsorganisationsdaten

Der dritte Bereich im Lieferantenstammsatz beinhaltet die **Einkaufsorganisationsdaten**. Dazu zählen die Einkaufswährung, Ansprechpartner und die Rollen, die dem Lieferanten zugeordnet werden können. Rollen, die ein Lieferant einnehmen kann, sind der Lieferant, die Bestelladresse des Unternehmens, der Warenlieferant, der Rechnungssteller und letztendlich der Zahlungsempfänger. Dabei können einem Lieferanten auch beispielsweise mehrere Bestelladressen oder Rechnungsempfänger zugeordnet sein. Beim Anlegen einer Bestellung müssen Sie sich dann für eine konkrete Bestelladresse bzw. einen konkreten Rechnungsempfänger für diese spezifische Bestellung entscheiden.

Lieferantenstammsatz

Als Nächstes wird die Funktionsweise des Lieferantenstammsatzes an einem Beispiel vorgestellt. Zur Illustration wird erneut das Unternehmen Global Bike herangezogen. Die Buchungskreise Global Bike Inc. und Global Bike Germany GmbH beziehen ihre Materialien von den in Abbildung 3.17 dargestellten Lieferanten – je zwölf in den USA und zwölf in Deutschland.

Lnd	Postleitz.	Ort	Name 1	Kreditor	LöVm
US	30319	ATLANTA	OLYMPIC PROTECTIVE GEAR	101000	
US	45202	CINCINNATI	BOOMTOWN TIRE & WHEEL	102000	
US	75039	IRVING	DALLAS BIKE BASICS	103000	
US	88837	EDISON	LIGHTBULB ACCESSORY KITS	104000	
US	77042	HOUSTON	SPACE BIKE COMPOSITES	105000	
US	54601	LACROSSE	NIGHT RIDER ALUMINUM PROD	106000	
US	22102	MCLEAN	SPY GEAR	107000	
US	19341	GRAND RAPIDS	RAPIDS NUTS N BOLTS	108000	
US	97223	PORTLAND	GREEN BLAZERS SEATS	109000	
US	33126	MIAMI	FUN N THE SUN SEATS N BAR	110000	
US	85251	SCOTTSDALE	SUNNY SIDE UP TIRE	111000	
US	92011	CARLSBAD	REDWOOD KITS	112000	
DE	39120	BRAUNSCHWEIG	BURGMEISTER ZUBEHÖR OHG	113000	
DE	33647	BIELEFELD	PYRAMID BIKING	114000	
DE	99099	ERFURT	ABS BRAKES GMBH	115000	
DE	68167	MANNHEIM	FLAT TIRE AND MORE	116000	
DE	76228	KARLSRUHE	GUMMI SCHULTZE	117000	
DE	86391	AUGSBURG	LOHSE SCHRAUBE	118000	
DE	74080	HEILBRONN	THICK SPOKE	119000	
DE	97070	WÜRZBURG	MAIN CARBON	120000	
DE	24149	SANDKRUG	SHELL GEAR	121000	
DE	50737	KÖLN	COLOGNE BIKE SUPPLIES	122000	
DE	01069	DRESDEN	SACHSEN STAHL AG	123000	
DE	80331	MÜNCHEN	RUN & FUN	124000	

Abbildung 3.17 Übersicht über die Lieferanten von Global Bike in den USA und in Deutschland

Abbildung 3.18 und Abbildung 3.19 geben einen Überblick über die regionale Verteilung der Lieferanten in Deutschland bzw. in den USA.

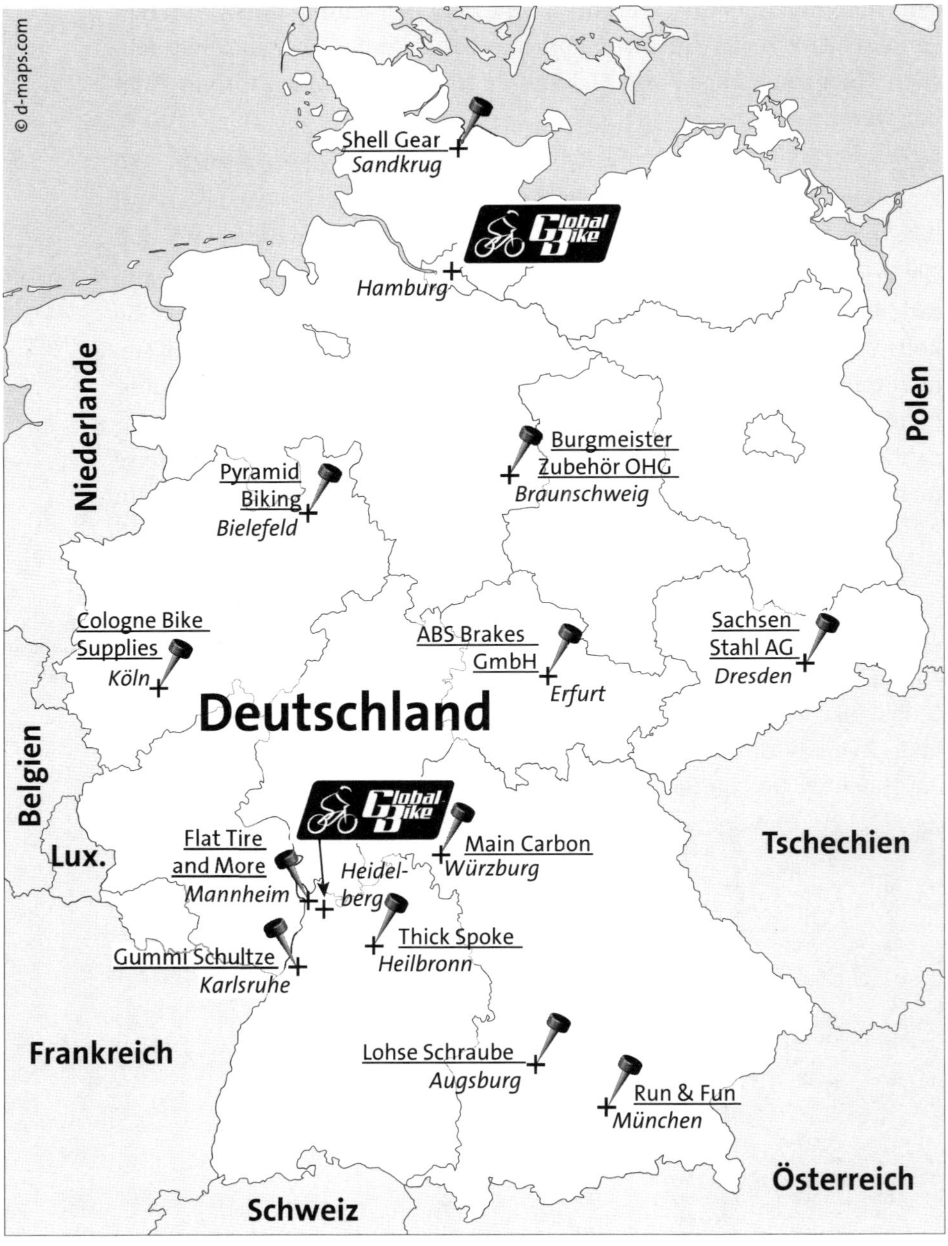

Abbildung 3.18 Übersicht über die regionale Verteilung der Lieferanten (Pinnadeln) und Werke (Logos) der Global Bike Deutschland GmbH (Quelle: https://d-maps.com)

Es ist bereits hier erkennbar, dass bestimmte Teile (Rohstoffe) von bestimmten Lieferanten geliefert werden und dass nicht ein Lieferant alle Materialanfragen bedienen kann. Die Lieferanten sind über ganz Deutschland bzw. die USA verteilt. Allerdings kann anhand der Namen der Lieferanten vermutet werden, dass Bedarfe in den USA, wo möglich, durch Lieferanten in den USA – und Bedarfe in Deutschland überwiegend durch Lieferanten in Deutschland gedeckt werden. Die Kommunikation erfolgt über verschiedene Einkaufsorganisationen: Die Einkaufsorganisation US für den Bereich USA, die Einkaufsorganisation DE für Europa und übergreifend eine global agierende zentrale Einkaufsorganisation.

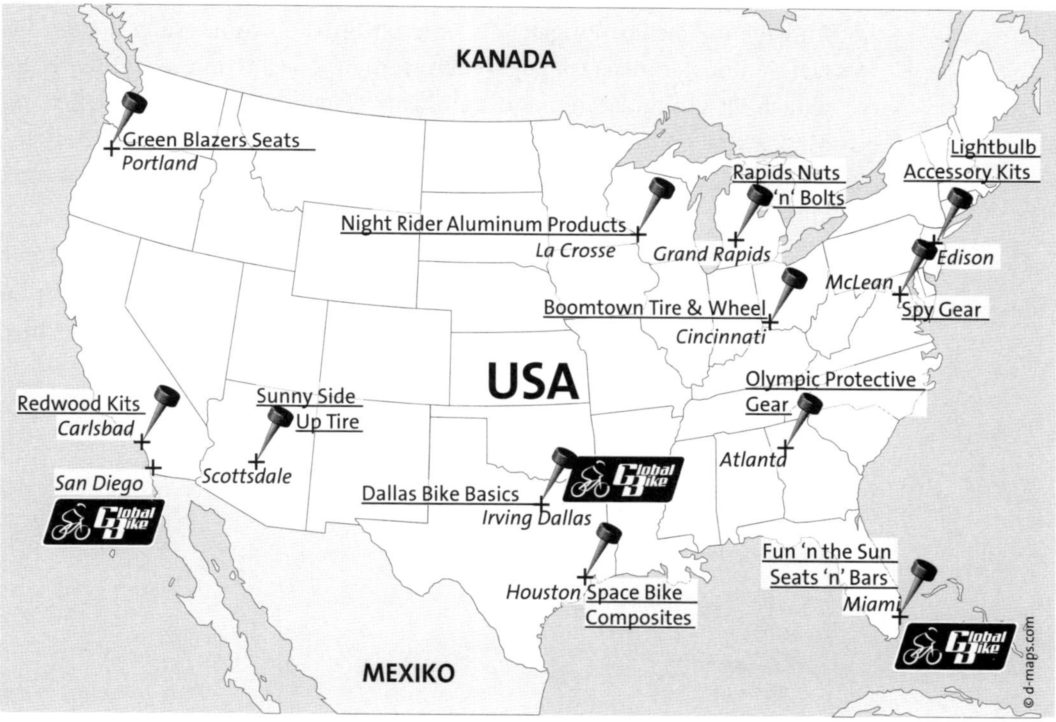

Abbildung 3.19 Übersicht über die regionale Verteilung der Lieferanten (Pinnadeln) und Werke (Logos) der Global Bike Inc. in den USA (Quelle: https://d-maps.com)

Übung: Lieferantenstammsätze anzeigen

[/]

Analog zur Verwaltung des Kundenstammsatzes im Bereich Vertrieb (siehe Abschnitt 2.3.1, »Kunden«) gibt es im SAP-Easy-Access-Menü auch für Lieferanten im Bereich **Logistik** zwei verschiedene Transaktionen zum Anzeigen von Lieferantenstammsätzen:

- Transaktion MK03 (Einkauf)
  Menüpfad **Logistik • Materialwirtschaft • Einkauf • Stammdaten • Lieferant • Einkauf • Anzeigen (aktuell)**
- Transaktion XK03 (Zentral)
  Menüpfad **Logistik • Materialwirtschaft • Einkauf • Stammdaten • Lieferant • Zentral • Anzeigen**

Während einige Mitarbeiter des Unternehmens für die Pflege von Lieferantenstammdaten die Transaktion MK03 nutzen können, steht anderen hierfür die Transaktion XK03 zur Verfügung. Beide Transaktionen ermöglichen es den Benutzern, jeweils nur diejenigen Daten zu sehen, die sie für ihren Aufgabenbereich benötigen. Mit Transaktion XK03 können alle Sichten des Lieferantenstammsatzes angesehen werden. Transaktion MK03 bietet lediglich die Grunddaten und die einkaufsrelevanten Sichten. Verschiedene Mitarbeiter greifen somit auf unterschiedliche Aspekte des Lieferantenstammsatzes zu. Im Folgenden werden die beiden Transaktionen verglichen.

Starten Sie die Transaktion MK03. Suchen Sie Ihren Lieferanten mit der [F4]-Hilfe (siehe Abschnitt 1.5.4, »Die F1- und die F4-Hilfe«), im Beispiel Space Bike Composites, oder geben Sie dessen Lieferantennummer (hier »105000«) im Feld **Kreditor** ein (siehe Abbildung 3.20).

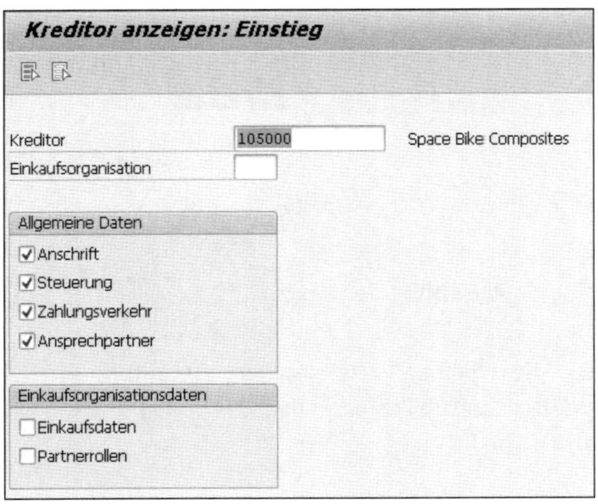

Abbildung 3.20 Einstieg in den Lieferantenstammsatz »Einkauf« (Transaktion MK03, Kreditor anzeigen [Einkauf])

Weiter können Sie im Einstiegsbild wählen, welche Sichten angezeigt werden sollen. Zur Auswahl stehen hier die Sichten mit allgemeinen Daten im Bereich **Allgemeine Daten** mit den Kennzeichen **Anschrift**, **Steuerung**, **Zahlungsverkehr** und **Ansprechpartner** sowie die einkaufsorganisationsspezifischen Sichten im Bereich **Einkaufsorganisationsdaten** mit den Kennzeichen **Einkaufsdaten** und **Partnerrollen**. Setzen Sie einen Haken bei den Kennzeichen **Anschrift**, **Steuerung**, **Zahlungsverkehr** und **Ansprechpartner**, und drücken Sie [↵]. Das SAP-System zeigt Ihnen nun die allgemeinen Daten Ihres Lieferanten an. Verlassen Sie die Transaktion.

Rufen Sie die Transaktion MK03 nun ein zweites Mal auf. Lassen Sie sich dieses Mal die **Einkaufsorganisationsdaten** anzeigen. Wählen Sie hierfür wieder den Kunden Space Bike Composites aus. Setzen Sie dieses Mal einen Haken bei den einkaufsorganisationsspezifischen Sichten bei den Kennzeichen **Einkaufsdaten** und **Partnerrollen**. Das System verlangt in diesem Fall die Auswahl einer Einkaufsorganisation – nämlich jener, deren Daten Sie ansehen möchten. Wählen Sie über die [F4]-Hilfe eine für den Lieferanten gepflegte Einkaufsorganisation aus, und bestätigen Sie mit [↵]. Statt der allgemeinen Daten sehen Sie nun die Einkaufsorganisationsdaten. Auch hier können Sie direkt zwischen allgemeinen Daten und Einkaufsdaten hin- und herspringen. Nutzen Sie hierzu den Menüeintrag **Springen • Allgemeine Daten** und wählen Sie die gewünschte Sicht. Zurück gelangen Sie über **Springen • Einkaufsorg.Daten** und die Auswahl einer spezifischen Sicht.

Starten Sie nun die Transaktion XK03. Das Einstiegsbild, das Sie in Abbildung 3.21 sehen, ähnelt dem der Transaktion MK03 – mit einem entscheidenden Unterschied: Es gibt hier zusätzlich das Feld **Buchungskreis**.

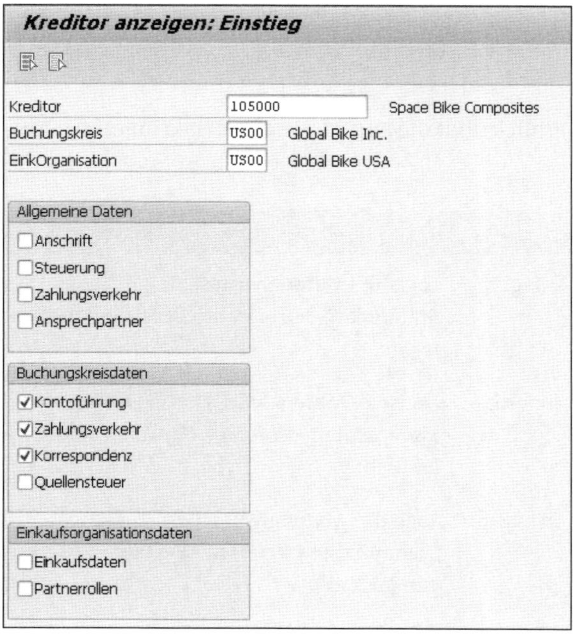

Abbildung 3.21 Einstieg in den Lieferantenstammsatz »Zentral« (Transaktion XK03, Kreditor anzeigen [Zentral])

Da die Firma Space Bike Composites aus dem Beispiel ihren Sitz in den USA hat, geben Sie den Buchungskreis »US00« ein. Passend zur Auswahl des Buchungskreises können Sie zusätzlich wählen, welche Sichten mit Buchungskreisdaten angezeigt werden sollen. Zur Auswahl stehen für den Bereich **Buchungskreisdaten** die Kennzeichen **Kontoführung**, **Zahlungsverkehr**, **Korrespondenz** und **Quellensteuer**. Setzen Sie bei allen Kennzeichen außer **Quellensteuer** (in den Beispieldaten nicht gepflegt) einen Haken, und tragen Sie im Feld **EinkOrganisation** die Einkaufsorganisation »US00« ein. Bestätigen Sie mit [↵].

Sie sehen nun die Buchungskreisdaten, die über die Transaktion MK03 nicht erreichbar waren. Über die Menüeinträge **Springen • Allgemeine Daten**, **Springen • Einkaufsorg.Daten** und **Springen • Buchungskreis Daten** sowie jeweils die Auswahl konkreter Sichten können Sie nun zwischen allen verfügbaren Sichten in den drei Bereichen hin und her navigieren.

[!]

Transaktion FK03

Darüber hinaus gibt es im Rechnungswesen eine weitere Transaktion zur Verwaltung von Lieferanten: Transaktion FK03 (Kreditor anzeigen), Menüpfad **Rechnungswesen • Finanzwesen • Kreditoren • Stammdaten • Anzeigen**.

Mit dieser Transaktion können Mitarbeiter im Finanzwesen die Buchungskreisdaten für den Kreditor pflegen. Sie sehen die Einkaufssichten dabei nicht (siehe auch Abschnitt 4.4.3, »Kreditorenkonto«).

Transaktionen zur Verwaltung von Lieferanten

Tabelle 3.2 gibt einen Überblick über die wichtigsten Transaktionen zur Verwaltung von Lieferanten.

Transaktion	Name	Menüpfad
MK01	Kreditor anlegen	**Logistik • Materialwirtschaft • Einkauf • Stammdaten • Lieferant • Einkauf • Anlegen**
MK02	Kreditor ändern	**Logistik • Materialwirtschaft • Einkauf • Stammdaten • Lieferant • Einkauf • Ändern (aktuell)**
MK03	Kreditor anzeigen	**Logistik • Materialwirtschaft • Einkauf • Stammdaten • Lieferant • Einkauf • Anzeigen (aktuell)**

Tabelle 3.2 Auswahl von Transaktionen zur Verwaltung der Lieferantenstammdaten

Transaktion	Name	Menüpfad
XK01	Kreditor anlegen	**Logistik • Materialwirtschaft • Einkauf • Stammdaten • Lieferant • Zentral • Anlegen**
XK02	Kreditor ändern	**Logistik • Materialwirtschaft • Einkauf • Stammdaten • Lieferant • Zentral • Ändern**
XK03	Kreditor anzeigen	**Logistik • Materialwirtschaft • Einkauf • Stammdaten • Lieferant • Zentral • Anzeigen**

Tabelle 3.2 Auswahl von Transaktionen zur Verwaltung der Lieferantenstammdaten (Forts.)

3.3.3 Einkaufsinfosätze

Einkaufsinfosatz

Ein wichtiger Schritt im Beschaffungsprozess ist die Entscheidung, von welcher Quelle ein Material bezogen werden soll. Einkaufspreise werden dabei nicht vom Mitarbeiter im Einkauf festgelegt, sondern mit dem Lieferanten verhandelt. Hier kann es für ein Material unterschiedliche Konditionen bei verschiedenen Lieferanten und für verschiedene Einkaufsmengen geben.

Einkaufsinfosätze enthalten die Informationen für die Beziehung eines konkreten Materials bei einem konkreten Lieferanten, verknüpfen also einen Lieferanten- mit einem Materialstammsatz. Dabei enthält ein Einkaufsinfosatz Daten über Einkaufspreise und -konditionen, Informationen über die letzte Bestellung des Materials beim Lieferanten, Toleranzgrenzen für Lieferungen, spezifische Vorlaufzeiten, Informationen über die Verfügbarkeit sowie Lieferantenbeurteilungen.

Einkaufsinfosätze verwalten

Mitarbeiter im Einkauf können Einkaufsinfosätze manuell anlegen. Einkaufsinfosätze können aber auch automatisch aus Angeboten oder Bestellungen abgeleitet werden. Auf der anderen Seite kann ein Einkaufsinfosatz auch als Vorlage für eine Bestellung herangezogen werden. Im Reporting werden Einkaufsinfosätze für Lieferantenauswertungen verwendet.

Transaktionen zur Verwaltung von Einkaufsinfosätzen

Tabelle 3.3 gibt einen Überblick über die wichtigsten Transaktionen zur Verwaltung von Einkaufsinfosätzen.

Transaktion	Name	Menüpfad
ME11	Infosatz anlegen	**Logistik • Materialwirtschaft • Einkauf • Stammdaten • Infosatz • Anlegen**
ME12	Infosatz ändern	**Logistik • Materialwirtschaft • Einkauf • Stammdaten • Infosatz • Ändern**
ME13	Infosatz anzeigen	**Logistik • Materialwirtschaft • Einkauf • Stammdaten • Infosatz • Anzeigen**

Tabelle 3.3 Auswahl von Transaktionen zur Verwaltung von Einkaufsinfosätzen

3.3.4 Konditionen

Konditionen Preisvereinbarungen

Im SAP-ERP-System werden unter *Konditionen* Preisvereinbarungen mit dem Lieferanten (oder auch dem Kunden, siehe Abschnitt 2.5.1, »Konditionen pflegen«) verstanden. Diese werden mit dem Lieferanten verhandelt und dann ins SAP-System eingepflegt. Wie Verkaufspreise hängen auch Einkaufspreise von verschiedenen Preisbestandteilen ab. Dazu gehören beispielsweise Zuschläge und Abschläge sowie Rabatte. Die Berechnung des Netto- bzw. des Effektivpreises basiert auf den im System eingepflegten Einkaufskonditionen. Dabei können sich die Konditionen auf Lieferanten, Artikel oder auch Warengruppen beziehen.

Transaktionen zur Verwaltung von Konditionen

Tabelle 3.4 gibt einen Überblick über die wichtigsten Transaktionen zur Verwaltung von Konditionen im Einkauf.

Transaktion	Name	Menüpfad
MEKA	Einkaufs-konditionen	**Logistik • Materialwirtschaft • Einkauf • Stammdaten • Konditionen • Preise • Gesamtübersicht**
MEK1	Konditionssätze anlegen	**Logistik • Materialwirtschaft • Einkauf • Stammdaten • Konditionen • Sonstige • Anlegen**
MEK2	Konditionssätze ändern	**Logistik • Materialwirtschaft • Einkauf • Stammdaten • Konditionen • Sonstige • Ändern**
MEK3	Konditionssätze anzeigen	**Logistik • Materialwirtschaft • Einkauf • Stammdaten • Konditionen • Sonstige • Anzeigen**

Tabelle 3.4 Auswahl von Transaktionen zur Verwaltung von Konditionen im Einkauf

3.3.5 Nachrichten

Nachrichten

Nachrichten enthalten Informationen, die das Unternehmen dem Lieferanten übermitteln möchte. Dazu gehören Anfragen, Bestellungen, Lieferplanabrufe, Erfassungsblätter und Anlieferungen. Diese im Kontext von SAP ERP-Systemen als Nachrichten bezeichneten Dokumente können auf verschiedenen Wegen dem Lieferanten übermittelt werden (siehe Abschnitt 3.3.5). Es handelt sich hier also um Bewegungsdaten. Analog zum Bereich Vertrieb (SD) können die Vorlagen für Nachrichten, z. B. wiederkehrende Texte, im System hinterlegt werden. Diese Vorlagen haben Stammdatencharakter.

Transaktionen zur Verwaltung von Nachrichten

Tabelle 3.5 gibt einen Überblick über die wichtigsten Transaktionen zur Verwaltung von Nachrichten-Konditionssätzen für den Einkauf.

Darüber hinaus gibt es weitere Transaktionen für weitere Arten von Nachrichten-Konditionssätzen, z. B. für Nachrichten zum Einkauf mit Rahmenverträgen (MN07: Anlegen; MN08: Ändern; MN09: Anzeigen), zum Einkauf mit Lieferplaneinteilung (MN10: Anlegen; MN11: Ändern; MN12: Anzeigen) und für Anlieferungen (MN24: Anlegen; MN25: Ändern; MN26: Anzeigen).

Transaktion	Name	Menüpfad
MN01	Nachrichten-Konditionssätze anlegen: Einkauf Anfrage	**Logistik • Materialwirtschaft • Einkauf • Stammdaten • Nachrichten • Anfrage • Anlegen**
MN02	Nachrichten-Konditionssätze ändern: Einkauf Anfrage	**Logistik • Materialwirtschaft • Einkauf • Stammdaten • Nachrichten • Anfrage • Ändern**
MN03	Nachrichten-Konditionssätze anzeigen: Einkauf Anfrage	**Logistik • Materialwirtschaft • Einkauf • Stammdaten • Nachrichten • Anfrage • Anzeigen**
MN04	Nachrichten-Konditionssätze anlegen: Einkauf Bestellung	**Logistik • Materialwirtschaft • Einkauf • Stammdaten • Nachrichten • Bestellung • Anlegen**
MN05	Nachrichten-Konditionssätze ändern: Einkauf Bestellung	**Logistik • Materialwirtschaft • Einkauf • Stammdaten • Nachrichten • Bestellung • Ändern**
MN06	Nachrichten-Konditionssätze anzeigen: Einkauf Bestellung	**Logistik • Materialwirtschaft • Einkauf • Stammdaten • Nachrichten • Bestellung • Anzeigen**

Tabelle 3.5 Auswahl von Transaktionen zur Verwaltung von Nachrichten-Konditionssätzen im Einkauf

3.4 Bewegungsdaten

In der Materialwirtschaft sind neben den Stammdaten auch verschiedene Bewegungsdaten von Bedeutung.

3.4.1 Bestellanforderung (BAnf)

Bestellanforderung (BAnf)

Die *Bestellanforderung* (BAnf) ist ein unternehmensinterner Beleg, der dem Einkauf kommuniziert, welche Menge eines Materials oder einer Dienstleistung zu welchem Termin beschafft werden soll. Dabei können Bestellanforderungen direkt oder indirekt ausgelöst werden.

Direkte und indirekte Erstellung einer BAnf

Bei der direkten Auslösung wird die BAnf manuell von einem Mitarbeiter im Fachbereich in das SAP-ERP-System eingegeben. Hierbei muss der Mitarbeiter eintragen, was bestellt werden soll, wie viel und zu welchem Termin. Bei der indirekten Auslösung einer BAnf wird diese automatisch vom SAP-ERP-System generiert. Dies kann beispielsweise im Rahmen der Materialbedarfsplanung (*Material Requirements Planning*, MRP, siehe Abschnitt 5.1, »Grundbegriffe der Produktion«) geschehen oder von Fertigungsaufträgen (siehe Abschnitt 5.5.3, »Fertigungsauftrag«), *Instandhaltungsaufträgen* oder Kundenaufträgen (siehe Abschnitt 2.4.3, »Kundenauftrag«) angestoßen werden. Bei Instandhaltungsaufträgen handelt es sich um Aufträge zur Wiederherstellung des Soll-Zustandes einer Anlage, z. B. einer Maschine. Im SAP-ERP-System werden Instandhaltungsaufträge in der Komponente *EAM* (Enterprise Asset Management) abgebildet, auf die in diesem Buch jedoch nicht näher eingegangen wird.

Abbildung 3.22 zeigt eine manuell von einem Mitarbeiter angelegte BAnf für 200 Kettenschlösser. Sie sehen, dass in der BAnf auch das **Lieferdatum** sowie das empfangende **Werk** und gegebenenfalls der **Lagerort** angegeben sind.

Ermittlung der Bezugsquelle

Der Einkauf kann aus einer BAnf eine Bestellung generieren, das heißt, die Daten aus der BAnf können in eine Bestellung übernommen werden. Dafür muss die BAnf freigegeben sein. Dies kann erst geschehen, nachdem für die BAnf eine Bezugsquelle – z. B. ein Lieferant – ermittelt wurde. Dies können die Mitarbeiter im Einkauf über verschiedene Wege erledigen, z. B. über interne Beschaffungsanforderungen (siehe Abschnitt 3.5.2), das Orderbuch, Rahmenverträge oder Ausschreibungen (siehe Abschnitt 3.4.2).

Transaktionen zur Verwaltung von BAnf

Tabelle 3.6 gibt einen Überblick über die wichtigsten Transaktionen zur Verwaltung von Bestellanforderungen.

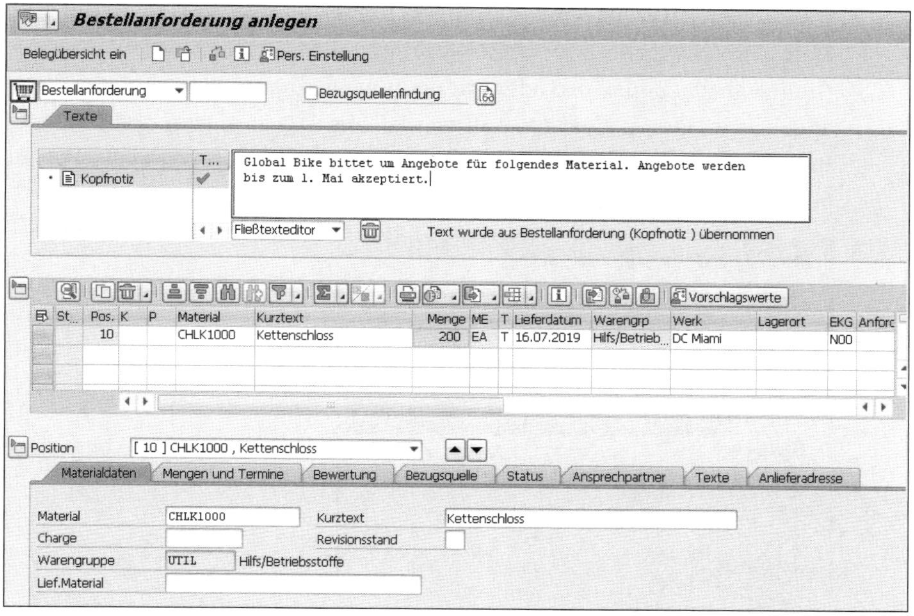

Abbildung 3.22 Bestellanforderung für 200 Kettenschlösser (Transaktion ME51N, Bestellanforderung anlegen)

Transaktion	Name	Menüpfad
ME51N	Bestellanforderung anlegen	**Logistik • Materialwirtschaft • Einkauf • Banf • Anlegen**
ME52N	Bestellanforderung ändern	**Logistik • Materialwirtschaft • Einkauf • Banf • Ändern**
ME53N	Bestellanforderung anzeigen	**Logistik • Materialwirtschaft • Einkauf • Banf • Anzeigen**
ME54N	Bestellanforderung Einzelfreigabe	**Logistik • Materialwirtschaft • Einkauf • Banf • Freigeben • Einzelfreigabe**

Tabelle 3.6 Auswahl von Transaktionen zur Verwaltung von Bestellanforderungen

3.4.2 Lieferantenanfrage/Ausschreibung

Lieferantenanfrage/ Ausschreibung

Neben der internen Beschaffung und der Auswahl eines bereits bekannten Lieferanten für ein Material kann auch der Fall eintreten, dass im SAP-System keine Bezugsquelle für ein Material hinterlegt ist. In diesem Fall kann einem bzw. können mehreren Lieferanten eine *Ausschreibung* – eine *Lieferantenanfrage* – übermittelt werden. Mit solch einer Anfrage bittet eine Einkaufsorganisation (siehe Abschnitt 3.2) eines Unternehmens potenzielle Lieferanten, Angebote für die Lieferung von Materialien oder Dienstleistungen abzugeben. Eine Lieferantenanfrage kann mit Bezug auf eine BAnf angelegt werden. In diesem Fall werden die Daten automatisch aus der BAnf in die Anfrage kopiert und können anschließend vom Bearbeiter geändert werden, wie Abbildung 3.23 zeigt.

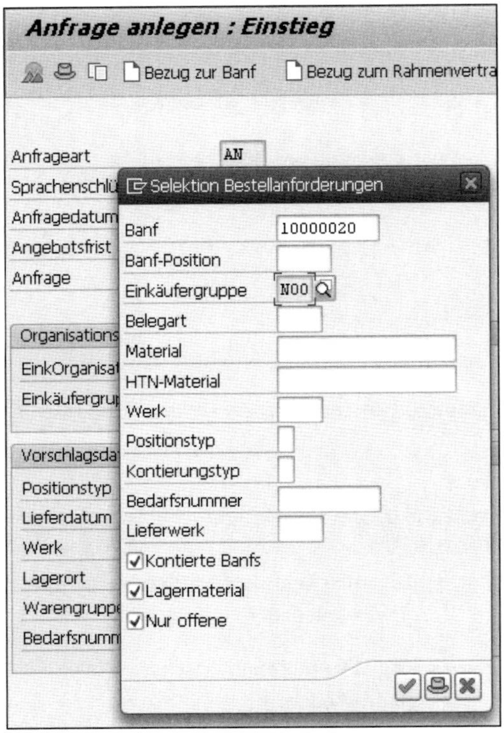

Abbildung 3.23 Anfrage anlegen mit Bezug auf eine BAnf (Transaktion ME41, Anfrage anlegen)

Abbildung 3.24 zeigt eine Anfrage über 200 Kettenschlösser, die an den Lieferanten Mid-West Supply gerichtet ist. Es können zum selben Material zeitgleich mehrere Anfragen an verschiedene Lieferanten erstellt werden. Hier ist neben dem (Wunsch-)**Lieferdatum** auch die Angebotsfrist (**AngFrist**) zu sehen, die angibt, wie lange das Angebot gültig ist.

Transaktionen für externe Bezugsquellen

Tabelle 3.7 gibt einen Überblick über die wichtigsten Transaktionen zur Verwaltung externer Bezugsquellen für ein Material.

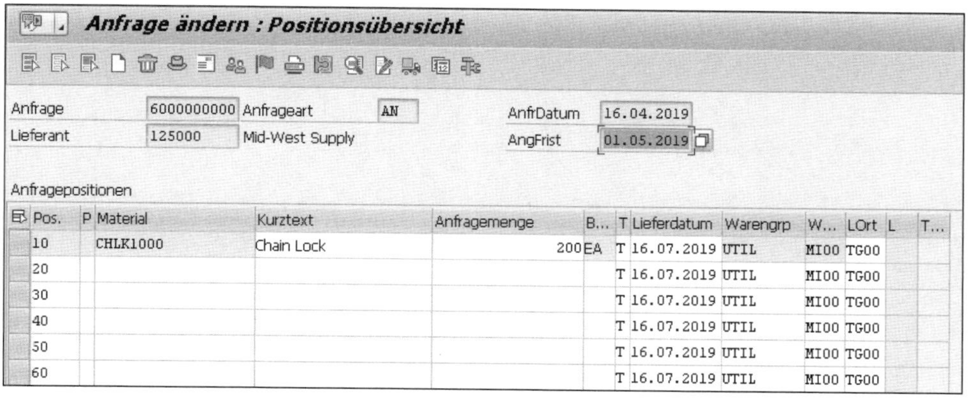

Abbildung 3.24 Anfrage über 200 Kettenschlösser (Transaktion ME42, Anfrage ändern)

Transaktion	Name	Menüpfad
ME41	Anfrage anlegen	**Logistik • Materialwirtschaft • Einkauf • Anfrage/Angebot • Anfrage • Anlegen**
ME42	Anfrage ändern	**Logistik • Materialwirtschaft • Einkauf • Anfrage/Angebot • Anfrage • Ändern**
ME43	Anfrage anzeigen	**Logistik • Materialwirtschaft • Einkauf • Anfrage/Angebot • Anfrage • Anzeigen**
ME45	Einkaufsbelege freigeben	**Logistik • Materialwirtschaft • Einkauf • Anfrage/Angebot • Anfrage • Freigeben**

Tabelle 3.7 Auswahl von Transaktionen zur Verwaltung von Ausschreibungen/Lieferantenanfragen

3.4.3 Lieferantenangebot

Lieferantenangebot

Die Lieferanten antworten auf eine Ausschreibung mit einem *Angebot*. Basierend auf der Anfrage kann im SAP-System ein Angebot gepflegt werden, wie in Abbildung 3.25 für die Anfrage über die Kettenschlösser an die Firma Mid-West Supply gezeigt. Nach seinem Eingang wird das Lieferantenangebot im SAP-ERP-System erfasst. Dabei werden die in zuvor bereits in der Anfrage hinterlegten Daten in das Lieferantenangebot kopiert und können verändert und um die Angaben des Lieferanten ergänzt werden.

Konditionen im Angebot hinterlegen

Neben dem Nettopreis können auch weitere Konditionen im Angebot hinterlegt werden, wie Abbildung 3.26 illustriert.

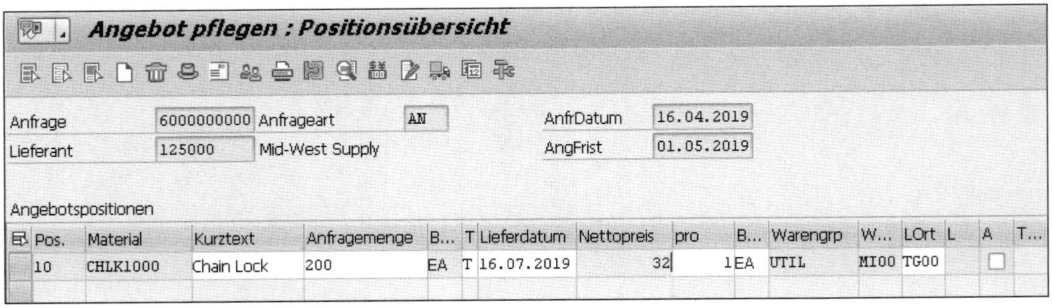

Abbildung 3.25 Lieferantenangebot basierend auf einer Lieferantenanfrage pflegen (Transaktion ME47, Angebot pflegen)

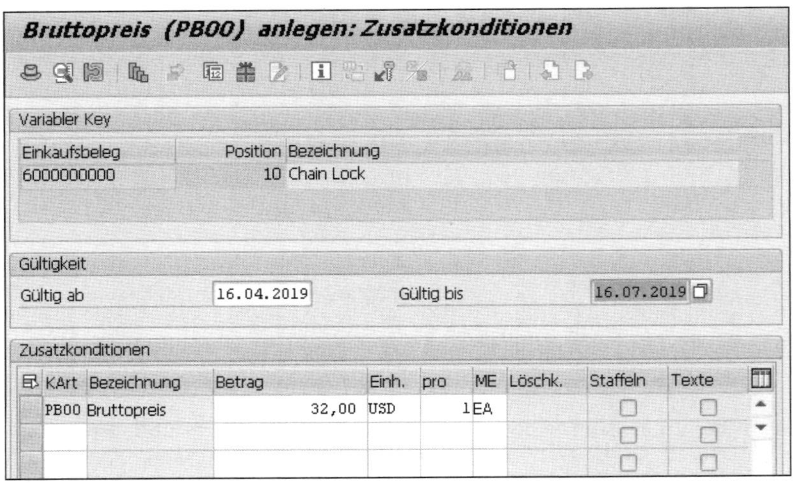

Abbildung 3.26 Lieferantenangebot: Konditionen pflegen

Transaktionen zur Verwaltung von externen Angeboten

Tabelle 3.8 gibt einen Überblick über die wichtigsten Transaktionen zur Verwaltung von Lieferantenangeboten.

Transaktion	Name	Menüpfad
ME47	Angebot pflegen	**Logistik • Materialwirtschaft • Einkauf • Anfrage/Angebot • Angebot • Pflegen**
ME48	Angebot anzeigen	**Logistik • Materialwirtschaft • Einkauf • Anfrage/Angebot • Angebot • Anzeigen**
ME49	Preisspiegel	**Logistik • Materialwirtschaft • Einkauf • Anfrage/Angebot • Angebot • Angebotspreisspiegel**

Tabelle 3.8 Auswahl von Transaktionen zur Verwaltung von externen Angeboten für ein Material

3.4.4 Bestellung

Eine *Bestellung* ist eine formale Aufforderung an einen Lieferanten, die genannten Materialien oder Dienstleistungen zu den festgelegten Konditionen bereitzustellen.

Kopfdaten

Im Kopf einer Bestellung sind die Daten erfasst, die für die gesamte Bestellung Gültigkeit besitzen, wie beispielsweise die Bestellnummer, das Bestelldatum, die Lieferantennummer, Zahlungsbedingungen (**Zahlungsbed**), die **Währung** sowie der Gesamtpreis der Bestellung. Bei einer Bestellung sind auch die Kopfdaten auf mehrere Registerkarten aufgeteilt.

Positionsdaten

In den Positionsdaten finden sich die einzelnen Bestellpositionen, das heißt, jedes Material bzw. jede Dienstleistung der Bestellung wird zu einer eigenen Position. Eine Position enthält somit die Information, welches **Material** bzw. welche Dienstleistung in welcher **Menge** zu welchen Konditionen geliefert werden soll.

Positionstypen

Jeder Position ist ein Positionstyp zugeordnet. Von diesem hängen die weiterführenden Prozesse ab. Mögliche Positionstypen sind:

- Standard (Lagermaterial oder Verbrauchsmaterial)
- Dienstleistungen
- Lohnbearbeitung: Ein Unternehmen stellt seinem Lieferanten Materialien zur Verfügung, die dieser für die Fertigung des bei ihm bestellten Fertigprodukts braucht.
- Streckengeschäft: Ein Händler kauft Ware ein und verkauft sie an den Kunden weiter, ohne physisch mit ihr in Berührung gekommen zu sein.
- Konsignation: Lager des Lieferanten in der Nähe des Kunden; die Ware bleibt Eigentum des Lieferanten, bis der Kunde sie dem Konsignationslager entnimmt.

Zur Erinnerung: Generelle Informationen zu Kopf- und Positionsdaten finden Sie auch in Abschnitt 1.2.4, »Grundlegende Konzepte«.

Bestellungen mit Vorlagen anlegen

Im SAP-ERP-System können Bestellungen manuell vom Mitarbeiter im Einkauf angelegt werden. Dabei kann eine BAnf (siehe Abschnitt 3.4.1), eine (ältere) Bestellung oder ein Lieferantenangebot (siehe Abschnitt 3.4.3) als Vorlage definiert werden, aus der die entsprechenden Daten übernommen werden. Abbildung 3.27 zeigt eine Bestellung, die mit Bezug auf ein Lieferantenangebot angelegt wurde. So wurden die Preise und Konditionen aus dem Lieferantenangebot in die Bestellung übernommen. Alternativ kann eine Bestellung ohne jegliche Vorlage angelegt werden. Neben der manuellen Anlage können Bestellungen vom SAP-System auch automatisch generiert werden.

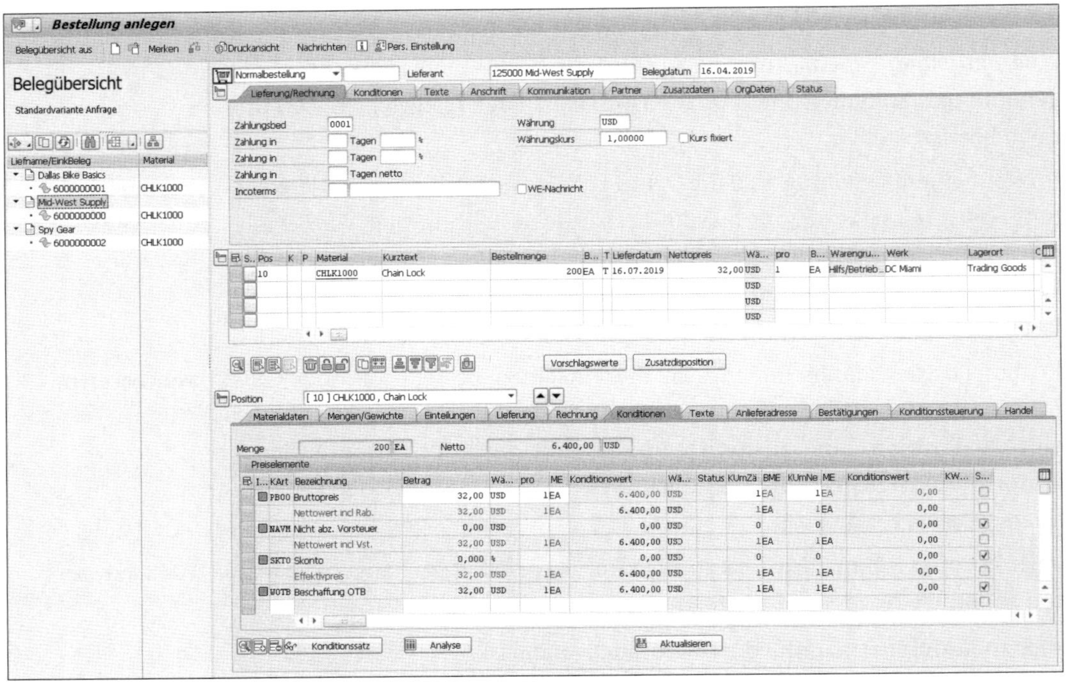

Abbildung 3.27 Bestellung anlegen mit Bezug auf ein Lieferantenangebot (Transaktion ME21N, Bestellung anlegen [Lieferant/Lieferwerk bekannt])

Transaktionen zur Verwaltung von Bestellungen

Tabelle 3.9 gibt einen Überblick über die wichtigsten Transaktionen zur Verwaltung von Bestellungen.

Transaktion	Name	Menüpfad
ME21N	Bestellung anlegen	**Logistik • Materialwirtschaft • Einkauf • Bestellung • Anlegen • Lieferant/Lieferwerk bekannt**
ME25	Bestellung anlegen	**Logistik • Materialwirtschaft • Einkauf • Bestellung • Anlegen • Lieferant unbekannt**
ME22N	Bestellung ändern	**Logistik • Materialwirtschaft • Einkauf • Bestellung • Ändern**
ME23N	Bestellung anzeigen	**Logistik • Materialwirtschaft • Einkauf • Bestellung • Anzeigen**
ME28N	Bestellung freigeben	**Logistik • Materialwirtschaft • Einkauf • Bestellung • Freigeben • Einzelfreigabe**

Tabelle 3.9 Auswahl von Transaktionen zur Verwaltung von Bestellungen

UCC-Übung MM 1

Für eine detaillierte Einführung in die Bereiche und Attribute einer Bestellung in SAP ERP führen Sie die erste UCC-Übung »MM 1: Anzeigen Bestellung« durch. Sie erhalten diese Fallstudie unter *http://www.sap-press.de/4640*, **Materialien zum Buch**. In der Rolle des Einkäufers Tirrell Winsten schauen Sie sich eine Bestellung für Fahrradhelme beim Lieferanten Olympic Protective Gear an. Diese wurde durch die Einkäufergruppe »North America« (N00) für die Einkaufsorganisation »Global Bike US« (US00) aufgegeben.

3.4.5 Wareneingang

Wareneingang

Beim *Wareneingang* werden Materialien, die ein Unternehmen von einem externen Lieferanten oder aus der Produktion (siehe Abschnitt 5.6.4, »Fertigungssteuerung«) erhält, ins Lager eingebucht. Dazu wird im SAP-System ein entsprechender Beleg erzeugt. Dies geschieht über die Buchung einer Warenbewegung, über die sich der Lagerbestand erhöht. Gleichzeitig wird auch im Finanzwesen ein Beleg erzeugt, da der Vorgang ebenso eine wertmäßige Änderung darstellt. Im Bereich der Materialwirtschaft erfolgen Warenanlieferungen vom Lieferanten in der Regel mit Bezugnahme auf Bestellungen aus dem Einkauf. In der Folge unterstützt der Bestellbeleg die Planung und Überwachung für den Einkauf, außerdem die Disposition, die Bestandsführung für das Material sowie die Rechnungsprüfung.

Abbildung 3.28 zeigt den Wareneingang von 100 Kettenschlössern zu einer Bestellung.

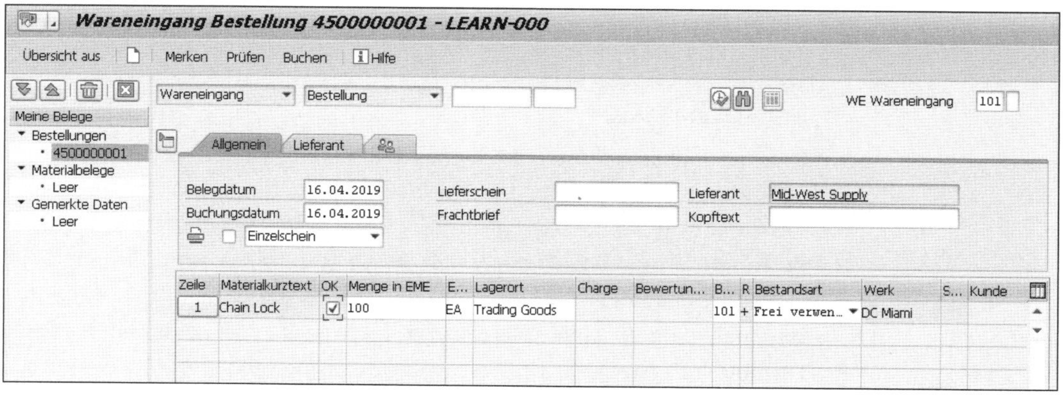

Abbildung 3.28 Wareneingang zu einer Bestellung (Transaktion MIGO, Wareneingang Bestellung)

Wareneingänge vorausplanen

Wareneingänge können vorausgeplant werden. Damit können Sie die Bestandsentwicklung bestellter oder im eigenen Unternehmen gefertigter Materialien überwachen. In der Materialwirtschaft können Wareneingänge hierzu mit Bezug zu Bestellungen angelegt werden. Die Bestellungen stellen hier alle Informationen bereit, die für die Planung notwendig sind. Bestellmengen werden in der Bestandsübersicht als Bestellbestand ausgewiesen. Wareneingänge ohne Bezug zu einer Bestellung können zur Planung als Reservierung im SAP-System hinterlegt werden. Diese werden in der Bestandsübersicht als geplante Zugänge angezeigt. Analog können in der Produktionsplanung Wareneingänge mit Bezug zu Fertigungsaufträgen angelegt werden (siehe Abschnitt 5.6.1, »Absatz- und Produktionsgrobplanung«).

Transaktionen zum Wareneingang

Tabelle 3.10 gibt einen Überblick über die wichtigsten Transaktionen zum Wareneingang.

Transaktion	Name	Menüpfad
MIGO	Wareneingang Bestellung	**Logistik • Materialwirtschaft • Einkauf • Bestellung • Folgefunktionen • Wareneingang**
MIGO	Wareneingang	**Logistik • Materialwirtschaft • Bestandsführung • Warenbewegung • Wareneingang • Zur Bestellung • WE zur Bestellung (MIGO)**

Tabelle 3.10 Auswahl von Transaktionen zur Verwaltung des Wareneingangs

Weitere Informationen zum Wareneingang aus Prozesssicht erhalten Sie in Abschnitt 3.5.4.

[/]

UCC-Übung MM 2

Um eine detaillierte Übersicht über die Darstellung eines Wareneingangs in SAP ERP zu erhalten, bearbeiten Sie die zweite UCC-Übung »MM 2: Anzeigen Wareneingang für Bestellung«. Sie finden diese im Downloadbereich zum Buch unter *http://www.sap-press.de/4640*, **Materialien zum Buch**. In der Rolle der Lagereingangsbuchhalterin Tatiana Karsova schauen Sie sich den Wareneingang zu einer Bestellung für Fahrradhelme beim Lieferanten Olympic Protective Gear an. Diese wurde durch die Einkäufergruppe »North America« (N00) für die Einkaufsorganisation »Global Bike US« (US00) aufgegeben (Bestellung aus UCC-Übung MM 1).

3.4.6 Lieferantenrechnung und Zahlungsabwicklung

Die Abwicklung der Zahlung der Lieferantenrechnung wird vom Bereich Finanzen verantwortet (siehe Abschnitt 4.4.3, »Kreditorenkonto«, Abschnitt 4.7.2, »Nebenbuchhaltungen«, und Abschnitt 4.9.1, »UCC-Fallstudie: Kreditorenbuchhaltung«). Jedoch besteht im SAP-System auch im Bereich der Materialwirtschaft die Möglichkeit, Lieferantenrechnungen zu erfassen und Informationen zur Zahlung an den Lieferanten zu erhalten.

Rechnungsbeleg

Der Rechnungsbeleg (siehe Abbildung 3.29) kann bei Eingang der Rechnung manuell erfasst werden. Wird dies im SAP-System mit Bezug auf die Bestellung getan, werden bei der Anlage der Rechnung die Daten aus dem Bestellbeleg vom System übernommen. In diesem Fall ist die Bestellung der Vorgängerbeleg, die Rechnung der Folgebeleg. Der Bearbeiter ergänzt oder ändert die Rechnungsdaten wie **Betrag**, **Währung** und **Rechnungsdatum**.

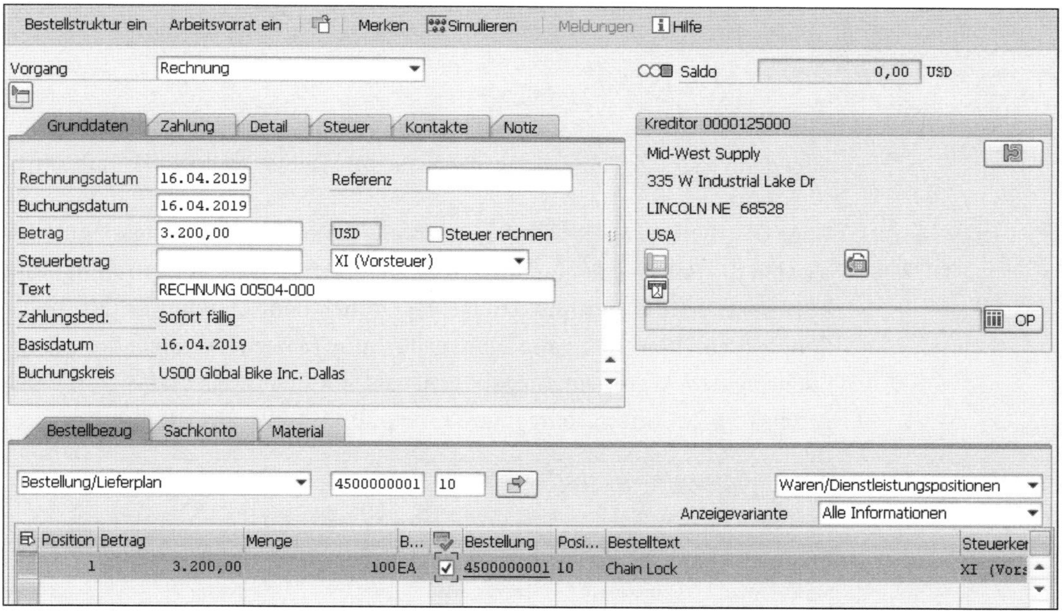

Abbildung 3.29 Rechnungsbeleg (Transaktion MIRO, Eingangsrechnung hinzufügen)

Auf der Registerkarte **Detail** wird unter anderem die Kontonummer des Sachkontos im **Hauptbuch** angezeigt, auf das der Betrag aus der Materialwirtschaft in das Finanzwesen fortgeschrieben wird. Im Beispiel ist dies das Konto 300000 – »Verbindlichkeiten« (siehe Abbildung 3.30, **Hauptbuch**).

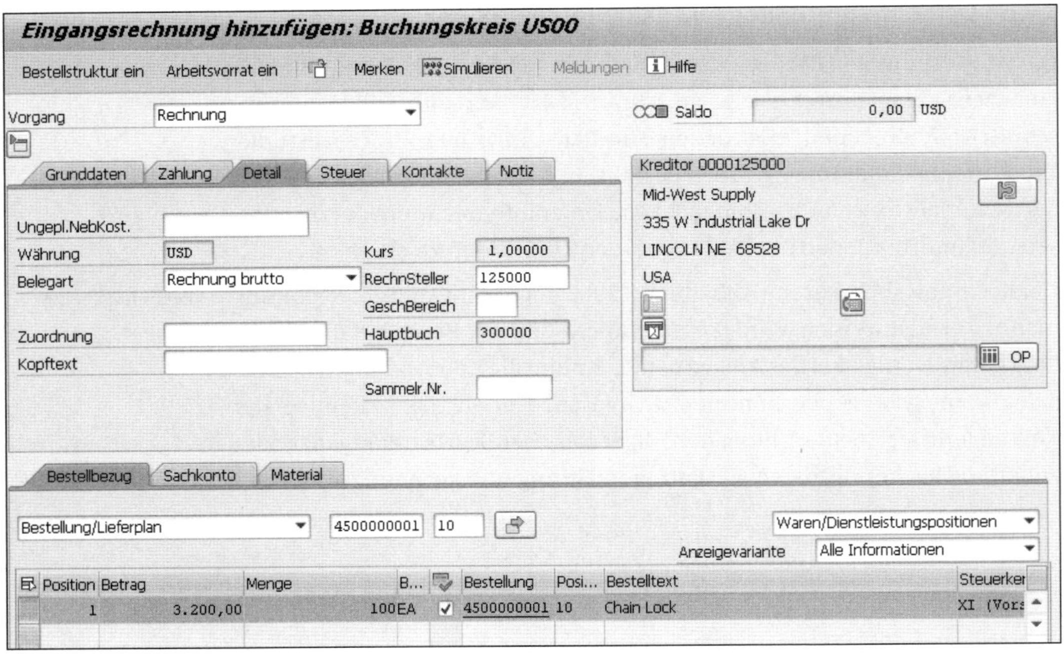

Abbildung 3.30 Rechnungsbeleg – Registerkarte Detail: Konto im Hauptbuch

Belegfluss zur Rechnung

Über den Button **Folgebelege...** gelangen Sie in die Erfassungssicht. Hier werden die Belege zu einer Rechnung angezeigt. Das Beispiel in Abbildung 3.31 illustriert die Verbindlichkeit gegenüber dem Lieferanten Mid-West Supply. Beim Wareneingang (Haben-Buchung Material) erfolgte die Gegenbuchung zum Wareneingang zunächst als Soll-Buchung auf das Wareneingangs- bzw. Rechnungseingangs-Verrechnungskonto (WE/RE-Konto).

Abbildung 3.31 Belege zur Rechnung anzeigen (Transaktion MIR4, Rechnungsbeleg anzeigen)

Beim Eingang der Lieferantenrechnung wird die gezeigte Verbindlichkeit gegenüber dem Lieferanten erzeugt (Soll-Buchung auf das **Konto** 125000 des Lieferanten Mid-West Supply), die entsprechende Gegenbuchung entlastet das WE/RE-Konto (Haben-Buchung auf das **Konto** WE/RE; siehe Abschnitt 3.5.8 und Abschnitt 5.4.1, »Material«).

Zahlungsabwicklung

Abschließend erfolgt die Zahlungsabwicklung in der Komponente *FI*. Hier wird das Bankkonto belastet, die entsprechende Gegenbuchung löst die Verbindlichkeit gegenüber dem Lieferanten auf und entlastet so das Kreditorenkonto.

Transaktionen für Lieferantenrechnungen

Tabelle 3.11 gibt einen Überblick über die wichtigsten Transaktionen zur Verwaltung von Lieferantenrechnungen aus Sicht der Materialwirtschaft.

Transaktion	Name	Menüpfad
MIRO	Eingangsrechnung hinzufügen	**Logistik • Materialwirtschaft • Logistik-Rechnungsprüfung • Belegerfassung • Eingangsrechnung hinzufügen**
MIR4	Rechnungsbeleg anzeigen	**Logistik • Materialwirtschaft • Logistik-Rechnungsprüfung • Weiterverarbeitung • Rechnungsbeleg anzeigen**
MIR6	Übersicht Rechnungen – Selektionskriterien	**Logistik • Materialwirtschaft • Logistik-Rechnungsprüfung • Weiterverarbeitung • Übersicht Rechnungen**

Tabelle 3.11 Auswahl von Transaktionen zur Verwaltung von Lieferantenrechnungen und zur Übersicht über die Zahlungsabwicklung

[/]

UCC-Übung MM 3

Eine detaillierte Einführung in die Bereiche und Attribute einer Lieferantenrechnung in SAP ERP erhalten Sie, indem Sie die dritte UCC-Übung »MM 3: Anzeigen Rechnungseingang vom Lieferanten« bearbeiten. Sie erhalten diese Fallstudie im Downloadbereich zum Buch unter *http://www.sap-press.de/4640*, **Materialien zum Buch**. In der Rolle der Zahlungsbeauftragten Silvia Cassano lassen Sie sich die Lieferantenrechnung für eine Bestellung für Fahrradhelme beim Lieferanten Olympic Protective Gear anzeigen. Diese wurde durch die Einkäufergruppe »North America« (N00) für die Einkaufsorganisation »Global Bike US« (US00) aufgegeben (Bestellung aus UCC-Übung MM 1).

[/]

UCC-Übung MM 4

Um eine Übersicht über die Verfolgung der Zahlungsabwicklung einer Lieferantenrechnung in SAP ERP zu erhalten, bearbeiten Sie die vierte UCC-Übung »MM 4: Anzeigen Zahlung an Lieferanten« (siehe *http://www.sap-press.de/4640*, **Materialien zum Buch**). In der Rolle der Zahlungsbeauftragten Silvia Cassano informieren Sie sich über die Zahlungsabwicklung zur Lieferantenrechnung für eine Bestellung über Fahrradhelme beim Lieferanten Olympic Protective Gear. Diese wurde durch die Einkäufergruppe »North America« (N00) für die Einkaufsorganisation »Global Bike US« (US00) aufgegeben (Bestellung aus UCC-Übung MM 1, Lieferantenrechnung aus UCC-Übung MM 3).

3.4.7 Belege und Belegfluss

Veränderungen durch Aktivitäten werden im SAP-System als Belege gespeichert. Für jede BAnf, jede Lieferantenanfrage, jedes Lieferantenangebot, jede Bestellung, jeden Wareneingang, jede Rechnung und jeden Zahlungsausgang wird ein Beleg erzeugt. Dabei können für einen Geschäftsvorgang Daten aus den Vorgängerbelegen übernommen werden.

Belegfluss im Einkaufsprozess

Abbildung 3.32 stellt die Belege im Einkaufsprozess in zeitlicher Reihenfolge von links nach rechts dar und verdeutlicht die Integration mit dem FI.

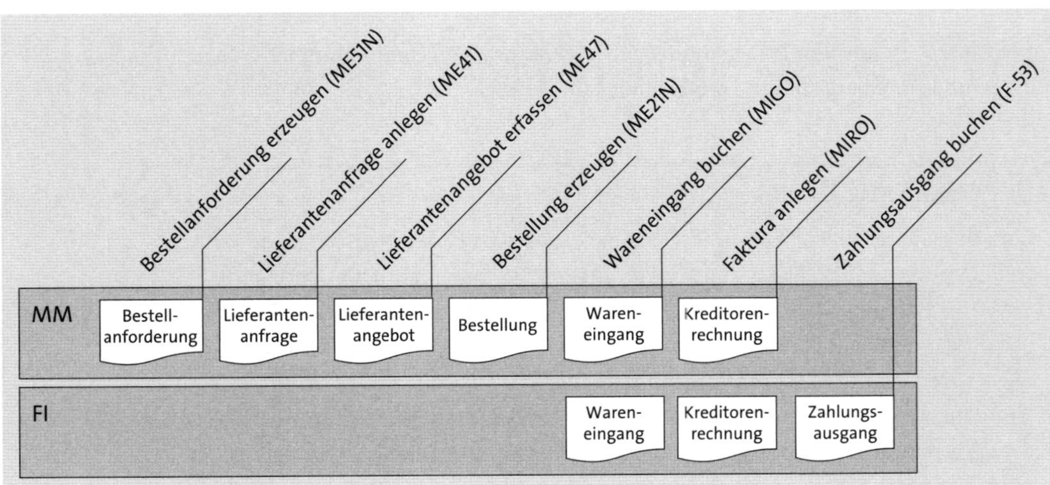

Abbildung 3.32 Belegfluss im Einkaufsprozess

Belege machen jeden Geschäftsvorgang mit einem Lieferanten nachvollziehbar. Belege, zu denen bereits Folgebelege existieren, können nicht gelöscht werden.

[/]

UCC-Übung MM 5

Eine Übersicht über die Belegpositionen im Rahmen der Zahlungsabwicklung an einen Lieferanten in SAP ERP erhalten Sie, wenn Sie die fünfte UCC-Übung »MM 5: Anzeigen Zahlung an Lieferanten« bearbeiten. Sie finden die Übung unter *http://www.sap-press.de/4640*, **Materialien zum Buch**. In der Rolle des Leiters der Buchhaltung Shuyuan Chen informieren Sie sich über alle Aktivitäten des Lieferanten Olympic Protective Gear. Sie können sehen, dass alle Posten des Lieferanten nach Zahlung der Rechnung (UCC-Übung MM 4) ausgeglichen sind.

[!]

Belege in der Buchführung und Belege in SAP ERP

In der Buchführung versteht man den Begriff »Beleg« als das Bindeglied zwischen Geschäftsvorfällen und den zugehörigen Buchungen. Das Belegprinzip besagt hier, dass keine Buchung ohne Beleg durchgeführt wird. In SAP ERP ist der Begriff Beleg allgemeiner gefasst. In SAP ERP wird ein Beleg als elektronischer Nachweis für eine Aktivität oder einen Geschäftsvorfall definiert. Somit werden in SAP ERP auch ein Wareneingang, eine Lieferantenrechnung oder eine Zahlung an den Lieferanten als Belege bezeichnet.

In diesem Buch wird die in SAP ERP verwendete Definition des Begriffs verwendet. Eine Unterscheidung zwischen Belegen, die zu Buchungen auf Sachkonten führen, und Belegen, die Geschäftsvorfälle definieren, wird nicht vorgenommen.

3.5 Teilprozesse

In diesem Abschnitt lernen Sie exemplarisch wichtige Teilprozesse der Komponente Materialwirtschaft kennen. Nach typischen Teilprozessen aus dem Beschaffungsprozess werden Prozesse aus der Lagerverwaltung wie Warenbewegungen, Bestände und die Inventur vorgestellt.

3.5.1 Bedarfsermittlung

In einem Unternehmen kann auf verschiedenen Wegen festgestellt werden, dass es Bedarfe für Materialien gibt, die durch den Einkauf oder die Eigenproduktion dieser Materialien befriedigt werden können. Bedarfe können sich aus der Materialbedarfsplanung (*Material Requirements Planning*, MRP) oder aus Aufträgen ergeben. Ein Bedarf entsteht, wenn für die Produktion oder den Verkauf eine größere Menge eines Materials benötigt wird, als sich frei verfügbar im Lager befindet – oder bereits bestellt bzw. in Produktion ist (siehe Abschnitt 5.1, »Grundbegriffe der Produktion«).

BAnf und Planaufträge

Handelt es sich um Bedarfe von fremd zu beschaffenden Materialien, wird eine Bestellanforderung (BAnf, siehe Abschnitt 3.4.1) generiert. Im Fall von zu produzierenden Materialien werden Planaufträge erzeugt. Eine BAnf und ein Planauftrag können auch direkt von einem Mitarbeiter erfasst werden, ohne dass zuvor eine systemseitige Bedarfsermittlung erfolgt ist.

Bedarfs-/ Bestandsliste

Der Bestand und der bereits im System erfasste Bedarf können mithilfe der Transaktion **Bedarfs-/Bestandsliste** eingesehen werden. In Abbildung 3.33 sehen Sie die **Bedarfs-/Bestandsliste** für das Kettenschloss CHLK1000. Der Bestand ist 0 (**Verfügbare Menge** in der als BStand gekennzeichneten Zeile). Es ist kein Bedarf erfasst.

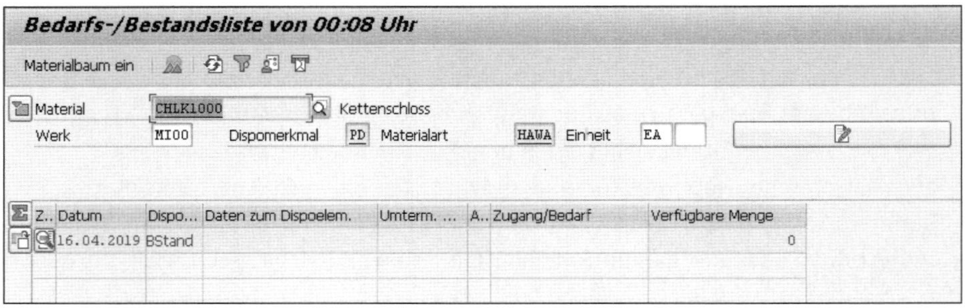

Abbildung 3.33 Bedarfs-/Bestandsliste: kein Bestand (Transaktion MD04, Bedarfs-/Bestandsliste)

Nachdem eine BAnf für 200 Kettenschlösser CHLK1000 angelegt wurde (siehe Abschnitt 3.4.1), können Sie das Ergebnis auch in der **Bedarfs-/ Bestandsliste** sehen, wie in Abbildung 3.34 gezeigt. Die **Verfügbare Menge** im Bestand (BStand) ist weiterhin 0. Die zweite Zeile ist als BAnf (BS-Anf) für einen **Zugang/Bedarf** von 200 Stück gekennzeichnet. Da diese nicht reserviert sind, sind die 200 Stück aus der Bestellanforderung zwar noch nicht im Lager, aber noch der **Verfügbaren Menge** zugeordnet.

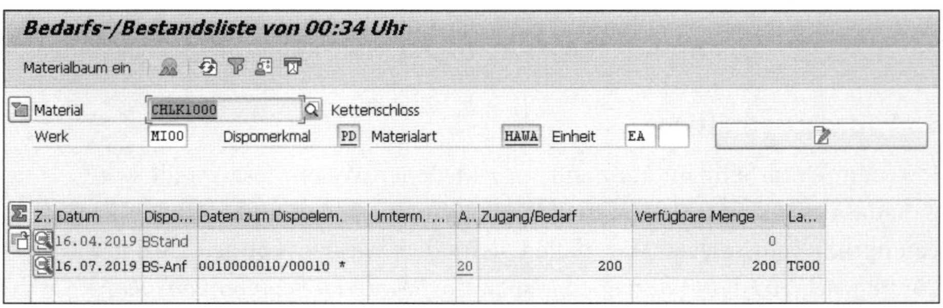

Abbildung 3.34 Bedarfs-/Bestandsliste: kein Bestand, Bestellanforderung erzeugt

Transaktion zu Bedarfen und Beständen

Tabelle 3.12 gibt einen Überblick über die wichtigste Transaktion zur Übersicht über Bedarfe und Bestände.

Transaktion	Name	Menüpfad
MD04	Bedarfs-/Bestands-liste	**Logistik • Materialwirtschaft • Bestandsführung • Umfeld • Bestand • Akt.Bed./Best.Liste**

Tabelle 3.12 Transaktion zur Übersicht über die Bedarfe und Bestände

3.5.2 Bezugsquellenermittlung

Interne Beschaffung

Gegebenenfalls besteht die Möglichkeit, eine BAnf (siehe Abschnitt 3.4.1) über eine *interne* Beschaffung zu bedienen. Das bedeutet, dass die erforderlichen Materialien innerhalb der Unternehmens beschafft werden können, beispielsweise, wenn diese in einem Zentrallager des Unternehmens verfügbar sind oder wenn die Materialien in Eigenfertigung produziert werden. In diesem Fall wird keine Bestellung an einen Lieferanten ausgelöst. Stattdessen wird die BAnf durch einen internen Beschaffungsvorgang bedient. Dieser kann beispielsweise durch eine Umlagerung oder durch Eigenfertigung bedient werden. Im Fall der Eigenfertigung können für den Fertigungsauftrag Rohstoffe benötigt werden. Die Materialbedarfsplanung (MRP) ermittelt in diesem Fall, ob für die Rohstoffe gegebenenfalls neue BAnfen zu generieren sind (siehe Abschnitt 5.1, »Grundbegriffe der Produktion«).

Externe Beschaffung

Sofern eine unternehmensinterne Befriedigung der BAnf nicht möglich ist, müssen die betreffenden Materialien fremdbeschafft werden. Hierzu muss zunächst ein Lieferant ausgewählt werden. Das SAP-System unterstützt verschiedene Varianten der Lieferantenauswahl.

Orderbuch

Das *Orderbuch* beinhaltet eine Liste von Bezugsquellen für ein Material sowie die Information, in welchen Zeiträumen die Beschaffung dieses Materials über diese Bezugsquellen möglich ist. Steht in dieser Liste nur ein einziger Lieferant, wird dieser vom SAP-System der BAnf zugeordnet. Gibt es für eine BAnf mehrere mögliche Lieferanten, gibt das SAP-System dem Sachbearbeiter eine entsprechende Liste aus. Sollte das SAP-System anhand des Orderbuches keine Bezugsquelle ermitteln können, durchsucht es weitere hinterlegte Unterlagen, beispielsweise Rahmenverträge.

Rahmenverträge und Lieferpläne

Das SAP-ERP-System unterstützt die Möglichkeit, eine BAnf aufgrund im System hinterlegter längerfristiger Kaufverträge, sogenannter *Rahmenverträge*, zu bedienen. Diese Rahmenverträge bestehen aus zwei Teilen. Zum einen gibt es einen Vertrag, in dem die einzelnen Materialien, Warengruppen oder Dienstleistungen mit Preisen hinterlegt sind. Häufig sind hier auch Mengenangaben festgeschrieben. Zum anderen beinhalten Rahmenverträge *Lieferpläne*. Ein Lieferplan beschreibt, welche Teilmengen der gesamten Vertragsmenge zu welchen geplanten Lieferterminen geliefert werden sollen.

Beispiel

Wenn Global Bike beispielsweise einen Rahmenvertrag über die Lieferung von 12.000 Fahrradreifen für das Jahr 2019 mit einem Lieferanten abgeschlossen hat, könnte der zugehörige Lieferplan die Information beinhalten, dass je 2.000 dieser 12.000 Fahrradreifen zu Beginn ungerader Monate geliefert werden sollen. Tabelle 3.13 veranschaulicht dieses Beispiel.

Geplante Liefertermine	01.01.	01.03.	01.05.	01.07.	01.09.	01.11.
Liefermenge (gesamt 12.000 Stück)	2.000	2.000	2.000	2.000	2.000	2.000

Tabelle 3.13 Beispiel für einen Lieferplan zu einem Rahmenvertrag über 12.000 Fahrradreifen

Ausschreibung, Anfrage, Angebot

Ist für das Material kein (geeigneter) Lieferant hinterlegt, kann das Unternehmen eine Ausschreibung vornehmen, die im SAP-System als (Lieferanten-)Anfrage erfasst wird (siehe Abschnitt 3.4.2). Lieferanten können auf diese Ausschreibungen mit (Lieferanten-)Angeboten reagieren (siehe Abschnitt 3.4.3). Werden von verschiedenen Lieferanten mehrere Angebote abgegeben, so können diese nun im Preisspiegel verglichen werden (siehe Abbildung 3.35).

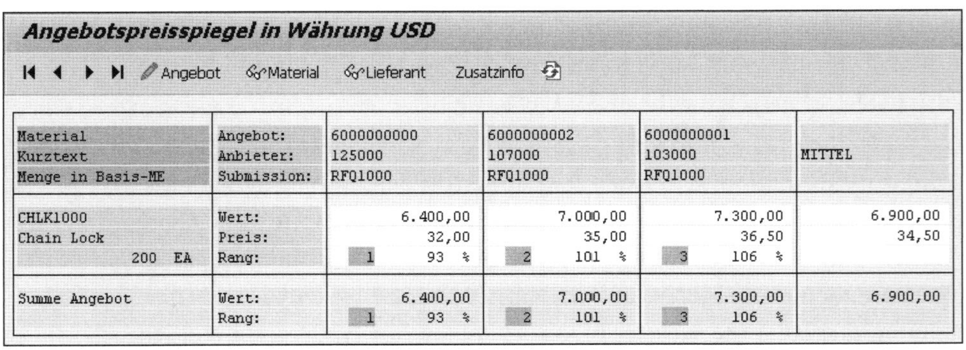

Abbildung 3.35 Angebotspreisspiegel zum Vergleich der Lieferantenangebote

Angebotspreisvergleich

Wenn das Unternehmen ein solches Angebot akzeptiert, wird vom SAP-System anhand der Informationen aus diesem Angebot ein Einkaufsinfosatz (siehe Abschnitt 3.3.3) erzeugt. Weiter unterstützt das SAP-System die Durchführung von Angebotspreisvergleichen sowie schlussendlich die Auswahl eines Angebots für die weitere Bearbeitung der BAnf sowie die Erstellung von Absagen an die nicht gewählten Anbieter.

Bei einem Angebot von einem Lieferanten handelt es sich um ein rechtlich verbindliches Angebot. Es enthält die Informationen, zu welchem Preis und in welchem Zeitraum welche Menge(n) welcher Materialien bzw. welcher Dienstleistungen vom Lieferanten bezogen werden können. Darüber hinaus besitzt ein Angebot in der Regel eine Gültigkeit. Das heißt, es ist ein Termin angegeben, bis zu welchem das Lieferantenangebot vom Käuferunternehmen angenommen werden kann.

Übung: Lieferantenanfrage und -angebot mit Kundenanfrage und -angebot vergleichen

Wenn die Einkaufsorganisation das Angebot eines Lieferanten annimmt, sind der Preis und weitere Bedingungen für die enthaltenen Materialien für die im Angebot definierte Zeitspanne festgeschrieben. Im SAP-ERP-System werden die Ausschreibung und das Lieferantenangebot in einem einzigen Dokument hinterlegt.

Vergleichen Sie die Lieferantenanfrage und das Lieferantenangebot einmal mit der Anfrage und dem Angebot für einen Kunden, das in Abschnitt 2.4.1, »Kundenanfrage«, und Abschnitt 2.4.2, »Kundenangebot«, beschrieben wird. Es handelt sich um dasselbe betriebswirtschaftliche Konstrukt, lediglich die Perspektiven sind vertauscht.

Angenommen, ein Unternehmen benötigt ein Material und hat noch keinen Lieferanten. Daher schickt es Anfragen an potenzielle Lieferanten. Eine solche Lieferantenanfrage wird beim Lieferanten als Kundenanfrage erfasst. Der Lieferant kann dem Kunden daraufhin ein Angebot unterbreiten. Der Kunde erfasst dieses Angebot als Lieferantenangebot. Er kann es ablehnen. Im Fall der Annahme wandelt er es in eine Bestellung um. Sobald diese den Lieferanten erreicht, wird sie bei ihm als Kundenbestellung im System erfasst. Die betrachteten Dokumente werden somit sowohl auf Seiten des Kunden als auch des Lieferanten im SAP-System erfasst und dienen dem Austausch von Informationen.

SAP Ariba

Über die in der Komponente MM bereitgestellten Funktionen hinaus bietet SAP das Einkäufer- und Lieferantennetzwerk *SAP Ariba* an. Mit diesem können Einkäufer in Echtzeit mit Lieferanten kommunizieren. In SAP Ariba können alle relevanten Lieferanteninformationen zentral hinterlegt werden. Die Bearbeitung von Rechnungen und die Zahlungsabwicklung können digitalisiert und automatisiert werden.

3.5.3 Bestellabwicklung

Wenn eine Bestellung (siehe Abschnitt 3.4.4) im SAP-ERP-System angelegt wurde, muss diese an den Lieferanten übermittelt werden. Das SAP-System unterstützt hierbei verschiedene Kommunikationskanäle und Ausgabeformate, wie Ausdrucke, E-Mail, *Electronic Data Interchange* (EDI), Fax oder *Extended Markup Language* (XML).

Belege der Bestellabwicklung

Im Rahmen der Bestellabwicklung können im SAP-System zahlreiche unterstützende Belege erstellt werden:

- Einkaufsbelege
- Auftragsbestätigungen
- Erinnerungen
- Liefervereinbarungen

3.5.4 Wareneingang

Beim Wareneingang wird im SAP-ERP-System der Erhalt von Materialien im Lager verbucht.

Wareneingang mit Referenz auf Bestellung

Findet ein Wareneingang statt, der sich einer Bestellung zuordnen lässt, wird bei der Buchung des Wareneingangs auf diese Bestellung referenziert. Dabei werden Bestellung und tatsächliche Lieferung verglichen. Zeitgleich wird mit jedem Wareneingang die Bestellhistorie aktualisiert. Auch der physische Materialbestand sowie die zugehörigen Sachkonten erfahren beim Wareneingang eine Aktualisierung (siehe Abschnitt 4.4.1, »Sachkonto«).

Verbuchung ins Lager

Ein Wareneingang kann im Unternehmen an unterschiedliche Orte im Lager verbucht werden. Damit das SAP-System weiß, was mit dem Material passieren soll, muss hierzu die **Bewegungsart** (z. B. Bewegungsart 101 – Bestellung/Auftrag an Lager) angegeben werden. Bei einem Wareneingang mit Bezug zu einer Bestellung muss zusätzlich die Bestellnummer hinzugefügt werden, um die Verbindung herzustellen.

Bestandsart

Das Material bekommt eine *Bestandsart* zugewiesen, die beschreibt, was mit dem Material geschieht. Hieraus leitet sich ab, ob ein Material dem Lager zur weiteren Verarbeitung oder zum Verkauf entnommen werden kann:

- frei verfügbarer Bestand
- Qualitätsprüfbestand (bis zum Abschluss der Prüfung nicht frei verfügbar)
- gesperrter Bestand

3.5.5 Weitere Warenbewegungen

Jede Warenbewegung wird vom SAP-ERP-System erfasst. Dadurch wird gewährleistet, dass stets die Informationen verfügbar sind, welche Materialien im Unternehmen vorhanden sind, welche Werte sie darstellen und wo genau sie zu finden sind.

Bewegungsarten

Warenbewegungen werden aus unterschiedlichen Gründen durchgeführt und führen zu unterschiedlichen Konsequenzen im Rechnungswesen (z. B. Wareneingang – Umlagerung – Warenausgang). Um dieser Tatsache Rechnung zu tragen, wird jeder Warenbewegung vom SAP-System eine Bewegungsart zugeordnet, die beschreibt, um was für einen Vorgang es sich handelt und wie dieser vom System zu bewerten ist. Die Bewegungsart wird durch einen dreistelligen Schlüssel repräsentiert. Beispiele für **Bewegungsarten** sind:

- 101 – Wareneingang zur Bestellung bzw. zum Auftrag
- 103 – Wareneingang zur Bestellung in den Wareneingangs-Sperrbestand
- 122 – Rücklieferung an den Lieferanten bzw. an die Produktion
- 231 – Warenausgang für einen Kundenauftrag (ohne SD)
- 561 – Bestandsaufnahme – frei verfügbarer Bestand

3.5.6 Bestände

Bestandsübersicht

Die Transaktion MMBE (Bestandsübersicht) gibt einen Überblick darüber, wie viel von einem Material dem Unternehmen zur Verfügung steht. Dabei können die Bestände verschieden charakterisiert sein. Neben Beständen, die **Frei verwendbar** sind, können sich Materialien in der **Qualitätsprüfung** befinden, es kann **Retouren** oder Bestände geben, die als **Reserviert** gekennzeichnet sind. Der **Bestellbestand** (sichtbar, wenn Sie weiter nach rechts, bzw. im Pop-up-Fenster weiter nach unten scrollen) zeigt an, wie viel vom betroffenen Material bereits bestellt ist. Abbildung 3.36 zeigt ein Beispiel.

Transaktionen zu Beständen

Tabelle 3.14 gibt einen Überblick über die wichtigsten Transaktionen zu Beständen im Lager.

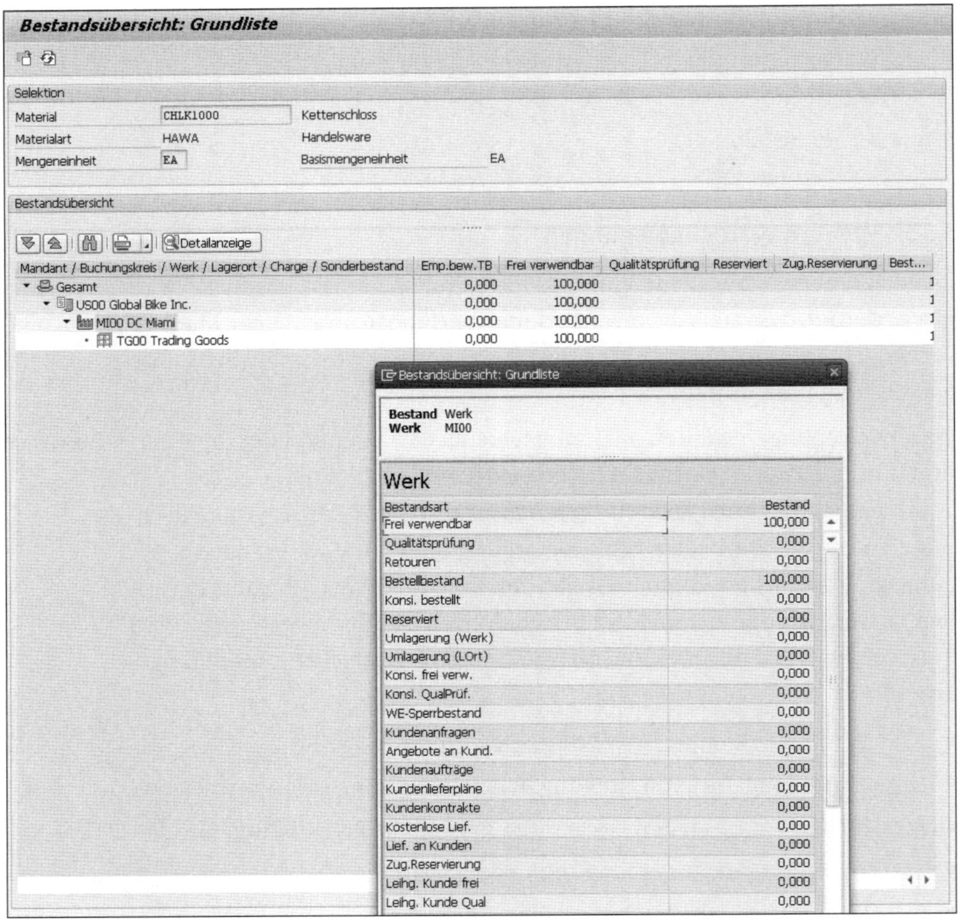

Abbildung 3.36 Bestandsübersicht für Kettenschlösser im Werk Miami (Transaktion MMBE, Bestandsübersicht: Buchungskreis/Werk/Lager/Charge)

Transaktion	Name	Menüpfad
MMBE	Bestandsübersicht: Buchungskreis/Werk/Lager/Charge	**Logistik • Materialwirtschaft • Materialstamm • Material • Sonstige • Bestandsübersicht**
MMBE	Bestandsübersicht: Buchungskreis/Werk/Lager/Charge	**Logistik • Materialwirtschaft • Bestandsführung • Umfeld • Bestand • Bestandsübersicht**
MB52	Lagerbestände zum Material anzeigen	**Logistik • Materialwirtschaft • Bestandsführung • Umfeld • Bestand • Lagerbestand**

Tabelle 3.14 Auswahl von Transaktionen zu Beständen

3.5.7 Inventur

Unter Inventur versteht man die Ermittlung des tatsächlichen Bestandes von Vermögensgegenständen und Schulden zu einem bestimmten Stichtag. Diese können durchaus von den im SAP-ERP-System erfassten Werten abweichen. Beispielsweise können Materialien zerstört oder gestohlen worden sein, oder in der Produktion kann es zu Mehr- oder Wenigerverbräuchen gekommen sein.

Tätigkeiten bei der Inventur

Typische Tätigkeiten sind das Erfassen tatsächlicher Bestände durch Zählen, Messen oder Wiegen. In Deutschland gehören die *Grundsätze ordnungsmäßiger Inventur* zu den Grundsätzen ordnungsmäßiger Buchführung. Sie ist zwingend notwendig für die Bilanzierung.

Dabei kann eine Inventur für Eigenbestand, aber auch für Sonderbestand, wie z. B. ein Konsignationsbestand beim Kunden oder ein fremder Konsignationsbestand vom Lieferanten erfolgen (Konsignationslager: Lager des Lieferanten in der Nähe des Kunden; die Ware bleibt Eigentum des Lieferanten, bis der Kunde sie dem Konsignationslager entnimmt). Der Retourensperrbestand und der Umlagerungsbestand können nicht inventarisiert werden, sie müssen gegebenenfalls umgebucht werden.

Die Inventur erfolgt auf Lagerortebene. Hier wird für jeden Lagerort ein Inventurbeleg erzeugt.

Phasen der Inventur

Um Fehler bei der Inventur zu vermeiden, sind für jedes Unternehmen organisatorische Richtlinien zur Inventur notwendig. Diese umfassen die Termin-, Personal-, Raum-, und Ablaufplanung sowie Vorgaben zur Dokumentation. Die Inventur lässt sich grundsätzlich in drei Phasen unterteilen:

- **Inventurvorbereitung**
  - Erstellung und Druck von Inventurbelegen (optional)
  - Sperrung der Materialien für die Inventur
- **Inventurzählung**
  - Zählung der Bestände
  - Eintrag in den Inventurbeleg (optional)
- **Inventurauswertung**
  - Erfassung der Einträge (direkt oder aus dem Inventurbeleg) im System
  - bei Auffälligkeiten gegebenenfalls Nachzählungen
  - Verbuchung der Inventurdifferenzen inklusive Aufhebung der Sperrung der Materialien

Wird mit einem Inventurbeleg gearbeitet, enthält dieser die Informationen, in welchem Lagerort die Inventur wann und bezüglich welcher Materialien und gegebenenfalls *Chargen* durchgeführt werden soll. Eine Charge, auch Los, Serie oder Batch genannt, bezeichnet eine Menge an Materialien, die gemeinsam in einem Prozess gefertigt wurden (z. B. Losfertigung). Alle Materialien aus einer Charge wurden unter denselben Bedingungen produziert und verpackt.

Bei der Erfassung der Inventureinträge stellt das System diesen den aktuellen Buchbestand gegenüber und ermittelt die Differenz. Bei der Verbuchung der Inventurdifferenzen wird der Materialstammsatz geändert. Der Gesamtbestand wird auf die in der Inventur ermittelte Menge berichtigt.

Inventurverfahren und -arten

Neben verschiedenen Inventurverfahren (*körperliche* Inventur für körperliche Vermögensgegenstände, *Buchinventur* für nicht körperliche Vermögensgegenstände und Schulden sowie die Anlageninventur) gibt es auch verschiedene Arten der Inventur:

- **Stichtagsinventur**
  Inventur aller Bestände und Schulden zum Bilanzstichtag
- **Stichprobeninventur**
  Inventur repräsentativer Stichproben, bei deren zufälliger Auswahl statistische Methoden angewendet werden. Die Ergebnisse werden auf den Gesamtbestand hochgerechnet.
- **Permanente Inventur**
  Totalerfassung (wie Stichtagsinventur), jedoch werden hier nicht alle Bestände und Schulden gleichzeitig erfasst. Die Ergebnisse werden in Lagerbüchern fortgeschrieben. Die permanente Inventur ist steuerrechtlich nur unter bestimmten Voraussetzungen und nur für die Vorräte zulässig.
- **Vor- oder nachverlegte Inventur**
  Wenn die Inventur nicht zum Bilanzstichtag erfolgen kann, kann sie um drei Monate vor- oder nachverlegt werden. Es erfolgt dann eine Wertfortschreibung oder -rückrechnung zum Bilanzstichtag.

Transaktionen bei der Inventur

Tabelle 3.15 gibt einen Überblick über die wichtigsten Transaktionen bei der Inventur.

Transaktion	Name	Menüpfad
MI01	Inventurbeleg anlegen: Einstieg	**Logistik • Materialwirtschaft • Inventur • Inventurbeleg • Anlegen**

Tabelle 3.15 Auswahl von Transaktionen für die Inventur

Transaktion	Name	Menüpfad
MI02	Inventurbeleg ändern: Einstieg	**Logistik • Materialwirtschaft • Inventur • Inventurbeleg • Ändern**
MI03	Inventurbeleg anzeigen: Einstieg	**Logistik • Materialwirtschaft • Inventur • Inventurbeleg • Anzeigen**
MI04	Inventurzählung erfassen: Einstieg	**Logistik • Materialwirtschaft • Inventur • Zählung • Erfassen**
MI05	Inventurzählung ändern: Einstieg	**Logistik • Materialwirtschaft • Inventur • Zählung • Ändern**
MI06	Inventurzählung anzeigen: Einstieg	**Logistik • Materialwirtschaft • Inventur • Zählung • Anzeigen**
MI07	Inventurdifferenz buchen: Einstieg	**Logistik • Materialwirtschaft • Inventur • Differenz • Buchen**
MI08	Zählung und Differenz buchen: Einstieg	**Logistik • Materialwirtschaft • Inventur • Differenz • Zählung/Differenz**

Tabelle 3.15 Auswahl von Transaktionen für die Inventur (Forts.)

3.5.8 Integration der Materialwirtschaft mit dem Finanzwesen

Obligo

Bei einer BAnf oder einer Bestellung kann ein *Obligo* entstehen. Dies antizipiert zukünftige Verbindlichkeiten bzw. Zahlungen. Ein Obligo wird aufgelöst, wenn entweder der Wareneingang tatsächlich erfolgt bzw. die BAnf oder Bestellung storniert wird. Ein Obligo ist dabei nicht für das (externe) *Finanzwesen*, sondern nur für das interne *Rechnungswesen* (Controlling) relevant.

Umlagerungen (Warenbewegungen) zwischen Lagerorten innerhalb desselben Buchungskreises sind ebenfalls nicht FI-relevant, da sich der Wert der Materialien nicht ändert. Warenbewegungen über buchungskreisgrenzen hinweg sind dagegen FI-relevant, da sich durch sie die Bilanzwerte in den jeweiligen Buchungskreisen verändern.

Bei einem Wareneingang – gleich, ob durch Beschaffung oder Produktion – erhöht sich mengen- und wertmäßig der Bestand eines Materials (Haben-Buchung). Gleichzeitig erfolgt die Gegenbuchung als Soll-Buchung auf das WE/RE-Konto, das zur Verrechnung von Wareneingängen und Rechnungseingängen dient.

Wenn die Lieferantenrechnung erfasst wird, entsteht eine Verbindlichkeit gegenüber dem Lieferanten (Soll-Buchung auf dem Kreditorenkonto). Die entsprechende Haben-Buchung löst den Posten auf dem WE/RE-Konto wieder auf.

Bei der Zahlung an den Lieferanten wird die Verbindlichkeit gegenüber dem Lieferanten aufgelöst (Haben-Buchung). Das Bankkonto wird durch den Geldabfluss belastet (Soll-Buchung).

Die Berichtigung des Gesamtbestandes eines Materials bei der Verbuchung von Inventurdifferenzen entspricht aus buchhalterischer Sicht einem Wareneingang oder Warenausgang. Wenn der Inventurbestand kleiner als der Buchbestand ist, wird das Bestandskonto mit dem Wert aus Differenz x Preis entlastet (Haben-Buchung). Die Gegenbuchung erfolgt auf das Konto »Aufwand aus Inventur« (Soll-Buchung). Ist der Inventurbestand größer als der Buchbestand, erhöht sich der Bestand; das Bestandskonto wird mit dem Wert aus Differenz x Preis belastet (Soll-Buchung). Die Gegenbuchung erfolgt auf das Konto »Ertrag aus Inventur« (Haben-Buchung). Für die Berechnung wird der Standardpreis des Materials oder der gleitende Durchschnittspreis herangezogen. Daher findet aufgrund der Inventur keine Preisänderung für das Material statt.

3.6 UCC-Fallstudie: Materialwirtschaft

In diesem Abschnitt lernen Sie die einzelnen Schritte im Materialbeschaffungsprozess (Einkauf) im Detail kennen und können Ihr Verständnis der in den vorangegangenen Abschnitten vermittelten Grundlagen vertiefen. Die im Folgenden beschriebenen Sachverhalte können Sie im Rahmen der UCC-Fallstudie MM am SAP-System nachvollziehen. Hierzu ist es erforderlich, dass Sie die genannte Fallstudie zuvor vollständig bearbeitet haben, damit die von Ihnen erstellten Stamm- und Bewegungsdaten vorliegen. Sie erhalten die Fallstudie auf *http://www.sap-press.de/4640*, **Materialien zum Buch**.

[!]

Ihre persönliche LEARN-Nummer

Beachten Sie (wie immer), dass Sie in den nachfolgenden Abschnitten stets die drei Hashtags ### durch Ihre persönliche LEARN-Nummer ersetzen. Das Gleiche gilt für die in den Screenshots verwendete Nummer 000, die die LEARN-Nummer des Demobenutzers kennzeichnet. Entsprechend ist diese Nummer ebenfalls durch Ihre persönliche LEARN-Nummer zu ersetzen.

3.6.1 Prozessübersicht

In der UCC-Fallstudie MM legten Sie einen neuen Lieferanten und ein neues Material, ein Kettenschloss, an. Anschließend kauften Sie 200 Kettenschlösser ein:

- Schritt 1: Sie legten den neuen Lieferanten Mid-West Supply aus Lincoln an.
- Schritte 2 und 3: Sie legten die Stammdaten für ein neues Material, ein Kettenschloss, mit der Materialart Handelsware an.
- Schritt 4: Sie prüften den Bestand des Kettenschlosses. Dieser war leer.
- Schritte 5 und 6: Sie wollten 200 Kettenschlösser bestellen. Dafür generierten Sie eine BAnf.
- Schritt 7: Sie legten zunächst drei Lieferantenanfragen an.
- Schritt 8: Sie erhielten Angebote von drei Lieferanten, die Sie ins System einpflegten. Ein Angebot war dabei von Ihrem neu angelegten Lieferanten Mid-West Supply.
- Schritt 9: Sie verglichen die Angebote mithilfe des SAP-Systems und entschieden sich für den Lieferanten Mid-West Supply.
- Schritte 10 und 11: Sie legten eine Bestellung mit Bezug auf die ursprüngliche Lieferantenanfrage an.
- Schritte 12 und 13: Sie buchten den Wareneingang und bestätigten den physischen Eingang der bestellten Kettenschlösser im Lager.
- Schritte 14 bis 17: Sie erfassten zwei Teilrechnungen.
- Schritt 18: Sie buchten die Zahlung an den Lieferanten.
- Schritte 19 bis 21: Abschließend prüften Sie alle involvierten Sachkonten.

3.6.2 Belegfluss analysieren

Belegfluss anzeigen

Wenn Sie sich einen Überblick über die Belege zu Ihrer Bestellung machen wollen, öffnen Sie zunächst wieder Ihre Bestellung. Sofern vorhanden, finden Sie zu den Bestellpositionen je einen Eintrag in der Spalte **Banf** und in der Spalte **Anfrage** (siehe Abbildung 3.37). Durch Doppelklick auf die jeweilige Nummer können Sie in die Vorgängerbelege der Bestellung abspringen. Zum einen können Sie in die BAnf abspringen, auf der die Bestellung beruht. Zum anderen können Sie die Anfrage bzw. das daraufhin abgegebene Angebot des Lieferanten aufrufen, das für die Bestellung ausgewählt wurde.

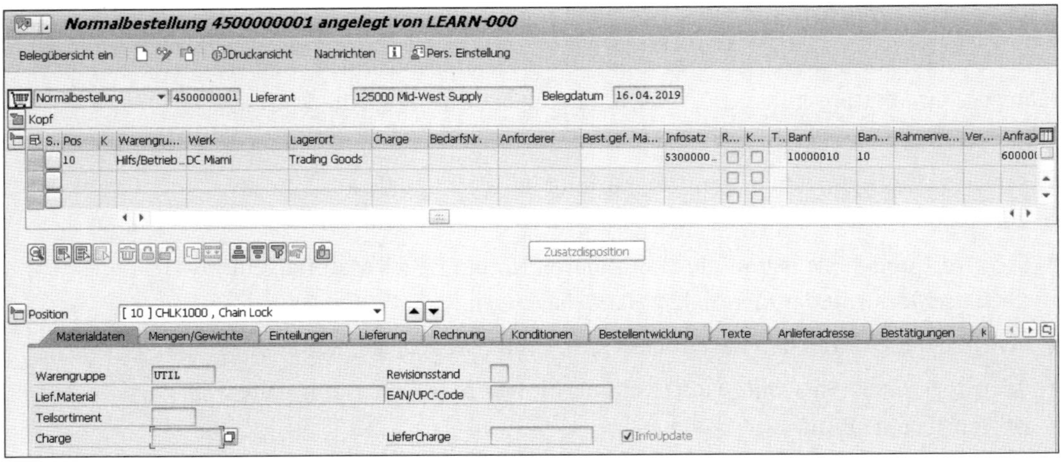

Abbildung 3.37 Bestellung – BAnf (Transaktion ME23N, Bestellung anzeigen)

Erweiterten Belegfluss anzeigen

Um nicht nur das letztendlich berücksichtigte Angebot bzw. Ihre Anfrage zu sehen, springen Sie durch Doppelklick zunächst in die BAnf ab. In der BAnf wählen Sie den Eintrag **Umfeld • Erweiterter Belegfluss** des SAP-Menüs. Wie in Abbildung 3.38 gezeigt, erhalten Sie eine Übersicht über alle Anfragen bzw. Angebote zur BAnf. Durch Doppelklick können Sie sich diese erneut anschauen.

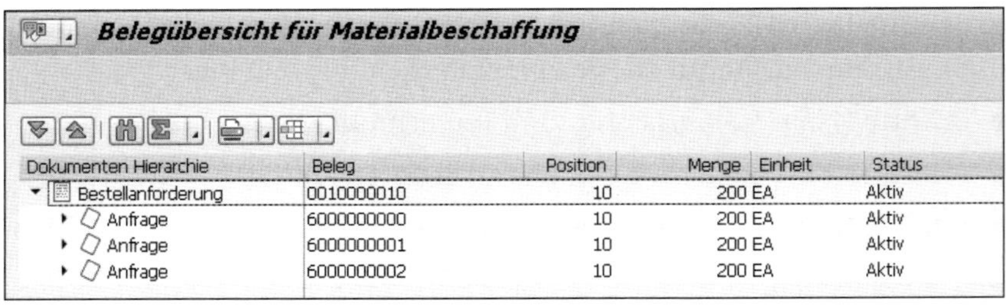

Abbildung 3.38 Belegfluss: BAnf mit Anfragen

Folgebelege zur Bestellung

Die Folgebelege zur Bestellung sind der Wareneingang, die Rechnung vom Lieferanten und der Zahlungsausgang. Diese werden im folgenden Abschnitt 2.6.6 beschrieben, da sie mit dem Finanzwesen verknüpft sind.

3.6.3 Integration mit dem Finanzwesen

Prozessschritte mit buchhalterischer Auswirkung

In der von Ihnen bearbeiteten UCC-Fallstudie MM haben Sie Prozessschritte ausgeführt, die buchhalterische Auswirkungen haben:

- Wareneingang
- Rechnungseingang
- Zahlungsabwicklung

Die Integration der Komponente MM mit dem Finanzwesen (FI) hat dafür gesorgt, dass Sie sich auf die materialwirtschaftlichen Inhalte fokussieren konnten:

- Bedarfsermittlung
- Bestellanforderung
- Wahl der Bezugsquelle (intern oder extern)
- gegebenenfalls Ausschreibung und Einholung eines Lieferantenangebots
- Lieferantenauswahl
- Bestellung
- Wareneingang
- Rechnungseingang/-prüfung

Das SAP-ERP-System hat parallel dazu im Hintergrund automatisiert die entsprechenden Buchungen auf den betroffenen Bestands- und Erfolgskonten durchgeführt.

Bei der Anlage eines neuen Lieferanten in der UCC-Fallstudie ist die Integration mit FI deutlich geworden: Sie haben einen Lieferanten zentral angelegt, das heißt, Sie haben allgemeine Daten und Daten zur Beschaffung, aber auch für das Finanzwesen relevante Daten erfasst.

Vergleich von Transaktionen

Wenn Sie den Lieferanten nun zentral ändern oder anzeigen lassen wollen, können Sie wählen, welche Sichten aus welchen der drei Bereiche Sie sehen möchten. Für Mitarbeiter aus den Bereichen FI oder Beschaffung gibt es die Transaktionen zum Ändern und Ansehen eines Lieferanten, die nur die für den jeweiligen Bereich relevanten Sichten anbieten: FK03 für die Finanzbuchhaltung, MK03 für die Materialwirtschaft und ZK03 für die Gesamtsicht (alle Bereiche des Lieferanten, siehe Abbildung 3.39).

Nur wenn alle drei Bereiche gepflegt sind, kann der Lieferant im System aktiv sein. Im Beispiel wurde im Lieferantenstammsatz das **Abstimmkonto** eingetragen, wie in Abbildung 3.40 ersichtlich.

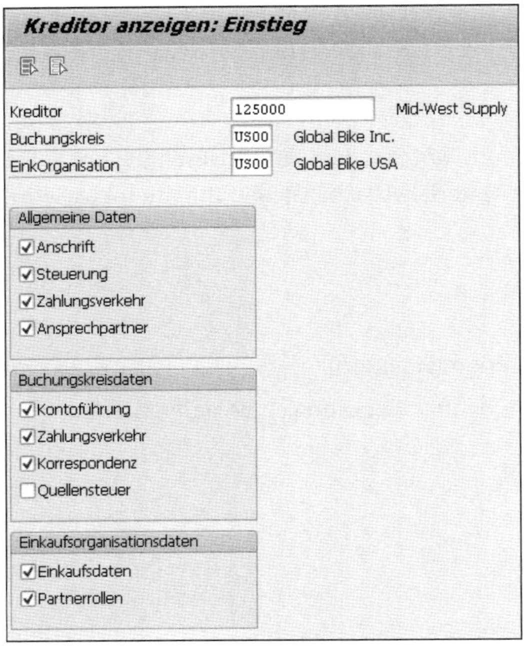

Abbildung 3.39 Lieferant (Kreditor): Bereiche und Sichten (Transaktion ZK03, Kreditor anzeigen [aktuell])

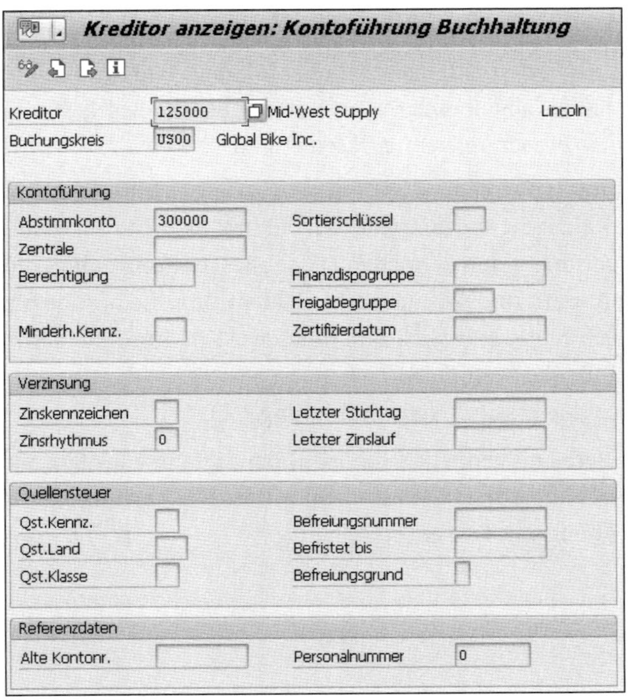

Abbildung 3.40 Lieferant (Kreditor): Abstimmkonto Buchhaltung

Auch die Zahlungsbedingungen (**Zahlungsbed**) werden im Lieferantenstammsatz hinterlegt, im in Abbildung 3.41 gezeigten Beispiel steht der Wert »0001« für »sofort zahlbar ohne Abzug«. Eine detaillierte Einführung in die Buchhaltungssichten finden Sie in Kapitel 4, »Rechnungswesen«.

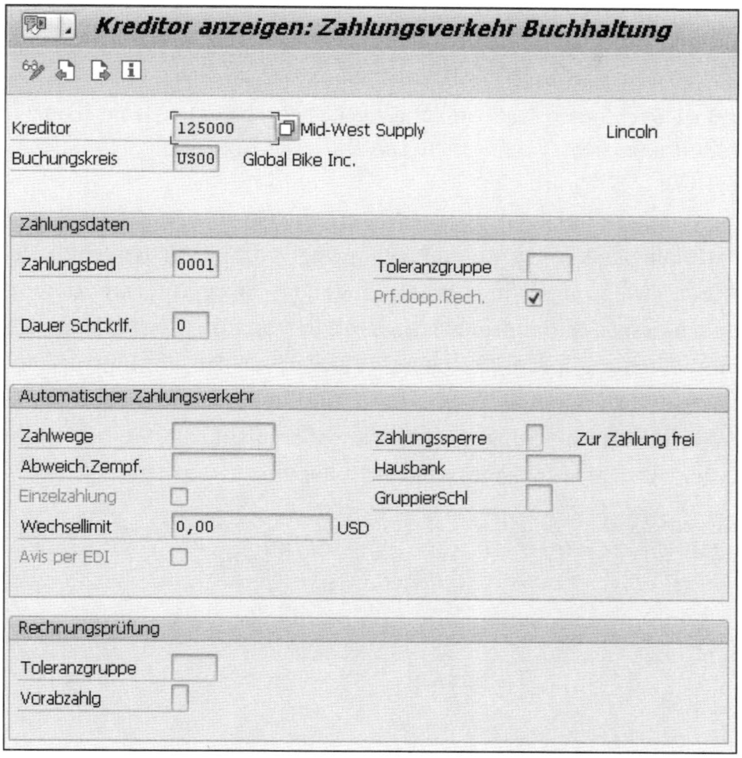

Abbildung 3.41 Lieferant (Kreditor): Zahlungsverkehr Buchhaltung

Übung: Buchungen analysieren

Identifizieren Sie die mit dem Einkaufsprozess verknüpften Konten, und analysieren Sie die durchgeführten Buchungen. Schauen Sie sich hierzu den Belegfluss zu Ihrer Bestellung aus der UCC-Fallstudie an.

Von der Bestellung der Kettenschlösser können Sie in die Buchungsbelege abspringen. Auf der Registerkarte **Bestellentwicklung** konnten Sie die Aktivitäten zu Ihrer Bestellung sehen, wie in Abbildung 3.42 gezeigt. Sie sehen hier in den Zeilen die beiden Wareneingänge sowie darunter die beiden Teilrechnungen sowie die Summenzeilen **Vorgang Wareneingang** und **Vorgang Rechnungseingang**.

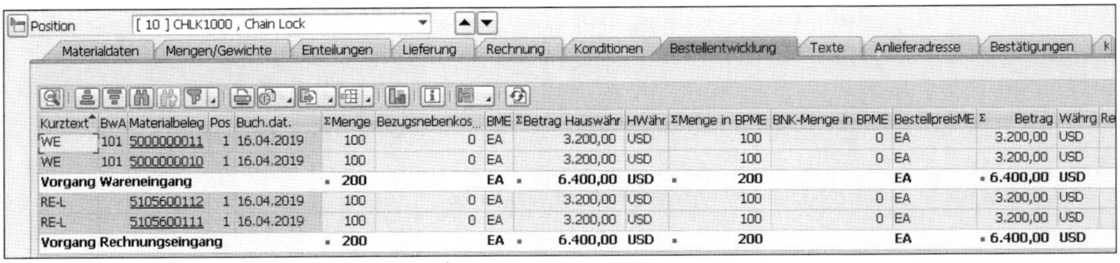

Abbildung 3.42 Buchungen zur Bestellung von Kettenschlössern (Transaktion MMBE, Bestandsübersicht: Buchungskreis/Werk/Lager/Charge)

Absprung in Materialbelege

Sie können durch Doppelklick auf die Materialbelegnummer in die Zeilen zu den Materialbelegen abspringen (siehe Abbildung 3.43). Hier sehen Sie, welche Warenbewegungen (hier Wareneingang – Bewegungsart 101 von 100 Kettenschlössern in den frei verfügbaren Bestand im Werk Miami) der betrachteten Buchung zugrunde liegen. Vergleichen Sie die Einträge im Materialbeleg mit denen in der Transaktion MMBE, **Logistik • Materialwirtschaft • Materialstamm • Sonstige • Bestandsübersicht**, die Sie bereits in Schritt 20 der UCC-Fallstudie kennengelernt haben.

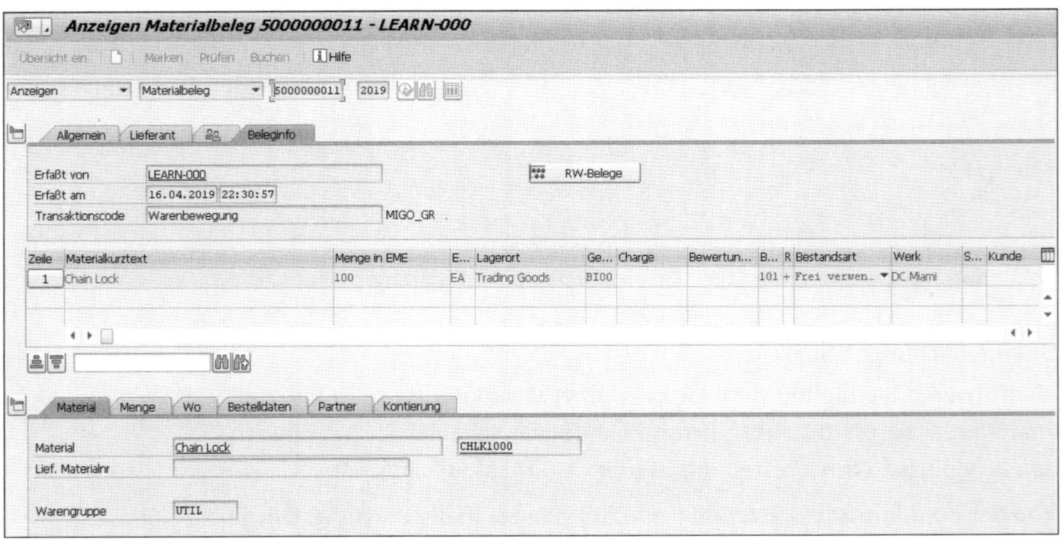

Abbildung 3.43 Materialbeleg

Materialbeleg zum Wareneingang

Wenn Sie auf die Registerkarte **Beleginfo** wechseln, können Sie dort über den Button RW-Belege (Rechnungswesen-Belege) in den Materialbeleg abspringen. Sie kommen in den Materialbeleg zum Wareneingang, wie in Abbildung 3.44 gezeigt.

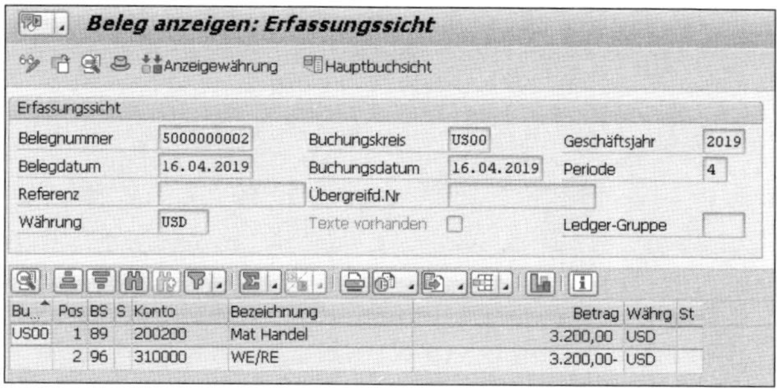

Abbildung 3.44 Buchungen zum Wareneingang

Sie können hier sehen, dass eine Haben-Buchung auf das **Konto** 200200 – Materialbestand Handelswaren (»96« in der Spalte **BS** – Buchungsschlüssel) und die Gegenbuchung (Soll-Buchung, »89« in der Spalte **BS**) auf das **Konto** 310000 WE/RE (Wareneingang/Rechnungseingang Verrechnung) durchgeführt wurde. Der Bestand der Handelsware hat sich durch den Wareneingang erhöht, während auf dem WE/RE-Konto eine Verbindlichkeit entstanden ist. Diese ist jedoch noch nicht dem Lieferanten zugeordnet.

Materialbeleg zur Rechnung

Kehren Sie zurück zur Bestellung, und schauen Sie sich dort erneut die Bestellentwicklung an. Öffnen Sie einen Beleg zu einer Rechnung durch Doppelklick auf den Materialbeleg. Sie gelangen in die Rechnung (siehe Abbildung 3.45).

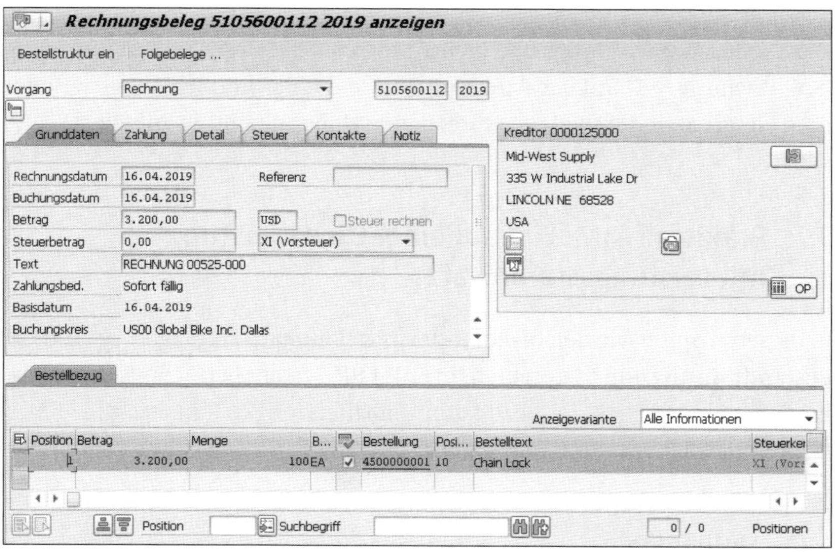

Abbildung 3.45 Rechnung (Transaktion MIR4, Rechnungsbeleg anzeigen)

Klicken Sie hier auf den Button **Folgebelege...** Sie bekommen die Buchungen zum Rechnungsbeleg angezeigt wie in Abbildung 3.46.

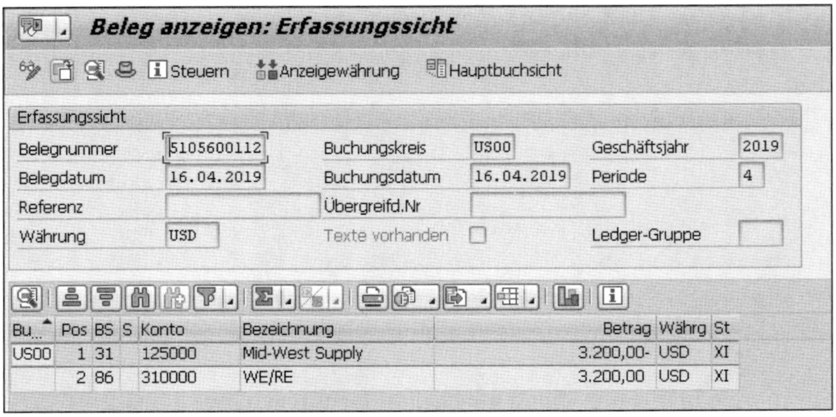

Abbildung 3.46 Buchungen zur Rechnung

Sie können hier unter Berücksichtigung der Spalte **BS** (Buchungsschlüssel) sehen, dass eine Soll-Buchung auf das Kreditorenkonto 125000 für den Lieferanten Mid-West Supply und die Gegenbuchung (Haben-Buchung) auf das **Konto** 310000 WE/RE Wareneingang/Rechnungseingang Verrechnung gebucht wurde. In diesem Moment ist der Saldo des WE/RE-Kontos nach Berücksichtigung der Buchung zum Materialbeleg und der anschließenden Buchung zur Rechnung in Bezug auf die betrachtete Bestellung wieder 0. Es besteht nun eine Verbindlichkeit gegenüber dem Lieferanten Mid-West Supply.

Die Zahlungsabwicklung erfolgt im Bereich FI. Durch Zahlungsausgang (Soll-Buchung, z. B. auf das Bankkonto) wird die Verbindlichkeit gegenüber dem Lieferanten durch die entsprechende Haben-Buchung aufgelöst.

3.7 Praxisfall MM: Einkauf einer Dienstleistung mit Leistungsstammsatz

In diesem Kapitel wurden bisher intensiv der Einkauf, die Lagerung und die Bestandführung von Materialien im SAP-ERP-System betrachtet. In der Praxis spielt jedoch auch der Bezug von Dienstleistungen eine wichtige Rolle. Der Praxisfall illustriert daher den Einkauf einer Dienstleistung.

3.7.1 Einführung

Nicht alle Tätigkeiten, die in einem Unternehmen verrichtet werden müssen, können oder sollen von den eigenen Mitarbeitern erledigt werden. Dafür kann es verschiedene Gründe geben:

- Tätigkeiten erfordern spezielles Wissen, fallen jedoch nur einmalig oder sporadisch an. Hier ist es nicht immer sinnvoll, hochqualifizierte Experten im eigenen Unternehmen zu haben, da diese nicht voll ausgelastet wären. Beispiele: Rechtsberatung, Architektenleistungen, Systemberatung (beispielsweise für die Dauer eines Projekts).
- Andere Tätigkeiten umfassen kein Spezial-Know-how, gehören aber auch nicht zu den Kerngeschäftsprozessen des Unternehmens. Sie fallen regelmäßig oder auch sporadisch an. Da sie nicht zu den Kerngeschäftsprozessen gehören, kann ein Unternehmen in Erwägung ziehen, diese Tätigkeiten an ein anderes Unternehmen zu übertragen, das diese Leistungen günstiger und effizienter erbringen kann. Beispiele: Gebäudereinigung, Sicherheitsdienst, Wartungsarbeiten (regelmäßig); Winterdienst, Baumschnitt (sporadisch).

Dienstleistungen

Ein Unternehmen kann für diese typischen und andere Tätigkeiten entscheiden, sie nicht durch eigene Mitarbeiter erledigen zu lassen. Diese Tätigkeiten werden dann von anderen Unternehmen eingekauft. Sie werden als Dienstleistungen bezeichnet. Das ausführende Unternehmen ist der Dienstleister.

Da Dienstleistungen von vielen Unternehmen bezogen werden, muss auch ein ERP-System Funktionen bieten, Dienstleistungen zu beschreiben und die zugehörigen Geschäftsprozesse abzuwickeln.

Der Einkauf von Dienstleistungen hat viele Gemeinsamkeiten mit dem Einkauf von Materialien. Es gibt jedoch signifikante Unterschiede zwischen Dienstleistungen (Leistungen) und (physischen) Materialien.

Dienstleistungen werden häufig über einen längeren Zeitraum erbracht, z. B. im Rahmen eines Projekts. Sie können eine komplexe Struktur aufweisen. Das ERP-System muss bei der Erfassung und Abwicklung von Dienstleistungen in der Lage sein, erbrachte Leistungen, Ergebnisse und Arbeitszeiten zu erfassen und zu überwachen. Dabei entspricht die Leistungserfassung im Prinzip der Buchung des Wareneingangs beim Material. Allerdings wird für eine Dienstleistung kein tatsächlicher Wareneingang verbucht – und es werden auch keine Bestandskonten aktualisiert. Stattdessen werden Aufwendungen verbucht.

Die Verbuchung von Aufwendungen erfolgt bei der Abnahme von erfassten Leistungen oder Teilleistungen durch das leistungsempfangende Unternehmen.

Nach dem Rechnungseingang erfolgt wie beim Material die Rechnungsprüfung und die Zahlung an den Dienstleister – dieser nimmt quasi die Rolle des Lieferanten ein.

Prinzipiell könnten Dienstleistungen als Materialien vom Typ Dienstleistung mit einem Materialstamm erfasst werden. Aufgrund der genannten Unterschiede zwischen Materialien und Dienstleistungen ist es jedoch sinnvoll, Dienstleistungen stattdessen im speziell dafür vorgesehen Leistungsstamm zu erfassen.

Leistungsstamm Dienstleistungen werden idealerweise im Leistungsstamm erfasst. Dieser besteht, anders als der Materialstamm, nicht aus Sichten, sondern aus Datensektionen.

Der Dienstleistungsstamm umfasst die folgenden Sichten:

- Kopfdaten
- Grunddaten
- Standardleistungsverzeichnis
- Zeitwirtschaft
- Einkaufsdaten
- interne Arbeit
- Langtext

Szenario Das folgende Szenario schildert die Geschehnisse, die zur Erfassung und Abwicklung einer Dienstleistung im Praxisfall führen: Im Werk Heidelberg steht die Installation dringender Software-Updates an. Die eigenen Mitarbeiter haben hierfür keine Kapazitäten frei. Daher wird Unterstützung durch die IT-Beratung Sanssouci zur Analyse der Rechnersysteme und zur Installation der Updates benötigt. Global Bike schätzt einen Zeitaufwand von 600 Minuten = 10 Stunden.

[!]

Übersicht der Stufen

Wie in der Einleitung im Abschnitt »Konzept der Praxisfälle« vorgestellt, stehen Ihnen drei Stufen zur Bearbeitung dieses Praxisfalls zur Verfügung:

1. ohne Hilfestellung (beschrieben in Abschnitt 3.7.2)
2. mit Hilfestellung (beschrieben in Abschnitt 2.8.3)
3. mit anleitender Fallstudie (beschrieben in Abschnitt 2.8.4)

Der Lösungsweg durch den Praxisfall wird in insgesamt 13 Blöcken und in der Variante mit Hilfestellung in 13 Schritten dargestellt. Entscheiden Sie sich nun, auf welcher Stufe Sie mit der Bearbeitung dieses Praxisfalls einsteigen.

3.7.2 Praxisfall ohne Hilfestellung

Kaufen Sie die geforderte Dienstleistung ein, indem Sie die in Abschnitt 3.7.1 skizzierte Szenarienbeschreibung in Ihrem SAP-System umsetzen. Anschließend können Sie die Erfassung und Abwicklung der Dienstleistung gemäß der in Tabelle 3.16 dargestellten Reihenfolge von Aufgabenblöcken durchführen.

Block	Aufgabenbeschreibung
A	Legen Sie einen neuen Dienstleister (**Kreditor**), die IT-Beratung Sanssouci, an: ▪ Der Dienstleister soll für den **Buchungskreis** Global Bike Germany GmbH und die **Einkaufsorganisation** Global Bike Germany angelegt werden. ▪ Er soll der **Kontengruppe** Kreditoren mit interner Vergabe der Kreditorennummer zugeordnet werden. ▪ Die Adresse des Kreditors lautet Maulbeerallee 1, 14469 Potsdam, im Bundesland Brandenburg in Deutschland. ▪ Als **Suchbegriff** tragen Sie Ihre Nummer (###) ein. ▪ Das **Abstimmkonto** für den Dienstleister IT-Beratung Sanssouci ist das Konto für Verbindlichkeiten. ▪ Sowohl in der Buchhaltung als auch im Einkauf gilt als **Zahlungsbedingung** »sofort zahlbar ohne Abzug«. Die **Bestellwährung** für den Dienstleister ist Euro.
B	Legen Sie »IT-Beratung« als neue Dienstleistung an: ▪ Hinterlegen Sie den Kurztext »IT-Beratung ###«, und wählen Sie den **Leistungstyp • Dienstleistung Einkauf**. ▪ Die **Basismengeneinheit** für die Dienstleistung ist Minuten, die **Bewertungsklasse** ist »Dienstleistungen«. ▪ Als **Langtext** hinterlegen Sie »Die Dienstleistung IT-Beratung dient der regelmäßigen Überprüfung und Aktualisierung unserer Rechnersysteme durch ein externes Beratungsunternehmen.«
C	Legen Sie im Hauptbuch ein Aufwandskonto zur Verrechnung der Dienstleistung mit der Kontonummer 75###4 im Buchungskreis Global Bike Germany GmbH an: ▪ Nutzen Sie das Konto Aufwendungen Hilfs- und Betriebsstoffe als **Vorlage**. ▪ Hinterlegen Sie den Kurztext »Fremdleistungen ###« und den Langtext »Aufwendungen für Fremdleistungen ###« auf Deutsch sowie »Services ###« und »Service Expenses ###« auf Englisch. ▪ Als **Steuerkategorie** hinterlegen Sie »Kein Steuervorgang«.

Tabelle 3.16 Aufgabenbeschreibung zum Praxisfall ohne Hilfestellung

Block	Aufgabenbeschreibung
D	Legen Sie im Controlling eine Kostenart zur Verrechnung der Dienstleistung an: ■ Die **Kostenart** ist 75###4, der **Kostenrechnungskreis** Global Bike Europe. ■ Nutzen Sie die **Kostenart** »Aufwendungen Hilfs- und Betriebsstoffe« als **Vorlage**. ■ Hinterlegen Sie als Kurzbezeichnung »Fremdleistungen ###«, als Langtext »Aufwendungen für Fremdleistungen ###«.
E	Erzeugen Sie eine BAnf: ■ Hinterlegen Sie im Kopftext als Begründung den folgenden Text: »Unser System ist veraltet. Wir brauchen dringend externe Hilfe.« ■ Legen Sie eine Position vom Typ Dienstleistung an, die auf eine Kostenstelle kontiert wird. Als **Werk** wählen Sie Heidelberg, als **Warengruppe** Fertigerzeugnisse (Fahrräder). Das **Lieferdatum** soll auf zehn Tage nach heute gesetzt werden. ■ Bei **Einkäufergruppe** tragen Sie Europe ein, als **Kurztext** hinterlegen Sie »Dienstleistung ###«. ■ Hinterlegen Sie Ihre zuvor angelegte Dienstleistung mit einer **Menge** von 600 Minuten unter Angabe Ihres zuvor angelegten **Aufwandskontos**. ■ Tragen Sie die **Kostenstelle** für Beschaffungskosten ein.
F	Legen Sie eine Anfrage mit Bezug zur BAnf aus Block E an: ■ Als **Angebotsfrist** geben sie heute in fünf Tagen ein. ■ Als **Einkaufsorganisation** hinterlegen Sie Global Bike Germany, als **Einkäufergruppe** Europe. ■ Übernehmen Sie die Position aus Ihrer **BAnf** für Ihren neuen Dienstleister.
G	Pflegen Sie das Angebot des Dienstleisters IT-Beratung Sanssouci mit einem **Bruttopreis** von 2,00 € pro Minute ein.
H	Bestellen Sie die Dienstleistung durch Übernahme der Daten aus dem in Block H erstellten Angebot.
I	Erfassen Sie die erste Teilleistung, und nehmen Sie sie ab: ■ Hinterlegen Sie dazu den **Kurztext** »Systemanalyse durchgeführt«, und geben Sie Ihre **Leistungsnummer** ein. ■ Erfassen Sie eine Leistung von 400 Minuten.

Tabelle 3.16 Aufgabenbeschreibung zum Praxisfall ohne Hilfestellung (Forts.)

Block	Aufgabenbeschreibung
J	Erfassen Sie die zweite Teilleistung, und nehmen Sie sie ab: ■ Hinterlegen Sie dazu den **Kurztext** »Software-Updates installiert«, und geben Sie Ihre **Leistungsnummer** ein. ■ Erfassen Sie eine Leistung von 200 Minuten.
K	Fakturieren Sie die Rechnung, die Ihnen die IT-Beratung Sanssouci über die gesamte Dienstleistung ausstellt mit dem **Rechnungsdatum** von heute. Erfassen Sie den **Betrag** von 1.200,00 €. Es handelt sich hierbei nicht um einen Steuervorgang.
L	Buchen Sie den Zahlungsausgang mit dem aktuellen Tagesdatum als **Belegdatum**: ■ Wählen Sie den **Buchungskreis** Global Bike Germany GmbH und die **Währung** Euro. ■ Wählen Sie das **Bankkonto**, und buchen Sie den **Betrag** von 1.200,00 €. ■ Tragen Sie für die **offenen Posten** Ihr zuvor angelegtes **Aufwandskonto** ein.
M	Prüfen Sie die Buchungssätze.

Tabelle 3.16 Aufgabenbeschreibung zum Praxisfall ohne Hilfestellung (Forts.)

[!]

Umgang mit Fehlern

Überprüfen Sie regelmäßig den erfolgreichen Fortschritt Ihrer Buchungen, indem Sie sich den Belegfluss zu Ihrer Bestellung anzeigen lassen. Sollten Sie falsche Eingaben getätigt haben, versuchen Sie zunächst, die Fehler durch passende Änderungstransaktionen, zu korrigieren. Sollte es erforderlich sein, abgeschlossene Buchungen rückgängig zu machen, suchen Sie nach zugehörigen Stornotransaktionen.

3.7.3 Praxisfall mit Hilfestellung

Kaufen Sie die geforderte Dienstleistung ein, indem Sie die in Abschnitt 3.7 skizzierte Szenarienbeschreibung in Ihrem SAP-System umsetzen. Führen Sie anschließend die Erfassung und Abwicklung der Dienstleistung gemäß der in Tabelle 3.16 dargestellten Reihenfolge von Aufgabenblöcken durch.

[!]

Stornieren von Buchungen

Sollten Sie falsche Eingaben getätigt haben, versuchen Sie zunächst, die Fehler durch passende Änderungstransaktionen, zu korrigieren. Sollte es erforderlich sein, abgeschlossene Buchungen rückgängig zu machen, suchen Sie nach zugehörigen Stornotransaktionen.

Block A

Legen Sie einen neuen Dienstleister (Kreditor), die IT-Beratung Sanssouci, an.

Schritt 1: Dienstleister anlegen

Dienstleister anlegen

Legen Sie einen neuen Dienstleister (Kreditor) an, indem Sie wie folgt vorgehen:

1. Folgen Sie dem Menüpfad **Logistik • Materialwirtschaft • Einkauf • Stammdaten • Lieferant • Zentral • Anlegen** (Transaktion XK01).
2. Legen Sie den neuen IT-Dienstleister »IT-Beratung Sanssouci« als neuen Kreditor an. Anschließend tragen Sie die folgenden Eingaben ein.
3. Im Bild **Kreditor anlegen: Einstieg**:
   - **Buchungskreis**: Global Bike Germany GmbH
   - **Einkaufsorganisation**: Global Bike Germany
   - **Kontengruppe**: Kreditoren mit interner Vergabe der Kreditorennummern
4. Im Bild **Kreditor anlegen: Anschrift**:
   - **Anrede**: »Firma«
   - **Name**: »IT-Beratung Sanssouci«
   - **Suchbegriff**: Ihre Nummer (###)
   - **Straße**: »Maulbeerallee«
   - **Hausnummer**: »1«
   - **Postleitzahl**: »14469«
   - **Ort**: »Potsdam«
   - **Land**: Deutschland
   - **Region**: Brandenburg
5. Im Bild **Kreditor anlegen: Kontoführung Buchhaltung**:

   Abstimmkonto: Verbindlichkeiten

6. Im Bild **Kreditor anlegen: Zahlungsverkehr Buchhaltung**:
   Zahlungsbedingungen: sofort zahlbar ohne Abzug
7. Im Bild **Kreditor anlegen: Einkaufsdaten**:
   - **Zahlungsbedingungen im Einkauf**: sofort zahlbar ohne Abzug
   - **Bestellwährung**: Euro

[!]

Einträge korrigieren

Sollte Ihnen auffallen, dass Sie beim Anlegen des IT-Dienstleisters falsche oder fehlende Einträge vorgenommen haben, nutzen Sie die Transaktion XK02, um die Stammdaten zum Dienstleister zu editieren und die Einträge zu korrigieren.

Block B

Legen Sie »IT-Beratung« als neue Dienstleistung an.

Schritt 2: Neue Dienstleistung anlegen

Neue Dienstleistung anlegen

Um eine neue Dienstleistung anzulegen, gehen Sie wie beschrieben vor:

1. Folgen Sie dem Menüpfad **Logistik • Materialwirtschaft • Leistungsstamm • Leistung • Leistungsstamm** (Transaktion AC03).
2. Legen Sie über den Button 🗋 (**Neue Leistung anlegen**) die neue Dienstleistung an. Verwenden Sie die folgenden Angaben:
   - **Leistungsnummer**: nicht ändern, wird vom System automatisch vergeben
   - **Kurztext**: »IT-Beratung ###«
   - **Leistungstyp**: Dienstleistung Einkauf
   - **Basismengeneinheit**: Minuten
3. Falls er noch nicht eingeblendet ist, klappen Sie den Bereich **Grunddaten** auf:
   - **Bewertungsklasse**: Dienstleistungen
   - **Langtext**: »Die Dienstleistung IT-Beratung dient der regelmäßigen Überprüfung und Aktualisierung unserer Rechnersysteme durch ein externes Beratungsunternehmen.«

Block C

Legen Sie im Hauptbuch ein Aufwandskonto zur Verrechnung der Dienstleistung mit der Kontonummer 75###4 im Buchungskreis Global Bike Germany GmbH an.

Schritt 3: Neues Aufwandskonto anlegen

Neues Aufwandskonto anlegen

Legen Sie ein Aufwandskonto mit folgenden Eingaben an:

1. Folgen Sie dem Menüpfad **Rechnungswesen • Finanzwesen • Hauptbuch • Stammdaten • Sachkonten • Einzelbearbeitung • Zentral** (Transaktion FSOO).
2. Legen Sie über den Button [mit Vorlage] (**Anlegen mit Vorlage**) die Dienstleistung mit folgenden Daten an:
   - **Kontonummer**: 75###4
   - **Buchungskreis**: Global Bike Germany GmbH
   - **Vorlage**: Sachkonto »Aufwendungen Hilfs- und Betriebsstoffe«
3. Geben Sie auf der Registerkarte **Typ/Bezeichnu...** die englische Bezeichnung des Sachkontos ein:

   Bezeichnung (englisch): kurz »Services ###«; lang »Service Expenses ###«
4. Pflegen Sie auf dem Registerkarte **Schlagw./Übersetzung** zusätzlich die deutsche Bezeichnung des Sachkontos:

   Bezeichnung (deutsch): kurz »Fremdleistungen ###«; lang »Aufwendungen für Fremdleistungen ###«
5. Tragen Sie auf der Registerkarte **Steuerungsdaten** folgende Daten ein:

   Steuerkategorie: kein Steuervorgang

Block D

Legen Sie im Controlling eine Kostenart zur Verrechnung der Dienstleistung an.

Schritt 4: Kostenart anlegen

Kostenart anlegen

Legen Sie die Kostenart mit folgenden Eingaben an:

1. Folgen Sie dem Menüpfad **Controlling • Kostenartenrechnung • Stammdaten • Kostenart • Einzelbearbeitung • Anlegen primär** (Transaktion KA01).
2. Legen Sie die Kostenart mit folgenden Daten an:
   - **Kostenart**: 75###4
   - **Gültig ab**: aktuelles Tagesdatum
   - **Vorlage**: Kostenart »AUFW H&B«
   - **Kostenrechnungskreis**: Global Bike Europe
   - **Bezeichnung**: »Fremdleistungen ###«
   - **Beschreibung**: »Aufwendungen für Fremdleistungen ###«

Block E

Erzeugen Sie eine BAnf.

Schritt 5: BAnf anlegen

BAnf anlegen

Legen Sie die BAnf wie folgt an:

1. Folgen Sie dem Menüpfad **Logistik • Materialwirtschaft • Einkauf • Banf • Anlegen** (Transaktion ME51N).
2. Legen Sie eine BAnf mit folgendem Kopftext an:

   Kopfnotiz: »Unser System ist veraltet. Wir brauchen dringend externe Hilfe.«
3. Erzeugen Sie eine Position mit folgenden Daten:
   - **Positionstyp**: Dienstleistung
   - **Kontierungstyp**: Kostenstelle
   - **Werk**: Heidelberg
   - **Warengruppe**: Fertigerzeugnisse (Fahrräder)
   - **Lieferdatum**: heute + zehn Tage
   - Einkäufergruppe/Spalte **EKG**: Europe
   - **Kurztext**: »Dienstleistung ###«
4. Editieren Sie die Positionsdetails zu obiger Position auf der Registerkarte **Leistungen**:
   - **Leistungsnummer**: die Nummer Ihrer Dienstleistung aus Block B
   - **Menge**: 600 Minuten

   Hinterlegen Sie folgende Kontierungsinformationen:
   - **Sachkonto**: Ihr Aufwandskonto aus Block C
   - **Kostenstelle**: Beschaffungskosten

Block F

Legen Sie eine Anfrage mit Bezug zur BAnf aus Block E an.

Schritt 6: Anfrage anlegen

Anfrage anlegen

Um eine Anfrage mit Bezug zur BAnf aus Block E anzulegen, gehen Sie wie folgt vor:

1. Folgen Sie dem Menüpfad **Logistik • Materialwirtschaft • Einkauf • Anfrage/Angebot • Anlegen** (Transaktion ME41).
2. Legen Sie eine Anfrage mit Bezug zur BAnf aus Schritt E an. Geben Sie folgende Daten ein:

- **Angebotsfrist**: aktuelles Tagesdatum + fünf Tage
- **Einkaufsorganisation**: Global Bike Germany
- **Einkäufergruppe**: Europe

3. Übernehmen Sie die Position aus Ihrer BAnf.
4. Tragen Sie die IT-Beratung Sanssouci als Dienstleister ein.

Block G

Pflegen Sie das Angebot des Dienstleisters IT-Beratung Sanssouci ein.

Schritt 7: Angebot einpflegen

Angebot einpflegen

Das Angebot des Dienstleisters IT-Beratung Sanssouci können Sie wie beschrieben einpflegen:

1. Folgen Sie dem Menüpfad **Logistik • Materialwirtschaft • Einkauf • Anfrage/Angebot • Angebot • Pflegen** (Transaktion ME47).
2. Markieren Sie die Position, und klicken Sie auf (**Leistungen**):

   Bruttopreis: 2,00 € pro Minute

Block H

Bestellen Sie die Dienstleistung durch Übernahme der Daten aus dem in Block H erstellten Angebot.

Schritt 8: Bestellung erzeugen

Bestellung erzeugen

Erzeugen Sie eine Bestellung:

Folgen Sie dem Menüpfad **Logistik • Materialwirtschaft • Einkauf • Bestellung • Anlegen • Lieferant/Lieferwerk bekannt** (Transaktion ME21N).

Block I

Erfassen Sie die erste Teilleistung und nehmen Sie sie ab.

Schritt 9: Leistung erfassen

Leistung erfassen

Um die erste Teilleistung zu erfassen, können Sie folgende Vorgehensweise wählen:

1. Öffnen Sie die Transaktion **Logistik • Materialwirtschaft • Leistungserfassung • Pflegen** (Transaktion ML81N).
2. Klicken Sie auf Andere Bestellung (**Anderer Beleg**), und wählen Sie Ihre Bestellung aus Schritt H.

   Klicken Sie auf (**Erfassungsblatt anlegen**):

   Kurztext: »Systemanalyse durchgeführt«

3. Wechseln Sie zur Registerkarte **Grunddaten**:
   - **Leistungsnummer**: Geben Sie Ihre Leistungsnummer aus Block B ein.
   - **Erbrachte Menge**: 400 Minuten

   Klicken Sie auf Zeile 10, und klicken Sie auf (Abnahme).
4. Speichern Sie das Erfassungsblatt ab.

Block J

Erfassen Sie die zweite Teilleistung und nehmen Sie sie ab.

Schritt 10: Leistung erfassen

Leistung erfassen

Erfassen Sie die zweite Teilleistung mit folgenden Eingaben:

1. Folgen Sie dem Menüpfad **Logistik • Materialwirtschaft • Leistungserfassung • Pflegen** (Transaktion ML81N).
2. Klicken Sie auf Andere Bestellung (**Anderer Beleg**), und wählen Sie Ihre Bestellung aus Schritt H.

   Klicken Sie auf (**Erfassungsblatt anlegen**):

   Kurztext: »Software-Updates installiert«
3. Wechseln Sie zur Registerkarte **Grunddaten**:
   - **Leistungsnummer**: Geben Sie Ihre Leistungsnummer aus Block B ein.
   - **Erbrachte Menge**: 200 Minuten

   Klicken Sie auf Zeile 10, und klicken Sie auf (**Abnahme**).
4. Speichern Sie das Erfassungsblatt ab.

Block K

Fakturieren Sie die Rechnung, die Ihnen die IT-Beratung Sanssouci über die gesamte Dienstleistung ausstellt.

Schritt 11: Rechnung erfassen

Rechnung erfassen

Sie fakturieren die Rechnung wie beschrieben:

1. Folgen Sie dem Menüpfad **Logistik • Materialwirtschaft • Einkauf • Bestellung • Folgefunktionen • Logistik-Rechnungsprüfung** (Transaktion MIRO).
2. Erfassen Sie die Rechnung mit folgenden Daten:
   - **Rechnungsdatum**: aktuelles Tagesdatum
   - **Betrag**: 1.200 €
   - **Steuerdaten**: kein Steuervorgang
   - **Text**: »Rechnung 1234-###«

3. Geben Sie Ihre Bestellnummer ein, und bestätigen Sie beide Rechnungspositionen.
4. Speichern Sie die Rechnung.

[!]

Gesperrte Rechnung freigeben

Sollte Ihre Rechnung gesperrt sein, geben Sie sie mit Transaktion MRBR frei: **Logistik • Materialwirtschaft • Logistik-Rechnungsprüfung • Weiterverarbeitung • Gesperrte Rechnungen freigeben**.

Block L

Buchen Sie den Zahlungsausgang mit Belegdatum heute.

Schritt 12: Zahlungsausgang buchen

Zahlungsausgang buchen

Um den Zahlungsausgang zu buchen, gehen Sie wie folgt vor:

1. Folgen Sie dem Menüpfad **Rechnungswesen • Finanzwesen • Kreditoren • Buchung • Zahlungsausgang • Buchen** (Transaktion F-53).
2. Erfassen Sie folgende Kopfdaten zum Zahlungsausgang:
   - **Belegdatum**: aktuelles Tagesdatum
   - **Buchungskreis**: Global Bike Germany GmbH
   - **Währung/Kurs**: Euro
   - **Bankdaten – Konto**: Bankkonto
   - **Bankdaten – Betrag**: 1.200
   - **Auswahl der offenen Posten – Konto**: Ihr Konto aus Block C

Block M

Prüfen Sie die Buchungssätze.

Schritt 13: Belegfluss anzeigen

Belegfluss anzeigen

Lassen Sie sich den Belegfluss anzeigen, um die Buchungssätze zu prüfen:

1. Prüfen Sie den Zahlungsausgang zur Rechnung Ihres Lieferanten. Wechseln Sie dazu ins Rechnungswesen: **Rechnungswesen • Finanzwesen • Kreditoren • Beleg • Anzeigen** (Transaktion FB03).

   Prüfen Sie die beiden Wareneingangsbelege, den Beleg für die Faktura und den Beleg für den Zahlungsausgang.

3.7.4 Praxisfall mit anleitender Fallstudie

Setzen Sie das in Abschnitt 3.7.1 skizzierte Anwendungsszenario in Ihrem SAP-System gemäß der Fallstudie zum Praxisfall MM um. Sie erhalten diese wieder unter *http://www.sap-press.de/4640*, **Materialien zum Buch**.

3.7.5 Integration mit dem Finanzwesen

Prozessschritte mit finanzbuchhalterischer Auswirkung

Während des Einkaufs einer Dienstleistung wurden Prozessschritte mit buchhalterischen Auswirkungen durchgeführt. Hierzu gehören:

- Pflege der Buchungskreisdaten im Kreditorenstammsatz (Block A):
  - Buchungskreis
  - Kontengruppe
  - Abstimmkonto
  - Zahlungsbedingungen
  - Bestellwährung
- Anlage eines Aufwandskontos im Hauptbuch zur Verrechnung der Dienstleistung (Block C)
- Im Controlling: Anlage einer Kostenart zur Verrechnung der Dienstleistung (Block D)
- Hinterlegung des Aufwandskontos in der BAnf (Block D)
- Fakturierung der Rechnung über die Dienstleistung (Block K)
- Buchung des Zahlungsausgangs (Block L)

Die Integration der Materialwirtschaft (MM) mit dem Finanzwesen (FI) bewirkt an dieser Stelle eine Folge von automatisiert im Hintergrund ablaufenden Buchungen auf die erforderlichen Sach- und Erlöskonten.

Kapitel 4
Rechnungswesen

Dieses Kapitel beschreibt die Aufgaben und Ziele des betrieblichen Rechnungswesens. Es geht insbesondere auf die Integration zwischen internem und externem Rechnungswesen ein. Nach der Definition relevanter Organisations-, Stamm- und Bewegungsdaten werden die Prozesse der Komponenten FI und CO in SAP ERP anhand von Übungen und Fallstudien im SAP-System erläutert.

Internes und externes Rechnungswesen

Das *Rechnungswesen* bildet in Unternehmen alle betriebswirtschaftlich relevanten Vorgänge wertmäßig ab. Dabei erfasst, steuert, verteilt und dokumentiert es alle buchhalterischen Geschäftsdaten. Es umfasst das externe Rechnungswesen (*Finanzwesen* bzw. *Financial Accounting*), das interne Rechnungswesen (*Controlling* bzw. *Management Accounting*), statistische Auswertungen und die Finanzplanung. Während die Ergebnisse des externen Rechnungswesens außenstehenden Adressaten wie Fremdkapitalgebern, Steuerbehörden oder Kunden zur Verfügung gestellt werden, dient das interne Rechnungswesen dem eigenen Management und Mitarbeitern zur Planung, Kontrolle und Koordination. Das Finanzwesen dokumentiert somit alle buchungspflichtigen Geschäftsvorfälle. Das Controlling führt parallel dazu die freiwillige Kosten- und Leistungsrechnung durch. Stetige Auswertungen (engl. *Financial Analytics*) und die Finanzplanung (engl. *Financial Planning*) gewinnen insbesondere vor dem Hintergrund automatisierter Verarbeitung von Unternehmensdaten immer mehr an Bedeutung.

Verpflichtung zu paralleler Rechnungslegung

Die Verpflichtung deutscher börsennotierter Unternehmen zur *parallelen Rechnungslegung*, also zur Buchführung für unterschiedliche Adressaten, führte ab 2005 zu zusätzlichen Herausforderungen an das Rechnungswesen. Kapitalmarktorientierte Unternehmen oder in globale Konzerne eingegliederte Unternehmen in Deutschland berichten an deutsche Finanzbehörden nach dem Handelsgesetzbuch (HGB) und an den Kapitalmarkt parallel nach International Financial Reporting Standards (IFRS). Hierbei weichen die nationalen Vorschriften von den am angelsächsischen Rechnungslegungssystem orientierenden internationalen Standards z. B. bei der Gewinn-und-Verlust-Rechnung ab. Die Unterschiede zwischen IFRS und

HGB führten in der Praxis zur stärkeren Integration zwischen externem und internem Rechnungswesen. Aus diesem Grund werden die Bereiche Finanzwesen und Controlling in diesem Buch in einem Kapitel behandelt. In SAP ERP sind die beiden Bereiche im Wesentlichen in den Funktionen der Komponenten *FI* (Finanzwesen), *CO* (Controlling) und *EC* (Unternehmens-Controlling, engl. *Enterprise Controlling*) ausgeprägt.

4.1 Einführung

Obwohl die Autoren beim Leser betriebswirtschaftliches Grundwissen voraussetzen, werden in diesem Abschnitt die Grundzüge des Rechnungswesens wiederholt, um die notwendigen Begrifflichkeiten für den Fortgang des Kapitels aufzufrischen.

Abbildung 4.1 verortet das interne und externe Rechnungswesen in der Wertschöpfungskette (engl. *Value Chain*) nach M. E. Porter (in »Competitive Advantage: Creating and Sustaining Superior Performance«, Free Press 1985) als *Sekundärfunktionen*. Im Gegensatz zu *Primärfunktionen*, wie der Produktion und dem Vertrieb, die im Unternehmen einen direkten Beitrag zur Wertschöpfung leisten, tragen die sekundären Aktivitäten nur mittelbar dazu bei.

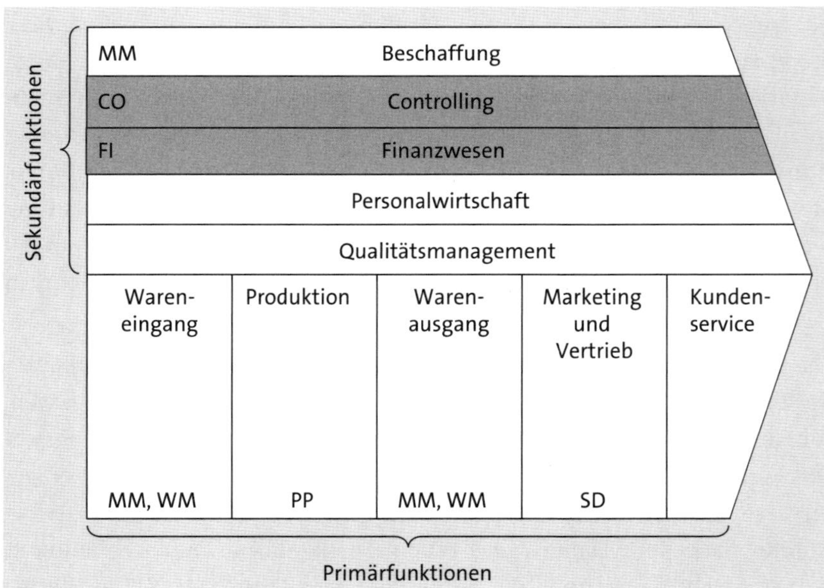

Abbildung 4.1 Unternehmenswertschöpfung (angelehnt an Porter)

4.1.1 Externes Rechnungswesen (Finanzwesen)

Konto

Seit der Durchsetzung der doppelten Buchführung im 15. Jahrhundert ist das *Konto* (ital. *il conto*, die Rechnung) die zentrale Datenstruktur in der modernen Finanzbuchführung. Jedes Konto wird durch eine zweispaltige Tabelle, *T-Konto* genannt, dargestellt. Die *Soll*-Seite (S) befindet sich links, die *Haben*-Seite (H) rechts (siehe Abbildung 4.2).

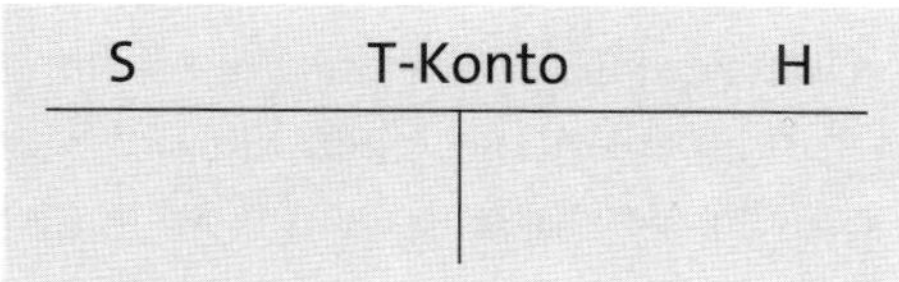

Abbildung 4.2 Struktur eines T-Kontos

Kontenplan und Kontengruppen

Alle für die Buchhaltung im Betrieb zur Verfügung stehenden Konten werden im *Kontenplan* zusammengefasst. Ähnliche Konten sind durch ihre eindeutigen Nummern sogenannten *Kontengruppen* zuzuordnen. Abbildung 4.3 verdeutlicht beispielhaft die Gruppierung von Konten für Anlagen, Material und Kassen.

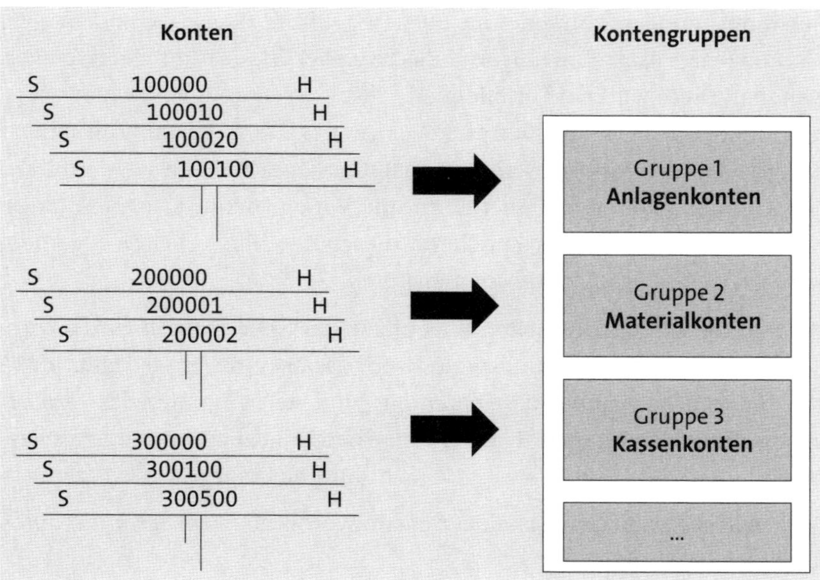

Abbildung 4.3 Beispiele für Kontengruppen

Hauptbuch- vs. Nebenbuchkonten

Je nach Unternehmensgröße sind große Mengen an Eingangsrechnungen (von Lieferanten), Ausgangsrechnungen (an Kunden) oder Wertänderungen bei Anlagen, Materialien und Bankkonten zu verbuchen. Um Einzelwerte – z. B. je Geschäftspartner – dennoch genau nachverfolgen zu können, werden sogenannte Nebenbücher verwendet. Neben den regulären *Hauptbuchkonten* (synonym auch Sachkonten) gibt es daher Personenkonten (für Kunden und Lieferanten) sowie weitere *Nebenbuchkonten*, z. B. für Anlagen und Banken. Kunden werden im Finanzwesen synonym als Debitoren und Lieferanten als Kreditoren bezeichnet. Daher spricht man bei der Arbeit mit den Personenkonten von der *Debitoren-* bzw. *Kreditorenbuchhaltung*.

Buchungsperiode

Jede zur Dokumentation eines Geschäftsvorfalls durchgeführte Buchung ist genau einer *Buchungsperiode*, wie z. B. einem Monat, einem Quartal oder einem Jahr, zugeordnet. Entsprechend den Berichtsanforderungen der jeweiligen Branche kann eine Buchungsperiode sehr kurz sein. In der Öl- und Gasindustrie ist aufgrund großer Preisschwankungen eine taggenaue Abrechnung ratsam. Bei Unternehmen mit geringen Preis- und Nachfrageänderungen, z. B. einem kommunalen Betrieb, ist eine mehrmonatige oder jährliche Abrechnung denkbar. Im Normalfall erfolgen in Unternehmen jedoch Monatsabrechnungen. Die Buchungsperiode, z. B. Monat und Geschäftsjahr, wird im Moment der Erstellung von Finanzbelegen aus dem Buchungsdatum abgeleitet.

Buchungsperioden können zum Buchen geöffnet oder geschlossen sein. Bis auf wenige Ausnahmen ist nur die aktuelle Periode für Buchungen verwendbar. Diese wird am Periodenende geschlossen und die nächste geöffnet. Analog dazu muss am Jahresende ein neues Geschäftsjahr eröffnet und das alte mit den Jahresabschlussaktivitäten abgeschlossen werden. Dazu gehört unter anderem die Übernahme der Vorjahresendwerte als Anfangswerte des Folgejahres. Man spricht bei diesen Abschlussarbeiten allgemein von *Perioden-* und *Jahreswechselaktivitäten*.

Die Summe aller gesammelten Buchungen der Nebenkonten wird spätestens am Ende einer Buchungsperiode auf das entsprechende Hauptbuchkonto, so z. B. bei Kunden das *Forderungs-* und bei Lieferanten das *Verbindlichkeitskonto*, übertragen. In den meisten betrieblichen Anwendungssystemen wie auch SAP ERP erfolgt diese Abstimmung hingegen in Echtzeit.

Bei den *Sachkonten* unterscheidet man im Wesentlichen in *Bestandskonten* und *Erfolgskonten*.

Bestandskonten

Wie der Name bereits sagt, dokumentieren Bestandskonten die Änderungen an Vermögens- und Kapitalbeständen. Man unterscheidet *Passivkonten* zur Erfassung der Mittelherkunft und *Aktivkonten*, die die Mittelverwendung beschreiben. Die *Bilanz* stellt die Aktivkonten den Passivkonten gegenüber.

Beispielhafte Bilanzstruktur

Abbildung 4.4 stellt beispielhaft und grob eine Bilanzstruktur dar. Auf der linken Seite (*Aktiva*) finden sich im Wesentlichen das *Anlagevermögen*, wie

z. B. immaterielle und materielle Gegenstände sowie Finanzanlagen, und das *Umlaufvermögen* wie Vorräte, Forderungen gegenüber Kunden und Kassenbestände. Auf der rechten Seite (*Passiva*) werden unter anderem das *Eigenkapital* (eigene Mittel), *Verbindlichkeiten* gegenüber Lieferanten und *Rückstellungen* (ungewisse Verbindlichkeiten, Verluste oder Aufwendungen) geführt.

Zusätzlich gibt es auf beiden Bilanzseiten sogenannte *Rechnungsabgrenzungsposten* (RAP), die den periodeneigenen Erfolg von erfolgswirksamen Fällen zukünftiger Perioden abgrenzen. Diese Rechnungsabgrenzungsposten können z. B. bereits vorab bezahlte Mieten (aktiver RAP) bzw. im Voraus erhaltene Mieten (passiver RAP) sein.

Aktiva	Passiva
A. Anlagevermögen	A. Eigenkapital
1. Materielle Gegenstände	1. Gezeichnetes Kapital
2. Immaterielle Gegenstände	2. Rücklagen
3. Finanzanlagen	B. Rückstellungen
B. Umlaufvermögen	C. Verbindlichkeiten
1. Vorräte	D. Passive RAP
2. Forderungen	
3. Zahlungsmittel	
a. Kasse	
b. Bank	
c. Schecks	
C. Aktive RAP	
Bilanzsumme	Bilanzsumme

Abbildung 4.4 Beispiel einer Bilanzstruktur

Erfolgskonten

Im Gegensatz zur Bilanz mit ihren Bestandskonten verwendet der zweite wichtige Finanzbericht, die *Gewinn-und-Verlust-Rechnung* (GuV), Erfolgskonten. Wertverzehr (Aufwendungen, z. B. für Rohmaterial) wird auf *Aufwandskonten* und Wertzuwachs (Erträge, z. B. Verkaufserlöse) auf *Ertragskonten* verbucht. Am Ende eines Geschäftsjahres werden die *Salden*, also die Differenzbeträge zwischen Soll- und Haben-Seite, aller Erfolgskonten auf dem GuV-Konto gegenübergestellt.

Beispielhafte GuV-Struktur

Abbildung 4.5 zeigt beispielhaft eine GuV-Struktur.

Abschließend wird der Saldo des GuV-Kontos als *Jahresüberschuss* (Erträge waren höher als Aufwendungen) oder *Jahresfehlbetrag* (Aufwendungen waren höher als die Erträge) auf das Eigenkapitalkonto übertragen.

	Umsatzerlöse
+	Sonstige betriebliche Erträge
./.	Materialaufwand
=	**Rohergebnis**
./.	Personalaufwand
./.	Abschreibungen
./.	Sonstige betriebliche Aufwendungen
=	**Betriebsergebnis**
./.	Zinsen
./.	Steuern
=	**Überschuss/Fehlbetrag**

Abbildung 4.5 Beispiel einer GuV-Struktur

Anfangs- und Endbestände

Im Rahmen der Jahresabschlussaktivitäten werden die Endbestände auf den Sachkonten ins neue Geschäftsjahr übertragen. Dabei erhalten Aktivkonten ihren Anfangsbestand sowie sämtliche Mehrungen auf der Soll-Seite. Minderungen und im Normalfall auch der Endbestand werden auf der Haben-Seite verzeichnet. Wie aus Abbildung 4.6 zu entnehmen, ist es bei Passivkonten genau umgekehrt.

S Aktivkonto	H	S Passivkonto	H
Anfangsbestand	Minderungen (-)	Minderungen (-)	Anfangsbestand
Mehrungen (+)	(Endbestand)	(Endbestand)	Mehrungen (+)

Abbildung 4.6 Struktur von Bestandskonten

Erfolgskonten dokumentieren die Änderungen des Eigenkapitalkontos und haben daher keine Anfangswerte. Aufwandskonten verbuchen Aufwendungen auf der Soll-Seite. Auf der Haben-Seite werden lediglich Korrekturen wie Stornierungen bei Falschbuchungen vorgenommen. Dort ergibt sich normalerweise auch der Saldo. Buchungen auf Ertragskonten erfolgen analog, aber wieder entgegengesetzt (siehe Abbildung 4.7).

S Aufwandskonto	H	S Ertragskonto	H
Aufwand (+)	Korrekturen (-)	Korrekturen (-)	Ertrag (+)
	(Saldo)	(Saldo)	

Abbildung 4.7 Struktur von Erfolgskonten

Einfacher Buchungssatz

Alle Geschäftsvorfälle des Unternehmens werden in *Buchungssätzen* dokumentiert. Einfache Buchungen berühren genau zwei Konten, das eine auf der Soll- und das andere auf der Haben-Seite. Die Begleichung einer Kreditorenrechnung in Höhe von 1.190 € per Banküberweisung am 10. Mai führt zu folgendem Buchungssatz in der T-Konten-Darstellung (siehe Abbildung 4.8). Die Verbindlichkeiten aus Lieferungen und Leistungen (kurz L. u. L.) werden durch die Überweisung in gleicher Höhe verringert wie das Bankkonto. Beim Passivkonto Verbindlichkeiten L. u. L. erfolgt die Minderung auf der Soll-Seite, beim Aktivkonto Bank auf der Haben-Seite. Buchungssätze folgen immer dem Muster »Soll-Konto an Haben-Konto«.

10.05. Verbindlichkeiten L.u.L. 1.190,00 **an** Bank 1.190,00

S Verbindlichkeiten L.u.L.	H
10.05. 1.190,00	

S Bank	H
	10.05. 1.190,00

Abbildung 4.8 Einfacher Buchungssatz mit zwei Konten

Komplexer Buchungssatz

Bei komplexeren Buchungssätzen können mehr als zwei Konten bebucht werden. Die Summe auf der Soll-Seite muss jedoch mit der der Haben-Seite übereinstimmen. Abbildung 4.9 stellt einen Fertigerzeugnisverkauf am 18. Mai über 6.000 € auf Rechnung dar. Wieder erfolgt die Buchung von Soll an Haben. In dem gewählten Beispiel wird das Aktivkonto Forderungen L. u. L. um denselben Betrag erhöht wie die Summe der Beträge auf dem Ertragskonto Umsatzerlöse für Fertigerzeugnisse (FE) und auf dem Passivkonto Umsatzsteuer. Umsatzsteuer stellt buchhalterisch eine Verbindlichkeit gegenüber dem Finanzamt dar.

18.05. Forderungen L.u.L. 7.140,00 **an** Umsatzerlöse FE 6.000,00
Umsatzsteuer 19% 1.140,00

S Forderungen L.u.L.	H
18.05. 7.140,00	

S Umsatzerlöse FE	H
	18.05. 6.000,00

S Umsatzsteuer 19%	H
	18.05. 1.140,00

Abbildung 4.9 Komplexer Buchungssatz mit drei Konten

4.1.2 Internes Rechnungswesen (Controlling)

An den Erfolgskonten setzt die Integration zwischen externem und internem Rechnungswesen an. Die Notwendigkeit der im internen Rechnungswesen durchgeführten Kosten- und Leistungsrechnung ergibt sich aus zwei Gründen:

- **Summenwerte**:
  Im Finanzwesen werden Einzelgeschäftsvorfälle summiert erfasst. So kann der Finanzbuchhalter für das Beispiel in Abbildung 4.9 allein aus seinen Belegen nicht beantworten, welches Produkt in welcher Anzahl für den Erfolg in Höhe von 6.000 € verantwortlich ist. Analog könnte er Aufwendungen diesem Erfolg nicht verursachergerecht gegenüberstellen. Das macht die Ergebnisermittlung nach unternehmensinternen Kriterien (einzelne Produkte) oder externen Marktsegmenten (Verkaufsregion, Einzelkunde) unmöglich.
- **Ist-Buchungen**:
  Der zweite Grund liegt in der Erfassung der Ist-Situation. Das Controlling soll hingegen Kosten und Erlöse im Voraus planen oder zumindest dann ausweisen, wenn noch korrigierend eingegriffen werden kann.

Im Controlling gibt es verschiedene Kostenrechnungssysteme. Diese Systeme werden nach dem Zeitbezug der Kosten (Vergangenheit, Zukunft) und dem Umfang der verrechneten Kosten (Vollkosten, Teilkosten) unterschieden. Abbildung 4.10 stellt die Systeme zugeordnet zu beiden Dimensionen dar.

Ist-Kosten-Rechnung

Die *Ist-Kosten-Rechnung* ist das klassische Kostenrechnungssystem. Sie kann auf Basis von *Vollkosten* (Verrechnung aller Kosten auf hergestellte Produkte oder Dienstleistungen) oder auf Basis von *Teilkosten* (Verrechnung nur eines Teils der Kosten) erfolgen. *Ist-Kosten* sind effektiv in der Vergangenheit angefallene Kosten.

Normalkostenrechnung

Zur Vereinfachung und Beschleunigung der mitunter aufwendigen Ermittlung der Ist-Kosten werden bei der *Normalkostenrechnung* auf den Ist-Kosten basierende Durchschnittswerte verwendet.

Plankostenrechnung

Bei der *Plankostenrechnung* handelt es sich um ein zukunftsorientiertes Kostenverrechnungssystem, bei dem die Mengen- und Zeitgerüste sowie Planpreise und -tarife vorgegeben werden. Bei der Plankostenrechnung auf Basis von Vollkosten unterscheidet man in starre und flexible Systeme. Die Flexibilität des Kostensystems hängt davon ab, ob und wie stark die Planungsergebnisse an Schwankungen beim Beschäftigungsgrad (der Ausbringungsmenge) angepasst werden können. Als ein Beispiel für eine flexible Plankostenrechnung auf Basis von Teilkosten ist die *Grenzplankos-*

tenrechnung zu nennen. Sie bildet die Grundlage für die *Deckungsbeitragsrechnung*, die in diesem Kapitel an einigen Stellen verwendet wird.

Umfang der verrechneten Kosten		Zeitbezug der Kosten: Vergangenheit	Zeitbezug der Kosten: Zukunft
	Vollkostenrechnung	Ist-Kosten-Rechnung (Vollkosten)	Plankostenrechnung (Vollkosten) ▪ starr ▪ flexibel
	Vollkostenrechnung	Normalkostenrechnung (Vollkosten)	
	Teilkostenrechnung	Ist-Kosten-Rechnung (Teilkosten)	Plankostenrechnung (Teilkosten) ▪ Grenzplankosten ▪ Deckungsbeitrag
	Teilkostenrechnung	Normalkostenrechnung (Teilkosten)	

Abbildung 4.10 Systeme der Kostenrechnung

Vollkostenrechnung

Bei der *Vollkostenrechnung* wird zwischen Einzel- und Gemeinkosten unterschieden. *Einzelkosten* können direkt einem einzelnen Produkt oder einer Dienstleistung zugeordnet werden. Beispiele hierfür sind Material- oder Fertigungseinzelkosten. Sogenannte *Sondereinzelkosten* können zwar nicht einem gefertigten Einzelprodukt, aber zumindest einem Produkttyp zugeordnet werden. Dies sind z. B. Entwicklungskosten oder Spezialarbeitsplätze. *Gemeinkosten* können hingegen nur indirekt einem Kostenträger zugewiesen werden. Beispiele hierfür sind Kosten für Strom, Heizung und Miete. Unterschieden werden echte Gemeinkosten und unechte Gemeinkosten. Echte Gemeinkosten entsprechen der obigen Definition von Gemeinkosten. Unechte Gemeinkosten, z. B. Kleinteile, Betriebsstoffe oder der Stromverbrauch für die Produktion, könnten theoretisch gezählt oder durch Messung genau erfasst werden. Allerdings wäre die Dokumentation und direkte Zurechnung zu aufwendig.

An dieser Stelle wird der Nachteil der Vollkostenbasis deutlich. Es wird angenommen, dass Gemeinkosten immer proportional zur Ausbringungsmenge entstehen. Während das bei Stromkosten für Maschinen noch zutreffen mag, fallen Mieten für Produktionsgebäude in der Regel unabhängig davon an, ob produziert wird oder nicht. Bei den Heizkosten ist eine genaue Zuordnung noch schwieriger.

Teilkostenrechnung

Aus diesem Grund gibt es alternativ die *Teilkostenrechnung*. Bei diesem Verfahren werden zunächst lediglich alle *variablen Kosten* auf Kostenträger verrechnet. Das sind jene Kosten, die abhängig von der Ausbringungsmenge entweder linear (proportional), progressiv (zunehmend) oder degressiv (abnehmend) ansteigen. *Fixe Kosten* fallen unabhängig von der Produktionsmenge pro Periode an, wie z. B. die bereits genannte Miete für eine Fertigungshalle. Bei der Erreichung von bestimmten Schwellenwerten steigen die Kosten durch die Erweiterung der Hallenmietfläche sprunghaft an. Man spricht von sprungfixen Kosten. Alle fixen Kosten werden bei der Teilkostenrechnung erst am Ende verrechnet. Damit kann ein Unternehmen kurzfristig an der Preisuntergrenze operieren. Das bedeutet, Produkte werden zu einem Betrag gleich den variablen Kosten verkauft.

Kostenartenrechnung

Für eine interne Kosten- und Leistungsrechnung spielen die Buchungen auf alle Erfolgskonten eine zentrale Rolle, da sie sämtliche Erträge und Aufwendungen einer Periode sammeln. In der *Kostenartenrechnung* wird zunächst festgelegt, welche Kosten in die interne Kostenrechnung übernommen werden und wie diese gegliedert werden. Ziel der Kostenartenrechnung ist eine Harmonisierung zwischen der Finanzbuchhaltung (GuV) und der Kostenrechnung bzw. der Ergebnisrechnung auf der Ebene des Betriebsergebnisses.

Kostenstellenrechnung

Die *Kostenstellenrechnung* dokumentiert, wo im Unternehmen Kosten entstanden sind. Im Gegensatz zu den Einzelkosten, die direkt einem Produkt zuzuordnen sind, werden Gemeinkosten zunächst gesammelt und später mithilfe von Verfahren der Leistungsverrechnung, Umlage oder Verteilung weiterverrechnet. Die Kostenarten- und Kostenstellenrechnung werden zusammen mit der Prozesskostenrechnung zur *Gemeinkostenrechnung* zusammengefasst.

Kostenträgerrechnung

Welche tatsächlichen Kosten bei der betrieblichen Leistungserstellung in welcher Höhe entstanden sind, erklärt die *Kostenträgerrechnung*. Einzelkosten für eigengefertigte Güter sind z. B. Kosten für die Fremdbeschaffung von Rohstoffen und Komponenten. Gemeinkosten ergeben sich beispielsweise aus der Verteilung von Aufwendungen für Personal und Energie.

Produktkostenplanung

Wie bereits erwähnt, fällt dem Controlling nicht nur die Sammlung von Ist-Kosten, sondern auch deren Planung und Überwachung zu. Die *Produktkostenplanung* führt unabhängig von tatsächlichen Aufträgen eine Kostenplanung und interne Preisbildung für Produkte durch. Kostenträgerrechnung und Produktkostenplanung werden zum *Produktkosten-Controlling* zusammengefasst.

Ergebnisrechnung und Profit-Center-Rechnung

Während sich die bisher genannten Aufgaben des Controllings auf betriebliche Aufwendungen bzw. Kosten konzentriert haben, stellt die *Ergebnisrechnung* Kosten und Erlöse gegenüber und ermittelt so das Ergebnis einer Abrechnungsperiode. Zur feineren Untergliederung des Ergebnisses eines Kunden oder eines Produkts dient die *Profit-Center-Rechnung*. Sie kann den Beitrag eines Einzelarbeitsplatzes, einer Verkaufsorganisation oder eines Vertriebsmitarbeiters am Gewinn des Unternehmens ausweisen und den Unternehmenserfolg damit beliebig fein segmentieren. Das direkt erzielte Ergebnis eines Profit Centers errechnet sich aus den ihm zugeordneten Erlösen abzüglich aller beeinflussbaren Einzelkosten und Gemeinkosten. Durch den zusätzlichen Abzug der nicht beeinflussbaren Gemeinkosten ergibt sich das Ergebnis des operativen Betriebs.

4.2 Betriebliche Aufgaben und Akteure

Aufgaben des Finanzwesens

Hauptaufgaben des externen Rechnungswesens sind die Dokumentation von und die Information über Veränderungen des Vermögens und Kapitals in Unternehmen. Durch die Erfassung aller Geschäftsvorfälle schafft das Finanzwesen die Grundlage für die Erstellung der Bilanz und der GuV. Deren Veröffentlichung gegenüber Kapitalgebern, Arbeitnehmern sowie nationalen und internationalen Behörden dient der Rechenschaftspflicht verantwortungsvollen unternehmerischen Handelns. Neben Änderungen an Beständen erfasst das Finanzwesen auch Buchungen zu betrieblichen Aufwendungen und Erlösen. Deren Fortschreibung in die interne Kosten- und Leistungsrechnung führt zur engen Verzahnung des Finanzwesens zum Controlling. Die Ergebnisse dieser detaillierteren Beurteilung von Wertzu- und -abflüssen wird ständig mit der Haupt- und Nebenbuchhaltung synchronisiert.

Konkrete betriebliche Aufgaben des Finanzwesens sind die Darstellung und Auswertung aller Wertflüsse im Hauptbuch sowie aller existierenden Nebenbücher. Abbildung 4.11 zeigt einen Auszug wesentlicher Funktionen des Finanzwesens.

In SAP ERP sind die Funktionen des Finanzwesens in der Komponente FI zusammengefasst. Abbildung 4.12 zeigt den relevanten Ausschnitt der SAP-Menüstruktur mit den Unterordnern des Bereichs Finanzwesen.

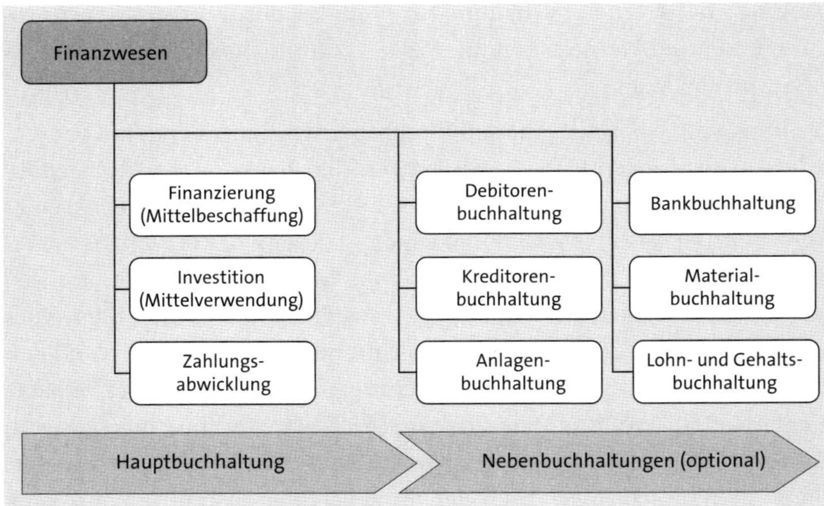

Abbildung 4.11 Funktionen des Finanzwesens (Auszug)

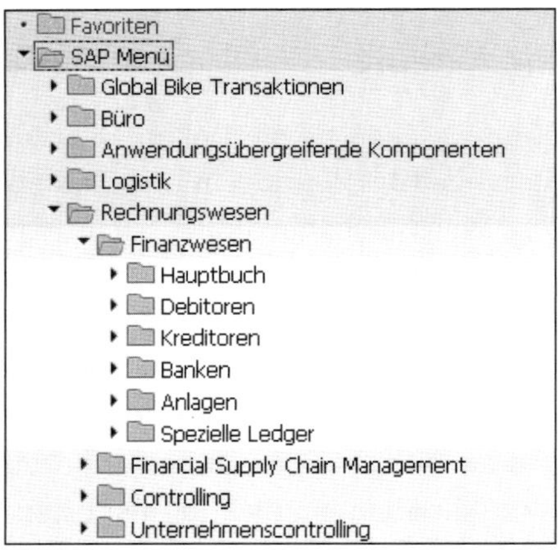

Abbildung 4.12 SAP-Easy-Access-Menü der Komponente FI

Aufgaben des Controllings

Alle buchführungsrelevanten Vorgänge anderer Komponenten, wie z. B. des Vertriebs (*SD*), der Materialwirtschaft (*MM*), der Produktion (*PP*) oder des Personalwesens (*HR*), werden auf Sachkonten in der Komponente FI verbucht und gegebenenfalls auch an das interne Rechnungswesen weitergeleitet. Im Controlling findet für das Unternehmen die freiwillige Kosten- und Leistungsrechnung statt. Deren Hauptfunktionen sind die Gemeinkosten- und Produktkostenrechnung, die Ergebnisrechnung und die Profit-Center-Rechnung (siehe Abbildung 4.13).

Wie Abbildung 4.14 zu entnehmen ist, finden sich im SAP-ERP-System die oben genannten Funktionen in den Komponenten CO und EC wieder.

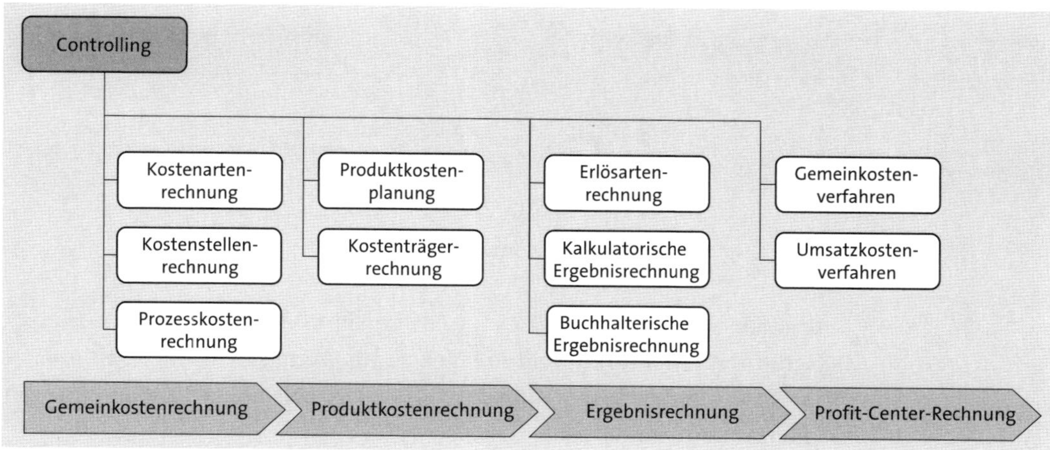

Abbildung 4.13 Funktionen des Controllings (Auszug)

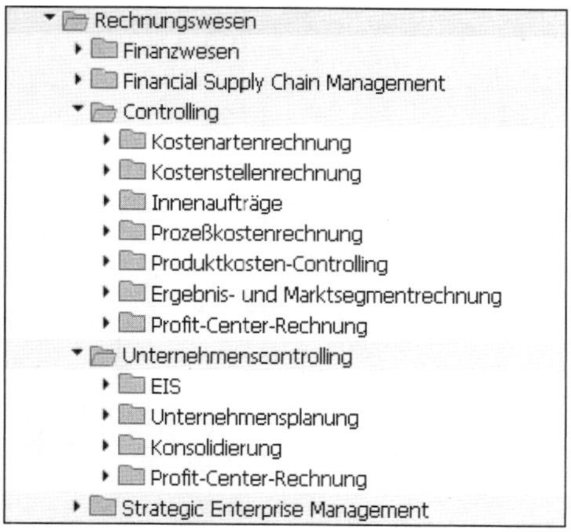

Abbildung 4.14 SAP-Easy-Access-Menü der Komponenten CO und EC

Rechnungswesen bei Global Bike

In den vorangegangenen Kapiteln wurde der organisatorische Aufbau des Global-Bike-Konzerns bereits vorgestellt. Dieser wird im Folgenden mit Fokus auf dem Rechnungswesen erneut betrachtet. Die beiden Co-CEOs John Davis und Peter Schwarz führen den Gesamtkonzern jeweils alleinvertretungsberechtigt. Die zwei Tochtergesellschaften Global Bike Inc. und Global Bike Deutschland GmbH sind rechtlich selbstständige Einheiten. Sie werden in den USA durch Paul Hansen und in Deutschland durch Hans-Werner Schnoor repräsentiert (siehe Abbildung 4.15).

Beide Firmen haben jeweils eine Abteilung für das Rechnungswesen. Verantwortet werden diese in Dallas von Danielle Cohen und in Heidelberg von Dr. Wilhelm Ollenhauer.

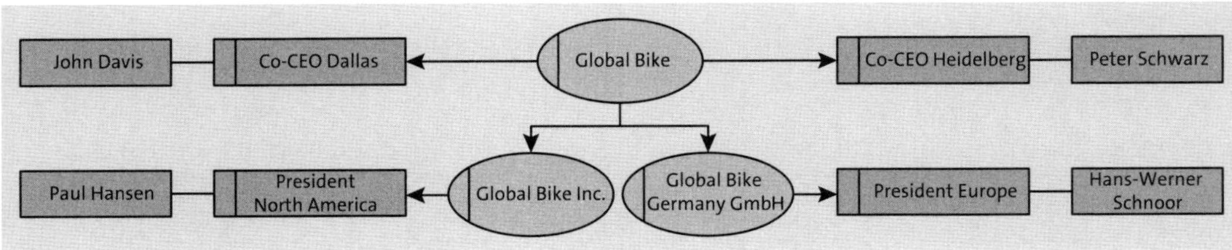

Abbildung 4.15 Akteure auf Konzernebene

An beiden Standorten gibt es jeweils versierte Bearbeiter für die Haupt-, Kreditoren-, Debitoren- und Anlagenbuchhaltung sowie einen Mitarbeiter für die Kostenrechnung. Abbildung 4.16 zeigt beispielhaft alle Akteure der Finanzabteilung in Dallas.

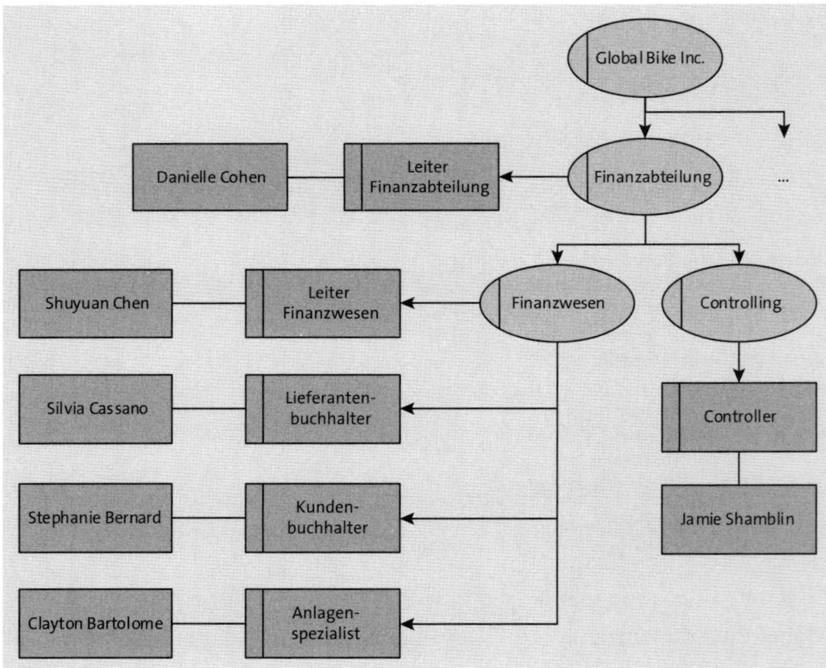

Abbildung 4.16 Akteure auf Abteilungsebene

4.3 Organisationsdaten

Mandant Dieser Abschnitt stellt die Organisationseinheiten des externen und internen Rechnungswesens am Beispiel des Global-Bike-Konzerns dar. Wie bereits mehrfach ausgeführt, wird der Gesamtkonzern in SAP ERP durch einen *Mandanten* als größte handelsrechtlich, organisatorisch und datentechnisch abgeschlossene Einheit abgebildet. Eigenschaften aller Datentypen (Organisations-, Stamm- und Bewegungsdaten), die auf der Ebene des Mandanten angelegt werden, betreffen den gesamten Konzern.

Buchungskreis

Die Tochterfirmen in den USA und in Deutschland sind im SAP-System als *Buchungskreise* US00 und DE00 definiert. Sowohl für Global Bike Inc. als auch für Global Bike Germany GmbH wird eine eigene abgeschlossene Finanzbuchhaltung durchgeführt (siehe Abbildung 4.17).

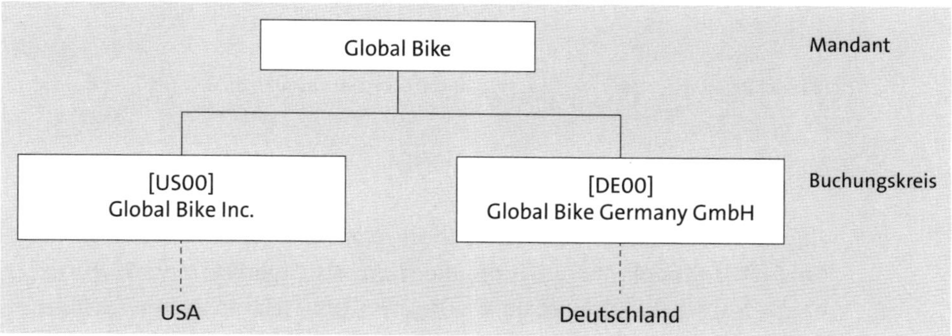

Abbildung 4.17 Global-Bike-Konzernstruktur

Kontenplan

Für unterschiedliche Branchen und Wirtschaftsbereiche haben sich in der Vergangenheit differenzierte Buchführungsgrundsätze herausgebildet. Ein Beispiel sind empfohlene Verzeichnisse für benötigte Sachkonten. In Deutschland etablierten sich der Gemeinschaftskontenrahmen (GKR) und der Industriekontenrahmen (IKR) als Standards. In SAP ERP werden solche Sachkontenverzeichnisse durch einen Kontenplan abgebildet. Er kann von einem oder mehreren Buchungskreisen gemeinsam verwendet werden und enthält für jedes Konto eine eindeutige Nummer, eine Bezeichnung sowie Informationen zur Funktion und Steuerung. Hierauf wird in Abschnitt 4.4 näher eingegangen. Obwohl sich die Kontenpläne verschiedener Nationen durch lokales Recht unterscheiden, wurde für den Beispielkonzern Global Bike ein vereinfachter operativer Kontenplan GL00 erstellt, der sowohl dem amerikanischen als auch dem deutschen Buchungskreis zugewiesen wurde (siehe Abbildung 4.18).

Geschäftsbereich

Aufgrund der Vielfalt an Produkten eines Unternehmens und der Vielzahl daraus resultierender Geschäftsvorfälle werden meist Tätigkeits- und Verantwortungsbereiche definiert, für die Wertebewegungen separat erfasst und abgegrenzt dargestellt werden können. Bei Unternehmen mit sehr einfachen und sich wenig ändernden Tätigkeitsbereichen bietet sich in SAP ERP die Verwendung der mandantenweiten Organisationseinheit *Geschäftsbereich* an.

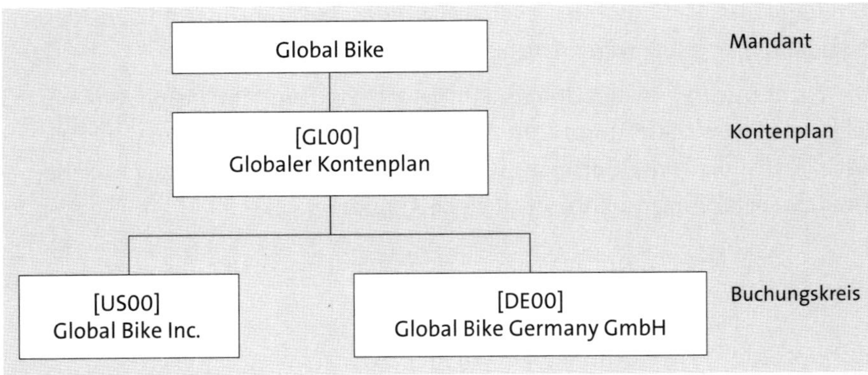

Abbildung 4.18 Zuordnung des Kontenplans

Der Geschäftsbereich dient der buchungskreisübergreifenden Berichterstattung nach Produktlinien oder Standorten. Als Organisationseinheit im Finanzwesen stellt er innerhalb von Buchungskreisen ein weiteres Kriterium zur Strukturierung von Gewinn-und Verlust-Rechnungen oder Bilanzen dar.

Da Global Bike lediglich Fahrräder sowie -zubehör verkauft, wurde bei der Einführung von SAP ERP nur der Geschäftsbereich BI00 (Fahrräder, engl. *Bicycles*) definiert.

Wie in Abbildung 4.19 zu sehen, wurde bei Global Bike allen 15 Kombinationen aus den fünf Werken und drei Sparten jeweils der globale Geschäftsbereich BI00 zugeordnet. Hier spiegelt sich die Vereinfachung im Beispielkonzern wider. Von einer Unterteilung der Geschäftsvorfälle nach Standorten (z. B. Werken) sowie Produkten oder Produktlinien (z. B. Sparten) wurde bei Global Bike abgesehen.

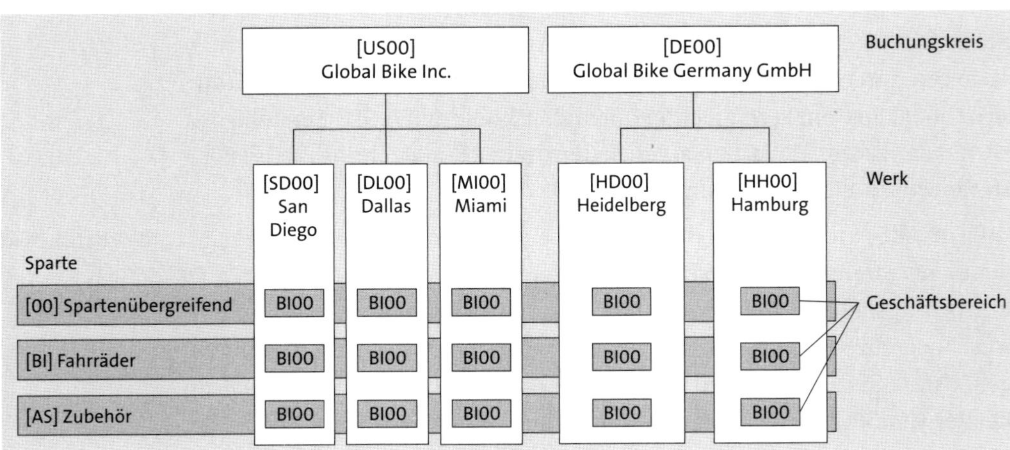

Abbildung 4.19 Zuordnung Geschäftsbereich

Kreditkontrollbereich

In Kapitel 2, »Vertrieb«, wurde der *Kreditkontrollbereich* bereits als Instrument zur Vergabe und Überwachung von Kundenkreditlinien vorgestellt. Aufgrund seines integrierenden Charakters zwischen den Komponenten FI und SD sei er hier erneut erwähnt. Die Kreditkontrolle kann im SAP-System entweder dezentral, also innerhalb genau eines Buchungskreises, oder zentral bzw. buchungskreisübergreifend erfolgen. Bei Global Bike erfolgt das Kundenkreditmanagement zentral im globalen Kreditkontrollbereich GL00. Abbildung 4.20 zeigt, wie dieser den Buchungskreisen US00 und DE00 zugeordnet ist.

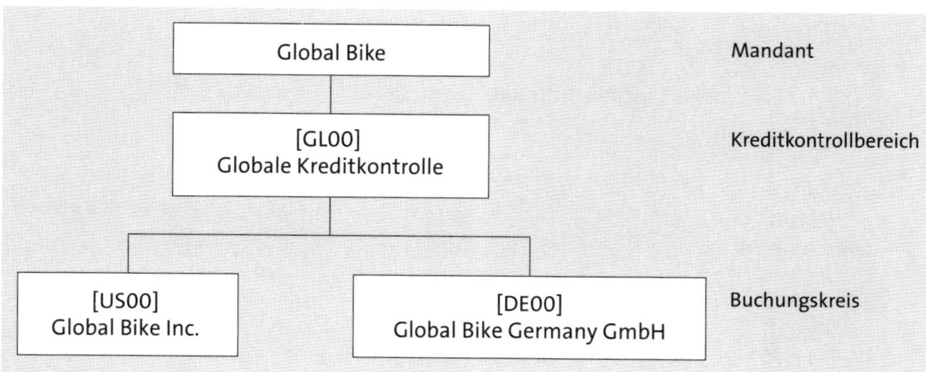

Abbildung 4.20 Zuordnung Kreditkontrollbereich

Kostenrechnungskreis

Damit sind die wesentlichen Organisationseinheiten des Finanzwesens im Detail vorgestellt, und es folgen die des Controllings. Der *Kostenrechnungskreis* ist die größte organisatorische Einheit des internen Rechnungswesens und gliedert Teile eines Konzerns aus Sicht der Kostenrechnung. Er muss zur Weiterleitung von Buchungen aus der Finanzbuchführung mindestens einem Buchungskreis zugeordnet sein. Stimmen die buchhalterische und kostenrechnerische Sicht überein, besteht zwischen beiden Organisationseinheiten eine 1:1-Beziehung. Bei gemeinsamer Kostenrechnung über verschiedene Tochterfirmen hinweg bietet sich hingegen die buchungskreisübergreifende Zuordnung zwischen Kostenrechnungskreis und Buchungskreisen an. Zum Zweck der getrennten Kosten- und Leistungsrechnung ergibt sich bei Global Bike das Bild in Abbildung 4.21. Somit entschieden sich die beiden Co-CEOs gegen eine buchungskreisübergreifende Kostenrechnung.

Ergebnisbereich

In Abbildung 4.21 ist ebenso ersichtlich, dass es in SAP ERP eine weitere Einheit des internen Rechnungswesens gibt, die einen Konzern nach Gesichtspunkten der Ergebnis- und Marktsegmentrechnung gliedert. Dieser *Ergebnisbereich* kann entweder einem oder mehreren Kostenrechnungskreisen zugeordnet werden. Voraussetzung für die Konzernergebnisrechnung in

SAP ERP ist die Verwendung desselben Kontenplans (GL00, siehe oben) und derselben *Geschäftsjahresvariante*. Die Geschäftsjahresvariante definiert je Geschäftsjahr oder jahresunabhängig die Anzahl der Buchungsperioden (für die regulären Geschäftsvorfälle) und die der Sonderperioden (für Inventur- und Jahresabschlussbuchungen). Bei Global Bike entspricht ein Geschäftsjahr mit zwölf Buchungsperioden einem Kalenderjahr mit zwölf Monaten und hat zusätzlich eine Sonderperiode.

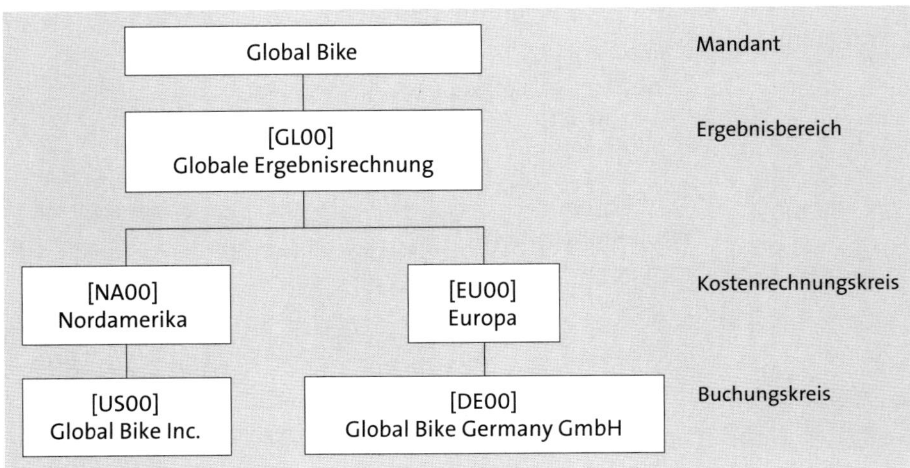

Abbildung 4.21 Zuordnung Kostenrechnungskreis und Ergebnisbereich

Werk und Lagerorte

Auch wenn das *Werk* aus der Sicht des Rechnungswesens keine klassische Organisationseinheit darstellt, sei an dieser Stelle erwähnt, dass die Bewertung von Materialbeständen im SAP-ERP-System auf Buchungskreis- oder auf Werksebene erfolgen kann. Sobald die Materialwirtschaft an getrennten Orten (hier in verschiedenen Werken) durchgeführt wird, ist eine Materialbewertung auf Werksebene möglich. Wenn in den Werken eines Buchungskreises gefertigt wird, muss die Bewertung sogar auf Werksebene erfolgen. Die Unterteilung aller Warenbestände innerhalb eines Werkes in *Lagerorte* ist für das Rechnungswesen hingegen nicht relevant.

4.4 Stammdaten

In Abschnitt 4.1 wurde bereits das zentrale Stammdatum des externen Rechnungswesens, das Konto, vorgestellt. Im Folgenden werden zunächst Haupt- und Nebenbuchkonten im Kontext von Global Bike und SAP ERP vorgestellt. Anschließend werden die Stammdaten der Kosten- und Leistungsrechnung erläutert.

4.4.1 Sachkonto

Sachkontenarten

Alle Konten, die direkt in die Bilanz oder die GuV eingehen, sind Sachkonten. Wie bereits ausgeführt, gibt es die Sachkontenarten Bestandskonten und Erfolgskonten. Hinzu kommen *Hilfs-* bzw. *Verrechnungskonten* für die Abbildung von Geschäftsvorfällen, die im Unternehmen zu zwei, meist zeitlich asynchronen Buchungsbelegen führen. So kann in einem Beschaffungsprozess z. B. erst die Ware und dann die Rechnung eingehen oder in umgekehrter Reihenfolge oder auch gleichzeitig. Beispiele für Verrechnungskonten sind das Wareneingangs-Rechnungseingangs-Konto bzw. kurz *WE/RE-Konto*, das Warenausgangs-Rechnungsausgangs-Konto oder kurz *WA/RA-Konto*, Bankverrechnungskonten bei Zahlungen von oder an Firmenkonten sowie Konten für die Verrechnung von Kreditkartenzahlungen. Auf dem WE/RE-Konto werden der Wareneingang und der Rechnungseingang unabhängig von ihrer Reihenfolge vermerkt und ihre Beträge verglichen. Im Normalfall heben sich beide Buchungen aufgrund des gleichen Betrags gegeneinander auf.

Abstimmkonto

Als besondere Sachkonten seien hier noch die *Abstimmkonten* für alle Nebenbücher genannt. Anders als in der manuellen Finanzbuchführung werden die Buchungen auf Debitorenkonten im SAP-ERP-System nicht erst am Ende der Periode ins Bestandskonto Forderungen L. u. L. übertragen, sondern sofort. Diese Buchungen sind im Wesentlichen alle Kundenrechnungen und -gutschriften. Bei Global Bike hat dieses Sachkonto die Nummer 110000. Analog dazu konsolidiert das Sachkonto Verbindlichkeiten L. u. L. (bei Global Bike mit der Kontonummer 300000) alle Einzelvorgänge in der Kreditorenbuchhaltung – hier meist Lieferantenrechnungen und -gutschriften. Aufgrund dieses Automatismus können Abstimmkonten nicht direkt, sondern immer nur über eines der mit ihnen verknüpften Nebenbuchkonten bebucht werden.

Bestandskonten bei Global Bike

Im Modellkonzern Global Bike wird in den USA und in Deutschland zum Zweck der didaktischen Vereinfachung derselbe Kontenplan GL00 verwendet. Dieser enthält alle notwendigen Sachkonten für einen Einstieg in die Buchführung. Im SAP-ERP-System des Global-Bike-Konzerns haben alle Sachkonten eine Nummernlänge von sechs Ziffern. Tabelle 4.1 listet die wichtigsten der mehr als fünfzig Bestandskonten im Kontenplan GL00 auf.

Kontonummer	Kontobezeichnung
100000	Bankkonto
110000	Forderungen aus Lieferungen und Leistungen

Tabelle 4.1 Bestandskonten des Kontenplans GL00 (Auszug)

Kontonummer	Kontobezeichnung
200000	Materialbestand Rohstoffe
200100	Materialbestand Fertigerzeugnisse
300000	Verbindlichkeiten aus Lieferungen und Leistungen
300800	passiver Rechnungsabgrenzungsposten
310000	Wareneingang-Rechnungseingang WE-RE
320000	Umsatzsteuer
321000	Vorsteuer
330010	aktiver Rechnungsabgrenzungsposten

Tabelle 4.1 Bestandskonten des Kontenplans GL00 (Auszug) (Forts.)

Erfolgskonten bei Global Bike

Tabelle 4.2 zeigt wesentliche von insgesamt über 30 Erfolgskonten im Global-Bike-Konzern.

Kontonummer	Kontobezeichnung
600000	Verkaufserlöse
700000	Aufwendungen Arbeitskosten
720000	Aufwendungen Rohstoffe
720100	Aufwendungen Fertigerzeugnisse
740300	Aufwendungen Miete
740500	Aufwendungen Personal – Büro
740600	Aufwendungen Personal – Verwaltung
741800	Abschreibungen

Tabelle 4.2 Erfolgskonten des Kontenplans GL00 (Auszug)

Transaktionen zur Sachkontenpflege

Bevor in SAP ERP ein Hauptbuchkonto bebucht werden kann, muss dafür ein Sachkontostammsatz angelegt werden. Tabelle 4.3 zeigt die drei verfügbaren Transaktionen zur Sachkontenpflege.

Die Transaktionsliste lässt bereits vermuten, dass sich der Stammsatz aus einem Kontenplan- und einem Buchungskreisbereich zusammensetzt, die jeweils separat gepflegt werden können. Mit der zentralen Pflege können beide Bereiche in einem Schritt geändert werden.

Transaktion	Name	Menüpfad
FS00	Sachkonten bearbeiten: zentral	**Rechnungswesen • Finanzwesen • Hauptbuch • Stammdaten • Sachkonten • Einzelbearbeitung • Zentral**
FSP0	Sachkonten bearbeiten: Kontenplandaten	**Rechnungswesen • Finanzwesen • Hauptbuch • Stammdaten • Sachkonten • Einzelbearbeitung • Im Kontenplan**
FSS0	Sachkonten bearbeiten: Buchungskreisdaten	**Rechnungswesen • Finanzwesen • Hauptbuch • Stammdaten • Sachkonten • Einzelbearbeitung • Im Buchungskreis**

Tabelle 4.3 Auswahl von Transaktionen zur Pflege von Sachkontenstammdaten

Übung: Sachkontenstammsätze analysieren

[/]

In der Rolle von Shuyuan Chen, Finanzabteilungsleiterin bei Global Bike Inc., sollen Sie folgende Sachkontenstammsätze kritisch prüfen und deren Unterschiede dokumentieren:

- Sachkonto 200000
- Sachkonto 300000
- Sachkonto 310000
- Sachkonto 600000
- Sachkonto 770000

[o]

Schauen Sie sich zunächst die buchungskreisübergreifende Sicht, hier im Kontenplan GL00, an und notieren Sie alle relevanten Attribute.

Nutzen Sie die Transaktion FSP0. Tragen Sie im Feld **Sachkonto** entweder eine der oben genannten Kontonummern ein, oder suchen Sie das entsprechende Konto über die [F4]-Hilfe. Im Feld **Kontenplan** wählen Sie den Eintrag »GL00«. Bestätigen Sie mit [↵].

Kontenplandaten analysieren

Die Kontenplandaten eines Sachkontos sind im SAP-ERP-System auf drei Registerkarten aufgeteilt: **Typ/Bezeichnung**, **Schlagw./Übersetzung** und **Informationen**. Auf der ersten Registerkarte finden sich wesentliche Daten zur Steuerung, wie die **Kontengruppe**, der Kontentyp sowie die Kurz- und Langtexte. Als Kontengruppen sind bei Global Bike folgende Optionen gepflegt (siehe Abbildung 4.22):

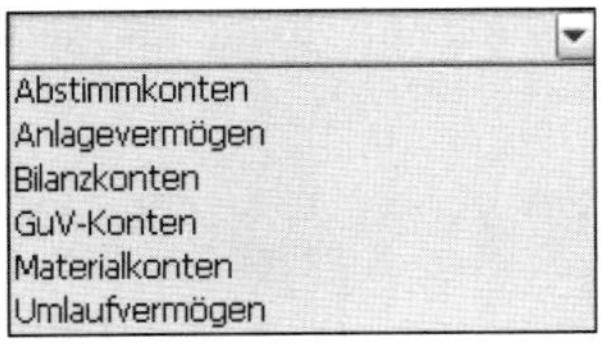

Abbildung 4.22 Kontengruppen bei Global Bike

Ein Sachkonto kann in SAP ERP entweder als Typ **Erfolgskonto** oder **Bestandskonto** ausgeprägt sein. Abbildung 4.23 zeigt die **Kontengruppe** (**Materialkonten**), den Kontentyp (**Bestandskonto**) und auch den englischen **Kurztext** (Inv-RM) und den **Sachkontenlangtext** (Inventory-Raw Materials) des Kontos 200000.

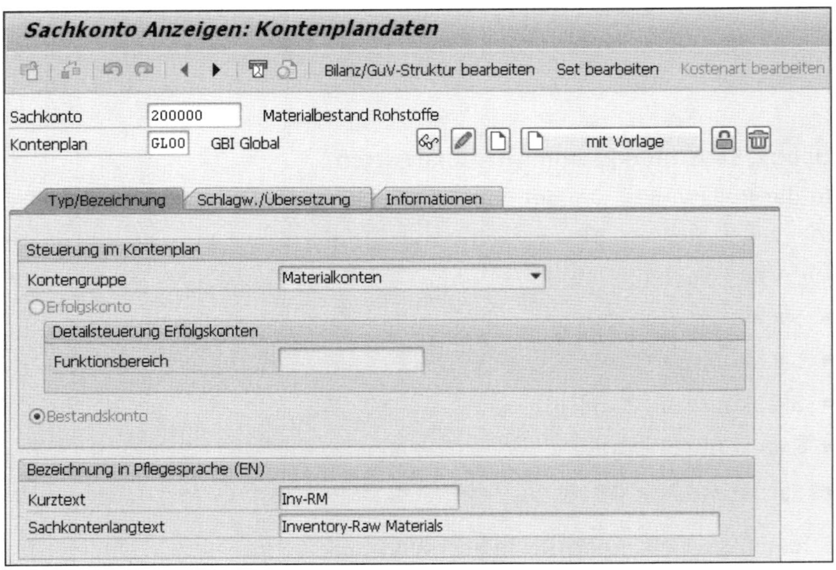

Abbildung 4.23 Grunddaten des Sachkontos 200000 (Transaktion FSP0)

Die anderen beiden Registerkarten offenbaren die Übersetzungen des Kurz- und Langtextes in die deutsche Sprache (**Mat Roh**, **Materialbestand Rohstoffe**) sowie das Anlegedatum und den Benutzer, der das Konto initial angelegt hat.

Ausprägungen der Nummern von Sachkonten

Folgende Ausprägungen ergeben sich bei den oben genannten Nummern von Sachkonten im Kontenplan GL00 (siehe Tabelle 4.4).

Nach den Informationen des Kontenplansegments sehen Sie sich nun mithilfe von Transaktion FS00 bzw. des folgenden Menüpfades die Buchungskreisdaten an: **Rechnungswesen • Finanzwesen • Hauptbuch • Stammdaten • Sachkonten • Einzelbearbeitung • Im Buchungskreis**.

4

Nummer	Langtext	Typ	Kontengruppe
200000	Materialbestand Rohstoffe	Bestandskonto	Materialkonten
300000	Verbindlichkeiten	Bestandskonto	Abstimmkonten
310000	Wareneingang/ Rechnungseingang Verr.	Bestandskonto	Bilanzkonten
600000	Verkaufserlöse	Erfolgskonto	GuV-Konten
770000	Forschung und Entwicklung	Erfolgskonto	GuV-Konten

Tabelle 4.4 Grunddaten ausgewählter Sachkonten

Tragen Sie im Feld **Sachkonto** erneut entweder eine der oben genannten Kontonummern ein, oder suchen Sie das entsprechende Konto über die [F4]-Hilfe. Im Feld **Buchungskreis** wählen Sie zunächst »US00«. Bestätigen Sie anschließend mit [↵].

Buchungskreisdaten analysieren

Die Buchungskreisdaten eines Sachkontos sind im SAP-ERP-System auf drei weitere Registerkarten aufgeteilt: **Steuerungsdaten**, **Erfassung/Bank/Zins** und **Informationen**. Auf der ersten Registerkarte finden sich erneut Daten zur Steuerung, nun allerdings auf Buchungskreisebene. Darunter zählen die **Kontowährung**, die **Steuerkategorie** und der **SortierSchlüssel**. Diese Informationen sind in Abbildung 4.24 beispielhaft für das Konto 310000 im Buchungskreis US00 dargestellt.

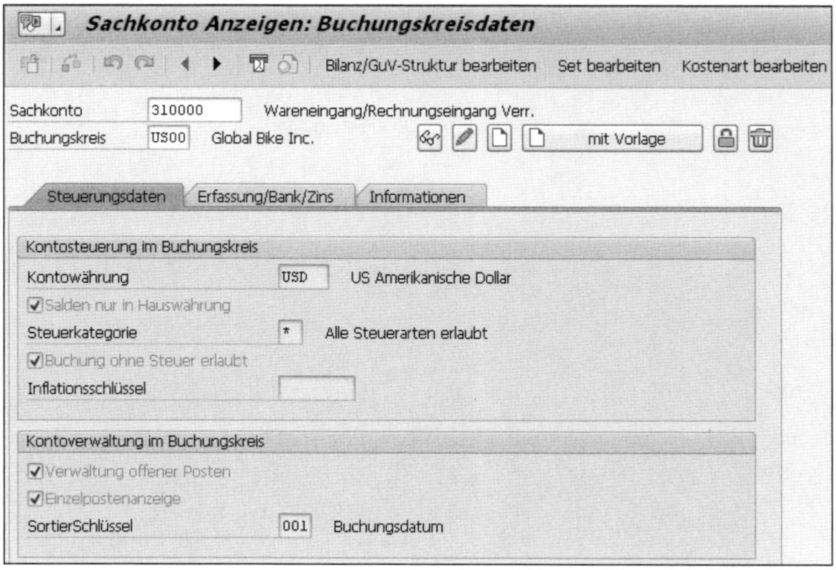

Abbildung 4.24 Steuerungsdaten des Sachkontos 310000 (Transaktion FSS0)

Buchungen werden für dieses Sachkonto im Buchungskreis US00 in US-Dollar erfasst. Das Kennzeichen **Salden nur in Hauswährung** vermeidet beim WE/RE-Konto nachträgliche Korrekturbuchungen durch Währungsumrechnungen, da beim Buchen keine von der Hauswährung abweichende Währung erlaubt ist. Die Bebuchung ist in allen Steuerarten sowie ohne Steuer erlaubt. Das für Verrechnungskonten übliche Kennzeichen **Verwaltung offener Posten** gestattet die Kontrolle von Gegenbuchungen, die für einen Geschäftsvorgang asynchron auf dieser Kontenart dokumentiert werden, so z. B. ein Wareneingang und ein Rechnungseingang desselben Beschaffungsprozesses. Das Kennzeichen **Einzelpostenanzeige** erzwingt die separate Verbuchung von Positionen eines Belegs wie eines Kundenauftrags oder einer Bestellung. Der **SortierSchlüssel** legt die Standardsortierfolge bei der Anzeige von einzelnen Belegpositionen fest. Hierfür kann z. B. das Belegdatum, das Buchungsdatum oder die Kostenstelle gewählt werden.

Auf der zweiten Registerkarte ist die obligatorische *Feldstatusgruppe* vermerkt. Diese regelt die Anordnung und die Eigenschaften von Feldern auf SAP-Systembildschirmen. So können einzelnen Feldern Status wie Kann-Eingabe, Muss-Eingabe oder Ausblenden zugeordnet werden. Meist werden in einer Gruppe ähnliche Sachkonten zusammengefasst. Die letzte Registerkarte zeigt die für das Konto relevanten Organisationsdaten wie Kostenrechnungskreis, Land und Kontenplan.

Steuerungsdaten von Sachkonten

Tabelle 4.5 zeigt wesentliche Attribute der genannten Sachkonten.

Nummer	BUK	Währung	Steuern	Sortierung	FSGr	KRK
200000	US00	USD	–	Buchungsdatum	Bilanz	NA00
200000	DE00	EUR	–	Buchungsdatum	Bilanz	EU00
300000	US00	USD	–	–	Abstimmung	NA00
300000	DE00	EUR	–	–	Abstimmung	EU00
310000	US00	USD	alle	Buchungsdatum	WE/RE	NA00
310000	DE00	EUR	alle	Buchungsdatum	WE/RE	EU00

Tabelle 4.5 Steuerungsdaten ausgewählter Sachkonten je Buchungskreis

Nummer	BUK	Währung	Steuern	Sortierung	FSGr	KRK
600000	US00	USD	alle	Buchungs-datum	Erlös	NA00
600000	DE00	EUR	alle	Buchungs-datum	Erlös	EU00
770000	US00	USD	alle	Buchungs-datum	Aufwand	NA00
770000	DE00	EUR	alle	Buchungs-datum	Aufwand	EU00

Tabelle 4.5 Steuerungsdaten ausgewählter Sachkonten je Buchungskreis (Forts.)

4.4.2 Debitorenkonto

Bei der Verwendung der Debitorenbuchhaltung in SAP ERP werden alle Geschäftsvorfälle einen Kunden betreffend auf ein Nebenbuchkonto (hier Debitorenkonto) verbucht. Für dieses Konto muss ein Debitoren- bzw. Kundenstammsatz angelegt werden. Der Debitorenstammsatz wurde bereits in Kapitel 2, »Vertrieb«, eingeführt, da er sowohl im Vertrieb als auch in der Buchführung zur Abwicklung von Verkaufsaktivitäten verwendet wird. Gegenüber Debitoren bestehen Forderungen für erfolgte Warenlieferungen oder für erbrachte Dienstleistungen. Jeder Debitorenstammsatz ist in die Bereiche **Allgemeine Daten**, **Buchungskreisdaten** und **Vertriebsbereichsdaten** unterteilt. Für die Finanzbuchhaltung und für dieses Kapitel sind die Buchungskreisdaten ausschlaggebend und werden im Folgenden genauer vorgestellt.

Transaktionen zur Pflege von Debitorendaten

In Ergänzung zu den in Kapitel 2, »Vertrieb«, genannten Transaktionen zur Pflege der Vertriebsbereichsdaten und zur zentralen Pflege existieren die in Tabelle 4.6 aufgelisteten Transaktionen zur Pflege der Finanzdaten von Debitorenkonten.

Transaktion	Name	Menüpfad
FD01	Debitor anlegen	**Rechnungswesen • Finanzwesen • Debitoren • Stammdaten • Anlegen**
FD02	Debitor ändern	**Rechnungswesen • Finanzwesen • Debitoren • Stammdaten • Ändern**
FD03	Debitor anzeigen	**Rechnungswesen • Finanzwesen • Debitoren • Stammdaten • Anzeigen**

Tabelle 4.6 Transaktionen zur Pflege von Debitorenstammdaten

Übung: Debitorenstammsatz analysieren

In der Rolle von Stephanie Bernard, Kundenbuchhalterin bei Global Bike Inc., analysieren Sie den Debitorenstammsatz des Kunden Beantown Bikes in Boston.

Ihr Debitorenstammsatz

Dieses Mal werden Sie allerdings Ihren eigenen Debitorenstammsatz anzeigen. Dafür verwenden Sie die Debitorennummer 5###, wobei Sie die Zeichen ### durch die von Ihrem Dozenten genannte dreistellige ID ersetzen.

Mithilfe der Transaktion FD03 nach der Eingabe der **Debitorennummer** »5###« und des **Buchungskreises** »US00« sowie der Bestätigung mit [Enter] gelangen Sie in die Buchungskreisdaten des Kunden. Abbildung 4.25 zeigt die gepflegten Daten der ersten Registerkarte **Kontoführung**.

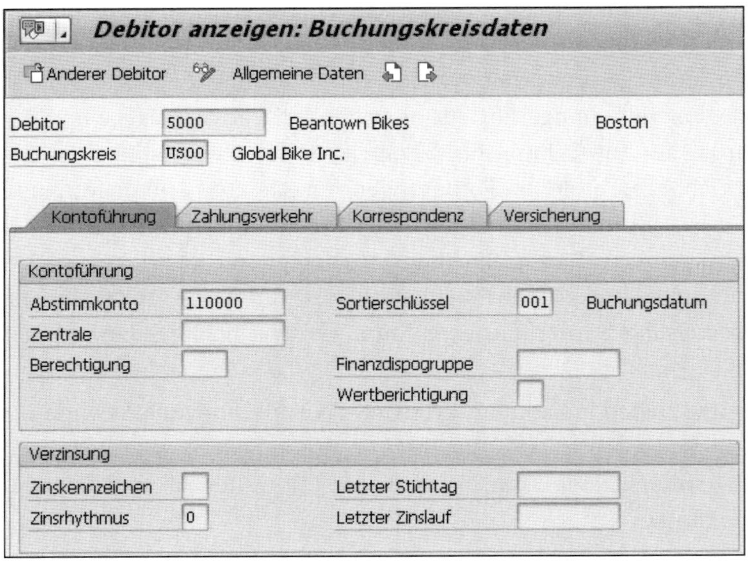

Abbildung 4.25 Buchungskreisdaten des Debitors Beantown Bikes (Transaktion FD03)

Kontengruppe analysieren

Jeder Debitorenstammsatz wird beim initialen Anlegen einer Kontengruppe zugeordnet. Diese können Sie sich über **Zusätze • Verwaltungsdaten** anzeigen lassen. Wie in Abbildung 4.26 zu sehen, ist für den Debitor Beantown Bikes die **Kontengruppe** 0001 (**Auftraggeber**) hinterlegt.

Abbildung 4.26 Kontengruppe des Debitors Beantown Bikes

Diese Kontengruppe steuert unter anderem, ob die Nummer für Debitorenkonten bei der Anlage intern (fortlaufende Vergabe durch das SAP-System) oder extern (durch den Benutzer) vergeben wird. Über den Menüeintrag **Zusätze • Kontengruppeninfo • Nummernkreise** ist ersichtlich, dass die Nummer des vorliegenden Debitors intern vergeben wurde (kein Haken im Feld **Extern**), dass sie aus dem Bereich zwischen 0000001000 und 0000099999 gewählt wurde und dass der Zähler momentan auf 0000000024999 steht (siehe Abbildung 4.27). Das bedeutet, dass der nächste mit interner Vergabe angelegte Debitor die Nummer 25000 erhält. Die Nummernkreise für Debitorenstammsätze werden bei der initialen Einrichtung des SAP-Systems im Customizing eingestellt.

Kontengruppen und Nummernkreise

Gruppe	Bedeutung	CPD	Extern	VON-Num...	Bis-Nummer	Stand
0001	Auftraggeber	☐	☐	0000001000	0000099999	0000000024999
0002	Warenempfänger	☐	☐	0000001000	0000099999	0000000024999
0003	Regulierer	☐	☐	0000001000	0000099999	0000000024999

Abbildung 4.27 Nummernkreisinformationen für Debitoren

Buchungskreisdaten analysieren

Schauen Sie sich nach dem Schließen des Dialogfensters nun die Buchungskreisdaten genauer an. Das Feld **Abstimmkonto** verweist auf jenes Sachkonto, über das alle bilanzrelevanten Geschäftsvorfälle aus der Debitorenbuchhaltung in die Hauptbuchhaltung parallel fortgeschrieben werden. Abbildung 4.28 verdeutlicht den Zusammenhang zwischen Nebenbuch- und Hauptbuchkonten anhand von zwei Rechnungen für verschiedene Debitoren. Die Beträge der Soll-Seite in den Nebenbuchkonten von Debitor 5000 und Debitor 6000 werden automatisch und einzeln in das Hauptbuchkonto Forderungen L. u. L. fortgeschrieben.

Abstimmkonten analysieren

Für besondere Vorgänge kann die Einrichtung mehrerer Abstimmkonten relevant sein, so z. B. für Forderungen Inland, Forderungen EU-Mitgliedsstaat und Forderungen Drittland. Ein Aufruf der F4-Hilfe im vorliegenden Mandanten offenbart, dass für Global Bike nur ein einziges Abstimmkonto für die Kundenbuchhaltung eingerichtet ist (siehe Abbildung 4.29).

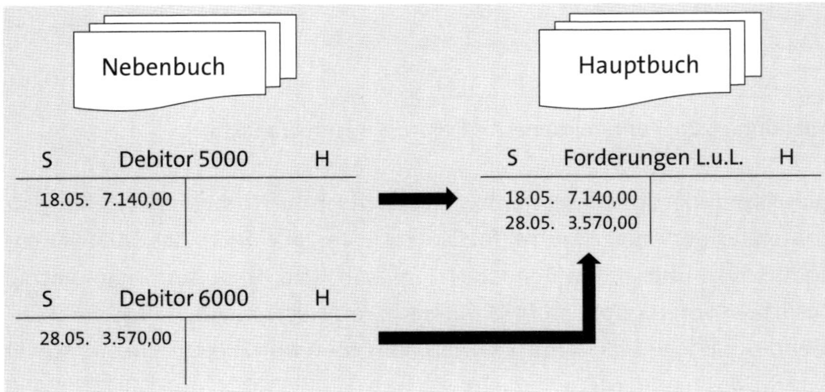

Abbildung 4.28 Abstimmung zwischen Nebenbuch und Hauptbuch

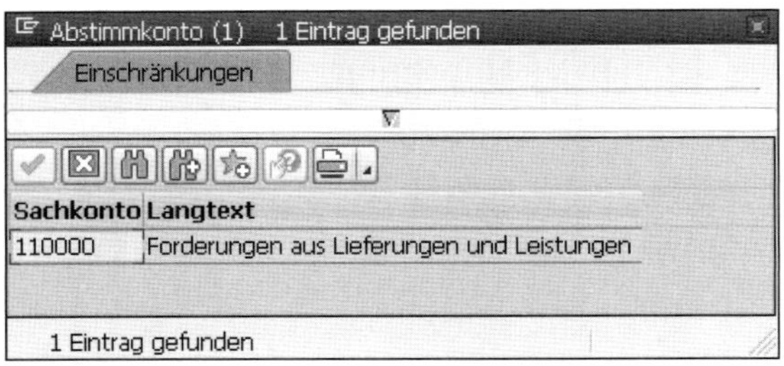

Abbildung 4.29 Abstimmkonto in der Debitorenbuchhaltung

Analog zu den Hauptbuchkonten kann auch bei Debitorenkonten ein Sortierschlüssel für die Einzelpostenanalyse vergeben werden. Buchungen für Beantown Bikes werden dabei nach dem Buchungsdatum sortiert. Auf der zweiten Registerkarte sind für den Kunden lediglich die Zahlungsbedingungen »0001« (sofort zahlbar ohne Abzug) definiert. Das bedeutet in diesem Fall, dass alle Zahlungen sofort fällig werden und keine Abzüge, wie z. B. Skonto, möglich sind. Auch zum Mahnwesen sind keine Daten hinterlegt.

Fehlermeldung provozieren

Nach Wählen von (Zurück, F3) gelangen Sie zu **Debitor anzeigen: Einstieg**. Ändern Sie dort den Eintrag im Feld **Buchungskreis** von »US00« auf »DE00«, und bestätigen Sie mit ↵. Die Meldung aus Abbildung 4.30 des Systems informiert Sie, dass dieser Kunde noch nicht für die Nutzung im deutschen Global-Bike-Tochterunternehmen angelegt wurde.

Abbildung 4.30 Fehlermeldung für Debitor Beantown Bike in DE00

[!]

Keine Fehlermeldung

Falls Sie an dieser Stelle keine Fehlermeldung erhalten, versichern Sie sich, dass Sie den Debitorenstammsatz »5###« mit Ihrer dreistelligen ID verwendet haben, oder informieren Sie Ihren Dozenten.

Übung: Debitorenstammsatz erweitern

Durch eine temporäre Nichtverfügbarkeit eines bestimmten Radtyps wurde der Kunde Beantown Bikes in Boston vom Vertriebsteam in den USA auf die deutsche Zweigstelle hingewiesen und möchte nun dort die angefragten Fahrräder bestellen. Dazu muss der für den Buchungskreis US00 bereits existierende Kundenstammsatz auf DE00 erweitert werden. Die allgemeinen Daten des Debitors bleiben unberührt.

In der Rolle von Maxi Haase, Debitorenbuchhalterin bei Global Bike Germany GmbH, pflegen Sie zunächst die Buchungskreisdaten für DE00 nach.

Zur Erweiterung eines Stammsatzes verwenden Sie nicht die Transaktion FD02 (Debitor ändern), sondern die Transaktion FD01 (Debitor anlegen), da aus Sicht von Maxi Haase ein neuer Stammsatz für Deutschland angelegt wird.

Nach dem Öffnen der Transaktion lassen Sie das Feld **Kontengruppe** unausgefüllt, tragen bei **Debitor** Ihre Nummer »5###« ein und im Feld **Buchungskreis** »DE00«. Dann geben Sie in der Feldgruppe **Vorlage** im Feld **Debitor** erneut Ihre Nummer »5###« ein, im Feld **Buchungskreis** dieses Mal allerdings »US00«. Dies führt dazu, dass alle relevanten Felder aus dem bereits existierenden Stammsatz kopiert werden. Bestätigen Sie anschließend mit [↵].

Sie gelangen auf die erste von vier Registerkarten der Buchungskreisdaten. Sie sehen, dass das Abstimmkonto 110000 und der Sortierschlüssel 001 bereits kopiert wurden. Da Sie diese Eingaben nicht ändern möchten, wählen Sie die zweite Registerkarte **Zahlungsverkehr**.

Zur Demonstration unterschiedlich gepflegter Daten in verschiedenen Buchungskreisen ändern Sie die **Zahlungsbedingung** von »0001« auf »0002« (innerhalb von 14 Tagen 1 % Skonto, innerhalb von 30 Tagen ohne Abzug). Obwohl hier und auf anderen Registerkarten Informationen zum automatischen Zahlungsverkehr oder zum Mahnwesen erfasst werden können, lassen Sie diese zunächst leer. Sichern Sie Ihre Eingaben mit [Sichern]. Das System quittiert den Erfolg mit folgender Meldung aus Abbildung 4.31, bei Ihnen jedoch für Ihren Debitor 5###.

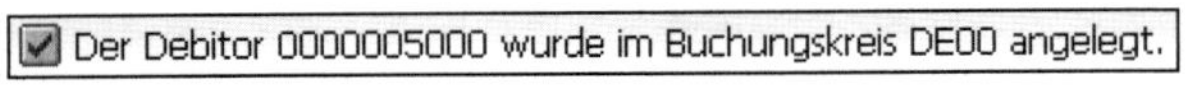

Abbildung 4.31 Erfolgsmeldung nach der Erweiterung des Debitorenstammsatzes von Beantown Bikes für DE00

Damit ist der Debitor nun für die Finanzbuchhaltung in Deutschland eingerichtet. Bevor der Kunde jedoch bei Global Bike Germany GmbH bestellen kann, muss der dortige Vertrieb den Kundenstammsatz auf mindestens einen Vertriebsbereich erweitern.

4.4.3 Kreditorenkonto

Bei der Verwendung der Kreditorenbuchhaltung werden im SAP-System alle Geschäftsvorfälle einen Lieferanten betreffend auf einem Kreditorenkonto verbucht. Analog zu den Debitoren muss für diesen ein Lieferanten- bzw. Kreditorenstammsatz angelegt sein. Dieser wurde in Kapitel 3, »Materialwirtschaft«, bereits vorgestellt und findet gleichermaßen in der Finanzbuchhaltung und im Einkauf Anwendung. Ein Kreditorenstammsatz ist in die drei Bereiche **Allgemeine Daten**, **Buchungskreisdaten** und **Einkaufsorganisationsdaten** untergliedert. In diesem Kapitel sollen die Buchungskreisdaten im Vordergrund stehen.

Transaktionen zur Pflege von Kreditorenstammdaten

Wie auch bei den Debitorenstammsätzen gibt es im SAP-ERP-System Transaktionen zur expliziten Pflege der finanzrelevanten Kreditorendaten (siehe Tabelle 4.7).

Transaktion	Name	Menüpfad
FK01	Kreditor anlegen	**Rechnungswesen • Finanzwesen • Kreditoren • Stammdaten • Anlegen**
FK02	Kreditor ändern	**Rechnungswesen • Finanzwesen • Kreditoren • Stammdaten • Ändern**
FK03	Kreditor anzeigen	**Rechnungswesen • Finanzwesen • Kreditoren • Stammdaten • Anzeigen**

Tabelle 4.7 Transaktionen zur Pflege von Kreditorenstammdaten

Übung: Kreditorenstammsatz analysieren

[/] In der Rolle von Silvia Cassano, Lieferantenbuchhalterin bei Global Bike Inc., analysieren Sie den Kreditorenstammsatz des Lieferanten Olympic Protective Gear in Atlanta.

Geben Sie nach dem Aufruf der Transaktion FK03 im Feld **Kreditor** »101000« und im Feld **Buchungskreis** »US00« ein. Wählen Sie in der Feldgruppe **Buchungskreisdaten** die oberen drei Sichten aus. Global Bike führt für keine seiner Lieferanten Quellsteuern direkt an das Finanzamt ab. Daher ist die vierte Sicht nicht gepflegt. Vergleichen Sie Ihre Eingaben mit Abbildung 4.32, und bestätigen Sie abschließend mit [↵].

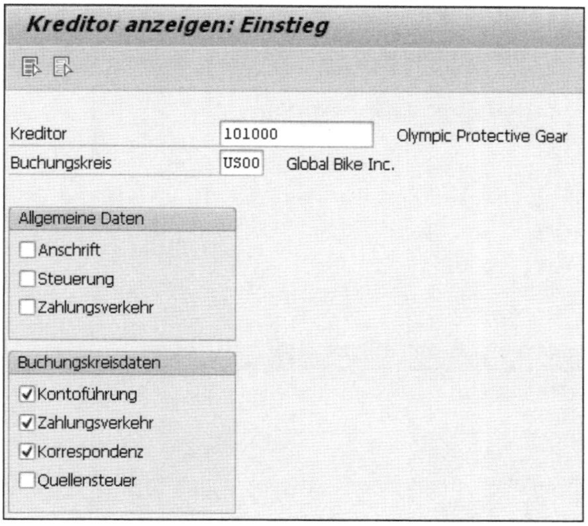

Abbildung 4.32 Einstieg in Anzeigetransaktion für Kreditorenkonten (Transaktion FK03)

Zunächst wird Ihnen die Sicht **Kontoführung** angezeigt. Analog zur Debitorenbuchhaltung ist auch für Kreditorenstammsätze das Pflichtfeld **Abstimmkonto** zu pflegen, das auf jenes Hauptbuchkonto zeigt, das bei lieferantenbezogenen Geschäftsvorfällen parallel mit bebucht wird (siehe Abbildung 4.33).

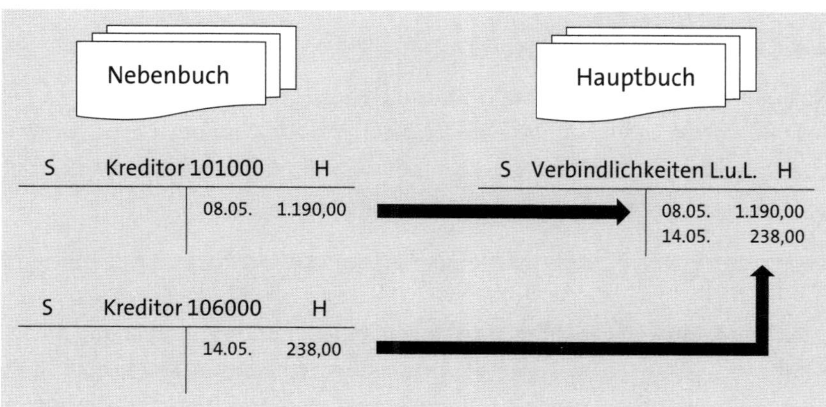

Abbildung 4.33 Abstimmung zwischen Nebenbuch und Hauptbuch

Wie Sie im Feld **Abstimmkonto** in Abbildung 4.34 sehen können, ist bei Global Bike genau ein solches Sachkonto mit der Nummer 300000 (Verbindlichkeiten) für die Übertragung aller relevanten Buchungen ins Hauptbuch definiert.

Durch Klicken von [Symbol] (Nächstes Bild, [F8]) springen Sie in die Sicht **Zahlungsverkehr**, wo erneut die **Zahlungsbedingung** »0001« (sofort zahlbar ohne Abzug) hinterlegt ist. Auf dieser und der nächsten Sicht sind keine weiteren für Global Bike relevanten Daten eingetragen.

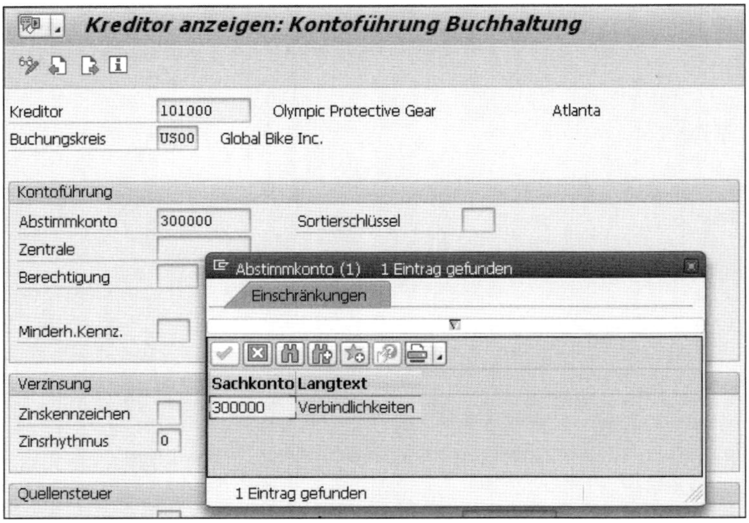

Abbildung 4.34 Buchungskreisdaten des Kreditors Olympic Protective Gear

Damit sind die wesentlichen Stammdaten des externen Rechnungswesens vorgestellt. In den folgenden Abschnitten werden die Stammdaten des internen Rechnungswesens behandelt.

4.4.4 Kostenart und Erlösart

Kostenarten

Kostenarten sind das zentrale Stammdatum der Kostenartenrechnung. Jede Kostenart ist von genau einem Kostenartentyp, der bestimmt, für welche Vorgänge die Kostenart verwendet werden kann. Man unterscheidet zunächst zwischen *primären* und *sekundären* Kostenarten.

[!]

Erlösarten

An dieser Stelle sei erwähnt, dass im Rahmen der *Erlösartenrechnung* mithilfe von *Erlösarten* im Gegensatz zur *Kostenartenrechnung* nicht betriebliche Aufwendungen, sondern Erträge in die Ergebnisrechnung fortgeschrieben werden.

Primäre Kostenarten

Die primären Kostenarten dienen der Überleitung von betrieblichen Aufwendungen (Aufwandskonten der Finanzbuchhaltung) in die Kosten- und Leistungsrechnung. Im SAP-ERP-System können die Nummern der primären Kostenarten nicht frei definiert werden. Das SAP-System prüft bei der Anlage von Kosten- bzw. Erlösarten, ob deren Nummern identisch mit den Sachkontennummern ihrer Aufwands- bzw. Ertragskonten sind. Da der Kontenplan des Konzerns Global Bike sechsstellige Kontennummern verwendet, sind auch die Kostenarten bei Global Bike sechsstellig.

Sekundäre Kostenarten

Sekundäre Kostenarten werden im SAP-System angelegt, um Kosten zwischen Controlling-Objekten verursachergerecht weiterzuverteilen. Diese Objekte können Kostenstellen, Innenaufträge, Fertigungsaufträge oder Ergebnisobjekte sein. Anders als primäre Kostenarten haben sekundäre Kostenarten keine Entsprechung in der Finanzbuchhaltung, da deren interne Verrechnungen die Bilanz und GuV nicht verändern.

Transaktionen zur Pflege von Kosten- und Erlösarten

In SAP ERP kann man primäre und sekundäre Kosten- und Erlösarten mit den in Tabelle 4.8 aufgezählten Transaktionen bearbeiten.

Transaktion	Name	Menüpfad
KA01	Kostenart anlegen	**Rechnungswesen • Controlling • Kostenstellenrechnung • Stammdaten • Kostenart • Einzelbearbeitung • Anlegen primär**
KA06	Kostenart anlegen	**Rechnungswesen • Controlling • Kostenstellenrechnung • Stammdaten • Kostenart • Einzelbearbeitung • Anlegen sekundär**
KA02	Kostenart ändern	**Rechnungswesen • Controlling • Kostenstellenrechnung • Stammdaten • Kostenart • Einzelbearbeitung • Ändern**
KA03	Kostenart anzeigen	**Rechnungswesen • Controlling • Kostenstellenrechnung • Stammdaten • Kostenart • Einzelbearbeitung • Anzeigen**

Tabelle 4.8 Transaktionen zur Pflege von Kosten- und Erlösarten

[/]

UCC-Übung CO 2

Schauen Sie sich mithilfe der zweiten UCC-Übung »CO 2: Anzeigen Kostenart« wesentliche primäre und sekundäre Kostenarten bei Global Bike an. Sie finden diese unter *http://www.sap-press.de/4640*, **Materialien zum Buch**.

4.4.5 Kostenstelle

Eine *Kostenstelle* definiert einen Ort der Gemeinkostenentstehung nach räumlichen, funktionalen oder technischen Aspekten. Häufig bilden Kostenstellen Abteilungen eines Unternehmens ab. Sie sind meist unbefristet und werden klar durch eine bestimmte Person verantwortet. Kostenstellen dienen in erster Linie der Sammlung und vollständigen Weiterverrechnung von Gemeinkosten im Laufe einer Abrechnungsperiode.

Primäre und sekundäre Kostenstellen

Man unterscheidet zwischen *primären* Kostenstellen (auch End- oder Hauptkostenstellen genannt), die ihre Leistungen direkt auf Produkte verrechnen, und *sekundären* Kostenstellen (bzw. Vor- oder Hilfskostenstellen), die Leistungen für andere Kostenstellen erbringen. So stellt ein Montageroboter z. B. eine primäre Kostenstelle und ein Wartungsteam eine sekundäre Kostenstelle dar.

Transaktionen zur Pflege von Kostenstellen

Tabelle 4.9 listet alle Transaktionen zur Einzelpflege von Kostenstellen im SAP-System auf.

Transaktion	Name	Menüpfad
KS01	Kostenstelle anlegen	**Rechnungswesen • Controlling • Kostenstellenrechnung • Stammdaten • Kostenstelle • Einzelbearbeitung • Anlegen**
KS02	Kostenstelle ändern	**Rechnungswesen • Controlling • Kostenstellenrechnung • Stammdaten • Kostenstelle • Einzelbearbeitung • Ändern**
KS03	Kostenstelle anzeigen	**Rechnungswesen • Controlling • Kostenstellenrechnung • Stammdaten • Kostenstelle • Einzelbearbeitung • Anzeigen**
KS04	Kostenstelle löschen	**Rechnungswesen • Controlling • Kostenstellenrechnung • Stammdaten • Kostenstelle • Einzelbearbeitung • Löschen**

Tabelle 4.9 Transaktionen zur Pflege von Kostenstellen

Übung: Kostenstellenstammsätze analysieren

[/]

Die Finanzdirektorin von Global Bike Inc., Danielle Cohen, hat bei den Chefcontrollern von GBI (Jamie Shamblin) und von Global Bike Deutschland (Jan Schmidt) eine Übersicht und einen Vergleich der Kostenstellen für Nordamerika und Europa angefragt.

Nutzen Sie die Transaktion KS03 zur Anzeige von Kostenstellen. Machen Sie sich dabei zunächst eine Übersicht über diese, suchen Sie die eine abweichende Kostenstelle, und schauen Sie sich diese im Detail an.

Starten Sie, indem Sie die Transaktion KS03 zum Anzeigen von Kostenstellen öffnen oder alternativ diesem Menüpfad folgen: **Rechnungswesen • Controlling • Kostenstellenrechnung • Stammdaten • Kostenstelle • Einzelbearbeitung • Anzeigen**.

Zum späteren Vergleich der Kostenstellen beider Regionen bietet es sich an, gleich einen zweiten Modus zu öffnen (siehe Abschnitt 1.5, »Navigation in SAP ERP«) und in beiden Modi die oben genannte Transaktion zu öffnen. Sie sehen, dass das Feld **Kostenrechnungskreis** jeweils vorausgefüllt ist und nicht änderbar scheint. Ändern Sie dieses über den Menüeintrag **Zusätze • Kostenrechnungskreis setzen** so, dass in einem Modus »EU00« für den Kostenrechnungskreis Europa und in dem anderen »NA00«für den Kostenrechnungskreis Nordamerika eingetragen ist. Rufen Sie im Feld **Kostenstelle** jeweils die [F4]-Hilfe auf. Dort tragen Sie beide Male »*000« ein. Dadurch werden später für Nordamerika und Europa alle auf 000 endenden Kostenstellen angezeigt. Achten Sie darauf, dass im Modus für Nordamerika der **Buchungskreis** »US00« und für Europa der **Buchungskreis** »DE00« eingetragen ist. Bestätigen Sie beide Male das Selektionsfenster mit [↵]. Abbildung 4.35 listet alle Kostenstellen für Nordamerika auf.

Kostenst.	KKrs	BuKr	KArt	Verantwortlicher	VerantwBen	Kurztext	Sprache	Gültig ab	bis
NAAD1000	NA00	US00	W	NA Admin Mgr		VERWALTUNGSKOSTEN	DE	01.01.2009	31.12.9999
NAEX1000	NA00	US00	W	John Davis		JOHN DAVIS	DE	01.01.2009	31.12.9999
NAEX2000	NA00	US00	W	Peter weiss		PETER WEISS	DE	01.01.2009	31.12.9999
NAGS1000	NA00	US00	V	NA Glob Sales Mgr		GLOBALE VERKÄUFE	DE	01.01.2009	31.12.9999
NAHR1000	NA00	US00	R	NA HR Manager		PERSONALKOSTEN	DE	01.01.2009	31.12.9999
NAHR2000	NA00	US00	R	NA HR Manager		000 HR MESSE	DE	01.01.2009	31.12.9999
NAHR3000	NA00	US00	R	NA HR Manager		PERSONALBESCHAFFUNG	DE	01.01.2009	31.12.9999
NAIS1000	NA00	US00	H	NA Int Serv Mgr		INNENAUFTRÄGE	DE	01.01.2009	31.12.9999
NAIT1000	NA00	US00	H	Global IT Mgr		IT-KOSTEN	DE	01.01.2009	31.12.9999
NAMK1000	NA00	US00	9	NA Mark Mgr		MARKETINGKOSTEN	DE	01.01.2009	31.12.9999
NAPC1000	NA00	US00	W	NA Proc Mgr		BESCHAFFUNGSKOSTEN	DE	01.01.2009	31.12.9999
NAPM1000	NA00	US00	L	NA Plnt Main Mgr		WARTUNG	DE	01.01.2009	31.12.9999
NAPR1000	NA00	US00	F	NA Prod Mgr		PRODUKTIONSKOSTEN	DE	01.01.2009	31.12.9999
NAPR2000	NA00	US00	F	NA Loss Mgr		VERLUST	DE	01.01.2009	31.12.9999
NAQM1000	NA00	US00	F	NA QM Mgr		QM-KOSTEN	DE	01.01.2009	31.12.9999
NARD1000	NA00	US00	E	NA R&D Mgr		F&E-KOSTEN	DE	01.01.2009	31.12.9999
NASA1000	NA00	US00	V	NA Sales Mgr		VERKAUFSKOSTEN	DE	01.01.2009	31.12.9999
NASM1000	NA00	US00	H	NA CS Manager		KUNDENSERVICE	DE	01.01.2009	31.12.9999

Abbildung 4.35 Kostenstellen im Kostenrechnungskreis NA00 (Transaktion KS03)

Nach einem kurzen Vergleich sehen Sie, dass im Kostenrechnungskreis EU00 insgesamt 17 und in NA00 18 Kostenstellen existieren. Den Unterschied bildet die Kostenstelle IT-Kosten (NAIT1000). Wählen Sie diese durch Doppelklick aus. Die alphanumerische Nummer der Kostenstelle wird dadurch in das Einstiegsbild übernommen. Bestätigen Sie an dieser Stelle erneut mit [↵].

Abbildung 4.36 zeigt die Grunddaten des Stammsatzes.

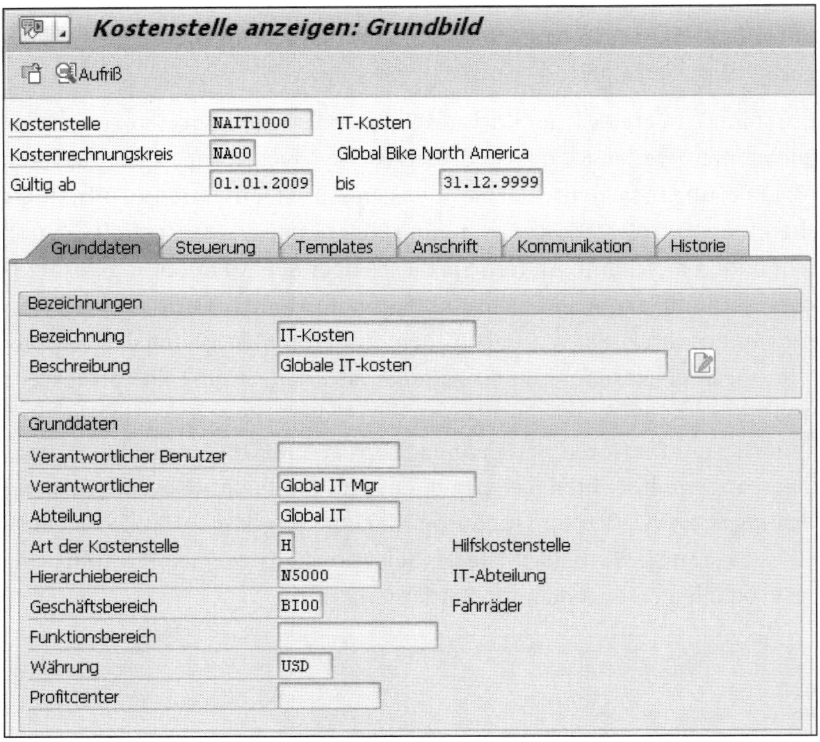

Abbildung 4.36 Grunddaten der Kostenstelle NAIT1000

Die Kostenstelle »IT-Kosten« ist im Kostenrechnungskreis NA00 vom 1. Januar 2009 an unbegrenzt (bis 31.12.9999) gültig. **Verantwortlicher** ist der globale IT-Manager in der **Abteilung** Global IT. Zur Kategorisierung ist als Kostenstellenart in diesem Fall H für Hilfskostenstelle angegeben. Andere Kostenstellen bei Global Bike sind von der Art Fertigung F, Vertrieb V oder Verwaltung »W«. Der nächsthöhere Hierarchiebereich ist die IT-Abteilung »N5000«. Des Weiteren sind der einzige **Geschäftsbereich** BI00 (Fahrräder) und als **Währung** USD (US-Dollar) eingestellt.

Auf der zweiten Registerkarte **Steuerung** ist hinterlegt, dass diese Kostenstelle Verbrauchsmengen führen soll und dass sie keine Erlöse empfangen darf. Auf den anderen vier Registerkarten sind keine relevanten Informationen gepflegt.

4.4.6 Leistungsart

Leistungsarten definieren spezifische Leistungen, die auf einer Kostenstelle erbracht werden können. Einer Kostenstelle können keine, eine oder mehrere Leistungsarten zugeordnet sein. Eine Leistungsart wiederum kann verschiedenen Kostenstellen zugeordnet sein. Sie drückt eine Größeneinheit aus, zu der alle leistungsabhängigen Kosten proportional sind. Beispiele sind die Leistung einer bestimmten Maschine in Minuten, unterschiedliche Tätigkeitsarten eines Mitarbeiters in Stunden oder produzierte Einheiten in Stück. Damit bildet die Leistungsart die Grundlage für die Gemeinkostenverrechnung von Hilfskostenstellen auf Endkostenstellen.

Ein Verrechnungspreis in Form eines definierten Plantarifs bzw. eines erfassten Ist-Tarifs bewertet eine Einheit einer einzelnen Leistungsart einer bestimmten Kostenstelle.

Transaktionen zur Pflege von Leistungsarten

Tabelle 4.10 listet alle Transaktionen zur Einzelpflege von Leistungsarten im SAP-System auf.

Transaktion	Name	Menüpfad
KL01	Leistungsart anlegen	**Rechnungswesen • Controlling • Kostenstellenrechnung • Stammdaten • Leistungsart • Einzelbearbeitung • Anlegen**
KL02	Leistungsart ändern	**Rechnungswesen • Controlling • Kostenstellenrechnung • Stammdaten • Leistungsart • Einzelbearbeitung • Ändern**
KL03	Leistungsart anzeigen	**Rechnungswesen • Controlling • Kostenstellenrechnung • Stammdaten • Leistungsart • Einzelbearbeitung • Anzeigen**
KL04	Leistungsart löschen	**Rechnungswesen • Controlling • Kostenstellenrechnung • Stammdaten • Leistungsart • Einzelbearbeitung • Löschen**

Tabelle 4.10 Transaktionen zur Pflege von Leistungsarten

Bei Global Bike sind insgesamt drei Leistungsarten gepflegt (siehe Abbildung 4.37).

LstArt	KKrs	Kurztext	Sprache	Gültig ab	bis
LABOR	NA00	ARBEITSSTUNDEN	DE	01.01.2009	31.12.9999
MLABOR	NA00	ARBEIT WARTUNG	DE	01.01.2009	31.12.9999
SLABOR	NA00	ARBEIT KUNDENSERVICE	DE	01.01.2009	31.12.9999

Abbildung 4.37 Gepflegte Leistungsarten bei Global Bike (Transaktion KL03)

Grunddaten analysieren

Für die erste Leistungsart LABOR ergeben sich die in Abbildung 4.38 gezeigten Grunddaten.

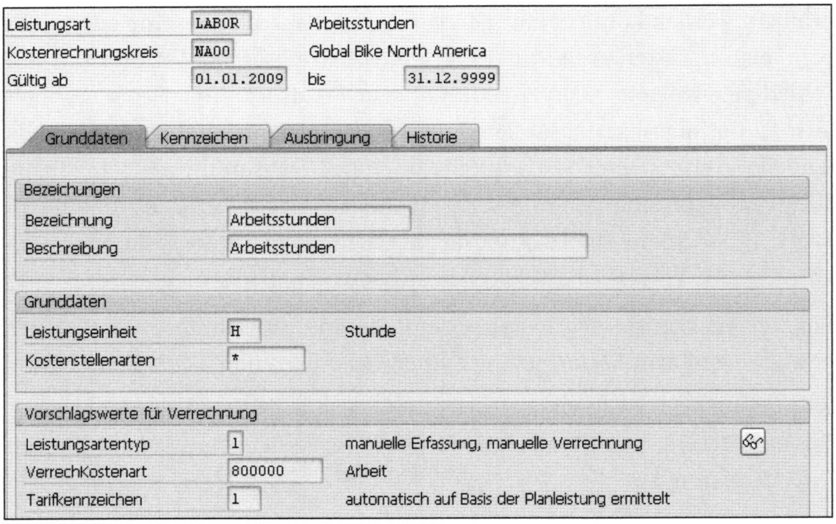
Leistungsart LABOR Arbeitsstunden
Kostenrechnungskreis NA00 Global Bike North America
Gültig ab 01.01.2009 bis 31.12.9999

Grunddaten | Kennzeichen | Ausbringung | Historie

Bezeichnungen
Bezeichnung Arbeitsstunden
Beschreibung Arbeitsstunden

Grunddaten
Leistungseinheit H Stunde
Kostenstellenarten *

Vorschlagswerte für Verrechnung
Leistungsartentyp 1 manuelle Erfassung, manuelle Verrechnung
VerrechKostenart 800000 Arbeit
Tarifkennzeichen 1 automatisch auf Basis der Planleistung ermittelt

Abbildung 4.38 Grunddaten der Leistungsart LABOR

Neben der Gültigkeit und den Bezeichnungen sind auf der ersten Registerkarte die **Leistungseinheit** »H« (Stunde) sowie die möglichen **Kostenstellenarten** (hier »*« für alle Kostenstellenarten) angegeben. Es folgen die Vorschlagswerte für die spätere Verrechnung. Der hier gewählte **Leistungsartentyp** »1« legt fest, dass die Leistungsmengen manuell erfasst und über die sekundäre **VerrechKostenart** »800000« verrechnet werden sollen. Darüber hinaus ist eingestellt, dass der Tarif **automatisch auf Basis der Planleistung ermittelt** werden soll. Dazu werden alle Plankosten durch die geplante Leistungsausbringung geteilt.

4.4.7 Statistische Kennzahl

Statistische Kennzahlen dienen als Basis für interne Verrechnungen wie Umlagen und Verteilungen von *Sender-* an *Empfängerkostenstellen* bzw. zwischen anderen Controlling-Objekten. Dies können z. B. die Anzahl an Mitarbeitern in einer Abteilung oder einem Büro sein, die Telefoneinheiten in Minuten oder die Stromnutzung in Kilowattstunden.

Transaktionen zur Pflege statistischer Kennzahlen

In SAP ERP kann dieses Stammdatum mithilfe der in Tabelle 4.11 angegebenen Transaktionen gepflegt werden.

Bei Global Bike sind für die interne Verrechnung folgende statistische Kennzahlen angelegt (siehe Abbildung 4.39).

Transaktion	Name	Menüpfad
KK01	Statistische Kennzahl anlegen	**Rechnungswesen • Controlling • Kostenstellenrechnung • Stammdaten • Statistische Kennzahlen • Anlegen**
KK02	Statistische Kennzahl ändern	**Rechnungswesen • Controlling • Kostenstellenrechnung • Stammdaten • Statistische Kennzahlen • Ändern**
KK03	Statistische Kennzahl anzeigen	**Rechnungswesen • Controlling • Kostenstellenrechnung • Stammdaten • Statistische Kennzahlen • Anzeigen**

Tabelle 4.11 Transaktionen zur Pflege von statistischen Kennzahlen

StatKz	Einh	KTyp	Langtext
1001	EA	1	Anzahl der Mitarbeiter
1002	M2	1	Fläche in Quadatmeter

Abbildung 4.39 Statistische Kennzahlen bei Global Bike (Transaktion KK03)

4.4.8 Innenauftrag

Im Gegensatz zu meist unbefristeten, räumlich gebundenen Kostenstellen dient ein *Innenauftrag* der Planung, Sammlung und Abrechnung von Kosten für zeitlich begrenzte, örtlich ungebundene, innerbetriebliche Maßnahmen, Projekte oder Aufgaben.

Echte und statistische Innenaufträge

Im SAP-System werden *echte* von *statistischen* Aufträgen unterschieden. Echte Innenaufträge werden mit Primärkosten belastet, um diese nach Abschluss der Maßnahme auf eine Kostenstelle, einen Kunden oder eine Anlage abzurechnen. Auf statistische Innenaufträge kann parallel zu einer bestimmten Kostenstelle zu Auswertungszwecken gebucht werden. Eine Abrechnung ist hier nicht möglich.

Transaktionen zur Pflege von Innenaufträgen

Im SAP-System wird die Transaktion KO04 (Order Manager, siehe Tabelle 4.12) zur übersichtlichen Pflege von Innenaufträgen verwendet. Zusätzlich stehen allerdings auch die Einzelpflegetransaktionen zur Verfügung.

Im Global-Bike-Konzern sind im Kostenrechnungskreis NA00 z. B. ein Vorlageinnenauftrag für die Durchführung eines Picknicks und im Kostenrechnungskreis EU00 ein Innenauftrag zur Entwicklung eines Ultraleichtrades angelegt (siehe Abbildung 4.40).

Transaktion	Name	Menüpfad
KO01	Innenauftrag anlegen	**Rechnungswesen • Controlling • Innenaufträge • Stammdaten • Spezielle Funktionen • Auftrag • Anlegen**
KO02	Innenauftrag ändern	**Rechnungswesen • Controlling • Innenaufträge • Stammdaten • Spezielle Funktionen • Auftrag • Ändern**
KO03	Innenauftrag anzeigen	**Rechnungswesen • Controlling • Innenaufträge • Stammdaten • Spezielle Funktionen • Auftrag • Anzeigen**
KO04	Order Manager	**Rechnungswesen • Controlling • Innenaufträge • Stammdaten • Order Manager**

Tabelle 4.12 Transaktionen zur Pflege von Innenaufträgen

KKrs	VerarbGr	Art	Auftrag	Kurztext
EU00	00	PS02	4000000	Development of Ultralight Bike
EU00	00	PS02	4000001	Entwicklung Ultraleichtrad
NA00	00	$$	$$CMPYPICNIC	Company Picnic

Abbildung 4.40 Innenaufträge bei Global Bike (Transaktion KO03)

4.4.9 Profit Center

Es gibt Konzepte zur Unternehmensführung, die unterstellen, dass die Leistung von Abteilungen durch Ergebnisverantwortung und Konkurrenz im eigenen Haus gesteigert wird. Solche selbstverantwortlichen Bereiche können durch *Profit Center* abgebildet werden. Die unternehmensinterne Perspektive macht den Unterschied zur »externen« Ergebnisrechnung deutlich.

Bei aktivierter Profit-Center-Rechnung werden alle für einen einzelnen Arbeitsplatz oder eine Organisationseinheit relevanten betrieblichen Vorgänge und Verrechnungen parallel fortgeschrieben, um dadurch eine Ergebnisverantwortung von Teilunternehmensbereichen abzubilden. Diese rein statistischen Ergebnisse können nach dem Umsatz- oder Gesamtkostenverfahren ausgewiesen werden.

Transaktionen zur Pflege von Profit Centern

Für die Einzelbearbeitung von Profit Centern stehen folgende Funktionen zur Verfügung (siehe Tabelle 4.13).

Im Beispielkonzern Global Bike ist die Profit-Center-Rechnung nicht aktiv. Daher existieren im SAP-System auch noch keine Profit Center.

Transaktion	Name	Menüpfad
KE51	Profit Center anlegen	**Rechnungswesen • Controlling • Profit-Center-Rechnung • Stammdaten • Profit Center • Einzelbearbeitung • Anlegen**
KE52	Profit Center ändern	**Rechnungswesen • Controlling • Profit-Center-Rechnung • Stammdaten • Profit Center • Einzelbearbeitung • Ändern**
KE53	Profit Center anzeigen	**Rechnungswesen • Controlling • Profit-Center-Rechnung • Stammdaten • Profit Center • Einzelbearbeitung • Anzeigen**
KE54	Profit Center löschen	**Rechnungswesen • Controlling • Profit-Center-Rechnung • Stammdaten • Profit Center • Einzelbearbeitung • Löschen**

Tabelle 4.13 Transaktionen zur Pflege von Profit Centern

4.4.10 Gruppen

Standardhierarchie

Inhaltlich ähnliche Objekte aller bisher vorgestellten Stammdaten des Controllings können zu *Gruppen* zusammengefasst werden. So helfen *Kostenstellen-* oder *Profit-Center-Gruppen* bei der Verrechnung von Kosten auf sehr detailliert ausgestaltete Empfängerobjekte. Eine besondere Rolle nimmt hierbei die *Standardhierarchie* ein. Diese Baumstruktur definiert den grundlegenden hierarchischen Aufbau von Kostenstellen in einem Kostenrechnungskreis. Alle neu angelegten Kostenstellen, aber auch Profit Center, müssen dieser Hierarchie zugeordnet werden.

Transaktionen zur Pflege der Standardhierarchie

Folgende Transaktionen (siehe Tabelle 4.14) dienen der Anzeige und Änderung der Standardhierarchie.

Transaktion	Name	Menüpfad
OKEON	Kostenstellen-Standardhierarchie ändern	**Rechnungswesen • Controlling • Kostenstellenrechnung • Stammdaten • Standardhierarchie • Ändern**
OKENN	Kostenstellen-Standardhierarchie anzeigen	**Rechnungswesen • Controlling • Kostenstellenrechnung • Stammdaten • Standardhierarchie • Anzeigen**

Tabelle 4.14 Transaktionen zur Pflege der Standardhierarchie

Abbildung 4.41 zeigt die Standardhierarchie für Kostenrechnungskreis EU00 bei Global Bike.

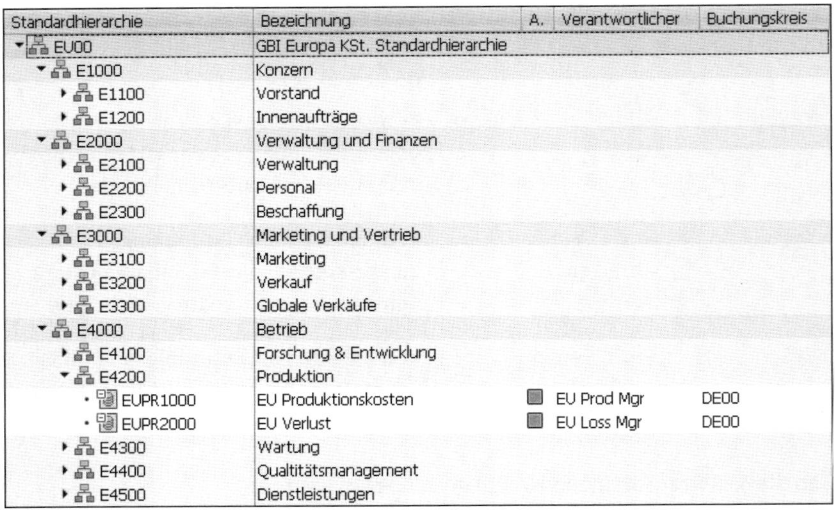

Standardhierarchie	Bezeichnung	A.	Verantwortlicher	Buchungskreis
EU00	GBI Europa KSt. Standardhierarchie			
E1000	Konzern			
E1100	Vorstand			
E1200	Innenaufträge			
E2000	Verwaltung und Finanzen			
E2100	Verwaltung			
E2200	Personal			
E2300	Beschaffung			
E3000	Marketing und Vertrieb			
E3100	Marketing			
E3200	Verkauf			
E3300	Globale Verkäufe			
E4000	Betrieb			
E4100	Forschung & Entwicklung			
E4200	Produktion			
EUPR1000	EU Produktionskosten		EU Prod Mgr	DE00
EUPR2000	EU Verlust		EU Loss Mgr	DE00
E4300	Wartung			
E4400	Qualtitätsmanagement			
E4500	Dienstleistungen			

Abbildung 4.41 Standardhierarchie für Kostenrechnungskreis EU00 (Transaktion OKENN)

Auf der höchsten Hierarchieebene werden Kostenstellen nach Konzern (E1000), Verwaltung und Finanzen (E2000), Marketing und Vertrieb (E3000) sowie den eigentlichen Betrieb (E4000) unterschieden. Auf der zweiten Ebene finden sich dann Gruppen wie Beschaffung (E2300), Verkauf (E3200) oder Produktion (E4200). In Abbildung 4.41 ist der Bereich Produktion expandiert. Man sieht die beiden zugeordneten Kostenstellen EUPR1000 (Produktionskosten) und EUPR2000 (Verlust). Beide stammen aus dem Buchungskreis DE00.

[/]

UCC-Übung CO 1

Schauen Sie sich mithilfe der UCC-Übung »CO 1: Anzeigen Kostenstellenstandardhierarchie« (*http://www.sap-press.de/4640*, **Materialien zum Buch**) die Kostenstellengrundstruktur für den Kostenrechnungskreis NA00 an, und zeigen Sie wesentliche Abweichungen. Falls Sie vom System nicht zur Eingabe des Kostenrechnungskreises aufgefordert werden, können Sie diesen im Menü unter **Einstellungen • Kostenrechnungskreis setzen** ändern.

4.5 Bewegungsdaten

Belegart

Im externen und internen Rechnungswesen werden Bewegungsdaten zur Dokumentation und zum Nachweis von Buchungen erzeugt. Dabei wird zwischen *Originalbelegen* wie gefaxten Angeboten, Papierrechnungen oder ausgestellten Schecks und vom SAP-ERP-System erstellten *EDV-Belegen* unterschieden. Im Rechnungswesen sind dies zum einen die *Finanzbuchhaltungs-* und zum anderen die *Kostenrechnungsbelege*. Zur feineren Unterscheidung sind im SAP-ERP-System bereits zahlreiche *Belegarten* vordefiniert.

Vordefinierte Belegarten

Tabelle 4.15 listet Beispiele der vordefinierten Belegarten auf.

Buchhaltungsbeleg (FI)	Kostenrechnungsbeleg (CO)
▪ AfA-Beleg ▪ Debitorenrechnung ▪ Kreditorengutschrift ▪ Kassenbeleg ▪ Warenausgabe ▪ Inventurbeleg ▪ Zahlung per Scheck	▪ Primärkostenbeleg ▪ Gemeinkostenumlage Plan ▪ Gemeinkostenverteilung Ist ▪ Leistungsverrechnung Ist ▪ Innenauftragsabrechnung Ist ▪ Profit-Center-Beleg ▪ Erlösumbuchung

Tabelle 4.15 Beispiele für Belegarten im SAP-System

Belegnummer

Jeder Beleg verfügt über eine systemtechnisch eindeutige *Belegnummer*. Im Normalfall wird diese beim Sichern automatisch vom System vergeben. FI-Belege sind dabei eindeutig einem Buchungskreis und Geschäftsjahr zugeordnet. CO-Belege werden für einen Kostenrechnungskreis und für ein bestimmtes Geschäftsjahr angelegt.

Nummernkreis

Analog zur Nummernvergabe bei Stammsätzen, wie z. B. Debitoren, ist jeder Belegart ein *Nummernkreis* zugeordnet. Abbildung 4.42 zeigt für die **Belegart** »WA« (Warenausgabe) neben anderen Systemeinstellungen den zugeordneten **Nummernkreis** 49.

Im Customizing werden für jedes Nummernkreisobjekt eine Nummer, ein Intervall, der aktuelle Nummernstand und ein Kennzeichen, das anzeigt, ob Nummern intern (vom System) oder extern (vom Benutzer) vorgegeben werden, festgelegt. Abbildung 4.43 listet neben anderen FI-Nummernkreisen für Buchungskreis DE00 auch den für die Warenausgaben (49) auf. Der fortlaufende Nummernzähler steht momentan auf 4900000295.

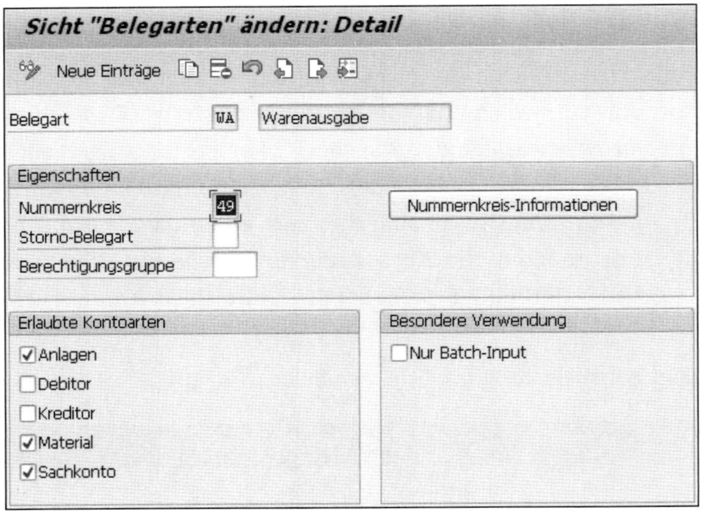

Abbildung 4.42 Systemeinstellungen zur Belegart WA (Transaktion OBA7)

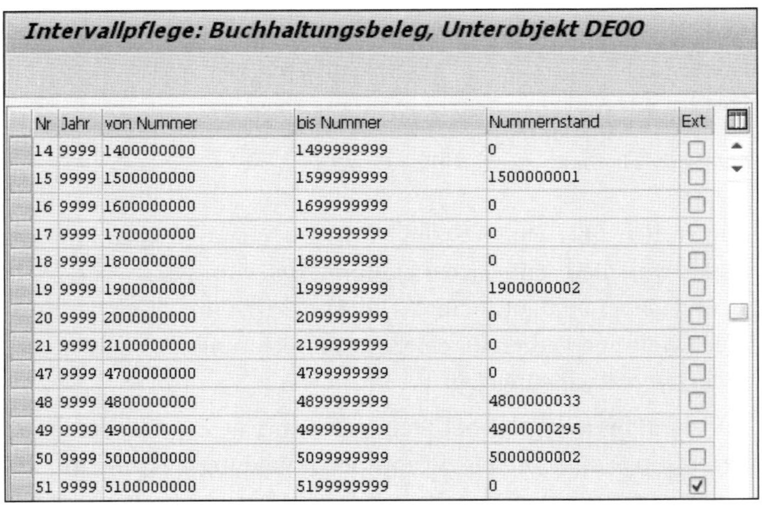
Intervallpflege: Buchhaltungsbeleg, Unterobjekt DE00

Nr	Jahr	von Nummer	bis Nummer	Nummernstand	Ext
14	9999	1400000000	1499999999	0	☐
15	9999	1500000000	1599999999	1500000001	☐
16	9999	1600000000	1699999999	0	☐
17	9999	1700000000	1799999999	0	☐
18	9999	1800000000	1899999999	0	☐
19	9999	1900000000	1999999999	1900000002	☐
20	9999	2000000000	2099999999	0	☐
21	9999	2100000000	2199999999	0	☐
47	9999	4700000000	4799999999	0	☐
48	9999	4800000000	4899999999	4800000033	☐
49	9999	4900000000	4999999999	4900000295	☐
50	9999	5000000000	5099999999	5000000002	☐
51	9999	5100000000	5199999999	0	☑

Abbildung 4.43 Nummernkreisintervalle für FI-Belege in DE00 (Transaktion FBN1)

4.5.1 Buchhaltungsbeleg

In der Komponente SAP FI (Finanzwesen) werden Belege in der Regel verdichtet gebucht. Das bedeutet, dass z. B. Debitorenrechnungen im Normalfall mehrere Positionen und jede Position mehr als ein Stück eines Produkts oder einer Dienstleistung enthalten kann. Zugrunde liegende Einzelbelege befinden sich in anderen SAP-Komponenten wie SD (Vertrieb) oder MM (Beschaffung) sowie in externen Systemen.

Belegaufbau

Jeder Finanzbeleg besteht aus einem *Belegkopf* und mindestens zwei *Belegpositionen*, eine für die Soll-Buchung und eine für Haben-Buchung. Im Belegkopf stehen neben der Belegnummer das Belegdatum, das Buchungsdatum sowie Steuerinformationen. Eine Belegposition kann neben Pflichteingaben, wie z. B. dem Buchungsschlüssel, dem Betrag und der Kontonummer, Informationen wie Referenzen, spezifische Parameter oder Texte enthalten. So wird bei Aufwands- oder Ertragsbuchungen ein Controlling-Objekt wie eine Kostenstelle, ein Innenauftrag oder ein Ergebnisobjekt angegeben, um den jeweiligen Betrag gleich als Ist-Kosten oder Ist-Erlös in die Kosten- und Leistungsrechnung fortzuschreiben.

Belegerfassung

Ein Finanzbeleg kann nur nach erfolgreicher Prüfung auf Vollständigkeit (alle Pflichteingaben sind gepflegt und Saldo aus Soll und Haben ist gleich null) und auf Konsistenz (keine Fehleingaben oder Regelverstöße) gesichert werden. Das SAP-System weist den Anwender bei dem Versuch der Speicherung unvollständiger Belege auf fehlende Daten hin. Während der Erfassung kann der Beleg gemerkt, simuliert und vorerfasst werden.

Beim *Merken* eines Belegs kann dieser trotz Unvollständigkeit vorläufig gespeichert werden. Es wird keine Belegnummer vergeben, der Benutzer gibt lediglich eine vorläufige Nummer ein. Dadurch stehen die Daten des Belegs auch noch nicht für Auswertungen zur Verfügung. Ein gemerkter Beleg kann später durch den anlegenden Benutzer vervollständigt oder gelöscht werden.

Gerade bei komplizierten Finanzbelegen bietet sich das *Simulieren* an. Ohne ihn zu sichern, durchläuft der Beleg alle Prüfungen auf Konsistenz und Vollständigkeit.

Das *Vorerfassen* eines Belegs unterscheidet sich insofern vom Merken, als dass hier bereits eine echte Belegnummer vergeben wird und die Daten des Belegs für Auswertungen sichtbar sind. Vorerfasste Belege können damit auch von anderen Benutzern später vervollständigt, geprüft und gebucht werden. Dies vermeidet Wiederholungen und Fehler bei der verteilten Arbeit in Teams.

Transaktionen zur Pflege von Finanzbelegen

Während im SAP-ERP-System zahlreiche Transaktionen für das Anlegen verschiedenartiger Finanzbelege, z. B. die Transaktion FB70 für Debitorenrechnungen, zur Verfügung stehen, können alle FI-Belege mit den folgenden Transaktionen angezeigt bzw. geändert werden (siehe Tabelle 4.16).

Die folgende Übung demonstriert die Suche von Finanzbelegen am Beispiel einer Debitorenrechnung und einer Debitorenzahlung aus der Saldenanzeige eines Kundenkontos.

Transaktion	Name	Menüpfad
FB02	Beleg ändern	**Rechnungswesen • Finanzwesen • Hauptbuch • Beleg • Ändern**
FB03	Beleg anzeigen	**Rechnungswesen • Finanzwesen • Hauptbuch • Beleg • Anzeigen**

Tabelle 4.16 Transaktionen zur Pflege von Finanzbelegen

[/]

UCC-Übung FI 4

Schauen Sie sich mithilfe der UCC-Übung »FI 4: Überprüfen Abstimmkonto« (*http://www.sap-press.de/4640*, **Materialien zum Buch**) eine Debitorenfaktura für einen Kunden von Global Bike an. Deren Belegart RV (Rechnung Vertrieb) dient der Übernahme von Rechnungen aus dem Vertrieb (SD) in die Finanzbuchhaltung (FI).

4.5.2 Kostenrechnungsbeleg

Echte und statistische CO-Objekte

Kostenrechnungs- oder *CO-Belege* dokumentieren Buchungen auf Controlling-Objekte. Dabei wird zwischen *echten* und *statistischen CO-Objekten* unterschieden. Echte Controlling-Objekte wie Kostenstellen, (echte) Innenaufträge, (echte) Projekte oder Ergebnisobjekte können als Empfänger und Sender verwendet werden. Auf statistische CO-Objekte wie (statistische) Innenaufträge, (statistische) Projekte oder Profit Center gebuchte Kosten und Erlöse können nicht mehr weiterverrechnet werden. Kontierungen auf beliebig viele statistische Objekte erfolgen zusätzlich zu echten CO-Objekten und dienen lediglich Informationszwecken.

Planbuchung und Ist-Buchung

Des Weiteren unterscheidet man bei Geschäftsvorgängen im Controlling zwischen *Planbuchungen*, z. B. der Plankalkulation, der Zuschlagsplanung oder der Planung von Primärkosten, und *Ist-Buchungen*, z. B. der Umlage oder Verrechnung von Gemeinkosten.

Transaktionen zur Anzeige von CO-Belegen

Analog zu den Belegen der Finanzbuchhaltung existieren im Controlling diverse Transaktionen zum Anlegen von Plan- und Ist-Buchungen. Zum Anzeigen der resultierenden Kostenrechnungsbelege existieren die in Tabelle 4.17 angegebenen Möglichkeiten.

Die folgende Übung demonstriert die Suche von CO-Belegen am Beispiel eines Warenausgangs zum Kundenauftrag.

Transaktion	Name	Menüpfad
KABP	Belege Plankosten anzeigen	**Rechnungswesen • Controlling • Kostenstellenrechnung • Infosystem • Berichte zur Kostenstellenrechnung • Einzelposten • Kostenrechnungsbelege Plankosten**
KSB5N	Belege Ist-Kosten anzeigen	**Rechnungswesen • Controlling • Kostenstellenrechnung • Infosystem • Berichte zur Kostenstellenrechnung • Einzelposten • Kostenrechnungsbelege Istkosten Neu**

Tabelle 4.17 Transaktionen zur Anzeige von Kostenrechnungsbelegen

Übung: Kostenrechnungsbelege analysieren

Der Chefcontroller von Global Bike Inc., Jamie Shamblin, möchte sich stichprobenartig von der korrekten Weiterleitung von Aufwendungen aus dem Finanzwesen in die Kostenrechnung überzeugen. Dazu analysiert er den Warenausgang eines Kundenauftrags.

Beginnen Sie mit Transaktion VA03 bzw. dem folgenden Menüpfad zum Anzeigen des Kundenauftrags: **Logistik • Vertrieb • Verkauf • Auftrag • Anzeigen**.

Lassen Sie sich den Kundenauftrag mit der Nummer 2 anzeigen. Wie Sie sehen, wurden hier zwei schwarze Deluxe Touring Bikes an den Kunden Beantown Bikes verkauft.

Stückdeckungsbeitrag analysieren

Schauen Sie sich den Stückdeckungsbeitrag an. Wählen Sie hierfür den Menüpfad **Springen • Position • Konditionen**. Der Deckungsbeitrag für jedes der zwei Fahrräder ergibt sich aus dem Verkaufserlös von 3.000 US$ minus den Kosten für die Herstellung von 1.400 US$. In Abbildung 4.44 finden Sie den Stückdeckungsbeitrag von 1.600 US$ in der letzten Zeile.

I...	KArt	Bezeichnung	Betrag	Wä...	pro	ME	Konditionswert	Wä...
	PR00	Preis	3.000,00	USD	1	EA	6.000,00	USD
		Brutto	3.000,00	USD	1	EA	6.000,00	USD
		Rabattbetrag	0,00	USD	1	EA	0,00	USD
		Bonusbasis	3.000,00	USD	1	EA	6.000,00	USD
		Positionsnetto	3.000,00	USD	1	EA	6.000,00	USD
		Nettowert 2	3.000,00	USD	1	EA	6.000,00	USD
		Endbetrag	3.000,00	USD	1	EA	6.000,00	USD
	SKTO	Skonto	0,000	%			0,00	USD
	VPRS	Verrechnungspreis	1.400,00	USD	1	EA	2.800,00	USD
		Standard - USA /mit	1.600,00	USD	1	EA	3.200,00	USD

Abbildung 4.44 Stückdeckungsbeitrag im Kundenauftrag (Transaktion VA03)

Belegfluss analysieren

Im Folgenden soll der Hauptfokus auf der Kontierung und Weiterleitung der Herstellungskosten ins Controlling liegen. Kehren Sie mit einem Klick auf [icon] zum vorherigen Bildschirm **Terminauftrag anzeigen: Übersicht** zurück.

Wählen Sie [icon] (**Belegfluss**) oben links auf dem SAP-Bildschirm. Wie in Abbildung 4.45 zu erkennen, ist dieser Kundenauftrag bereits komplett beliefert, fakturiert und mit vollständigem Zahlungseingang ausgeziffert.

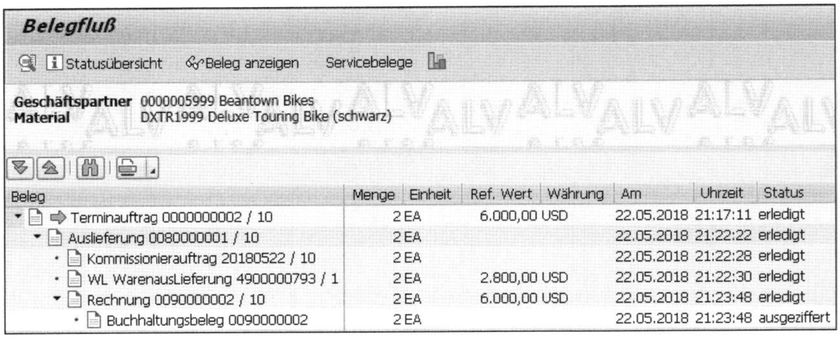

Abbildung 4.45 Belegfluss eines abgeschlossenen Kundenauftrags

Uns interessiert der Warenausgang. Finden und markieren Sie die Zeile **WL WarenausLieferung** durch Klick mit der linken Maustaste, sodass diese farblich hinterlegt ist. Klicken Sie anschließend auf **Beleg anzeigen**. Ihnen wird der Materialbeleg mit der Bewegungsart (**BwA**) 601 (Warenausgang für Lieferung) angezeigt (siehe Abbildung 4.46).

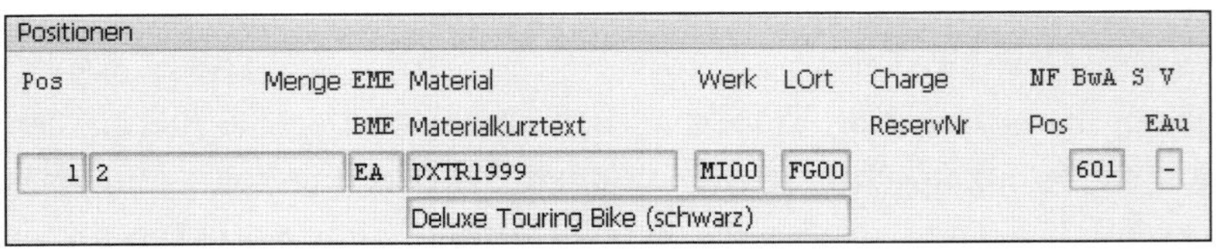

Abbildung 4.46 Materialbeleg für Warenauslieferung

Buchhaltungsbeleg analysieren

Wählen Sie in der Anwendungsfunktionsleiste **RW-Belege...**, und öffnen Sie zunächst den **Buchhaltungsbeleg** durch Doppelklick. Abbildung 4.47 zeigt den resultierenden FI-Beleg. Die erste Buchungszeile enthält das (Sach-) **Konto** 200100 (Materialbestand Fertigerzeugnisse) und einen Betrag von 2.800 US$. Der Betrag entspricht dabei den Gesamtherstellungskosten der beiden Touring-Fahrräder (2 × 1.400 US$).

Positionieren Sie den Cursor in der dritten Spalte (Buchungsschlüssel, **BS**) auf dem Eintrag 99, und wählen Sie F4. In der Gesamtliste aller Buchungsschlüssel erfahren Sie aus dem letzten Eintrag, dass es sich um eine Buchung auf Haben-Seite (Abgang Bestand) eines Materialkontos handelt.

Schließen Sie das Dialogfenster wieder. Wiederholen Sie den Vorgang für den Eintrag 81 in der zweiten Buchungszeile. Sie sehen, dass die Gegenbuchung in gleicher Höhe auf die Soll-Seite des (Sach-)**Kontos** 780000 (Herstellungskosten) erfolgte. Schließen Sie das Dialogfenster.

Bei genauer Betrachtung erkennen Sie, dass in der ersten Zeile hinter dem Betrag vom System automatisch ein kleines Minuszeichen angefügt wurde. Dies drückt keinen negativen Wert aus, sondern markiert eine Haben-Buchung. Soll-Buchungen tragen keine Kennzeichen. Gerade bei komplexen FI-Belegen mit vielen Buchungszeilen ist diese Darstellung hilfreich.

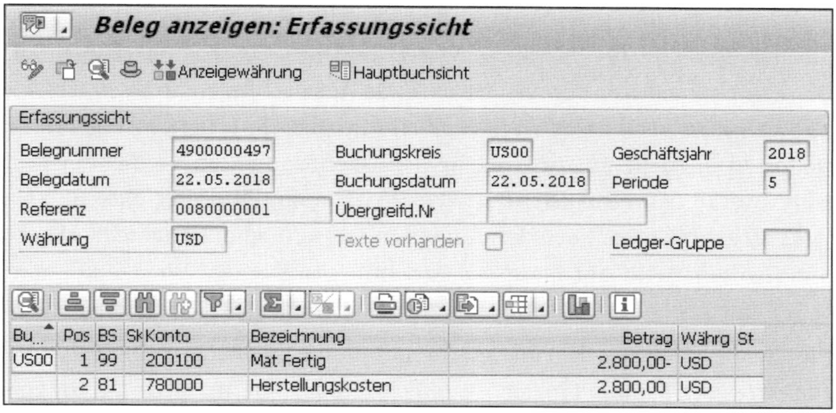

Abbildung 4.47 Finanzbeleg zum Warenausgang

Führen Sie einen Doppelklick auf das (Sach-)**Konto** 780000 aus, um sich die Belegposition anzuschauen. Da es sich um ein Aufwandskonto handelt, musste ein CO-Objekt (hier **Kostenstelle** NASA1000) angegeben werden. Durch einen Doppelklick auf die Kostenstelle erfahren Sie, dass es sich dabei um die Verkaufskosten in Nordamerika handelt. Kehren Sie nun durch dreimaliges Klicken auf zurück zum Fenster **Liste der Belege im Rechnungswesen**, und wählen Sie dort den Kostenrechnungsbeleg durch Doppelklick aus. Im folgenden Bildschirm klicken Sie auf das Icon , um alle Informationen des CO-Belegs anzuzeigen. Abbildung 4.48 stellt das Ergebnis dar.

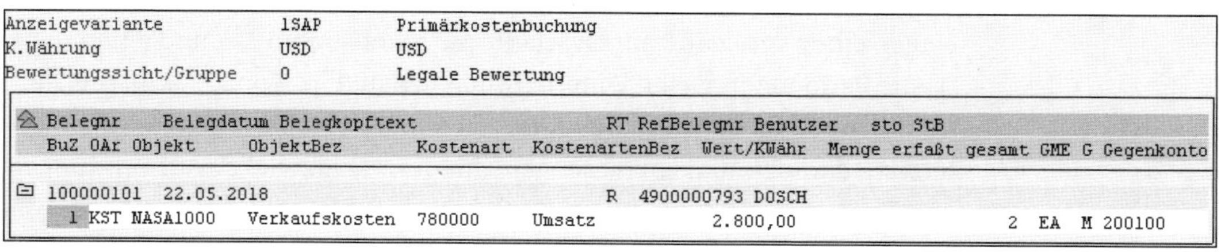

Abbildung 4.48 Kostenrechnungsbeleg für Materialaufwand

Wie erwartet, hat das SAP-System die Kostenstelle NASA1000 mit Primärkosten in Höhe von 2.800 US$ belastet. Im CO-Beleg sind der Referenzbeleg aus dem Finanzwesen, die Kostenstelle, das Sachkonto, Betrag und Menge sowie das Gegenkonto vermerkt.

4.6 Berichte

Für die Analyse aller existierenden Stammdaten sowie der innerhalb des Geschäftsjahres angelegten Bewegungsdaten bietet SAP ERP mehr als 3.000 Standardberichte. Aufgrund ihrer zentralen Bedeutung sind die meisten Berichte für das Finanzwesen und das Controlling ausgeprägt. Diese können sowohl für wiederkehrende Auswertungen als auch für Ad-hoc-Analysen verwendet werden. Es ist möglich, die Berichtsergebnisse weiter zu aggregieren, zu Unternehmenskennzahlen zu verdichten und zum Zwecke der Visualisierung oder Weiterverarbeitung in externe Systeme zu exportieren. Nach der Vorstellung wesentlicher Berichte des Rechnungswesens wird am Ende des Abschnitts auf einige Werkzeuge zum Erstellen eigener Berichte eingegangen.

Standardberichte

Die meisten SAP-Berichte im externen und internen Rechnungswesen zeigen entweder Salden, Einzelposten, Belege oder Stammdaten an. Im Folgenden werden beispielhaft wesentliche Berichte des Finanzwesens und Controllings vorgestellt.

4.6.1 Wesentliche Berichte des Finanzwesens

Bilanz

Als Bestandteil der Jahresabschlussarbeiten stellt die Bilanz – der erste wesentliche Bericht des Finanzwesens – das Vermögen und die Schulden sowie das Eigenkapital eines Unternehmens zu einem bestimmten Stichtag dar. Diese Berichtsergebnisse können anderen Perioden, z. B. vergangenen Geschäftsjahren (Ist-Ist-Vergleich), oder einer Planversion (Plan-Ist-Vergleich) gegenübergestellt werden.

Periodenabschluss

Der kürzeste Zeitraum, für den innerhalb eines Buchungskreises formal ein *Periodenabschluss* erstellt werden kann, variiert abhängig von der initial eingestellten Geschäftsjahresvariante zwischen einem Tag und einem Jahr. Da die Perioden in vielen Unternehmen genau den Monaten entsprechen, werden unterjährige Abschlussarbeiten Monatsabschluss genannt. Voraussetzung dafür sind die periodengerechte Abgrenzung aller Aufwendungen und Erträge sowie geprüfte und gegebenenfalls berichtigte Bestände, Forderungen und Verbindlichkeiten.

Parameter

Für die Bilanzerstellung sind im SAP-System folgende Berichtsparameter anzugeben:

- Buchungskreis(e)
- gegebenenfalls Geschäftsbereich(e)
- Bilanz/GuV-Struktur
- Berichtszeitraum (Jahr und Periodenintervall)
- Vergleichszeitraum (Jahr und Periodenintervall)
- Berichtslayout

Bilanz/GuV-Struktur

Die *Bilanz/GuV-Struktur* spielt hierbei eine wichtige Rolle. Sie definiert, wie die Sachkonten für den Bericht nach gesetzlichen oder unternehmensinternen Vorschriften hierarchisch angeordnet werden. In SAP ERP können verschiedene Bilanz/GuV-Strukturen parallel angelegt werden, so z. B. je nach Organisationseinheit (Konzern, Buchungskreis, Geschäftsbereich), Sprache, Währungstyp oder Bilanztyp. Bei Global Bike wurde folgende Bilanzstruktur eingerichtet (siehe Abbildung 4.49).

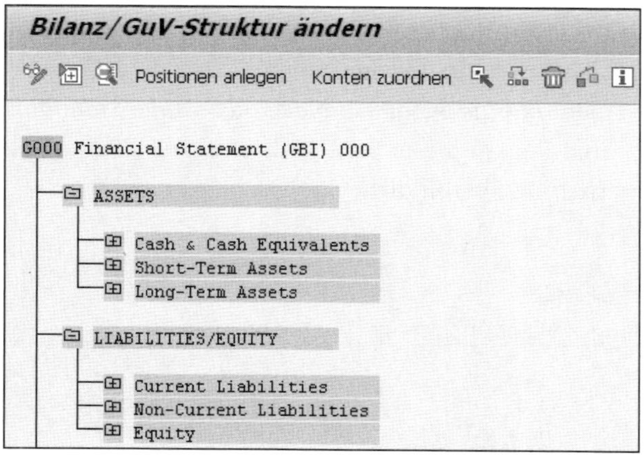

Abbildung 4.49 Bilanzstruktur für Global Bike (Transaktion FSE2)

Die zweistufige Hierarchie in englischer Sprache ordnet den Aktiva (Assets) Bargeldvermögen (Cash & Cash Equivalents) sowie kurzfristige (Short-Term Assets) und langfristige Vermögenswerte (Long-Term Assets) zu. Zu den Passiva gehören kurzfristige (Current Liabilities) und langfristige Verbindlichkeiten (Non-Current Liabilities) sowie das Eigenkapital (Equity).

[!]

Keine UCC-Übung

An dieser Stelle folgt keine anzeigende Übung im Global-Bike-Mandant, da die Bilanzsummenwerte sowohl in den USA als auch in Deutschland wenig realistisch sind und das Verständnis eher erschweren würden. Die Ursachen liegen in der gemeinsamen Nutzung der beiden Buchungskreise durch alle Benutzer sowie in der Vorbereitung des Mandanten durch das SAP UCC Magdeburg, damit bis zu 1.000 Studierende alle Übungen und Fallstudien gleichzeitig und mit ihren eigenen Datensätzen bearbeiten können.

Gewinn-und-Verlust-Rechnung

Die Gewinn-und-Verlust-Rechnung (GuV) – der zweite wesentliche Bericht des Finanzwesens – stellt zur Ergebnisermittlung einer Periode die Aufwendungen eines Unternehmens den Erträgen gegenüber. Sie kann nach zwei verschiedenen Verfahren erstellt werden:

- Gesamtkostenverfahren (GKV)
- Umsatzkostenverfahren (UKV)

Gesamtkostenverfahren

Beim *Gesamtkostenverfahren* werden den Umsatzerlösen einer Periode alle Aufwendungen der gleichen Periode gegenübergestellt. Für den häufigen Fall, dass die Herstellkosten aller in dieser Periode verkauften Güter nicht denen der im selben Zeitraum produzierten entsprechen, ergibt sich eine Differenz. Diese wird in Bestandsänderungskonten für Halb- bzw. Fertigerzeugnisse sowie Ware in Arbeit dokumentiert. Abbildung 4.50 zeigt das Ermittlungsschema für das operative Betriebsergebnis mit dem Gesamtkostenverfahren nach den *International Financial Reporting Standards* (IFRS). Die Grundsätze und Regeln dieser Standards sind für alle kapitalmarktorientierten Unternehmen verbindlich.

	Umsatzerlöse
+	Sonstige betriebliche Erträge
+	Bestandsveränderungen Halb- und Fertigerzeugnisse
=	**Gesamtleistung**
./.	Materialaufwand
./.	Aufwand für Hilfs - und Betriebsstoffe
./.	Personalaufwand
./.	Abschreibungen
./.	Sonstige betriebliche Aufwendungen
=	**Operatives Betriebsergebnis**

Abbildung 4.50 Gesamtkostenverfahren nach IFRS

Umsatzkostenverfahren

Im *Umsatzkostenverfahren* werden den Umsatzerlösen einer Periode alle Herstellkosten genau dieser Verkäufe gegenübergestellt. Diese Vollkostenrechnung bei der Leistungserstellung ergibt eine direkte periodengerechte Abgrenzung. Nachteil im Vergleich zum Gesamtkostenverfahren ist, dass die Gesamtleistung der Periode (siehe Abbildung 4.50) nicht mehr erkennbar ist. Allerdings fallen dafür die aufwendigen Periodenbestandsveränderungen der Erzeugnisse weg. Abbildung 4.51 zeigt das Schema zur Ermittlung des Betriebsergebnisses mit dem Umsatzkostenverfahrens nach IFRS.

	Umsatzerlöse
./.	Herstellkosten aller Leistungen zur Erzielung dieser Erlöse
=	**Bruttoergebnis**
./.	Vertriebskosten
./.	Allgemeine Verwaltungskosten
+	Sonstige betriebliche Erträge
./.	Sonstige betriebliche Aufwendungen
=	**Operatives Betriebsergebnis**

Abbildung 4.51 Umsatzkostenverfahren nach IFRS

Während das Gesamtkostenverfahren im deutschsprachigen Raum üblich ist, wird in angloamerikanischen Regionen das Umsatzkostenverfahren verwendet. Börsennotierte Konzerne – auch aus dem deutschsprachigen Raum – müssen ihre Ergebnisrechnung nach dem Umsatzkostenverfahren durchführen. Bei Global Bike, das nicht an der Börse gehandelt wird, sind die Verfahren in den Buchungskreisen entsprechend abweichend eingestellt (siehe Abbildung 4.52).

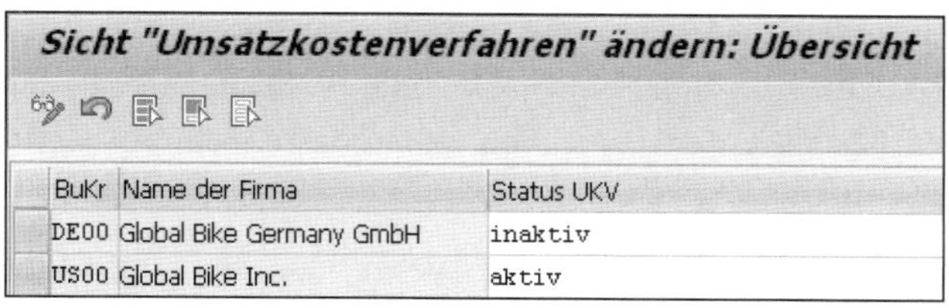
Sicht "Umsatzkostenverfahren" ändern: Übersicht

BuKr	Name der Firma	Status UKV
DE00	Global Bike Germany GmbH	inaktiv
US00	Global Bike Inc.	aktiv

Abbildung 4.52 GuV-Verfahren bei Global Bike (Transaktion SPRO)

Die Darstellung der Gewinn-und-Verlust-Rechnung im SAP-ERP-System erfolgt auf Grundlage der bereits definierten Bilanz/GuV-Struktur. Abbildung 4.53 zeigt die GuV-Struktur bei Global Bike.

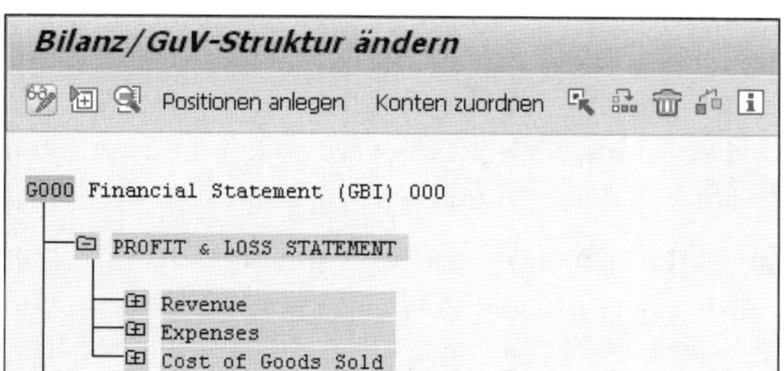

Abbildung 4.53 GuV-Struktur für Global Bike (Transaktion FSE2)

[!]

Keine UCC-Übung

Analog zur Bilanz kann an dieser Stelle keine anzeigende Übung im Global-Bike-Mandant folgen, da bis zu 1.000 Benutzer ihre Geschäftsfälle auf die Sachkonten desselben Buchungskreises buchen und die Gesamt-GuV somit wenig aussagekräftig ist.

Die Gesamtheit aller Berichte des Finanzwesens ist im SAP-ERP-System unter folgendem Pfad im Menü **SAP Easy Access** zusammengetragen: **Infosysteme • Rechnungswesen • Finanzwesen**.

4.6.2 Wesentliche Berichte des Controllings

Aufgrund der großen Anzahl von Controlling-Berichten werden lediglich Beispiele aus den drei Kategorien Saldenliste, Beleganzeige und Planungsübersicht vorgestellt.

Saldenlisten

Zu den Standardberichten zählen unter anderem *Saldenlisten* von CO-Objekten wie Kostenarten, Kostenstellen, Innenaufträgen, Prozessen oder Ergebnisobjekten. Die Berichte saldieren Buchungen einer oder mehrerer Perioden eines Geschäftsjahres. Die Buchungen können nach CO-Objekten gruppiert oder mit Ist-, Plan- und Soll-Werten verglichen werden. Folgender Bericht stellt die Ist-Buchungen aller CO-Objekte eines Buchungskreises dar und bietet den Aufriss nach Kostenart bzw. Kostenartengruppe (siehe Tabelle 4.18) an.

Transaktion	Name	Menüpfad
S_SLO_ 21000007	Kostenarten: Objekte	**Infosysteme • Rechnungswesen • Controlling • Berichte zur Kosten-/Erlösartenrechnung (neu) • Übersicht • Kostenarten: Aufriß nach Buchungskreis**

Tabelle 4.18 Bericht für Ist-Buchungssalden nach Kostenarten

Abbildung 4.54 zeigt beispielhafte Ist-Buchungen für Global Bike Inc. (Buchungskreis US00). Per Doppelklick auf die verwendeten Kostenarten in der Liste unten links können die Buchungen weiter analysiert werden.

Beleganzeige

Die *Beleganzeige* ermöglicht die Analyse von Ist- sowie Planbuchungen in Einzelbelegen. Der folgende Bericht listet CO-Belege zur Verbuchung von Ist-Kosten auf (siehe Tabelle 4.19).

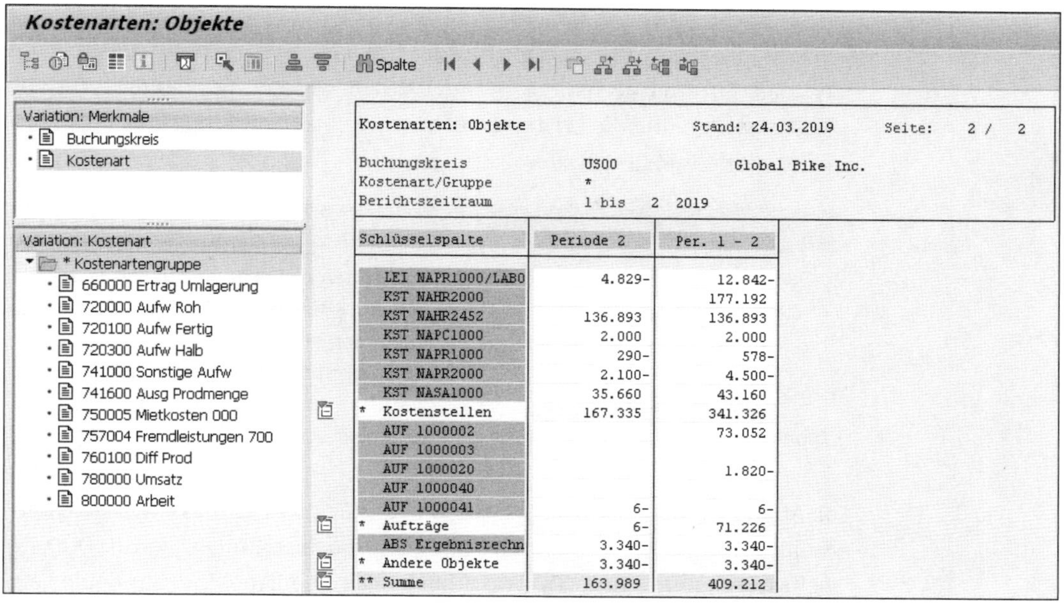

Abbildung 4.54 Ist-Buchungssalden nach Kostenarten (Transaktion S_SLO_21000007)

Transaktion	Name	Menüpfad
KSB5N	Belege Ist-Kosten anzeigen	**Infosysteme • Rechnungswesen • Controlling • Berichte zur Kosten-/Erlösartenrechnung (neu) • Beleganzeige • Kostenrechnungsbelege Istkosten Neu**

Tabelle 4.19 Bericht für Kostenrechnungsbelege zu Ist-Kosten

Das hier gewählte Beispiel (siehe Abbildung 4.55) zeigt eine Buchung von Primärkosten für einen Perfomancetest im Rahmen eines Projekts.

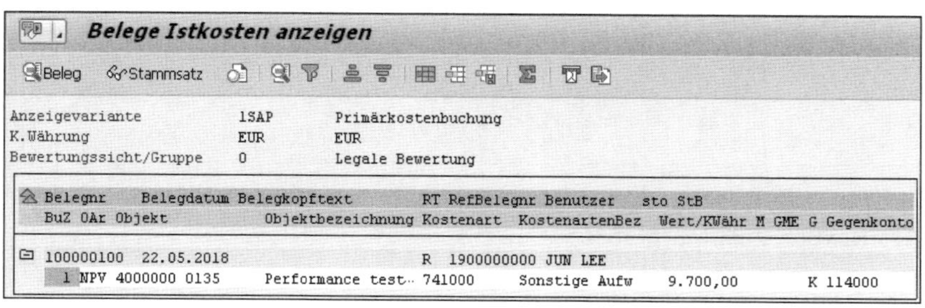

Abbildung 4.55 Kostenstellenbeleg mit Primärkostenbuchung (Transaktion KSB5N)

Planungsübersichten

Im SAP-ERP-System bieten *Planungsübersichten* einen Überblick über Planversionen sowie die Planwerte von Objekten des Gemeinkosten-Controllings. Im hier gewählten Beispielbericht werden die Planleistung von Kostenstellen und die Leistungsaufnahmen ihrer Empfängerobjekte aufgelistet (siehe Tabelle 4.20).

Transaktion	Name	Menüpfad
S_ALR_87013630	Leistungsarten: Empfänger Plan	**Infosysteme • Rechnungswesen • Controlling • Berichte zur Kostenstellenrechnung • Planungsberichte • Leistungsarten: Empfänger Plan**

Tabelle 4.20 Bericht für Empfänger von Planleistungen

In Abbildung 4.56 ist in der Spalte **Planlstg.** zu erkennen, dass für die Kostenstelle NAPM1000 (Wartung) bereits Jahresausbringungen von 10.000 Arbeitsstunden und 100.000 Wartungsstunden geplant sind. Für beide Leistungsarten sind jedoch noch keine Empfänger definiert worden – die disponierte Leistung (in Spalte **Disp. Lstg.**) ist null. Durch Doppelklick auf eine der Leistungsarten kann man in den ebenfalls häufig verwendeten Kostenstellen-Planungsbericht gelangen. Unter den Menüeinträgen **Zusätze • Dokumentation** sowie **Zusätze • Technische Info** finden sich Details zur Nutzung des Berichts, wie z. B. dessen Gruppe (hier 1VK) und dessen Nummer (hier 1LLV-002), die im folgenden Abschnitt 4.6.3 noch benötigt werden.

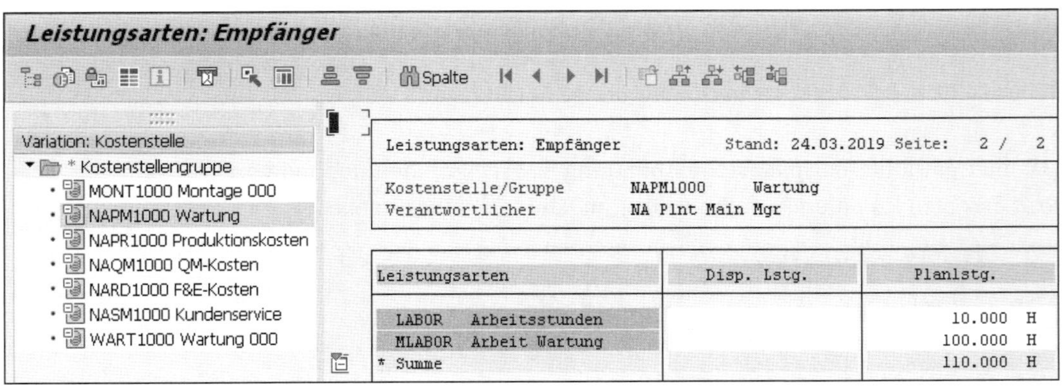

Abbildung 4.56 Planleistungen der Kostenstelle NAPM1000 (Transaktion S_ALR_87013630)

Die Gesamtheit aller Berichte des Controllings ist im SAP-ERP-System unter folgendem Pfad im SAP-Easy-Access-Menü zusammengetragen: **Infosysteme • Rechnungswesen • Controlling**.

4.6.3 Berichtswerkzeuge

Die Standardberichte des Rechnungswesens haben die Aufgabe, alle erzeugten Buchungen nach verschiedenen gesetzlichen Vorschriften oder Konzernvorgaben aufzubereiten. Darüber hinausgehenden internen oder externen Anforderungen kann durch Anpassungen vorhandener Berichte oder deren Neuerstellung entsprochen werden. Folgend werden einige Werkzeuge zur Berichtsdefinition vorgestellt.

Report Painter

Genau wie mit den in diesem Werkzeug erstellten SAP-Standardberichten können in eigenen interaktiven Berichten die Soll-, Plan- und Ist-Mengen sowie -Werte in Zeilen und Spalten dargestellt und analysiert werden. Für geringfügige Änderungen an bestehenden Berichten empfiehlt es sich, die Originalberichte als Vorlage zu verwenden und zu kopieren. Die Kopie kann dann im nächsten Schritt angepasst werden.

> **Report Painter kennenlernen**
>
> Um sich mit dem Report Painter vertraut zu machen, lassen Sie sich den im vorherigen Abschnitt verwendeten Bericht zu Leistungsempfängern (siehe Abbildung 4.56) anzeigen.

Übung: Report Painter verwenden

Jan Schmidt, der Controller der Global Bike Deutschland GmbH, hat in einem Webinar seines US-Kollegen Jamie Shamblin vom oben genannten Bericht erfahren und möchte sehen, ob er in Europa auch funktioniert. Er öffnet dazu den Report Painter und sucht in der Gruppe **1VK** nach dem Bericht **1LLV-002**.

Nutzen Sie die Transaktion GRR3 bzw. den folgenden Menüpfad zum Anzeigen eines Report-Painter-Berichts: **Infosysteme • Ad-hoc-Berichte • Report Painter • Bericht • Anzeigen**.

Finden Sie in der Berichtsbibliothek den oben genannten Bericht und lassen Sie sich diesen durch Doppelklick anzeigen. Bei einem Vergleich mit Abbildung 4.56 fällt auf, dass die Berichtstrukturen nicht identisch sind. Wie bereits erwähnt, sind in diesem Beispiel noch keine Empfänger gepflegt.

Wählen Sie in der Anwendungsfunktionsleiste das Icon (**Nächster Abschnitt**), um vom Abschnitt 0001 (**Partnerobjekte**) zum Abschnitt 0002 (**Leistungsplanung**) zu springen. Abbildung 4.57 zeigt die Berichtsstruktur.

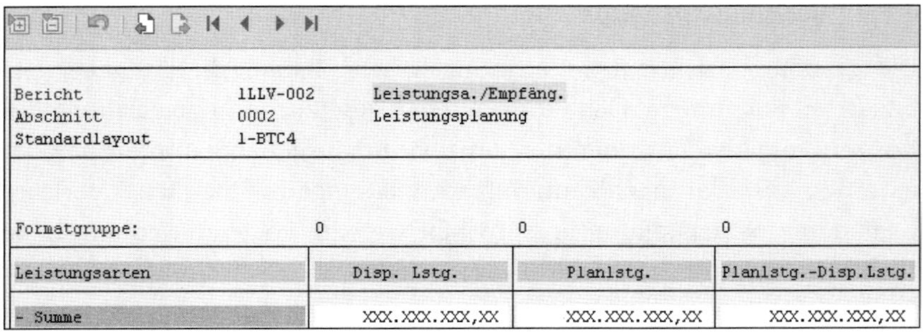

Abbildung 4.57 Struktur des Report-Painter-Berichts 1LLV-002 (Transaktion GRR3)

Führen Sie den Bericht durch Klicken auf das Icon (**Ausführen**) in der Anwendungsfunktionsleiste aus. Geben Sie als **Kostenrechnungskreis** »EU00« (Global Bike Europe), das aktuelle Geschäftsjahr, die **Perioden** »1« bis »12«, **Planversion** »0« sowie im Feld **oder Wert(e)** die Kostenstelle »EUPM1000« (EU-Wartungskosten) ein, und führen Sie den Bericht anschließend mit aus. Sie sehen, dass der Bericht in Europa ebenso funktioniert und dass dieselben Planwerte wie in den USA definiert sind (siehe Abbildung 4.58).

Abbildung 4.58 Planleistungen der Kostenstelle EUPM1000

Um in der dritten Wertspalte anstatt der absoluten Abweichung zwischen Planleistung und disponierter Leistung die relative Abweichung anzeigen zu lassen, könnte Jan Schmidt den Bericht kopieren und anschließend entsprechend anpassen.

Weitere Berichtswerkzeuge

Report Writer

Für fortgeschrittene Berichte bietet sich der *Report Writer* an. An dieser Stelle wird jedoch lediglich auf den Einstieg zum Tool sowie die entsprechende SAP-Dokumentation verwiesen: **Infosysteme • Ad-hoc-Berichte • Report Painter • Report Writer**.

QuickViewer

Bei *QuickViewer* handelt es sich um ein sehr einfaches Tool, mit dem auch Einsteiger ohne Programmierkenntnisse Berichte erstellen können. Die Berichte dieses Werkzeugs können in externen Office-Anwendungen geöffnet und weiterverarbeitet werden. Sie starten das Tool über den Menüeintrag **System • Dienste • QuickViewer** bzw. die Transaktion SQVI. Für eine detaillierte Funktionsbeschreibung sei hier ebenfalls auf die SAP-Dokumentation verwiesen.

SAP Query

Das Werkzeug *SAP Query* ist deutlich umfangreicher als der QuickViewer, da mit diesem auch eigene Datenquellen und Abfragen erstellt werden können. Außerdem kann der Zugriff über Benutzergruppen geregelt und die Textbausteine für andere Sprachen lokalisiert werden. Den Einstieg und die Dokumentation zum Werkzeug finden Sie in Transaktion SQ01 unter **Infosysteme • Ad-hoc-Berichte • SAP Query**.

4.7 Prozesse im Finanzwesen

Die in den Abschnitt 4.1 und Abschnitt 2.1 vermittelten Grundlagen reichten bis zu dieser Stelle des Kapitels und auch für die kurzen Übungen als Basiswissen aus. Die UCC-Fallstudien und Praxisfälle bedürfen im Folgenden jedoch eines tieferen Verständnisses der wesentlichen Funktionen und Prozesse im externen Rechnungswesen. Wie bereits definiert, unterscheidet man in der Komponente FI des SAP-Systems zwischen der *Hauptbuchhaltung* (engl. *General Ledger, FI-GL*) und den *Nebenbuchhaltungen*. Die bereits genannten Nebenbücher finden sich auch in SAP ERP:

- Debitorenbuchhaltung (engl. *Accounts Receivable, FI-AR*)
- Kreditorenbuchhaltung (engl. *Accounts Payable, FI-AP*)
- Anlagenbuchhaltung (engl. *Asset Accounting, FI-AA*)

Hinzu kommen unter anderem die Bankbuchhaltung (engl. *Bank Ledger, FI-BL*) und spezielle Ledger (engl. *Special Purpose Ledger, FI-SL*).

4.7.1 Hauptbuchhaltung

Die Hauptbuchhaltung in SAP ERP dient hauptsächlich der Darstellung des gesamten externen Rechnungswesens und damit aller Sachkonten. Sie garantiert durch die Erfassung aller Geschäftsvorfälle und gegebenenfalls die Abstimmung mit allen Nebenbüchern eine aktuelle und vollständige Kontenführung. Darüber hinaus werden alle relevanten Buchungen in das interne Rechnungswesen (Kosten- und Leistungsrechnung) geschrieben.

Klassisches Hauptbuch

Zu den klassischen Hauptbuchfunktionen gehören:

- Dokumentation aller Hauptbuchkontenbewegungen
- Mitbuchen aller Nebenbuchposten in die Hauptbuchhaltung
- Fortschreiben relevanter Buchungen ins Controlling
- Analyse aller Buchungen nach internen/externen Gesichtspunkten
- Darstellung der Unternehmenssituation in Berichten

Bei den Buchungen von Geschäftsvorfällen unterscheidet man zwischen:

- debitorischen und kreditorischen Rechnungen bzw. Gutschriften
- geldlichen Bewegungen
- Bestandsänderungen
- kalkulatorischen Umbuchungen
- sonstigen Geschäftsvorfällen

Neues Hauptbuch

Das sogenannte *neue Hauptbuch* (engl. *New GL*), mit dem SAP seit dem Release der SAP-ERP-Version 6.0 im Jahr 2005 das Rechnungswesen den heutigen Anforderungen angepasst hat, umfasst erweiterte Funktionen:

- vereinfachte Abbildung verschiedener Rechnungslegungsvorschriften durch parallele Wertansätze
- Echtzeitintegration von CO nach FI
- durchgängige Segmentbilanzen
- beschleunigte Abschlussarbeiten
- integriertes Material Ledger

Parallele Rechnungslegung

SAP ERP ermöglicht in einem führenden Hauptbuch (in der SAP-Standardauslieferung das *Ledger 0L*) parallele Abschlüsse nach unterschiedlichen Rechnungslegungsvorschriften, wie z. B. IAS/IFRS, US-GAAP und HGB.

Belegaufteilung

Mithilfe des zusätzlichen Feldes *Segment* in Finanzbelegen ist es nun ohne die Verwendung der Profit-Center-Rechnung möglich, FI-Belegpositionen nach frei wählbaren Dimensionen zu splitten, die sogenannte *Belegaufteilung*. Abbildung 4.59 zeigt zuerst die klassische Verbuchung einer Kreditorenrechnung.

Für eine verursachergerechte Verbuchung von Rohstoffen für die Fahrradmontage und die Entwicklungsabteilung in einer Rechnung müssen die Aufwendungen auf die in Abbildung 4.60 Segment A und B genannten Geschäftszweige aufgeteilt werden.

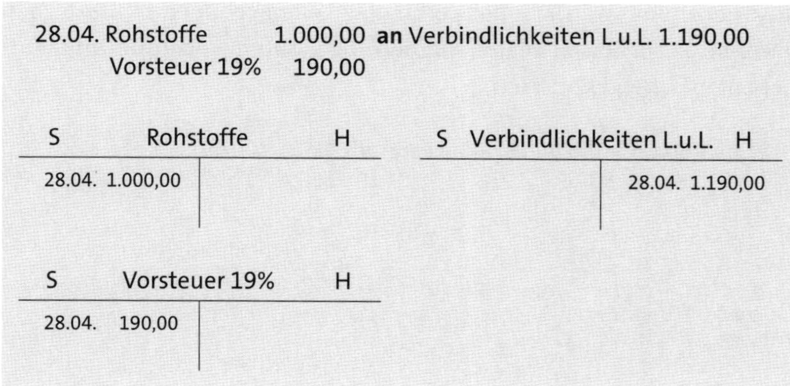

Abbildung 4.59 Klassische Verbuchung einer Kreditorenrechnung

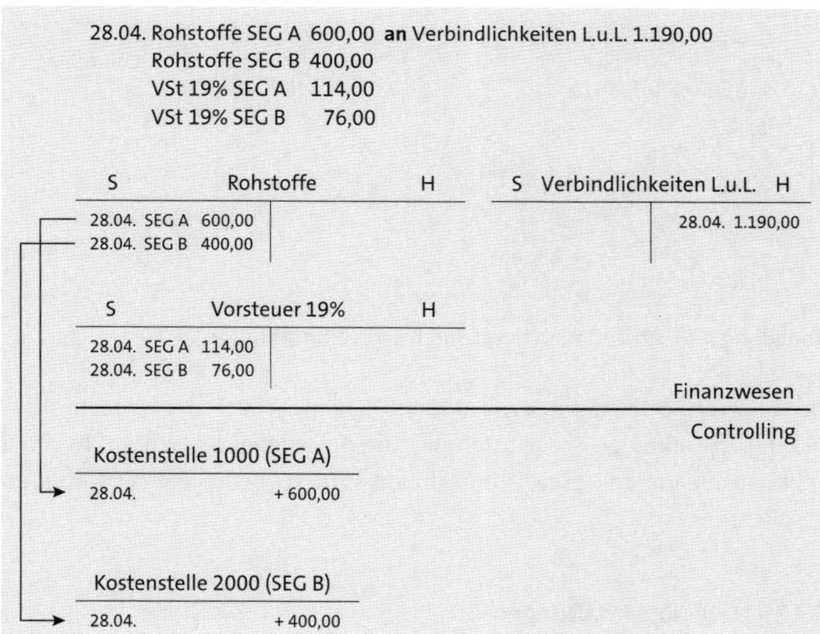

Abbildung 4.60 Belegaufteilung auf zwei Segmente

Echtzeitintegration CO/FI

Falls eine spätere Verrechnung des so gesplitteten Belegs im Controlling eine Änderung des Segments nach sich zieht, wird in Echtzeit eine Abstimmbuchung in der Finanzbuchhaltung durchgeführt. Hierbei spricht man von *Echtzeitintegration* zwischen den Komponenten CO und FI. In Abbildung 4.61 wird angenommen, dass ein Teil der Rohstoffe im Wert von 100 US$ an eine Kostenstelle verrechnet wird, die der Fahrradproduktion zuzuordnen ist. Dadurch werden nicht nur innerhalb des Controllings Werte verschoben, sondern auch Segmentpositionen in der Gewinn-und-

Verlust-Rechnung. Während die Verbindlichkeit gegenüber dem externen Kreditoren unangetastet bleibt, werden die Konten Rohstoffe und Vorsteuer entsprechend korrigiert.

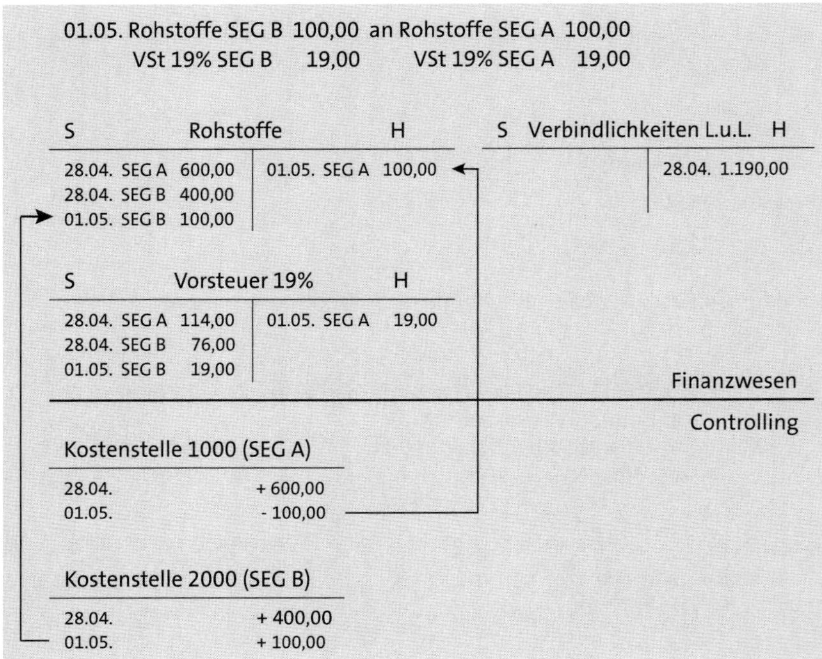

Abbildung 4.61 Abstimmbuchung durch Echtzeitintegration

Segmentbilanzen

Ein weiterer Vorteil des neuen Feldes ist die Möglichkeit der *Segmentbilanzierung*. Die ständige Belegaufteilung und die Echtzeitintegration machen Teilbilanzen für beliebige Dimensionen und zu beliebigen Zeitpunkten möglich.

4.7.2 Nebenbuchhaltungen

Debitorenbuchhaltung

Die *Debitorenbuchhaltung* stellt alle Buchhaltungsdaten von Kunden des Unternehmens dar. Für debitorische Geschäftsvorfälle wie Forderungen, Zahlungen oder Gutschriften sind die Debitorenkonten über ein spezielles Abstimmkonto mit dem Hauptbuch verknüpft.

Die Debitorenbuchhaltung unterstützt den Kundenauftragsprozess im Vertrieb durch:

- Pflegen der Buchungskreisdaten im Debitorenstammsatz
- Buchen von Debitorenrechnungen
- Buchen von Debitorengutschriften

- Buchen von Zahlungseingängen
- Ausgleich offener Posten
- Überwachen von Kundenkrediten
- Mahnwesen

Kreditorenbuchhaltung

In der *Kreditorenbuchhaltung* werden alle für Lieferanten relevanten Buchungen inklusive des Vortrags ins Hauptbuch durchgeführt.

Der Beschaffungsprozess in der Materialwirtschaft wird unterstützt durch:

- Pflegen der Buchungskreisdaten im Kreditorenstammsatz
- Buchen von Kreditorenrechnungen
- Buchen von Kreditorengutschriften
- Buchen von Zahlungsausgängen
- Ausgleich offener Posten

Anlagenbuchhaltung

Die *Anlagenbuchhaltung* bildet ein weiteres Nebenbuch des externen Rechnungswesens. Alle langlebigen Vermögensgegenstände werden von ihr erfasst und verwaltet. Zu den Hauptaufgaben gehören die Bewertung und Aktivierung von Anlagevermögen, die Buchung von Zugängen und Abgängen sowie die Ermittlung von Abschreibungen. Verschiedene ERP-Komponenten wie das Controlling, der Einkauf, die Produktion oder die Instandhaltung werden unterstützt durch:

- Pflegen der Anlagenstammdaten
- Buchen von Zugängen, Abgängen und Umbuchungen
- Ermitteln und Buchen von Abschreibungen und Zuschreibungen
- parallele Rechnungslegung in der Anlagenbuchhaltung
- Erstellen von Berichten zum Anlagevermögen

Bankbuchhaltung

Im Gegensatz zur Debitoren-, Kreditoren- und Anlagenbuchhaltung wird bei der *Bankbuchhaltung* nicht von einem Nebenbuch gesprochen. Die Hauptfunktion FI-BL dokumentiert den Mittelzufluss und -abfluss im Unternehmen und verantwortet den gesamten internen sowie externen Zahlungsverkehr. Sie verwaltet alle Bankstammdaten und bucht alle Vorgänge zu Banken und Kassen. Zu den wichtigsten Teilprozessen zählen:

- Pflegen von Bankstammdaten
- Buchen im Kassenbuch
- Verarbeiten von Kontoauszügen
- Einreichen von Wechseln und Schecks
- Erstellen von Berichten zum Bankvermögen

4.8 Prozesse im Controlling

Wie in Abschnitt 4.7 basieren die Funktionen und Prozesse des internen Rechnungswesens auf den Grundlagen, die zu Beginn dieses Kapitels gelegt wurden. Allerdings müssen auch diese vertieft werden, um den Fallstudien und Praxisfällen folgen zu können.

Die wesentlichen Haupt- und Teilfunktionen des Controllings sind im SAP-System wie folgt abgebildet:

- Gemeinkostenrechnung (engl. *Overhead Management, CO-OM*)
  - Kostenartenrechnung (engl. *Cost Element Accounting, CO-OM-CEL*)
  - Kostenstellenrechnung (engl. *Cost Center Accounting, CO-OM-CCA*)
  - Innenaufträge (engl. *Order and Project Accounting, CO-OM-OPA*)
  - Prozesskostenrechnung (engl. *Activity-Based Costing, CO-OM-ABC*)
- Produktkostenrechnung (engl. *Product Costing, CO-PC*)
  - Produktkostenplanung (engl. *Product Cost Planning, CO-PC-PCP*)
  - Kostenträgerrechnung (engl. *Cost Object Controlling, CO-PC-OBJ*)
- Ergebnisrechnung (engl. *Profitability Analysis, CO-PA*)
- Profit-Center-Rechnung (engl. *Profit Center Accounting, EC-PCA*)

Funktionen der Komponenten CO und EC

Abbildung 4.62 stellt die Hauptfunktionen der Komponenten CO und EC sowie deren Teilfunktionen grafisch dar und dient diesem Buchabschnitt als Ordnungsrahmen.

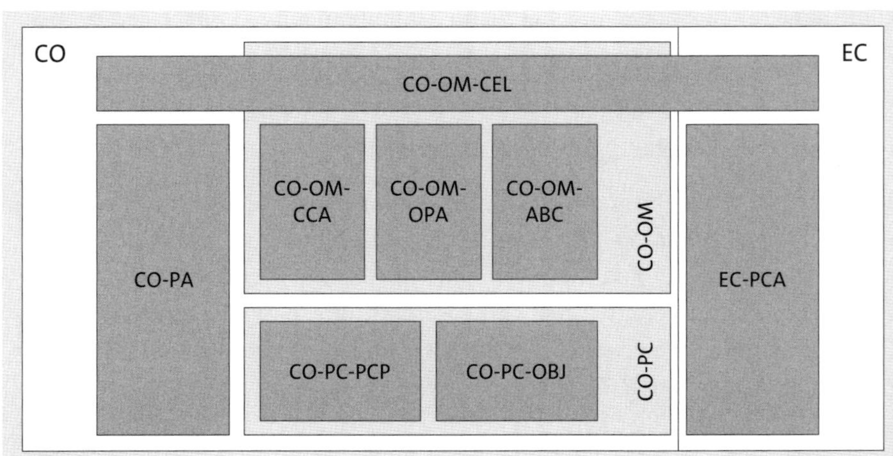

Abbildung 4.62 Haupt- und Teilfunktionen der Komponenten CO und EC (Auswahl)

Insbesondere auf die bereits mehrfach angesprochene Integration mit der Finanzbuchhaltung wird im Folgenden genauer eingegangen.

4.8.1 Gemeinkostenrechnung

Aufgaben der Gemeinkostenrechnung

Die Aufgaben der *Gemeinkostenrechnung* sind die Planung, Verrechnung, Steuerung und Überwachung von Gemeinkosten auf Sammelobjekten. Dazu zählen in SAP ERP im Wesentlichen Kostenstellen, Innenaufträge, Projekte und Prozesse.

Zu den Teilfunktionen der Gemeinkostenrechnung gehören in SAP ERP:

- Kostenartenrechnung
- Kostenstellenrechnung
- Innenaufträge
- Prozesskostenrechnung

Kostenartenrechnung

Kosten- und Erlösarten

Wie in Abschnitt 4.4.4 erläutert, weisen Kosten- bzw. Erlösarten im Controlling durch ihre Abstimmung mit den Aufwands- bzw. Ertragskonten im Finanzwesen die Art der Kosten- oder Erlösentstehung aus. Zu den primären Kostenarten zählen unter anderem Materialkosten, Personalkosten und Energiekosten. Sekundäre Kostenarten werden nur für die innerbetriebliche Leistungsverrechnung benötigt und sind daher nicht mit Sachkonten verbunden.

Abbildung 4.63 zeigt die Zuordnung von Ertragskonten zu Erlösarten und von Aufwandskonten zu primären Kostenarten. Reine Bilanzänderungen werden nicht ins Controlling fortgeschrieben. Genauso haben sekundäre Kostenarten keine Entsprechung in der Finanzbuchhaltung.

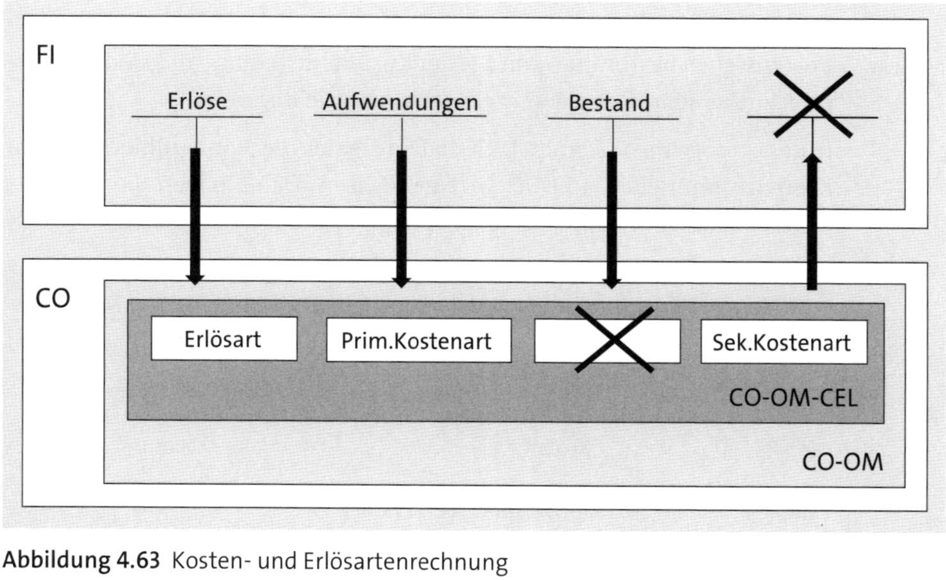

Abbildung 4.63 Kosten- und Erlösartenrechnung

Mithilfe der Übung in Abschnitt 4.4.4 konnten Sie sehen, dass bei Global Bike knapp 30 Primärkostenarten sowie einige Erlöskostenarten definiert sind. Hinzu kommen verschiedene sekundäre Kostenarten für Abrechnungen, Leistungsverrechnungen und Umlagen. Tabelle 4.21 listet einige Beispiele für Kosten- und Erlösarten bei Global Bike auf.

KArt-Nr.	KArt-Typ	KArt-Bezeichnung
600000	Erlösart (11)	Verkaufserlöse
650000	Erlösart (11)	Erlöse Kundenservice
700000	Kostenart (1)	Personalaufwand
741800	Kostenart (1)	Abschreibungen
800000	Verrechnung (43)	Arbeitsstunden
800200	Abrechnung (21)	Abrechnung Innenaufträge
800400	Verrechnung (43)	Umlage Wartung

Tabelle 4.21 Kosten- und Erlösartenbeispiele bei Global Bike

Kostenartenrechnung

Die *Kostenartenrechnung* zeigt damit zunächst, welche primären Kosten (und Erlöse) angefallen sind. Aufgrund der oben beschriebenen Echtzeitintegration zwischen Kostenrechnung und Finanzbuchhaltung reichen die Auswirkungen der Kostenartenrechnung über das Gemeinkosten-Controlling hinaus.

Kostenstellenrechnung

Kostenstellen

Kostenstellen bestimmen den Ort der Kostenentstehung und sind an Organisationseinheiten des Unternehmens ausgerichtet.

In der Übung von Abschnitt 4.4.10 haben Sie sich die Standardhierarchie für Kostenrechnungskreis EU00 anzeigen lassen. Dabei haben Sie auch die Kostenstellen und Kostenstellengruppen aus Tabelle 4.22 gesehen.

KSt-Nr.	KSt-Typ	KSt-Bezeichnung
E4000	Kostenstellengruppe	Betrieb
E4200	Kostenstellengruppe	Produktion
EUPR1000	Kostenstelle	Produktionskosten

Tabelle 4.22 Kostenstellenbeispiele bei Global Bike

KSt-Nr.	KSt-Typ	KSt-Bezeichnung
EUPR2000	Kostenstelle	Ausschuss
E4300	Kostenstellengruppe	Wartung
800200	Kostenstelle	Wartungskosten

Tabelle 4.22 Kostenstellenbeispiele bei Global Bike (Forts.)

Kostenstellenrechnung

Die *Kostenstellenrechnung* zeigt somit auf, wo im Unternehmen welche Kosten entstanden sind, und ordnet sie diesen Abteilungen zu. Dies bildet wiederum die Grundlage für spätere Prozesse der Kostenrechnung, z. B. der Kostenträgerrechnung. Außerdem werden gesammelte Kosten mit diversen Rechnungsverfahren auf andere Controlling-Objekte verrechnet.

Kostenumlageverfahren

Mit dem *Kostenumlageverfahren* erfolgt eine pauschalisierte Verrechnung von Gemeinkosten auf Kostenempfänger mithilfe bestimmter Schlüssel, sogenannter Zuschlagssätze. Die Schlüssel können Mengengrößen (z. B. Betriebsstunden nach Anzahl, Fläche oder Gewicht) oder Wertgrößen (z. B. Löhne oder Fertigungskosten) sein. Das Umlageverfahren ist sowohl im Ist (Vergangenheit) als auch im Plan (Zukunft) auf Vollkostenbasis anwendbar. Ein klassisches Beispiel ist die Umlage von Kantinenkosten an andere Abteilungen auf Basis der Mitarbeiteranzahl in diesen Abteilungen.

Gemeinkostenzuschlagsrechnung

Die *Gemeinkostenzuschlagsrechnung* ist dem Kostenumlageverfahren sehr ähnlich. Auch hier werden fixe und proportionale Kosten nicht getrennt betrachtet. Einzige Ausnahme stellen Lohnkosten dar, die zur direkten Leistungsbewertung aus dem Arbeitsplan ermittelt werden (Stundensatz x Vorgangsdauer). Alle anderen Gemeinkosten werden über Zuschläge aus deren Verhältnis zu den Einzelkosten auf Kostenempfänger umgewälzt.

Plankostenrechnung

Dem Namen nach dient die *Plankostenrechnung* der Betrachtung von Kosten und Leistungen mit zukünftigem Zeitbezug. Besondere Bedeutung hat dieses Verfahren durch den möglichen Vergleich mit den Ist-Kosten. Bei der *starren* Plankostenrechnung wird die Planleistungsmenge mit den Plankosten multipliziert und der Ist-Menge mal Ist-Kosten gegenübergestellt, egal, ob beide Mengen voneinander abweichen. Zur Vermeidung dieser Ungenauigkeiten werden bei der *flexiblen* Variante des Verfahrens die voraussichtlich anfallenden Soll-Kosten zu verschiedenen Soll-Mengen errechnet. Auf diese Weise erstellte Soll-Ist-Vergleiche sind deutlich aussagekräftiger als klassische Plan-Ist-Vergleiche.

Grenzplankostenrechnung

Die *Grenzplankostenrechnung* orientiert sich an den Mehrkosten für die Fertigung jeweils einer zusätzlichen Mengeneinheit des Produkts (*Grenz-*

kosten). Die Grenzplankostenrechnung entspricht somit der flexiblen Plankostenrechnung, allerdings auf Teilkostenbasis und damit im ersten Schritt nur für variable Kosten. So lassen sich die Grenzkosten für zukünftige Perioden im Voraus ermitteln, die bei der Preisfindung kurzfristig als Untergrenzen verwendet werden können.

Deckungsbeitragsrechnung

Bei der Errechnung des Deckungsbeitrags werden den Umsatzerlösen die Kosten gegenübergestellt. Bei der *einfachen Deckungsbeitragsrechnung* werden lediglich die variablen Kosten abgezogen. Der Deckungsbeitrag soll dem Namen nach helfen, die fixen Kosten möglichst vollständig zu decken. Die Differenz zwischen Deckungsbeitrag und Fixkosten ergibt ein positives oder negatives Betriebsergebnis (siehe Abbildung 4.64). Der Deckungsbeitrag und das Betriebsergebnis können pro jeweiligem Betrachtungszeitraum für die Ebenen Einzelstück, Einzelverkaufsmenge, Gesamtverkaufsmenge, Produktgruppe, Kostenstelle, Firmenbereich und Gesamtunternehmen ermittelt werden. Die Übung in Abschnitt 4.5.2 verdeutlichte den Deckungsbeitrag eines Kundenauftrags als Differenz der Umsatzerlöse (3.000 US$) und der variablen Herstellkosten (1.400 US$). Die resultierenden 1.600 US$ sollten nach Abzug aller Fixkosten zu einem positiven Ergebnis (Gewinn) führen.

	Bruttoumsatzerlöse
./.	Erlösschmälerungen
=	**Nettoumsatzerlöse**
./.	variable Kosten
=	**Deckungsbeitrag**
./.	fixe Kosten
=	**Betriebsergebnis**

Abbildung 4.64 Einfache Deckungsbeitragsrechnung

Dieselben hierarchischen Stufen werden in der *mehrstufigen Deckungsbeitragsrechnung* verwendet, um für bestimmte Ebenen zuzuordnende Fixkosten schrittweise zu betrachten. Abbildung 4.65 zeigt die Standardformel zur Ermittlung. Beim oben verwendeten Beispiel des Verkaufs von Fahrrädern wären Entwicklungskosten produktfixe oder produktgruppenfixe Kosten. Verwaltungskosten werden meist den bereichsfixen Kosten zugeordnet.

Nachdem wesentliche Verrechnungsverfahren der Kostenstellenrechnung vorgestellt wurden, folgen mit den Innenaufträgen und Prozessen zwei besondere Controlling-Objekte in SAP ERP.

	Nettoumsatzerlöse
./.	variable Kosten
=	**Deckungsbeitrag 1**
./.	produktfixe Kosten
=	**Deckungsbeitrag 2**
./.	produktgruppenfixe Kosten
=	**Deckungsbeitrag 3**
./.	kostenstellenfixe Kosten
=	**Deckungsbeitrag 4**
./.	bereichsfixe Kosten
=	**Deckungsbeitrag 5**
./.	unternehmensfixe Kosten
=	**Betriebsergebnis**

Abbildung 4.65 Mehrstufige Deckungsbeitragsrechnung

Innenaufträge

Innenauftragsarten

Innenaufträge sind im Gegensatz zu Kostenstellen temporär begrenzte Kostensammler, die nicht in die Unternehmensstruktur eingegliedert sind. Sie können geplant werden, über ein Budget verfügen und Erlöse tragen. Man unterscheidet in SAP ERP vier verschiedene Innenauftragsarten:

- Gemeinkostenauftrag
- Investitionsauftrag
- Abgrenzungsauftrag
- Innenaufträge mit Erlösen

Gemeinkostenaufträge können für ungeplante Instandhaltungsaufgaben oder Werbekampagnen verwendet werden. *Investitionsaufträge* werden für den Aufbau oder eine Erweiterung einer Anlage genutzt. Einmalige Kosten, wie z. B. Weihnachtsgeld, werden periodengerecht mit *Abgrenzungsaufträgen* verteilt. Die Möglichkeit von Erlösbuchungen ist bei *Innenaufträgen mit Erlösen* gegeben.

Alle innerhalb einer Periode auf einem Innenauftrag angefallenen Kosten und Erlöse werden zum Periodenende auf ein Kontierungsobjekt wie eine Kostenstelle oder eine Anlage fortgeschrieben.

Prozesskostenrechnung

Als Weiterentwicklung der Gemeinkostenzuschlagsrechnung ermöglicht die *Prozesskostenrechnung* eine bessere Verrechnung von Gemeinkosten. Sie löst das Dilemma der Berechnung von Zuschlägen auf der Basis von Einzelkosten durch die Definition von Prozessen. Dadurch strebt man eine funktionsübergreifende Kostenrechnung an, bei der an einem Vorgang mehrere Kostenstellen beteiligt sein können. Es wird unterstellt, dass die Durchlaufhäufigkeit dieser Standardprozesse genauer ist als die Proportion der Gemeinkosten zu den Einzelkosten je Produkt. So werden nicht die Kosten einzelner Abteilungen, sondern Firmenbereiche oder das gesamte Unternehmen optimiert.

4.8.2 Produktkostenrechnung

Die *Produktkostenrechnung* bzw. das Produktkosten-Controlling ist für die Ermittlung aller Kosten von Halbfabrikaten und Endprodukten zuständig. Die Produktkosten bestehen dabei aus den Kosten für den Materialeinsatz sowie die Kosten für die Leistungen, wie z. B. Personal oder Strom. Sie können im Ist, Soll und Plan ermittelt werden.

Plan-Ist- und Soll-Ist-Vergleich

Durch *Plan-Ist-* bzw. *Soll-Ist-Vergleiche* kann das tatsächliche (Ist) mit dem geplanten Ergebnis (Plan/Soll) abgeglichen werden.

Die Teilfunktionen der Produktkostenrechnung in SAP ERP sind:

- Produktkostenplanung
- Kostenträgerrechnung

Während die *Produktkostenplanung* zukünftige Plan- und Soll-Kosten errechnet, erfasst die *Kostenträgerrechnung* die Ist-Produktionskosten.

Produktkostenplanung

Die *Produktkostenplanung* als Teilfunktion der Produktkostenrechnung führt eine auftragsneutrale Kostenplanung durch. Für Halbfabrikate und Fertigerzeugnisse werden Materialkalkulationen durchgeführt, die wiederum von anderen Komponenten verwendet werden, z. B. vom Vertrieb bei der Erstellung von Angeboten.

Berechnung der Materialkosten

Für die Berechnung der *Materialkosten* werden die Stücklisten (aus der Komponente PP) und die Preise der benötigten Komponenten herangezogen. Die im Materialstamm hinterlegten Materialpreise werden mit der Einsatzmenge multipliziert.

Berechnung der Fertigungskosten

Zur Ermittlung der *Fertigungskosten* sind Arbeitspläne und Kostensätze (Tarife) für definierte Produktionsaufgaben (Leistungsarten) notwendig. Ein in der Komponente PP angelegter *Arbeitsplan* definiert, von welchem *Arbeitsplatz* welche Art von Leistung wie lange erbracht wird. Jedem Arbeitsplatz ist wiederum eine *Kostenstelle* zugewiesen. Für jede auf einer

Kostenstelle erbringbare Leistungsart kann ein Tarif ermittelt und hinterlegt werden. Die Summe der jeweiligen Einsatzzeiten multipliziert mit den hinterlegten Tarifen ergibt die Fertigungskosten des Produkts.

Außerdem verantwortet die Produktkostenplanung die Ermittlung und die Fortschreibung von Preisen für Materialien und Kostenrechnungsobjekte. Im Folgenden werden die Prozesse der Produktkostenplanung vorgestellt.

Materialkalkulation mit Mengengerüst

Die *Materialkalkulation mit Mengengerüst* fasst für ein Material unter Verwendung der Stückliste und des Arbeitsplans den Materialverbrauch und die Eigenleistungen in einer Erzeugniskalkulation zusammen.

Nach der maschinellen Durchführung des Kalkulationslaufs können die Ergebnisse in verschiedenen Berichten analysiert werden.

Materialkalkulation ohne Mengengerüst

Falls für Materialien noch keine Mengengerüste, also keine Stücklisten und Arbeitspläne, vorhanden sind, kann eine manuelle Einzelkalkulation erstellt werden, also eine Materialkalkulation *ohne Mengengerüst*. Das Mengengerüst wird händisch aus Einzelkosten sowie Gemeinkosten für alle Rohstoffe, Eigenleistungen und Fremdleistungen aufgebaut.

Preisfortschreibung

Nach dem erfolgreichen Sichern einer Materialkalkulation (mit oder ohne Mengengerüst) können die Ergebnisse in verschiedenste Preisfelder im Materialstammsatz fortgeschrieben werden (*Preisfortschreibung*). Der Prozess der Preisfortschreibung besteht dabei aus zwei Schritten: der Preisvormerkung und der Preisfreigabe.

Bei der *Preisvormerkung* wird der in der Materialkalkulation ermittelte Preis als zukünftiger Standardpreis für das Material übernommen. Die *Preisfreigabe* überschreibt nicht nur den aktuellen Standardpreis, sondern führt auch zu einer Umbewertung der Materialbestände im externen Rechnungswesen. Danach kann für diese Periode und dieses Material keine Kalkulation mehr angelegt und der Standardpreis nicht mehr auf diese Weise verändert werden.

Bei sehr großen Preisschwankungen innerhalb der Periode kann der Standardpreis mit der in Tabelle 4.23 angegebenen Transaktion jedoch auch manuell geändert werden.

Transaktion	Name	Menüpfad
MR21	Preisänderung	**Logistik • Materialwirtschaft • Bewertung • Materialpreisänderung • Materialpreise ändern**

Tabelle 4.23 Transaktion zur manuellen Preisänderung

Musterkalkulation *Musterkalkulationen* werden verwendet, wenn neben Mengengerüsten noch keine Materialstammsätze existieren. So können neue Produkte und Dienstleistungen bereits in der Planungsphase manuell kalkuliert werden. Wie bei der Materialkalkulation ohne Mengengerüst wird händisch eine Einzelkalkulation durchgeführt.

Simulationskalkulation Mithilfe einer *Simulationskalkulation* werden alternative Parameter an einer bestehenden Materialkalkulation getestet, ohne Originalergebnisse zu beeinflussen. Tabelle 4.24 listet alle Transaktionen zur Pflege von Muster- und Simulationskalkulationen im SAP-System auf.

Transaktion	Name	Menüpfad
KKE1	Musterkalkulation anlegen	**Rechnungswesen • Controlling • Produktkosten-Controlling • Produktkostenplanung • Muster- und Simulationskalkulation • Musterkalkulation anlegen**
KKE2	Musterkalkulation ändern	**Rechnungswesen • Controlling • Produktkosten-Controlling • Produktkostenplanung • Muster- und Simulationskalkulation • Musterkalkulation ändern**
KKE3	Musterkalkulation anzeigen	**Rechnungswesen • Controlling • Produktkosten-Controlling • Produktkostenplanung • Muster- und Simulationskalkulation • Musterkalkulation anzeigen**

Tabelle 4.24 Transaktionen zur Pflege von Muster- und Simulationskalkulationen

Easy Cost Planning Das *Easy Cost Planning* ist ein Werkzeug für die vereinfachte Ermittlung von geplanten Kosten für Innenaufträge oder Projekte durch mehrere Planer. Des Weiteren können Sie die sogenannte *Ad-hoc-Kalkulation* verwenden, um Planungsvorhaben zu kalkulieren, ohne das zu planende Objekt bereits im SAP-ERP-System anlegen zu müssen. Tabelle 4.25 nennt die Transaktionsdetails zur Pflege von Ad-hoc-Kalkulationen.

Transaktion	Name	Menüpfad
CKECP	Ad-hoc-Kalkulation	**Rechnungswesen • Controlling • Produktkosten-Controlling • Produktkostenplanung • Easy Cost Planning & Execution Services • Ad-hoc-Kalkulation bearbeiten**

Tabelle 4.25 Transaktion zur Pflege von Ad-hoc-Kalkulationen

Kostenträgerrechnung

Kostenträger

Ziel der Zurechnung von Einzelkosten aus der Kostenartenrechnung sowie der Verrechnung von Gemeinkosten aus der Kostenstellenrechnung bzw. aus Innenaufträgen oder Geschäftsprozessen sind die Kostenträger (siehe Abbildung 4.66).

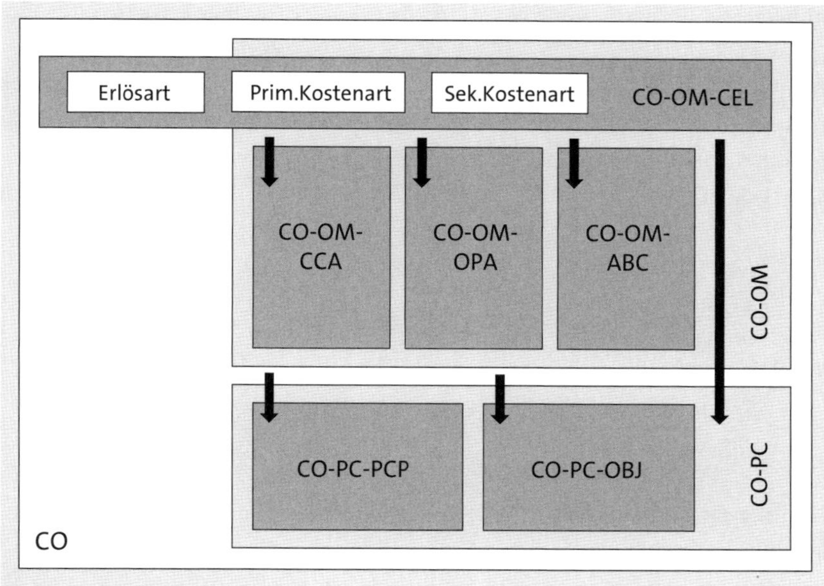

Abbildung 4.66 Zurechnung von Einzel- und Gemeinkosten auf Kostenträger

Kostenträgerrechnung

In der *Kostenträgerrechnung* werden tatsächliche Produktionskosten ermittelt. Das Ergebnis der Kostenträgerrechnung ergibt sich aus der Differenz zwischen Umsatzerlösen und Selbstkosten. In SAP ERP unterscheidet man zwischen der *auftragsbezogenen* und der *periodischen* Kostenträgerrechnung. Erstere ist bei Einzelfertigung und letztere bei Serienfertigung vorgegeben.

Herstellkosten

Bei den *Herstellkosten* wird zwischen Materialeinzel- (Kosten für Roh-, Hilfsstoffe) und Materialgemeinkosten (Kosten für Einkauf, Lager) sowie zwischen Fertigungseinzel- (Löhne) und Fertigungsgemeinkosten (Kosten für Betriebsstoffe) unterschieden. Hinzu kommen die Fertigungssondereinzelkosten, wie z. B. Lizenzen oder Maschinen für genau dieses eine Produkt (siehe Abbildung 4.67).

Selbstkosten

Rechnet man zu den Herstellkosten zusätzlich die Vertriebs- und Verwaltungsgemeinkosten hinzu, erhält man die *Selbstkosten*.

			Fertigungseinzelkosten
	Materialeinzelkosten	+	Fertigungssondereinzelkosten
+	Materialgemeinkosten	+	Fertigungsgemeinkosten
=	**Materialkosten**	=	**Fertigungskosten**

Abbildung 4.67 Berechnung der Materialkosten und Fertigungskosten

Ergebnis

Zieht man die Selbstkosten eines Produkts von seinen Umsatzerlösen einer Periode ab, erhält man das *Kostenträgerergebnis*, das angibt, ob und wie rentabel das Produkt ist (siehe Abbildung 4.68). Oft wird es als nomineller Wert oder als Umsatzrendite (Ergebnis/Nettoerlöse) prozentual angegeben.

	Materialkosten		
+	Fertigungskosten		
=	**Herstellkosten**		
+	Verwaltungsgemeinkosten		Nettoumsatzerlöse
+	Vertriebsgemeinkosten	-	Selbstkosten
=	**Selbstkosten**	=	**Ergebnis der KTR**

Abbildung 4.68 Berechnung der Selbstkosten und des Ergebnisses der Kostenträgerrechnung

4.8.3 Ergebnisrechnung

Funktionen und Prozesse des Ergebnis-Controllings sind in SAP ERP in zwei Komponenten abgebildet, der *Ergebnis-* und *Marktsegmentrechnung* und der *Profit-Center-Rechnung*.

Während die Profit-Center-Rechnung Betriebsergebnisse für interne Verantwortungsbereiche, z. B. Produktlinien, Abteilungen oder Standorte, ermittelt, ermöglicht die Ergebnisrechnung eine nach außen gerichtete Analyse von Umsätzen und Deckungsbeiträgen nach Marktsegmenten wie Produkten, Kunden oder Aufträgen bzw. nach Organisationseinheiten des Finanzwesens wie Buchungskreis oder Geschäftsbereich. Obwohl beide Komponenten das Ergebnis periodenbezogen jeweils nach dem Umsatzkosten- oder dem Gesamtkostenverfahren darstellen können, kommt in der Ergebnisrechnung wegen seiner Nähe zum Controlling meist das Umsatzkostenverfahren und in der Profit-Center-Rechnung oft das Gesamtkostenverfahren zum Einsatz (siehe Abschnitt 4.6.1).

Die Ergebnis- und Marktsegmentrechnung unterstützt zwei Formen der Ergebnisrechnung: die *buchhalterische* Ergebnisrechnung und die *kalkulatorische* Ergebnisrechnung.

Buchhalterische Ergebnisrechnung

Die buchhalterische Ergebnisrechnung orientiert sich an der Sachkontenstruktur des externen Rechnungswesens. Durch die Verwendung von Kosten- und Erlösarten ist der Ergebnisbericht mittels zweier Belege ständig mit der Finanzbuchhaltung abgestimmt. Zum einen ist dies die Faktura mit den Bruttoerlösen und eventuellen Erlösschmälerungen. Zum anderen enthält der Warenausgangsbeleg zwar die Kosten des Umsatzes (Gesamtkosten), aber ohne detaillierten Kostennachweis und ohne Differenzierung nach variablen und fixen Kosten. Da Erlöse und Kosten so nur auf Unternehmensebene gegenübergestellt werden können, ist keine Deckungsbeitragsrechnung möglich.

Kalkulatorische Ergebnisrechnung

Die kalkulatorische Ergebnisrechnung umgeht dieses Problem durch die Buchung eines einzigen Belegs. Dieser enthält neben den Umsatzerlösen und Erlösschmälerungen alle Herstellkostenbestandteile nebst Aufteilung in fixe und variable Kosten. Anstelle von Kosten- und Erlösarten werden Merkmale und Wertfelder definiert.

Merkmale

Neben bereits vorhandenen *Merkmalen* wie Kunde, Produkt oder Verkaufsorganisation können kundenspezifische Marktmerkmale angelegt werden. All diese Merkmale dienen in Ergebnisberichten als Selektionskriterien. Aus der Kombination von Merkmalen ergeben sich mehrdimensionale *Ergebnisobjekte*, für die Erlöse Kosten gegenübergestellt werden können.

Wertfelder

Wertfelder finden nur in der kalkulatorischen Ergebnisrechnung Verwendung. In den Feldern werden entweder Währungsbeträge (*Betragsfelder*) oder Mengen (*Mengenfelder*) abgelegt. Im Gegensatz zur festen Zuordnung zu Kosten- und Erlösarten bei der buchhalterischen Ergebnisrechnung werden bei der kalkulatorischen Ergebnisrechnung Einzelwerte oder eigene Kennzahlen auf Kosten- und Erlösstrukturen abgebildet.

Beim Umsatzkostenverfahren in der kalkulatorischen Ergebnisrechnung besteht die Möglichkeit der Berechnung von kalkulatorischen Werten für:

- Provisionen (z. B. 3 % der Nettoerlöse)
- Umsatzkosten (Verkaufsmenge x Standardherstellkosten)
- Vertriebssondereinzelkosten für Verpackung oder Transport

Beide Ergebnisrechnungsverfahren tragen im Unternehmen auf ihre Weise zur Harmonisierung der GuV im externen Rechnungswesen mit dem Betriebsergebnis im internen Rechnungswesen bei.

4.8.4 Profit-Center-Rechnung

Transferpreise

Die Analyse der Kosten und Erlöse eines Profit Centers basiert nicht auf Wertfeldern wie in der kalkulatorischen Ergebnisrechnung, sondern wieder auf Kosten- und Erlösarten. Der Unterschied und der Mehrwert der Profit-Center-Rechnung zur Kostenstellenrechnung bestehen in der Verrechnung von firmeninternen Leistungen zu *Transferpreisen*. Sie machen aus kostenverantwortlichen Stellen (engl. *Cost Center*) gewinnverantwortliche Stellen (engl. *Profit Center*). Profit Center können allen ergebnisrelevanten Stammdaten, wie z. B. Materialien, Kostenstellen, Innenaufträgen, Projekten, Anlagen, allen Arten von Aufträgen sowie Ergebnisobjekten, zugeordnet werden.

Segmentberichte

Ein wesentlicher Zweck der Profit-Center-Rechnung ist die Erzeugung von Segmentberichten. Hier ist zu beachten, dass es sich nicht wie im CO-PA um externe Marktsegmente handelt, sondern um Segmente aus dem Finanzwesen, z. B. Geschäftsbereiche. Über die klassischen Tätigkeiten hinaus bilden Segmente produktbezogene, regionale oder funktionale Aspekte ab. So wären bei Global-Bike-Segmente für Touring Bikes, den Standort Heidelberg oder das Verkaufsbüro in Hamburg denkbar.

Investment Center

Darüber hinaus können einem Profit Center auch Bilanzpositionen wie das Anlagevermögen, Forderungen oder Verbindlichkeiten zugeordnet werden, um so gebundenes Vermögen auszuweisen. Das macht sie zu *Investment Centern*, für die klassische Controlling-Kennzahlen wie Return on Investment (ROI) oder Umsatzrendite ermittelt werden können.

4.9 UCC-Fallstudien

In diesem Abschnitt werden die Funktionen der Finanzbuchhaltung und des Controllings nicht einzeln, sondern im Prozesszusammenhang betrachtet. In insgesamt drei Fallstudien des SAP UCC Magdeburg werden folgende Funktionen im Detail vorgestellt:

- Kreditorenbuchhaltung (FI-AR)
- Kostenstellenrechnung (CO-CCA)
- Produktkostenplanung (CO-PC)

Bevor die Zusammenhänge der einzelnen Prozessschritte und die Effekte der drei Fallstudien in Abschnitt 4.9.1 bis Abschnitt 4.9.3 im Detail erläutert werden, ist es notwendig, dass Sie die UCC-Fallstudien zu den Komponenten FI und CO vollständig bearbeiten. Sie erhalten die Fallstudien auf *http://www.sap-press.de/4640*, **Materialien zum Buch**.

[!]

Ihre persönliche LEARN-Nummer

Beachten Sie auch (wie immer), dass Sie in den nachfolgenden Abschnitten stets die drei Hashtags ### durch Ihre persönliche LEARN-Nummer ersetzen. Das Gleiche gilt für die in den Screenshots verwendete Nummer 000, die die LEARN-Nummer des Demobenutzers kennzeichnet. Entsprechend ist diese Nummer ebenfalls durch Ihre persönliche LEARN-Nummer zu ersetzen.

4.9.1 UCC-Fallstudie: Kreditorenbuchhaltung

Diese UCC-Fallstudie verwendet ausschließlich Funktionen der Finanzbuchhaltung. Sie beschreibt wesentliche Aufgaben in der Kreditorenbuchhaltung und beschäftigt sich folglich mit der Abwicklung finanzrelevanter Geschäftsvorfälle mit Lieferanten. Prozessschritte der Materialwirtschaft (Komponente MM) werden in dieser Fallstudie bewusst ausgeblendet.

Szenario

Global Bike hat ein neues Geschäftsgebäude ausgewählt und will dieses vom Immobilienunternehmen Cardinal Properties anmieten. Dafür sind im Finanzwesen zunächst diverse Stammdaten und im Laufe des Prozesses Bewegungsdaten anzulegen.

Prozessübersicht

Stammdaten

Der Gesamtprozess bestand aus 14 Schritten. Während der ersten fünf Schritte legten Sie im Buchungskreis US00 folgende Stammdaten an:

- **Sachkonto 10###5**
  Bestandskonto für neues Bankkonto ### als Kopie des Sachkontos 100000 (Bank)
- **Sachkonto 39###5**
  Abstimmkonto für sonstige Verbindlichkeiten ### als Kopie des Sachkontos 300000 (Verbindlichkeiten)
- **Sachkonto 75###5**
  Aufwandskonto für Mietaufwendungen ### als Kopie des Sachkontos 740300
- **Kostenart 75###5**
  primäre Kostenart für Mietkosten ### als Kopie der Kostenart 740300
- **Kreditor ######**
  Stammsatz für Vermieter Cardinal Properties ### als Kopie des Kreditors 105###

Von Ihrem neuen Bankkonto (Sachkonto 10###5) haben Sie später Ihren neuen Vermieter bezahlt. Die Anlage des neuen Abstimmkontos 39###5 schaffte neben dem bestehenden Abstimmkonto 300000 eine zweite Gruppe von Kreditorenkonten, der momentan nur Ihr Vermieter Cardinal Properties zugeordnet ist.

Sichten des Lieferantenstammsatzes

Für diesen Lieferantenstammsatz wurden zunächst nur die für die Finanzbuchhaltung notwendigen Sichten, also die Buchungskreisdaten, gepflegt. Dazu haben Sie die Transaktion FK01 verwendet. Falls der Lieferant später in der Komponente MM für den Einkauf verwendet werden soll, müssten alle relevanten Einkaufsorganisationsdaten mit den Transaktionen VK01 oder XK01 noch angelegt werden.

Automatische Fortschreibung von Aufwendungen

Hier noch einmal der Hinweis auf den Zusammenhang zwischen Aufwandskonten in der Komponente FI und primären Kostenarten der Komponente CO. Für die automatische Fortschreibung von Aufwendungen – hier für die Miete – in die Kostenrechnung wird in SAP ERP eine primäre Kostenart mit identischer Nummer angelegt (hier 75###5). Da Mietkosten je nach Geschäftsvorfall auf verschiedene Controlling-Objekte gebucht werden können, wurden bei der Anlage der Kostenart die Felder **Kostenstelle** und **Auftrag** auf der Registerkarte **Vorschlagskontierung** leer gelassen (siehe Abbildung 4.69).

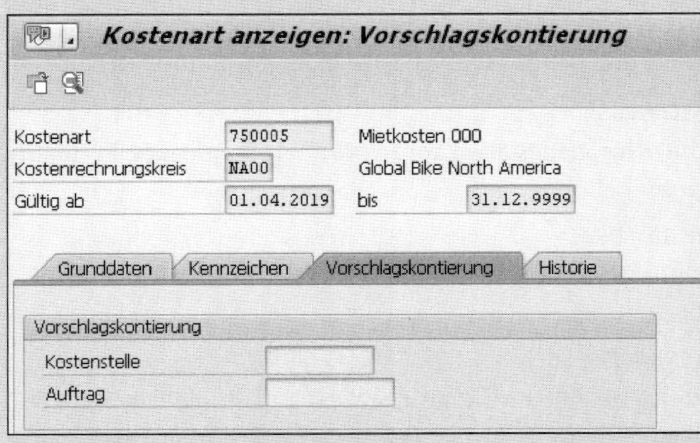

Abbildung 4.69 Vorschlagswerte zur Kontierung von Kostenart 75###5 (Transaktion KA03)

Prozessbearbeitung

In den verbleibenden Schritten der Fallstudie verbuchten Sie Geldmittel von einem zum anderen Bankkonto, erfassten eine Kreditorenrechnung und beglichen diese abschließend. Parallel dazu verwendeten Sie verschiedene Anzeigetransaktionen, um sich von den Auswirkungen der Buchungen zu überzeugen. Die folgende Rekapitulation setzt genau dort an und erläutert den Belegfluss sowie die Integration ins Finanzwesen im Detail.

Belegfluss

Banküberweisung

Abbildung 4.70 illustriert den Buchungssatz aus Fallstudienschritt 6. Sie sehen, dass Geldmittel mit einem Betrag von 5.000 US$ von Ihrem Standardbankkonto 100000 auf Ihr neues Bankkonto 10###5 übertragen wurden. Die Soll-Buchung erkennen Sie an einer Mehrung Ihres neuen Bankkontos »Bank ###« und die Haben-Buchung an einer Minderung beim Standardbankkonto »Bank«.

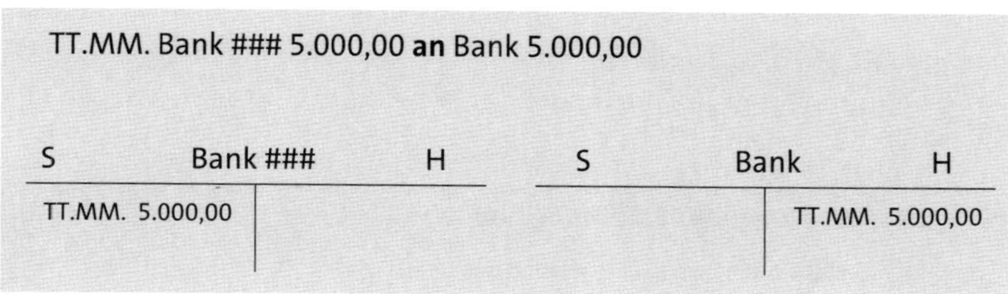

Abbildung 4.70 Buchungssatz für Banküberweisung

Finanzbeleg

Abbildung 4.71 zeigt noch einmal den Finanzbeleg mithilfe der Transaktion FB03.

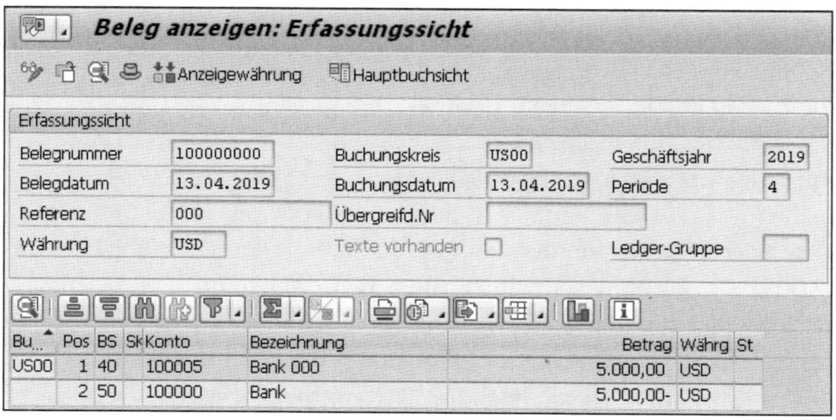

Abbildung 4.71 Buchungssatz im SAP-System (Transaktion FB03)

Kreditorenrechnung

Abbildung 4.72 illustriert die in Schritt 8 angelegte Rechnung Ihres Vermieters. Zu erkennen ist die Soll-Buchung des Mietaufwandskontos (Aufwand) und die Haben-Buchung des Nebenbuchkontos für den Kreditor Cardinal Properties (Mehrung Passivkonto).

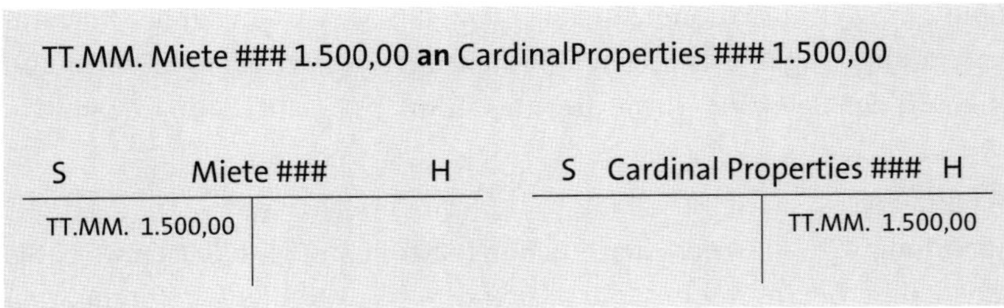

Abbildung 4.72 Buchungssatz für Kreditorenrechnung

Saldenanzeige Im resultierenden Buchungssatz in SAP-Notation sehen Sie die betroffenen Konten (siehe Abbildung 4.73). Bei Konto 75###5 handelt es sich um Ihr neues Aufwandskonto. Der Buchungsschlüssel (**BS**) »40« verweist auf eine »Soll-Buchung«. Die zweite Buchungszeile mit dem Buchungsschlüssel »31« (Rechnung Kreditor) verwendet das Nebenbuchkonto Ihres neuen Lieferanten.

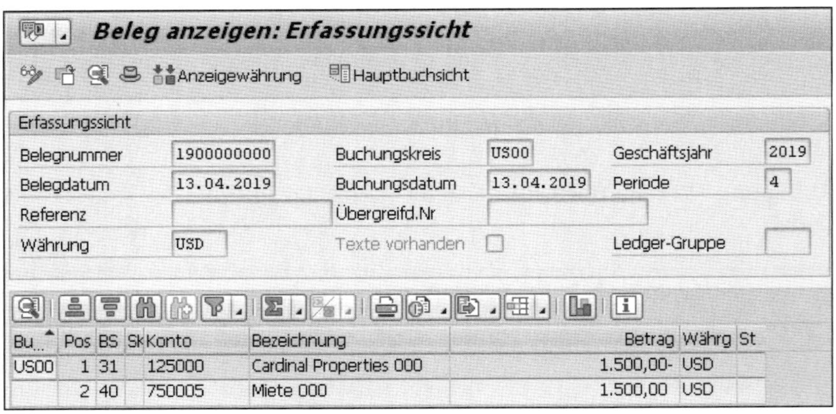

Abbildung 4.73 Buchungssatz im SAP-System

Kreditorenzahlung Den Buchungssatz für die Zahlung an Ihren Vermieter in Höhe von 1.500 US$ in Fallstudienschritt 11 sehen Sie in Abbildung 4.74. Buchhalterisch werden damit Ihre Verbindlichkeiten gegenüber Ihrem Kreditor Cardinal Properties (Soll-Buchung Passivkonto) durch eine Minderung Ihres neuen Bankkontos (Haben-Buchung Aktivkonto) verringert.

Einzelposten Den resultierenden Beleg der Kreditorenzahlung (Buchungsbelegart KZ) in Höhe von 1.500 US$ sehen Sie in Abbildung 4.75.

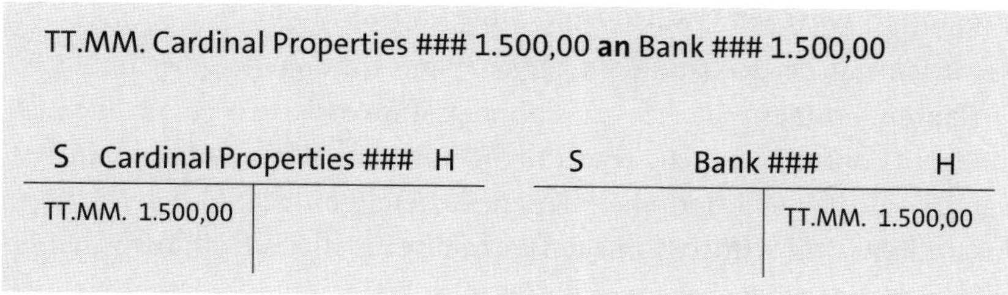

Abbildung 4.74 Buchungssatz für Kreditorenzahlung

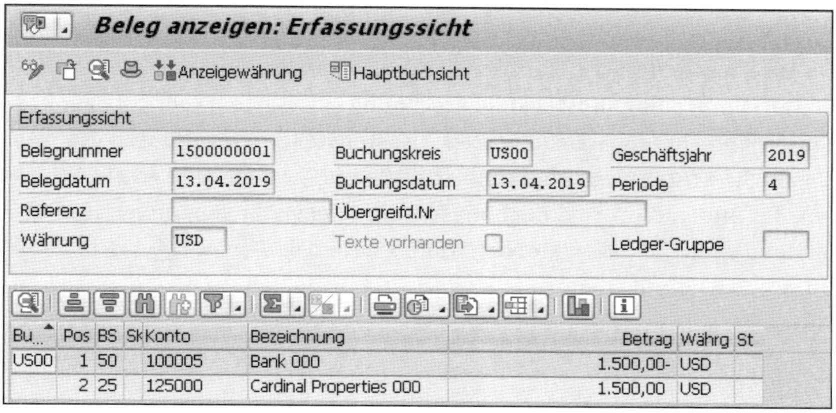

Abbildung 4.75 Buchungssatz im SAP-System (Transaktion FBL1N)

Nach Doppelklick auf Belegposition 2 (Cardinal Properties ###) sieht man auch, dass automatisch zum Nebenbuchkonto des Kreditors das Abstimmkonto 39###5 im Hauptbuch mit bebucht wurde (siehe Abbildung 4.76).

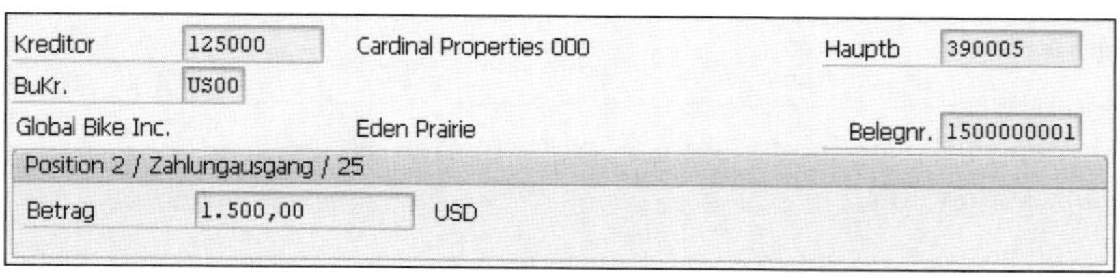

Abbildung 4.76 Detailansicht der Kreditorenzahlungsbelegposition

Herausforderung

Während der Fallstudiendurchführung wird dieser Effekt in der Bilanz von Global Bike Inc. (US00) nach dem Anlegen der Rechnung bis vor Begleichung des offenen Postens sichtbar. Nach der Buchung des Zahlungsausgangs ist der Saldo sowohl des Kreditorenkontos als auch des Abstimmkontos im Hauptbuch null. Falls Sie die Herausforderung FI-AP am Ende der Fallstudie noch nicht bearbeitet haben, lassen Sie sich die Bilanz nach Buchung der Kreditorenrechnung anzeigen, und achten Sie auf das dort verwendete Sachkonto 39###6.

Integration zwischen Finanzbuchhaltung und Controlling

Bevor Sie mit der Fallstudie »Kostenstellenrechnung« in Abschnitt 4.9.2 fortfahren, erinnern Sie sich an die Integration zwischen Finanzbuchhaltung und Controlling. In der eben durchgeführten Fallstudie wurde ein Aufwandskonto bebucht, dem eine primäre Kostenart mit identischer Nummer zugeordnet ist. In Schritt 8 (Anlegen Rechnung für Mietaufwand) wurden Sie vom System zur Eingabe eines Kontierungsobjekts aufgefordert. Sie trugen hier die Kostenstelle NAHR2### (Personalkosten Nordamerika) ein. Daher überprüfen Sie nun, ob die korrekte Kostenstelle mit den Mietkosten belastet wurde.

Einzelposten

Dazu verwenden Sie die Transaktion KSB1N oder den Menüpfad **Rechnungswesen • Controlling • Kostenstellenrechnung • Infosystem • Berichte zur Kostenstellenrechnung • Einzelposten • Kostenstellen Einzelposten Ist Neu**. Geben Sie Kostenrechnungskreis »NA00« und Kostenstelle »NAHR2000« ein. Als Intervall im Feld **Buchungsdatum** pflegen Sie den ersten und den letzten Tag des aktuellen Monats. Führen Sie den Bericht mit [Ausführen] aus. In Abbildung 4.77 ist die Einzelpostenanzeige von Kostenstelle NAHR2### abgebildet.

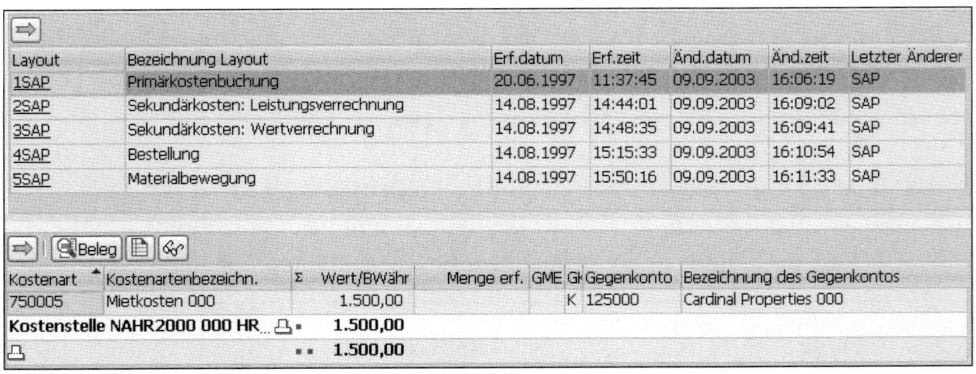

Layout	Bezeichnung Layout	Erf.datum	Erf.zeit	Änd.datum	Änd.zeit	Letzter Änderer
1SAP	Primärkostenbuchung	20.06.1997	11:37:45	09.09.2003	16:06:19	SAP
2SAP	Sekundärkosten: Leistungsverrechnung	14.08.1997	14:44:01	09.09.2003	16:09:02	SAP
3SAP	Sekundärkosten: Wertverrechnung	14.08.1997	14:48:35	09.09.2003	16:09:41	SAP
4SAP	Bestellung	14.08.1997	15:15:33	09.09.2003	16:10:54	SAP
5SAP	Materialbewegung	14.08.1997	15:50:16	09.09.2003	16:11:33	SAP

Kostenart	Kostenartenbezeichn.	Σ	Wert/BWähr	Menge erf.	GME	Gk	Gegenkonto	Bezeichnung des Gegenkontos
750005	Mietkosten 000		1.500,00			K	125000	Cardinal Properties 000
Kostenstelle NAHR2000 000 HR...		•	1.500,00					
		••	1.500,00					

Abbildung 4.77 Einzelpostenanzeige von Kostenstelle NAHR2### (Transaktion KSB1N)

Man kann erkennen, dass die Primärkostenbuchung mit einem Betrag von 1.500 US$ über die primäre Kostenart 75###5 erfolgte. Als Gegenkonto ist Ihr Kreditorenkonto (K) für Cardinal Properties ### aufgeführt.

Kostenrechnungsbeleg

Noch detaillierter können Sie die Buchung im Kostenrechnungsbeleg analysieren. Dazu rufen Sie die Transaktion KSB5N über den Menüpfad **Rechnungswesen • Controlling • Kostenstellenrechnung • Infosystem • Berichte zur Kostenstellenrechnung • Einzelposten • Kostenrechnungsbelege Istkosten Neu** auf. Prüfen Sie zunächst, dass der **Kostenrechnungskreis** »NA00« eingetragen ist. Im Feld **Belegnummer** wählen Sie die [F4]-Werthilfe und tragen dort im Feld **Benutzername** Ihren SAP-Benutzer »LEARN-###« ein. Nach der Bestätigung mit sollte eine Belegnummer in das entsprechende Feld übernommen worden sein. Führen Sie den Bericht mit aus. Abbildung 4.78 zeigt das Ergebnis.

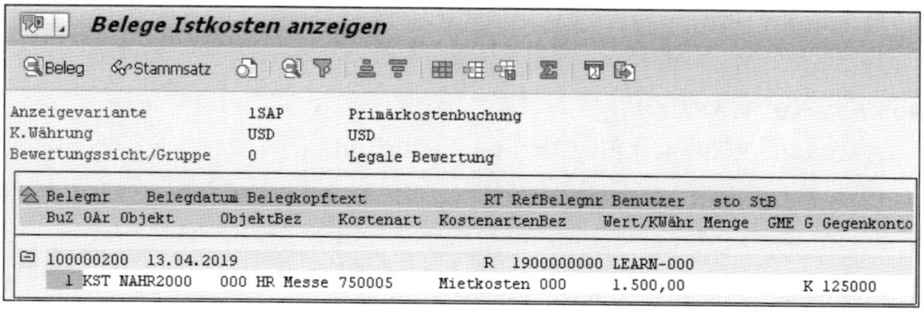

Abbildung 4.78 Kostenrechnungsbeleg für Mietkosten (Transaktion KSB5N)

Neben der Kostenrechnungsbelegnummer (100000200) ist auch die des Referenzbelegs (Kreditorenrechnung 1900000000) angegeben. In den Positionsdetails (untere Zeile) steht die Controlling-Objektart `KST` (Kostenstelle), die Kostenstelle `NAHR2###` (HR Messe), die Kostenart `75###5` (Aufwendungen Miete), der Betrag 1.500, die Gegenkontoart `K` (Kreditor) und das Nebenbuchkonto Ihres Vermieters.

4.9.2 UCC-Fallstudie: Kostenstellenrechnung

Diese erste von zwei UCC-Fallstudien im Controlling behandelt die Kostenstellenrechnung.

Szenario

Im Headquarter Dallas wird für die Angestellten eine Kantine betrieben. In dieser nehmen die fünf Wartungs- und die 15 Produktionsmitarbeiter täglich ihr Mittagessen ein. Die Gesamtkosten der Kantine sollen im Plan verursachergerecht proportional umgelegt werden. Dabei ist zu beachten, dass die fünf Mitarbeiter der Kantine sich auch ihr eigenes Essen zubereiten.

Prozessübersicht

Stammdaten

Der Gesamtprozess bestand aus 14 Schritten. Während der ersten fünf Schritte legten Sie im Kostenrechnungskreis NA00 folgende Stammdaten an:

- **Kostenstelle KANT1###**
  Hilfskostenstelle für Kantinenleistungen
- **Kostenstelle WART1###**
  Hilfskostenstelle für Wartungsleistungen

- **Kostenstelle MONT1###**
  Fertigungskostenstelle für Montagleistungen
- **Statistische Kennzahl MA###**
  Maßeinheit für Mitarbeiter (in Anzahl an Personen)
- **Kostenart UML###**
  sekundäre Kostenart für Kantinenumlage
- **Kostenart WAR###**
  sekundäre Kostenart für Wartungsverrechnung
- **Kostenart MON###**
  sekundäre Kostenart für Montageverrechnung
- **Leistungsart W###**
  Leistungsart für Wartungsstunden
- **Leistungsart M###**
  Leistungsart für Montagestunden
- **Kostenstellengruppe GRUPPE###**
  Gruppe aller Empfänger der Kantinenkosten

Kostenplanung

In den nächsten Schritten planten Sie die Mitarbeiteranzahl für die drei Abteilungen und die Leistungsausbringungen für Wartung und Montage. Durch Primärkostenaufnahme, z. B. den Einkauf von Lebensmitteln, wurden die drei Kostenstellen mit den Aufwandsbeträgen aus dem Finanzwesen belastet. Darüber hinaus wurde geplant, dass von der Gesamtausbringung der Wartungskostenstelle (1.800 Stunden W###) genau ein Drittel (600 Stunden) von der Montage abgenommen wird.

Kostenverrechnung

In den verbleibenden Schritten der Fallstudie führten Sie die Plan-Umlage sowie die Neuermittlung der Plantarife durch. Parallel dazu schauten Sie sich die Kostenstellenberichte der betroffenen Kostenstellen an.

Herausforderung

Im Rahmen der sich anschließenden Herausforderung legten Sie eine neue Energiekostenstelle an und belasteten diese mit Primärkosten von 45.000 US$. Diese Gesamtkosten verrechneten Sie auf die Empfängerkostenstellen Wartung und Montage.

Prozessergebnisse

Kostenstellenbericht

Abbildung 4.79 stellt den Kostenstellenbericht für die Montage nach erfolgreicher Bearbeitung der Fallstudie dar.

Sie sehen auf der Kostenstelle `MONT1###` Primärkosten für Kostenart 700000 (Arbeit) und Leistungsart `M###` (Montagestunden) in Höhe von 150.000 US$.

Kostenart / Beschreibung	Art	Partnerobjekt	ParLart	Σ	Wert/BWähr	ΣWert fix/BWähr	Menge	Menge fix	ME
UML000 Umlagen KANT...	KST	KANT1000			90.000,00	90.000,00			
Umlage				▪	**90.000,00**	▪ **90.000,00**			
WAR000 Verrechnung ...	LEI	WART1000	W000		30.000,00	30.000,00	600,0	600,0	STD
Leistungsaufnahme				▪	**30.000,00**	▪ **30.000,00**			
Leistungsunabhängige Kosten				▪▪	**120.000,00**	▪▪ **120.000,0...**			
700000 Aufw Arbeit					150.000,00	0,00			
M000 Montagestunden 000				▪	**150.000,00**	▪ **0,00**			
Leistungsabhängige Kosten				▪▪	**150.000,00**	▪▪ **0,00**			
Belastung				▪▪▪	**270.000,...**	▪▪▪ **120.000...**			
MON000 Verrechnung ...					270.000,00-	120.000,00-	6.000,0-	0,0	STD
M000 Montagestunden 000				▪	**270.000,00-**	▪ **120.000,00-**			
Leistungsverrechnung				▪▪	**270.000,00-**	▪▪ **120.000,0...**			
Entlastung				▪▪▪	**270.000,...**	▪▪▪ **120.000...**			
Über-/ Unterdeckung				▪▪▪▪	**0,00**	▪▪▪▪ **0,00**			

Abbildung 4.79 Gesamtmontagekosten nach Bearbeitung der Fallstudie (Transaktion KSBL)

Nach der Umlage in Schritt 11 im Verhältnis 1 : 1 : 3 (fünf Mitarbeiter Kantine zu fünf Mitarbeitern Wartung zu 15 Mitarbeitern Montage) werden von den Kantinengesamtkosten in Höhe von 150.000 US$ genau drei Fünftel (für 15 von 25 Mitarbeiter) umgelegt.

Nach der Tarifneuermittlung ergibt sich für die Leistungsart `W###` auf der Kostenstelle `WART1###` bei Gesamtkosten von 90.000 US$ und einer Jahresausbringung von 1.800 Stunden folgender Plantarif:

90.000 US$ / 1.800 Stunden = 50,00 US$/Stunde

Da der Verrechnungssatz für `W###` nun bekannt ist, werden die 600 Stunden Wartungsleistung, die die Montage geplant pro Kalenderjahr abnimmt, mit 30.000 US$ (600 Stunden x 50,00 US$) bewertet. Somit ergeben sich am Ende der Fallstudie Montagegesamtkosten in Höhe von 270.000 US$. Der Tarif für Leistungsart `M###` errechnet sich daher wie folgt:

270.000 US$ / 6.000 Stunden = 45,00 US$/Stunde

[!]

Verwendete Verrechnungsmethode

Eine häufige Frage von Lehrenden und Lernenden sei hier kurz erläutert, nämlich warum ein Fünftel der Kantinenkosten (30.000 €) auf der Kostenstelle `KANT1###` verbleibt, anstatt – wie für Hilfskostenstellen üblich – diese spätestens zum Periodenende voll zu entlasten. Hier wurde zugunsten der Nachvollziehbarkeit des Verteilungsschlüssels 1 : 1 : 3 (auf Grundlage der Mitarbeiterzahlen) auf die klassische iterative Umlage verzichtet. Dies hätte dazu geführt, dass die Umlage so lange wiederholt wird, bis auf der Hilfskostenstelle der Kantine alle Kosten entlastet sind. Der Praxisfall in Abschnitt 4.10 wird auf die Auswirkungen einer iterativen Plan-Umlage im Detail eingehen.

Neue Kostenstelle

Nach Bearbeitung der Herausforderung und der Hinzunahme der Kostenstelle Energie haben sich die Tarife und Kostenstellenberichte verändert. Da sich beide Abteilungen eine Werkshalle mit 3.000 Quadratmetern im Verhältnis 1 : 4 (20 % zu 80 %) teilen, ist die genutzte Grundfläche der verbrauchsgerechte Verrechnungsschlüssel. Somit ergibt sich nun folgende Kostenverteilung auf die beiden Kostenstellen:

WART1###: 45.000 US$ / 5 * 1 = 9.000 US$
MONT1###: 45.000 US$ / 5 * 4 = 36.000 US$

Neue Plantarife

Durch die höheren Kosten steigen natürlich auch die Tarife für Wartung und Montage wie folgt:

W###: 99.000 US$ / 1.800 Stunden = 55,00 US$/Stunde
M###: 309.000 US$ / 6.000 Stunden = 51,50 US$/Stunde

Abbildung 4.80 zeigt den Kostenstellenbericht für die Montage am Ende der Herausforderung.

Kostenart / Beschreibung	Art	Partnerobjekt	ParLart	Σ	Wert/BWähr	ΣWert fix/BWähr	Menge	Menge fix	ME
UML000 Umlagen KANT...	KST	KANT1000			90.000,00	90.000,00			
Umlage				▪	**90.000,00**	▪ **90.000,00**			
741500 Aufw Versorgu...	KST	ENER1000			36.000,00	36.000,00			
Verteilung				▪	**36.000,00**	▪ **36.000,00**			
WAR000 Verrechnung ...	LEI	WART1000	W000		33.000,00	33.000,00	600,0	600,0	STD
Leistungsaufnahme				▪	**33.000,00**	▪ **33.000,00**			
Leistungsunabhängige Kosten				▪▪	**159.000,00**	▪▪ **159.000,0...**			
700000 Aufw Arbeit					150.000,00	0,00			
M000 Montagestunden 000				▪	**150.000,00**	▪ **0,00**			
Leistungsabhängige Kosten				▪▪	**150.000,00**	▪▪ **0,00**			
Belastung				▪▪▪	**309.000,...**	▪▪▪ **159.000...**			
MON000 Verrechnung ...					309.000,00-	159.000,00-	6.000,0-	0,0	STD
M000 Montagestunden 000				▪	**309.000,00-**	▪ **159.000,00-**			
Leistungsverrechnung				▪▪	**309.000,00-**	▪▪ **159.000,0...**			
Entlastung				▪▪▪	**309.000,...**	▪▪▪ **159.000...**			
Über-/ Unterdeckung				▪▪▪▪	**0,00**	▪▪▪▪ **0,00**			

Abbildung 4.80 Gesamtmontagekosten nach Bearbeitung der Herausforderung

[!]

Verwendete Verrechnungsmethode

Auch an dieser Stelle wird wieder eine häufig gestellte Frage von Benutzern erörtert: Warum wurde hier als Verrechnungsmethode die Verteilung und nicht wieder die Umlage verwendet? Der Nachteil der Verteilung liegt in der ausschließlichen Verrechnung von Primärkosten. Der Vorteil besteht darin, dass die Originalkostenarten nicht kumuliert und somit gruppiert einer Umlagekostenart zugeordnet werden, sondern einzeln basierend auf den ursprünglichen Kostenarten weiterverteilt werden können. Das ist immer dann wichtig, wenn eine abweichende Verrechnung je Kostenart gewünscht ist. In der soeben durchgeführten CO-CCA-Herausforderung werden allerdings nur Primärkosten der Kostenart 741500 in der Energie-

Kostenstelle verbucht. Somit hätte eine Umlage tatsächlich zum selben Ergebnis geführt. Im Praxisfall in Abschnitt 4.10 werden Sie zusätzlich Primärkosten anderer Kostenarten für die Kostenstelle ENER1### aufnehmen und anhand verschiedener Verrechnungsschemata den Vorteil der Verteilung erkennen.

4.9.3 UCC-Fallstudie: Produktkosten-Controlling

Die zweite UCC-Fallstudie im Controlling beschreibt einen Prozess in der Produktkostenrechnung.

Szenario

Bei Global Bike häuft sich das Feedback, dass sich Kunden das Deluxe Touring Bike neben den Farben Schwarz, Silber und Rot auch in Weiß wünschen. Das Unternehmen gibt daraufhin die Erarbeitung der Variante mit weißem Rahmen in Auftrag. Nach erfolgreichem Abschluss der Machbarkeitsanalyse soll das neue Produkt kalkuliert werden.

Prozessübersicht

Stammdaten

Der Gesamtprozess bestand aus neun Schritten. Während der ersten vier Schritte legten Sie folgende Stammdaten an:

- **Material DXTR4###**
  - Fertigerzeugnis für weißes Deluxe Touring Bike
  - Kopie von DXTR1### (Deluxe Touring Bike schwarz)
- **Material TRFR4###**
  - Rohstoff für weißen Touring-Rahmen
  - Kopie von TRFR1### (Touring Rahmen schwarz)
- **Stückliste für DXTR4###**
  - Kopie von Stückliste DXTR1###, allerdings mit TRFR4###
- **Arbeitsplan für DXTR4###**
  - Kopie von Arbeitsplan DXTR1###

Produktkalkulation

Im nächsten Schritt führten Sie für Ihr neues Fahrrad eine Kalkulation mit Mengengerüst durch, was im Wesentlichen bedeutet, dass Informationen aus Stücklisten und Arbeitsplänen bei der Errechnung mit herangezogen wurden.

Preisfortschreibung

Im weiteren Verlauf der Fallstudie führten Sie die Preisfortschreibung aus, um den kalkulierten Preis in den Materialstammsatz von DXTR4### zu kopieren und diesen somit bereits in der laufenden Periode (aktueller Monat) für die Materialbewertung verwenden zu können.

Herausforderung

In der CO-PC-Herausforderung modifizierten Sie die Stückliste des neuen weißen Fahrrades, da sich Global-Bike-Kunden über die schlechte Qualität der Reifen beschwerten. Der Konzern hat kurzfristig reagiert und liefert ab dem Folgemonat mit jedem weißen Deluxe Touring Bike zwei extra Reifensätze kostenfrei mit aus.

Prozessergebnisse

Da der einzige Unterschied zwischen Ihrem weißen und dem schwarzen Deluxe Touring Bike im weißen (anstatt schwarzen) Rahmen besteht, allerdings beide denselben Preis haben, ergibt sich ebenfalls ein Wert von 732,05 US$. Schauen Sie sich die Kalkulation im Detail an.

Materialkalkulation

Um der Analyse zu folgen, rufen Sie die Transaktion CK13N mithilfe des Menüpfades **Rechnungswesen • Controlling • Produktkosten-Controlling • Produktkostenplanung • Materialkalkulation • Kalkulation mit Mengengerüst • Anzeigen** auf. Geben Sie als **Material** »DXTR4###«, als **Werk** »DL00«, als **Kalkulationsvariante** »PPC1«, als **Kalkulationsversion** »1« und das aktuelle Tagesdatum ein. Nach der Bestätigung mit [↵] sehen Sie die Materialkalkulation. Das Fenster ist zweigeteilt in die Kalkulationsstruktur (links) und eine Detailansicht (rechts). Wenn Sie den linken Bereich mit der Maus größer ziehen, sehen Sie die Materialstruktur der Kalkulation (siehe Abbildung 4.81).

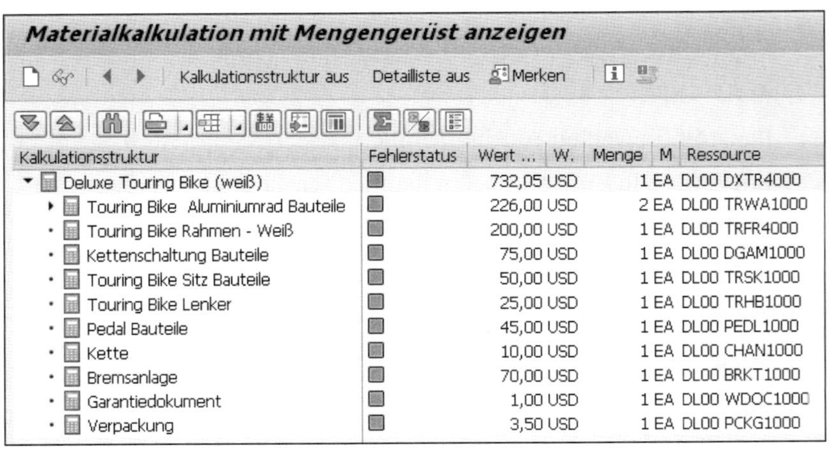

Abbildung 4.81 Kalkulationsstruktur von DXTR4### (Transaktion CK13N)

Auf der rechten Seite finden Sie im oberen Bereich auf verschiedenen Registerkarten Steuerungsdaten zur Kalkulation und eine Kostenübersicht. In Abbildung 4.82 sehen Sie, dass die Herstellkosten gleich den Selbstkosten sind. Das liegt daran, dass für Global Bike im SAP-ERP-System keine Vertriebs- und Verwaltungskosten geplant sind.

Material DXTR4000 Deluxe Touring Bike (weiß)
Werk DL00

Kalkulationsdaten | Termine | Mengengerüst | Bewertung | Historie | Kosten

Kosten bezogen auf Kalkulationslosgröße 1 EA

Elementesicht	Gesamt	Fixe Kosten	Variabel	Währung
Herstellkosten	732,05	0,00	732,05	USD
Selbstkosten	732,05	0,00	732,05	USD
Vertriebs- und Verwaltung...	0,00	0,00	0,00	USD
Inventur (handelsrechtlich)	0,00	0,00	0,00	USD
Inventur (steuerrechtlich)	0,00	0,00	0,00	USD

Abbildung 4.82 Kostenübersicht für DXTR4###

Wie in der Fallstudie beschrieben, wählen Sie den Button [iiii] oder den Menüpfad **Kosten • Elementeanzeige**, um sich alle Kostenelemente gruppiert anzusehen (siehe Abbildung 4.83).

Kostenelemente

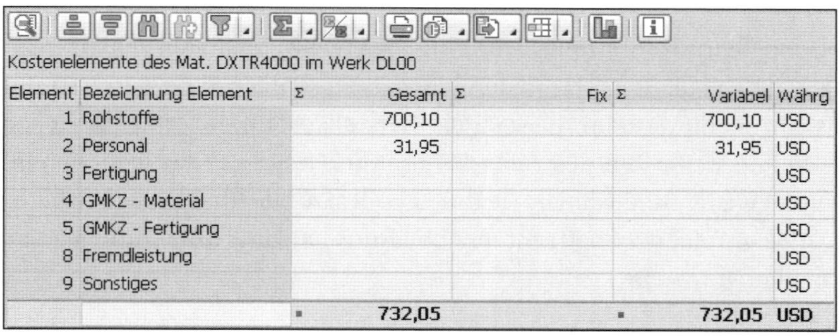
Kostenelemente des Mat. DXTR4000 im Werk DL00

Element	Bezeichnung Element	Σ Gesamt	Σ Fix	Σ Variabel	Währg
1	Rohstoffe	700,10		700,10	USD
2	Personal	31,95		31,95	USD
3	Fertigung				USD
4	GMKZ - Material				USD
5	GMKZ - Fertigung				USD
8	Fremdleistung				USD
9	Sonstiges				USD
		▪ 732,05		▪ 732,05	USD

Abbildung 4.83 Kostenelemente für DXTR4###

[!]

Differenz zwischen Materialwerten und Rohstoffkosten

Eine Frage, die viele Benutzer beschäftigt, ist, warum die Summe der auf der linken Seite dargestellten Materialwerte (705,50 US$) nicht mit den Rohstoffkosten (700,10 US$) übereinstimmt. Es ergibt sich eine Differenz von 5,40 US$. Erinnern Sie sich: das Deluxe Touring Bikes besteht neben vielen Rohstoffen aus einer Baugruppe oder im SAP-Jargon einem Halbfabrikat, das wiederum eine eigene Stückliste und einen Arbeitsplan besitzt. Auf der linken Bildschirmseite ist dieser Umstand an dem kleinen Symbol vor **Touring Bike Aluminiumrad Bauteile** erkennbar. Ein Klick darauf öffnet die zweite Hierarchieebene der Kalkulationsstruktur. Durch Überschlag wird schnell klar, dass sich der Gesamtwert dieser Komponente (226,00 US$) nicht allein aus der Summe seiner Einzelwerte (220,60 US$) ergibt. Ein Doppelklick auf die Summenzeile öffnet im rechten Fenster die Materialkalkulation für ein Rad (siehe Abbildung 4.84).

Kostenelemente des Mat. TRWA1000 im Werk DL00

Element	Bezeichnung Element	Σ Gesamt	Σ Fix	Σ Variabel	Währg
1	Rohstoffe	110,30		110,30	USD
2	Personal	2,70		2,70	USD
3	Fertigung				USD
4	GMKZ - Material				USD
5	GMKZ - Fertigung				USD
8	Fremdleistung				USD
9	Sonstiges				USD
		▪ **113,00**		▪ **113,00**	**USD**

Abbildung 4.84 Kostenelemente für TRWA1###

Nun sieht man, dass in die Kalkulation eines Aluminiumrades Kosten für Rohstoffe (110,30 US$) und Personalkosten (2,70 US$) eingehen. Da zwei Räder für ein Fahrrad benötigt werden, ist der Ursprung für die Differenz von 5,40 US$ gefunden.

Arbeitsvorgänge

Ein Doppelklick auf Ihr **Deluxe Touring Bike (weiß)** im linken Fenster zeigt erneut die Kalkulation Ihres neuen Fahrrads an. Wählen Sie in der Mitte des Bildschirms (hinter dem Auswahlfeld **Herstellkosten**) das Icon oder in der Menüleiste **Kosten • Einzelnachweis**. Klicken Sie auf das Icon im unteren Fenster, und wählen Sie das Layout **1SAP06**, um sich alle Arbeitsvorgänge gruppiert zu betrachten. Abbildung 4.85 zeigt die Kosten der ersten beiden Vorgänge.

Pos...	PositTyp	Ressource	Ressource (Text)	Σ Gesamt	KWähr	Menge	EH
1	E	NAPR1000 ASSY1000 LABOR	Material staging	0,00	USD	0	H
2	E	NAPR1000 ASSY1000 LABOR	Material staging	0,55	USD	0,667	MIN
3	M	DL00 TRWA1000	Touring Bike Aluminiumrad Bauteile	226,00	USD	2	EA
4	M	DL00 TRFR4000	Touring Bike Rahmen - Weiß	200,00	USD	1	EA
5	M	DL00 DGAM1000	Kettenschaltung Bauteile	75,00	USD	1	EA
6	M	DL00 TRSK1000	Touring Bike Sitz Bauteile	50,00	USD	1	EA
7	M	DL00 TRHB1000	Touring Bike Lenker	25,00	USD	1	EA
8	M	DL00 PEDL1000	Pedal Bauteile	45,00	USD	1	EA
9	M	DL00 CHAN1000	Kette	10,00	USD	1	EA
10	M	DL00 BRKT1000	Bremsanlage	70,00	USD	1	EA
11	M	DL00 WDOC1000	Garantiedokument	1,00	USD	1	EA
12	M	DL00 PCKG1000	Verpackung	3,50	USD	1	EA
0010 Material staging				▪ **706,05**	**USD**		
13	E	NAPR1000 ASSY1000 LABOR	Attach seat to frame	0,00	USD	0	H
14	E	NAPR1000 ASSY1000 LABOR	Attach seat to frame	0,85	USD	1	MIN
0020 Attach seat to frame				▪ **0,85**	**USD**		

Abbildung 4.85 Kosteneinzelnachweis für DXTR4###

Da die einzelnen Komponenten zur Fertigung des Deluxe Touring Bikes im Arbeitsplan nicht explizit bestimmten Vorgängen zugeordnet wurden, verwendet und kalkuliert das System alle Materialien automatisch im ersten Vorgang (0010 Material Staging).

Alternative Stückliste

Nach der Umsetzung der Herausforderung existiert nun eine alternative Stückliste Ihres neuen Fahrrads, in der jeweils zwei Reifen (TRTR1###) und zwei Schläuche (TRTB1###) zusätzlich hinzugefügt wurden. Mithilfe dieser Stückliste und des Arbeitsplans ergibt die neue Materialkalkulation von DXTR4### einen Wert von 762,05 US$ und damit genau 30,00 US$ mehr als zuvor. Ein Blick in die Kalkulation des Folgemonats zeigt die Ursache für diese Preisdifferenz (siehe Abbildung 4.86).

12	M	DL00 PCKG1000	Verpackung		3,50	USD	1	EA
13	M	DL00 TRTB1000	Touring Bike Schlauch		10,00	USD	2	EA
14	M	DL00 TRTR1000	Touring Bike Reifen		20,00	USD	2	EA
0010 Material staging				▪	**736,05**	**USD**		
15	E	NAPR1000 ASSY1000 LAB...	Attach seat to frame		0,00	USD	0	H
16	E	NAPR1000 ASSY1000 LAB...	Attach seat to frame		0,85	USD	1	MIN
0020 Attach seat to frame				▪	**0,85**	**USD**		

Abbildung 4.86 Kosteneinzelnachweis für alternatives DXTR4###

Preisfortschreibung

Die 30,00 US$ ergeben sich aus den zusätzlichen Rohstoffkosten für die Schläuche (2 × 5,00 US$) und die Reifen (2 × 10,00 US$). Nach der Fortschreibung des Preises in den Materialstammsatz von DXTR4### im letzten Schritt wird Ihr weißes Deluxe Touring Bike ab dem kommenden Monat mit 762,05 US$ bewertet. Abbildung 4.87 zeigt den aktuellen und zukünftigen Standardpreis des Materials DXTR4### in der Materialsicht **Kalkulation 2**.

Plankalkulation

Kalkulation	Zukünftig	Laufend
Periode / Geschäftsjahr	5 2019	4 2019
Planpreis	762,05	732,05
Standardpreis		732,05

Abbildung 4.87 Materialsicht Kalkulation 2 von DXTR4### (Transaktion MM03)

Wie Sie Abbildung 4.85 entnehmen konnten, ordnet das System alle Material- und Personalkosten dem ersten Vorgang (0010 Material Staging) zu. In der folgenden Übung führen Sie die Zuordnung aller Komponenten zu ihren entsprechenden Vorgängen durch und analysieren das Ergebnis.

Übung: Komponenten zuordnen

[/]

Jun Lee, der Produktionsplaner im Werk Dallas, hat vom Controller der Global Bike Inc., Jamie Shamblin, den Auftrag bekommen, die einzelnen Komponenten des neuen weißen Deluxe Touring Bikes den jeweiligen Vorgängen im Arbeitsplan zuzuordnen. Gemeinsam haben sie folgende Gruppierung erarbeitet, die nun im SAP-System umgesetzt werden muss:

- Vorgang 0010 – [keine Komponenten]
- Vorgang 0020 – Sitz und Rahmen
- Vorgang 0030 – Lenker
- Vorgang 0040 – Kettenschaltung und Räder
- Vorgang 0050 – Kette
- Vorgang 0060 – Bremse
- Vorgang 0070 – Pedale
- Vorgang 0080 – [keine Komponenten]
- Vorgang 0090 – [keine Komponenten]
- Vorgang 0100 – Sitz und Rahmen
- Vorgang 0110 – [keine Komponenten]

Rufen Sie die Transaktion CA02 zum Ändern eines Arbeitsplans mithilfe des folgenden Menüpfades auf: **Logistik • Produktion • Stammdaten • Arbeitspläne • Arbeitspläne • Normalarbeitspläne • Ändern**.

Tragen Sie die Nummer des weißen Deluxe Touring Bikes (»DXTR4###«) sowie das **Werk** »DL00« ein, und bestätigen Sie mit [↵]. Falls Sie nun den Bildschirm **Normalarbeitsplan Ändern: Planübersicht** angezeigt bekommen, wählen Sie die erste Zeile (erste Planversion ohne zusätzliche Reifen und Schläuche) per Doppelklick aus. Dann betätigen Sie den Button **Komp-Zuord**. Falls das Fenster **Stücklistenalternativenauswahl** angezeigt wird, wählen Sie dort die erste Stücklistenalternative mit Doppelklick aus. Markieren Sie nun die erste Stücklistenposition (0010 TRWA1###), und wählen Sie **Neuzuordnen**. Im folgenden Fenster geben Sie entsprechend der abgesprochenen Gruppierung den **Vorgang** »0040« ein. Ordnen Sie die restlichen Komponenten gemäß der obigen Liste ihren Vorgängen zu. Abbildung 4.88 zeigt die Zuordnung aller Komponenten zu Vorgängen.

Positionsübersicht

D..	S...	Weg	Po...	Komponente	Menge	Sortier...	M...	P..	R..	Vor...	Folge	K	Materialkurztext
☐	0	0	0010	TRWA1000	2		EA	L	☐	0040	0		Touring Bike Aluminiumrad Bauteile
☐	0	0	0020	TRFR4000	1		EA	L	☐	0020	0		Touring Bike Rahmen - Weiß
☐	0	0	0030	DGAM1000	1		EA	L	☐	0050	0		Kettenschaltung Bauteile
☐	0	0	0040	TRSK1000	1		EA	L	☐	0020	0		Touring Bike Sitz Bauteile
☐	0	0	0050	TRHB1000	1		EA	L	☐	0030	0		Touring Bike Lenker
☐	0	0	0060	PEDL1000	1		EA	L	☐	0070	0		Pedal Bauteile
☐	0	0	0070	CHAN1000	1		EA	L	☐	0050	0		Kette
☐	0	0	0080	BRKT1000	1		EA	L	☐	0060	0		Bremsanlage
☐	0	0	0090	WDOC1000	1		EA	L	☐	0100	0		Garantiedokument
☐	0	0	0100	PCKG1000	1		EA	L	☐	0100	0		Verpackung

Abbildung 4.88 Zuordnung von Komponenten zu Vorgängen im Arbeitsplan (Transaktion CA02)

Sichern Sie anschließend Ihre Änderungen. Jun informiert Jamie über die vorgenommenen Änderungen. Der überprüft daraufhin mit einer neuen Materialkalkulation, ob die Zuordnungen korrekt übernommen werden. Dazu verwendet er die Transaktion CK11N bzw. folgenden Menüpfad: **Rechnungswesen • Controlling • Produktkosten-Controlling • Produktkostenplanung • Materialkalkulation • Kalkulation mit Mengengerüst • Anlegen.** Tragen Sie neben Ihrer **Materialnummer** »DXTR4###« das **Werk** »DL00«, die **Kalkulationsvariante** »PPC1«, die **Version** »1« sowie die **Losgröße** »1« ein. Bestätigen Sie mit [↵]. Übergehen Sie die Warnmeldung mit [↵].

Im unteren Bereich des folgenden Bildschirms klicken Sie auf das Icon [▦▾] und wählen das Layout **1SAP06**, um sich alle Arbeitsvorgänge erneut gruppiert zu betrachten. Abbildung 4.89 zeigt in einem Ausschnitt je Vorgang die Rohstoff- und die Personalkosten an.

PosNr	Pc	Ressource	Ressource (Text)	Σ Wert gesamt	KWähr	Menge	EH
1	E	NAPR1000 ASSY1000 LABOR	Material staging	0,00	USD	0	H
2	E	NAPR1000 ASSY1000 LABOR	Material staging	0,55	USD	0,667	MIN
0010 Material staging				▪ **0,55**	**USD**		
3	E	NAPR1000 ASSY1000 LABOR	Attach seat to frame	0,00	USD	0	H
4	E	NAPR1000 ASSY1000 LABOR	Attach seat to frame	0,85	USD	1	MIN
5	M	DL00 TRFR4000	Touring Bike Rahmen - Weiß	200,00	USD	1	EA
6	M	DL00 TRSK1000	Touring Bike Sitz Bauteile	50,00	USD	1	EA
0020 Attach seat to frame				▪ **250,85**	**USD**		
7	E	NAPR1000 ASSY1000 LABOR	Attach handle bar assembly	0,00	USD	0	H
8	E	NAPR1000 ASSY1000 LABOR	Attach handle bar assembly	1,65	USD	2	MIN
9	M	DL00 TRHB1000	Touring Bike Lenker	25,00	USD	1	EA
0030 Attach handle bar assembly				▪ **26,65**	**USD**		
10	E	NAPR1000 ASSY1000 LABOR	Attach derailleur gear assm. to wheel	0,00	USD	0	H
11	E	NAPR1000 ASSY1000 LABOR	Attach derailleur gear assm. to wheel	1,65	USD	2	MIN
12	M	DL00 TRWA1000	Touring Bike Aluminiumrad Bauteile	226,00	USD	2	EA
0040 Attach derailleur gear assm. to wheel				▪ **227,65**	**USD**		

Abbildung 4.89 Arbeitsvorgänge in der Materialkalkulation (Transaktion CK11N)

Beenden Sie die Transaktion mit [⊘]. Im Fenster **Beenden** beantworten Sie die Frage, ob Sie die Daten sichern möchten, mit **Nein**.

4.10 Praxisfall CO: Erweiterte Kostenstellenrechnung

Für diesen Praxisfall benötigen Sie Grundkenntnisse in der Kostenarten- und Kostenstellenrechnung. Deshalb sollten Sie vor der Bearbeitung des Praxisfalls die UCC-Fallstudie »Kostenstellenrechnung« (siehe Abschnitt 4.9.2) und deren Herausforderung erfolgreich bearbeitet sowie deren Rekapitulation in Abschnitt 4.9.2 nachvollzogen haben.

4.10.1 Einführung

Zunächst sollen das Szenario sowie weitere Erläuterungen dazu dienen, den Fall zu motivieren und die vorgegebenen Grundlagen zu beschreiben.

Anwendungsszenario

Nachdem alle Stromkosten in einer von den Abteilungen Wartung und Montage gemeinsam genutzten Halle bereits verursachergerecht verteilt wurden, sollen nun auch die Kosten für Heizöl entsprechend verrechnet werden (Block A).

Paul Hansen, Geschäftsführer von Global Bike Inc., hat gemeinsam mit Danielle Cohen, Leiterin der Finanzabteilung, bei ihrem letzten Jour fixe entschieden, dass die Kantinenkosten ab diesem Jahr nun doch mit dem iterativen Verfahren umgelegt werden sollen (Block B).

Eine weitere Änderung seit Anfang dieses Jahres betrifft die Abrechnung der Stromkosten. Aufgrund der räumlichen Nähe werden diese Kosten für die Abteilungen Kantine, Wartung und Montage in Zukunft gesammelt erfasst und verteilt. Block C besteht in der Implementierung der neuen Kostenverrechnungsstruktur.

Kostenverrechnungen

Nach der UCC-Fallstudie »Kostenstellenrechnung« (vor der Herausforderung) ergaben sich diese Kostenverrechnungen (siehe Abbildung 4.90).

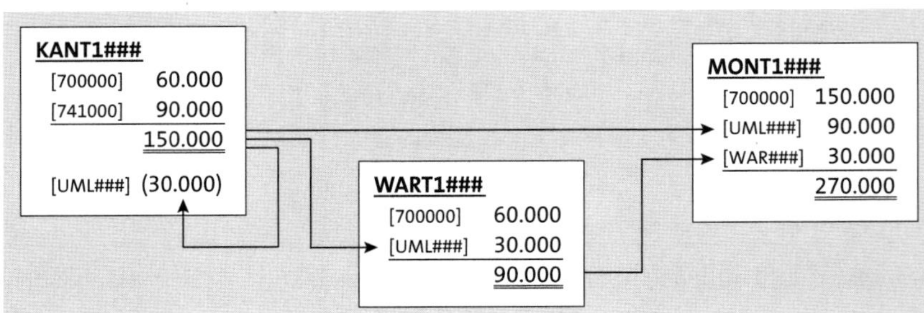

Abbildung 4.90 Kostenverrechnungen nach der CO-CCA-Fallstudie

Der Tarif für eine Wartungsstunde waren 45,00 US$, für eine Stunde Montage 50,00 US$. Nach der Herausforderung wurde die Struktur um die Energie-Kostenstelle erweitert (siehe Abbildung 4.91).

Schrittweise wird diese Übersicht mit jedem der drei Aufgabenblöcke erweitert.

[!]

Übersicht der Schritte

Wie in der Einleitung im Abschnitt »Konzept der Praxisfälle« vorgestellt, stehen Ihnen drei Stufen zur Bearbeitung dieses Praxisfalls zur Verfügung:

1. ohne Hilfestellung (beschrieben in Abschnitt 4.10.2)
2. mit Hilfestellung (beschrieben in Abschnitt 4.10.3)
3. mit anleitender Fallstudie (beschrieben in Abschnitt 4.10.4)

Der Lösungsweg durch den Praxisfall wird in insgesamt drei Blöcken und in der Variante mit Hilfestellung in zwölf Schritten dargestellt. Entscheiden Sie sich nun, auf welcher Stufe Sie mit der Bearbeitung dieses Praxisfalls einsteigen möchten.

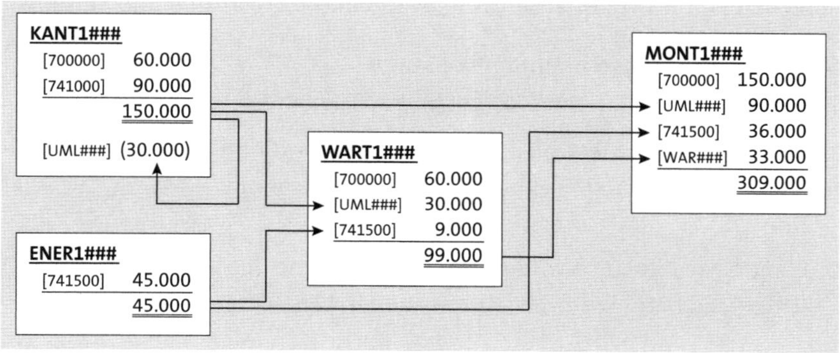

Abbildung 4.91 Kostenverrechnungen nach der Herausforderung

4.10.2 Praxisfall ohne Hilfestellung

Setzen Sie die in Abschnitt 4.10.1 skizzierte Szenariobeschreibung in Ihrem SAP-System um. Bearbeiten Sie hierfür die in Tabelle 4.26 dargestellte Folge von Aufgabenblöcken.

Block	Aufgabenbeschreibung
A	Planen Sie für Ihre Energie-**Kostenstelle** zusätzlich Kosten für Heizöl unter der **Kostenart** 740000 in Höhe von 22.500 US$, und verteilen Sie diese entsprechend ihrer Grundflächen auf die Abteilungen Wartung und Montage.
B	Ändern Sie den **Umlagezyklus** für die Kantinenkosten vom einmaligen zum iterativen Verfahren.
C	Nehmen Sie die Kantine mit einer Grundfläche von 400 m^2 mit in die **Verteilung** der Stromkosten auf. Erhöhen Sie zunächst die bereits bestehenden **Primärkosten** für Strom um 6.000 US$. Beachten Sie, dass nur die Stromkosten und nicht die Kosten für Heizöl zusätzlich auf die Kantine verteilt werden, und passen Sie den **Verteilungszyklus** entsprechend an. Führen Sie alle notwendigen Verrechnungen erneut aus.

Tabelle 4.26 Aufgabenbeschreibung zum Praxisfall ohne Hilfestellung

4.10.3 Praxisfall mit Hilfestellung

Setzen Sie die in Abschnitt 4.10.1 skizzierte Szenariobeschreibung in Ihrem SAP-ERP-System um. Bearbeiten Sie hierfür die folgend dargestellten Aufgabenblöcke.

Block A

Planen Sie für Ihre Energie-Kostenstelle zusätzlich Kosten für Heizöl unter der Kostenart 740000 in Höhe von 22.500 US$, und verteilen Sie diese entsprechend ihrer Grundflächen auf die Abteilungen Wartung und Montage.

Schritt 1: Primärkostenaufnahme planen

Primärkostenaufnahme planen

Planen Sie für Ihre Energie-Kostenstelle zusätzlich Kosten für Heizöl:

1. Folgen Sie dem Menüpfad **Rechnungswesen • Controlling • Kostenstellenrechnung • Planung • Kosten/Leistungsaufnahmen • Ändern** (Transaktion KP06).
2. Planen Sie für die **Kostenstelle** ENER1### und die **Kostenart** 740000 (Hilfs- und Betriebsstoffe) Jahreskosten in Höhe von 22.500 US$.

Schritt 2: Plan-Verteilung ändern

Plan-Verteilung ändern

Um die Plan-Verteilung Ihrer Energie-Kostenstelle zu ändern, gehen Sie wie folgt vor:

1. Folgen Sie dem Menüpfad **Rechnungswesen • Controlling • Kostenstellenrechnung • Planung • Verrechnungen • Verteilung** (Transaktion KSVB).
2. Erweitern Sie das erste **Segment** SEG1### des **Verteilungszyklus** Z2### um die **Kostenart** 740000.
3. Führen Sie die Plan-Verteilung für **Zyklus** Z2### erneut aus.

Schritt 3: Kostenstellenbericht anzeigen

Kostenstellenbericht anzeigen

Lassen Sie sich den Kostenstellenbericht Ihrer Energie-Kostenstelle wie folgt anzeigen:

1. Folgen Sie dem Menüpfad **Rechnungswesen • Controlling • Kostenstellenrechnung • Infosystem • Berichte zur Kostenstellenrechnung • Kostenstellen: Planungsübersicht** (Transaktion KSBL).
2. Prüfen Sie die Planungsübersicht der **Kostenstelle** ENER1###. Sehen Sie sich gegebenenfalls auch die Kostenberichte für die Kostenstellen WART1### und MONT1### an.

Schritt 4: Plantarife ermitteln

Plantarife ermitteln

Im letzten Schritt von Block A ermitteln Sie die Plantarife. Gehen Sie dabei wie beschrieben vor:

1. Folgen Sie dem Menüpfad **Rechnungswesen • Controlling • Kostenstellenrechnung • Planung • Verrechnungen • Tarifermittlung** (Transaktion KSPI).
2. Führen Sie die Tarifermittlung für die **Kostenstellengruppe** ENERGIE### neu aus.
3. Welche Tarife gelten nun für die Wartung und die Montage?

Nach der Bearbeitung von Block A ergibt sich folgende Struktur von Kostenverrechnungen (siehe Abbildung 4.92).

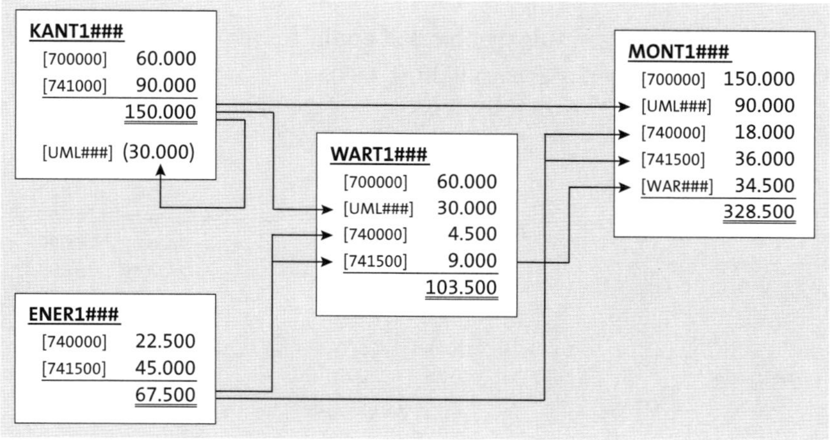

Abbildung 4.92 Kostenverrechnungen nach Aufgabenblock A

Die Tarife ergeben sich wieder aus den Gesamtkosten, geteilt durch die Leistungsausbringung. Für eine Wartungsstunde beträgt dieser nunmehr 57,50 US$. Eine Stunde der Montage-Kostenstelle kostet 54,75 US$.

Block B

Ändern Sie den Umlagezyklus für die Kantinenkosten vom einmaligen zum iterativen Verfahren.

Schritt 5: Plan-Umlage ändern

Setzen Sie für den Umlagezyklus der Kantinenkosten das Kennzeichen **iterativ**:

Plan-Umlage ändern

1. Folgen Sie dem Menüpfad **Rechnungswesen • Controlling • Kostenstellenrechnung • Planung • Verrechnungen • Umlage** (Transaktion KSUB).
2. Ändern Sie das Kennzeichen des **Umlagezyklus** Z1### auf **iterativ**.
3. Führen Sie die Plan-Umlage für **Zyklus** Z1### neu aus.

Schritt 6: Kostenstellenbericht anzeigen

Kostenstellenbericht anzeigen

Lassen Sie sich den Kostenstellenbericht der Kantine wie folgt anzeigen:

1. Folgen Sie dem Menüpfad **Rechnungswesen • Controlling • Kostenstellenrechnung • Infosystem • Berichte zur Kostenstellenrechnung • Kostenstellen: Planungsübersicht** (Transaktion KSBL).
2. Prüfen Sie die Planungsübersicht der **Kostenstelle** `KANT1###`. Sehen Sie sich gegebenenfalls die Kostenberichte für die Kostenstellen `WART1###` und `MONT1###` an.

Nach Bearbeitung von Aufgabenblock B ergibt sich folgende Struktur der Kostenverrechnungen (siehe Abbildung 4.93).

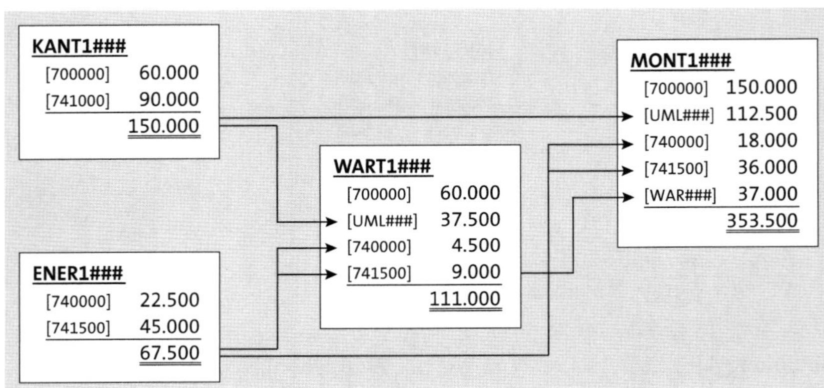

Abbildung 4.93 Kostenverrechnungen nach Aufgabenblock B

Sie sehen, dass die Kantinen-Kostenstelle nun komplett von ihren Kosten entlastet wurde. Somit werden diese nicht von einer Konzernkostenstelle, sondern ab sofort anteilig von ihren Empfängerkostenstellen getragen.

Nehmen Sie im dritten und letzten Aufgabenblock C die Kantine mit in die Verteilung der Stromkosten (nicht der Kosten für Heizöl) von der Energie-Kostenstelle auf. Führen Sie abschließend alle notwendigen Plan-Verrechnungen neu aus.

Block C

Nehmen Sie die Kantine mit einer Grundfläche von 400 m^2 mit in die Verteilung der Stromkosten auf. Erhöhen Sie zunächst die bereits bestehenden Primärkosten für Strom um 6.000 US$. Beachten Sie, dass nur die Stromkosten und nicht die Kosten für Heizöl zusätzlich auf die Kantine verteilt werden, und passen Sie den Verteilungszyklus entsprechend an. Führen Sie alle notwendigen Verrechnungen erneut aus.

Schritt 7: Planung statistische Kennzahl ändern

Planung statistische Kennzahl ändern

Planen Sie die Grundfläche Ihrer Kantine wie folgt:

1. Folgen Sie dem Menüpfad **Rechnungswesen • Controlling • Kostenstellenrechnung • Planung • Statistische Kennzahlen • Ändern** (Transaktion KP46).
2. Pflegen Sie die **Kostenstelle** der Kantine KANT1### für die **statistische Kennzahl** QM### eine Grundfläche von 400 m².

Schritt 8: Primärkostenaufnahme planen

Primärkostenaufnahme planen

Erhöhen Sie als Nächstes die Stromkosten auf der Energie-Kostenstelle:

1. Folgen Sie dem Menüpfad **Rechnungswesen • Controlling • Kostenstellenrechnung • Planung • Kosten/Leistungsaufnahmen • Ändern** (Transaktion KP06).
2. Erhöhen Sie die Planprimärkosten für **Kostenstelle** ENER1### und die **Kostenart** 741500 auf 51.000 US$.

Schritt 9: Plan-Verteilung ändern

Plan-Verteilung ändern

Ändern Sie die Plan-Verteilung, indem Sie wie folgt vorgehen:

1. Folgen Sie dem Menüpfad **Rechnungswesen • Controlling • Kostenstellenrechnung • Planung • Verrechnungen • Verteilung** (Transaktion KSVB).
2. Passen Sie die Sender-Kostenstelle des ersten **Segments** SEG1### von **Verteilungszyklus** Z2### so an, dass nur noch Kosten der **Kostenart** 740000 auf die **Kostenstellengruppe** ENERGIE### verteilt werden.
3. Erzeugen Sie für den **Zyklus** Z2### ein zweites Segment. Verteilen Sie darüber alle Kosten der **Kostenart** 741500 auf **Kostenstelle** ENER1### an die **Kostenstellengruppe** GRUPPE###.
4. Führen Sie die Plan-Verteilung für **Zyklus** Z2### erneut aus.

Schritt 10: Plan-Umlage ändern

Plan-Umlage ändern

Führen Sie die Plan-Umlage für die Kantinenkosten wie folgt neu aus:

1. Folgen Sie dem Menüpfad **Rechnungswesen • Controlling • Kostenstellenrechnung • Planung • Verrechnungen • Umlage** (Transaktion KSUB).
2. Führen Sie die Plan-Umlage für **Zyklus** Z1### neu aus.

Schritt 11: Plantarife ermitteln

Plantarife ermitteln

Im Anschluss ermitteln Sie die Plantarife und analysieren diese:

1. Folgen Sie dem Menüpfad **Rechnungswesen • Controlling • Kostenstellenrechnung • Planung • Verrechnungen • Tarifermittlung** (Transaktion KSPI).

2. Führen Sie die Plantarifermittlung für die **Kostenstellengruppe** ENERGIE### neu aus.
3. Welche Tarife gelten nun für die Wartung und die Montage?

Schritt 12: Kostenstellenbericht anzeigen

Kostenstellenbericht anzeigen

Im letzten Schritt lassen Sie sich die Planungsübersicht der Kostenstellen anzeigen:

1. Folgen Sie dem Menüpfad **Rechnungswesen • Controlling • Kostenstellenrechnung • Infosystem • Berichte zur Kostenstellenrechnung • Kostenstellen: Planungsübersicht** (Transaktion KSBL).
2. Schauen Sie sich abschließend die Planungsübersicht der **Kostenstellen** ENER1###, KANT1###, WART1### und MONT1### an.

Nach Bearbeitung von Aufgabenblock C ergibt sich die folgende finale Kostenverrechnungsstruktur (siehe Abbildung 4.94).

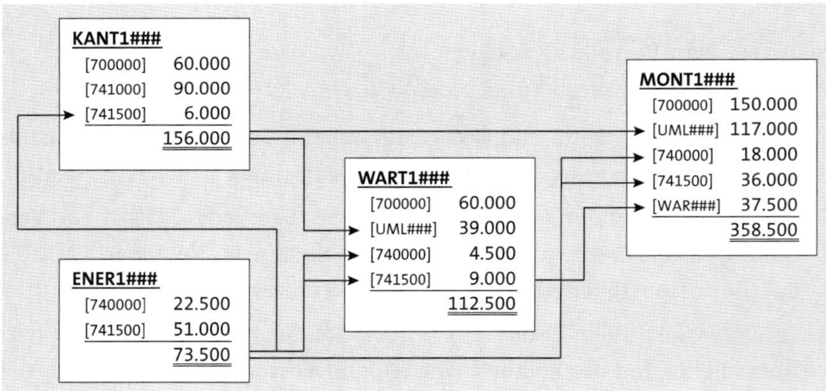

Abbildung 4.94 Kostenverrechnungen nach Aufgabenblock C

Eine Wartungsstunde kostet nun 62,50 US$. Für eine Stunde der Montageabteilung werden 59,25 US$ berechnet.

4.10.4 Praxisfall mit anleitender Fallstudie

Setzen Sie das in Abschnitt 4.10.1 skizzierte Anwendungsszenario in Ihrem SAP-System gemäß der Fallstudie zum Praxisfall CO um. Sie erhalten diese im Downloadbereich zum Buch unter *http://www.sap-press.de/4640*, **Materialien zum Buch**.

Kapitel 5
Produktionsplanung und -steuerung

In diesem Kapitel lernen Sie die Grundfunktionen der Produktionsplanung und -steuerung im SAP-System kennen. Auf die Einführung in die wesentlichen Organisations-, Stamm- und Bewegungsdaten folgt eine Auswahl von Prozessen zur Produktionsplanung und Fertigungssteuerung. Zur Vertiefung des Gelernten führen Sie Übungen, Fallstudien und Praxisfälle im SAP-System durch.

Der Begriff *Produktion* kann prinzipiell auf zwei unterschiedliche Arten verstanden werden. Zum einen bezeichnet die Produktion die Fertigung von Fertigerzeugnissen aus Rohstoffen. Zum anderen kann man die Produktion als Prozess betrachten, der neben der Fertigung auch die notwendigen betriebswirtschaftlichen Entscheidungsprozesse umfasst. Diese Entscheidungsprozesse sind z. B. die *Produktionsplanung*, die *Fertigungssteuerung* und die *Kostenkontrolle*.

Die Produktionsplanung umfasst die Planung, welche Mengen eines Fertigerzeugnisses produziert werden sollen, welche Halbfertigerzeugnisse und Rohstoffe dafür benötigt werden und zu welchen Terminen die Produktion erfolgen soll. Im Gegensatz dazu bezieht sich die Fertigungssteuerung auf die Aufgaben in der Produktion. Die Fertigungssteuerung umfasst die Erzeugung von Fertigungsaufträgen, die Terminierung der Aufträge sowie die Planung von Produktionskapazitäten. Alle Funktionen zur Produktionsplanung und -steuerung sind in SAP ERP in der Komponente *PP* abgebildet.

[!]

Produktionssteuerung und Fertigungssteuerung

In der Literatur werden die Begriffe Produktionssteuerung und Fertigungssteuerung für die gleichen Funktionen in ERP-Systemen verwendet. In diesem Kapitel wird durchgehend der Begriff Fertigungssteuerung verwendet, da dieser auch im Menübaum in SAP ERP verwendet wird.

Dieses Kapitel gibt Ihnen zunächst einen Überblick über die Grundbegriffe in der Produktion. Darauf folgt eine Einführung in die betrieblichen Aufgaben, Akteure und Prozesse in der Produktionsplanung und -steuerung (siehe Abschnitt 5.2). Anschließend werden die in SAP ERP in der Komponente PP verwendeten Organisationsdaten (siehe Abschnitt 5.3), Stammdaten (siehe Abschnitt 5.4), Bewegungsdaten (siehe Abschnitt 5.5) und Prozesse (siehe Abschnitt 5.6) erläutert. Zur Vertiefung der erworbenen Kenntnisse schließt das Kapitel mit einer Analyse der UCC-Fallstudie (siehe Abschnitt 5.7) und vertieft das erworbene Wissen anhand eines Praxisfalls (siehe Abschnitt 5.8).

5.1 Grundbegriffe der Produktion

Produktionstypen

Um die verschiedenen Funktionen der Komponente PP richtig einordnen zu können, ist es zunächst wichtig, grundlegende Begriffe von Produktionssystemen zu verstehen. Produktionsprozesse können entweder durch Prognosen (siehe Abschnitt 5.6.1) oder durch Kundenaufträge (siehe Kapitel 2, »Vertrieb«) ausgelöst werden. Abhängig davon, an welchem Punkt der Übergang von einer *prognosegetriebenen* in eine *auftragsgetriebene* Produktion erfolgt, werden verschiedene *Produktionstypen* unterschieden (siehe Abbildung 5.1). Der Punkt, an dem der Übergang von einer prognosegetriebenen in eine auftragsgetriebene Produktion erfolgt, wird als *Kundenauftragsentkopplungspunkt* (engl. *Order Penetration Point*) bezeichnet.

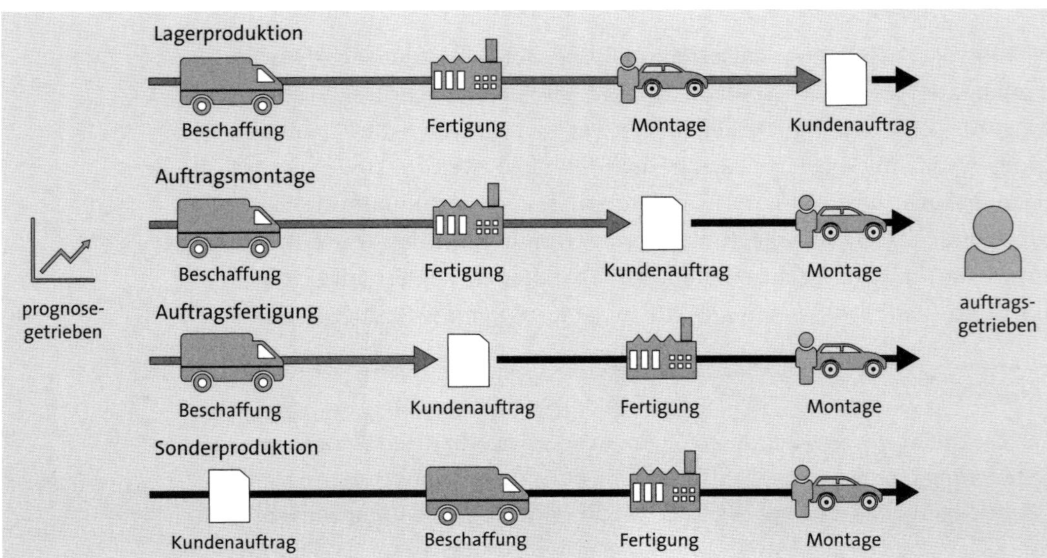

Abbildung 5.1 Produktionstypen

Lagerproduktion

Wie in Abbildung 5.1 dargestellt, ist die *Lagerproduktion*, auch Make-to-Stock genannt, ein rein prognosegetriebener Produktionstyp. Kundenaufträge werden im Rahmen der Produktion nicht berücksichtigt. Es werden somit standardisierte Produkte ohne kundenspezifische Ausprägungen produziert.

Auftragsmontage

Die *Auftragsmontage*, auch Assemble-to-Order, ist eine Mischform aus prognose- und auftragsgetriebener Produktion. Bei dieser Art der Produktion werden Teile oder Baugruppen prognosegetrieben produziert. Die abschließende Montage der Produkte erfolgt nach Eingang des Kundenauftrags. Somit können kundenspezifische Ausprägungen im Produkt berücksichtigt werden. Ein Beispiel für die Auftragsmontage ist die Automobilproduktion. Hier werden die fertigen Fahrzeuge entsprechend der vom Kunden gewünschten Ausstattungsvariante montiert.

Auftragsfertigung

Im Gegensatz zur Auftragsmontage erfolgt bei der *Auftragsfertigung*, auch Make-to-Order, nicht nur die Montage, sondern auch die Fertigung der Baugruppen auf Basis eines Kundenauftrags. Wie aus Abbildung 5.1 ersichtlich, erfolgt bei der Auftragsfertigung lediglich die Beschaffung der Materialien prognosebasiert.

Sonderproduktion

Im Fall der *Sonderproduktion* wird sogar die Beschaffung bestimmter Materialien erst auf Basis eines Kundenauftrags durchgeführt.

Die *Losgröße* dient der Unterscheidung des *Prozesstyps* in der Produktion. Die Losgröße ist die Anzahl der gleichen Produkte, die nacheinander produziert werden. Abbildung 5.2 zeigt eine hierarchische Darstellung der verschiedenen Prozesstypen. Bei der *Einzelproduktion* beträgt die Losgröße eins. In der Regel müssen in der Einzelproduktion die Betriebsmittel (z. B. Produktionsmaschinen) nach jedem Produkt umgerüstet werden.

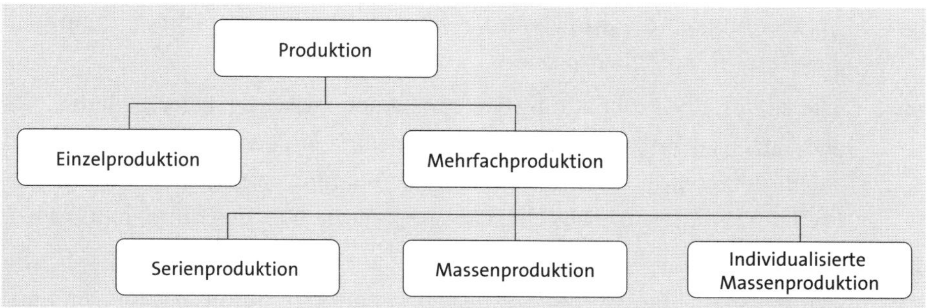

Abbildung 5.2 Klassifikation von Prozesstypen der Produktion

Einzelproduktion

Die Einzelproduktion ist in Abbildung 5.3 anhand verschiedener Fahrzeuge dargestellt. Von jedem Fahrzeug wird immer nur eines produziert. Dieser Prozesstyp eignet sich z. B. für die Herstellung von Sondermaschinen.

Mehrfachproduktion

Im Unterschied zur Einzelproduktion wird bei der *Mehrfachproduktion* das gleiche Produkt mehrfach produziert. Die Mehrfachproduktion kann in die

Serienproduktion und die *Massenproduktion* unterteilt werden. Bei der Serienproduktion werden standardisierte Produkte mit kundenspezifischen Merkmalen hergestellt. Die Losgröße ist zu Produktionsbeginn festgelegt. Nach jedem Los werden die Betriebsmittel umgerüstet und dann die nächste Serie produziert. Dagegen ist bei der Massenproduktion zu Produktionsbeginn keine Losgröße festgelegt (siehe Abbildung 5.3).

Eine Mischung aus Einzel- und Mehrfachproduktion stellt die *individualisierte* Massenproduktion dar, auch *Mass-Customization* genannt. Hierbei werden Produkte im Sinne einer Massenproduktion herstellt. Diese Produkte können jedoch im Rahmen von vorgegebenen Auswahlmöglichkeiten individualisiert werden.

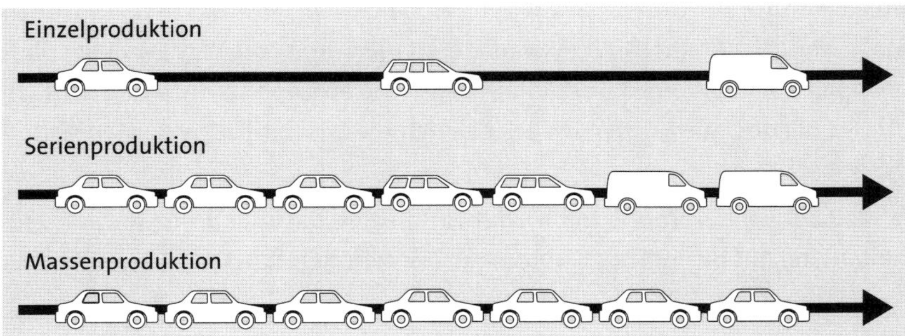

Abbildung 5.3 Vergleich verschiedener Prozesstypen der Produktion

Bedarfsart Ein weiterer Grundbegriff im Bereich Produktionsplanung und -steuerung ist die *Bedarfsart*. Im Rahmen der Produktionsplanung erfolgt auch eine Planung der für die Produktion notwendigen Roh- und Betriebsstoffe. Dieser Planungsschritt wird als *Materialbedarfsplanung* bezeichnet (siehe auch Kapitel 3, »Materialwirtschaft«).

Primärbedarf Die Materialbedarfsplanung unterscheidet zwischen verschiedenen Bedarfsarten (siehe Abbildung 5.4). Der *Primärbedarf* beschreibt den Bedarf an zu produzierenden Fertigerzeugnissen. Abhängig vom Produktionstyp entstehen Primärbedarfe aus einer Absatzplanung oder aus Kundenaufträgen.

Sekundärbedarfe Zur Produktion der Fertigerzeugnisse werden bestimmte Mengen von Halbfertigerzeugnissen und Rohstoffen benötigt. Somit ergeben sich aus dem Primärbedarf an Fertigerzeugnissen *Sekundärbedarfe* an Halbfertigerzeugnissen und Rohstoffen. Abhängig davon, ob die Halbfertigerzeugnisse produziert oder beschafft werden, können sich weitere Sekundärbedarfe an Halbfertigerzeugnissen und Rohstoffen ergeben.

Über die Sekundärbedarfe lassen sich schließlich die für die Produktion notwendigen Bedarfe an Hilfs- und Betriebsstoffen ermitteln. Diese Bedarfe werden als *Tertiärbedarfe* bezeichnet.

Tertiärbedarf

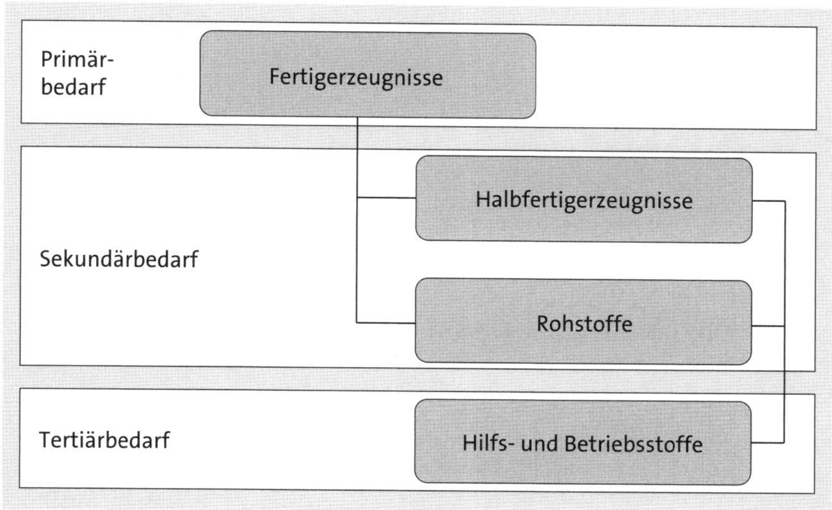

Abbildung 5.4 Verschiedene Bedarfsarten in der Bedarfsplanung

Für alle genannten Bedarfe wird im Rahmen der Materialbedarfsplanung zwischen *Bruttobedarf* und *Nettobedarf* unterschieden. Der Bruttobedarf ist dabei der aus der Absatzplanung oder aus Kundenaufträgen resultierende Bedarf eines Materials. Bei der Berechnung des Bruttobedarfs werden z. B. keine Lagerbestände berücksichtigt. Der Nettobedarf ergibt sich auf Basis eines Bruttobedarfs, indem z. B. existierende Lagerbestände oder zusätzliche Bedarfe zur Durchführung von Qualitätssicherungsmaßnahmen berücksichtig werden (siehe Abschnitt 5.6.3).

Brutto- und Nettobedarf

5.2 Betriebliche Aufgaben und Akteure

Die notwendigen Aufgaben zur Planung und Steuerung von Produktionsprozessen sind im *Aachener PPS-Modell* (PPS = Produktionsplanung und -steuerung) zusammengefasst (siehe Abbildung 5.5). Die Datenverwaltung bildet die Grundlage der verschiedenen Prozesse in diesem Modell. Sie enthält alle für Planung und Steuerung der Produktionsprozesse notwendigen Daten, wie z. B. Daten zu Produkten, Lagerbeständen von Rohstoffen oder verfügbaren Produktionsmaschinen.

Aachener PPS-Modell

Als *Kernaufgaben* sind die Produktionsprogrammplanung, die Produktionsbedarfsplanung, die Fremdbezugsplanung und -steuerung sowie die Ei-

Produktionsaufgaben

genfertigungsplanung und -steuerung definiert. Notwendige *Querschnittsaufgaben* sind das Auftragsmanagement, das Bestandsmanagement und das Controlling. Die *Netzaufgaben* beziehen sich auf die strategische Planung in verteilten Produktionsnetzwerken.

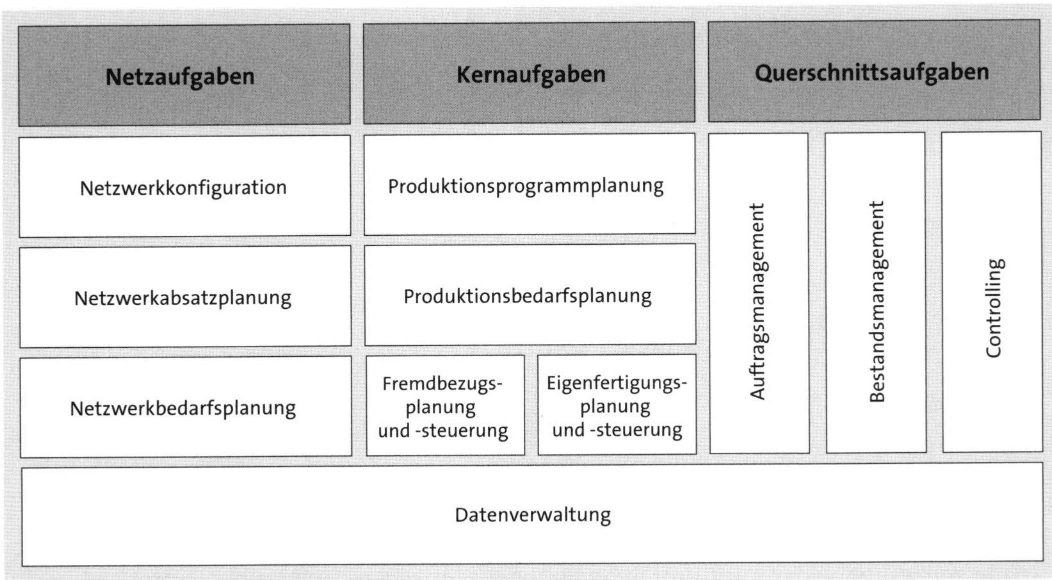

Abbildung 5.5 Das Aachener PPS-Modell

SAP-Easy-Access-Menüstruktur

In SAP ERP sind die Funktionen zur Durchführung der Kernaufgaben in der Komponente PP abgebildet. Ein Blick ins SAP-ERP-System weist eine zum Aachener PPS-Modell ähnliche Strukturierung der Transaktionen in der Komponente PP auf. Abbildung 5.6 zeigt den Knoten **Logistik • Produktion** des SAP-Easy-Access-Menüs.

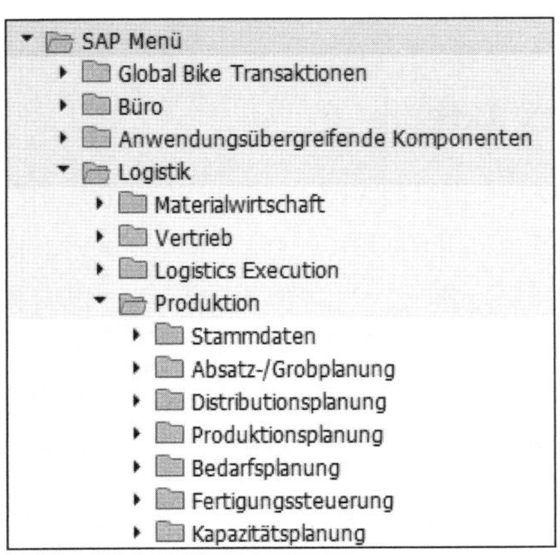

Abbildung 5.6 SAP-Easy-Access-Menü für die Komponente PP

Die Datenverwaltung im Aachener PPS-Modell entspricht den Transaktionen im Ordner **Stammdaten**. Die Transaktionen zur Produktionsprogrammplanung sind im Ordner **Absatz-/Grobplanung** zu finden. Transaktionen zur Produktionsbedarfsplanung finden sich im Ordner **Bedarfsplanung** und Transaktionen zur Eigenfertigungsplanung und -steuerung im Ordner **Fertigungssteuerung**.

Die Funktionen zur Fremdbezugsplanung und -steuerung sind in der Komponente MM abgebildet und wurden in Kapitel 3, »Materialwirtschaft«, vorgestellt. Die Funktionen zum Controlling sind in der Komponente CO abgebildet (siehe Kapitel 4, »Rechnungswesen«).

Produktion bei Global Bike

Im Global-Bike-Konzern erfolgt die Produktion der Fahrräder in den Werken Dallas und Heidelberg. Global Bike verwendet den Produktionstyp Lagerproduktion. Auf der Basis historischer Verkaufsdaten erfolgt bei Global Bike eine Absatzgrobplanung für einzelne Produktgruppen. In Produktgruppen werden ähnliche Produkte für Planungsaufgaben zusammengefasst. Die Produktion ist bei Global Bike als Serienproduktion organisiert. Von jedem Fahrrad wird die aus der Absatz- und Produktionsgrobplanung resultierende Menge für einen bestimmten Zeitraum produziert. Global Bike bietet seinen Kunden keine Möglichkeiten zur Definition kundenindividueller Merkmale der Produkte. Im Folgenden werden der bei Global Bike verwendete Produktionsplanungsprozess und der Fertigungssteuerungsprozess genauer beschrieben.

[!]

Produktionsplanungs- und der Fertigungssteuerungsprozess bei Global Bike

An dieser Stelle sei darauf hingewiesen, dass es sich bei der folgenden Beschreibung nur um eine mögliche Ausprägung der Prozesse handelt. Abhängig von Produktionstyp und Produktionsprozess sind abweichende Prozessvarianten möglich.

Produktionsplanungsprozess

Abbildung 5.7 zeigt den bei Global Bike verwendeten *Produktionsplanungsprozess*. Zunächst werden die für die Produktionsplanung notwendigen Stammdaten gepflegt. Dieser Schritt umfasst bei Global Bike die Pflege der Produktgruppen, Materialien, Stücklisten und der Arbeitspläne. Im nächsten Schritt erfolgt eine *Absatzplanung* für eine Produktgruppe basierend auf historischen Verbräuchen der in der Produktgruppe enthaltenen Materialien (hier Fahrräder). Auf Basis dieser Absatzplanung wird ein *Produktionsgrobplan* für die Produktgruppe erstellt. Im nächsten Schritt wird der Produktionsgrobplan in die *Programmplanung* überführt. Das Ergebnis der Überführung sind Primärbedarfe der in der Produktgruppe enthaltenen

Materialien (siehe Abschnitt 5.5.1). Der letzte Schritt des Produktionsplanungsprozesses ist die Durchführung der Bedarfsplanung für die zu produzierenden Materialien. Hieraus ergeben sich dann *Planaufträge*. Diese stellen einen Beschaffungsvorschlag für ein bestimmtes Material dar. Im Rahmen der Fertigungssteuerung werden die Planaufträge in Fertigungsaufträge überführt.

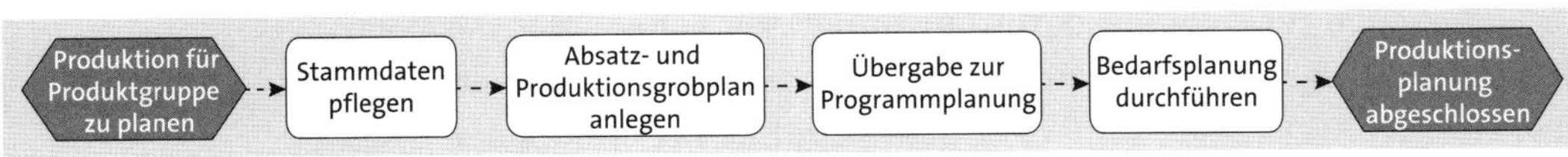

Abbildung 5.7 Erweiterter Produktionsplanungsprozess bei Global Bike

Fertigungssteuerungsprozess

Der Prozess der Fertigungssteuerung ist in Abbildung 5.8 dargestellt. Wie beschrieben, ergeben sich aus der Materialbedarfsplanung Planaufträge. Für die von Global Bike selbst produzierten Materialien werden im ersten Schritt der Fertigungssteuerung Planaufträge in *Fertigungsaufträge* umgewandelt. Im Rahmen der Fertigungssteuerung ist der Fertigungsauftrag das zentrale Bewegungsdatum. Sobald ein Fertigungsauftrag existiert und freigegeben ist, kann mit der Fertigung begonnen werden. Hierzu werden Rohstoffe und Halbfertigfabrikate benötigt. Für die notwendigen Rohstoffe und Halbfertigfabrikate werden *Warenausgänge* zu diesem Fertigungsauftrag gebucht. Der nächste Schritt ist die Produktion der Materialien. Die Steuerung der Produktion erfolgt außerhalb von SAP ERP. Aus diesem Grund findet sich keine entsprechende Aktivität in Abbildung 5.8. Am Ende der einzelnen Produktionsschritte erfolgt eine *Rückmeldung* über die abgeschlossene (oder teilabgeschlossene) Fertigung und die dabei tatsächlich benötigten Ressourcen. Sobald die Materialien produziert sind, erfolgt die Buchung des *Wareneingangs* zum Fertigungsauftrag. Der Prozess endet mit der *Abrechnung* der Kosten des Fertigungsauftrags.

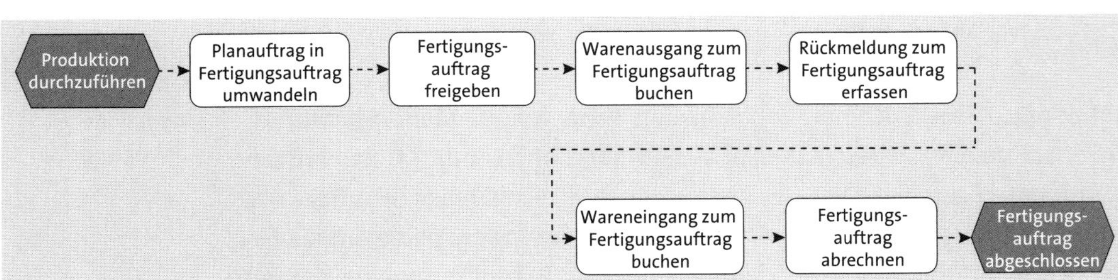

Abbildung 5.8 Fertigungssteuerungsprozess bei Global Bike

5.3 Organisationsdaten

Im Folgenden werden die für die Produktionsplanung und -steuerung wesentlichen *Organisationseinheiten* vorgestellt. Wie in den vorherigen Kapiteln erfolgt die Vorstellung am Beispiel der Unternehmensstrukturen von Global Bike.

Der *Mandant* bildet die oberste Hierarchieebene und stellt eine für sich handelsrechtlich, organisatorisch und datentechnisch abgeschlossene Einheit innerhalb des SAP-Systems dar. Auf der nächsten Ebene befindet sich mit dem *Buchungskreis* die kleinste Organisationseinheit, für die eine abgeschlossene Finanzbuchhaltung existiert. Standorte des Unternehmens werden in SAP ERP durch *Werke* repräsentiert. Insbesondere gehören hierzu auch die Betriebsstätten für die Produktion. Innerhalb der Werke existieren *Lagerorte*. Für eine detaillierte Beschreibung dieser Organisationseinheiten siehe Kapitel 1, »Grundlagen«, sowie Kapitel 3, »Materialwirtschaft«.

Über die zuvor beschriebenen Organisationseinheiten hinaus existieren in der Komponente PP keine zusätzlichen Organisationseinheiten. Häufig wird der *Arbeitsplatz*, jene Organisationseinheit, an der Produktionsschritte im Rahmen der Produktion durchgeführt werden, auch zu den Organisationsdaten gezählt. In SAP ERP gehört der Arbeitsplatz jedoch zu den Stammdaten und wird in Abschnitt 5.4.4 dargestellt.

5.4 Stammdaten

Wie in Kapitel 1, »Grundlagen«, beschrieben, stellen die Stammdaten die Basis für die Durchführung der Prozesse in SAP ERP dar. Die Grundlage des Produktionsplanungs- und Fertigungssteuerungsprozesses bildet das *Material*. Das Material repräsentiert in SAP ERP sowohl die in der Produktion hergestellten Fertigerzeugnisse als auch die dafür notwendigen Halbfertigerzeugnisse und Rohstoffe. Aus welchen Komponenten ein Material besteht, wird durch die *Stückliste* definiert (siehe Abschnitt 5.4.2). Materialien können für die Produktionsplanung in *Produktgruppen* zusammengefasst werden (siehe Abschnitt 5.4.3). Arbeitsplätze beschreiben Orte, an denen Tätigkeiten ausgeführt werden. Arbeitsplätzen sind zudem *Kapazitäten* (siehe Abschnitt 5.4.4) für die Produktion zugeordnet. Das zentrale Stammdatum in der Produktionsplanung und -steuerung sind die *Arbeitspläne* (siehe Abschnitt 5.4.5). Diese stellen eine Verbindung zwischen den Materialien und den Arbeitsplätzen her und beschreiben die zur Produktion eines Materials notwendigen Schritte.

In den nachfolgenden Abschnitten werden die zuvor kurz erwähnten Stammdaten detailliert beschrieben.

5.4.1 Material

Materialien wurden bereits in Abschnitt 1.4.2, »Stammdaten«, eingeführt. In Kapitel 3, »Materialwirtschaft«, wurden weitere Details zum Material erläutert. Dort wurden insbesondere auch die Dispositionssichten (**Disposition 1** und **Disposition 2**) und die darauf dargestellten Daten erklärt. Diese Sichten des Materials werden an dieser Stelle nicht wiederholt.

Sicht »Prognose«

Zusätzlich ist für die Komponenten PP noch die Sicht **Prognose** des Materials relevant. Diese enthält Daten, die bei der Erstellung der Absatzprognose verwendet werden (siehe Abbildung 5.7). Die Sicht **Prognose** ist in Abbildung 5.9 dargestellt.

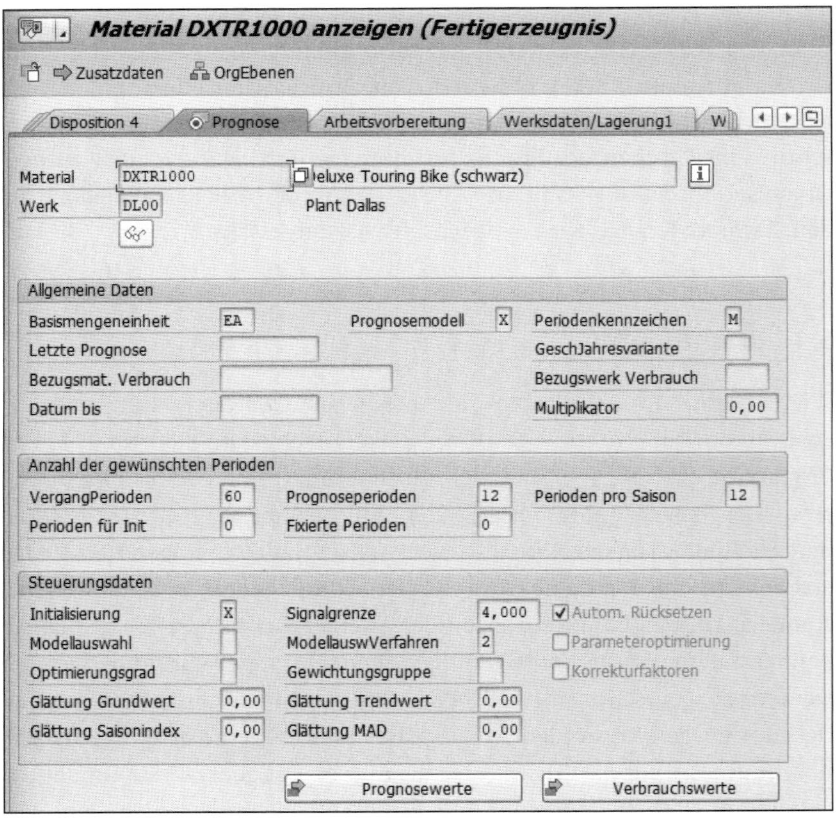

Abbildung 5.9 Sicht »Prognose« des Deluxe Touring Bikes (schwarz) im Werk Dallas (Transaktion MM03)

Im Bereich **Allgemeine Daten** befindet sich die Auswahl des verwendeten Prognosemodells. Im Beispiel wird für das Deluxe Touring Bike (schwarz) das Trendsaisonmodell (Wert X im Feld **Prognosemodell**) verwendet. Das **Periodenkennzeichen** legt fest, in welchen Intervallen Verbrauchs- und Prognosewerte für ein Material geführt werden. Im Beispiel ist als Periode »monatlich« ausgewählt.

Im Bereich **Anzahl der gewünschten Perioden** wird festgelegt, wie viele Perioden in der Vergangenheit als Basis für eine Prognose verwendet werden (**VergangPerioden**), wie viele Perioden prognostiziert werden sollen (**Prognoseperioden**) und aus wie vielen Perioden eine Saison besteht (**Perioden pro Saison**). Im Bereich **Steuerungsdaten** sind Parameter zur Anpassung des verwendeten Prognosemodells enthalten.

[«]

Verfügbare Prognosemodelle

Eine ausführliche Beschreibung der verfügbaren Prognosemodelle übersteigt den Rahmen dieser Einführung. Detaillierte Informationen zu den Prognosemodellen und den verfügbaren Parametern sind in der SAP Dokumentation zur Komponente PP zu finden.

Über den Button **Verbrauchswerte** können die historischen Verbrauchswerte zu einem Material angezeigt werden.

5.4.2 Stückliste

Im Buch »Einführung in die Betriebswirtschaftslehre« von D. Vahs und J. Schäfer-Kunz (Schäffer-Poeschel 2015) werden *Stücklisten* als ein tabellarisches Verzeichnis definiert, das die Struktur und die Mengen an Baugruppen und Einzelteilen beschreibt, aus denen ein *Erzeugnis* besteht. Ein Erzeugnis ist in dieser Definition sehr weit gefasst und kann z. B. ein Produkt des Unternehmens, aber auch ein komplexes Dokument beschreiben.

Typen von Stücklisten

Aus diesem Grund existieren in SAP ERP verschiedene Typen von Stücklisten. Stücklisten für Materialien werden in SAP ERP als *Materialstücklisten* bezeichnet. Die Materialstückliste beschreibt den Aufbau eines Materials aus anderen Materialien. Daneben existieren z. B. noch *Dokumentenstücklisten*, um den Aufbau komplexer Dokumente zu beschreiben, oder *Auftragsstücklisten* für auftragsspezifische Stücklisten. Auftragsstücklisten kommen in der Auftragsfertigung zum Einsatz. Die Beschreibung der Stückliste in diesem Abschnitt beschränkt sich auf Materialstücklisten. Die beschriebenen Eigenschaften und Funktionen sind aber weitestgehend auf alle Stücklistentypen übertragbar.

Stückliste anzeigen

Abbildung 5.10 zeigt den Aufbau der Stückliste für das Deluxe Touring Bike (schwarz) im Werk Dallas (DL00) in der Transaktion CS02 (Materialstückliste ändern). Diese Transaktion ist auch über den Menüpfad **Logistik • Produktion • Stammdaten • Stückliste • Materialstückliste • Ändern** erreichbar.

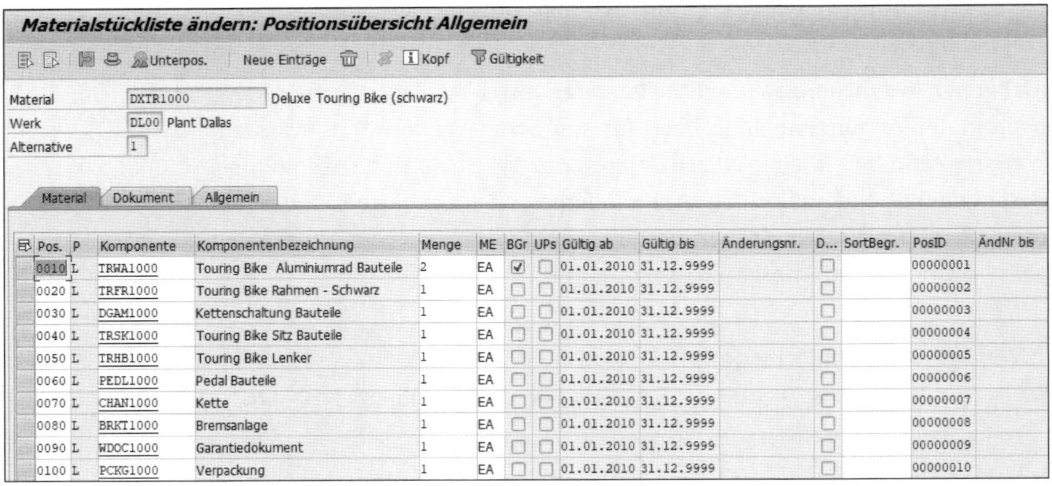

Pos.	P	Komponente	Komponentenbezeichnung	Menge	ME	BGr	UPs	Gültig ab	Gültig bis	Änderungsnr.	D...	SortBegr.	PosID	ÄndNr bis
0010	L	TRWA1000	Touring Bike Aluminiumrad Bauteile	2	EA	☑	☐	01.01.2010	31.12.9999		☐		00000001	
0020	L	TRFR1000	Touring Bike Rahmen - Schwarz	1	EA	☐	☐	01.01.2010	31.12.9999		☐		00000002	
0030	L	DGAM1000	Kettenschaltung Bauteile	1	EA	☐	☐	01.01.2010	31.12.9999		☐		00000003	
0040	L	TRSK1000	Touring Bike Sitz Bauteile	1	EA	☐	☐	01.01.2010	31.12.9999		☐		00000004	
0050	L	TRHB1000	Touring Bike Lenker	1	EA	☐	☐	01.01.2010	31.12.9999		☐		00000005	
0060	L	PEDL1000	Pedal Bauteile	1	EA	☐	☐	01.01.2010	31.12.9999		☐		00000006	
0070	L	CHAN1000	Kette	1	EA	☐	☐	01.01.2010	31.12.9999		☐		00000007	
0080	L	BRKT1000	Bremsanlage	1	EA	☐	☐	01.01.2010	31.12.9999		☐		00000008	
0090	L	WDOC1000	Garantiedokument	1	EA	☐	☐	01.01.2010	31.12.9999		☐		00000009	
0100	L	PCKG1000	Verpackung	1	EA	☐	☐	01.01.2010	31.12.9999		☐		00000010	

Abbildung 5.10 Stückliste des Deluxe Touring Bikes (schwarz) im Werk Dallas (Transaktion CS02)

Eine Stückliste wird über das Material, dem die Stückliste zugeordnet ist (im Beispiel DXTR1000), das Werk sowie die Stücklistenverwendung definiert (nur in der Einstiegsmaske der Transaktion CS02, nicht jedoch in Abbildung 5.10 zu sehen). Über die Stücklistenverwendung wird festgelegt, in welchen Prozessen die Stückliste verwendet werden kann. Dies ermöglicht beispielsweise, unterschiedliche Stücklisten für die Fertigung und in der Kalkulation zu verwenden. Bei Global Bike werden ausschließlich Stücklisten mit der Stücklistenverwendung »Fertigung« eingesetzt.

Positionen einer Stückliste

Wie in Abbildung 5.10 zu sehen ist, enthält eine Stückliste eine Liste von Positionen. Jede Position beschreibt eine Komponente, aus der das Material aufgebaut ist. Die Beschreibung einer Position enthält eine Reihe von Angaben: den *Positionstyp*, die Materialnummer der **Komponente**, die **Komponentenbezeichnung**, die **Menge** und die Mengeneinheit **ME**. Der Positionstyp steuert, welche Art von Objekten in der Position der Stückliste enthalten sein kann. Im Beispiel wird nur der Positionstyp L verwendet. Dieser steht für eine Lagerposition, also für ein Material, für das eine Bestandsführung erfolgt.

Ein- und mehrstufige Stücklisten

In Abbildung 5.10 ist außerdem zu erkennen, dass Stücklisten in SAP ERP immer *einstufig* aufgebaut sind. Alle Positionen der Stückliste befinden sich auf der gleichen Hierarchieebene. In der Praxis sind Stücklisten meist mehrstufig aufgebaut. Abbildung 5.11 zeigt eine Explosionszeichnung des Deluxe Touring Bikes (schwarz). In dieser sind die verschiedenen Komponenten dargestellt, aus denen das Fahrrad aufgebaut ist. Insbesondere werden für ein Fahrrad zwei Räder (Vorderrad und Hinterrad) benötigt, die ebenfalls wieder aus Komponenten aufgebaut sind. Somit ist die Stückliste für das Deluxe Touring Bike (schwarz) zweistufig. Auf der obersten Ebene befinden sich die Komponenten, aus denen das Fahrrad aufgebaut ist. Auf der darunterliegenden Ebene die Komponenten, aus denen die Räder bestehen.

Abbildung 5.11 Explosionszeichnung des Deluxe Touring Bikes (schwarz, Quelle: F. Bäuerle 2019)

Um *mehrstufige* Stücklisten abzubilden, werden in SAP ERP einstufige Stücklisten miteinander verknüpft. Diese Verknüpfung erfolgt, indem ein Material, für das eine Stückliste existiert, selbst in einer Stückliste als Komponente verwendet wird.

Baugruppe

Die Stückliste für das Deluxe Touring Bike (schwarz) enthält die Komponente Touring Bike Aluminiumrad Bauteile (TRWA1000). Für dieses Material existiert eine eigene Stückliste. In Abbildung 5.10 ist diese Tatsache an dem Haken in der Spalte *Baugruppe* (**BGr**) zu erkennen.

Die hierarchische Struktur einer Stückliste kann über die Transaktion CSMB (Materialstücklistenbrowser) angezeigt werden. Der Materialstücklistenbrowser ist auch über den Menüpfad **Logistik • Produktion • Stammdaten • Stückliste • Materialstückliste • Mehrstufig** zu erreichen. Abbildung 5.12 zeigt den hierarchischen Aufbau der Stückliste für das Deluxe Touring Bike (schwarz). In der Abbildung ist zu sehen, dass die Position **0010** der Stückliste eine Baugruppe ist, für die wiederum eine Stückliste existiert.

Unterhalb der Position 0010 ist der Aufbau der Stückliste für diese Baugruppe zu sehen.

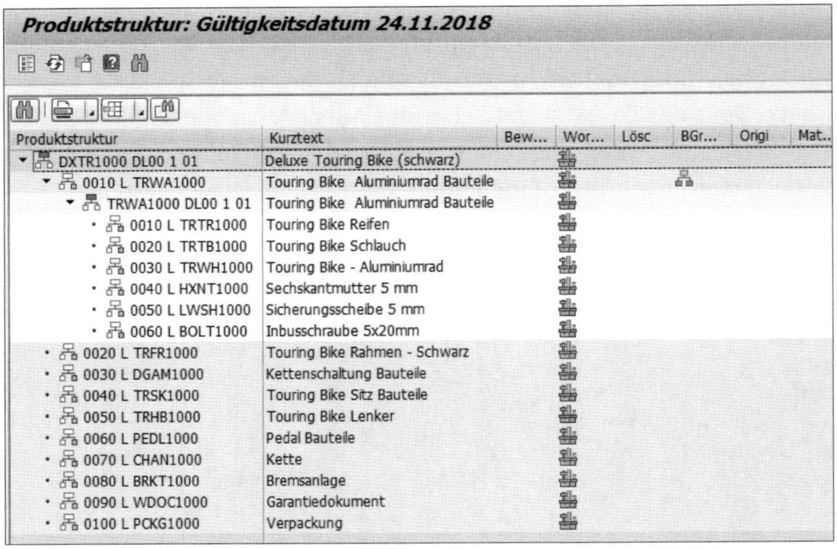

Abbildung 5.12 Aus zwei einstufigen Stücklisten aufgebaute zweistufige Stückliste des Deluxe Touring Bikes (schwarz) (Transaktion CSMB)

Transaktionen zur Verwaltung von Materialstücklisten

Tabelle 5.1 gibt einen Überblick über die wichtigsten Transaktionen zur Verwaltung von Materialstücklisten.

Transaktion	Name	Menüpfad
CS01	Materialstückliste anlegen	**Logistik • Produktion • Stammdaten • Stückliste • Materialstückliste • Anlegen**
CS02	Materialstückliste ändern	**Logistik • Produktion • Stammdaten • Stückliste • Materialstückliste • Ändern**
CS03	Materialstückliste anzeigen	**Logistik • Produktion • Stammdaten • Stückliste • Materialstückliste • Anzeigen**
CSMB	Materialstücklistenbrowser	**Logistik • Produktion • Stammdaten • Stückliste • Materialstückliste • Mehrstufig • Materialstücklistenbrowser**
CS11	Baukasten mehrstufig	**Logistik • Produktion • Stammdaten • Stückliste • Auswertung • Stücklistenauflösung • Materialstückliste**
CS15	Verwendung Material	**Logistik • Produktion • Stammdaten • Stückliste • Auswertung • Verwendung**

Tabelle 5.1 Auswahl von Transaktionen zur Verwaltung von Materialstücklisten

5.4.3 Produktgruppe

In Abschnitt 5.2 wurde ein Überblick über den erweiterten Produktionsplanungsprozess bei Global Bike gegeben. Ein Schritt des Produktionsplanungsprozesses ist die Absatz- und Produktionsgrobplanung. Diese kann in SAP ERP auf aggregierter Ebene unter Verwendung von Produktgruppen erfolgen.

Abbildung 5.13 zeigt exemplarisch die Produktgruppe Deluxe Touring Bike (PG-DXTR000) im Werk Dallas (DL00) in der Transaktion MC85 (Produktgruppe anzeigen). Diese Transaktion ist über den Menüpfad **Logistik • Produktion • Absatz-/Grobplanung • Produktgruppe • Anzeigen** erreichbar. In der Abbildung erkennen Sie, dass Produktgruppen recht einfach aufgebaute Stammdaten sind. Neben den Kopfdaten, die aus dem Namen der **Produktgruppe**, dem **Werk** und der Basismengeneinheit (**Basis-ME**) besteht, enthält die Produktgruppe eine Liste der enthaltenen Mitglieder.

Mitglieder

Die Liste der Mitglieder einer Produktgruppe ist eine einfach aufgebaute Tabelle. Neben der Nummer der Mitglieder (**Nummer Mitgl.**) und dem **Werk** sind insbesondere die prozentualen Anteile der Mitglieder an der Produktgruppe wichtig. In Abbildung 5.13 ist zu sehen, dass die **Produktgruppe** PG-DXTR000 die drei Mitglieder DXTR1000, DXTR2000 und DXTR3000 enthält, also die Deluxe Touring Bikes in den Farben Schwarz, Silber und Rot. Das Material DXTR1000 hat einen **Anteil** von 40 % an der Produktgruppe, die Materialien DXTR2000 und DXTR3000 jeweils von 30 %.

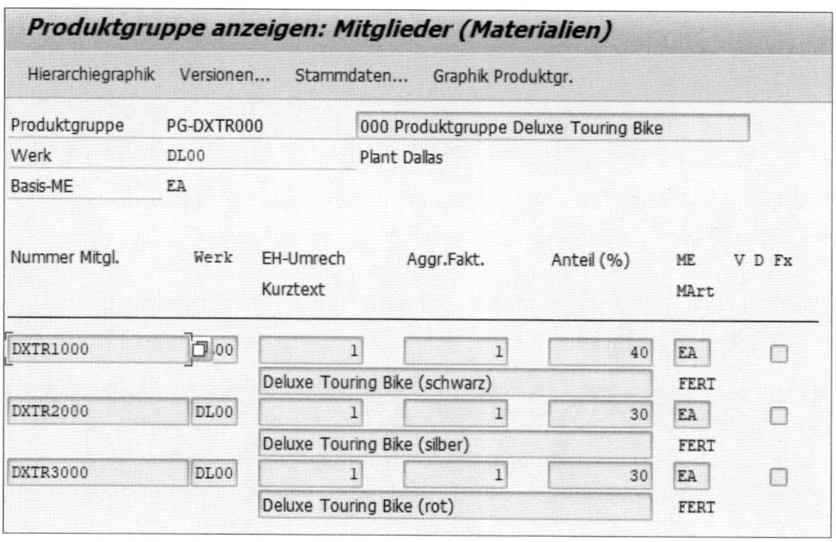

Abbildung 5.13 Produktgruppe Deluxe Touring Bike im Werk Dallas (Transaktion MC85)

Mitglieder einer Produktgruppe können Materialien oder andere Produktgruppen sein. Somit lassen sich mehrstufige Hierarchien von Produktgruppen aufbauen. In Abbildung 5.14 ist ein Ausschnitt aus der Hierarchie der Produktgruppen bei Global Bike dargestellt. Man erkennt, dass die Produktgruppe PG-DXTR000 nur Materialien enthält, nämlich die Deluxe Touring Bikes DXTR1000, DXTR2000 und DXTR3000. Die Produktgruppe PG-DXTR000 ist selbst Teil der Produktgruppe Touring Bikes (PG-TRBK000). Diese Produktgruppe enthält neben den Deluxe Touring Bikes auch die Produktgruppe Profi Touring Bikes (PG-PRTR000). Die Produktgruppe PG-TRBK000 selbst ist wiederum in der Produktgruppe Fahrräder (PG-BIKE000) enthalten. Die Produktgruppe PG-BIKE000 bildet den Wurzelknoten der Hierarchie und umfasst alle von Global Bike hergestellten Fahrräder inklusive der Offroad Bikes, die in der Produktgruppe Mountainbikes (PG-ORBK000) zusammengefasst sind.

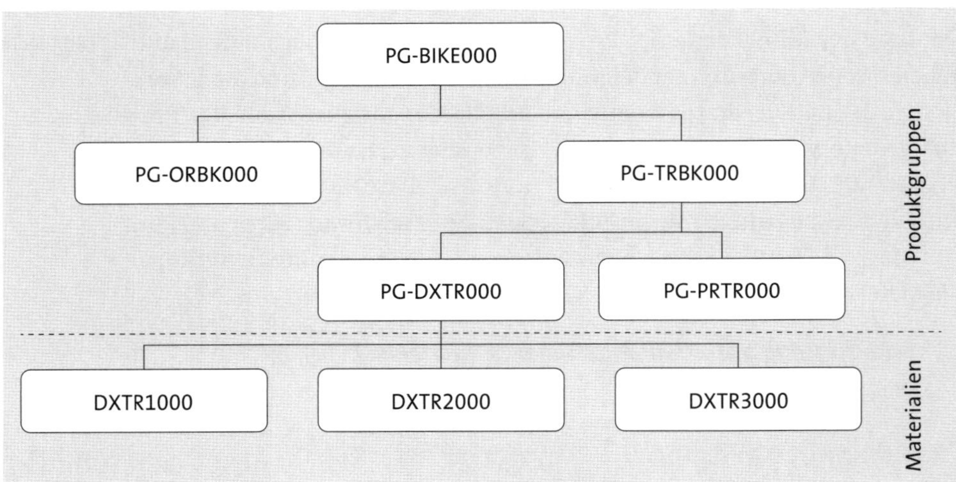

Abbildung 5.14 Ausschnitt aus der Hierarchie der Produktgruppen bei Global Bike

Transaktionen zur Verwaltung von Produktgruppen

Die wichtigsten Transaktionen zur Verwaltung von Produktgruppen sind in Tabelle 5.2 dargestellt.

Transaktion	Name	Menüpfad
MC84	Produktgruppe anlegen	**Logistik • Produktion • Absatz-/Grobplanung • Produktgruppe • Anlegen**
MC86	Produktgruppe ändern	**Logistik • Produktion • Absatz-/Grobplanung • Produktgruppe • Ändern**

Tabelle 5.2 Auswahl von Transaktionen zur Verwaltung von Produktgruppen

Transaktion	Name	Menüpfad
MC85	Produktgruppe anzeigen	**Logistik • Produktion • Absatz-/Grobplanung • Produktgruppe • Anzeigen**
MC91	Hierarchiegrafik Produktgruppe	**Logistik • Produktion • Absatz-/Grobplanung • Produktgruppe • Graphik • Produktgruppe**

Tabelle 5.2 Auswahl von Transaktionen zur Verwaltung von Produktgruppen (Forts.)

5.4.4 Arbeitsplatz und Kapazität

Der Arbeitsplatz stellt einen Ort dar, an dem Vorgänge im Rahmen der Produktion durchgeführt werden. Ein Arbeitsplatz in SAP ERP kann z. B. eine Maschine, einen Montagearbeitsplatz, eine ganze Fertigungsstraße oder auch einfach nur eine Person repräsentieren.

Aufbau der Produktion bei Global Bike

Bei Global Bike ist die Produktion in den Werken Dallas (DL00) und Heidelberg (HD00) gleich aufgebaut. Wie in Abbildung 5.15 dargestellt, besteht die Produktion aus den drei Bereichen *Fertigung*, *Endkontrolle* und *Verpackung*. Im Bereich Fertigung erfolgt die Montage der Fahrräder. Im Bereich Endkontrolle die Prüfung und im Bereich Verpackung das Verpacken der fertiggestellten Fahrräder.

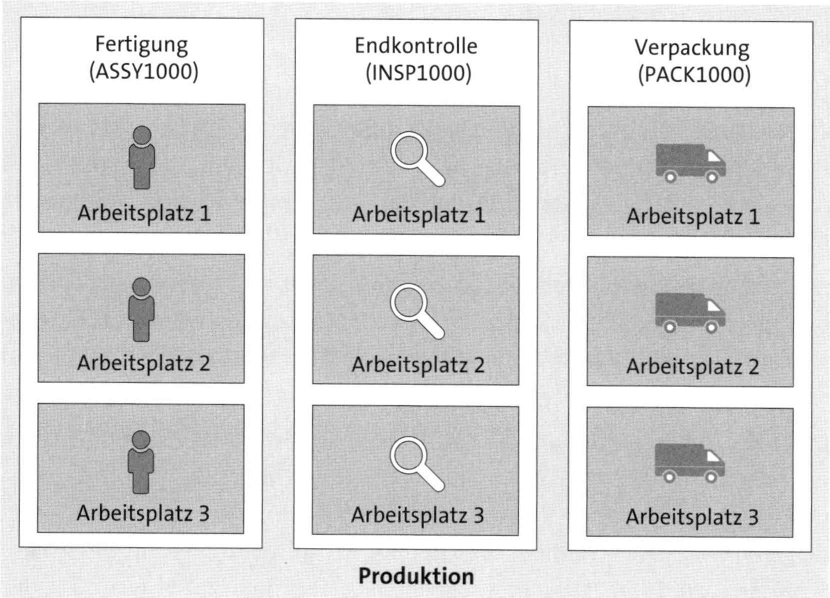

Abbildung 5.15 Überblick über den Aufbau der Produktion bei Global Bike

Weiterhin ist in Abbildung 5.15 zu erkennen, dass z. B. im Bereich Fertigung drei Arbeitsplätze existieren. An jedem dieser drei Arbeitsplätze arbeitet ein Produktionsmitarbeiter. Jeder der drei Bereiche der Produktion ist bei Global Bike ähnlich aufgebaut. Aufgrund des gleichartigen Aufbaus der Produktionsbereiche ergibt sich, dass Global Bike in der Produktion über neun Arbeitsplätze verfügt, je drei Arbeitsplätze zur Fertigung, zur Endkontrolle und zur Verpackung. An jedem dieser drei Arbeitsplätze arbeitet ein Produktionsmitarbeiter, insgesamt sind also neun Mitarbeiter beschäftigt. Da es sich bei der Produktion der Fahrräder bei Global Bike um weitgehend manuelle Tätigkeiten handelt, sind die für die Fertigung, die Endkontrolle und das Verpacken notwendigen Betriebsmittel nicht als Arbeitsplätze angelegt worden.

Abbildung 5.16 zeigt die Grunddaten des Fertigungsarbeitsplatzes ASSY1000 in der Transaktion CR03 (Arbeitsplatz anzeigen). Diese ist auch über den Menüpfad **Logistik • Produktion • Stammdaten • Arbeitsplätze • Arbeitsplatz • Anzeigen** erreichbar. In der Abbildung ist zu erkennen, dass ein Arbeitsplatz genau einem **Werk** zugeordnet ist (DL00) und über einen Schlüssel (im Beispiel ASSY1000) identifiziert wird.

[!]

Arbeitsplätze bei Global Bike

Im Gegensatz zu den meisten anderen Stammdaten sind die Arbeitsplätze bei Global Bike nur einmal angelegt. Es existieren also keine individuellen Arbeitsplätze pro Benutzer (z. B. ASSY1###).

Arbeitsplatzarten

Der Bereich **Allgemeine Daten** enthält die *Arbeitsplatzart*. In der Standardauslieferung von SAP ERP sind z. B. die Arbeitsplatzarten Maschine, Person, Personengruppe oder Fertigungslinie verfügbar. Bei dem in Abbildung 5.16 dargestellten Arbeitsplatz handelt es sich um einen Arbeitsplatz mit der **Arbeitsplatzart Person**.

Planverwendung

Anhand der **Planverwendung** ist definiert, in welchen Arten von Arbeitsplänen der Arbeitsplatz verwendet werden kann. Die Planverwendung 009 erlaubt die Verwendung des Arbeitsplatzes ASSY1000 in allen Arten von Arbeitsplänen (**Alle Plantypen**).

Parameter

Der Vorgabewertschlüssel (in der Transaktion als **Vorgabewertschl.** bezeichnet) definiert, welche Parameter für die Ermittlung der Durchführungszeit, des Kapazitätsbedarfs und der Kosten an diesem Arbeitsplatz relevant sind. Die Parameter erscheinen in Abbildung 5.16 in der Spalte **Schlüsselwort**. Diese Parameter werden in den Formeln zur Berechnung der Durchführungszeiten und der Kapazitätsbedarfe benötigt. In Abbildung

5.16 ist zu sehen, dass für den Arbeitsplatz ASSY1000 der Vorgabewertschlüssel SAP1 hinterlegt ist. Über diesen Vorgabewertschlüssel werden dem Arbeitsplatz die drei Parameter **Rüstzeit**, **Maschinenzeit** und **Personalzeit** zugeordnet. Über die **Eingabevorschrift** der Parameter wird gesteuert, ob es sich bei dem Parameter um ein Muss-Feld oder um ein optionales Feld handelt. In Abbildung 5.16 ist für alle Parameter die Eingabevorschrift **keine Verprobung** gepflegt. Dadurch sind die Parameter als optionales Feld gekennzeichnet.

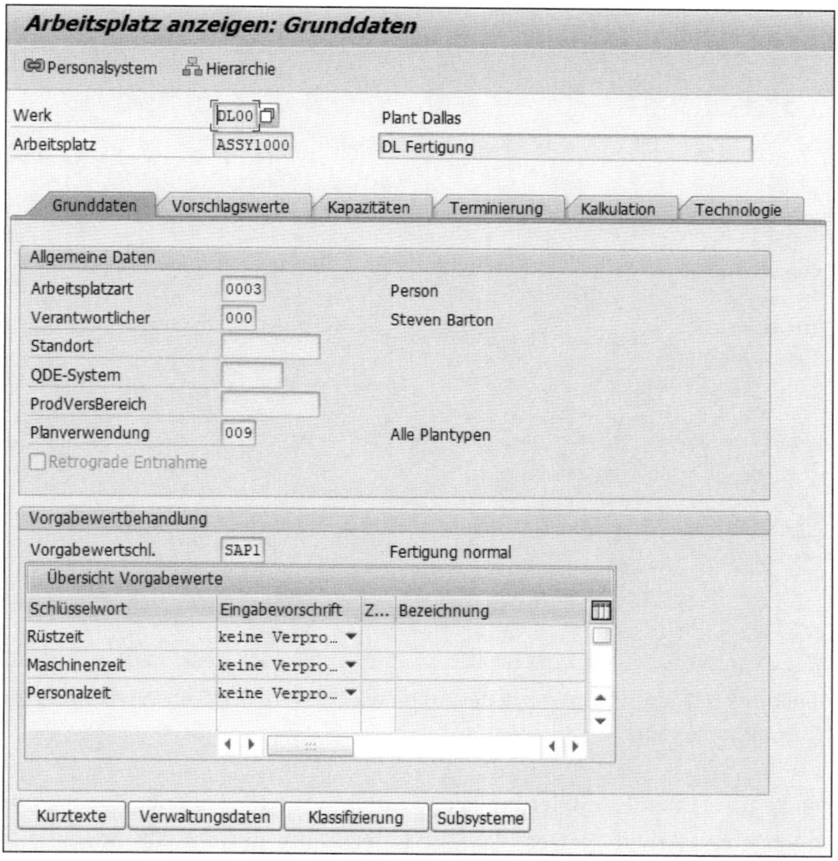

Abbildung 5.16 Grunddaten des Arbeitsplatzes ASSY1000 im Werk Dallas (Transaktion CR03)

Vorschlagswerte

Die Registerkarte **Vorschlagswerte** zeigt unter anderem die Vorgabewerte für die Maßeinheiten der Parameter (siehe Abbildung 5.17). Im Bereich **Maßeinheiten der Vorgabewerte** ist zu erkennen, dass für die Parameter **Rüstzeit**, **Maschinenzeit** und **Personalzeit** jeweils Minuten als Vorschlagswert für die Maßeinheit hinterlegt ist. Über den **Steuerschlüssel** wird festgelegt, welche Prozesse bei der Verwendung des Arbeitsplatzes in einem

Arbeitsplan durchgeführt werden. Beispielsweise definiert der in Abbildung 5.17 gezeigte **Steuerschlüssel** ASSY, dass für diesen Arbeitsplatz, eine Terminierung jedoch keine Kapazitätsplanung erfolgt. Die verfügbaren Steuerschlüssel sowie die verwendeten Prozesse sind im Customizing hinterlegt und in den Arbeitsplatzdaten nicht ersichtlich.

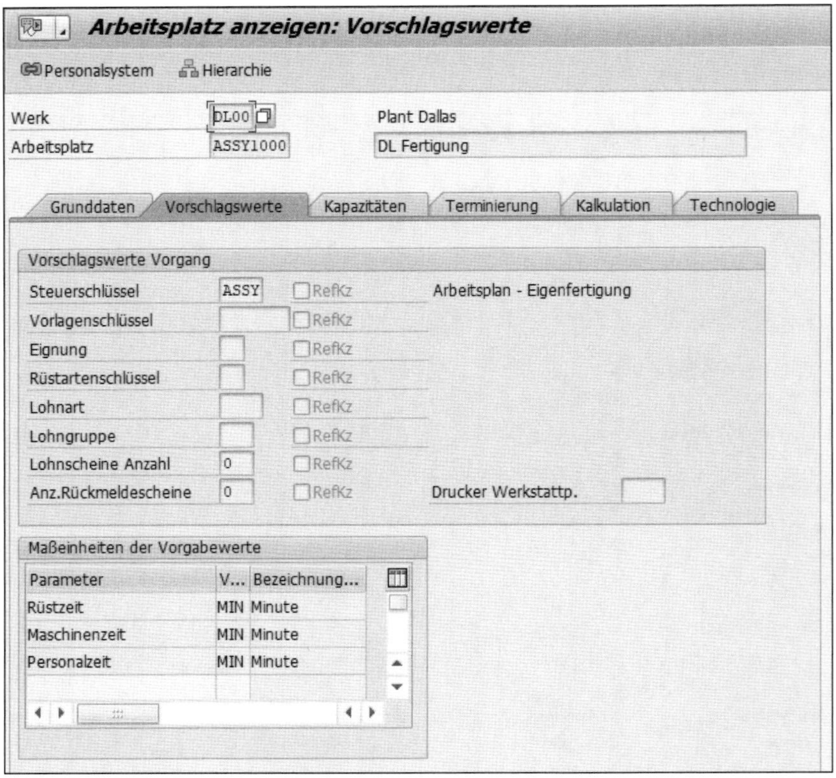

Abbildung 5.17 Vorschlagswerte des Arbeitsplatzes ASSY1000 im Werk Dallas (Transaktion CR03)

Kapazitätsart

Die Registerkarte **Terminierung** (siehe Abbildung 5.18) zeigt das Kapazitätsangebot des Arbeitsplatzes, das zur Berechnung der Durchführungszeit von Fertigungsaufträgen (siehe Abschnitt 5.5.3) verwendet wird. Im Bereich **Terminierungsbasis** ist ersichtlich, welche Kapazität des Arbeitsplatzes als Basis für die Berechnung der Durchführungszeit verwendet wird. In SAP ERP wird zur Terminierung und Kapazitätsplanung immer nur die limitierende Kapazität betrachtet. Im Beispiel ist das die verfügbare manuelle Arbeitszeit an diesem Arbeitsplatz. Diese wird mit der **Kapazitätsart** 002 Person abgebildet.

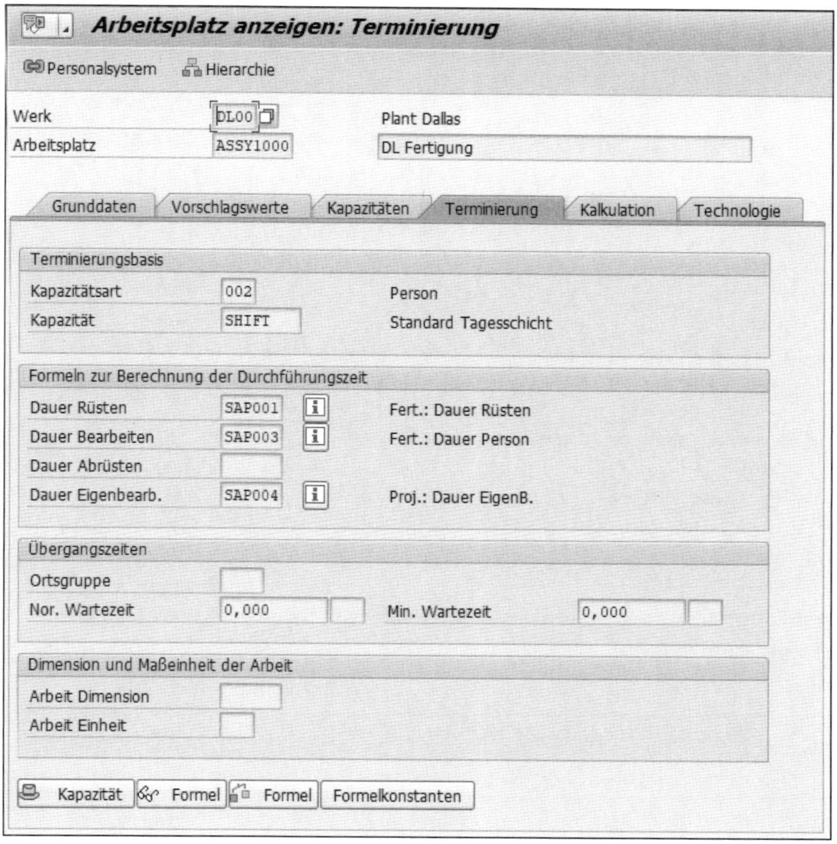

Abbildung 5.18 Terminierungsdaten des Arbeitsplatzes ASSY1000 im Werk Dallas (Transaktion CR03)

Kapazität

Die von einer Kapazitätsart verfügbare Kapazität wird als **Kapazität** dargestellt. Kapazitäten sind in SAP ERP Stammdaten, die in enger Verbindung zum Arbeitsplatz stehen. Es existieren eigene Transaktionen zur Bearbeitung von Kapazitäten (im Menü unter dem Pfad **Logistik • Produktion • Stammdaten • Arbeitsplätze • Kapazität** zu finden). Häufig werden Kapazitäten jedoch zusammen mit Arbeitsplätzen bearbeitet (siehe Abbildung 5.19). Die verfügbare Kapazität für den Arbeitsplatz ASSY1000 ist durch die **Kapazität** SHIFT festgelegt.

Details zu dieser Kapazität können über den Button Kapazität angezeigt werden. Die Kopfdaten der Kapazität sind in Abbildung 5.20 zu sehen.

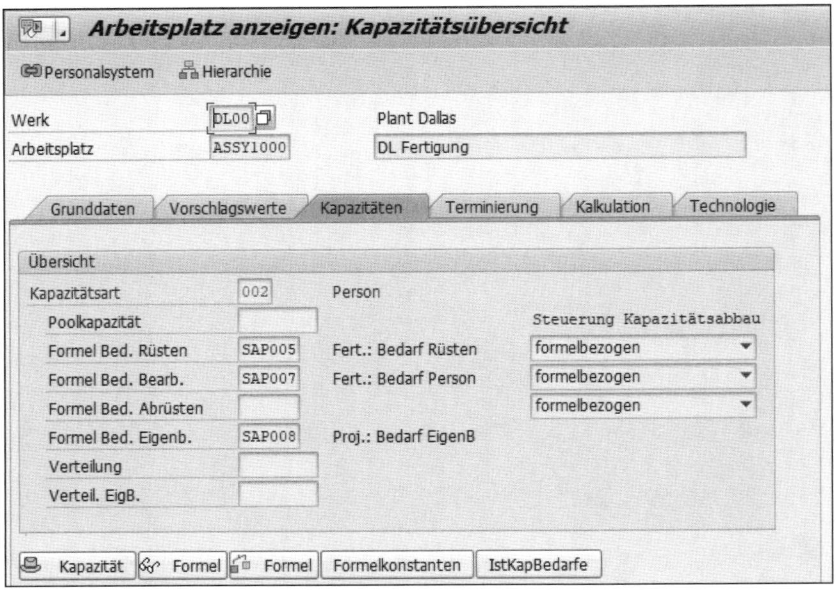

Abbildung 5.19 Kapazitäten des Arbeitsplatzes ASSY1000 im Werk Dallas (Transaktion CR03)

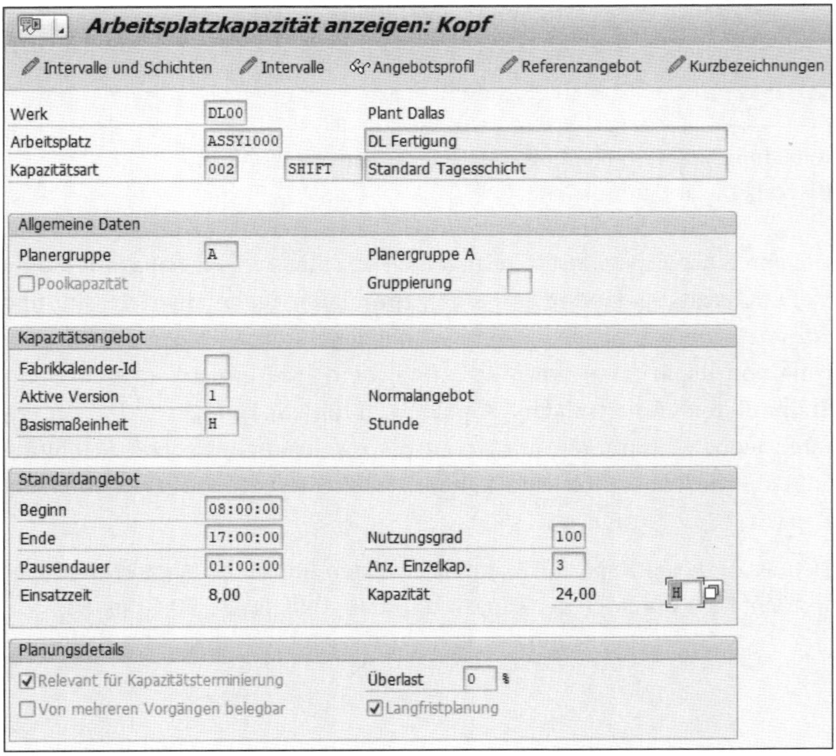

Abbildung 5.20 Detailanzeige der Kapazität SHIFT (Standard Tagesschicht)

Es ist ersichtlich, dass die **Kapazität** für die **Kapazitätsart** 002 (Person) am **Arbeitsplatz** ASSY1000 im **Werk** Dallas definiert ist. Die verfügbare Kapazität ist im Bereich **Standardangebot** definiert. Hier ist zu erkennen, dass die Kapazität an jedem Arbeitstag von 08:00 bis 17:00 Uhr verfügbar ist. In diesem Zeitraum ist eine Pausenzeit von einer Stunde geplant. Somit ergibt sich eine **Einsatzzeit** von 8 Stunden. Aus dem **Nutzungsgrad** in Prozent, der das Verhältnis von der tatsächlicher Kapazität und theoretisch der verfügbarer Kapazität darstellt, sowie der Anzahl an verfügbaren Einzelkapazitäten (**Anz. EinzelKap.** – bei Global Bike drei, da es in jedem Bereich drei Arbeitsplätze gibt) ergibt sich die im Screenshot gezeigte Kapazität. Diese wird mit folgender Formel berechnet:

$$\text{Kapazität} = \text{Einsatzzeit} * \text{Anz. Einzelkap.} * \frac{\text{Nutzungsgrad}}{100}$$

Im Beispiel ist der Nutzungsgrad 100 Prozent und die Anzahl der Einzelkapazitäten drei. Somit ergibt sich eine verfügbare Kapazität von:

$$8h * 3 * \frac{100}{100} = 24h.$$

Formeln zu Berechnung der Durchführungszeit

Neben der Terminierungsbasis enthält die Registerkarte **Terminierung** des Fertigungsarbeitsplatzes ASSY1000 (siehe Abbildung 5.18) auch die Formeln zu Berechnung der Durchführungszeit eines Auftrags. Diese Formeln sind im Bereich **Formeln zur Berechnung der Durchführungszeit** hinterlegt. Für den **Arbeitsplatz** ASSY1000 ist für die **Dauer Rüsten**, die Zeit die benötigt wird, um den Arbeitsplatz zur Produktion vorzubereiten, der Formelschlüssel SAP001 hinterlegt. Für die **Dauer Bearbeitung**, die Zeit, die ein Produktionsschritt auf diesem Arbeitsplatz benötigt, ist der Formelschlüssel SAP003 hinterlegt.

Über den Formelschlüssel wird eine im Customizing definierte Formel referenziert. Auf eine detaillierte Darstellung des Customizings der Formeln wird im Rahmen dieses Buches verzichtet. Wichtig ist zu verstehen, dass die Formeln die Parameter der Registerkarte **Grunddaten** verwenden. Über den Button [i] (**Information**) kann die Detailansicht zu einer Formel aufgerufen werden. Abbildung 5.21 zeigt die Detailansicht zum **Formelschlüssel** SAP003. Im Bereich **Formel** ist die zugehörige Formel zu sehen, die zur Berechnung der Bearbeitungsdauer verwendet wird:

$$\text{Bearbeitungsdauer} = \frac{\text{Personalzeit} * \text{Vorgangsmenge}}{\text{Basismenge} * \text{Vorgangssplitts}}$$

In dieser Formel steht Vorgangssplits für die Anzahl der Arbeitsplätze auf die der Vorgang parallel bearbeitet wird (siehe Splittung in Abschnitt 5.4.5).

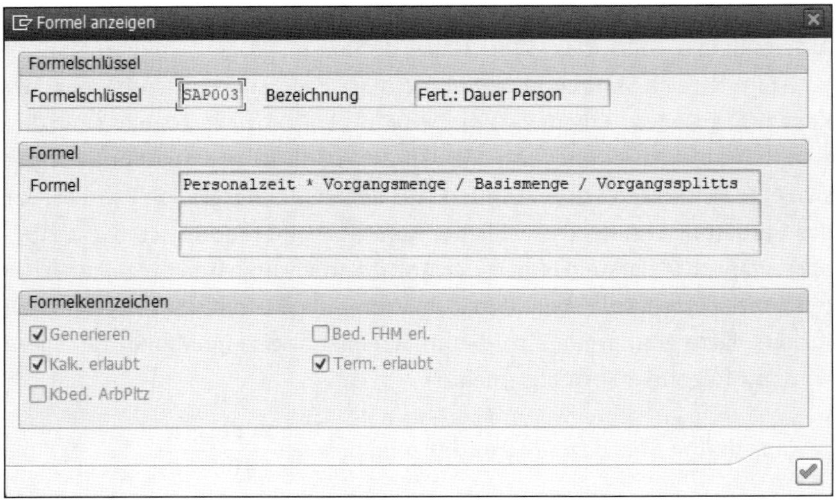

Abbildung 5.21 Detailansicht zum Formelschlüssel SAP003

Formeln testen

Die Formeln können über den Button [Formel] (**Formel testen**) getestet werden. Abbildung 5.22 zeigt die Ansicht zum Testen von Formeln. In diesem Beispiel werden folgende Werte zum Testen der Formel gesetzt:

- **Vorgangsmenge**: 5 EA
- **Basismenge**: 1 EA
- **Anzahl Splittungen**: 2
- **Rüstzeit**: 10 min
- **Personalzeit**: 20 min.

EA steht in diesem Beispiel für die Mengeneinheit Stück (engl. *each*).

Ergebnis des Formeltests

Über den Button (**Berechnen**) wir die Berechnung der Formel angestoßen. Das Ergebnis des Formeltests ist in Abbildung 5.23 dargestellt. In dieser Abbildung ist zu erkennen, dass eine **Dauer Bearbeiten** von 50 Minuten berechnet wird. Diese Bearbeitungsdauer ergibt sich aus der folgenden Berechnung:

$$\frac{5\ \text{EA} * 20\ \text{Min}}{1\ \text{EA} * 2} = \frac{100\ \text{Min}}{2} = 50\ \text{Min}$$

Die berechnete Bearbeitungsdauer gibt an, dass die Bearbeitung von 5 Stück eines Materials, für das pro Stück 20 Minuten Bearbeitungszeit benötigt werden, auf zwei Arbeitsplätzen 50 Minuten dauert.

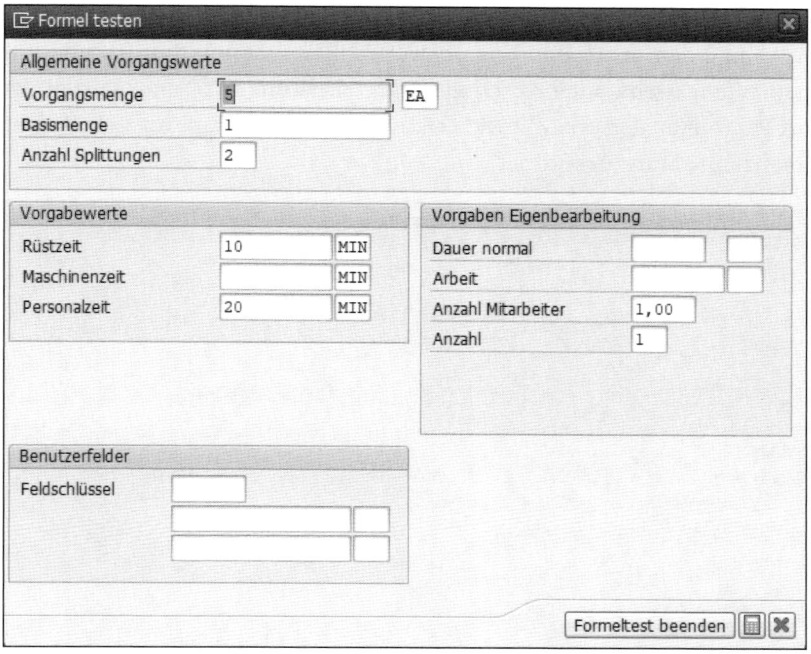

Abbildung 5.22 Ansicht zum Testen von Formeln

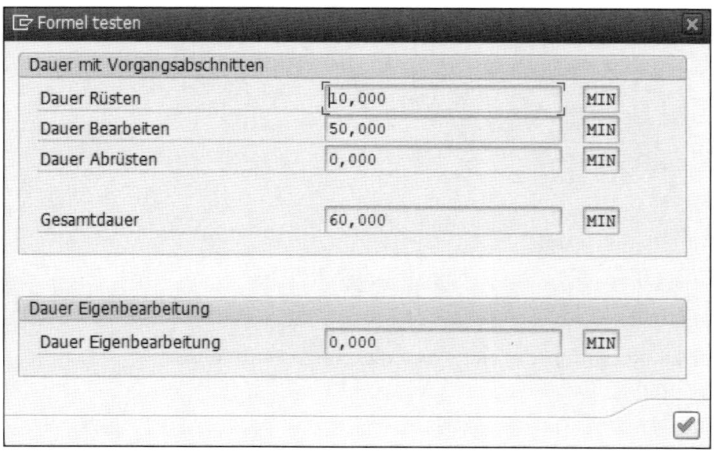

Abbildung 5.23 Ergebnis des Formeltests

Kalkulation

Die Daten zur Integration der Komponente PP und der Produktkostenrechnung im Rechnungswesen (siehe auch Abschnitt 4.8.2, »Produktkostenrechnung«) wird auf der Registerkarte **Kalkulation** dargestellt (siehe Abbildung 5.24). Im Bereich **Verknüpfung zu Kostenstelle/Leistungsarten** ist hinterlegt, welcher **Kostenstelle** der **Arbeitsplatz** zugeordnet ist. Weiterhin ist in der **Übersicht Leistungen** festgelegt, welche Leistungsarten aus dem Controlling den durch den Vorgabewertschlüssel definierten Parametern entsprechen (siehe auch Abschnitt 4.4.6, »Leistungsart«). Im Beispiel ist dem Parameter Personalzeit die **Leistungsart** LABOR (engl. für Arbeit, hier Personalaufwand) zugeordnet.

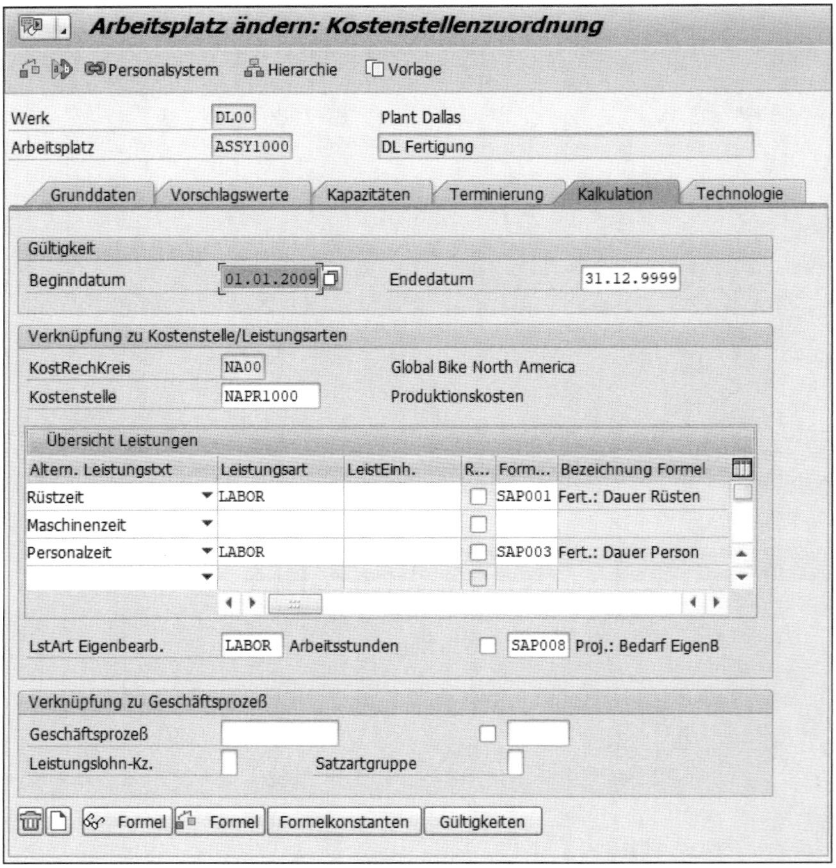

Abbildung 5.24 Kalkulationsdaten des Arbeitsplatzes ASSY1000 (Transaktion CR03)

Transaktionen zur Verwaltung von Arbeitsplätzen

Die wichtigsten Transaktionen zur Verwaltung von Arbeitsplätzen sind in Tabelle 5.3 dargestellt.

Transaktion	Name	Menüpfad
CR01	Arbeitsplatz anlegen	**Logistik • Produktion • Stammdaten • Arbeitsplätze • Arbeitsplatz • Anlegen**

Tabelle 5.3 Auswahl von Transaktionen zur Verwaltung von Arbeitsplätzen

Transaktion	Name	Menüpfad
CR02	Arbeitsplatz ändern	**Logistik • Produktion • Stammdaten • Arbeitsplätze • Arbeitsplatz • Ändern**
CR03	Arbeitsplatz anzeigen	**Logistik • Produktion • Stammdaten • Arbeitsplätze • Arbeitsplatz • Anzeigen**

Tabelle 5.3 Auswahl von Transaktionen zur Verwaltung von Arbeitsplätzen (Forts.)

5.4.5 Arbeitsplan

Das zentrale Stammdatenobjekt für die Produktionsplanung und -steuerung ist der Arbeitsplan. Während der Materialstamm und die Stückliste verschiedene Eigenschaften und den Aufbau eines Fertigerzeugnisses beschreiben, beschreibt der Arbeitsplan, mithilfe welcher *Vorgänge* (Produktionsschritte) und auf welchen Arbeitsplätzen ein Material aus seinen Komponenten hergestellt wird. Ein Arbeitsplan ist immer eindeutig einem Material zugeordnet. Arbeitspläne bilden somit die Grundlage für die Fertigungssteuerung (siehe Abschnitt 5.6.4) sowie für das Produktkosten-Controlling (siehe Abschnitt 4.8.2, »Produktkostenrechnung«).

Arbeitsplanarten

Die Erläuterungen in den folgenden Abschnitten beziehen sich auf *Normalarbeitspläne*. Normalarbeitspläne können unmittelbar zur Fertigung von Materialien eingesetzt werden. Sie sind die am häufigsten verwendete Art von Arbeitsplänen. Neben den Normalarbeitsplänen existieren in SAP ERP noch *Standardarbeitspläne*, *Linienpläne* und *Standardlinienpläne*. Standardarbeitspläne werden zur Abbildung häufig wiederkehrender Schritte verwendet. Sie stellen Bausteine dar, die in Normalarbeitsplänen verwendet werden können. Für Linienpläne besteht die Möglichkeit, Produktionsraten festzulegen. Linienpläne können z. B. in der Serienfertigung eingesetzt werden. Analog zur Verwendung von Standardarbeitsplänen in Normalarbeitsplänen stellen Standardlinienpläne wiederkehrende Schritte in Linienplänen dar.

Plangruppen

In SAP ERP werden gleichartige Arbeitspläne zu *Plangruppen* zusammengefasst (siehe Abbildung 5.25). Gleichartige Arbeitspläne sind z. B. Arbeitspläne für ähnliche Materialien oder Arbeitspläne für unterschiedliche Losgrößen des gleichen Materials. Ein Arbeitsplan wird in SAP ERP eindeutig durch die Plangruppe und den *Plangruppenzähler* identifiziert. Der Arbeitsplan A2 in Abbildung 5.25 wird durch die Plangruppe 50000000 und den Plangruppenzähler 2 identifiziert.

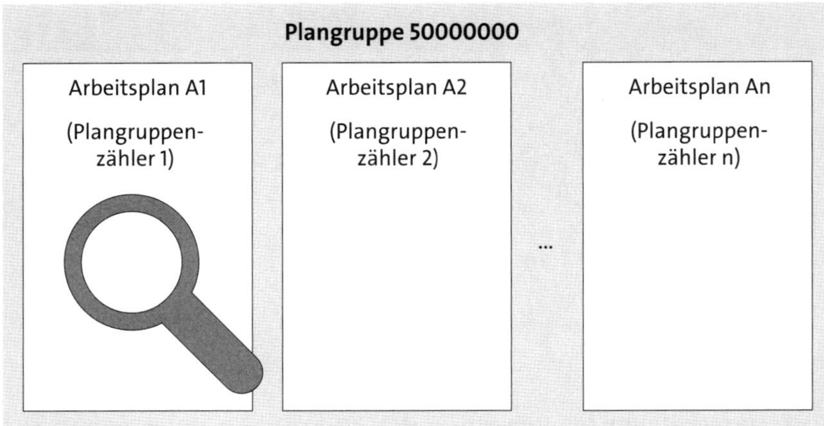

Abbildung 5.25 Beziehung zwischen der Plangruppe und Arbeitsplänen

Aufbau eines Arbeitsplans

Der Aufbau eines Arbeitsplans ist in Abbildung 5.26 dargestellt. Ein Arbeitsplan besteht aus genau einem *Arbeitsplankopf* und aus mindestens einer *Folge*. Genau eine der Folgen wird als *Stammfolge* festgelegt. Jede Folge besteht aus einer Liste von Vorgängen.

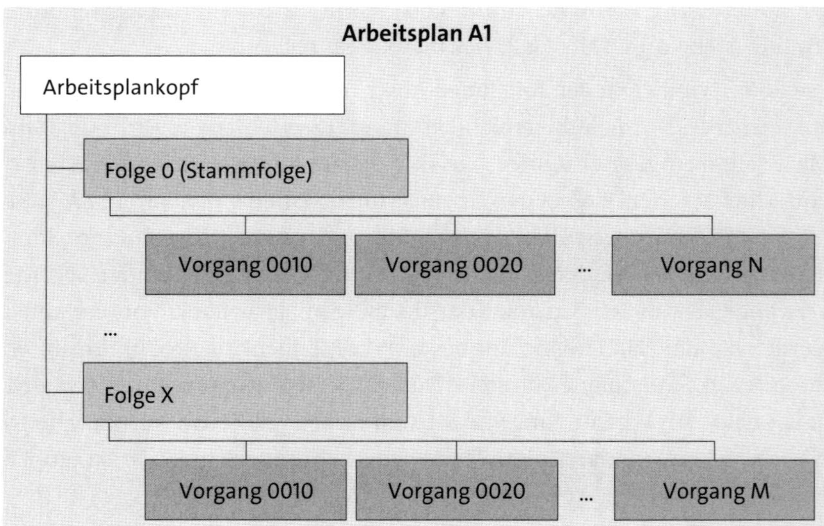

Abbildung 5.26 Aufbau eines Arbeitsplans

Übung: Arbeitsplan analysieren

[/]

Zeigen Sie sich den Normalarbeitsplan für das Deluxe Touring Bike (schwarz) (DXTR1###) im Werk Dallas (DL00) in der Transaktion CA03 (Normalarbeitsplan anzeigen) an. Diese Transaktion ist auch über den Menüpfad **Logistik • Produktion • Stammdaten • Arbeitspläne • Arbeitspläne**

• **Normalarbeitspläne** • **Anzeigen** erreichbar. Abbildung 5.27 zeigt die Vorgangsübersicht des Normalarbeitsplans.

Abbildung 5.27 Vorgangsübersicht eines Arbeitsplans in der Transaktion CA03 (Normalarbeitsplan anzeigen)

Über den Button (**Plankopf**) können Sie sich die Kopfdaten zum Arbeitsplan anzeigen lassen (siehe Abbildung 5.28). Im Bereich **Plan** erkennnen Sie, dass der Arbeitsplan zur **Plangruppe** 50000000 gehört, den **Plangruppenzähler** 1 besitzt und für das **Werk** Dallas (DL00) gültig ist.

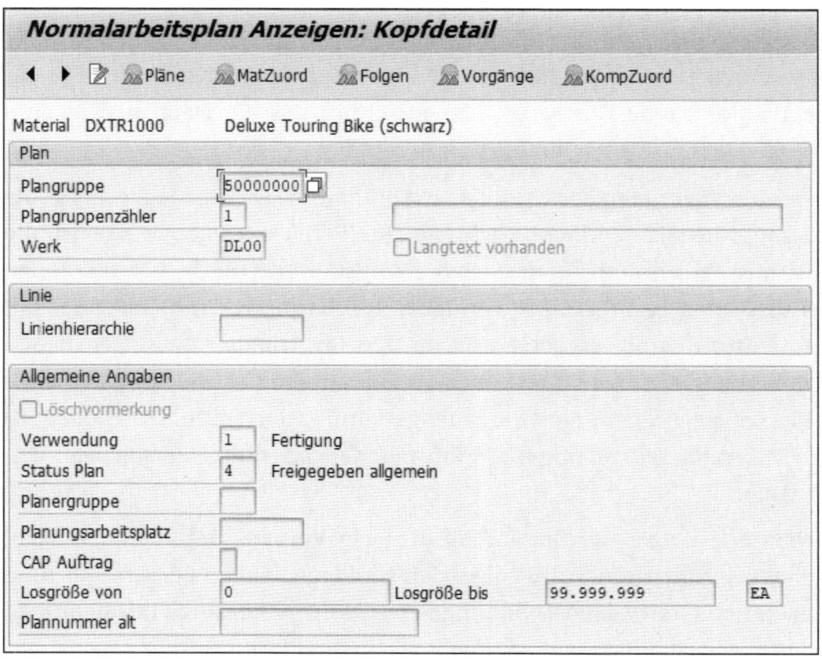

Abbildung 5.28 Kopfdaten eines Arbeitsplans in der Transaktion CA03 (Normalarbeitsplan anzeigen)

Im Bereich **Allgemeine Angaben** erkennen Sie, dass der Arbeitsplan als **Verwendung** die **Fertigung** sowie den Status **Freigegeben allgemein** besitzt. Über die **Verwendung** ist es möglich, unterschiedliche Arbeitspläne für verschiedene Bereiche zu definieren. So könnte z. B. für die **Instandhaltung** ein anderer Arbeitsplan als für die **Fertigung** verwendet werden. Der Status des Arbeitsplans kennzeichnet den Bearbeitungsstand eines Arbeitsplans. So können z. B. Arbeitspläne, die den Status **Erstellungsphase** besitzen, nicht in Fertigungsaufträgen verwendet werden. Die Verwendung für Arbeitspläne mit dem Status **Freigegeben allgemein** ist im Gegensatz dazu nicht eingeschränkt.

Vorgangsübersicht anzeigen lassen

Über den Button Vorgänge (**Vorgangsübersicht**) können Sie wieder zurück zur **Vorgangsübersicht** aus Abbildung 5.27 navigieren. Die **Vorgangsübersicht** zeigt die Übersicht über die Vorgänge für die Herstellung des Materials DXTR1###. In der Abbildung erkennen Sie, dass die angezeigten Vorgänge zur **Folge** 0 gehören.

Dies ist die Stammfolge des Normalarbeitsplans, und sie besteht aus elf Vorgängen (Vorgang 0010 bis 0110). Für jeden Vorgang erkennen Sie, an welchem Arbeitsplatz und in welchem Werk er durchgeführt wird. Der **Vorgang** 0010 in Abbildung 5.27 wird z. B. am **Arbeitsplatz** ASSY1000 im **Werk** DL00 durchgeführt, der **Vorgang** 0110 hingegen am **Arbeitsplatz** PACK1000 im **Werk** DL00. Die Spalte **Beschreibung** enthält eine kurze Beschreibung des Vorgangs.

Vorgang im Detail analysieren

Über einen Doppelklick auf eine Zeile des Arbeitsplans gelangen Sie zur Detailansicht eines Vorgangs. Ein Ausschnitt aus der Detailansicht zum Vorgang 0010 ist in Abbildung 5.29 zu sehen.

Der Bereich **Vorgang** der Detailansicht enthält die Daten, die schon für die **Vorgangsübersicht** erläutert wurden. Im Bereich **Vorgabewerte** ist die **Basismenge** definiert, auf die sich die Vorgabewerte für die verschiedenen Leitungsarten beziehen. Die verfügbaren Leistungen, Einheiten (hier EA) und Leistungsarten ergeben sich aus den im Arbeitsplatz eingegebenen Daten (siehe Abschnitt 5.4.4). Im Beispiel bezieht sich der **Vorgang** 0010 (Material staging) auf eine **Basismenge** von 15 Fahrrädern. Dies bedeutet: Die Materialbereitstellung für 15 Fahrräder erfordert eine **Personalzeit** von 10 Minuten.

Splittung analysieren

Neben den Vorgabewerten enthält die Sicht **Vorgangsdetail** eine Vielzahl weiterer Informationen. Im Folgenden wird lediglich der Bereich **Splittung** genauer erläutert (siehe Abbildung 5.30). Das Feld **Anzahl Splittungen** gibt an, in wie viele *Teillose* ein Los maximal aufgeteilt werden darf.

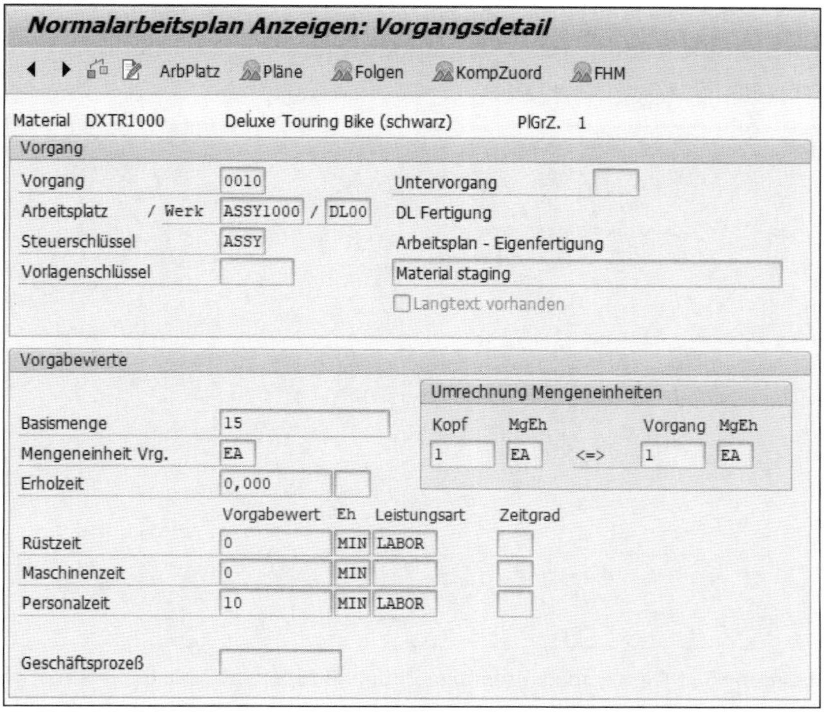

Abbildung 5.29 Ausschnitt aus der Detailansicht zu Vorgang 0010

Diese Aufteilung in Teillose hat direkte Auswirkung auf die Terminierung eines Fertigungsauftrags (siehe Abschnitt 5.5.3). Im Beispiel ist die **Anzahl Splittungen** von 3 hinterlegt. Der Hintergrund ist der, dass der Arbeitsplatz Fertigung (ASSY1000) bei Global Bike in Dallas eine Kapazitätsgruppe aus drei identischen Kapazitäten (hier Personen) besitzt. So kann der Vorgang gesplittet und parallel durch bis zu drei Personen ausgeführt werden.

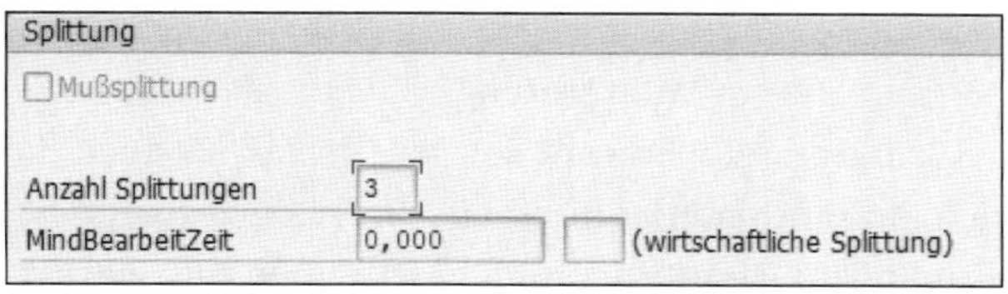

Abbildung 5.30 Bereich Splittung der Detailansicht zu Vorgang 0010

Komponentenübersicht anzeigen

Über den Button KompZuord gelangt man aus der Vorgangsübersicht oder den Vorgangsdetails in die Sicht **Komponentenübersicht** (siehe Abbildung 5.31). In dieser ist die Zuordnung von Komponenten der Stückliste zu den Vorgängen des Arbeitsplans eines Materials dargestellt. Die Komponentenzuordnung drückt damit aus, welche Komponenten der Stückliste in welchem Vorgang des Arbeitsplans benötigt werden. Abbildung 5.31 zeigt die

MatKomponentenübersicht für das **Material** DXTR1000. Im Beispiel ist zu sehen, dass z. B. **Position** 0040 der Stückliste (das Material TRSK1000) dem **Vorgang** 0020 zugeordnet ist.

Abbildung 5.31 Die Komponentenübersicht eines Arbeitsplans in der Transaktion CA02 (Normalarbeitsplan ändern)

[!]

Komponentenzuordnung bei Global Bike

Für die Arbeitspläne bei Global Bike sind in der Auslieferung keine Komponentenzuordnungen in den Arbeitsplänen gepflegt. Die Pflege der Komponentenzuordnung ist Teil der UCC-Fallstudie »Produktionsplanung und -steuerung (PP)«. Um die Ansicht aus Abbildung 5.31 zu erhalten, müssen Sie zuerst die UCC-Fallstudie durchführen.

Beziehung zwischen Material, Stückliste und Arbeitsplan

Die Beziehung zwischen den Stammdaten Material, Stückliste und Arbeitsplan ist in Abbildung 5.32 dargestellt. Sowohl der Arbeitsplan als auch die Stückliste beziehen sich auf ein Material in einem Werk. Der Arbeitsplan enthält Folgen von Vorgängen. Diese Vorgänge beschreiben die Schritte, die zur Fertigung des Materials notwendig sind. Über die Komponentenzuordnung im Arbeitsplan wird für jede Komponente der Stückliste festgelegt, in welchem Vorgang sie verwendet wird.

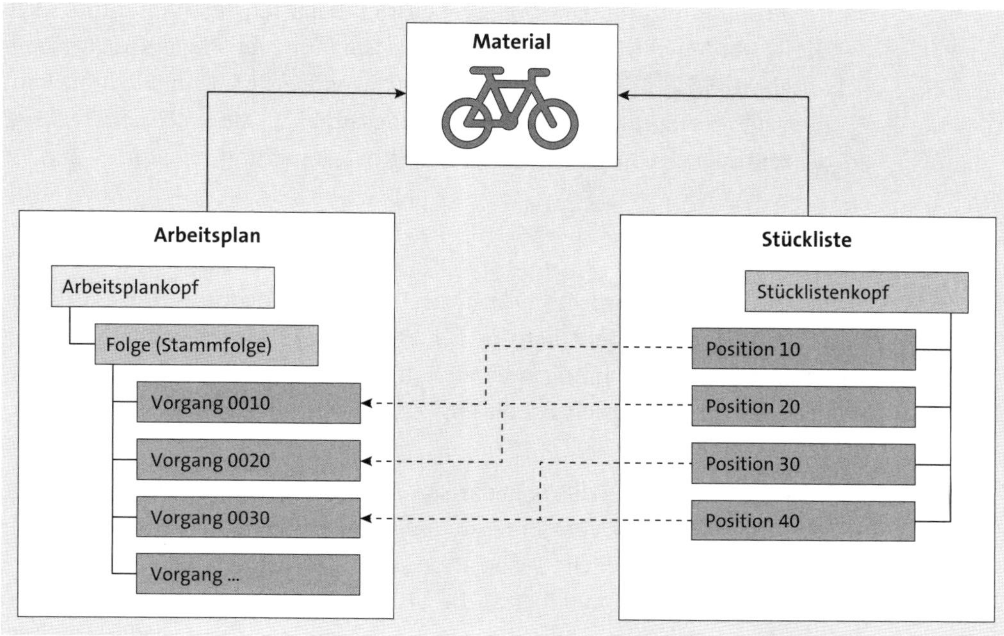

Abbildung 5.32 Komponentenzuordnung für ein Material (Fahrrad) – Zuordnung von Stücklistenpositionen zum Arbeitsplan des Materials

Die wichtigsten Transaktionen zur Verwaltung von Arbeitsplänen sind in Tabelle 5.4 dargestellt.

Transaktionen zur Verwaltung von Arbeitsplänen

Transaktion	Name	Menüpfad
CA01	Normalarbeitsplan anlegen	**Logistik • Produktion • Stammdaten • Arbeitspläne • Arbeitspläne • Normalarbeitspläne • Anlegen**
CA02	Normalarbeitsplan ändern	**Logistik • Produktion • Stammdaten • Arbeitspläne • Arbeitspläne • Normalarbeitspläne • Ändern**
CA03	Normalarbeitsplan anzeigen	**Logistik • Produktion • Stammdaten • Arbeitspläne • Arbeitspläne • Normalarbeitspläne • Anzeigen**

Tabelle 5.4 Auswahl von Transaktionen zur Verwaltung von Arbeitsplänen

5.5 Bewegungsdaten

Wie bereits in Abschnitt 5.2 erläutert, werden auch im Rahmen der Produktionsplanung und -steuerung eine Reihe von Bewegungsdaten erzeugt. Aus der Produktionsgrobplanung ergeben sich Bedarfe (siehe Abschnitt 5.5.1). Diese werden durch die Materialbedarfsplanung in Planaufträge (siehe Abschnitt 5.5.2) überführt. Aus Planaufträgen werden schließlich im Rahmen der Fertigungssteuerung Fertigungsaufträge (siehe Abschnitt 5.5.3), die zentralen Stammdaten für die Fertigungssteuerung, erzeugt.

5.5.1 Bedarfe

In Abschnitt 5.3 wird der erweiterte Produktionsplanungsprozess dargestellt. Als Ergebnis der Übergabe der Absatz- und Produktionsgrobplanung an die Programmplanung ergeben sich Primärbedarfe. Durch die Materialbedarfsplanung werden aus diesen Primärbedarfen Sekundär- und Tertiärbedarfe erzeugt.

Dispositionselemente

In SAP ERP sind jeder dieser Bedarfsarten mehrere *Dispositionselemente* zugeordnet. Abhängig vom Prozess, der einen konkreten Bedarf verursacht, werden unterschiedliche Dispositionselemente verwendet. Für Primärbedarfe existieren in SAP ERP z. B. die Dispositionselemente *VP-Bed* und *PrognB*. Durch das Dispositionselement VP-Bed wird ein Primärbedarf gekennzeichnet, der aus der Absatzplanung (siehe Abschnitt 5.6.1) resultiert. Durch PrognB hingegen wird ein Primärbedarf gekennzeichnet, der durch eine Materialprognose im Rahmen der Absatzgrobplanung erzeugt wurde. Durch das Dispositionselement wird somit der Prozess, der einen Bedarf verursacht hat, genauer spezifiziert.

Primärbedarfe in der Bedarfs-/Bestandsliste

Abbildung 5.33 zeigt die Bedarfe für das **Material** DXTR1000 in der Transaktion MD04 (Bedarfs-/Bestandsliste). Diese ist auch über den Menüpfad **Logistik • Produktion • Bedarfsplanung • Auswertung** zu erreichen. In der Abbildung erkennt man einen aktuellen Bestand (**Dispositionselement** BStand) von 250 Stück (Spalte **Verfügbare Menge**). Weiterhin zeigt die Abbildung, dass für das **Material** DXTR1000 vier Primärbedarfe existieren, die aus der Absatzplanung stammen (**Dispositionselement** VP-Bed). Die Spalte **Datum** enthält den Termin, an dem der Bedarf besteht. Dieser wird auch als *Bedarfstermin* bezeichnet. Die Spalte **Zugang/Bedarf** zeigt den Bruttobedarf, die Spalte **Verfügbare Menge** den um den Bruttobedarf reduzierten Materialbestand.

Man erkennt in Abbildung 5.33, dass die Bruttobedarfe gegen den verfügbaren Lagerbestand verrechnet werden. Erst der dritte Bedarf (**Datum** 01.04.2019) führt zu einer negativen verfügbaren Menge und somit zu einem Nettobedarf.

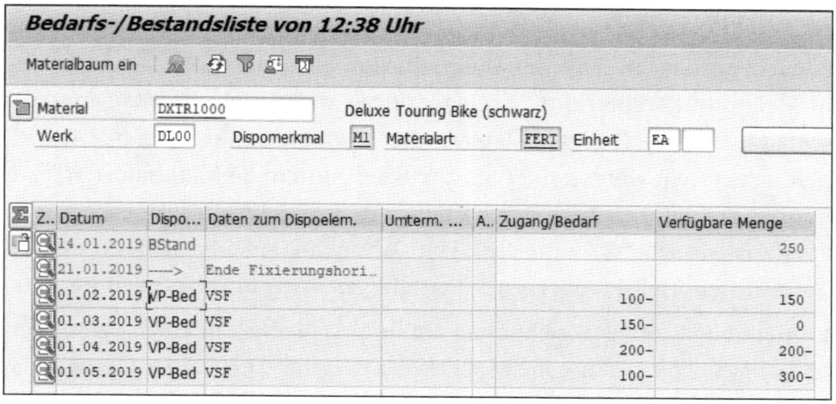

Abbildung 5.33 Primärbedarfe in der Transaktion MD04 (Bedarfs-/Bestandsliste)

Sekundärbedarfe in der Bedarfs-/Bestandsliste

In Abbildung 5.34 ist die **Bedarfs-/Bestandsliste** für das **Material** Bremsanlage (BRKT1000) zu sehen. Der Bestand dieses Materials ist 0. Laut Stückliste benötigt die Fertigung jedes Deluxe Touring Bikes (schwarz) genau eine Bremsanlage. Entsprechend ergeben sich aus den in Abbildung 5.33 dargestellten Primärbedarfen die zugehörigen Sekundärbedarfe (**Dispositionselement** SekBed) in Abbildung 5.34.

Der Primärbedarf von 200 Stück am 01.04.2019 führt zu einem Nettobedarf für das Material DXTR1999. Um dieses zu produzieren sind 200 Stück der Bremsanlage notwendig. Somit ergibt sich aus diesem Primärbedarf der in Abbildung 5.34 gezeigte Sekundärbedarf für die Material BRKT1999. Der Bedarfstermin für den Sekundärbedarf ist der 28.03.2019. Er liegt somit vor dem Bedarfstermin 01.04.2019 des Primärbedarfs. Der Grund hierfür ist, dass die Produktion des Materials DXTR1999 Zeit benötigt. Die notwendigen Rohstoffe und Halbfertigerzeugnisse müssen somit vor dem Bedarfstermin des Primärbedarfs verfügbar sein.

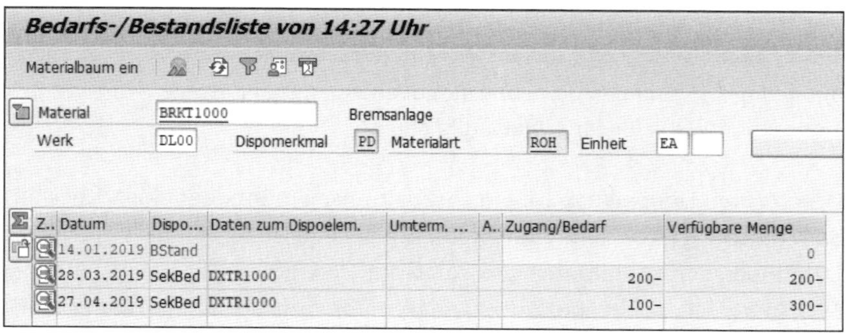

Abbildung 5.34 Sekundärbedarfe in der Transaktion MD04 (Bedarfs-/Bestandsliste)

5.5.2 Planauftrag

Bedarfe werden im Zuge der Materialbedarfsplanung (siehe Abschnitt 5.3) in Planaufträge überführt. Ein Planauftrag stellt einen Beschaffungsvorschlag für ein bestimmtes Material dar. Planaufträge können in SAP ERP manuell erstellt werden oder automatisiert durch die Materialbedarfsplanung. Abhängig von der Beschaffungsart des Materials (siehe Kapitel 3, »Materialwirtschaft«) kann ein Planauftrag in eine Bestellanforderung (siehe Abschnitt 3.4.1) oder einen Fertigungsauftrag umgewandelt werden.

Planaufträge in der Bedarfs-/Bestandsliste

Vorhandene Planaufträge können auf unterschiedlichen Wegen gefunden und angezeigt werden. Eine Möglichkeit besteht erneut über die Bedarfs- und Bestandsliste eines Materials (Transaktion MD04). So zeigt Abbildung 5.35 beispielsweise die **Bedarfs-/Bestandsliste** für das **Material** DXTR1000. Im dargestellten Beispiel wurde die Materialbedarfsplanung bereits durchgeführt. Als deren Folge erscheinen in der Liste neben den Primärbedarfen aus der Absatz- und Produktionsgrobplanung (**Dispositionselement** `VP-Bed`) nun auch zwei automatisch erzeugte Planaufträge (**Dispositionselement** `Pl-Auf`).

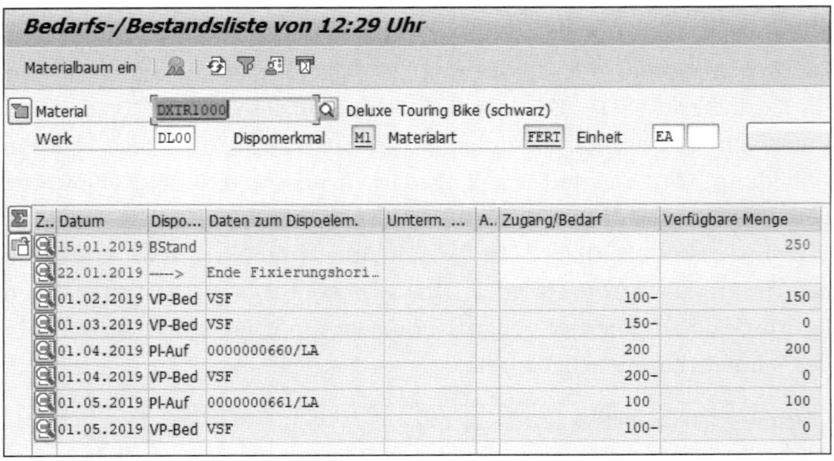

Z..	Datum	Dispo...	Daten zum Dispoelem.	Umterm. ...	A..	Zugang/Bedarf	Verfügbare Menge
	15.01.2019	BStand					250
	22.01.2019	----->	Ende Fixierungshori...				
	01.02.2019	VP-Bed	VSF			100-	150
	01.03.2019	VP-Bed	VSF			150-	0
	01.04.2019	Pl-Auf	0000000660/LA			200	200
	01.04.2019	VP-Bed	VSF			200-	0
	01.05.2019	Pl-Auf	0000000661/LA			100	100
	01.05.2019	VP-Bed	VSF			100-	0

Abbildung 5.35 Primärbedarfe und die zugehörigen Planaufträge in der Transaktion MD04 (Bedarfs-/Bestandsliste)

Detailübersicht zum Planauftrag

Durch einen Doppelklick auf ein Dispositionselement oder einen Klick auf den Button (**Details zum Element**) gelangt man in die zugehörige Detailübersicht. Abbildung 5.36 zeigt die Detailübersicht zu Planauftrag 660. In der Übersicht sind unter anderem die Auftragsmenge, der **Eckendtermin** und **Eckstarttermin**, die Beschaffungsart und die Auftragsart zu sehen.

Abbildung 5.36 Detailübersicht zu Planauftrag 660

Im vorliegenden Beispiel ist die Auftragsmenge 200 Stück (**AuftrMenge**). Die Auftragsart ist die Lagerfertigung (**AuftrArt** LA). Der **Eckendtermin** des Auftrags ist der 01.04.2019. Dieser Termin entspricht dem **Datum** des Primärbedarfs (siehe Abbildung 5.35). Als **Eckstarttermin** wurde der 28.03.2019 berechnet (der dem Bedarfstermin des Sekundärbedarfs der Bremsanlage in Abbildung 5.34 entspricht). Die Differenz zwischen Eckendtermin und Eckstarttermin ergibt sich aus der im Materialstamm des Deluxe Touring Bikes (schwarz) hinterlegten Eigenfertigungszeit von vier Tagen.

Termine im Planauftrag und Fertigungsauftrag

Bei Anlegen eines Planauftrags erfolgt keine Terminierung der Vorgänge des Auftrags. Stattdessen werden, basierend auf der Eigenfertigungszeit im Materialstamm, die Eckend- und Eckstarttermine berechnet. Eine Terminierung der Vorgänge erfolgt erst im Rahmen des Fertigungsauftrags. Somit kann es passieren, dass die durch den Planauftrag vorgegebenen Ecktermine durch den Fertigungsauftrag nicht eingehalten werden können.

Planauftrag pflegen

Über die Buttons in der Detailübersicht können verschiedene Funktionen aufgerufen werden. Über den Button (**Element anzeigen**) kann der Planauftrag angezeigt und über den Button (**Element ändern**) editiert werden. Außerdem ist eine Überführung in einen Fertigungsauftrag (Button -> FertAuftr [**Planauftrag umsetzen in Fertigungsauftrag**]) oder eine Bestellanforderung (Button -> Banf [**Planauftrag umsetzen in Bestellanforderung**]) möglich.

Planauftrag einzeln anzeigen

Planaufträge lassen sich mit der Transaktion MD13 auch einzeln anzeigen. Diese Transaktion ist auch über den Menüpfad **Logistik • Produktion • Bedarfsplanung • Planauftrag • Anzeigen** zu erreichen. Abbildung 5.37 zeigt die Inhalte des Planauftrags 660. Einige der hier dargestellten Daten waren auch schon in der Detailübersicht in Abbildung 5.36 zu erkennen. Transaktion MD13 verschafft jedoch einen Einblick in sämtliche zum Planauftrag erfassten Daten.

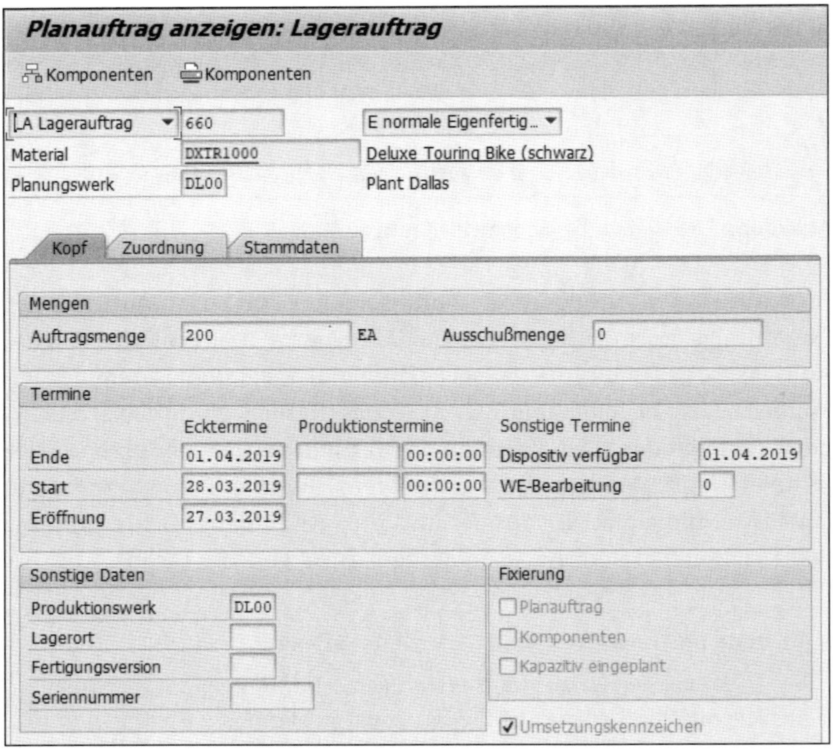

Abbildung 5.37 Kopfdaten eines Planauftrags vom Typ Lagerauftrag (Transaktion MD13)

Fixierung

Die Registerkarte **Kopf** enthält weitere wichtige Angaben im Bereich **Fixierung**. Dort steuert beispielsweise das Kennzeichen **Planauftrag**, ob Termine und Mengen im Planauftrag von der Materialbedarfsplanung (siehe Kapitel 3, »Materialwirtschaft«) geändert werden dürfen. Bei manuell angelegten Planaufträgen ist das Kennzeichen **Planauftrag** automatisch gesetzt. Somit werden manuell angelegte Planaufträge von der Materialbedarfsplanung nicht geändert. Bei automatisch angelegten Planaufträgen ist das Kennzeichen nicht gesetzt. In beiden Fällen kann das Kennzeichen vom Benutzer geändert werden.

Stammdaten

Abbildung 5.38 zeigt weitere im Planauftrag berücksichtigte Daten auf der Registerkarte **Stammdaten**. Die Angaben im Bereich **Materialstamm** kommen aus dem Materialstamm des Deluxe Touring Bikes (schwarz). Dort wurde z. B. die bereits zuvor erwähnte **Eigenfertigungszeit** von vier Tagen definiert. Auf Basis dieser Eigenfertigungszeit wurde aus dem Eckendtermin der Eckstarttermin berechnet.

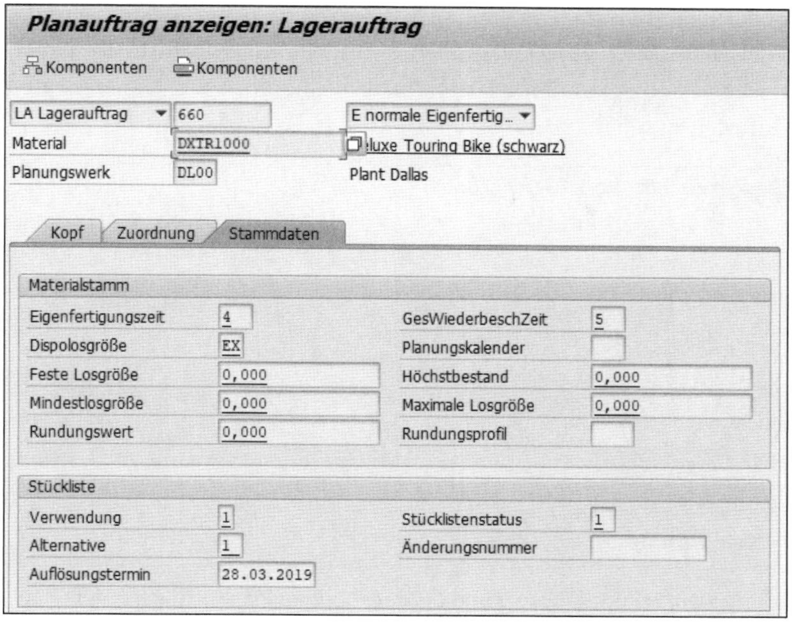

Abbildung 5.38 Planauftrag mit den berücksichtigten Stammdaten (Transaktion MD13)

Über den Button [Komponenten] (**Komponentenübersicht**) gelangt man in die Übersicht der dem Planauftrag zugeordneten Komponenten (siehe Abbildung 5.39). Diese werden zum Zeitpunkt der Erstellung der Planauftrags aus der zum Material gehörenden Stückliste (siehe Abschnitt 5.4.2) übernommen. Die Werte in der Spalte **Bedarfstermin** entsprechen hier bei allen Komponenten dem Eckstarttermin des Planauftrags.

Komponentenübersicht zum Planauftrag

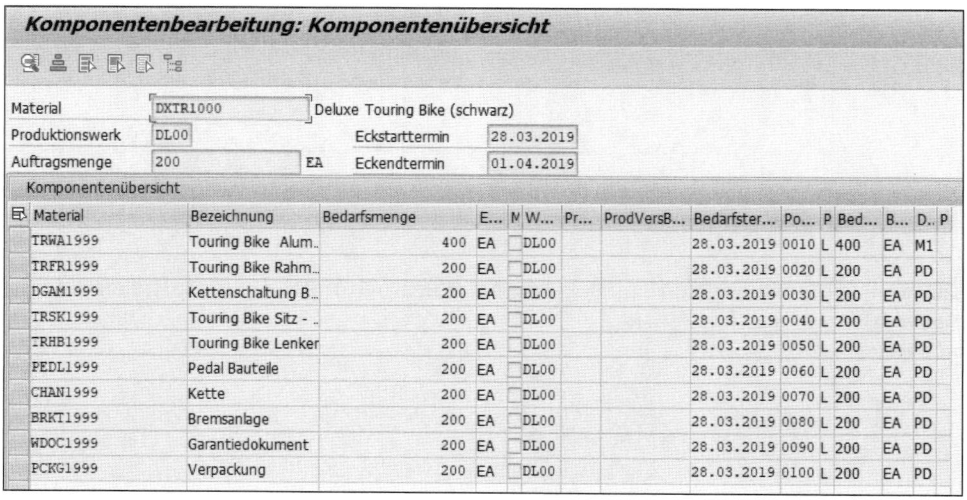

Abbildung 5.39 Komponentenübersicht zum Planauftrag

In Abbildung 5.40 ist die Transaktion MD04 (Bedarfs-/Bestandsliste) für das **Material** BRKT1000, eine Komponente des Materials DXTR1000, dargestellt. Neben den Sekundärbedarfen (SekBed) sind auch hier die erzeugten Planaufträge zu sehen (Pl-Auf).

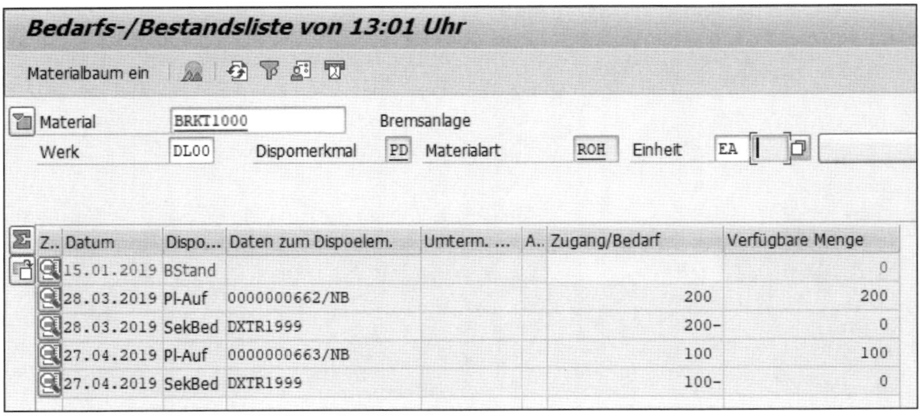

Abbildung 5.40 Sekundärbedarf und die zugehörigen Planaufträge in der Transaktion MD04 (Bedarfs-/Bestandsliste)

Detailübersicht

Durch Klick auf den Button (**Details zum Element**) neben Planauftrag 662 gelangt man in die zugehörige Detailübersicht (siehe Abbildung 5.41). Die Auftragsart lautet hier Normalbestellung (NB), denn es handelt sich um ein fremdbeschafftes Material. Dieser Planauftrag kann deshalb nicht in einen Fertigungsauftrag, sondern nur in eine Bestellanforderung überführt werden.

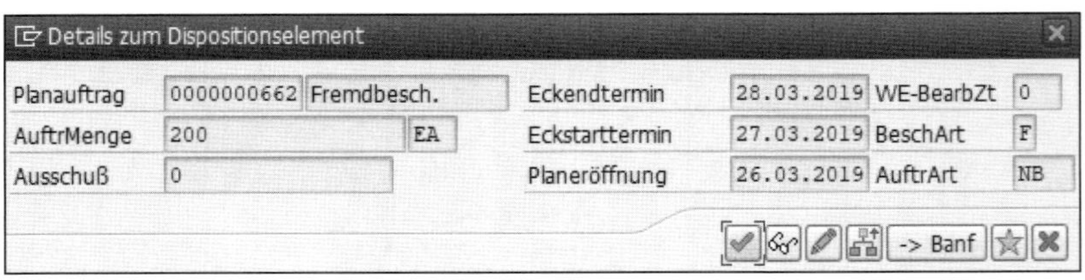

Abbildung 5.41 Detailübersicht zu einem Planauftrag mit der Auftragsart Normalbestellung (NB)

Transaktionen zur Bearbeitung von Planaufträgen

Die wichtigsten Transaktionen zur Bearbeitung von Planaufträgen sind in Tabelle 5.5 dargestellt.

Transaktion	Name	Menüpfad
MD11	Planauftrag anlegen	**Logistik • Produktion • Bedarfsplanung • Planauftrag • Anlegen**
MD12	Planauftrag ändern	**Logistik • Produktion • Bedarfsplanung • Planauftrag • Ändern**
MD13	Planauftrag anzeigen	**Logistik • Produktion • Bedarfsplanung • Planauftrag • Anzeigen**
MD04	Bedarfs- / Bestandsliste	**Logistik • Produktion • Bedarfsplanung • Auswertung • Bedarfs-/Bestandsliste**

Tabelle 5.5 Auswahl von Transaktionen zur Bearbeitung von Planaufträgen

5.5.3 Fertigungsauftrag

Der Fertigungsauftrag ist das zentrale Bewegungsdatum in der Komponente PP. Der Fertigungsauftrag wird sowohl zur Fertigungssteuerung als auch zur Erfassung der Fertigungskosten verwendet. Um dies zu ermöglichen, werden bestimmte Stammdaten benötigt. Dem Fertigungsauftrag ist die Nummer genau eines Materials zugeordnet, das mit dem Fertigungsauftrag produziert werden soll. Entsprechend werden die Vorgangsdaten aus dem Arbeitsplan dieses Materials und ebenso dessen Stückliste in den Fertigungsauftrag kopiert. Hierdurch wird gewährleistet, dass sich der Fertigungsauftrag immer auf die zum Zeitpunkt des Anlegens gültigen Stammdaten beziehen kann. Dieses Vorgehen ist in Abbildung 5.42 grafisch dargestellt.

Fertigungsauftrag anlegen

Mit der Transaktion CO01 kann ein Fertigungsauftrag manuell angelegt werden (siehe Abbildung 5.43). Die Transaktion ist auch über den Menüpfad **Logistik • Produktion • Fertigungssteuerung • Auftrag • Anlegen • Mit Material** zu erreichen.

In den Kopfdaten des Fertigungsauftrags erkennen Sie, dass es sich um einen Fertigungsauftrag zur Produktion von **Material** DXTR1000 im **Werk** Dallas (DL00) handelt. Weiterhin sind die **Status** des Fertigungsauftrags aufgelistet. Auf der Registerkarte **Allgemein** wird im Bereich **Mengen** die zu produzierende **Gesamtmenge** von 200 Stück eingegeben. Da der Auftrag gerade erst angelegt wird und die Produktion noch nicht begonnen hat, ist die schon produzierte Menge (Feld **Geliefert**) noch 0. Im Bereich **Termine** sind die wichtigsten Termine des Fertigungsauftrags zu sehen. Die **Ecktermine** umfassen den Eckendtermin für die Fertigung, die planmäßig am 01.04.2019 abgeschlossen sein soll, und den Eckstarttermin 25.03.2019, an dem die Fertigung planmäßig beginnen soll.

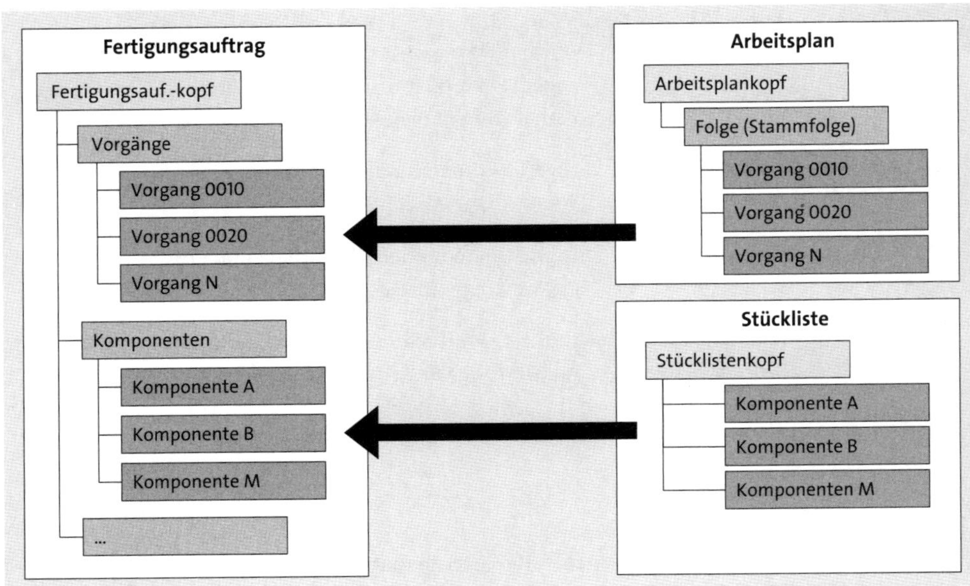

Abbildung 5.42 Darstellung der in den Fertigungsauftrag übernommenen Stammdaten

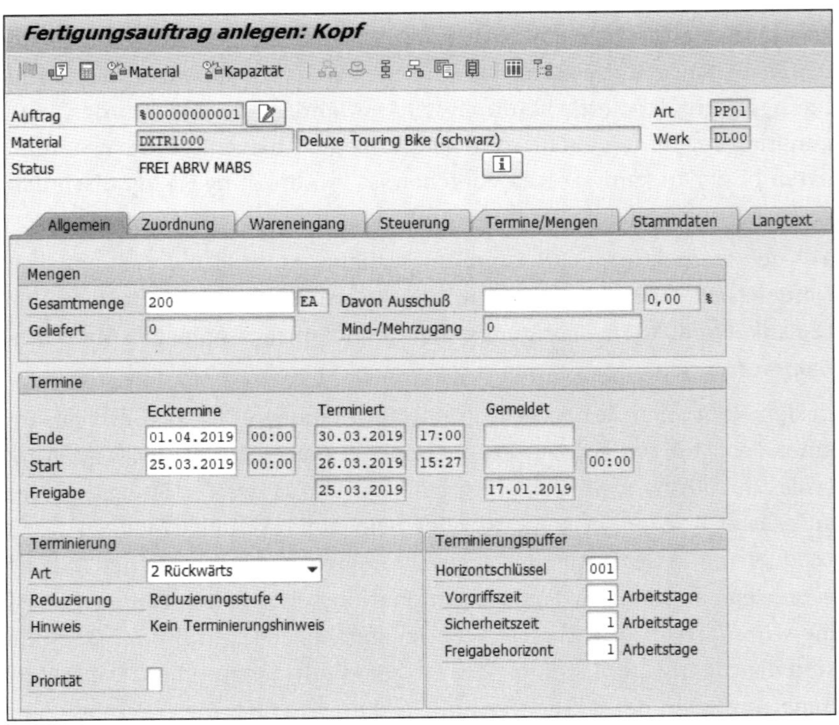

Abbildung 5.43 Allgemeine Kopfdaten beim Anlegen eines Fertigungsauftrags (Transaktion CO01)

Beim Anlegen eines Fertigungsauftrags werden die Ecktermine von SAP ERP berechnet. Die berechneten Termine können vom Benutzer angepasst werden. Unterhalb von **Terminiert** sind die durch die Auftragsterminierung berechneten Start- und Endtermine zu sehen. Der Bereich **Terminierung** zeigt die zur Auftragsterminierung verwendeten Parameter. Darüber hinaus enthält die Registerkarte **Termine/Mengen** (siehe Abbildung 5.43) weitere Angaben zu Terminen und Mengen des Fertigungsauftrags. Eine detaillierte Erklärung der dort gezeigten Werte erfolgt im Abschnitt »Terminierung des Fertigungsauftrags« innerhalb von Abschnitt 5.5.3.

Vorgangsübersicht des Fertigungsauftrags

Über den Button (**Vorgangsübersicht**) ist die **Vorgangsübersicht** des Fertigungsauftrags erreichbar. Diese ist in Abbildung 5.44 dargestellt. Beim Anlegen eines Fertigungsauftrags werden die Vorgänge aus dem aktuell gültigen Arbeitsplan in den Fertigungsauftrag übernommen. In der Vorgangsübersicht sind neben der Vorgangsnummer (Spalte **Vrg**), dem zugeordneten **Arbeitsplatz**, dem **Werk** und dem Kurztext zum Vorgang auch die Termine für den **Start** der Vorgänge zu sehen.

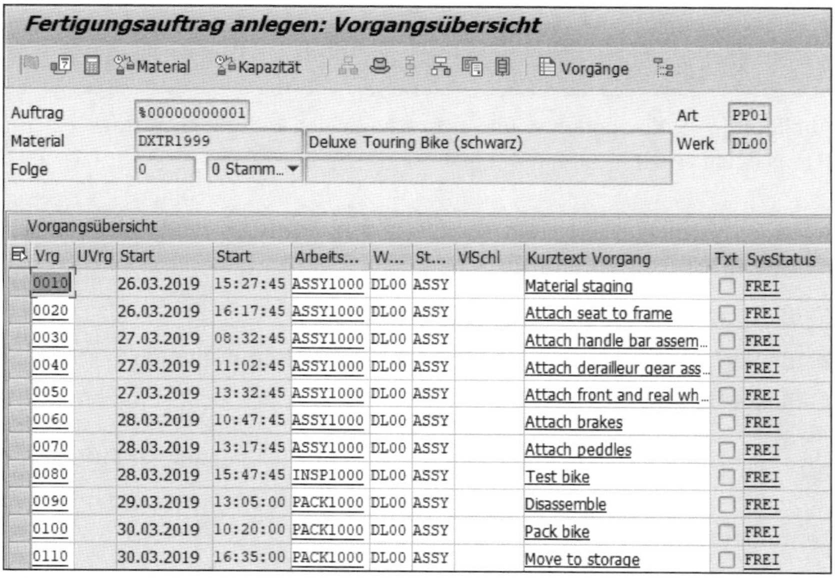

Abbildung 5.44 Vorgangsübersicht zum obigen Fertigungsauftrag (Transaktion CO01)

Komponenten zum Fertigungsauftrag

Sowohl aus der Übersicht der Kopfdaten als auch aus der Vorgangsübersicht kann mit dem Button (**Komponentenübersicht**) die **Komponentenübersicht** geöffnet werden. Analog zu den Vorgängen werden beim Anlegen eines Fertigungsauftrags die Komponenten aus der Stückliste in den Auftrag übernommen. Die Komponentenübersicht ist in Abbildung 5.45 dargestellt.

Man erkennt, dass, basierend auf der Stückliste und der zu produzierenden Gesamtmenge, die **Bedarfsmenge** für jede Komponente berechnet wurde. Im Beispiel ergibt sich so für die **Komponente** TRWA1000 eine **Bedarfsmenge** von 400 Stück.

Fertigungsauftrag anlegen: Komponentenübersicht

Material | Kapazität | Komponenten

Auftrag %00000000001 | Art PP01

Material DXTR1000 | Deluxe Touring Bike (schwarz) | Werk DL00

Filter NO_FIL Kein Filter | Sortierung ST_STA Standardsort...

Komponentenübersicht

Po...	Komponente	Bezeichnung	Bedarfsmenge	ME	P..	Vo...	Fol...	W...
0010	TRWA1000	Touring Bike Aluminiumrad Bau...	400	EA	L	0010	0	DL00
0020	TRFR1000	Touring Bike Rahmen - Schwarz	200	EA	L	0010	0	DL00
0030	DGAM1000	Kettenschaltung Bauteile	200	EA	L	0010	0	DL00
0040	TRSK1000	Touring Bike Sitz - Bauteile	200	EA	L	0010	0	DL00
0050	TRHB1000	Touring Bike Lenker	200	EA	L	0010	0	DL00
0060	PEDL1000	Pedal Bauteile	200	EA	L	0010	0	DL00
0070	CHAN1000	Kette	200	EA	L	0010	0	DL00
0080	BRKT1000	Bremsanlage	200	EA	L	0010	0	DL00
0090	WDOC1000	Garantiedokument	200	EA	L	0010	0	DL00
0100	PCKG1000	Verpackung	200	EA	L	0010	0	DL00

Abbildung 5.45 Komponentenübersicht zum obigen Fertigungsauftrag (Transaktion CO01)

Automatisch durchgeführte Funktionen

Nach dem Anlegen eines Fertigungsauftrags führt SAP ERP automatisch eine Reihe von Funktionen aus:

1. die Terminierung des Fertigungsauftrags
2. die Verfügbarkeitsprüfung für die benötigten Komponenten
3. die Freigabe des Fertigungsauftrags

Diese Schritte werden in den folgenden Abschnitten genauer erläutert.

Terminierung des Fertigungsauftrags

Sobald ein Fertigungsauftrag angelegt ist, wird dieser von SAP ERP terminiert. Außerdem ist es nach manuellen Änderungen am Fertigungsauftrag möglich, die Terminierung mit dem Button (**Auftrag terminieren**) neu auszuführen. Im Rahmen der Terminierung werden Start- und Endtermine für den Auftrag sowie für alle im Auftrag enthaltenen Vorgänge ermittelt. Der Prozess der Terminierung kann durch eine *Rückwärtsterminierung* oder eine *Vorwärtsterminierung* realisiert werden.

Rückwärtsterminierung

Die zeitlichen Beziehungen der verschiedenen Termine eines Fertigungsauftrags bei der Rückwärtsterminierung sind in Abbildung 5.46 dargestellt.

Zugehörig zeigt Abbildung 5.47 ein Zahlenbeispiel mit konkreten Terminen. Es handelt sich hier um einen Ausschnitt aus dem Bereich **Termine** des Fertigungsauftrags in Abbildung 5.43.

Der *Eckendtermin* ❹ bezeichnet den Termin, zu dem der Fertigungsauftrag spätestens beendet sein muss. Für den Fertigungsauftrag im Beispiel ist das der 01.04.2019. Dieser Termin ist im Beispiel äquivalent zum *Verfügbarkeitsdatum* ❺. Der Grund hierfür ist, dass die Wareneingangszeit im Beispiel 0 ist. Der betrachtete Fertigungsauftrag wird rückwärts terminiert (siehe Abbildung 5.43 im Bereich **Terminierung**). Somit wird vom Eckendtermin die Sicherheitszeit subtrahiert. Die Sicherheitszeit beträgt hier einen Arbeitstag (siehe Abbildung 5.43 im Bereich **Terminierungspuffer**). Hieraus ergibt sich der 30.03.2019 als das terminierte Ende des Fertigungsauftrags. Da die Arbeitszeit bei Global Bike täglich um 17:00 endet, ergibt sich daraus die Uhrzeit für das *terminierte Ende* ❸.

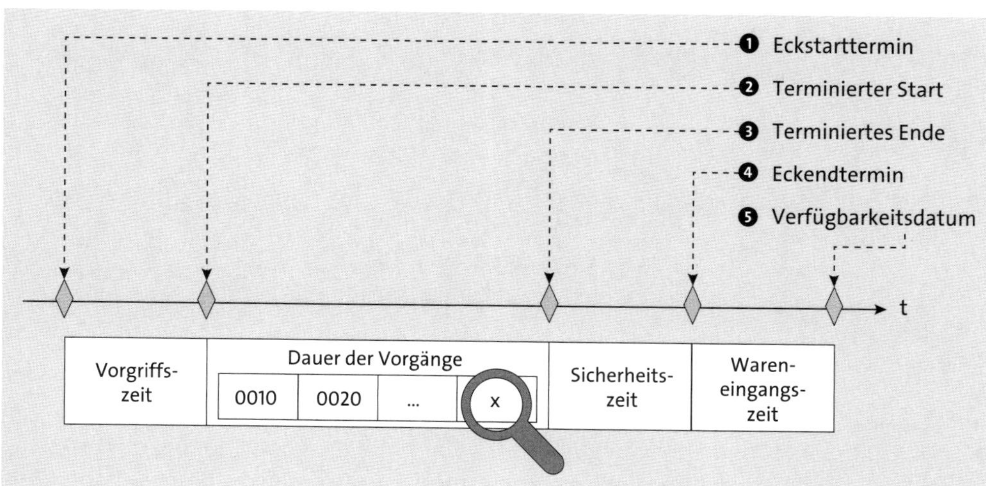

Abbildung 5.46 Darstellung der zeitlichen Beziehungen der verschiedenen Termine im Fertigungsauftrag

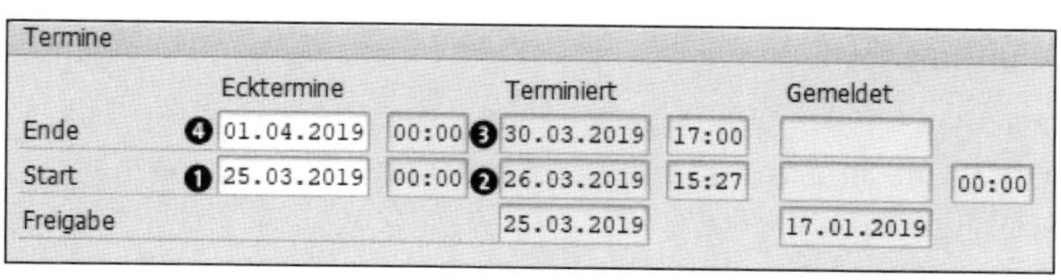

Abbildung 5.47 Ausschnitte der Termine auf Kopfebene eines Fertigungsauftrags

Auf Basis des Arbeitsplans wird die Produktionsdauer kalkuliert (Verfahren zur Berechnung der Produktionsdauer siehe den Abschnitt »Terminierung der Vorgänge« innerhalb dieses Abschnitt 5.5.3). Durch Subtraktion der Produktionsdauer vom terminierten Ende ergibt sich der *terminierte Start* ❷. Im Beispiel ist der terminierte Start der 26.03.2019 um 15:27. Durch die Subtraktion der Vorgriffszeit von einem Arbeitstag ergibt sich der *Eckstarttermin* ❶. Im Beispiel ist dies der 25.03.2019.

Termine berechnen

Die Berechnung der verschiedenen Termine ist in Tabelle 5.6 dargestellt.

Termine	Zeiten	Dauer	Datum	Uhrzeit
Verfügbarkeitsdatum			01.04.2019	00:00
	Wareneingangszeit	0 d		
Eckendtermin			01.04.2019	00:00
	Sicherheitszeit	1 d		
Terminiertes Ende			30.03.2019	17:00
	Produktionsdauer	4 d, 1 h, 33 m		
Terminierter Start			26.03.2019	15:27
	Vorgriffszeit	1 d		
Eckstarttermin			25.03.2019	00:00

Tabelle 5.6 Berechnung der Termine im Fertigungsauftrag. (d = Tag, h = Stunde, m = Minute, s = Sekunde)

Vorwärtsterminierung

Bei Verwendung der Vorwärtsterminierung werden die beschriebenen Termine analog berechnet, jedoch ausgehend vom Eckstarttermin des Fertigungsauftrags.

[!]

Terminierungsart festlegen

Die Festlegung der Terminierungsart erfolgt im Customizing für jedes Werk und jede Auftragsart. Die Terminierungsparameter können in Transaktion OPU3 angezeigt werden.

Diese Transaktion kann mit dem studentischen LEARN-Benutzer nicht aufgerufen werden. Für das **Werk** Dallas (DL00) und die **Auftragsart** Standard Fertigungsauftrag (PP01) wurde in der Transaktion OPU3 im Bereich **Terminierungssteuerung für Feinterminierung** als **Terminierungsart** Rückwärts ausgewählt.

Terminierung der Vorgänge

Produktionsdauer

Im Rahmen der oben beschriebenen Terminierung des Fertigungsauftrags wird die *Produktionsdauer* benötigt. Die Produktionsdauer ist die Zeit, die zur Durchführung der notwendigen Produktionsschritte auf den Arbeitsplätzen benötigt wird. Zur Berechnung der Produktionsdauer wird zunächst jeder Vorgang des verwendeten Arbeitsplans terminiert.

Vorgangsabschnitte

Für jeden Vorgang werden dabei die folgenden Vorgangsabschnitte berücksichtigt:

- **Warten**:
  eine optionale Wartezeit, um Störungen zwischen den Vorgängen abzufangen
- **Rüsten**:
  Die Zeit, die benötigt wird, um den Arbeitsplatz für die Produktion vorzubereiten. Das kann z. B. die Zeit sein, die notwendig ist, um Anpassungen an Produktionsmaschinen vorzunehmen.
- **Bearbeiten**:
  die Zeit, die für die Durchführung der Produktionsschritte des Vorgangs benötigt wird
- **Abrüsten**:
  die Zeit, die nach der Produktion benötigt wird, um den Arbeitsplatz in den ursprünglichen Zustand zurückzuversetzen
- **Liegen**:
  prozessbedingte Liegezeiten, wie z. B. das Abkühlen eines Materials
- **Transport**:
  Zeit, die zum Transport zwischen den Arbeitsplätzen benötigt wird

Abbildung 5.48 zeigt die Anordnung der Zeiten für diese Vorgangsabschnitte in einem terminierten Vorgang.

Rückwärtsterminierung

Der nachfolgend geschilderte Rechenweg geht von einem Fertigungsauftrag mit Rückwärtsterminierung aus. In diesem Fall erfolgt die Terminierung der Vorgänge des verwendeten Arbeitsplans in rückwärtiger Reihenfolge.

Terminierung eines Vorgangs

Die Termine eines Vorgangs werden wie folgt berechnet. Ausgehend vom frühesten Starttermin des nachfolgenden Vorgangs wird durch Subtraktion der Transportzeit der späteste Endtermin des Vorgangs berechnet. Handelt es sich um den ersten betrachteten Vorgang, wird anstelle des frühesten Starttermins des nachfolgenden Vorgangs das terminierte Ende des Fertigungsauftrags (Termin ❸ in Abbildung 5.46) verwendet. Durch Subtraktion der Liegezeit und der Zeit für das Abrüsten vom spätesten Endtermin erhält man den frühesten Endtermin. Von diesem werden die Zeiten für das Bearbeiten und das Rüsten subtrahiert. Das Ergebnis ist der späteste Starttermin. Den frühesten Starttermin erhält man durch Subtraktion der Wartezeit vom spätesten Starttermin.

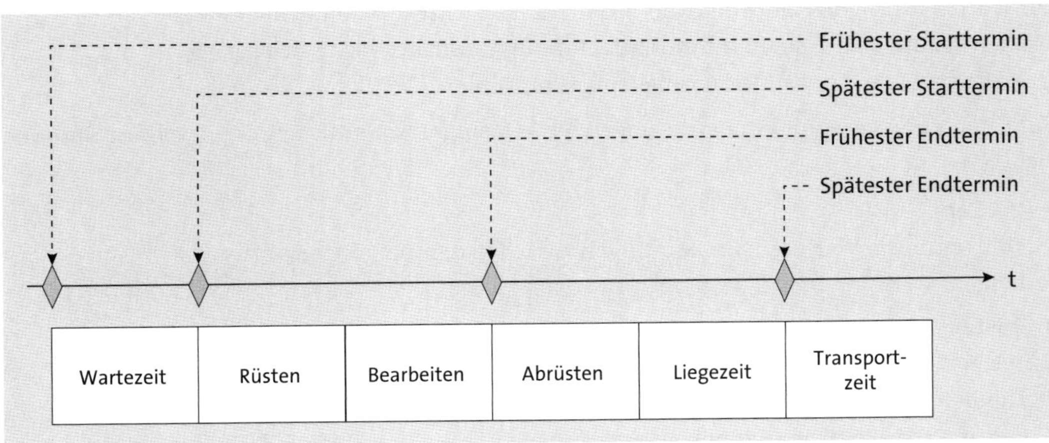

Abbildung 5.48 Termine und Zeiten bei der Terminierung eines einzelnen Vorgangs

Berechnung der Produktionsdauer

Nachdem alle Vorgänge des verwendeten Arbeitsplans auf diese Art terminiert wurden, berechnet sich die Produktionsdauer aus der Differenz des terminierten Endes (Termin ❸ in Abbildung 5.46) des Fertigungsauftrags und dem frühesten Starttermin des ersten Vorgangs im Arbeitsplan.

Vorwärts-terminierung

Das Verfahren zur Vorwärtsterminierung von Vorgängen gestaltet sich analog zur Rückwärtsterminierung. Jedoch werden die Vorgänge des verwendeten Arbeitsplans in aufsteigender Reihenfolge terminiert. Die Berechnung startet mit dem ersten Vorgang. Dessen frühester Starttermin wird dem terminierten Start (Termin ❷ in Abbildung 5.46) des Fertigungsauftrags gleichgesetzt. Die Berechnung der Termine im einzelnen Vorgang erfolgt nun ausgehend vom frühesten Starttermin des Vorgangs bis hin zum spätesten Endtermin des Vorgangs. Die Termine in Abbildung 5.48 werden also von links nach rechts ermittelt.

Abbildung 5.49 zeigt die Registerkarte **Termine** in den Vorgangsdetails zum oben betrachteten Fertigungsauftrag (siehe Abbildung 5.43). Diese Ansicht erreicht man durch einen Doppelklick auf den entsprechenden Vorgang in der Vorgangsübersicht der Fertigungsauftrags (siehe Abbildung 5.44). Dargestellt sind die **Termine** für den **Vorgang** 0010 bei der Produktion von **Material** DXTR1000. Man erkennt, dass die Zeit für **Transport**, die **Liegen** und **Abrüsten** jeweils null ist. Somit sind der früheste Endtermin und der späteste Endtermin des Vorgangs identisch. Die Wartezeit beträgt ebenfalls null. Somit sind auch der früheste und späteste Starttermin für diesen Vorgang identisch. Da im Beispiel auch die Zeit für das **Rüsten** null ist, entspricht die Vorgangsdauer der Zeit für das **Bearbeiten**, also 44,5 Minuten. Dieser Wert ist vermutlich nicht unmittelbar verständlich. Gemäß Arbeitsplan müsste sich die Bearbeitungszeit für 200 Stück aus der Personalzeit von 10 Minuten und der Basismenge von 15 Stück wie folgt ergeben:

$$200 \text{ Stück} * \frac{10 \text{ min}}{15 \text{ Stück}} \approx 133 \text{ min}$$

Die Ursache für die Abweichung liegt in der Splittung in Teillose, die im folgenden Abschnitt genauer erläutert wird.

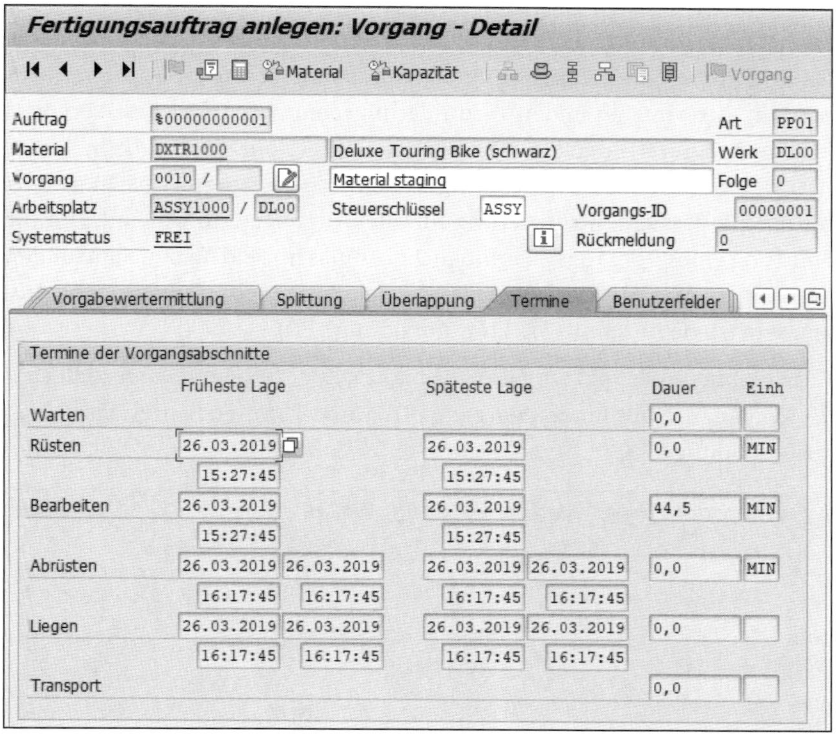

Abbildung 5.49 Detailansicht eines terminierten Vorgangs

Reduzierung der Durchlaufzeit

Durchlaufzeit

Im Rahmen der Terminierung wird ein Vorgang eines Fertigungsauftrags immer nur auf einem Arbeitsplatz eingeplant. Auch wenn der Arbeitsplatz mehrerer Kapazitäten besitzt, wird der Vorgang zuerst nur unter Verwendung einer Kapazität geplant. Am Ende der Terminierung erfolgt dann ein Abgleich der berechneten Start- und Endtermine des Fertigungsauftrags mit den Eckterminen des Planauftrags. Können die Ecktermine des Planauftrags nicht eingehalten werden, versucht das SAP-ERP-System die

Durchlaufzeit des Auftrags zu reduzieren. Die Durchlaufzeit ist die Zeit, die zur Produktion des Auftrags notwendig ist. Sie entspricht also der Summe der Produktionsdauern aller Vorgänge im Fertigungsauftrag. Zur Reduzierung der Durchlaufzeit stehen in SAP ERP verschiedene Strategien zur Verfügung.

Splittung

Im Folgenden wird lediglich das Auftrennen des Auftrags in Teillose, die sogenannte *Splittung*, vorgestellt. Durch eine Splittung der Vorgänge eines Fertigungsauftrags kann die gesamte Durchlaufzeit reduziert werden. Statt in einem Los abgearbeitet zu werden, wird der Auftrag dann auf mehrere Teillose aufgeteilt. Die Teillose werden auf die verfügbaren Kapazitäten verteilt. Die Produktion erfolgt also parallel auf mehreren Kapazitäten.

Ob im Rahmen der Reduzierung der Durchlaufzeit eine Splittung erfolgt, wird im Customizing in den Terminierungsparameter für jedes Werk und jede Auftragsart festgelegt (Transaktion OPU3). Für das **Werk** in Dallas (DL00) und für den Standard Fertigungsauftrag (**Auftragsart** PP01) ist dort hinterlegt, dass eine Reduzierung für alle Vorgänge erfolgen soll. Um die Splittung eines Vorgangs zu ermöglichen, muss im Feld **Anzahl Splittungen** des Vorgangs im Arbeitsplan eine maximale Anzahl von Teillosen eingetragen sein (siehe Abschnitt 5.4.5 mit Abbildung 5.30).

Das Ergebnis einer Splittung ist in Abbildung 5.50 zu sehen. Dargestellt sind die Vorgangsdetails für den **Vorgang** 0010 im bekannten Fertigungsauftrag aus Abbildung 5.43.

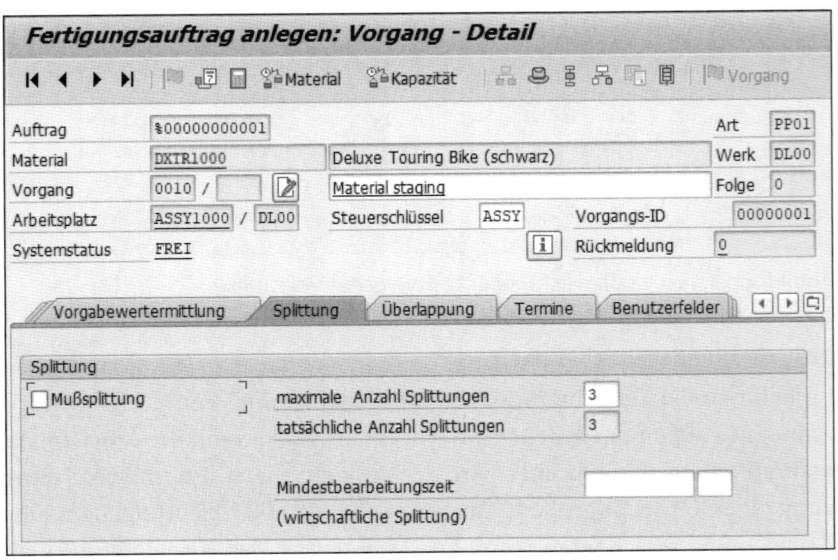

Abbildung 5.50 Splittung eines Vorgangs im Fertigungsauftrag

Auf der Registerkarte **Splittung** erkennen Sie, dass die **maximale Anzahl Splittungen** 3 beträgt. Der Vorgang wurde im Rahmen der Reduzierung der Durchlaufzeit tatsächlich in drei Teillose gesplittet. Das ist an der **tatsächlichen Anzahl Splittungen** zu erkennen. Ist diese Zahl größer als eins, wurde der Vorgang gesplittet.

Berechnung der Produktionsdauer mit Splittung

Mit der Kenntnis der Anzahl der Splittungen lässt sich nun auch die Bearbeitungszeit von 44,5 Minuten aus dem vorherigen Abschnitt erklären. Der Fertigungsauftrag im Beispiel umfasst eine Menge von 200 Stück des Materials DXTR1000. Für den Vorgang 0010 ist im Arbeitsplan eine Personalzeit von 10 Minuten für die Basismenge von 15 Stück hinterlegt. Somit ergibt sich die Produktionsdauer für den Vorgang aus:

$$\left(200\text{ Stück} * \frac{10\text{ min}}{15\text{ Stück}}\right) / 3 \approx 44{,}5\text{ min}$$

Verfügbarkeitsprüfung

Nach dem Abschluss der Terminierung erfolgt die Verfügbarkeitsprüfung für die Komponenten des Fertigungsauftrags. Diese Prüfung wird sowohl bei der Anlage des Auftrags als auch bei der Freigabe automatisch durchgeführt.

Manuelle Verfügbarkeitsprüfung

Zusätzlich kann die Prüfung auch über den Button Material (**Verfügbarkeit Material prüfen**) manuell ausgelöst werden.

Die Verfügbarkeit für die Komponenten des Auftrags wird auf Basis der ATP-Mengen geprüft. Die Berechnung der ATP-Mengen wurde in Abschnitt 2.5.2, »Verfügbarkeit prüfen«, detailliert beschrieben. Falls die Verfügbarkeitsprüfung für eine oder mehrere Komponenten des Auftrags fehlschlägt, wird der Anwender durch das in Abbildung 5.51 gezeigte Pop-up-Fenster auf das Problem hingewiesen.

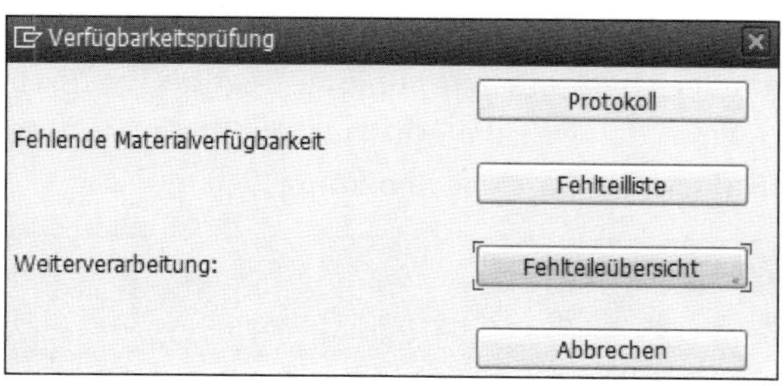

Abbildung 5.51 Pop-up-Fenster bei fehlgeschlagener Verfügbarkeitsprüfung im Fertigungsauftrag

Fehlteileübersicht

Über den Button **Fehlteileübersicht** gelangt man zu der in Abbildung 5.52 dargestellten Übersicht der Fehlteile. Es fehlt das **Material** TRWA1000 zum

Bedarfstermin am 30.01.2019. Auf Basis der Verfügbarkeitsprüfung wird der 01.02.2019 für diese Komponente bestätigt (Spalte **Bestätigter Termin**) ist. Über den Button am Ende der Fehlteileübersicht kann für jede Komponente die Detailansicht zu den ATP-Mengen aufgerufen werden. Basierend auf diesen Informationen kann der Anwender entscheiden, den Auftrag zu speichern und freizugeben oder die Termine im Auftrag anzupassen.

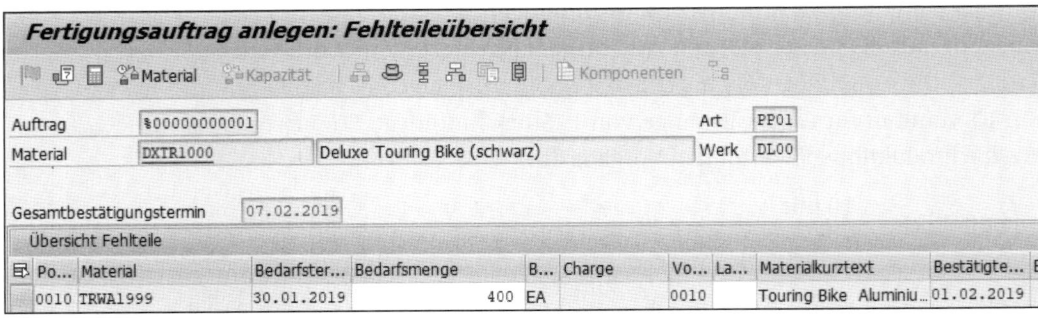

Abbildung 5.52 Übersicht über die Fehlteile eines Fertigungsauftrags (Transaktion CO01)

Freigabe

Nach der Terminierung und der Verfügbarkeitsprüfung ist der letzte Schritt die Freigabe des Fertigungsauftrags. Sobald ein Fertigungsauftrag freigegeben ist, kann die Produktion des Auftrags beginnen. Erst nach der Freigabe des Fertigungsauftrags ist es möglich, Folgendes für den Auftrag zu erfassen:

- Warenausgänge für die Komponenten
- Rückmeldungen von Vorgängen
- Wareneingänge für die Fertigerzeugnisse

Die Freigabe des Fertigungsauftrags erfolgt durch einen Klick auf den Button (**Auftrag freigeben**). Der Fertigungsauftrag bei Global Bike ist außerdem so konfiguriert, dass beim Speichern des Fertigungsauftrags automatisch dessen Freigabe erfolgt. Durch die Freigabe erhält der Fertigungsauftrag zusätzlich den **Status** FREI (Freigegeben, siehe Abbildung 5.53).

Abbildung 5.53 Statusübersicht des Fertigungsauftrags nach Freigabe

Transaktionen zur Bearbeitung von Fertigungsaufträgen

Die wichtigsten Transaktionen zur Bearbeitung von Fertigungsaufträgen sind in Tabelle 5.7 dargestellt.

Transaktion	Name	Menüpfad
CO01	Fertigungsauftrag anlegen	**Logistik • Produktion • Fertigungssteuerung • Auftrag • Anlegen • Mit Material**
CO02	Fertigungsauftrag ändern	**Logistik • Produktion • Fertigungssteuerung • Auftrag • Ändern**
CO03	Fertigungsauftrag anzeigen	**Logistik • Produktion • Fertigungssteuerung • Auftrag • Anzeigen**

Tabelle 5.7 Auswahl von Transaktionen zur Bearbeitung von Fertigungsaufträgen

5.6 Prozesse

In Abschnitt 5.2 wurde der von Global Bike verwendete erweiterte Produktionsplanungs- und Fertigungssteuerungsprozess dargestellt. In den folgenden Abschnitten werden ausgewählte Teilprozesse im Detail erläutert. Abschnitt 5.6.1 vertieft den Prozess zur Absatz- und Produktionsgrobplanung. Abschnitt 5.6.3 stellt danach die Prozesse der Bedarfsplanung dar. Dabei wird insbesondere die Materialbedarfsplanung detaillierter behandelt. Zuletzt gibt Abschnitt 5.6.4 einen Einblick in die Prozesse zur Fertigungssteuerung.

5.6.1 Absatz- und Produktionsgrobplanung

Erweiterter Produktionsplanungsprozess

Nach der Pflege der Stammdaten ist das Erstellen des Absatz- und Produktionsgrobplans der erste Planungsschritt im erweiterten Produktionsplanungsprozess bei Global Bike (siehe Abbildung 5.54).

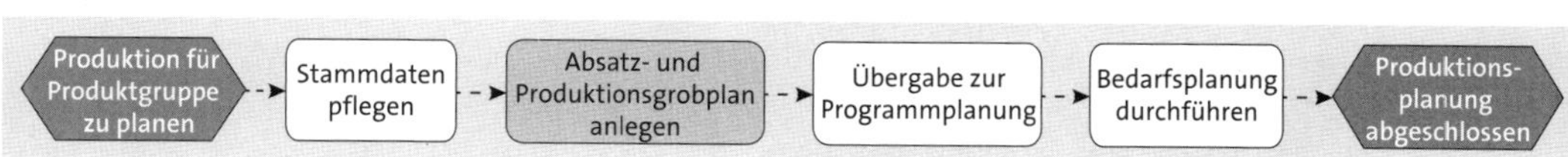

Abbildung 5.54 Übersicht über den Produktionsplanungsprozess bei Global Bike

Planversionen

Die *Absatz-* und *Produktionsgrobplanung* erfolgt in SAP ERP in der Transaktion MC82 (Produktionsgrobplanung ändern). Diese ist auch über den Menüpfad **Logistik • Produktion • Absatz-/Grobplanung • Planung • Für Produktgruppe • Ändern** erreichbar. Abbildung 5.55 zeigt den Einstiegsbildschirm dieser Transaktion. Nach Angabe einer **Produktgruppe** (hier Deluxe

Touring Bikes) und eines Werkes erfolgt die Auswahl der *Planversion*. Neben der *aktiven* Version, die immer mit der Nummer A00 bezeichnet wird, erlaubt SAP ERP die Anlage verschiedener *inaktiver* Versionen. Diese ermöglichen es, im Rahmen der Planung verschiedene Varianten zu vergleichen.

Aktive Planversion

Die folgende Beschreibung bezieht sich immer auf die aktive Version des Absatz- und Produktionsgrobplans. Die Darstellung unterscheidet sich in SAP ERP jedoch nicht zwischen den aktiven und inaktiven Planversionen. Über den Button **Aktive Version** wird die aktive Version ausgewählt.

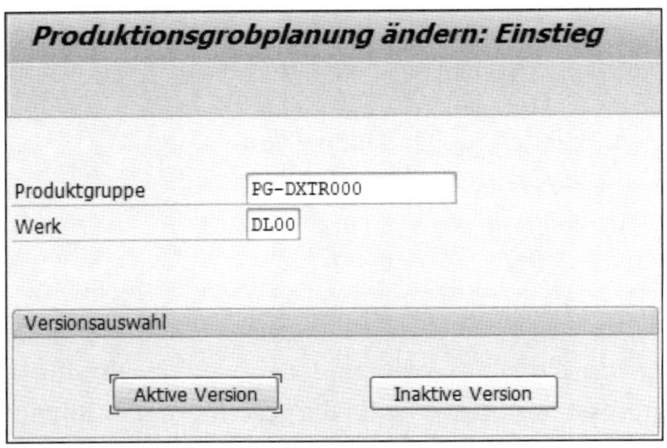

Abbildung 5.55 Einstiegsbildschirm der Transaktion MC82 (Produktionsgrobplanung ändern)

Planungstableau

Nach Auswahl der Planversion wird das *Planungstableau* (siehe Abbildung 5.56) geöffnet. Wurde bisher noch keine Planung erstellt, so ist das Planungstableau leer. Wird eine existierende Planung geändert, so öffnet sich das Planungstableau mit den zuvor abgespeicherten Planwerten.

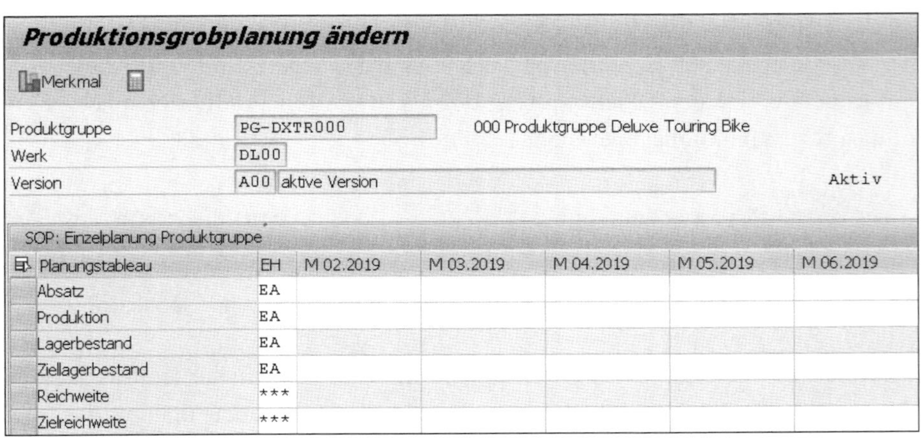

Abbildung 5.56 Leeres Planungstableau in der Absatz- und Produktionsgrobplanung (Transaktion MC82)

Das Planungstableau ist in Zeilen und Spalten gegliedert. Dabei repräsentieren die Spalten die *Planungsperioden* $t \in \{1, \ldots, n\}$. Im gezeigten Beispiel sind dies die Monate Februar 2019 bis Juni 2019. Der *Planungshorizont* beträgt also $n = 5$ Monate. Je nach Granularität der Planung können als Planungsperioden aber auch Wochen oder Tage gewählt werden. Die Wahl der Periodeneinteilung erfolgt über das Menü **Bearbeiten • Periodeneinteilung**. Die *Periodendauer* D_t bezeichnet die Anzahl der Arbeitstage innerhalb einer Planungsperiode t.

5

Plangrößen

Die Zeilen im Planungstableau entsprechen verschiedenen, für die Absatz- und Produktionsplanung relevanten *Plangrößen*:

- **Absatz** A_t:
  die geplante Absatzmenge in Periode t, angegeben in Mengeneinheiten
- **Produktion** P_t:
  die geplante Produktionsmenge in Periode t, angegeben in Mengeneinheiten
- **Lagerbestand** L_t:
  Der geplante Lagerbestand am Ende der Periode t, angegeben in Mengeneinheiten. Der Lagerbestand zu Beginn einer Periode t entspricht dem Lagerbestand L_{t-1} am Ende der Vorperiode.
- **Ziellagerbestand** ZL_t:
  Ein durch den Planer eingegebener Vorgabewert für den Lagerbestand am Ende einer Periode t, angegeben in Mengeneinheiten. Die Produktionsgrobplanung kann diesen Wert berücksichtigen und versucht, so zu kalkulieren, dass am Ende der Periode t der geplante Lagerbestand dem Ziellagerbestand entspricht und somit $L_t = ZL_t$ gilt.
- **Reichweite** R_t:
  Die Anzahl der Arbeitstage, die der Lagerbestand L_t am Ende der Periode t noch in den Folgeperioden reicht. Die Berechnung der Reichweite ignoriert jedoch sämtliche Plangrößen in den Folgeperioden. Die Berechnung der Reichweite basiert auf der Annahme, dass die durchschnittlichen Absatzmengen pro Arbeitstag in den Folgeperioden stets dem durchschnittlichen Absatz pro Arbeitstag der betrachteten Periode t entsprechen und dass in den Folgeperioden nichts produziert wird.
- **Zielreichweite** ZR_t:
  Ein durch den Planer eingegebener Vorgabewert für die Reichweite am Ende einer Periode t, angegeben in Arbeitstagen. Die Produktionsgrobplanung kann diesen Wert berücksichtigen und versucht, so zu kalkulieren, dass am Ende der Periode t die geplante Reichweite der Zielreichweite entspricht und somit $R_t = ZR_t$ gilt.

Die Mengeneinheiten für Absatz, Produktion und Lagerbestand, Ziellagerbestand im gezeigten Beispiel beziehen sich auf Fahrräder, die in Stück (EA) gezählt werden. Die Felder für **Absatz**, **Produktion**, **Ziellagerbestand** und **Zielreichweite** sind weiß dargestellt. Sie können vom Planer editiert werden.

Funktionale Abhängigkeiten

Die Felder für **Lagerbestand** und **Reichweite** erscheinen jedoch schattiert. Die Werte in diesen Feldern werden von SAP ERP berechnet. Dabei gelten folgende funktionale Abhängigkeiten:

- Der Lagerbestand L_t am Ende einer Periode t ergibt sich aus dem Lagerbestand L_{t-1} am Ende der Vorperiode $t-1$ abzüglich des Absatzes A_t und erhöht um die Produktion P_t in Periode t.

  Es gilt also:

  $$L_t = L_{t-1} - A_t + P_t$$

- Die Reichweite R_t am Ende einer Periode t ergibt sich aus dem Lagerbestand L_t am Ende der Periode t dividiert durch den durchschnittlichen Absatz A_t/D_t in Periode t.

  Die Reichweite wäre also zunächst: $\frac{L_t}{A_t/D_t} = \frac{D_t}{A_t} L_t$

  Der Lagerbestand L_t kann negative Werte annehmen. Jedoch sind negative Werte als Ausgabe für die Reichweite nicht zulässig. Deshalb wird der obige Term für die Reichweite erweitert, und es gilt:

  $$R_t = \max\left(\frac{D_t}{A_t} L_t, 0\right)$$

Die Absatz- und Produktionsgrobplanung wird nachfolgend in zwei aufeinander aufbauenden Schritten erläutert: zunächst die Absatzgrobplanung und anschließend die Produktionsgrobplanung.

Absatzgrobplanung

Planungsverfahren

Der erste Schritt der Absatz- und Produktionsgrobplanung ist die grobe Planung der Absatzmengen in den Planungsperioden, die sogenannte Absatzgrobplanung. Die Planung der Absatzmengen kann durch unterschiedliche *Planungsverfahren* erfolgen:

1. durch Übernahme der Absatzmengen aus den Komponenten Vertriebsinformationssystem (VIS) oder Ergebnisrechnung (CO-PA, siehe Kapitel 4, »Rechnungswesen«) von SAP ERP
2. durch eine Prognose basierend auf historischen Absatzmengen vergangener Perioden
3. durch manuelle Eingabe der Absatzmengen

Im Rahmen dieser Einführung wird Verfahren 1 nicht weiter vertieft. Verfahren 2 (Prognose) wird in Abschnitt 5.6.1 vorgestellt. Die nachfolgende Darstellung beschreibt Verfahren 3 (manuelle Eingabe).

Planung durch manuelle Eingabe der Absatzmengen

Die manuelle Eingabe ist das einfachste Verfahren. Hierbei füllt der Planer die Zellen in Zeile **Absatz** manuell aus. Basierend auf dem in Abbildung 5.56 gezeigten Planungshorizont könnte das Planungstableau anschließend aussehen, wie in Abbildung 5.57 dargestellt.

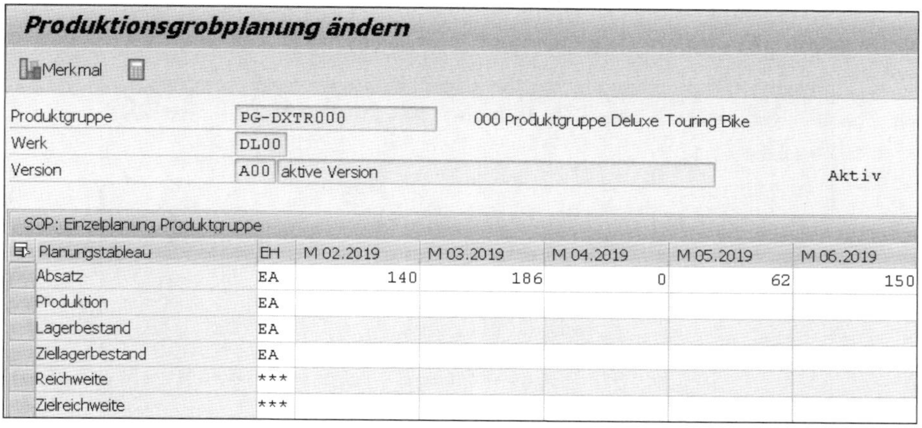

Abbildung 5.57 Manuell geplante Absatzmengen (Transaktion MC82)

Global Bike rechnet also z. B. mit einem Absatz von 140 Deluxe Touring Bikes im Monat Februar 2019. Die höchste Absatzmenge von 186 Fahrrädern wird im März erwartet, während der Planer im April vermutet, dass gar keine Fahrräder verkauft werden.

Aufbauend auf den eingetragenen Absatzmengen erfolgt anschließend die Produktionsgrobplanung.

Produktionsgrobplanung

Basierend auf einem bestehenden Absatzgrobplan berechnet die Produktionsgrobplanung periodenweise die Produktionsmengen, Lagerbestände und Reichweiten innerhalb des Planungshorizonts.

Planungsstrategien

Hierzu können verschiedene *Planungsstrategien* verwendet werden. Die Auswahl erfolgt über das Pulldown-Menü **Bearbeiten • Prod.plan erstellen**. Folgende Planungsstrategien sind verfügbar:

- **Absatzsynchron**
- **Ziellagerbestand**
- **Zielreichweite**
- **Null Lagerbestand**.

Die einzelnen Planungsstrategien werden im Folgenden näher erläutert.

Planungsszenario

Allen gezeigten Beispielen liegt dabei ein Absatzgrobplan zugrunde, wie er in Abbildung 5.57 zu sehen ist. Der betrachtete Planungshorizont umfasst $n = 5$ Planungsperioden, hier die Monate Februar 2019 (Periode $t = 1$) bis Juni 2019 (Periode $t = 5$). Die aus der Absatzgrobplanung übernommenen Absatzmengen $A_1, \dots, A_n$ sind in der Zeile **Absatz** dargestellt. Zudem gelte zu Beginn der ersten Planungsperiode (Monat Februar 2019) ein Anfangslagerbestand von 250 Fahrrädern. Dieser Wert kann über das Pulldown-Menü **Springen • Anfangslagerbestand** gesetzt werden (siehe Abbildung 5.58).

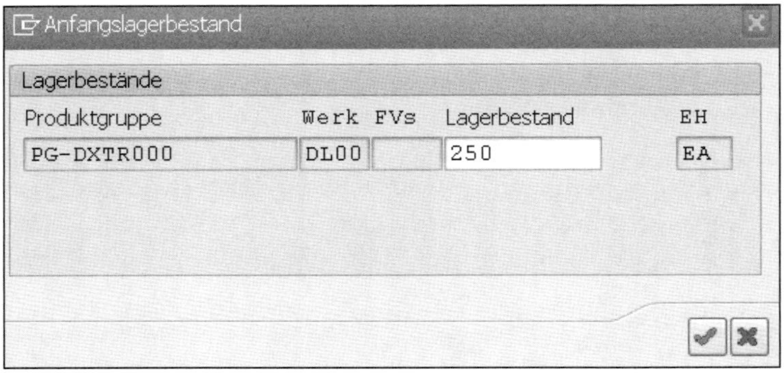

Abbildung 5.58 Setzen des Anfangslagerbestandes für die erste Planungsperiode (Transaktion MC82)

Der Anfangslagerbestand zu Beginn des Monats Februar 2019 ist gleichbedeutend mit dem Lagerbestand am Ende des Monats Januar 2019. Somit wird also der Lagerbestand am Ende der Planungsperiode $t = 0$ auf $L_0 := 250$ Stück gesetzt.

Nach Eingabe des Anfangslagerbestandes verschwindet in Zeile **Absatz** der Eintrag im Monat April 2019, denn SAP ERP stellt einen Nullwert im Planungstableau immer durch ein leeres Feld dar. Ebenso umgekehrt: Leere Felder werden als Nullwerte interpretiert. Die Werte in den Zeilen Lagerbestand und Reichweite werden neu berechnet.

Zahlenbeispiel

Gemäß obiger Formel ergeben sich in den Monaten Februar 2019 ($t = 1$) und März 2019 ($t = 2$) die Werte für den **Lagerbestand** wie folgt (siehe auch Abbildung 5.59):

$$\begin{aligned} L_1 &= L_0 - A_1 + P_1 = 250 \text{ Stück} - 140 \text{ Stück} + 0 \text{ Stück} \\ &= 110 \text{ Stück} \\ L_2 &= L_1 - A_2 + P_2 = 110 \text{ Stück} - 186 \text{ Stück} + 0 \text{ Stück} \\ &= -76 \text{ Stück} \end{aligned}$$

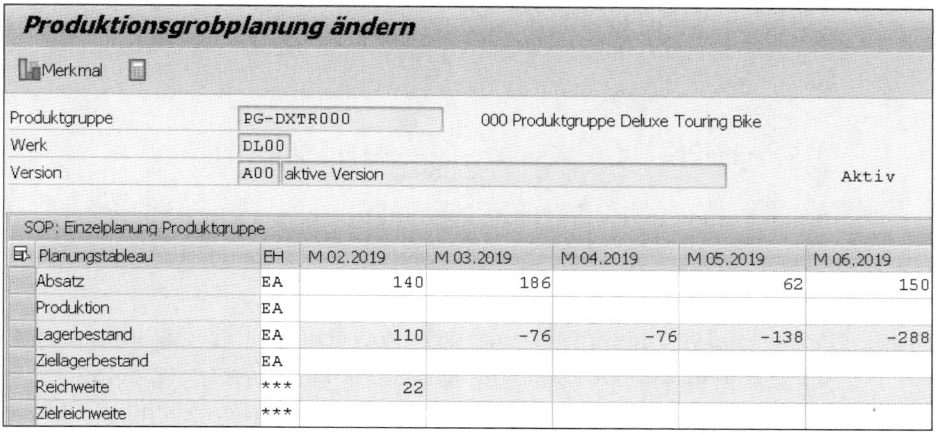

Produktionsgrobplanung ändern

Merkmal

Produktgruppe PG-DXTR000 000 Produktgruppe Deluxe Touring Bike

Werk DL00

Version A00 aktive Version Aktiv

SOP: Einzelplanung Produktgruppe

Planungstableau	EH	M 02.2019	M 03.2019	M 04.2019	M 05.2019	M 06.2019
Absatz	EA	140	186		62	150
Produktion	EA					
Lagerbestand	EA	110	-76	-76	-138	-288
Ziellagerbestand	EA					
Reichweite	***	22				
Zielreichweite	***					

Abbildung 5.59 Obiges Zahlenbeispiel nach dem Setzen des Anfangslagerbestandes für die erste Planungsperiode (Transaktion MC82)

Die Lagerbestände in den Folgeperioden werden dementsprechend ermittelt. Ohne Produktion wird der Anfangslagerbestand von 250 Fahrrädern schon im Laufe des Monats März 2019 aufgebraucht. Die negativen Lagerbestandswerte deuten auf eine Unterdeckung hin, welche in den Folgeperioden sogar weiter zunimmt.

Die Ergebnisse in der Zeile **Reichweite** in den Monaten Februar 2019 und März 2019 seien hier ebenfalls am Zahlenbeispiel erklärt:

$$R_1 = \max\left(\frac{D_1}{A_1} L_1, 0\right) = \max\left(\frac{28\text{ AT}}{140\text{ Stück}} 110\text{ Stück}, 0\right) = 22\text{ AT}$$

$$R_2 = \max\left(\frac{D_2}{A_2} L_2, 0\right) = \max\left(\frac{31\text{ AT}}{186\text{ Stück}} (-76)\text{ Stück}, 0\right) = 0\text{ AT}$$

Die Abkürzung AT steht dabei für Arbeitstage. Gemäß Fabrikkalender ist jeder Kalendertag bei Global Bike ein Arbeitstag. Sonn- und Feiertage werden also nicht berücksichtigt. Der Monat Februar 2019 hat folglich eine Dauer von $D_1 = 28$ Arbeitstagen und der Monat März eine Dauer von $D_2 = 31$ Arbeitstagen. Die Reichweite von $R_1 = 22$ Arbeitstagen bedeutet, dass der Lagerbestand von $L_1 = 110$ Stück am Ende des Monats Februar 2019 in den Folgeperioden noch für 22 Arbeitstage ausreicht, um kommende Absätze zu decken. Die Reichweite unterliegt jedoch der Annahme, dass in den Folgeperioden nicht produziert wird. Es wird ebenfalls angenommen, dass sich der durchschnittliche Absatz in den Folgeperioden gegenüber Februar 2019 nicht ändert. Aufgrund des negativen Lagerbestandes im März 2019 wird für diesen Monat eine Reichweite von $R_2 = 0$ Arbeitstagen kalkuliert. Auch für Mai und Juni 2019 gelten die gleichen

Reichweiten. Wieder werden alle Nullwerte als leere Felder ausgegeben. Einen Sonderfall stellt der Monat April 2019 dar. In diesem Monat lautet der Rechenansatz für die Reichweite:

$$R_3 = \max\left(\frac{D_3}{A_3} L_3, 0\right) = \max\left(\frac{30 \text{ AT}}{0 \text{ Stück}}(-76) \text{ Stück}, 0\right)$$

Bei einem Absatz von null Fahrrädern müsste jedoch durch null dividiert werden. SAP ERP gibt bei einem solchen Divisionsfehler ebenfalls ein leeres Feld aus.

Planungsstrategie »Absatzsynchron«

Ausgehend von diesem Planungsszenario soll nun die Produktionsgrobplanung erstellt werden. Die erste betrachtete Planungsstrategie *Absatzsynchron* ist die einfachste. Die Eingabe in die Berechnung sind einzig die Absatzmengen A_t für die Planungsperioden $\in \{1, \ldots, n\}$ im Planungshorizont. Die absatzsynchrone Produktionsgrobplanung berechnet die Werte in der Zeile **Produktion**, indem periodenweise die Produktionsmengen den Absatzmengen gleichgesetzt werden, also $P_t := A_t$ für alle Planungsperioden $t \in \{1, \ldots, n\}$. Es wird davon ausgegangen, dass in jeder Planungsperiode exakt die Produktionsmenge verkauft wird. Folglich werden etwaig vorhandene Lagerbestände weder aufgebaut noch abgebaut. Potenziell in den Zeilen **Ziellagerbestand** oder **Zielreichweite** eingetragene Werte werden bei der absatzsynchronen Produktionsgrobplanung ignoriert.

Abbildung 5.60 zeigt das Ergebnis des Ausführens dieser Planungsstrategie. Man erkennt, dass periodenweise die Menge **Produktion** immer der Menge **Absatz** entspricht. Die Werte in den Zeilen **Lagerbestand** und **Reichweite** werden bei jedem Ausführen einer Planungsstrategie automatisch aktualisiert.

Der **Lagerbestand** im Monat Februar 2019 ($t = 1$) berechnet sich wie folgt:

$$\begin{aligned} L_1 &= L_0 - A_1 + P_1 = 250 \text{ Stück} - 140 \text{ Stück} + 140 \text{ Stück} \\ &= 250 \text{ Stück} \end{aligned}$$

Da Absatz und Produktion gleich sind, entspricht der Lagerbestand Ende Februar 2019 dem Anfangslagerbestand L_0. Das Gleiche gilt für alle Folgeperioden im Planungshorizont.

Auch die Werte in der Zeile **Reichweite** werden automatisch aktualisiert. Einen Sonderfall bildet wieder der Monat April. Aufgrund der unerlaubten Division durch einen Absatz von $A_3 = 0$ Fahrrädern wird wieder ein leeres Feld ausgegeben. Theoretisch müsste man bei einem Absatz von null Fahrrädern von einer unendlich großen Reichweite ausgehen. Denn bei Annahme unveränderter Absatzbedingungen und ohne Produktion würde der Lagerbestand von 250 Fahrrädern am Ende des Monats April unendlich lange ausreichen.

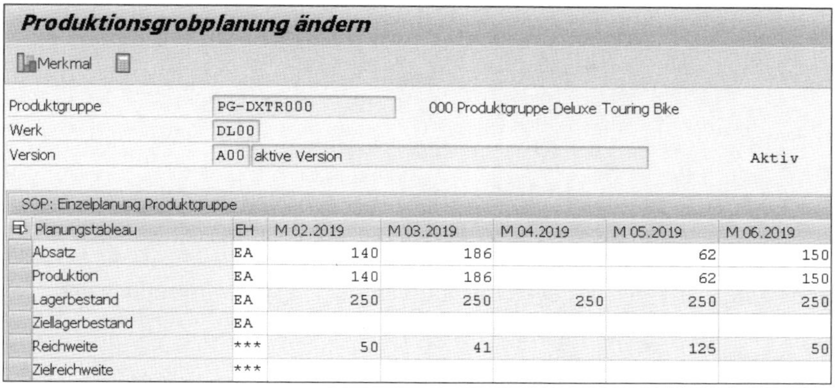

Produktionsgrobplanung ändern

Merkmal

Produktgruppe PG-DXTR000 000 Produktgruppe Deluxe Touring Bike
Werk DL00
Version A00 aktive Version Aktiv

SOP: Einzelplanung Produktgruppe

Planungstableau	EH	M 02.2019	M 03.2019	M 04.2019	M 05.2019	M 06.2019
Absatz	EA	140	186		62	150
Produktion	EA	140	186		62	150
Lagerbestand	EA	250	250	250	250	250
Ziellagerbestand	EA					
Reichweite	***	50	41		125	50
Zielreichweite	***					

Abbildung 5.60 Ergebnis der Produktionsgrobplanung bei Verwendung der Planungsstrategie »Absatzsynchron« (Transaktion MC82)

Planungsstrategie »Null Lagerbestand«

Die Anwendung der Planungsstrategie *Null Lagerbestand* erzeugt ein ähnliches Ergebnis wie die Planungsstrategie **Absatzsynchron**. Das Ziel der Strategie **Null Lagerbestand** ist, immer so viel zu produzieren, damit am Ende jeder Planungsperiode ein Lagerbestand von null erreicht wird. Die Eingabe in die Berechnung sind die Absatzmengen A_t für die Planungsperioden $t \in \{1, \ldots, n\}$ im Planungshorizont und der Anfangslagerbestand L_0. Die Planungsstrategie berechnet die Werte in der Zeile **Produktion**, indem in jeder Periode t die Absatzmenge A_t produziert wird, jedoch reduziert um den Lagerbestand L_{t-1} zu Beginn der Periode t. Für alle Planungsperioden $t \in \{1, \ldots, n\}$ gilt also:

$$P_t = \max(A_t - L_{t-1}, 0)$$

Negative Produktionsmengen sind nicht zugelassen. Sollte also der Lagerbestand L_{t-1} zu Beginn einer Periode t größer sein als der Absatz A_t, so wäre der Term $A_t - L_{t-1}$ negativ. Die Produktionsmenge wird dann auf null korrigiert.

Abbildung 5.61 zeigt das Ergebnis des Ausführens dieser Planungsstrategie auf Basis des weiter oben vorgestellten Planungsszenarios. Die Werte in den Zeilen **Lagerbestand** und **Reichweite** werden bei jedem Ausführen einer Planungsstrategie wieder automatisch aktualisiert.

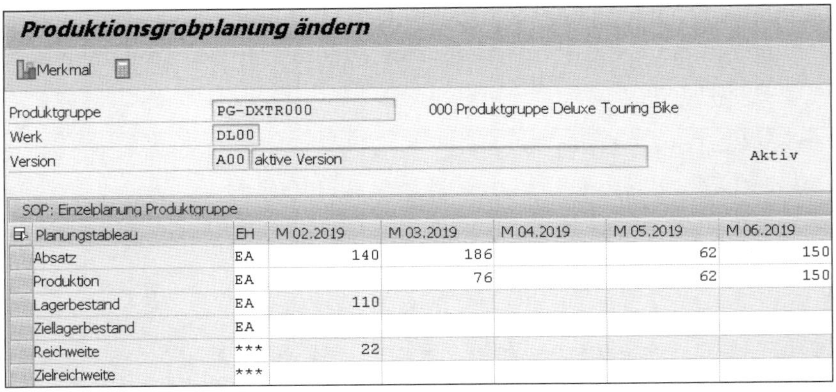
Produktionsgrobplanung ändern

Merkmal

Produktgruppe PG-DXTR000 000 Produktgruppe Deluxe Touring Bike
Werk DL00
Version A00 aktive Version Aktiv

SOP: Einzelplanung Produktgruppe

Planungstableau	EH	M 02.2019	M 03.2019	M 04.2019	M 05.2019	M 06.2019
Absatz	EA	140	186		62	150
Produktion	EA		76		62	150
Lagerbestand	EA	110				
Ziellagerbestand	EA					
Reichweite	***	22				
Zielreichweite	***					

Abbildung 5.61 Ergebnis der Produktionsgrobplanung bei Verwendung der Planungsstrategie »Null Lagerbestand« (Transaktion MC82)

Exemplarisch werden die Werte in der Zeile **Produktion** für die ersten drei Planungsperioden genauer untersucht:

$$P_1 = \max(A_1 - L_0, 0) = \max(140 \text{ Stück} - 250 \text{ Stück}, 0)$$
$$= 0 \text{ Stück}$$
$$P_2 = \max(A_2 - L_1, 0) = \max(186 \text{ Stück} - 110 \text{ Stück}, 0)$$
$$= 76 \text{ Stück}$$
$$P_3 = \max(A_3 - L_2, 0) = \max(0 \text{ Stück} - 0 \text{ Stück}, 0) = 0 \text{ Stück}$$

Im Februar 2019 übersteigt der Lagerbestand zu Beginn des Monats den planmäßigen Absatz bei Global Bike. Folglich ist die Differenz aus Absatz und Lagerbestand negativ. Deshalb wird die Produktionsmenge P_1 auf null Fahrräder korrigiert. Es verbleiben noch 110 Fahrräder auf Lager. Damit kann im Monat März 2019 ein Teil der Absatzmenge gedeckt werden. Der Rest von $P_2 = 76$ Fahrrädern muss produziert werden. Man erkennt, dass der Anfangslagerbestand L_0 zunächst aufgebraucht wird. Ab März 2019 wird das Ziel Nulllagerbestand erreicht, und ab April 2019 verhalten sich die Produktionsmengen absatzsynchron. Wegen des positiven Lagerbestandes Ende Februar 2019 ergibt sich noch eine Reichweite von $R_1 = 22$ Arbeitstagen. Aufgrund des Nulllagerbestandes in den Folgemonaten reduziert sich die Reichweite jedoch auf 0 Arbeitstage. Die Ausnahme bildet wieder der Divisionsfehler im Monat April 2019 bei einem Absatz von $A_3 = 0$ Fahrrädern.

Planungsstrategie »Ziellagerbestand«

Bei Verwendung der Planungsstrategie *Ziellagerbestand* gibt der Planer je Planungsperiode t einen Ziellagerbestand ZL_t vor. SAP ERP versucht, die Produktionsmengen so zu berechnen, dass die Lagerbestände am Ende jeder Periode den zugehörigen Ziellagerbeständen entsprechen. Für jede Periode $t \in \{1, \ldots, n\}$ soll also idealerweise $L_t = ZL_t$ gelten. Weitere Eingaben sind die Absatzmengen A_t für die Planungsperioden $t \in \{1, ..., n\}$ im Planungshorizont und der Anfangslagerbestand L_0. Die Planungsstrategie berechnet die Werte in der Zeile **Produktion**, indem in jeder Periode t die Absatzmenge A_t und der Ziellagerbestand ZL_t produziert werden, jedoch reduziert um den Lagerbestand L_{t-1} zu Beginn der Periode t. Folglich wird die Produktionsmenge P_t für die Planungsperiode t anhand der nachstehenden Formel berechnet:

$$P_t = \max\left(A_t + ZL_t - L_{t-1}, 0\right)$$

Wieder sind negative Produktionsmengen nicht zugelassen. Sollte also der Lagerbestand L_{t-1} zu Beginn einer Periode t größer als der Absatz A_t zuzüglich Ziellagerbestand ZL_t sein, so wäre der Term $A_t + ZL_t - L_{t-1}$ negativ. In diesem Fall wird die Produktionsmenge auf null korrigiert.

Abbildung 5.62 zeigt wieder das weiter oben vorgestellte Anwendungsszenario nach der Ausführung der Planungsstrategie. Im Planungstableau ergänzte der Planer die gewünschten Werte für ZL_t in der Zeile **Ziellagerbestand**. Als Ergebnis des Ausführens dieser Planungsstrategie stehen nun die berechneten Werte P_t in der Zeile **Produktion**. Die Werte in den Zeilen **Lagerbestand** und **Reichweite** wurden wieder automatisch aktualisiert.

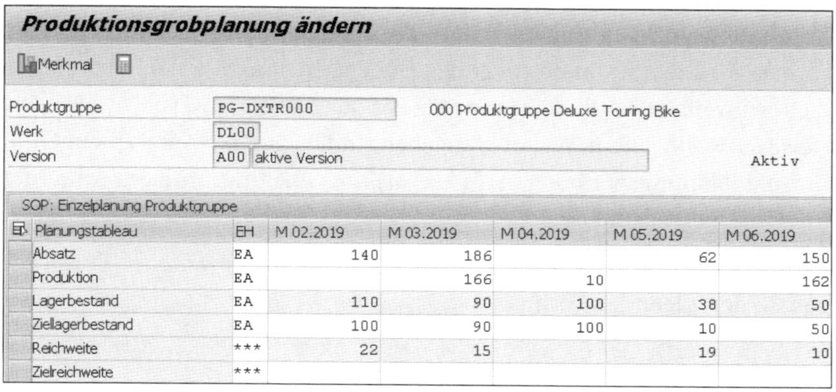

Produktionsgrobplanung ändern

Merkmal

Produktgruppe: PG-DXTR000 — 000 Produktgruppe Deluxe Touring Bike
Werk: DL00
Version: A00 aktive Version — Aktiv

SOP: Einzelplanung Produktgruppe

Planungstableau	EH	M 02.2019	M 03.2019	M 04.2019	M 05.2019	M 06.2019
Absatz	EA	140	186		62	150
Produktion	EA		166	10		162
Lagerbestand	EA	110	90	100	38	50
Ziellagerbestand	EA	100	90	100	10	50
Reichweite	***	22	15		19	10
Zielreichweite	***					

Abbildung 5.62 Ergebnis der Produktionsgrobplanung bei Verwendung der Planungsstrategie »Ziellagerbestand« (Transaktion MC82)

Exemplarisch seien die ersten beiden Planungsperioden untersucht. Im Monat Februar 2019 ($t = 1$) berechnet sich die Produktionsmenge und der Lagerbestand am Ende der Periode wie folgt:

$$P_1 = \max\left(A_1 + ZL_1 - L_0, 0\right)$$
$$= \max\left(140 \text{ Stück} + 100 \text{ Stück} - 250 \text{ Stück}, 0\right) = 0 \text{ Stück}$$
$$L_1 = L_0 - A_1 + P_1 = 250 \text{ Stück} - 140 \text{ Stück} + 0 \text{ Stück}$$
$$= 110 \text{ Stück}$$

Im Februar 2019 verkauft Global Bike planmäßig nur 140 Fahrräder, hat aber noch 250 Fahrräder zu Beginn des Monats auf Lager. Ohne Produktion würden am Ende des Monats somit noch 110 Fahrräder übrig bleiben. Um den Ziellagerbestand von nur 100 Fahrrädern zu erreichen, müssten minus 10 Fahrräder produziert werden. Eine negative Produktion ist aber nicht zulässig. Folglich wird die Produktion auf 0 Stück korrigiert (Ausgabe als leeres Feld). In der Folge stimmt der Lagerbestand Ende Februar 2019 nicht mit dem Ziellagerbestand des Monats überein.

Im Monat März 2019 ($t = 2$) ergeben sich zum Vergleich folgende Werte:

$$P_2 = \max(A_2 + ZL_2 - L_1, 0)$$
$$= \max(186 \text{ Stück} + 90 \text{ Stück} - 110 \text{ Stück}, 0) = 166 \text{ Stück}$$
$$L_2 = L_1 - A_2 + P_2 = 110 \text{ Stück} - 186 \text{ Stück} + 166 \text{ Stück}$$
$$= 90 \text{ Stück}$$

Im Monat März würde Global Bike planmäßig 166 Fahrräder produzieren, und die Zielvorgabe von $ZL_2 = 90$ Fahrrädern stimmt mit dem planmäßigen Lagerbestand am Ende des Monats März überein.

Planungsstrategie »Zielreichweite«

Bei Verwendung der Planungsstrategie *Zielreichweite* gibt der Planer für jede Planungsperiode t eine Zielreichweite ZR_t als Planungsziel vor. Die Produktionsgrobplanung berechnet die Produktionsmenge anschließend so, dass die Lagerbestände am Ende jeder Periode möglichst den jeweiligen Zielreichweiten entsprechen. Für jede Periode $t \in \{1, \dots, n\}$ soll also idealerweise $R_t = ZR_t$ gelten. Weitere Eingaben sind wieder die Absatzmengen A_t für die Planungsperioden $t \in \{1, \dots, n\}$ im Planungshorizont und der Anfangslagerbestand L_0.

Bekanntermaßen berechnet sich die geplante Reichweite in Periode t gemäß der folgenden Formel:

$$R_t = \max\left(\frac{D_t}{A_t} L_t, 0\right)$$

Unter Annahme ausschließlich nicht negativer Lagerbestände Lt≥0 kann die Reichweite vereinfacht berechnet werden:

$$R_t = \frac{D_t}{A_t} L_t$$

Ersetzt man in der obigen Formel den geplanten Lagerbestand L_t durch den Ziellagerbestand ZL_t und ersetzt die geplante Reichweite R_t durch die Zielreichweite ZR_t, so erhält man:

$$ZR_t = \frac{D_t}{A_t} ZL_t$$

Und nach Auflösen der Gleichung nach ZL_t:

$$ZL_t = \frac{A_t}{D_t} ZR_t$$

Ziellagerbestand ZL_t (angegeben in Mengeneinheiten) und Zielreichreichweite ZR_t (angegeben in Arbeitstagen) sind also nur unterschiedlich ausgedrückte Zielvorgaben für den geplanten Lagerbestand L_t, und lassen sich wechselseitig ineinander transformieren. Die Planungsstrategie berechnet die Werte in der Zeile **Produktion** analog zur Planungsstrategie Ziellagerbestand:

$$P_t = \max\left(A_t + ZL_t - L_{t-1}, 0\right) = \max\left(A_t + \frac{A_t}{D_t} ZR_t - L_{t-1}, 0\right)$$

Basierend auf dem weiter oben vorgestellten Szenario veranschaulicht Abbildung 5.63 die Planungsstrategie **Zielreichweite**. Der Planer trug im Planungstableau bereits die gewünschten Werte für ZR_t in die Zeile **Zielreichweite** ein. Nach der Ausführung dieser Planungsstrategie stehen nun die berechneten Werte P_t in der Zeile **Produktion**. Die Werte in den Zeilen **Lagerbestand** und **Reichweite** wurden wieder automatisch aktualisiert.

Produktionsgrobplanung ändern

Merkmal

Produktgruppe	PG-DXTR000	000 Produktgruppe Deluxe Touring Bike	
Werk	DL00		
Version	A00	aktive Version	Aktiv

SOP: Einzelplanung Produktgruppe

Planungstableau	EH	M 02.2019	M 03.2019	M 04.2019	M 05.2019	M 06.2019
Absatz	EA	140	186		62	150
Produktion	EA		136		12	165
Lagerbestand	EA	110	60	60	10	25
Ziellagerbestand	EA					
Reichweite	***	22	10		5	5
Zielreichweite	***	10	10	5	5	5

Abbildung 5.63 Ergebnis der Produktionsgrobplanung bei Verwendung der Planungsstrategie »Zielreichweite«

Die ersten beiden Planungsperioden seien wieder exemplarisch untersucht. Die Produktionsmenge und die Reichweite im Monat Februar 2019 ($t = 1$) berechnen sich wie folgt:

$$P_1 = \max\left(A_1 + \frac{A_1}{D_1} ZR_1 - L_0, 0\right)$$

$$= \max\left(140\text{ Stück} + \frac{140\text{ Stück}}{28\text{ AT}} 10\text{ AT} - 250\text{ Stück}, 0\right)$$

$$= 0\text{ Stück}$$

$$R_1 = \max\left(\frac{D_1}{A_1}L_1, 0\right) = \max\left(\frac{28\ \text{AT}}{140\ \text{Stück}}110\ \text{Stück}, 0\right) = 22\ \text{AT}$$

Zu Beginn des Monats Februar 2019 hat Global Bike noch 250 Fahrräder auf Lager. Davon werden planmäßig nur 140 Fahrräder im selben Monat verkauft. Ohne Produktion würden Ende Februar 2019 also noch 110 Fahrräder übrig bleiben. Um die Zielreichweite von 10 Arbeitstagen einzuhalten, dürften nur $\frac{140\ \text{Stück}}{28\ \text{AT}} 10\ \text{AT} = 50\ \text{Stück}$ Fahrräder am Ende des Monats auf Lager verbleiben. Es müssten also minus 60 Fahrräder produziert werden. Eine negative Produktion ist aber nicht zulässig. Die Produktion wird folglich wieder auf 0 Stück korrigiert (Ausgabe als leeres Feld). In der Folge stimmt Ende Februar 2019 die geplante Reichweite von 22 Arbeitstagen nicht mit der Zielreichweite von 10 Arbeitstagen überein.

Im Monat März 2019 ($t = 2$) ergeben sich zum Vergleich folgende Werte:

$$\begin{aligned} P_2 &= \max\left(A_2 + \frac{A_2}{D_2}ZR_2 - L_1, 0\right) \\ &= \max\left(186\ \text{Stück} + \frac{186\ \text{Stück}}{31\ \text{AT}}10\ \text{AT} - 110\ \text{Stück}, 0\right) \\ &= 136\ \text{Stück} \end{aligned}$$

$$R_2 = \max\left(\frac{D_2}{A_2}L_2, 0\right) = \max\left(\frac{31\ \text{AT}}{186\ \text{Stück}}60\ \text{Stück}, 0\right) = 10\ \text{AT}$$

Global Bike würde im März 2019 also planmäßig 136 Fahrräder produzieren und die Zielvorgabe von $ZR_2 = 10$ Arbeitstagen stimmt mit der planmäßigen Reichweite von $R_2 = 10$ Arbeitstagen überein.

Prognose

Planungsverfahren Prognose

Im vorherigen Abschnitt wurde die Produktionsgrobplanung auf Basis von manuell geplanten Absatzmengen durchgeführt. Alternativ kann die Planung der Absatzmengen durch Prognoseverfahren unterstützt werden. Dabei werden historische Absatzmengen vergangener Perioden ausgewertet.

Prognosemodell auswählen

Die Prognose der Absatzmengen wird über das Menü **Bearbeiten • Absatzplan erstellen • Prognose...** aufgerufen. Der erste Schritt zur Erstellung einer Prognose ist die Auswahl des Prognosemodells (siehe Abbildung 5.64).

Im Bereich **Zeiträume** kann ausgewählt werden, ob die Prognose für eine **Periodenanzahl** oder für **Periodenintervalle** erstellt wird. Im Beispiel wird für die Prognose das Intervall der Planungsperioden 02.2019 bis 06.2019 ausgewählt. Das Intervall der Vergangenheitswerte legt fest, welche historischen Absatzwerte die Basis der Prognose bilden. Im Beispiel wurde das Intervall April 2010 bis März 2014 verwendet. Die historischen Absatzwerte (siehe Abbildung 5.65) können über den Button **Vergangenheit...** (siehe Abbildung 5.64) angezeigt werden.

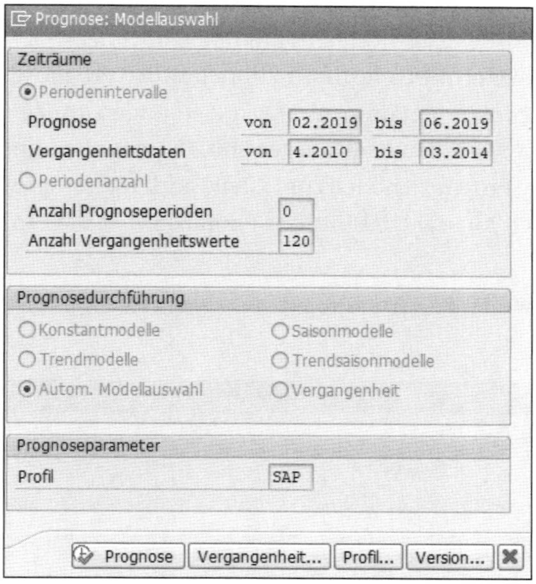

Abbildung 5.64 Auswahl des Prognosemodells

5

[!]

Vergangenheitsdaten

Beachten Sie, dass der Zeitraum, in dem Vergangenheitsdaten verfügbar sind, von der Version Ihres Global-Bike-Mandaten abhängt. Verwenden Sie für die Erstellung einer Prognose den in der Dokumentation der UCC-Fallstudie »Produktionsplanung und -steuerung (PP)« angegebenen Zeitraum.

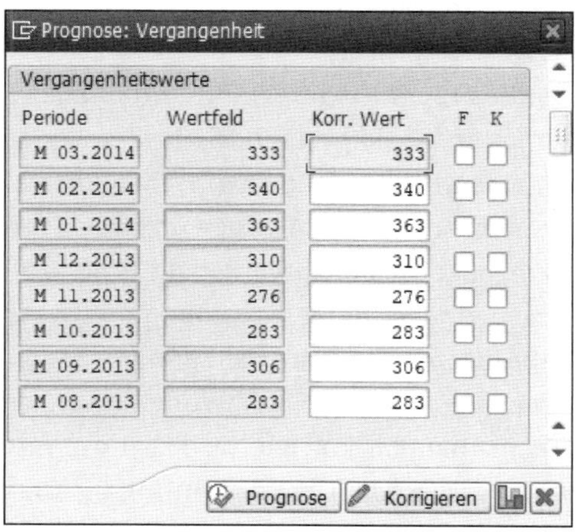

Abbildung 5.65 Anzeige der historischen Absatzwerte

Prognosemodelle

Im Bereich **Prognosedurchführung** (siehe Abbildung 5.64) kann das zu verwendende Prognosemodell ausgewählt werden. In SAP ERP stehen verschiedene Prognosemodelle zur Auswahl. Eine detaillierte Beschreibung dieser Prognosemodelle und der zugehörigen Parameter übersteigt den Umfang dieser Einführung. Weiterführende Informationen zu den Prognosemodellen sind in der Onlinedokumentation zu SAP ERP zu finden. Im Beispiel wurde die automatische Modellauswahl ausgewählt. Diese sorgt dafür, dass das am besten passende Prognosemodell zur Erstellung der Absatzprognose verwendet wird. Durch Auswahl des Buttons **Prognose** wird die Prognose gestartet.

Prognoseergebnisse

Das Ergebnis der Prognose wird im Fenster **Prognose: Ergebnisse** angezeigt (siehe Abbildung 5.66).

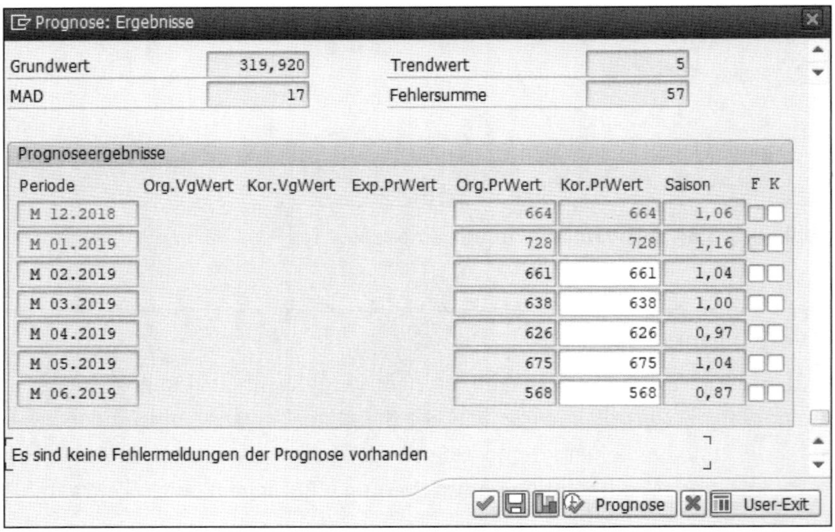

Abbildung 5.66 Darstellung des Prognoseergebnisses

Im oberen Bereich des Fensters werden die mittlere absolute Abweichung (**MAD**) sowie die **Fehlersumme** der Prognose dargestellt. Die beiden Werte werden berechnet, indem das Prognosemodell auf die historischen Absatzmengen angewendet wird. Sie erlauben somit eine Aussage über die Güte des Prognosemodells. Im Bereich **Prognoseergebnisse** werden die Prognosewerte für die einzelnen Planungsperioden dargestellt. Prognosewerte innerhalb des Planungshorizonts besitzen editierbare weiße Felder in der Spalte **Kor.PrWert**. Die berechneten Werte können dort vom Anwender noch manuell korrigiert werden. Ein manuell korrigierter Prognosewert wird über einen Haken in der Spalte **F** dargestellt. Über den Button (**Graphik interaktiv**) können die Prognosewerte grafisch dargestellt werden.

Über den Button ✅ (**Übernehmen und Sichern**) werden die Prognosewerte ins Planungstableau übernommen.

Das Ergebnis der Übernahme der Prognosewerte im Beispiel ist in Abbildung 5.67 dargestellt. Für jede Planungsperiode im Planungstableau wurde der **Absatz** aus der Spalte **Kor.PrWert** übernommen. Auf Basis der prognostizierten Absatzmengen kann dann die Erstellung einer Produktionsgrobplanung erfolgen.

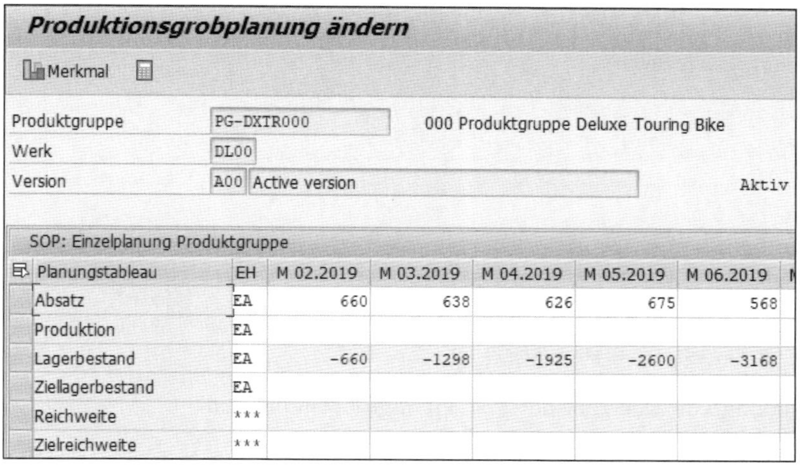

Planungstableau	EH	M 02.2019	M 03.2019	M 04.2019	M 05.2019	M 06.2019
Absatz	EA	660	638	626	675	568
Produktion	EA					
Lagerbestand	EA	-660	-1298	-1925	-2600	-3168
Ziellagerbestand	EA					
Reichweite	***					
Zielreichweite	***					

Abbildung 5.67 Planungstableau mit prognostizierten Absatzmengen

5.6.2 Übergabe zur Programmplanung

Nachdem die Planung abgeschlossen ist, wird im nächsten Schritt des erweiterten Produktionsplanungsprozesses die Produktionsgrobplanung an die Programmplanung übergeben (siehe Abbildung 5.68). Hierdurch werden aus der Grobplanung Primärbedarfe (siehe Abschnitt 5.5.1) erzeugt. Diese werden dann im Rahmen der Fertigungssteuerung detailliert geplant.

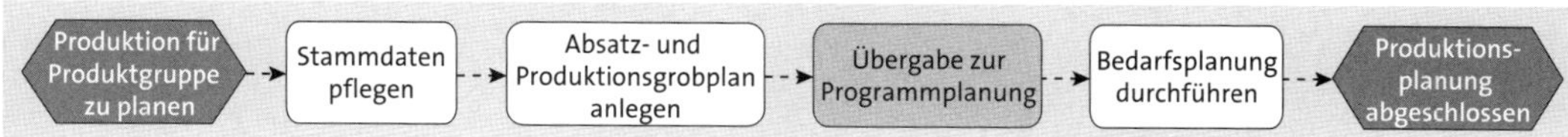

Abbildung 5.68 Übersicht über den Produktionsplanungsprozess bei Global Bike

Übergabestrategie

Die Übergabe erfolgt mit der Transaktion MC75 (Übergabe Plandaten an die Programmplanung). Diese Transaktion ist auch über den Menüpfad **Logistik • Produktion • Absatz-/Grobplanung • Disaggregation • Überg. Progr.pl. PG** erreichbar. In der Transaktion (siehe Abbildung 5.69) können verschiedene Übergabestrategien ausgewählt werden. Im Beispiel wurden auf der Ebene der Produktgruppe eine Absatzplanung und eine Produktionsgrobplanung erstellt. Da die Programmplanung auf Basis von Materialien erfolgt, muss die Produktionsgrobplanung auf die Mitglieder der Produktgruppe aufgeteilt werden. Somit muss in diesem Fall die Übergabestrategie **Produktionsplan Material(ien) als Anteil PG** ausgewählt werden. Über die Checkbox **Verbuchung dunkel** kann entschieden werden, ob die erzeugten Primärbedarfe erst angezeigt und dann gespeichert (Checkbox leer) oder direkt gespeichert (Checkbox ausgewählt) werden.

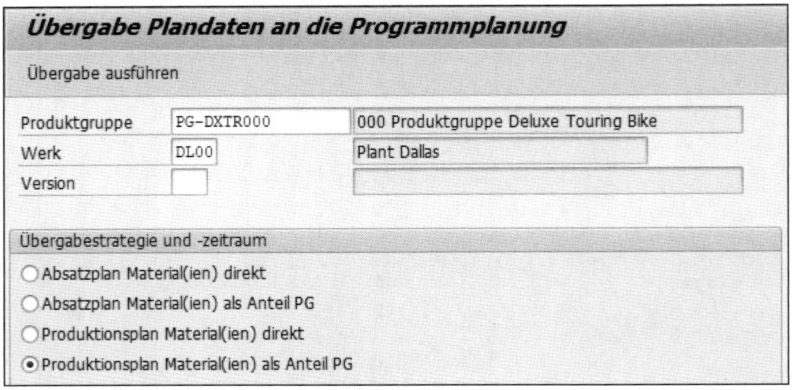

Abbildung 5.69 Übergabe der Produktionsgrobplanung an die Programmplanung

Erzeugte Primärbedarfe

Abbildung 5.70 zeigt die bei der Übergabe der Produktionsgrobplanung erzeugten Primärbedarfe für das Material DXTR1000. Zum Beispiel wurde für die Planungsperiode **M 02.2019** ein Primärbedarf von 112 Stück berechnet. Dieser Primärbedarf ergibt sich aus der geplanten Produktionsmenge von 280 Stück (siehe Abbildung 5.60) sowie dem Anteil von 40 % des Materials DXTR1000 an der Produktgruppe PG-DXTR000 (siehe Abbildung 5.13).

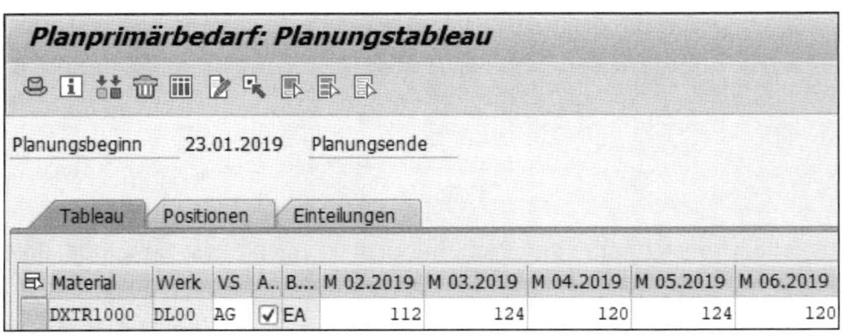

Abbildung 5.70 Bei der Übergabe der Produktionsgrobplanung erzeugte Primärbedarfe für das Material DXTR1000

5.6.3 Bedarfsplanung

Das Ergebnis der Übergabe der Plandaten an die Programmplanung sind Primärbedarfe, die in der **Bedarfs-/Bestandsliste** (Transaktion MD04) angezeigt werden können (siehe Abschnitt 5.5.1). Der nächste Schritt im Planungsprozess ist die Bedarfsplanung (siehe Abbildung 5.71). Bei der Bedarfsplanung für die Primärbedarfe kann zwischen der *Leitteileplanung* und der *Materialbedarfsplanung* unterschieden werden.

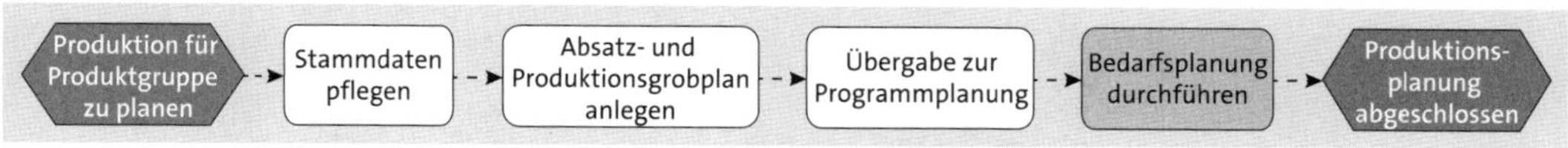

Abbildung 5.71 Übersicht Produktionsplanungsprozess bei Global Bike

Leitteileplanung

In der Komponente Materialwirtschaft (siehe Kapitel 3, »Materialwirtschaft«) von SAP ERP ist es möglich, bestimmte Materialien als *Leitteile* zu definieren. Bei Leitteilen handelt es sich um Materialien, die einen hohen Anteil an der Wertschöpfung des Unternehmens haben. Für diese Leitteile wird versucht, eine möglichst hohe Materialverfügbarkeit sicherzustellen. Um das zu erreichen, werden gegebenenfalls auch höhere Sicherheitsbestände in Kauf genommen. Bei Global Bike sind z. B. alle Fahrräder als Leitteile definiert. Für die Leitteile stehen mit der Leitteileplanung eigene Transaktionen zur Bedarfsplanung zur Verfügung. Die durchgeführten Planungsschritte unterscheiden jedoch nicht zwischen Leitteilen und anderen Materialien. Aus diesem Grund wird in den folgenden Abschnitten nicht zwischen der Leitteileplanung und der Materialbedarfsplanung unterschieden.

Ablauf der Materialbedarfsplanung

In Abbildung 5.72 ist der Ablauf der Materialbedarfsplanung in SAP ERP dargestellt. Die aus der Programmplanung stammenden Primärbedarfe werden zusätzlich in der *Planungsvormerkdatei* gespeichert. Die Aufgabe der Planungsvormerkdatei ist es, alle seit der letzten Materialbedarfsplanung angepassten Bedarfe zu sammeln. Im Rahmen der Materialbedarfsplanung werden dann nur die geänderten Bedarfe und nicht alle Bedarfe betrachtet und neu geplant.

Nettobedarfsrechnung

Im ersten Schritt der Materialbedarfsplanung erfolgt auf Basis der Primärbedarfe eines Materials eine *Nettobedarfsrechnung* ❶ (siehe Abbildung 5.72). Die Nettobedarfsrechnung erfolgt auf Werksebene. Für alle Lagerorte des Werkes werden die Bestände des Materials zum Bedarfstermin berechnet (siehe Kapitel 3, »Materialwirtschaft«, und Abschnitt 2.5.2, »Verfügbarkeit prüfen«). Ist der Bedarf zum Bedarfstermin nicht durch den Bestand gedeckt, ist das Ergebnis eine Unterdeckungsmenge. Diese wird dann dem zweiten Schritt der Materialbedarfsplanung übergeben.

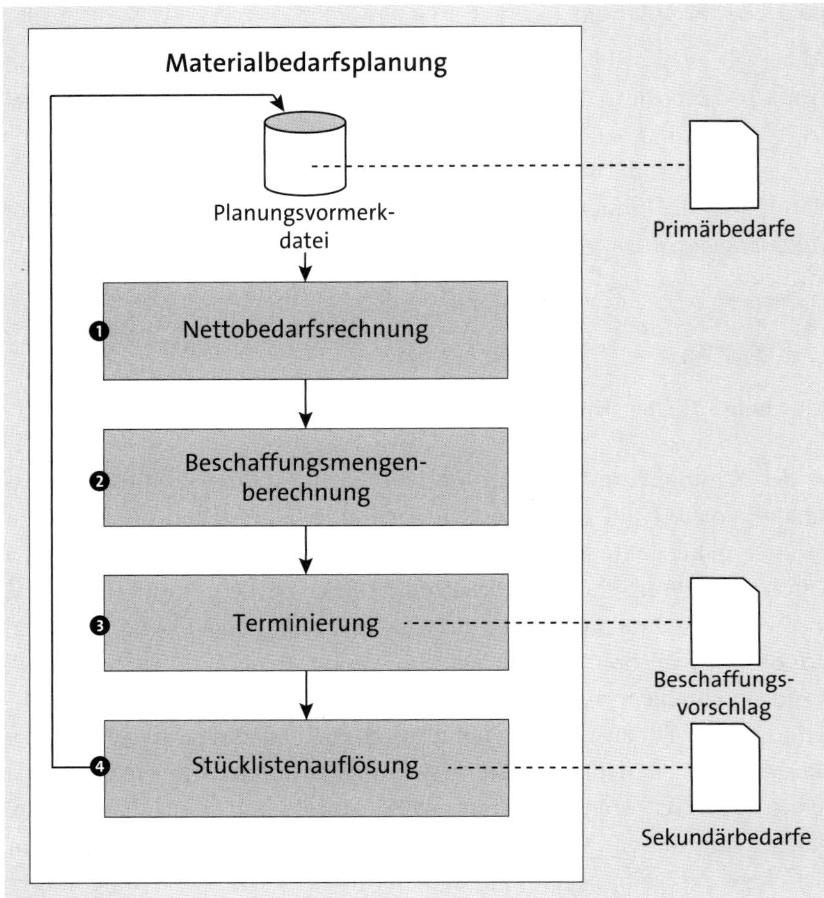

Abbildung 5.72 Ablauf der Materialbedarfsplanung in SAP ERP

Beschaffungsmengenberechnung

Im zweiten Schritt der Materialbedarfsplanung erfolgt die *Beschaffungsmengenberechnung* ❷. Auf Basis der Unterdeckungsmenge und der im Materialstamm gepflegten Losgrößendaten wird die Beschaffungsmenge berechnet.

Terminierung

Im dritten Schritt der Materialbedarfsplanung erfolgt die *Terminierung* ❸. Dabei wird zwischen eigengefertigten und fremdbeschafften Materialien unterschieden. Sowohl für eigengefertigte als auf für fremdbeschaffte Materialien werden die Eckstart- und Eckendtermine berechnet. Bei fremdbeschafften Materialien entspricht der Eckendtermin dem Liefertermin. Für eigengefertigte Materialien erfolgt zudem eine Durchlaufterminierung auf Basis des Arbeitsplans. Das Vorgehen zur Durchlaufterminierung wurde bereits in Abschnitt 5.5.3 beschrieben. Als Ergebnis der Terminierung werden *Beschaffungsvorschläge* erstellt. Die Art des Beschaffungsvorschlags hängt dabei von der Beschaffungsart des Materials ab. Bei eigengefertigten Materialien werden hierzu immer Planaufträge erstellt. Bei fremdbeschafften Materialien werden entweder Planaufträge oder Bestellanforderungen erzeugt.

Stücklistenauflösung

Im letzten Schritt der Materialbedarfsplanung erfolgt die *Stücklistenauflösung* ❹. Für ein eigengefertigtes Material wird die gültige Stückliste ermittelt. Auf Basis der Stückliste wird für alle zur Fertigung notwendigen Baugruppen und Komponenten der Sekundärbedarf ermittelt. Der Sekundärbedarf besteht aus einer Bedarfsmenge und einem Bedarfstermin. Die Sekundärbedarfe werden in die Planungsvormerkungsdatei übernommen. Für diese Sekundärbedarfe erfolgt dann im nächsten Durchlauf wieder eine Materialbedarfsplanung.

5.6.4 Fertigungssteuerung

In Abschnitt 5.2 wurde der von Global Bike verwendete Fertigungssteuerungsprozess vorgestellt (siehe Abbildung 5.73). Im Folgenden werden die einzelnen Schritte der Fertigungssteuerung genauer untersucht. Insbesondere wird dabei auch auf die Integration der Komponenten MM, FI und CO eingegangen. Abbildung 5.74 stellt die im Prozess Fertigungssteuerung erzeugten Belege sowie ihre Zuordnung zu den Komponenten in SAP ERP dar.

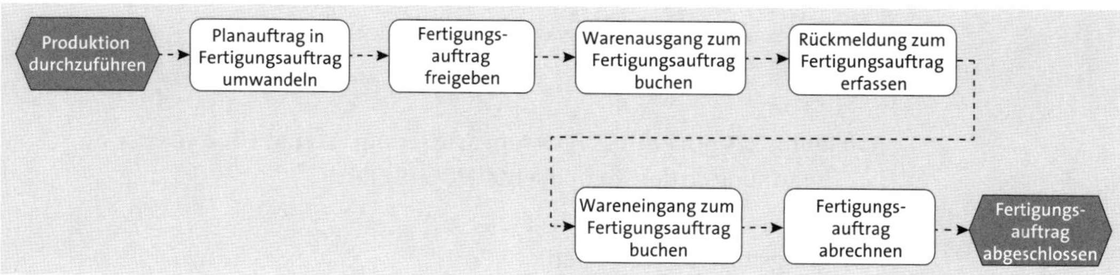

Abbildung 5.73 Fertigungssteuerungsprozess bei Global Bike

Belege im Fertigungssteuerungsprozess

Wie in Abschnitt 5.5.3 dargestellt, startet der Prozess der Fertigungssteuerung mit der Freigabe des Fertigungsauftrags. Durch diese Freigabe ändert sich der Status des Fertigungsauftrags. Im nächsten Schritt kann der Warenausgang zum Fertigungsauftrag gebucht werden. Sobald die Vorgänge, also die einzelnen Fertigungsschritte, erledigt sind, wird eine Rückmeldung zum Auftrag erfasst. Am Ende wird ein Wareneingang für die erzeugten Materialien gebucht und der Auftrag abgerechnet. Im folgenden Abschnitt wird jeder dieser Schritte detailliert dargestellt.

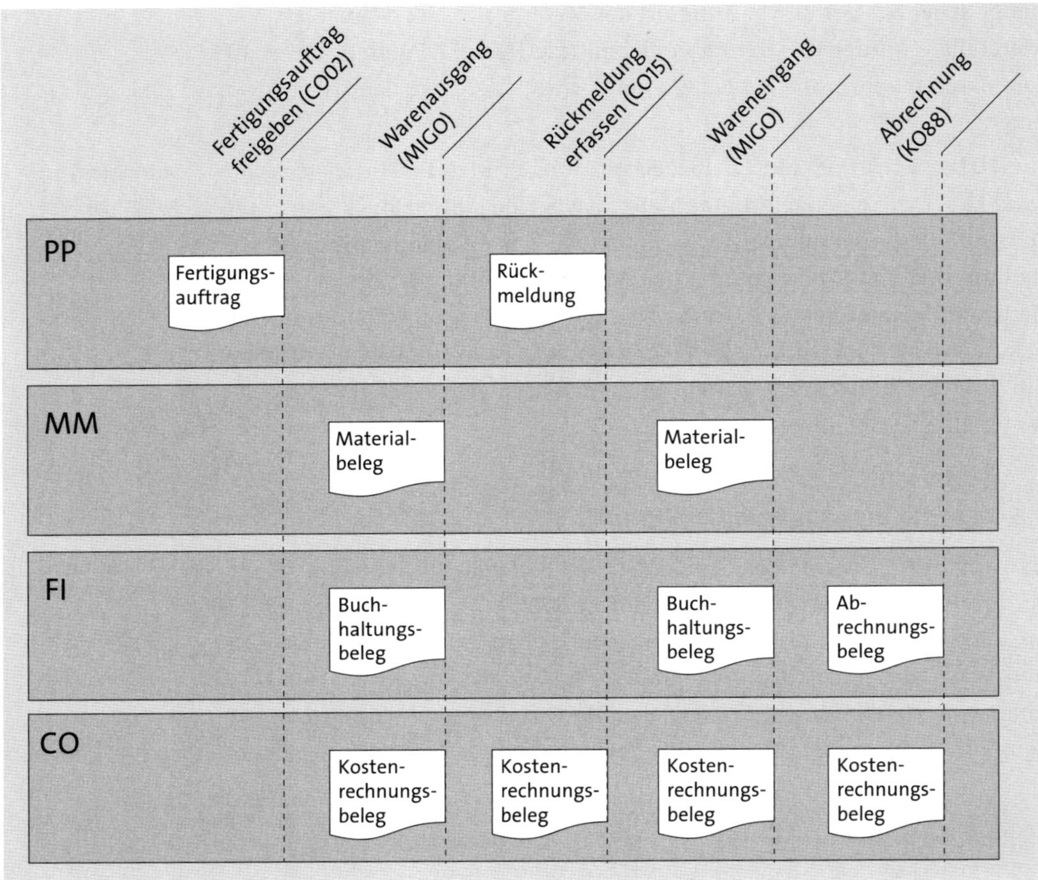

Abbildung 5.74 Im Prozess Fertigungssteuerung erzeugte Belege und ihre Zuordnung zu den Komponenten in SAP ERP

Fertigungsauftrag freigeben

Automatische Freigabe

Die Freigabe des Fertigungsauftrags erfolgt bei Global Bike automatisch beim Speichern des Fertigungsauftrags. Somit ist für die Freigabe kein manueller Schritt erforderlich. Durch die Freigabe erhält der Fertigungsauftrag den **Status** FREI (siehe Abbildung 5.77). Sobald der Fertigungsauftrag freigegeben ist, können Warenausgänge, Rückmeldungen sowie Wareneingänge zu diesem Fertigungsauftrag erfasst werden.

Warenausgang

Der erste Schritt der Fertigungssteuerung ist die Entnahme der zur Fertigung notwendigen Rohstoffe und Halbfertigerzeugnisse aus dem Lager. Der Warenausgang wird mit der Transaktion MIGO (Warenbewegung) gebucht. Diese Transaktion ist auch über den Menüpfad **Logistik • Material-**

wirtschaft • Bestandsführung • Warenbewegung • Warenbewegung erreichbar. Abbildung 5.75 zeigt den Einstiegsbildschirm der Transaktion MIGO.

Bewegungsart

Über die Dropdown-Menüs kann die Art der Warenbewegung ausgewählt werden. Um den Warenausgang für einen Fertigungsauftrag zu erfassen, müssen hier **Warenausgang** und **Auftrag** ausgewählt werden. Diese Auswahlen führen dazu, dass die korrekte Bewegungsart (siehe Abschnitt 3.5.5, »Weitere Warenbewegungen«) für die Warenbewegung ermittelt wird. Im Beispiel ist das die Bewegungsart 261 (Warenausgang zum Auftrag). Im Feld rechts neben den Dropdown-Menüs wird die Auftragsnummer des Fertigungsauftrags eingegeben.

Abbildung 5.75 Auswahl der Art der Warenbewegung (Transaktion MIGO)

Warenausgang buchen

Nach der Bestätigung der Auswahl werden die im Auftrag enthaltenen Komponenten gelesen und auf der Registerkarte **Allgemein** dargestellt (siehe Abbildung 5.76). Für jedes Material wird die im Fertigungsauftrag enthaltene Menge im Feld **Menge in EME** (Erfassungsmengeneinheit) als Vorschlagswert eingetragen. Der Benutzer kann diese Menge ändern. Der Benutzer muss den **Lagerort** auswählen, aus dem die Waren entnommen werden. Außerdem muss durch die Checkbox **OK** bestätigt werden, für welche Materialien der Warenausgang gebucht wird. Durch Sichern erfolgt das Buchen des Warenausgangs.

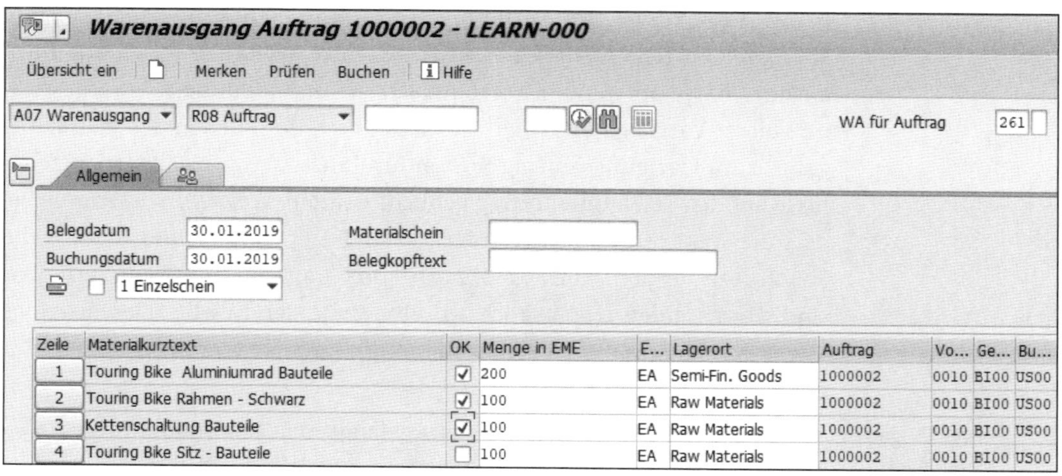

Abbildung 5.76 Buchen des Warenausgangs zu einem Fertigungsauftrag

Ergebnisse der Buchung des Warenausgangs

Das Buchen des Warenausgangs führt zu folgenden Änderungen an den Bewegungsdaten in den verschiedenen Komponenten von SAP ERP (siehe Abbildung 5.74):

- Statusänderung des Fertigungsauftrags
- Erstellung eines Kostenrechnungsbelegs mit Buchung der Ist-Kosten für den Fertigungsauftrag
- Erstellung eines Warenausgangsbelegs in MM, um die Reduzierung des Materialbestandes zu dokumentieren
- Erstellung eines Warenausgangsbelegs in FI, um den Abgang der für die Produktion verwendeten Materialien in den Bestandskonten und als Aufwendungen zu erfassen

Durch Buchen des Warenausgangs wird im Fertigungsauftrag der Status »Warenbewegung erfolgt« gesetzt. Der neue Status des Fertigungsauftrags ist in der Transaktion CO03 (Fertigungsauftrag anzeigen) zu sehen. In der Statuszeile des Fertigungsauftrags ist der neue **Status** auch durch das Kürzel WABE erkennbar (siehe Abbildung 5.77).

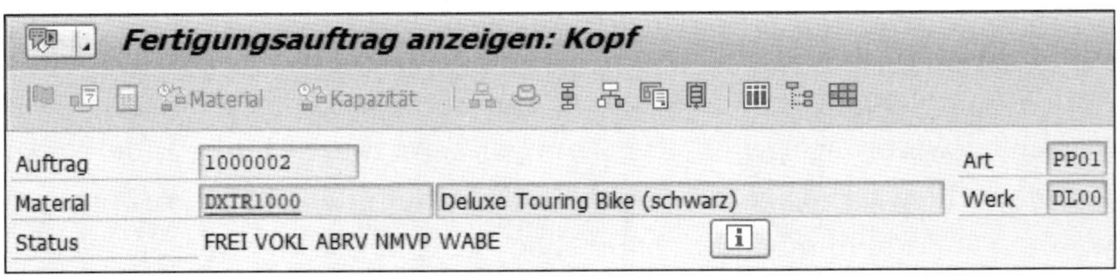

Abbildung 5.77 Status des Fertigungsauftrags nach Buchen des Warenausgangs

Kostenanalyse

In der Transaktion CO03 (Fertigungsauftrag anzeigen) kann über das Menü **Springen • Kosten • Analyse** zur Ansicht **Soll/Ist – Vergleich** des Fertigungsauftrags navigiert werden. Diese Ansicht ist in Abbildung 5.78 dargestellt. Im Soll-Ist-Vergleich erkennen Sie, dass durch das Buchen des Warenausgangs zum Fertigungsauftrag Kosten für Rohstoffe und Halbfertigerzeugnisse auf den Fertigungsauftrag gebucht wurden. Weiterhin erkennen Sie, dass die Soll-Kosten für den Auftrag 0 sind. Der Hintergrund ist, dass die Soll-Kosten für den Auftrag erst nach Abrechnung des Auftrags verfügbar sind. Durch einen Doppelklick auf eine Zeile der Tabelle oder über das Menü **Springen • Einzelposten** können die Details zu dem jeweiligen Buchungsposten angezeigt werden.

Zugehörigen Materialbeleg anzeigen

Aus der Ansicht eines Einzelpostens gelangt man über den Button Beleg (**Ursprungsbeleg**) zum zugehörigen Materialbeleg, der die Kostenbuchung auslöste. Die Ansicht des Materialbelegs ist in Abbildung 5.79 dargestellt.

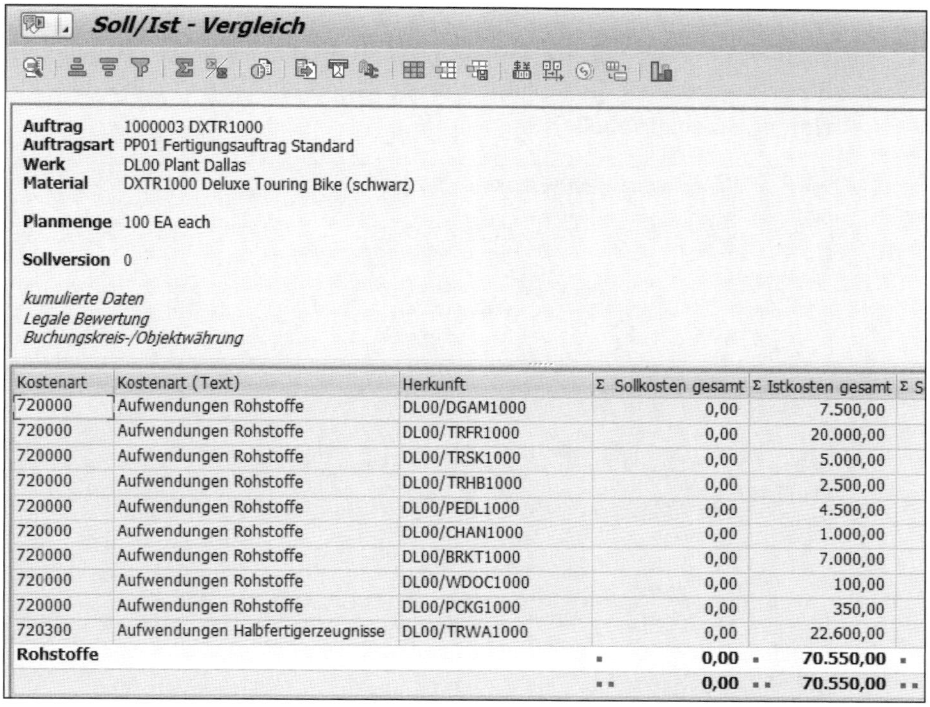

Soll/Ist - Vergleich

Auftrag 1000003 DXTR1000
Auftragsart PP01 Fertigungsauftrag Standard
Werk DL00 Plant Dallas
Material DXTR1000 Deluxe Touring Bike (schwarz)

Planmenge 100 EA each

Sollversion 0

kumulierte Daten
Legale Bewertung
Buchungskreis-/Objektwährung

Kostenart	Kostenart (Text)	Herkunft	Σ Sollkosten gesamt	Σ Istkosten gesamt	Σ S
720000	Aufwendungen Rohstoffe	DL00/DGAM1000	0,00	7.500,00	
720000	Aufwendungen Rohstoffe	DL00/TRFR1000	0,00	20.000,00	
720000	Aufwendungen Rohstoffe	DL00/TRSK1000	0,00	5.000,00	
720000	Aufwendungen Rohstoffe	DL00/TRHB1000	0,00	2.500,00	
720000	Aufwendungen Rohstoffe	DL00/PEDL1000	0,00	4.500,00	
720000	Aufwendungen Rohstoffe	DL00/CHAN1000	0,00	1.000,00	
720000	Aufwendungen Rohstoffe	DL00/BRKT1000	0,00	7.000,00	
720000	Aufwendungen Rohstoffe	DL00/WDOC1000	0,00	100,00	
720000	Aufwendungen Rohstoffe	DL00/PCKG1000	0,00	350,00	
720300	Aufwendungen Halbfertigerzeugnisse	DL00/TRWA1000	0,00	22.600,00	
Rohstoffe			▪ **0,00**	▪ **70.550,00**	▪
			▪▪ **0,00**	▪▪ **70.550,00**	▪▪

Abbildung 5.78 Vergleich der Soll- und Ist-Kosten des Fertigungsauftrags

Anzeigen Materialbeleg 4900002821 - DRUMM

Übersicht ein | Merken | Prüfen | Buchen | Hilfe

A04 Anzeigen | R02 Materialbeleg | 4900002821 | 2019

Allgemein | Beleginfo

Erfaßt von: DRUMM
Erfaßt am: 30.01.2019 15:38:18
Transaktionscode: Warenbewegung MIGO_GI
RW-Belege

Zeile	Materialkurztext	Menge in EME	E...	Lagerort	Auftrag	Ge...	Sachkonto
1	Touring Bike Aluminiumrad Bauteile	200	EA	Semi-Fin. Goods	1000002	BI00	720300
2	Touring Bike Rahmen - Schwarz	100	EA	Raw Materials	1000002	BI00	720000
3	Kettenschaltung Bauteile	100	EA	Raw Materials	1000002	BI00	720000
4	Touring Bike Sitz - Bauteile	100	EA	Raw Materials	1000002	BI00	720000

Abbildung 5.79 Ansicht des Materialbelegs zu einem Buchungsposten

Rechnungswesenbelege anzeigen

Man erkennt hier erneut die einzelnen Materialien und die gebuchten Mengen. Auf der Registerkarte **Beleginfo** des Materialbelegs können über den Button **RW-Belege** die zugehörigen Rechnungswesenbelege aufgerufen werden. Der Button öffnet ein Pop-up-Fenster, in dem man auswählen kann, ob der Buchhaltungsbeleg (Beleg im FI) oder der Kostenrechnungsbeleg (Beleg im CO) angezeigt werden soll. In Abbildung 5.80 ist der zu dem Beispiel gehörende Buchhaltungsbeleg dargestellt. Den zugehörigen Buchungssatz zeigt Tabelle 5.8.

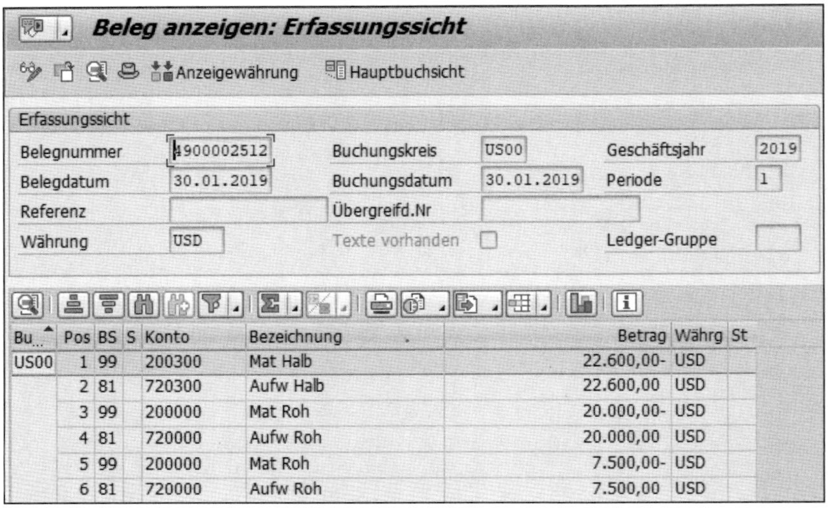

Abbildung 5.80 FI-Beleg zu einem Materialbeleg in der Erfassungssicht

Buchungssatz

Der Warenausgang im Beispiel enthält neun Positionen. Von diesen Positionen sind in der Abbildung des Buchhaltungsbelegs die ersten drei Positionen gezeigt. Der in Tabelle 5.8 dargestellte Buchungssatz zeigt die zugehörige positionsweise Verbuchung des Warenausgangs auf der Soll-Seite (S) und Haben-Seite (H).

Vorgang	Belegnr. (FI)	Bel.-Art	S/H	Konto	Betrag (USD)
Waren-eingang buchen	5000000001	WE	S	720300	22.600,00
			H	200300	22.600,00
			S	720000	20.000,00
			H	200000	20.000,00
			S	720000	7.500,00
			H	200000	7.500,00

Tabelle 5.8 Buchungssatz zum Warenausgang

Über die Verknüpfung der Belege ist es somit möglich, zwischen den zusammengehörigen Kostenpositionen, Materialbelegen und Buchhaltungsbelegen zu navigieren.

Rückmeldung erfassen

Die Rückmeldung wird verwendet, um den Fortschritt des Produktionsprozesses zu erfassen. Auf der Basis der Rückmeldungen kann somit der Fortschritt des Produktionsprozesses überwacht werden. In SAP ERP ist es möglich, Rückmeldungen entweder auf der Ebene der Vorgänge eines Auftrags oder zum gesamten Auftrag zu erfassen. Dementsprechend können in der Rückmeldung unterschiedliche Daten, z. B. über Materialmengen, Leistungen, Personal, Termine und Arbeitsplätze, erfasst werden.

Rückmeldung auf Vorgangsebene

Über die Transaktion CO11N (Lohn-Rückmeldeschein) können Rückmeldungen auf der Ebene der Vorgänge eines Fertigungsauftrags erfasst werden. Die Transaktion ist auch über den Menüpfad **Logistik • Produktion • Fertigungssteuerung • Rückmeldung • Erfassen • Zum Vorgang • Lohn-Rückmeldeschein** erreichbar. Abbildung 5.81 zeigt die Erfassung einer Rückmeldung zum **Vorgang** 0020 eines Fertigungsauftrags für das **Material** Deluxe Touring Bike (schwarz).

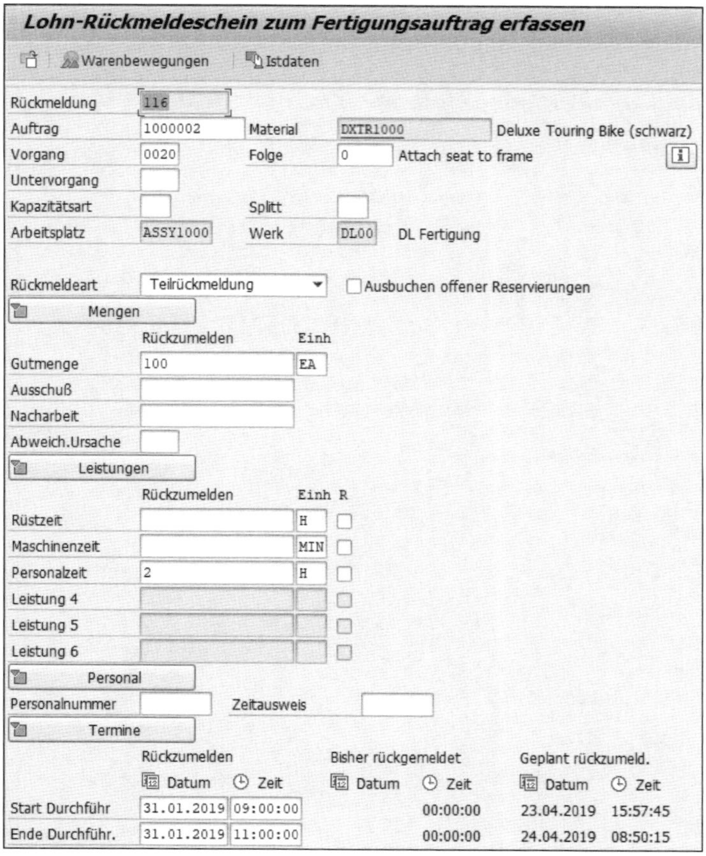

Abbildung 5.81 Erfassung einer Rückmeldung zu einem Vorgang in Transaktion CO11N (Lohn-Rückmeldeschein)

In diesem Beispiel wird eine **Gutmenge** von 100 Fahrrädern und eine **Personalzeit** von 2 Stunden für den **Arbeitsplatz** ASSY1000 erfasst. Im Bereich **Termine** werden außerdem die Start- und Endtermine für den Vorgang erfasst.

Durch die Rückmeldung eines Vorgangs zu einem Fertigungsauftrag werden zugleich die Ist-Kosten der erbrachten Leistungen für den Fertigungsauftrag erfasst. Im Beispiel sind das Lohnkosten, die in der Ansicht **Soll/Ist – Vergleich** des Fertigungsauftrags ersichtlich sind (siehe Abbildung 5.78). Auch aus dieser Ansicht heraus ist es möglich, zu den Ursprungsbelegen zu navigieren. Zusätzlich wird durch die Rückmeldung eines Vorgangs der **Status** TRÜK (Abkürzung für teilrückgemeldet) auf Kopfebene des Fertigungsauftrags gesetzt.

Rückmeldung auf Auftragsebene

Die Erfassung einer Rückmeldung auf der Ebene des Fertigungsauftrags erfolgt mit der Transaktion CO15 (Rückmeldung zum Fertigungsauftrag). Die Transaktion ist auch über den Menüpfad **Logistik • Produktion • Fertigungssteuerung • Rückmeldung • Erfassen • Zum Auftrag** erreichbar. Im Gegensatz zur Erfassung auf Ebene der Vorgänge werden im Fall der Rückmeldung zum Auftrag lediglich Mengen und Termine erfasst (siehe Abbildung 5.82).

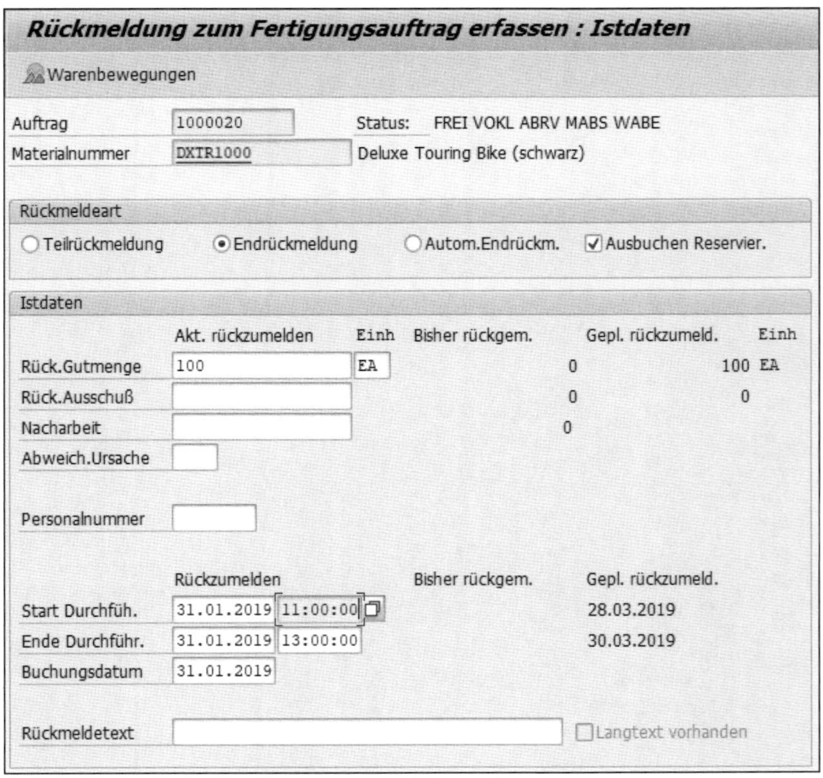

Abbildung 5.82 Erfassung einer Gesamtrückmeldung zu einem Fertigungsauftrag (CO15)

Zwar werden bei der Erfassung der Rückmeldung zum Auftrag auch Leistungen gebucht. Jedoch werden in diesem Fall keine Zeiten für die einzelnen Vorgänge rückgemeldet. Stattdessen werden die Zeiten für die Vorgänge aus dem Arbeitsplan übernommen. Die sich daraus ergebenden Kosten sind auch in der Ansicht **Soll/Ist – Vergleich** des Fertigungsauftrags ersichtlich. Auch bei dieser Rückmeldeart kann man wieder zu den Ursprungsbelegen navigieren. Zusätzlich wird durch die Rückmeldung auf Ebene des Auftrags der **Status** RÜCK (Abkürzung für rückgemeldet) auf Kopfebene des Fertigungsauftrags gesetzt.

Wareneingang

Nachdem der Fertigungsprozess abgeschlossen ist, wird der Wareneingang für die produzierten Fertigerzeugnisse gebucht. Der Wareneingang wird mit der Transaktion MIGO (Warenbewegung) gebucht. Im Gegensatz zur Buchung des Warenausgangs werden in diesem Fall über die Dropdown-Menüs die Werte **Wareneingang** und **Auftrag** ausgewählt. Diese Auswahl führt dazu, dass die korrekte Bewegungsart für die Warenbewegung ermittelt wird. Für den Wareneingang zum Auftrag ist das die Bewegungsart 101. Durch Buchen des Wareneingangs wird für den Fertigungsauftrag der **Status** GLFT (Abkürzung für geliefert) gesetzt (siehe Abbildung 5.83).

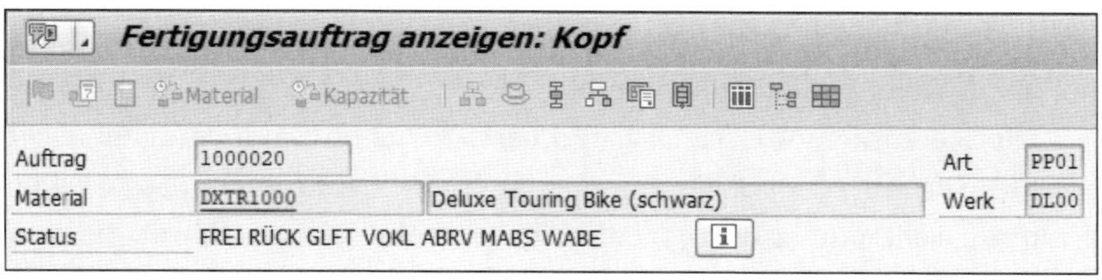

Abbildung 5.83 Status des Fertigungsauftrags nach Buchen des Wareneingangs

Ergebnisse der Buchung des Wareneingangs

Das Buchen des Wareneingangs führt wiederum zu Änderungen an Bewegungsdaten in den verschiedenen Komponenten von SAP ERP (siehe Abbildung 5.74):

- Statusänderung des Fertigungsauftrags
- Erstellung eines Kostenrechnungsbelegs mit Buchung der durch den Fertigungsauftrag erbrachten Leistungen
- Erstellung eines Wareneingangsbelegs in MM, um die Erhöhung des Materialbestandes zu dokumentierten
- Erstellung eines Wareneingangsbelegs in FI, um den Zugang des produzierten Materials im zugehörigen Bestandskonto und als Ertrag zu erfassen

Zwischen diesen Belegen kann wieder über die Ansicht **Soll/Ist – Vergleich** des Fertigungsauftrags navigiert werden.

Abrechnung erfassen

Der letzte Schritt der Fertigungssteuerung ist die Abrechnung des Fertigungsauftrags. Wie im vorangegangenen Abschnitt beschrieben, führen die verschiedenen Schritte der Fertigungssteuerung dazu, dass Kosten auf dem Fertigungsauftrag gesammelt werden. Dabei werden im Fall von Rohstoffen und Halbfertigerzeugnissen die Kosten auf den Auftrag gebucht. Beim Buchen des Wareneingangs wird der Wert der Fertigerzeugnisse auf Basis des Standardpreises in den Buchhaltungsdaten ermittelt. Da die Kosten für die Rohstoffe und Halbfertigerzeugnisse üblicherweise nicht mit dem Standardpreis übereinstimmen, bleiben Kosten auf dem Fertigungsauftrag offen. Durch die Abrechnung des Fertigungsauftrags werden diese Kosten weiterberechnet (siehe Abschnitt 5.7.5).

5.7 UCC-Fallstudie: Produktionsplanung

In diesem Abschnitt analysieren Sie retrospektiv die verschiedenen Schritte, die Sie bei der Produktionsplanung und -steuerung in der UCC-Fallstudie zur Komponente PP durchgeführt haben. Hierdurch wird das Verständnis der in Abschnitt 5.1 bis Abschnitt 5.6 vermittelten Grundlagen vertieft. Sie können die nachfolgend beschriebenen Darstellungen selbst am SAP-System nachvollziehen. Hierzu ist es erforderlich, dass Sie die genannte Fallstudie zuvor vollständig bearbeitet haben, damit die von Ihnen erstellten Stamm- und Bewegungsdaten vorliegen. Sie erhalten die Fallstudie auf *http://www.sap-press.de/4640*, **Materialien zum Buch**.

[!]

Ihre persönliche LEARN-Nummer

Beachten Sie (wie immer), dass Sie in den nachfolgenden Abschnitten stets die drei Zeichen ### durch Ihre persönliche LEARN-Nummer ersetzen. Das Gleiche gilt für die in den Screenshots verwendete Nummer 000, die die LEARN-Nummer des Demobenutzers kennzeichnet. Entsprechend ist diese Nummer ebenfalls durch Ihre persönliche LEARN-Nummer zu ersetzen.

5.7.1 Grobplanung anzeigen

Nach den notwendigen Stammdaten legen Sie als Erstes den Absatz- und Produktionsgrobplan an. Zeigen Sie sich jetzt den Absatz- und Produktionsgrobplan für Ihre Produktgruppe an. Öffnen Sie hierfür die Transaktion MC83, oder folgen Sie alternativ dem Menüpfad **Logistik • Produktion • Absatz-/Grobplanung • Planung • Für Produktgruppe • Anzeigen**.

Aktive Version anzeigen

Geben Sie Ihre **Produktgruppe** »PG-DXTR###« aus der UCC-Fallstudie sowie das **Werk** Dallas (»DL00«) ein. Klicken Sie danach auf den Button **Aktive Version**. Es wird Ihnen nun die aktive Version der Absatz- und Produktionsgrobplanung für Ihre Produktgruppe angezeigt (siehe Abbildung 5.84). Beachten Sie, dass Ihre Zahlen von denen in der Abbildung abweichen können.

Produktionsmengen berechnen

Im **Planungstableau** erkennen Sie in der Zeile **Absatz** den prognostizierten Absatz. Die Produktionsgrobplanung erfolgt in der UCC-Fallstudie auf Basis der Zielreichweite. In der Zeile **Zielreichweite** erkennen Sie die von Ihnen gepflegte Zielreichweite von 5 Stück je Planungsperiode. In der Fallstudie setzten Sie keinen Anfangslagerbestand. Deshalb wurde $L_0 = 0$ Stück als Standardwert für den Anfangslagerbestand bei der Kalkulation verwendet. Aus diesen Angaben berechnete die Produktionsgrobplanung die in Abbildung 5.84 in Zeile **Produktion** gezeigten Werte gemäß der in Abschnitt 5.6.1 vorgestellten Formeln. Die Produktionsmenge in der Planungsperiode März 2019 ($t = 2$) ergibt sich z. B. aus:

$$P_2 = \max\left(638\text{ Stück} + \frac{638\text{ Stück}}{31\text{ AT}} 5\text{ AT} - 117\text{ Stück}\right)$$
$$\approx 623\text{ Stück}$$

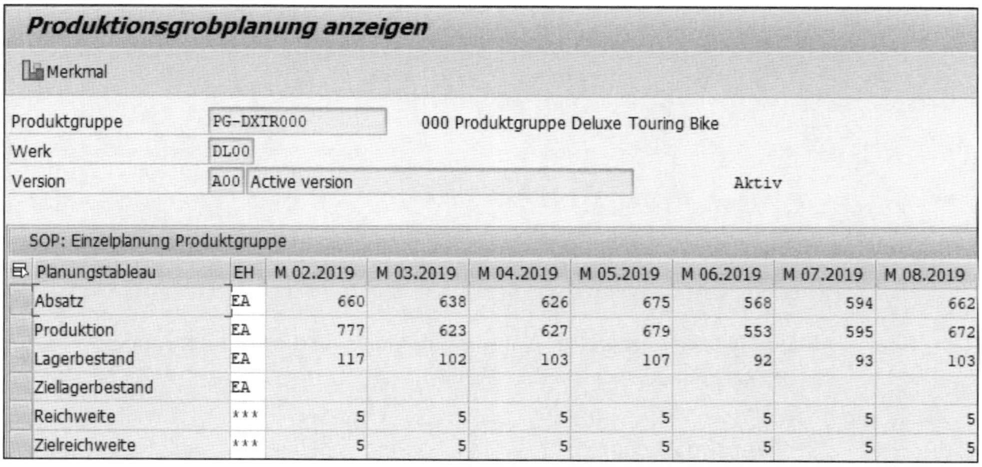

Produktionsgrobplanung anzeigen

Merkmal

Produktgruppe	PG-DXTR000	000 Produktgruppe Deluxe Touring Bike	
Werk	DL00		
Version	A00	Active version	Aktiv

SOP: Einzelplanung Produktgruppe

Planungstableau	EH	M 02.2019	M 03.2019	M 04.2019	M 05.2019	M 06.2019	M 07.2019	M 08.2019
Absatz	EA	660	638	626	675	568	594	662
Produktion	EA	777	623	627	679	553	595	672
Lagerbestand	EA	117	102	103	107	92	93	103
Ziellagerbestand	EA							
Reichweite	***	5	5	5	5	5	5	5
Zielreichweite	***	5	5	5	5	5	5	5

Abbildung 5.84 Produktionsgrobplanung der Produktgruppe PG-DXTR000

[!]

Angezeigte Werte

Beachten Sie, dass die berechneten Lagerbestände und Produktionsmengen im Planungstableau standardmäßig mathematisch abgerundet angezeigt werden. Jedoch wird intern mit präzisen Dezimalwerten gerechnet. Übrigens: Je Zeile im Planungstableau können Sie die Anzahl der angezeigten Nachkommastellen und das Rundungsverfahren über das Pulldown-Menü **Einstellungen • Nachkommastellen** definieren.

[/] Verwenden Sie die Formeln aus Abschnitt 5.6.1, um die Werte für die weiteren Spalten in Ihrem Planungstableau nachzuvollziehen.

5.7.2 Planprimärbedarfe anzeigen

Aus der Übergabe der Produktionsgrobplanung an die Programmplanung resultierten Planprimärbedarfe für die einzelnen Materialien der Produktgruppe. Zeigen Sie sich nun die Planprimärbedarfe für Ihre Produktgruppe an. Öffnen Sie hierzu die Transaktion MD63 (Planprimärbedarf anzeigen). Diese finden Sie auch im Menüpfad unter **Logistik • Produktion • Produktionsplanung • Programmplanung • Planprimärbedarf • Anzeigen**. Wählen Sie die Schaltfläche **Produktgruppe**, und geben Sie Ihre **Produktgruppe** »DXTR###« ein. Nach der Bestätigung sehen Sie die Planprimärbedarfe für die Materialien der Produktgruppe in einem Planungstableau (siehe Abbildung 5.85).

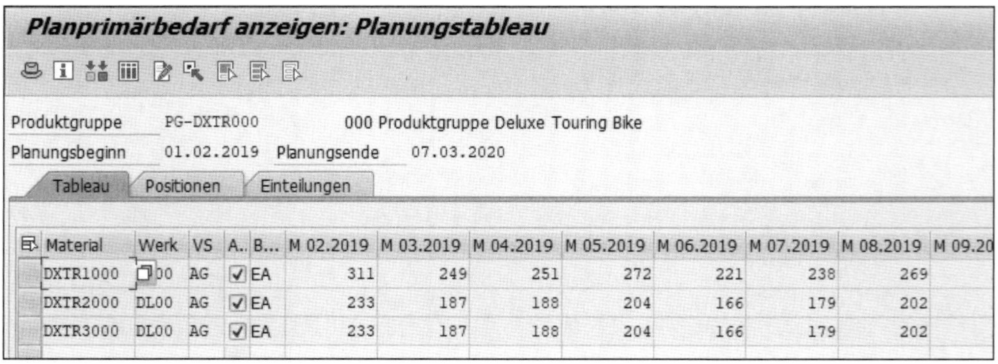

Material	Werk	VS	A..	B...	M 02.2019	M 03.2019	M 04.2019	M 05.2019	M 06.2019	M 07.2019	M 08.2019	M 09.20
DXTR1000	DL00	AG	✓	EA	311	249	251	272	221	238	269	
DXTR2000	DL00	AG	✓	EA	233	187	188	204	166	179	202	
DXTR3000	DL00	AG	✓	EA	233	187	188	204	166	179	202	

Abbildung 5.85 Anzeige der Planprimärbedarfe für die Produktgruppe PG-DXTR000 in der Transaktion MD63

Planprimärbedarfe analysieren

Die Planprimärbedarfe für die Materialien ergeben sich aus der geplanten Produktionsmenge sowie dem Anteil der Materialien an der Produktgruppe. In der Produktgruppe PG-DXTR000 ist das Material DXTR1000 mit einem Anteil von 40 % enthalten, die Materialien DXTR2000 und DXTR3000 jeweils mit einem Anteil von 30 %. Somit ergibt sich für das Material DXTR1000 in der Planungsperiode März 2019 ein Planprimärbedarf von 623 * 0.4 = 249 Stück.

Vollziehen Sie die in Ihrem Planungstableau dargestellten Werte für weitere Planungsperioden nach.

5.7.3 Bedarfs-/Bestandsliste anzeigen

Öffnen Sie die Bedarfs-/Bestandsliste für das rote Deluxe Touring Bike (DXTR3###). Diese Bedarfs-/Bestandsliste (Transaktion MD04) finden Sie auch im Menüpfad unter **Logistik • Produktion • Bedarfsplanung • Auswertungen • Bedarfs-/Bestandsliste**.

Bedarfs-/Bestandsliste analysieren

In der **Bedarfs-/Bestandsliste** erkennen Sie, dass der Bestand des roten Deluxe Touring Bikes nun der von Ihnen produzierten Menge entspricht. Dies ist in der ersten Zeile der Tabelle mit dem **Dispositionselement** BStand zu sehen (siehe Abbildung 5.86). Da der Fertigungsauftrag abgeschlossen ist, enthält die Tabelle jetzt zum dritten Planbedarf (**Dispositionselement** VP-Bed) keinen Planauftrag und keinen Fertigungsauftrag mehr.

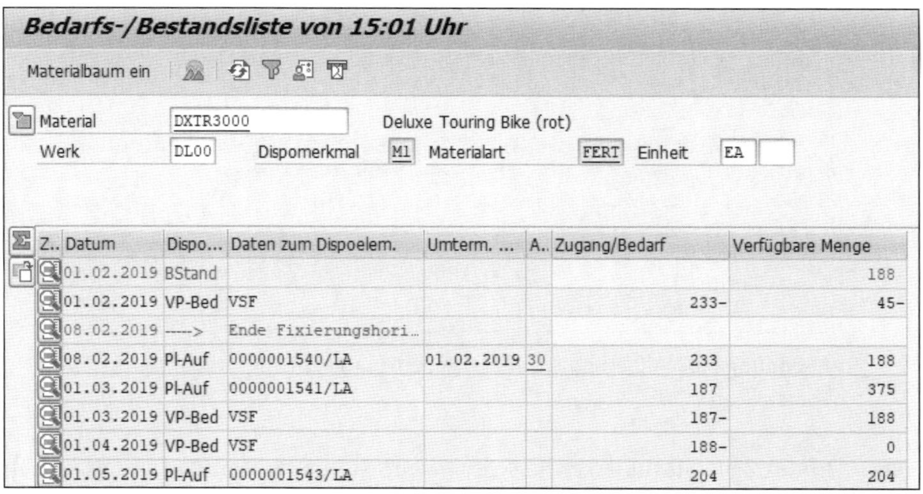

Z..	Datum	Dispo...	Daten zum Dispoelem.	Umterm. ...	A..	Zugang/Bedarf	Verfügbare Menge
	01.02.2019	BStand					188
	01.02.2019	VP-Bed	VSF			233-	45-
	08.02.2019	----->	Ende Fixierungshori...				
	08.02.2019	Pl-Auf	0000001540/LA	01.02.2019	30	233	188
	01.03.2019	Pl-Auf	0000001541/LA			187	375
	01.03.2019	VP-Bed	VSF			187-	188
	01.04.2019	VP-Bed	VSF			188-	0
	01.05.2019	Pl-Auf	0000001543/LA			204	204

Abbildung 5.86 Bedarfs-/Bestandsliste nach Abschluss der UCC-Fallstudie (Transaktion MD04)

5.7.4 Fertigungsauftrag anzeigen

Die im Rahmen der Fertigungssteuerung angelegten Belege sind alle über den erstellten Fertigungsauftrag erreichbar. Zeigen Sie sich den von Ihnen angelegten Fertigungsauftrag an. Öffnen Sie hierzu die Transaktion CO03

(Fertigungsauftrag anzeigen). Diese ist auch über den Menüpfad **Logistik • Produktion • Fertigungssteuerung • Auftrag • Anzeigen** erreichbar.

Geben Sie die Nummer Ihres Fertigungsauftrags ein, oder wählen Sie den Fertigungsauftrag über die [F4]-Hilfe aus. Nach der Bestätigung gelangen Sie in die Ansicht der allgemeinen Daten des Fertigungsauftrags (siehe Abbildung 5.87).

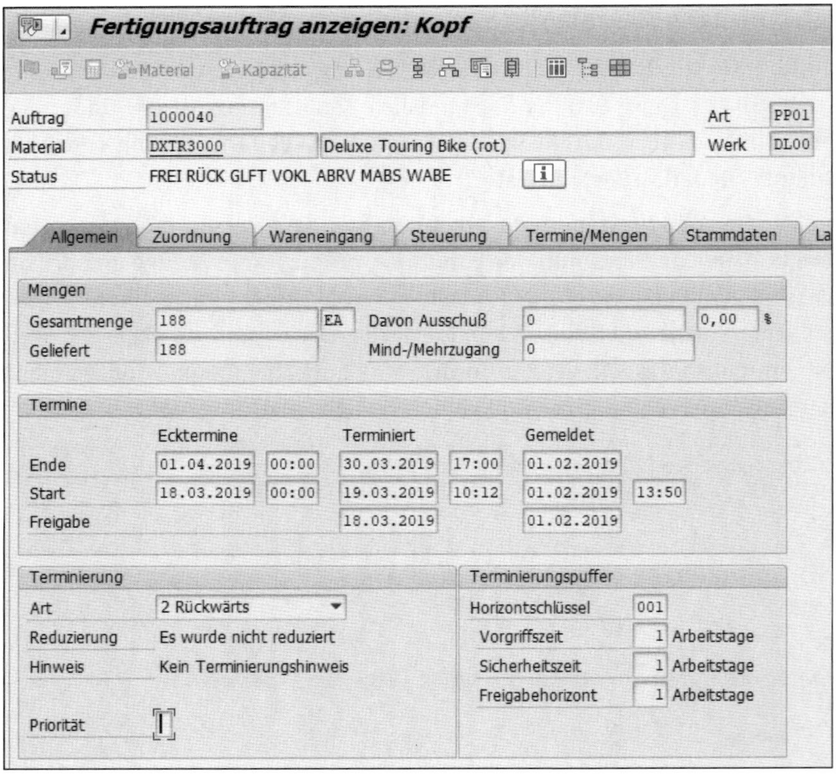

Abbildung 5.87 Allgemeine Daten des Fertigungsauftrags in der Transaktion CO03

Status des Fertigungsauftrags

In der Zeile **Status** erkennen Sie, welche Status für den Fertigungsauftrag gesetzt wurden. Die einzelnen Status wurden in den verschiedenen Schritten der UCC-Fallstudie gesetzt:

1. In Schritt 9 wandelten Sie einen Planauftrag in einen Fertigungsauftrag um. Dabei wurde der Status des angelegten Fertigungsauftrags auf FREI (freigegeben) gesetzt.
2. Nachdem Sie in Schritt 11 den Warenausgang zum Fertigungsauftrag gebucht hatten, wurde der Status WABE (Warenbewegung erfolgt) gesetzt.

3. Durch das Erfassen der Rückmeldung zum Fertigungsauftrag (Schritt 13) setzten Sie den Status auf RÜCK (rückgemeldet).
4. Mit dem Buchen des Wareneingangs zum Fertigungsauftrag in Schritt 14 setzten Sie den Status GLFT (geliefert).
5. Durch die Abrechnung des Auftrags in Schritt 16 setzten Sie zuletzt den Status ABRV (Abrechnungsvorschrift erfasst).

Mengen und Termine analysieren

Im Bereich **Mengen** sehen Sie, dass die geplante Gesamtmenge auch geliefert wurde. Im Beispiel war eine Gesamtmenge von 188 Stück geplant, und 188 Stück wurden geliefert. Im Bereich **Termine** sind zusätzlich zu den geplanten Terminen nun auch die gemeldeten Termine in der Spalte **Gemeldet** dargestellt. Mehr Details zu den Terminen und Mengen als in der Übersicht sind auf der Registerkarte **Termine/Mengen** zu sehen.

Öffnen Sie als Nächstes die Vorgangsübersicht für Ihren Fertigungsauftrag, indem Sie den Button (**Vorgangsübersicht**) klicken. Durch einen Doppelklick auf den ersten Vorgang (Vorgangsnummer 0010) gelangen Sie in die Detailansicht zu diesem Vorgang. Auf der Registerkarte **Termine** sehen Sie die durch die Terminierung berechneten Termine sowie die Dauer für diesen Vorgang (siehe Abbildung 5.88).

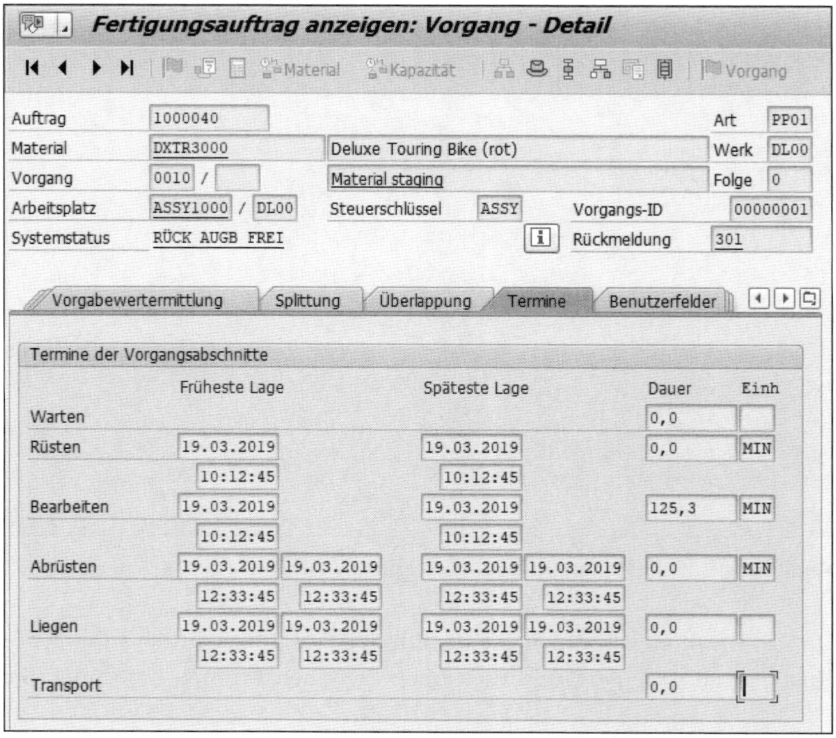

Abbildung 5.88 Termine eines Vorgangs im Fertigungsauftrag

[/] Überprüfen Sie die berechnete Dauer für Ihren Vorgang, indem Sie die Anzahl der Splittungen (siehe Registerkarte **Splittung**) sowie die Zeitdauer und die Basismenge für den Vorgang berücksichtigen. Die Basismenge und die zugehörige Zeitdauer für den Vorgang finden Sie im Arbeitsplan.

5.7.5 Kostenanalyse und zugehörige Belege anzeigen

Soll-Ist-Vergleich analysieren

Navigieren Sie zurück zur Kopfübersicht des Fertigungsauftrags. Über den Menüpfad **Springen • Kosten • Analyse** gelangen Sie zum Soll-Ist-Vergleich der Kosten des Fertigungsauftrags. Der Soll-Ist-Vergleich ist in Abbildung 5.89 dargestellt. In der Spalte ∑ **Sollkosten gesamt** sind die geplanten Kosten für den Fertigungsauftrag zu sehen. In der Spalte ∑ **Istkosten gesamt** sind die tatsächlichen Kosten und in der Spalte ∑ **Soll/Ist-Abweichung** die Abweichung zwischen geplanten und tatsächlichen Kosten zu sehen.

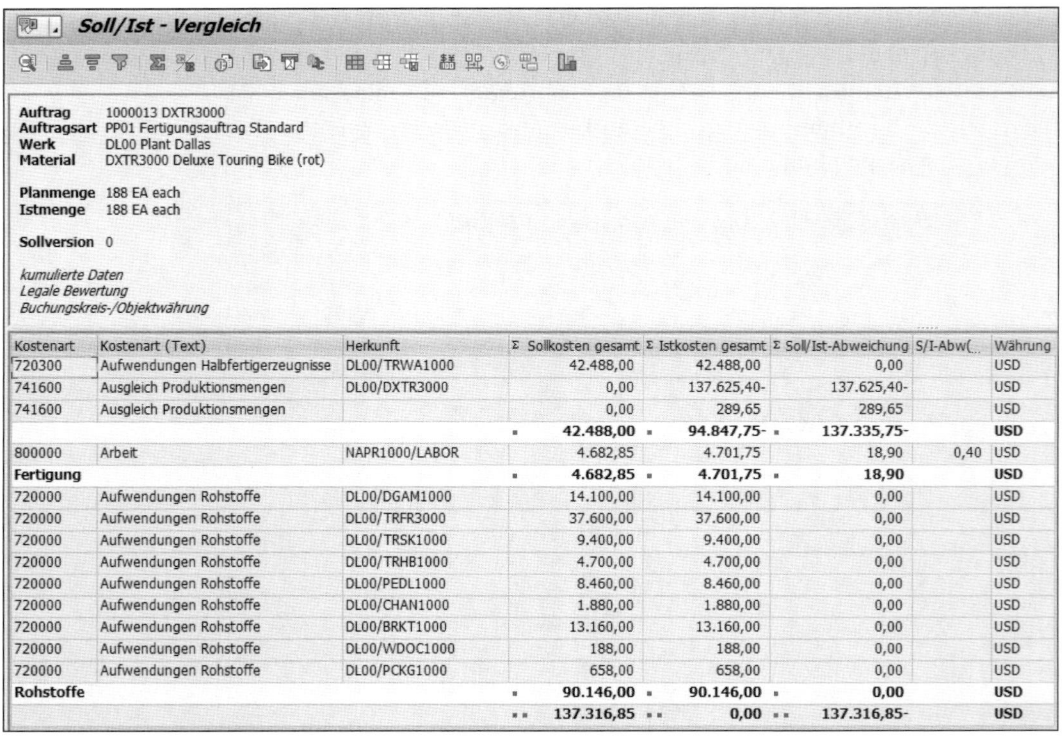

Kostenart	Kostenart (Text)	Herkunft	Σ Sollkosten gesamt	Σ Istkosten gesamt	Σ Soll/Ist-Abweichung	S/I-Abw(...	Währung
720300	Aufwendungen Halbfertigerzeugnisse	DL00/TRWA1000	42.488,00	42.488,00	0,00		USD
741600	Ausgleich Produktionsmengen	DL00/DXTR3000	0,00	137.625,40-	137.625,40-		USD
741600	Ausgleich Produktionsmengen		0,00	289,65	289,65		USD
			▪ **42.488,00**	▪ **94.847,75-**	▪ **137.335,75-**		**USD**
800000	Arbeit	NAPR1000/LABOR	4.682,85	4.701,75	18,90	0,40	USD
Fertigung			▪ **4.682,85**	▪ **4.701,75**	▪ **18,90**		**USD**
720000	Aufwendungen Rohstoffe	DL00/DGAM1000	14.100,00	14.100,00	0,00		USD
720000	Aufwendungen Rohstoffe	DL00/TRFR3000	37.600,00	37.600,00	0,00		USD
720000	Aufwendungen Rohstoffe	DL00/TRSK1000	9.400,00	9.400,00	0,00		USD
720000	Aufwendungen Rohstoffe	DL00/TRHB1000	4.700,00	4.700,00	0,00		USD
720000	Aufwendungen Rohstoffe	DL00/PEDL1000	8.460,00	8.460,00	0,00		USD
720000	Aufwendungen Rohstoffe	DL00/CHAN1000	1.880,00	1.880,00	0,00		USD
720000	Aufwendungen Rohstoffe	DL00/BRKT1000	13.160,00	13.160,00	0,00		USD
720000	Aufwendungen Rohstoffe	DL00/WDOC1000	188,00	188,00	0,00		USD
720000	Aufwendungen Rohstoffe	DL00/PCKG1000	658,00	658,00	0,00		USD
Rohstoffe			▪ **90.146,00**	▪ **90.146,00**	▪ **0,00**		**USD**
			▪▪ **137.316,85**	▪▪ **0,00**	▪▪ **137.316,85-**		**USD**

Abbildung 5.89 Kostenanalyse zum Fertigungsauftrag

Im Soll-Ist-Vergleich sind die Kosten für den Fertigungsauftrag anhand der Kostenarten gruppiert, und es werden Zwischensummen berechnet. Sie sehen in Ihrem Auftrag so z. B. die Summe der Kosten für die benötigten Rohstoffe (Zwischensumme **Rohstoffe**).

Materialbeleg zu Warenausgang anzeigen

Zeigen Sie sich nun den Materialbeleg an, der zu den dargestellten Kosten für die Rohstoffe führte. Doppelklicken Sie hierzu auf eine Zeile der **Kostenart** 720000 – Aufwendungen Rohstoffe. Hierdurch gelangen Sie in die Ansicht der Einzelposten. Über den Button **Beleg** (Ursprungsbeleg) gelangen Sie zum zugehörigen Materialbeleg. Dieser Beleg wurde durch das Buchen des Warenausgangs zum Fertigungsauftrag erstellt (siehe Abbildung 5.90). Sie erkennen für jede Position der Stückliste des roten Deluxe Touring Bikes (DXTR3###) eine Zeile im Materialbeleg.

Buchhaltungsbeleg anzeigen

Zum zugehörigen Buchhaltungsbeleg gelangen Sie über den Button **RW-Belege** (Rechnungswesenbelege).

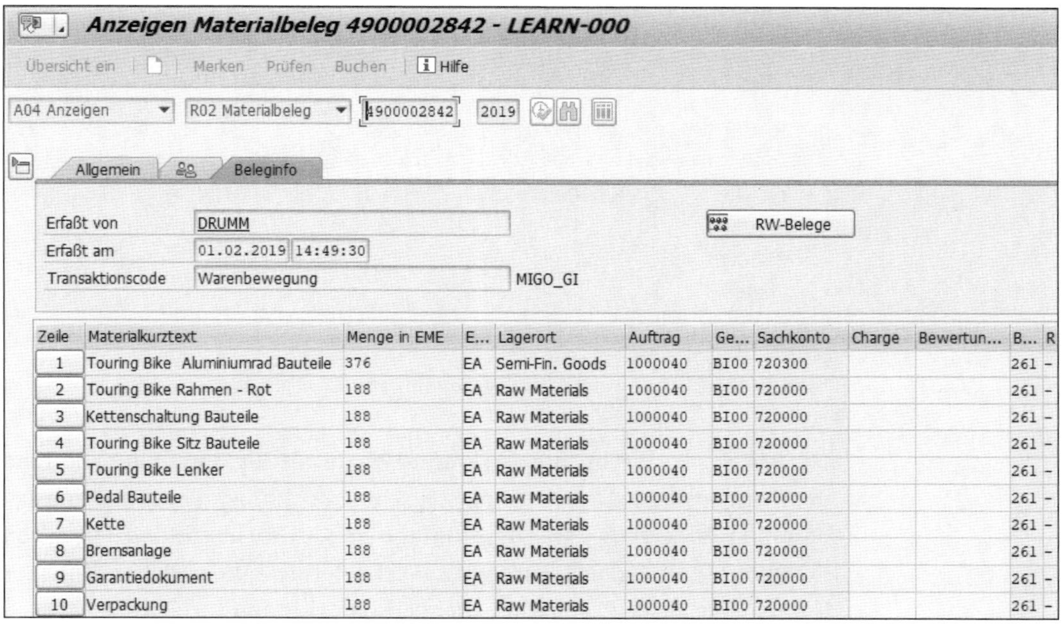

Zeile	Materialkurztext	Menge in EME	E...	Lagerort	Auftrag	Ge...	Sachkonto	Charge	Bewertun...	B...	R
1	Touring Bike Aluminiumrad Bauteile	376	EA	Semi-Fin. Goods	1000040	BI00	720300			261	-
2	Touring Bike Rahmen - Rot	188	EA	Raw Materials	1000040	BI00	720000			261	-
3	Kettenschaltung Bauteile	188	EA	Raw Materials	1000040	BI00	720000			261	-
4	Touring Bike Sitz Bauteile	188	EA	Raw Materials	1000040	BI00	720000			261	-
5	Touring Bike Lenker	188	EA	Raw Materials	1000040	BI00	720000			261	-
6	Pedal Bauteile	188	EA	Raw Materials	1000040	BI00	720000			261	-
7	Kette	188	EA	Raw Materials	1000040	BI00	720000			261	-
8	Bremsanlage	188	EA	Raw Materials	1000040	BI00	720000			261	-
9	Garantiedokument	188	EA	Raw Materials	1000040	BI00	720000			261	-
10	Verpackung	188	EA	Raw Materials	1000040	BI00	720000			261	-

Abbildung 5.90 Materialbeleg zu den gebuchten Warenausgängen von Rohstoffen für den Fertigungsauftrag

Materialbeleg zu Wareneingang anzeigen

Zeigen Sie sich als Nächstes den Materialbeleg an, der durch das Buchen des Wareneingangs erstellt wurde. Navigieren Sie hierzu zurück in den Soll-Ist-Vergleich. Zum Materialbeleg gelangen Sie über die **Kostenart** 741600 – Ausgleich Produktionsmengen. Öffnen Sie den zugehörigen Buchhaltungsbeleg. Dieser dokumentiert die mit dem Wareneingang zum Fertigungsauftrag erstellten Buchungen (siehe Abbildung 5.91).

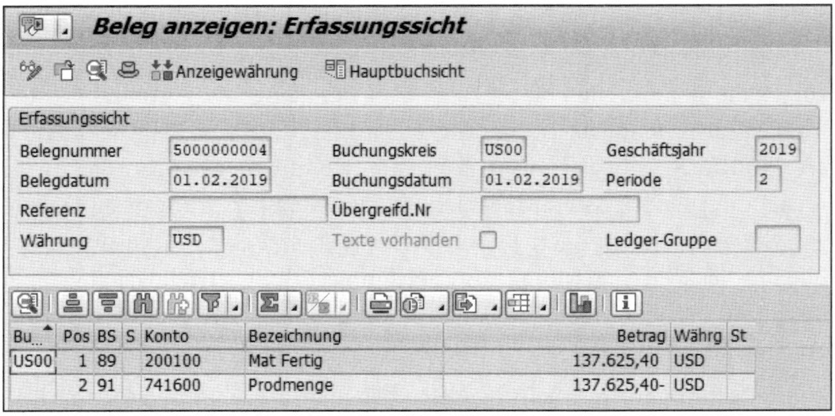

Abbildung 5.91 Durch Buchen des Wareneingangs zum Fertigungsauftrag erzeugter Buchhaltungsbeleg

Buchungssatz

Der zugehörige Buchungssatz ist in Tabelle 5.9 dargestellt.

Vorgang	Belegnr. (FI)	Bel.-Art	S/H	Konto	Betrag (USD)
Wareneingang zum Fertigungsauftrag buchen	5000000004	WE	S	200100	137.625,40
			H	741600	137.625,40

Tabelle 5.9 Buchungssatz zum Wareneingang

Das SAP-System verbuchte den Wareneingang als Zugang auf dem Bestand der Fertigerzeugnisse durch eine Soll-seitige Buchung im Konto »Materialbestand Fertigerzeugnisse« (Kontonummer 200100) über einen Betrag von 137.625,40 US$. Zugleich wurde der gleiche Betrag auf der Haben-Seite des Kontos »Ausgleich Produktionsmengen« als Aufwand verbucht.

Soll- und Ist-Kosten analysieren

Navigieren Sie zurück zum Soll-Ist-Vergleich. Für Ihren Fertigungsauftrag erkennen Sie, dass es Abweichungen zwischen **Soll-** und **Istkosten** für die **Kostenart** 741600 (Ausgleich Produktionsmengen) gibt. Die erste Zeile der **Kostenart** 741600 wurde durch den Wareneingang der roten Deluxe Touring Bikes (DXTR3###) erzeugt, die zweite durch die Abrechnung des Fertigungsauftrags. Zeigen Sie sich zu beiden Positionen die zugehörigen Ursprungsbelege an.

Die Summe von 289,65 US$ aus der Abrechnung des Fertigungsauftrags ergibt sich durch die Abweichung der tatsächlichen Kosten für die roten

Deluxe Touring Bikes (DXTR3###) und dem Standardpreis im Material. Die in Abbildung 5.89 gezeigten Werte ergeben sich aufgrund folgender Berechnung:

- Ist-Kosten Produktion: 42.488,00 US$ + 4.701,75 US$ + 90.146,00 US$ = 137.335,75 US$
- Bewertung der Fertigerzeugnisse: 188 Stück * 732,05 US$/Stück (Standardpreis) = 137.625,40 US$
- Abgerechneter Betrag: 137.625,40 US$ – 137.335,75 US$ = 289,65 US$

[/] Rechnen Sie zum Abschluss dieser Rekapitulation die Ist-Kosten der Produktion, die Bewertung der Fertigerzeugnisse sowie den abgerechneten Betrag im Soll-Ist-Vergleich in Ihrem Fertigungsauftrag nach.

5.8 Praxisfall PP: Erweiterung der Produktion

Zur Bearbeitung dieses Praxisfalls benötigen Sie Grundkenntnisse in der Produktionssteuerung und in der Buchung von Warenein- und Warenausgängen. Deshalb sollten Sie vor Bearbeitung des Praxisfalls die UCC-Fallstudie PP abgeschlossen und die Rekapitulation in Abschnitt 5.7 nachvollzogen haben.

5.8.1 Einführung

Das folgende Szenario schildert aktuelle Entwicklungen am Global-Bike-Standort Dallas.

Szenario

Global Bike erwartet steigende Absätze für seine Fahrräder. Um diese weiterhin mit der notwendigen Präzision fertigen zu können, wurde am Standort in Dallas ein Fertigungsroboter angeschafft.

Nach der Lieferung wird der Fertigungsroboter zuerst für die Produktion der Profi Touringbikes eingesetzt und entsprechend programmiert. Damit der Fertigungsroboter zur Produktion der Profi Touringbikes eingesetzt werden kann, müssen zunächst die notwendigen Stammdaten in SAP ERP angelegt bzw. angepasst werden. Hierzu wird im Werk in Dallas ein neuer Maschinenarbeitsplatz angelegt. Danach wird dieser im Arbeitsplan für das Profi Touringbike (schwarz) (Material PRTR1###) verwendet. Abschließend erfolgt die Produktion von 200 Profi Touringbikes (schwarz) auf dem neuen Fertigungsroboter.

[!]

Übersicht der Schritte

Wie in der Einleitung im Abschnitt »Konzept der Praxisfälle« vorgestellt, stehen Ihnen wieder drei Stufen zur Bearbeitung dieses Praxisfalls zur Verfügung:

- ohne Hilfestellung (beschrieben in Abschnitt 5.8.2)
- mit Hilfestellung (beschrieben in Abschnitt 5.8.3)
- mit anleitender Fallstudie (beschrieben in Abschnitt 5.8.4)

Der Lösungsweg durch den Praxisfall wird in den Aufgabenblöcken A bis H und in der Variante mit Hilfestellung in zehn Schritten dargestellt. Entscheiden Sie sich nun, auf welcher Stufe Sie mit der Bearbeitung des Praxisfalls einsteigen.

5.8.2 Praxisfall ohne Hilfestellung

Setzen Sie das in Abschnitt 5.8.1 skizzierte Anwendungsszenario in Ihrem SAP-System um. Bearbeiten Sie hierfür die in Tabelle 5.10 dargestellte Folge von Aufgabenblöcken.

Block	Aufgabenbeschreibung
A	Legen Sie im Werk in Dallas einen neuen Maschinenarbeitsplatz ASSY2### für den neu beschafften Fertigungsroboter an. Der Arbeitsplatz soll die gleiche Kapazität besitzen wie der existierende Arbeitsplatz ASSY1000. Verwenden Sie auf den unterschiedlichen Registerkarten folgende Daten: **Arbeitsplatzart**: 0001 (Maschine) **Bezeichnung**: DL Fertigungsroboter **Steuerschlüssel**: ASSY **Kapazitätsart**: 001 (Maschine) **Formel Bed. Rüsten**: SAP007 **Formel Bed. Bearb.**: SAP006 **Dauer Rüsten**: SAP003 **Dauer Bearbeiten**: SAP002 **Kostenstelle**: NAPR1000 **Leistungsart**: LABOR

Tabelle 5.10 Aufgabenbeschreibung zum Praxisfall ohne Hilfestellung

<table>
<tr><th>Block</th><th colspan="3">Aufgabenbeschreibung</th></tr>
<tr><td rowspan="22">B</td><td colspan="3">Ändern Sie den Arbeitsplan für das Material PRTR1### (Profi Touring-bike [schwarz]) im Werk in Dallas (DL00) ab. Statt des Arbeitsplatzes ASSY1000 soll zukünftig der neue Arbeitsplatz ASSY2### verwendet werden. Verwenden Sie folgende Werte für die Dauern im Arbeitsplan, und ordnen Sie die Komponenten des Arbeitsplans den Vorgängen zu:</td></tr>
<tr><th>Vorgang</th><th>Maschinenzeit</th><th>Personalzeit</th></tr>
<tr><td>0010</td><td>10 min</td><td>0 min</td></tr>
<tr><td>0020</td><td>0,5 min</td><td>0 min</td></tr>
<tr><td>0030</td><td>0,5 min</td><td>0 min</td></tr>
<tr><td>0040</td><td>0,5 min</td><td>0 min</td></tr>
<tr><td>0050</td><td>0,5 min</td><td>0 min</td></tr>
<tr><td>0060</td><td>0,5 min</td><td>0 min</td></tr>
<tr><td>0070</td><td>0,5 min</td><td>0 min</td></tr>
<tr><td colspan="3">Ordnen Sie die Komponenten des Arbeitsplans den Vorgängen zu:</td></tr>
<tr><th colspan="2">Komponente</th><th>Vorgang</th></tr>
<tr><td colspan="2">CCWA1###</td><td>0040</td></tr>
<tr><td colspan="2">TRFR1###</td><td>0020</td></tr>
<tr><td colspan="2">DGAM1###</td><td>0040</td></tr>
<tr><td colspan="2">TRSK1###</td><td>0020</td></tr>
<tr><td colspan="2">TRHB1###</td><td>0030</td></tr>
<tr><td colspan="2">PEDL1###</td><td>0070</td></tr>
<tr><td colspan="2">CHAN1###</td><td>0050</td></tr>
<tr><td colspan="2">BRKT1###</td><td>0060</td></tr>
<tr><td colspan="2">WDOC1###</td><td>0100</td></tr>
<tr><td colspan="2">PCKG1###</td><td>0100</td></tr>
<tr><td>C</td><td colspan="3">Buchen Sie im Werk in Dallas von jedem benötigten Material 500 Stück ins Lager.</td></tr>
</table>

Tabelle 5.10 Aufgabenbeschreibung zum Praxisfall ohne Hilfestellung (Forts.)

Block	Aufgabenbeschreibung
D	Führen Sie die Produktion von 200 Fahrrädern auf dem neuen Arbeitsplatz durch. Legen Sie hierzu einen Fertigungsauftrag für 200 Stück des Materials PRTR1### im Werk in Dallas (DL00) an.
E	Buchen Sie den Warenausgang für Ihren Fertigungsauftrag.
F	Buchen Sie die Endrückmeldung zum Fertigungsauftrag.
G	Buchen Sie den Wareneingang der produzierten Profi Touringbikes (schwarz) ins Lager im Werk in Dallas (DL00).
H	Analysieren Sie den Status und die Kosten Ihres Fertigungsauftrags.

Tabelle 5.10 Aufgabenbeschreibung zum Praxisfall ohne Hilfestellung (Forts.)

5.8.3 Praxisfall mit Hilfestellung

Setzen Sie das in Abschnitt 5.8.1 skizzierte Anwendungsszenario in Ihrem SAP-System um. Bearbeiten Sie hierfür die im Folgenden dargestellten Aufgabenblöcke.

Block A

Legen Sie im Werk in Dallas einen neuen Maschinenarbeitsplatz ASSY2### für den neu beschafften Fertigungsroboter an. Der Arbeitsplatz soll die gleiche Kapazität besitzen wie der existierende Arbeitsplatz ASSY1000.

Schritt 1: Arbeitsplatz anlegen

Arbeitsplatz anlegen

Legen Sie einen Arbeitsplatz an, indem Sie wie folgt vorgehen:

1. Folgen Sie dem Menüpfad **Logistik • Produktion • Stammdaten • Arbeitsplätze • Arbeitsplatz • Anlegen** (Transaktion CR01).
2. Legen Sie den Arbeitsplatz mit den folgenden Eingaben an:
   - **Werk**: DL00
   - **Arbeitsplatz**: ASSY2###
   - **Arbeitsplatzart**: 0001
3. Pflegen Sie auf der Registerkarte **Grunddaten** des Arbeitsplatzes folgende Daten:
   - **Bezeichnung**: DL Fertigungsroboter
   - **Verantwortlichen**: 000
   - **Planverwendung**: 009
   - **Vorgabewertschl.**: SAP1

4. Pflegen Sie auf der Registerkarte **Vorschlagswerte** des Arbeitsplatzes folgende Daten:
   - **Steuerschlüssel**: ASSY
   - **Rüstzeit**: MIN
   - **Maschinenzeit**: MIN
   - **Persolanzeit.**: MIN
5. Pflegen Sie auf der Registerkarte **Kapazitäten** des Arbeitsplatzes folgende Daten:
   - **Kapazitätsart**: 001
   - **Formel Bed. Rüsten**: SAP007
   - **Formel Bed. Bearb.**: SAP006
6. Pflegen Sie auf der Registerkarte **Terminierung** des Arbeitsplatzes folgende Daten:
   - **Kapazitätsart**: 001 (Maschine)
   - **Kapazität**: SHIFT (Standard Tagesschicht)
   - **Dauer Rüsten**: SAP003 (Fert.: Dauer Person)
   - **Dauer Bearbeiten**: SAP002 (Fert.: Dauer Masch.)
7. Pflegen Sie auf der Registerkarte **Terminierung** des Arbeitsplatzes folgende Daten:
   - **Kostenstelle**: NAPR1000
   - **Rüstzeit**: LABOR
   - **Maschinenzeiot**: LABOR
   - **Personalzeit**: LABOR

Schritt 2: Arbeitsplatzkapazität ändern

Arbeitsplatzkapazität ändern

Pflegen Sie für die Arbeitsplatzkapazität nachfolgend dargestellte Daten. Die Arbeitsplatzkapazität können Sie entweder im Rahmen der Anlage des Arbeitsplatzes pflegen oder aber nachdem Sie den Arbeitsplatz angelegt haben, indem Sie dem Menüpfad **Logistik • Produktion • Stammdaten • Arbeitsplätze • Arbeitsplatz • Ändern** (Transaktion CR03) folgen. Klicken Sie auf der Registerkarte **Kapazität** dann auf den Button **Kapazität**. Für die Kapazität geben Sie folgende Daten ein:

- **Planergruppe**: A
- **Basismaßeinheit**: STD
- **Beginn**: 08:00:00
- **Ende**: 17:00:00
- **Pausendauer**: 01:00:00
- **Nutzungsgrad**: 100

Block B

Ändern Sie den Arbeitsplan für das **Material** PRTR1### (Profi Touringbike [schwarz]) im **Werk** in Dallas (DL00) ab. Statt **Arbeitsplatz** ASSY1000 soll zukünftig der **Arbeitsplatz** ASSY2### verwendet werden.

Schritt 3: Arbeitsplan ändern – Vorgangsübersicht

Arbeitsplan ändern – Vorgangsübersicht

Gehen Sie bei der Änderung des Arbeitsplans wie folgt vor:

1. Folgen Sie dem Menüpfad **Logistik • Produktion • Stammdaten • Arbeitspläne • Arbeitspläne • Normalarbeitspläne • Ändern** (Transaktion CA02).
2. Ersetzen Sie in der **Vorgangübersicht** in der Spalte **Arbeitsplatz** alle Vorkommen des Arbeitsplatzes ASSY1000 durch den neuen Arbeitsplatz ASSY2###.
3. Das SAP-System weist Sie drauf hin, dass die Anzahl der Splittungen größer ist als die Anzahl der Kapazitäten. Ändern Sie den Wert **Anzahl Splittungen** für alle geänderten Vorgänge auf 1.
4. Ändern Sie nun die Werte in den Spalten **Maschinenzeit** und **Personalzeit** auf folgende Werte (siehe Tabelle 5.11):

Vorgang	Maschinenzeit	Personalzeit
0010	10 min	0 min
0020	0,5 min	0 min
0030	0,5 min	0 min
0040	0,5 min	0 min
0050	0,5 min	0 min
0060	0,5 min	0 min
0070	0,5 min	0 min

Tabelle 5.11 Werte für Maschinen- und Personalzeit

Schritt 4: Arbeitsplan ändern – Komponenten zuordnen

Arbeitsplan ändern – Komponenten zuordnen

Nehmen Sie die in Tabelle 5.12 gezeigte Zuordnung der Komponenten zu den Vorgängen vor.

Komponente	Vorgang
CCWA1###	0040
TRFR1###	0020
DGAM1###	0040
TRSK1###	0020
TRHB1###	0030
PEDL1###	0070
CHAN1###	0050
BRKT1###	0060
WDOC1###	0100
PCKG1###	0100

Tabelle 5.12 Zuordnung von Komponenten und Vorgängen

Block C:

Buchen Sie im Werk in Dallas von jedem benötigten Material 500 Stück ins Lager.

Schritt 5: Wareneingang buchen

Buchen Sie den Wareneingang wie folgt:

Wareneingang buchen

1. Folgen Sie dem Menüpfad **Logistik • Materialwirtschaft • Bestandsführung • Warenbewegung • Warenbewegung (MIGO)** (Transaktion MIGO).
2. Wählen Sie in den Dropdown-Feldern **Wareneingang** und **Sonstige** aus.
3. Pflegen Sie folgende Materialien, Mengen, Lagerorte und Werke (siehe Tabelle 5.13):

Material	Menge	LOrt	Werk
CCWA1### (Kohlefaserrad Bauteile)	500	SF00	DL00
TRFR1### (Touring Bike Rahmen – schwarz)	500	RM00	DL00
DGAM1### (Kettenschaltung Bauteile)	500	RM00	DL00
TRSK1### (Touring Bike Sitz Bauteile)	500	RM00	DL00
TRHB1### (Touring Bike Lenker)	500	RM00	DL00

Tabelle 5.13 Zu pflegende Materialien, Mengen, Lagerorte und Werke

Material	Menge	LOrt	Werk
PEDL1### (Pedal Bauteile)	500	RM00	DL00
CHAN1### (Kette)	500	RM00	DL00
BRKT1### (Bremsanlage)	500	RM00	DL00
WDOC1### (Garantiedokument)	500	RM00	DL00
PCKG1### (Verpackung)	500	RM00	DL00

Tabelle 5.13 Zu pflegende Materialien, Mengen, Lagerorte und Werke (Forts.)

Block D

Führen Sie die Produktion von 200 Fahrrädern auf dem neuen Arbeitsplatz durch. Legen Sie hierzu einen Fertigungsauftrag für 200 Stück des Materials PRTR1### im Werk in Dallas (DL00) an.

Schritt 6: Fertigungsauftrag anlegen

Fertigungsauftrag anlegen

Um den Fertigungsauftrag anzulegen, gehen Sie wie folgt vor:

1. Folgen Sie dem Menüpfad **Logistik • Produktion • Fertigungssteuerung • Auftrag • Anlegen • Mit Material** (Transaktion CO01).
2. Legen Sie einen Fertigungsauftrag mit folgenden Daten an:
   - **Material**: PRTR1###
   - **Produktionswerk**: DL00
   - **Auftragsart**: PP01
3. Auf Kopfebene des Fertigungsauftrags pflegen Sie folgende Daten:
   - **Gesamtmenge**: 200
   - **Ende**: Datum plus zwei Wochen

Block E

Buchen Sie den Warenausgang für Ihren Fertigungsauftrag.

Schritt 7: Warenausgang zum Fertigungsauftrag buchen

Warenausgang zum Fertigungsauftrag buchen

Um den Warenausgang zum Fertigungsauftrag zu buchen, gehen Sie wie folgt vor:

1. Folgen Sie dem Menüpfad **Logistik • Materialwirtschaft • Bestandsführung • Warenbewegung • Warenbewegung (MIGO)** (Transaktion MIGO).
2. Wählen Sie in den Dropdown-Feldern **Warenausgang** und **Auftrag** aus. Geben Sie die Fertigungsauftragsnummer Ihres Fertigungsauftrags ein.

3. Für das Kohlefaserrad (CCWA1###) geben Sie »SF00« (Halbfabrikate) und für alle anderen Materialien »RM00« (Rohstoffe) in der Spalte **Lagerort** ein. Markieren Sie alle OK-Checkboxen.

Block F

Buchen Sie die Endrückmeldung zum Fertigungsauftrag.

Schritt 8: Endrückmeldung zum Fertigungsauftrag buchen

Endrückmeldung zum Fertigungsauftrag buchen

Führen Sie für die Endrückmeldung folgende Schritte durch:

1. Folgen Sie dem Menüpfad **Logistik • Produktion • Fertigungssteuerung • Rückmeldung • Erfassen • Zum Auftrag** (Transaktion CO15).
2. Geben Sie die Fertigungsauftragsnummer Ihres Fertigungsauftrags ein.
3. Wählen Sie **Endrückmeldung**, und tragen Sie **200** als rückgemeldete Gutmenge ein.

Block G

Buchen Sie den Wareneingang der produzierten Profi Touringbikes (schwarz) ins Lager im Werk in Dallas (DL00).

Schritt 9: Wareneingang zum Fertigungsauftrag buchen

Wareneingang zum Fertigungsauftrag buchen

Um den Wareneingang zum Fertigungsauftrag zu buchen, gehen Sie wie folgt vor:

1. Folgen Sie dem Menüpfad **Logistik • Materialwirtschaft • Bestandsführung • Warenbewegung • Warenbewegung (MIGO)** (Transaktion MIGO).
2. Wählen Sie in den Dropdown-Feldern **Wareneingang** und **Auftrag** aus. Geben Sie die Fertigungsauftragsnummer Ihres Fertigungsauftrags ein.
3. Für das Profi Touringbikes (schwarz) (PRTR1###) geben Sie »FG00« als **Lagerort** ein.

Block H

Analysieren Sie den Status und die Kosten Ihres Fertigungsauftrags.

Schritt 10: Fertigungsauftrag analysieren

Fertigungsauftrag analysieren

Den Fertigungsauftrag können Sie wie folgt analysieren:

1. Folgen Sie dem Menüpfad **Logistik • Produktion • Fertigungssteuerung • Auftrag • Anzeigen** (Transaktion CO03).
2. In der Zeile **Status** erkennen Sie, dass für den Auftrag verschiedene Status gesetzt sind. Analysieren Sie, welche Status aktiv sind.

Öffnen Sie das Menü **Springen • Kosten • Analyse**. Analysieren Sie die Ist-Kosten, insbesondere die Kostenarten 720000 und 800000.

5.8.4 Praxisfall mit anleitender Fallstudie

Setzen Sie das in Abschnitt 5.8.1 skizzierte Anwendungsszenario in Ihrem SAP-System gemäß der Fallstudie zum Praxisfall PP um. Sie erhalten diese unter *http://www.sap-press.de/4640*, **Materialien zum Buch**.

Kapitel 6
Lagerverwaltung

In diesem Kapitel erfahren Sie, wie SAP ERP komplexe Lagerstrukturen mit der Komponente Warehouse Management abbilden kann. Zudem lernen Sie die Grundfunktionalitäten der Lagerverwaltung kennen und erproben eine Auswahl von Prozessen in Form von Übungen, Fallstudien und Praxisfällen.

Die *Logistik* eines Unternehmens beschäftigt sich mit der Gestaltung und Ausführung von betrieblichen Prozessen im Hinblick auf Transport, Nachschub, Lagerung und Umschlag von Gütern. Die *Lagerung* ist also ein logistischer Prozess und dient der zeitlichen und räumlichen Überbrückung: Materialien sollen zur richtigen Zeit am richtigen Ort bereitstehen – und das zu möglichst geringen Kosten.

Meist versteht man unter einem *Lager* (im Englischen *warehouse*) die spezifischen Räumlichkeiten und Einrichtungen zur Vorratshaltung und zur Bereitstellung von Materialien. Zuweilen werden auch die Bestände von bevorrateten Materialien als Lager interpretiert. Die Komponente Warehouse Management (*WM*) bietet Konzepte zur Abbildung komplexer Lagerstrukturen und -bestände in SAP ERP und unterstützt informationstechnisch die Geschäftsprozesse in der Lagerverwaltung.

Dieses Kapitel führt zunächst in die Aufgaben und Akteure der Lagerverwaltung ein (siehe Abschnitt 6.1). Anschließend gibt Abschnitt 6.2 einen Überblick der unterschiedlichen WM-relevanten Datentypen. Hierzu gehören Organisationsdaten (siehe Abschnitt 6.3), Stammdaten (siehe Abschnitt 6.4) und Bewegungsdaten (siehe Abschnitt 6.5). Aufbauend auf diesen Datentypen realisiert WM eine Reihe von Geschäftsprozessen in der Lagerverwaltung. Es handelt sich sowohl um eher elementare Teilprozesse (siehe Abschnitt 6.6) als auch um komplexere, integrierende Geschäftsprozesse (siehe Abschnitt 6.7), die ihrerseits die vorgestellten Teilprozesse verwenden. Abschnitt 6.8 vertieft die Erkenntnisse aus den vier UCC-Fallstudien zur Komponente WM. Abschnitt 6.9 und Abschnitt 6.10 vertiefen die erworbenen Kenntnisse mit zwei Praxisfällen in der Lagerverwaltung bei Global Bike.

6.1 Betriebliche Aufgaben und Akteure

Aufgaben der Lagerverwaltung

Die Akteure in der Lagerverwaltung übernehmen zentrale logistische Aufgaben im Unternehmen:

- **Sie unterstützen die Beschaffung**:
  Eingekaufte Materialien werden bis zur weiteren Verwendung eingelagert und bevorratet.
- **Sie versorgen die Produktion**:
  Das Lager stellt die benötigten Roh-, Hilfs- und Betriebsstoffe sowie Halbfabrikate für die Fertigung bedarfsgerecht bereit, unterstützt die Zwischenlagerung im Produktionsverlauf und lagert die fertiggestellten Güter anschließend ein.
- **Sie begleiten die Distribution**:
  Im Lager werden die von verschiedenen Kunden georderten Waren zeit- und kostensparend kommissioniert, verpackt und zur Abholung bereitgestellt.

Funktionen in WM

Die Komponente Warehouse Management (WM) unterstützt diese vielfältigen Aufgaben durch eine Reihe von Funktionen, die sich, wie in Abbildung 6.1 dargestellt, strukturieren lassen.

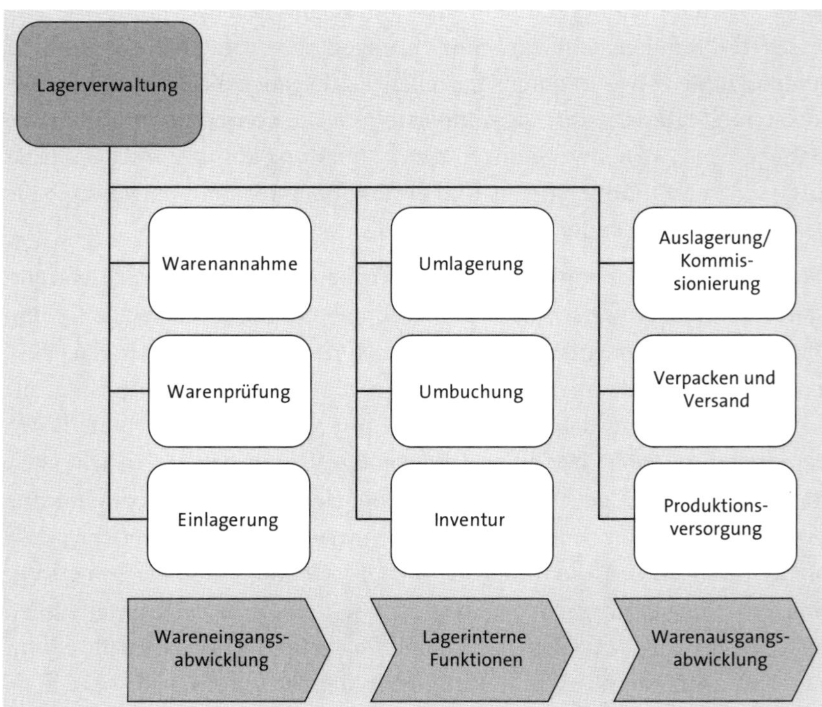

Abbildung 6.1 Funktionen der Lagerverwaltung (Auszug)

Die *Wareneingangsabwicklung* umfasst Funktionen zur Annahme und Prüfung und anschließenden Einlagerung von Materialien, die im Lager eingehen. Deren Eingang kann z. B. auf einer Bestellung bei externen Lieferanten oder auf einem Fertigungsauftrag basieren. *Lagerinterne Funktionen* sorgen für die Verwaltung der gelagerten Materialien. Zuweilen müssen diese innerhalb eines Lagers oder auch lager- oder werksübergreifend umgelagert (also von einem Aufbewahrungsort zu einem anderen gebracht) werden. Umbuchungen dienen der Änderung von Eigenschaften der gelagerten Materialien, so kann eine Umbuchung die Verwendbarkeit von Lagerbeständen ändern: z. B. sperren, entsperren oder zur Qualitätsprüfung kennzeichnen. Zudem müssen die Lagerbestände im Rahmen von Inventuren regelmäßig mengen- und wertmäßig erfasst und ausgewiesen werden. Die *Warenausgangsabwicklung* unterstützt die kundenauftragsbezogene Distribution und die Produktionsversorgung. Hierfür müssen benötigte Materialien kommissioniert, ausgelagert und bei Bedarf verpackt und versendet werden.

Menüstruktur im SAP-Easy-Access-Menü

Die Ordnerhierarchie im SAP-Easy-Access-Menü orientiert sich an der oben beschriebenen Strukturierung der Funktionen in der Lagerverwaltung (siehe Abbildung 6.2).

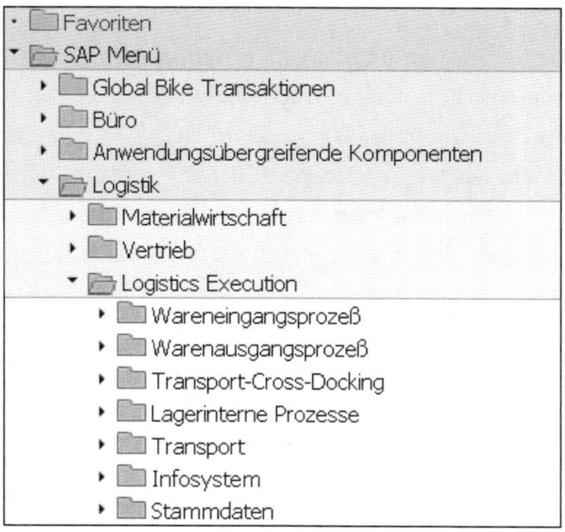

Abbildung 6.2 Logistics Execution System (LES) im SAP-Easy-Access-Menü

So sind die Funktionen für die Wareneingangs- und Warenausgangsabwicklung im Unterordner **Wareneingangsprozeß** bzw. **Warenausgangsprozeß** zusammengefasst. Die lagerinternen Funktionen sind entsprechend im Unterordner **Lagerinterne Prozesse** abgebildet. Diese Unterordner sind dem Ordner **Logistics Execution** zugeordnet. WM besitzt somit keinen eigenständigen Ordner in der Menüstruktur. Stattdessen sind die Funktionen der Lagerverwaltung eng in das *Logistics Execution System* (LES) integriert, das die Funktionalität für die Unterstützung der exekutiven (ausführenden) Logistik in SAP ERP bietet (siehe Abbildung 6.3).

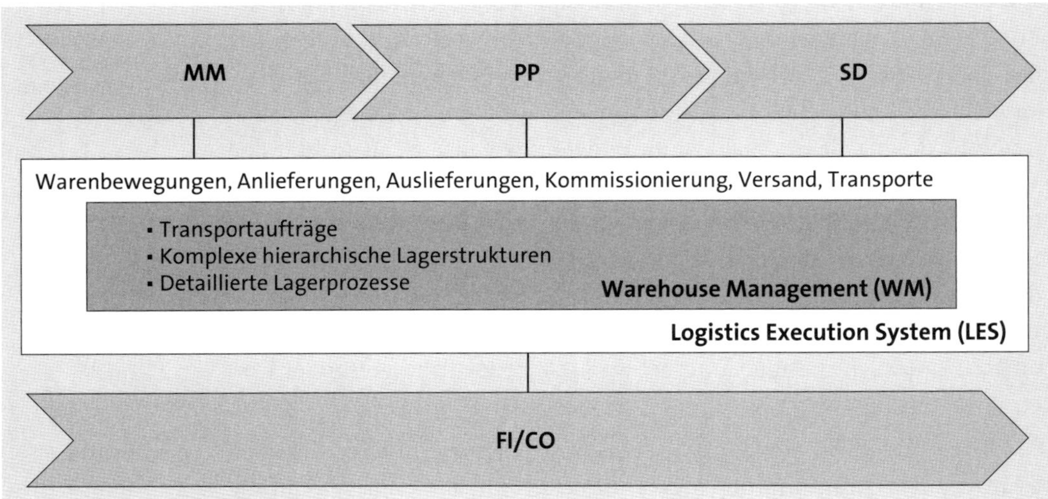

Abbildung 6.3 Einordnung von Warehouse Management

Hierzu gehören die Verwaltung von Anlieferungen (dokumentieren und steuern die Aktivitäten beim Erhalt von Waren) und Auslieferungen (dokumentieren und steuern die Aktivitäten beim Versand von Waren) sowie die Kommissionierung und der Versand von Waren. WM kann optional für Unternehmensstandorte aktiviert und verwendet werden, wenn die dortigen Lagerstrukturen und -prozesse einer detaillierten informationstechnischen Unterstützung bedürfen.

Transport vs. Transportauftrag

So können mit LES zwar *Transporte* vom eigenen Unternehmen zu Warenempfängern oder von Lieferanten zum eigenen Unternehmen (z. B. als Güterverkehr auf der Straße oder Schiene) mithilfe von Transportbelegen disponiert und durchgeführt werden. Der zusätzliche Einsatz von WM bietet darüber hinaus die Möglichkeit zur detaillierten Transportdisposition und -durchführung auf Basis von *Transportaufträgen*, die lagerintern bei Einlagerungen, Auslagerungen, Umlagerungen, Umbuchungen und Inventuren zum Einsatz kommen oder bei Umlagerungen zwischen Lägern.

Lagerstrukturen

Außerdem erlaubt WM die Definition und Pflege komplexer hierarchischer Lagerstrukturen und die detaillierte Planung und Steuerung von Prozessen in der Lagerverwaltung. LES (ohne Verwendung von WM) kann hingegen

Lagerbestände nur vergleichsweise grob auf Ebene von Lagerorten verwalten. Die Bestandsverwaltung auf Lagerortebene wurde in Kapitel 3, »Materialwirtschaft«, vorgestellt.

WM-Integration

Abbildung 6.3 zeigt zudem die enge Integration von WM und LES mit den weiteren in diesem Buch vorgestellten Komponenten im Sinne der Unterstützung der Materialwirtschaft (Komponente MM) in der Beschaffungslogistik, der Produktionsplanung und -steuerung (Komponente PP) in der Produktionslogistik und des Vertriebs (Komponente SD) in der Distributionslogistik. Sofern Vorgänge in LES oder WM buchhaltungstechnisch oder kostenrechnerisch relevant sind, erfolgt eine automatische Verbuchung monetärer Werte im Rechnungswesen (Komponenten FI und CO).

Lagerverwaltung bei Global Bike

Im Beispielunternehmen Global Bike agiert der Standort San Diego als zentrales Verteilzentrum für die Tochtergesellschaft Global Bike Inc. in den USA. Kein anderes Werk bei Global Bike hat vergleichbar hohe Anforderungen an die Lagerverwaltung. Deshalb ist WM ausschließlich am Standort San Diego im Einsatz. Diese Tatsache wird auch in der Unternehmensstruktur und an den beteiligten Akteuren im Unternehmen Global Bike sichtbar. Auf Konzernebene ist Paul Hansen als President North America für die Tochtergesellschaft Global Bike Inc. verantwortlich (siehe Abbildung 6.4).

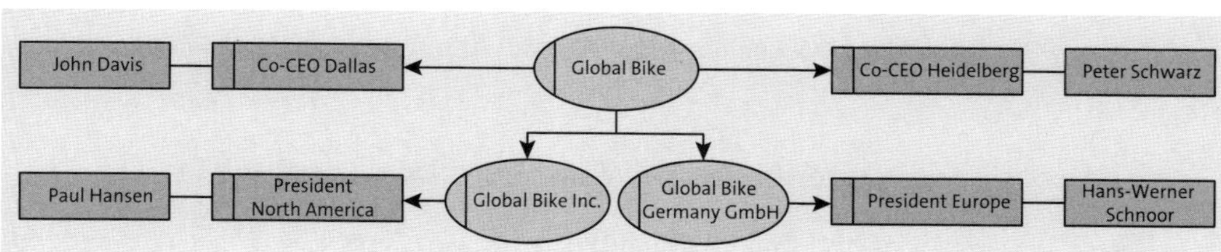

Abbildung 6.4 Akteure auf Konzernebene von Global Bike

Abbildung 6.5 verfeinert die Strukturen der Tochtergesellschaft Global Bike Inc. aus Abbildung 6.4 und zeigt insbesondere die Akteure in der Lagerverwaltung. Das Lager in San Diego unter der Leitung von Carolin Bruzik ist der Logistik für das Werk San Diego zugeordnet. Dieses Werk wird in Global Bike als Verteilzentrum San Diego, im Englischen Distribution Center (DC) San Diego, bezeichnet.

Im Lager sind drei Mitarbeiter mit unterschiedlicher Spezialisierung beschäftigt: Yoshi Agawa betreut vorrangig Prozesse im Wareneingang, Zorah Morello im Warenausgang. Allgemeine Aufgaben und lagerinterne Prozesse werden primär von Sunil Gupta übernommen.

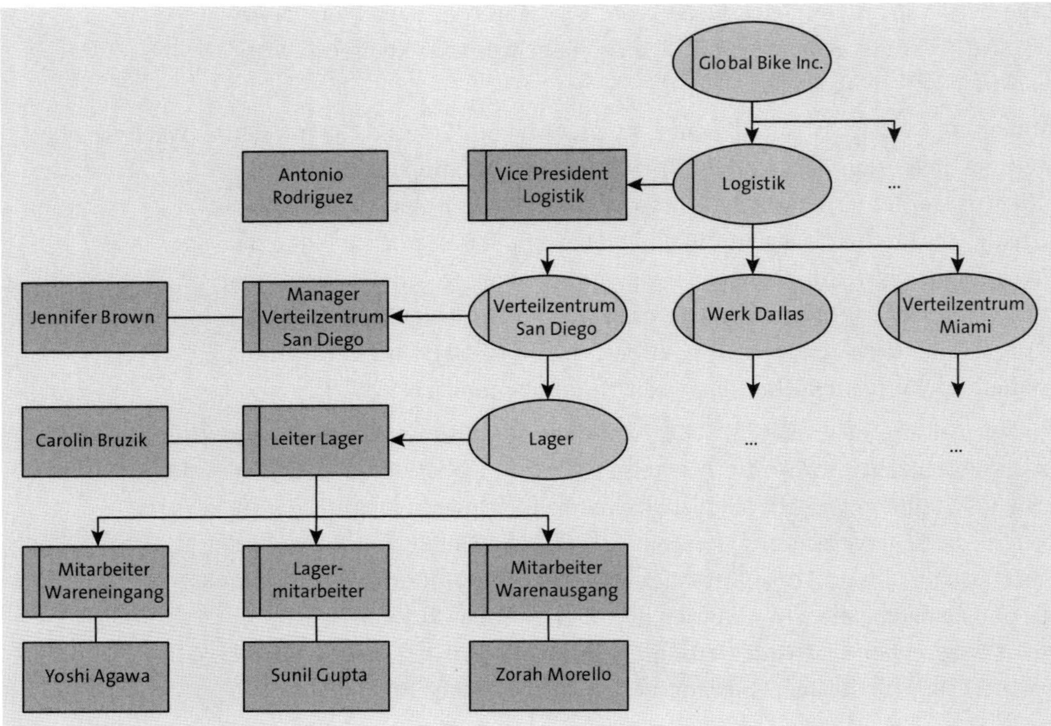

Abbildung 6.5 Akteure in der Lagerverwaltung der Global Bike Inc.

6.2 Datentypen im Warehouse Management

Hierarchische Anordnung der Datentypen

Die lagerrelevanten Datentypen im WM lassen sich in Organisations-, Stamm- und Bewegungsdaten unterteilen. Unter einigen der lagerrelevanten Organisations- und Stammdaten besteht eine Hierarchie, wie in Abbildung 6.6 dargestellt.

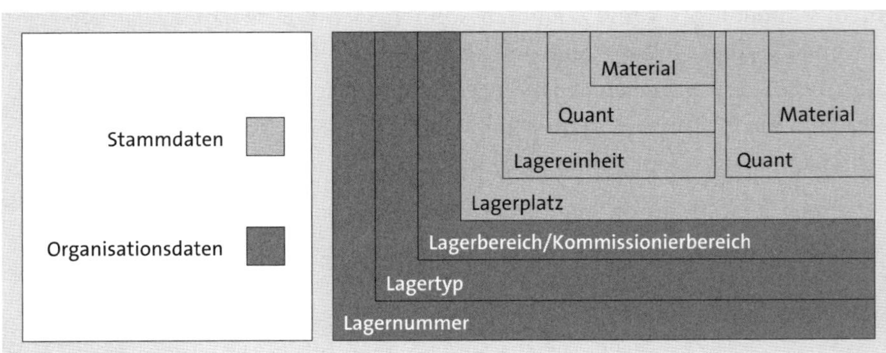

Abbildung 6.6 Verschiedene im Warehouse Management relevante Organisations- und Stammdaten in hierarchischer Anordnung

Die nachfolgenden Kurzbeschreibungen geben einen Überblick und eine erste Einführung in die Organisations-, Stamm- und Bewegungsdaten. Ausführlichere Darstellungen dieser Daten liefern Abschnitt 6.3, Abschnitt 6.4 und Abschnitt 6.5.

Lagerbezogene Organisationsdaten:

- Die *Lagernummer* ist ein alphanumerischer Schlüssel und identifiziert ein komplexes Lagersystem, z. B. ein Lagerhaus oder eine Lagerhalle. Der Lagernummer sind mehrere Lagertypen zugeordnet.
- Der *Lagertyp* unterteilt ein komplexes Lagersystem aus organisatorischer oder technischer Sicht. Typische Beispiele von Lagertypen sind das Palettenlager, Regallager, Blocklager, Wareneingang oder Warenausgang. Jedem Lagertyp ist mindestens ein Lagerbereich zugeordnet.
- *Lagerbereiche* unterteilen den Lagertyp und können als Menge von Lagerplätzen mit gemeinsamen organisatorischen Eigenschaften hinsichtlich der Einlagerung angesehen werden. Jeder Lagerplatz muss genau einem Lagerbereich zugeordnet sein.
- *Kommissionierbereiche* unterteilen den Lagertyp in Mengen von Lagerplätzen mit gleichen Eigenschaften bei Kommissionieraktivitäten. Im Gegensatz zu Lagerbereichen erfolgt die Unterteilung zum Zwecke der effizienten Gestaltung von Auslagerungsprozessen.
- *Tore* stellen Orte dar, über die Ware das Lager erreicht oder verlässt. Jedes Tor ist genau einer Lagernummer zugeordnet.
- *Bereitstellzonen* sind Bereiche der Lagerfläche, die eingerichtet werden, um einen zügigen Warenfluss beim Beladen oder beim Entladen eines Verkehrsmittels (z. B. Lkw) zu ermöglichen. Bereitstellzonen befinden sich in räumlicher Nähe der zugeordneten Tore.

Lagerbezogene Stammdaten:

- Der *Lagerplatz* beschreibt innerhalb eines Lagertyps eine eindeutig adressierbare, kleinste Raumeinheit, in der Ware lagert oder gelagert werden kann. Ein Lagerplatz kann z. B. ein physisch existentes Regalfach sein oder ein dynamischer Lagerplatz. Letzterer entspricht nur einer temporär angelegten Nummer, z. B. für Umbuchungszwecke. Im Gegensatz zu den zuvor genannten Lagerstrukturen (Lagernummern, Lagertypen, Lagerbereichen oder Kommissionierbereichen) werden Lagerplätze im SAP-System als Stammdaten gepflegt.
- Ein *Quant* ist ein Bestand eines Materials an einem Lagerplatz. Das Material eines Quants besitzt gleiche Eigenschaften, z. B. die gleiche Materialnummer, Chargennummer oder Bestandsqualifikationskennzeichen

(frei verwendbar, in Qualitätsprüfung, Retourenbestand oder gesperrt). Ein Quant lagert entweder unmittelbar auf einem Lagerplatz, oder es befindet sich in einer Lagereinheit, die auf einem Lagerplatz lagern kann (siehe Abbildung 6.6).

- Eine *Lagereinheit* bezeichnet eine Zusammenfassung von Mengen eines oder mehrerer Materialien. Typische Beispiele von Lagereinheiten sind Paletten oder Gitterboxen, die jeweils über eine Lagereinheitennummer eindeutig identifiziert werden können.
- *Material* aus der Perspektive der Lagerverwaltung umfasst Waren und Teile, die ein Unternehmen kauft, produziert, lagert oder verkauft. Diese sind im Materialstamm verzeichnet, der spezielle Sichten mit dedizierten Informationen enthält, die für die Steuerung von Lagerprozessen genutzt werden.

Lagerbezogene Bewegungsdaten:

- Der *Transportbedarf* unterstützt die Planung einer Warenbewegung im WM. Er signalisiert, dass ein Material oder mehrere Materialien in bestimmten Mengen entweder ein-, aus- oder umgelagert werden sollen.
- Der *Transportauftrag* dient der Durchführung einer physischen Warenbewegung (z. B. Ein-, Aus- oder Umlagerung) oder einer logischen Warenbewegung (z. B. Ausbuchungen von Inventurdifferenzen oder Umbuchungen). Er kann auf Basis eines Transportbedarfs angelegt werden.
- Die *Umbuchungsanweisung* ist ein Instrument zur Änderung von Eigenschaften eines Quants oder einer Teilmenge eines Quants, z. B. die Umbuchung von Waren in den frei verwendbaren Bestand nach abgeschlossener Qualitätsprüfung.
- Der *Inventurbeleg* unterstützt den Inventurprozess in der Lagerverwaltung. Er steuert die Inventur für eine Menge von zugeordneten Lagerplätzen von der Planung über die Zählung bis hin zur Ausbuchung von Inventurdifferenzen.

6.3 Organisationsdaten

Organisationsdaten im WM

Die Organisationsdaten im WM beschreiben in der Regel langfristig vorhandene physische Lagerstrukturen und Lagereinrichtungen, die im Customizing erfasst und gepflegt werden. Hierzu gehören Lagernummern, Lagertypen, Lagerbereiche, Kommissionierbereiche, Tore und Bereitstellzonen.

6.3.1 Lagernummer

Eine Lagernummer repräsentiert in SAP ERP typischerweise einen physischen Lagerkomplex, wie z. B. eine Lagerhalle, ein Lagerhaus, ein Verteilzentrum oder ein Produktionswerk. Die Lagernummer stellt im WM die übergeordnete Organisationseinheit dar, die alle zugehörigen Lagerstrukturen umfasst. Eine Lagernummer wird vorzugsweise dann definiert, wenn die Strukturen und Prozesse eines Lagers eine hohe Komplexität aufweisen und daher eine detaillierte Lagerhaltung durch ein professionelles Lagerverwaltungssystem erforderlich wird. Im Fall von Global Bike sind diese Voraussetzungen am Standort San Diego gegeben (siehe Abbildung 6.7 für eine Außenansicht des Werkes).

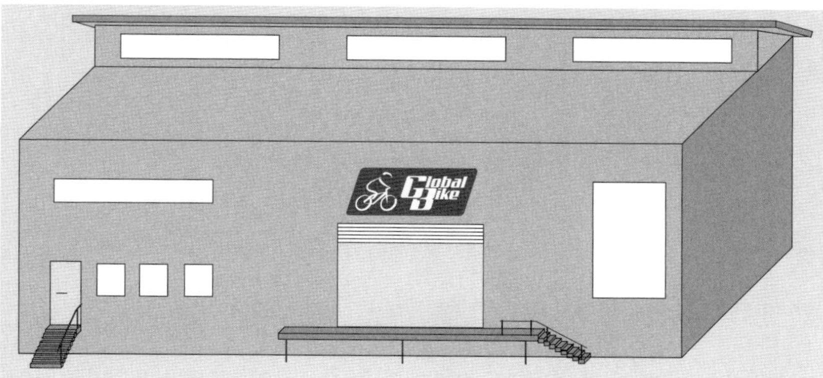

Abbildung 6.7 Verteilzentrum San Diego (Außenansicht)

Lagerstruktur bei Global Bike

Im Customizing wurde die Lagernummer 100 mit der Bezeichnung »Lagerhaus San Diego« definiert. Dieses Lagerhaus ist in Abbildung 6.8 im Grundriss dargestellt. Es umfasst ein Regallager (Lagertyp 001), in dem vorwiegend Handelswaren gelagert werden, zudem zwei Palettenläger (Lagertypen 002 und 005), die primär der Lagerung von Fertigerzeugnissen (Fahrrädern) dienen. Das Palettenlager LE (Lagertyp 005) führt die gelagerten Materialien auf im SAP-System erfassten Lagereinheiten (LE), in diesem Fall auf Paletten. In Lagertyp 002 hingegen sind die verwendeten Paletten nicht als nummerierte Lagereinheiten bekannt. Obendrein weist der Grundriss dedizierte räumliche Lagerflächen für den Wareneingang (Lagertyp 003), den Warenausgang (Lagertyp 004) und eine Bereitstellzone unmittelbar beim Tor des Lagerhauses auf.

Nutzung von WM im Werk San Diego

Sämtliche Bestände des Werkes San Diego stehen unter Lagerverwaltung durch die Komponente WM: Fertigerzeugnisse, Handelswaren und sonstige Materialien. In San Diego lagern jedoch keine Halbfertigerzeugnisse und auch keine Rohstoffe.

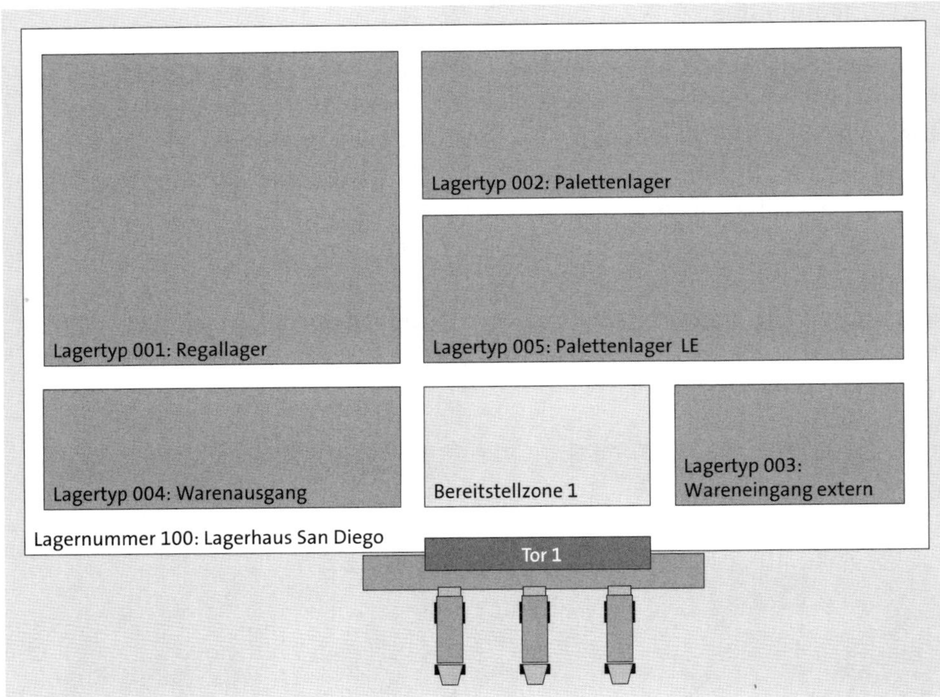

Abbildung 6.8 Lagerstrukturen im Lagerhaus San Diego (Grundriss)

Entsprechend wurden im Customizing alle drei vorhandenen Lagerorte – Finished Goods (FG00), Trading Goods (TG00) und Miscellaneous (MI00) – der Lagernummer 100 zugeordnet (siehe Abbildung 6.9).

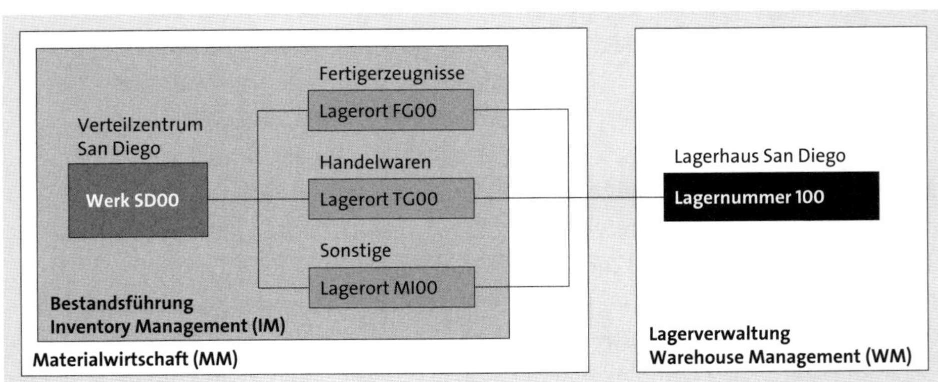

Abbildung 6.9 Zuordnung Lagerorte zu Lagernummer

Lagerung in den anderen Werken

Die Nutzung der Lagerverwaltung an einem Standort ist optional. So verzichtet Global Bike in allen anderen Werken auf die Unterstützung von WM, weil die Lagerverhältnisse an den jeweiligen Standorten wesentlich einfacher sind als in San Diego. Die Bestände der Materialien können an diesen Standorten somit nur auf Ebene von Lagerorten in der Bestandsführung verwaltet werden. Die *Bestandsführung* – im Englischen Inventory Management (*IM*) – ist eine Funktionalität der Komponente Materialwirtschaft (MM) und verwaltet die Mengen und Werte von Beständen der gelagerten Materialien. Allerdings kann ein Material, bedingt durch die Einschränkungen des IM, nur an einem einzigen festen Lagerplatz (*Fixplatzlager*) innerhalb des Lagerortes gelagert werden. Eine ortsungebundene Ablage von Materialien (*chaotische Lagerhaltung*) ist hingegen nicht möglich.

Zuordnung Lagernummern und Lagerorte

Bei Nutzung von WM kann trotz Definition einer Lagernummer nicht auf die Verwendung von Lagerorten (aus der Komponente MM) verzichtet werden. Einer Lagernummer muss mindestens ein Lagerort eines zugehörigen Werkes mit Lagerverwaltung zugeordnet sein. Bei Global Bike gehören sogar alle Lagerorte in San Diego zur Lagernummer 100. Wie aus Abbildung 6.9 hergeleitet werden kann, führt dies zu einer doppelten Verwaltung von Lagerbeständen: einmal im IM und einmal im WM. Damit verbunden ist eine stets redundante Verwaltung von Bestandsmengen, die eine fortwährende Synchronisation auf beiden Seiten (IM und WM) erfordert, um Inkonsistenzen zu vermeiden.

Die Zuordnung von Lagernummern gestattet ein gewisses Maß an Gestaltungsfreiheit. Besitzt ein Werk beispielsweise mehrere Lagerhäuser, so können die Lagerorte des Werkes unterschiedlichen Lagernummern zugewiesen werden. Jedoch kann dabei einem Lagerort höchstens eine Lagernummer zugeordnet sein. Ebenso können einer Lagernummer auch Lagerorte unterschiedlicher Werke zugewiesen sein. Dies bietet sich beispielsweise an, wenn sich mehrere Werke ein gemeinsames Distributionszentrum teilen.

6.3.2 Lagertyp

Unter einem Lagertyp versteht man eine Lagerfläche, eine Lagereinrichtung oder eine Lagerzone. Ein Lager (oder ein Lagerhaus) mit einer Lagernummer wird durch Lagertypen physisch oder logisch unterteilt. Unterscheidungsmerkmale von Lagertypen sind z. B. die verwendete Lagertechnik, der beanspruchte Raum, die Organisationsform oder die Funktion.

Global Bike verfügt im Lagerhaus San Diego über sechs verschiedene Lagertypen, wie in Tabelle 6.1 dargestellt.

Physische Lagertypen

Die *physischen* Lagertypen 001, 002 und 005 dienen der klassischen Lagerung und Bereitstellung von Materialien. Deren Anordnung im Lagerhaus wird aus Abbildung 6.8 ersichtlich. Lagertyp 001 repräsentiert bei Global Bike ein Regallager, in dem vorzugsweise Handelswaren gelagert werden.

Lagertyp	Bezeichnung	Art	Schnittstelle
001	Regallager	physisch	nein
002	Palettenlager	physisch	nein
003	Wareneingang extern	physisch	ja
004	Warenausgang	physisch	ja
005	Palettenlager LE	physisch	nein
922	Umbuchung Schnittstelle	logisch	ja
999	Differenzen	logisch	ja

Tabelle 6.1 Lagertypen von Global Bike im Lagerhaus San Diego

Diese sind durch ein geringes Gewicht und geringes Volumen charakterisiert. Lagertypen 002 und 005 sind ebenfalls als Regalläger organisiert. Allerdings sind die dortigen Regale sehr robust und geräumig ausgeführt, um Paletten mit den Fertigerzeugnissen von Global Bike (also Fahrräder) zu lagern. Lagern solche Paletten im Palettenlager (Lagertyp 002), sind sie nicht nummeriert und auch nicht im SAP-System erfasst. Lagern die Paletten hingegen im Palettenlager LE, so sind sie im SAP-System als eine Lagereinheit (LE) mit einer Nummer erfasst. Insbesondere ist die Lagereinheitenverwaltung ausschließlich im Palettenlager LE (Lagertyp 005) aktiviert.

Schnittstellenlagertypen

Die *Schnittstellenlagertypen* 003, 004, 922 und 999 bilden eine Verbindung zwischen der Bestandsführung im Inventory Management und der Lagerverwaltung im Warehouse Management. Sie dienen somit der in Abschnitt 6.3.1 angesprochenen Synchronisation der Bestände auf Lagerort- und Lagernummernebene. Um diese Synchronisation zu ermöglichen, sind in solchen Lagertypen auch negative Bestände (z. B. bei Inventurdifferenzen) erlaubt. Lagertypen 003 und 004 beanspruchen im Lagerhaus San Diego auch einen physischen Raum, wie in Abbildung 6.8 zu erkennen ist. Beide Lagertypen dienen der schnellen Abfertigung von ein- und ausgehenden Waren und sind folglich unmittelbar neben dem Tor und der Bereitstellzone angeordnet. Es handelt sich jeweils um Stellflächen auf dem Boden des Lagerhauses. Über Lagertyp 003 (Wareneingang extern) wickelt Global Bike die Wareneingänge des Werkes San Diego ab. Wareneingänge zu einer Bestellung erzeugen zunächst einen Materialzugang in Lagertyp 003. Das eingegangene Material wird anschließend durch einen Transportauftrag abgeholt und in den Regal- oder Palettenlägern eingelagert. Über Lagertyp 004 erfolgen die Warenausgänge aus dem Werk San Diego. So wird beispielsweise kommissioniertes Material für einen Kundenauftrag zunächst aus den Regal- oder Palettenlägern ausgelagert und per Transportauftrag zu Lagertyp 004 gebracht. Dort lagert das Material, bevor es mit der Warenausgangsbuchung das Lagerhaus verlässt.

Logische Lagertypen

Lagertypen 922 (Umbuchung Schnittstelle) und 999 (Differenzen) sind ausschließlich *logische* Lagertypen. Hierfür existiert also kein physischer Raum im Lagerhaus.

Die beiden logischen Lagertypen von Global Bike sind Schnittstellenlagertypen. Dabei synchronisiert Lagertyp 922 die Umbuchung von Bestandsmerkmalen von Materialien, z. B. die Umbuchung von frei verwendbaren Fahrrädern in den Qualitätsprüfbestand. Lagertyp 999 synchronisiert die Verbuchung von Bestandsdifferenzen. Solche Differenzen entstehen z. B. durch Beschädigung von Materialien beim Transport oder durch Diebstahl. Auch bei der Inventur festgestellte Zähldifferenzen werden über diesen Schnittstellenlagertyp ausgebucht, um das Gleichgewicht der Bestände in Lagerorten (in IM) und auf Lagerplätzen in der Lagerverwaltung (in WM) zu gewährleisten.

6.3.3 Lagerbereich

Lagerbereiche bilden organisatorische Unterteilungen eines Lagertyps. Mit einem Lagerbereich werden Lagerplätze zusammengefasst, die hinsichtlich der Einlagerung ähnliche Eigenschaften haben. Beispiele für solche Eigenschaften sind:

- **Gewicht**:
  Das Gewicht des einzulagernden Materials in einem Regal kann die Wahl des geeigneten Lagerplatzes beeinflussen. Das Beispiel in Abbildung 6.10 (links) zeigt exemplarisch ein Regal, das in die drei Lagerbereiche Bottom (B), Middle (M), Top (T) bzw. unten, Mitte, oben (in der deutschen Übersetzung) unterteilt wurde. In einem solchen Regal würden schwere Materialien bevorzugt im unteren Lagerbereich B eingelagert werden. Solche Materialien sind auch häufig sperrig und benötigten eventuell ein hohes Regalfach. Mittelschwere Materialien würden entsprechend bevorzugt in Lagerbereich M und leichte Materialien im oberen Lagerbereich T (eventuell in einem kleineren Regalfach) eingelagert werden.
- **Warenrotation**:
  Die *Warenrotation*, also die Häufigkeit, mit der Waren umgeschlagen werden, kann die Wahl des Lagerplatzes beeinflussen. Das Beispiel in Abbildung 6.10 (rechts) zeigt den Grundriss eines exemplarischen Blocklagers, in dem die gestapelten Blöcke in Gängen angeordnet sind.

Dadurch ergeben sich unterschiedlich lange Wege zu den Lagerplätzen. Entsprechend der Weglängen wurde dieser Lagertyp in die Lagerbereiche A, B und C strukturiert. Nach einer *ABC-Klassifikation* anhand der Warenrotation, würden häufig verwendete Materialien (*Schnelldreher*) bevorzugt in Lagerbereich A, mittelhäufig verwendete Materialien (*Normaldreher*) in Lagerbereich B und selten benötigte Materialien (*Langsamdreher*) in Lagerbereich C eingelagert werden.

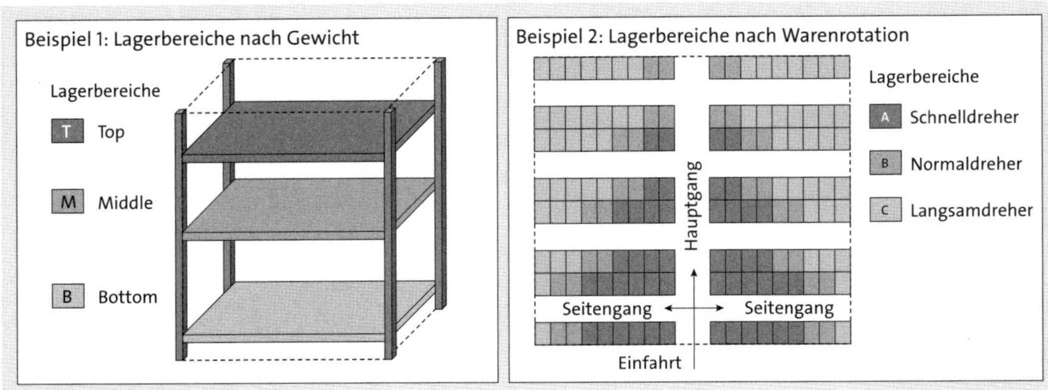

Abbildung 6.10 Beispiele für die Verwendung von Lagerbereichen. Beispiel 1 entspricht den Lagerbereichen von Lagertyp 005 bei Global Bike.

Benennung von Lagerbereichen

Jeder Lagerbereich besitzt eine ein- bis dreistellige alphanumerische Kennung (in den obigen Beispielen B, M und T bzw. A, B und C) und eine Lagerbereichsbezeichnung (Bottom, Middle, Top bzw. Schnelldreher, Normaldreher und Langsamdreher).

Verwendung und Zuordnung

Lagerbereiche spielen nur bei Einlagerungsprozessen eine Rolle, indem sie die automatische Suche nach einem geeigneten Lagerplatz unterstützen. Jeder physische Lagertyp benötigt mindestens einen Lagerbereich. Jeder Lagerplatz muss genau einen Lagerbereich zugeordnet sein.

Lagerbereiche bei Global Bike

Bei Global Bike besitzen alle Lagertypen (außer Lagertyp 005) jeweils nur genau einen Lagerbereich 001 (Gesamtbereich), wie aus Tabelle 6.2 ersichtlich ist.

Lagertyp	Bezeichnung	Lagerbereich	Bezeichnung
001	Regallager	001	Gesamtbereich
002	Palettenlager	001	Gesamtbereich

Tabelle 6.2 Überblick über die Lagerbereiche im Lagerhaus San Diego

Lagertyp	Bezeichnung	Lagerbereich	Bezeichnung
003	Wareneingang extern	001	Gesamtbereich
004	Warenausgang	001	Gesamtbereich
005	Palettenlager LE	B	Bottom/unten
		M	Middle/Mitte
		T	Top/oben
922	Umbuchung Schnittstelle	001	Gesamtbereich
999	Differenzen	001	Gesamtbereich

Tabelle 6.2 Überblick über die Lagerbereiche im Lagerhaus San Diego (Forts.)

Global Bike verzichtet dort also auf die Unterteilung in verschiedene Lagerbereiche und auf die damit verbundene detaillierte Einlagerungssteuerung. Die Lagerbereiche in den Lagertypen 001 bis 004 sowie 922 und 999 besitzen zwar die gleiche Nummer und Bezeichnung. Diese Gleichheit hat jedoch keine Bedeutung, es handelt sich um verschiedene und voneinander unabhängige Lagerbereiche. Die Untergliederung von Lagertyp 005 (Palettenlager LE) in Lagerbereiche unterscheidet nach dem Gewicht der einzulagernden Materialien entsprechend dem linken Beispiel in Abbildung 6.10. Lagerbereich B umfasst also alle unteren Lagerplätze für schwer beladene Paletten. Lagerbereich M umfasst alle Lagerplätze auf der darüberliegenden Regalebene, Lagerbereich T alle Lagerplätze auf der oberen Regalebene für weniger schwer beladene Paletten.

6.3.4 Kommissionierbereich

Während die zuvor beschriebenen Lagerbereiche einer effizienten *Einlagerungssteuerung* dienen, unterstützen Kommissionierbereiche die detaillierte *Auslagerungssteuerung*. Kommissionierbereiche strukturieren Lagertypen, indem Sie Lagerplätze eines Lagertyps zu Gruppen zusammenfassen.

Parallele und sequenzielle Kommissionierung

Damit wird es beispielsweise möglich, Transportaufträge je Kommissionierbereich in Teilaufträge zu splitten. Diese Teilaufträge können wahlweise *parallel* (also zeitgleich) mit mehreren Kommissionierern oder *sequenziell* (also nacheinander) durch einen Kommissionierer abgearbeitet werden.

Im Gegensatz zu Lagerbereichen ist die Definition von Kommissionierbereichen innerhalb von Lagertypen optional. Einem Lagerplatz kann genau ein oder kein Kommissionierbereich des Lagertyps zugeordnet werden. Die Definition von Lagerbereichen und Kommissionierbereichen erfolgt orthogonal zueinander: Die Zugehörigkeiten eines Lagerplatzes zu einem Lagerbereich und einem Kommissionierbereich sind also unabhängig voneinander.

Benennung von Kommissionierbereichen

Im Beispielunternehmen Global Bike wurden im Regallager und in beiden Palettenlägern Kommissionierbereiche definiert (siehe Tabelle 6.3). Jeder Kommissionierbereich besitzt eine ein- bis dreistellige alphanumerische Kennung (bei Global Bike sind dies 001 und 002); zudem eine Kommissionierbereichsbezeichnung (hier Kommissionierbereich 1 bzw. Kommissionierbereich 2). Im Auslieferungszustand des Global-Bike-Mandanten sind den Kommissionierbereichen noch keine Lagerplätze zugeordnet. Die Zuordnung der Lagerplätze und die Verwendung von Kommissionierbereichen sind jedoch Bestandteil von Praxisfall WM2 in Abschnitt 6.10.

Lagertyp	Bezeichnung	Kommissionierbereich	Bezeichnung
001	Regallager	001	Kommissionierbereich 1
		002	Kommissionierbereich 2
002	Palettenlager	001	Kommissionierbereich 1
		002	Kommissionierbereich 2
005	Palettenlager LE	001	Kommissionierbereich 1
		002	Kommissionierbereich 2

Tabelle 6.3 Kommissionierbereiche im Lagerhaus San Diego

6.3.5 Tor und Bereitstellungszone

Tor

Über das Tor kommen Materialien in das Lager oder verlassen dieses. Insbesondere stellt somit das Tor auch einen Wechsel von einem innerbetrieblichen Transportmittel auf ein Verkehrsmittel (z. B. Lkw, Bahn oder Schiff) dar. Tore unterstützen die effiziente Planung und Steuerung des Materialflusses. Bereits im Lieferbeleg kann festgelegt werden, über welches Tor die Ware das Lager verlassen soll. Hierfür wird die Torangabe aus dem Lieferbeleg in den Transportauftrag der Lagerverwaltung übernommen. Wie in

Abbildung 6.8 dargestellt, verfügt Global Bike im Lagerhaus San Diego über ein einziges Tor namens Tor 1.

Bereitstellzone

Die Bereitstellzone bezeichnet eine Lagerfläche (in der Regel in der Nähe eines Tores), auf der die bereits kommissionierte Ware bis zur tatsächlichen Verladung auf einem Verkehrsmittel bereitgestellt wird. Analog wird auf der Bereitstellzone angelieferte Ware bis zur Abholung und anschließenden Einlagerung zwischengelagert. Wie bei Toren, kann die Verwendung einer bestimmten Bereitstellzone bereits im Lieferbeleg definiert werden. Einem Tor können mehrere Bereitstellzonen zugeordnet werden. Im Unternehmen Global Bike existiert im Lagerhaus San Diego genau eine Bereitstellzone (siehe Abbildung 6.8), die Tor 1 zugeordnet ist.

6.4 Stammdaten

Die für die Lagerverwaltung relevanten Stammdaten werden für die Durchführung von Lagerprozessen angelegt, gepflegt und genutzt. Diese Stammdaten umfassen Lagerplätze, Quants, Lagereinheiten und Material.

6.4.1 Lagerplatz

Als Lagerplatz bezeichnet man die kleinste Raumeinheit, die in einem Lager zur Verfügung steht. Der Lagerplatz gibt die genaue Stelle im Lager an, an der ein Material lagert oder gelagert werden kann. Im Gegensatz zu den sonstigen Lagerstrukturen, wie Lagernummer, Lagertyp, Lagerbereich und Kommissionierbereich, lassen sich Lagerplätze auf Stammdatenebene pflegen.

Lagerplatz ändern

Abbildung 6.11 zeigt die zugehörige Transaktion LS02N (Lagerplatz ändern), die auch über den Menüpfad **Logistik • Logistics Execution • Stammdaten • Lager • Lagerplatz • Ändern • Einzeln** erreichbar ist.

Der Lagerplatz wird eindeutig über die Kombination von **Lagernummer**, den **Lagertyp** und die Lagerplatznummer identifiziert. Hier im Beispiel ist der **Lagerplatz** STBN-8-### im Palettenlager (**Lagertyp** 002) im Lagerhaus San Diego (**Lagernummer** 100) dargestellt. Dabei steht STBN als Abkürzung für die englische Bezeichnung »STorage BiN« und ### repräsentiert wieder die dreistellige Nummer des Benutzers LEARN-###, im abgebildeten Beispiel von Benutzer LEARN-000. Folglich sind alle Lagerplätze von Global Bike tausendfach repliziert.

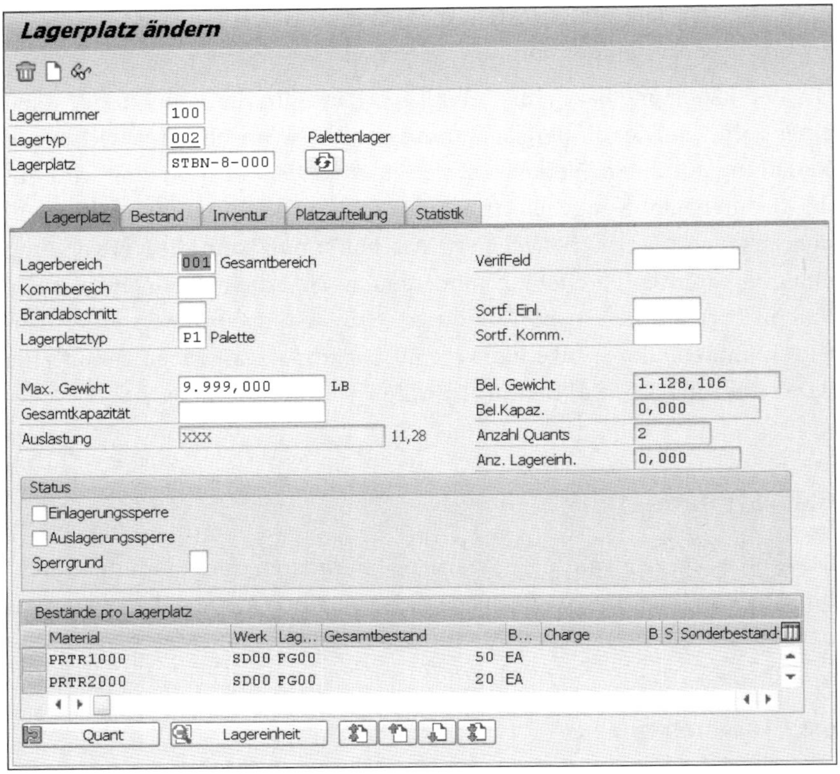

Abbildung 6.11 Stammdaten von Lagerplatz STBN-8-000 im Palettenlager von Global Bike (Transaktion LS02N)

Tabelle 6.4 gibt einen Überblick über die im Lagerhaus San Diego angelegten Lagerplätze.

Lagerplatz	Lagertyp	Lagertypbezeichnung	Lagerplatztyp
STBN-1-000 bis 999	001	Regallager	S1
STBN-2-000 bis 999			
STBN-3-000 bis 999			
STBN-7-000 bis 999	002	Palettenlager	P1
STBN-8-000 bis 999			
STBN-9-000 bis 999			

Tabelle 6.4 Überblick über die verfügbaren Lagerplätze im Lagerhaus San Diego

Lagerplatz	Lagertyp	Lagertypbezeichnung	Lagerplatztyp
WE-ZONE	003	Wareneingang extern	
11-000 bis 999	005	Palettenlager LE	P1
12-000 bis 999			
13-000 bis 999			
U-ZONE	922	Umbuchung Schnittstelle	

Tabelle 6.4 Überblick über die verfügbaren Lagerplätze im Lagerhaus San Diego (Forts.)

Einem Benutzer stehen insgesamt neun Lagerplätze zur persönlichen Verfügung: STBN-1-###, STBN-2-### und STBN-3-### im Regallager, STBN-7-###, STBN-8-### und STBN-9-### im Palettenlager und 11-###, 12-### und 13-### im Palettenlager LE. Der Lagerplatz Wareneingangszone (WE-ZONE) in Lagertyp 003 wird für besondere Lagerhaltungsprozesse benötigt, z.B. zum Verbuchen von sonstigen Wareneingängen ohne zugehörige Bestellung. Der Lagerplatz Umbuchungszone (U-ZONE) dient der Umbuchung. Er wird genutzt, wenn Materialbestände z.B. aus dem Qualitätsprüfbestand in den frei verwendbaren Bestand umgebucht werden. Die Lagertypen 004 und 999 besitzen keine vorab definierten Lagerplätze.

Lagerplatztypen

Wie aus Abbildung 6.11 und Tabelle 6.4 ersichtlich, ist den Lagerplätzen in den beiden Palettenlägern der **Lagerplatztyp** P1 (Palette) zugeordnet, im Regallager hingegen S1 (Regal). Der *Lagerplatztyp* gibt üblicherweise einen Hinweis auf die Beschaffenheit und Technik des Lagerplatzes und kann bei der Lagerplatzfindung eine Rolle spielen. Mit Lagerplatztyp S1 sind Regallagerplätze bezeichnet, in denen bei Global Bike ausschließlich Handelswaren und sonstige Materialien gelagert werden. Lagerplatztyp P1 bezeichnet ebenfalls Regallagerplätze, jedoch sind diese robuster und größer, um schwere Paletten mit den Fertigerzeugnissen (Fahrräder) von Global Bike aufnehmen zu können.

Angaben zum Lagerplatz

Lagerplatz STBN-8-### ist dem **Lagerbereich** 001 (Gesamtbereich), aber keinem **Kommissionierbereich** zugeordnet (siehe Abbildung 6.11). Die Angabe des Lagerbereichs ist verpflichtend, der Kommissionierbereich hingegen ist optional. Weitere zentrale Angaben sind das maximale Gewicht (**Max. Gewicht**), also die maximale Tragfähigkeit des Lagerplatzes und der **Status** (Einlagerungs- und Auslagerungssperre). Eine gesetzte *Einlagerungssperre* bewirkt, dass in den Lagerplatz vorübergehend keine Materialien eingelagert werden können. Die *Auslagerungssperre* blockiert entsprechend vorübergehend die Auslagerung von Materialien. Gründe für solche Sperren können z. B. Verunreinigungen oder Beschädigungen von Waren oder Blockierungen in der Lagertechnik sein. Im Bereich **Bestände pro Lagerplatz** werden zudem die aktuell im angezeigten Lagerplatz gelagerten Materialien und deren Bestandsmengen aufgelistet. Gemäß Abbildung 6.11 befinden sich auf Lagerplatz STBN-8-000 zwei Materialien: 50 Stück des schwarzen Profi Touringbikes (PRTR1000) und 20 Stück des silberfarbenen Profi Touringbikes (PRTR2000).

Transaktionen zur Verwaltung von Lagerplätzen

Tabelle 6.5 gibt einen Überblick über die wichtigsten Transaktionen zur Verwaltung von Lagerplätzen.

Transaktion	Name	Menüpfad
LS01N	Lagerplatz anlegen	**Logistik • Logistics Execution • Stammdaten • Lager • Lagerplatz • Anlegen • Manuell**
LS02N	Lagerplatz ändern	**Logistik • Logistics Execution • Stammdaten • Lager • Lagerplatz • Ändern • Einzeln**
LS03N	Lagerplatz anzeigen	**Logistik • Logistics Execution • Stammdaten • Lager • Lagerplatz • Anzeigen**
LS10	Lagerplätze maschinell anlegen	**Logistik • Logistics Execution • Stammdaten • Lager • Lagerplatz • Anlegen • Maschinell**
LS11	Lagerplätze massenweise ändern	**Logistik • Logistics Execution • Stammdaten • Lager • Lagerplatz • Ändern • Selektiv**

Tabelle 6.5 Auswahl von Transaktionen zur manuellen und massenweisen Verwaltung von Lagerplätzen

Die Codierung der Lagerplatzbezeichnung ist frei wählbar. Häufig verwendet man eine Nummerierung in Form von benutzerdefinierten *Platzkoordinaten* (systematische Positionsbeschreibung zum schnellen Auffinden eines Lagerplatzes).

Codierung der Platzkoordinaten im Regallager von Global Bike

Unterteilung in Reihen

Abbildung 6.12 zeigt im Grundriss, dass das Regallager grob in sechs Reihen unterteilt ist. Dabei sind die Reihen 1 bis 3 bereits in der Auslieferung des Global-Bike-Mandanten angelegt. Die Lagerflächen für die Reihen 4 bis 6 sind zwar räumlich vorhanden, jedoch wurden diese Reihen und die zugehörigen Lagerplätze noch nicht in SAP ERP angelegt, da sie bisher noch nicht benötigt wurden. Die zum Anlegen erforderlichen Schritte werden in Praxisfall WM1 in Abschnitt 6.9 vertieft.

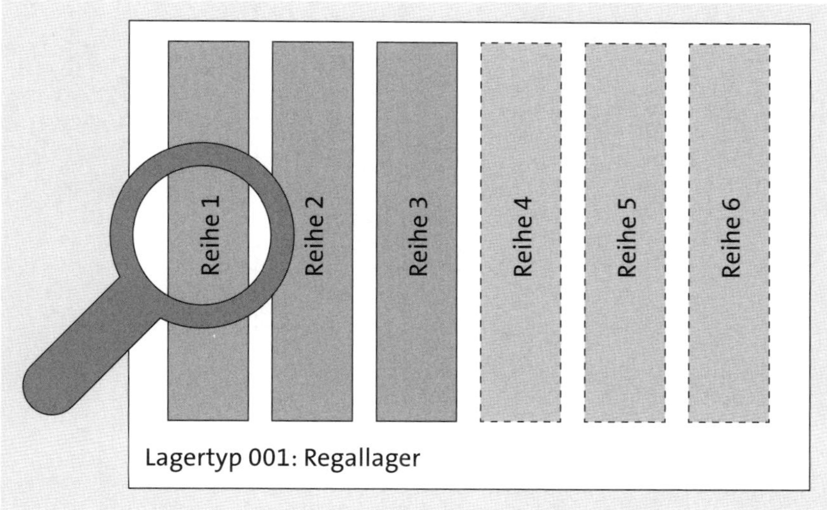

Abbildung 6.12 Strukturierung des Regallagers (Lagertyp 001) im Lagerhaus San Diego

Aufbau einer Reihe

Abbildung 6.13 vergrößert den in Abbildung 6.12 mit der Lupe gekennzeichneten Bereich von Reihe 1. Diese steht exemplarisch für alle anderen Reihen, die gleichermaßen aufgebaut sind. Jede Reihe besteht aus zehn Gängen, die von 0 bis 9 nummeriert sind. In jedem Gang befinden sich zehn Regale, die ebenfalls fortlaufend nummeriert sind, auf der linken Gangseite jeweils von 0 bis 4 und auf der rechten Gangseite jeweils von 5 bis 9. Jedes Regal besteht aus zehn Regalfächern mit den Nummern 0 bis 9, die von unten nach oben angeordnet sind. Damit ergibt sich folgendes Format für die Platzkoordinaten im Regallager: STBN-<Reihe>-<Gang><Regal><Regalfach>.

Im gezeigten Beispiel (für den Benutzer LEARN-294) ist STBN-1-294 demgemäß ein Lagerplatz, der sich in Reihe 1, Gang 2, Regal 9 und Fach 4 des Regallagers befindet.

[!]

Codierung von Platzkoordinaten

Die Codierung der Lagerplatzkoordinate ist eine frei wählbare, unternehmensspezifische Benennung des Lagerplatzes mit bis zu zehn alphanumerischen Zeichen. Die hier verwendeten Begriffe »Reihe«, »Gang«, »Regal« und »Regalfach« wurden speziell für das Unternehmen Global Bike gewählt und stellen keine standardisierten Bezeichnungen dar.

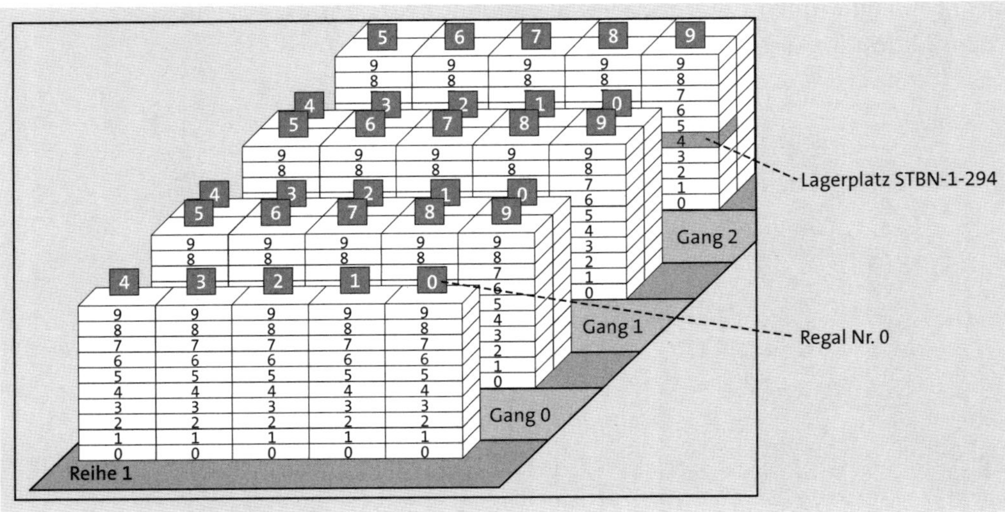

Abbildung 6.13 Vergrößerung eines Teils von Reihe 1 des Regallagers (Lagertyp 001) aus Abbildung 6.12

Codierung der Platzkoordinaten in den Palettenlägern von Global Bike

Unterteilung in Sektionen

Ähnlich zum Regallager zeigt Abbildung 6.14 die Struktur der beiden Palettenläger, die jeweils ebenfalls ein Arrangement von Regalen darstellen. Diese Regale sind jedoch robuster und größer dimensioniert, um schwere Paletten mit Fahrrädern aufnehmen zu können. Grob sind die Palettenläger jeweils in zehn Sektionen mit den Nummern 0 bis 9 strukturiert.

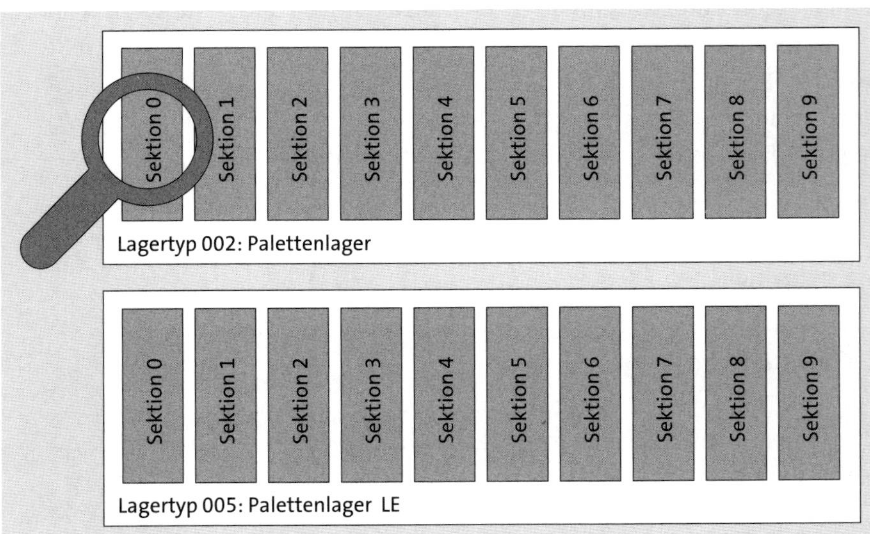

Abbildung 6.14 Strukturierung der Palettenläger (Lagertypen 002 und 005) im Lagerhaus San Diego

Aufbau einer Sektion

Abbildung 6.15 vergrößert exemplarisch den in Abbildung 6.14 mit der Lupe gekennzeichneten Bereich von Sektion 0 in Lagertyp 002 (Lagertyp 0005 ist analog zu Lagertyp 002 aufgebaut). Jede Sektion besteht wieder aus zehn Gängen, die von 0 bis 9 nummeriert sind. In jedem Gang befinden sich zehn Regale, die ebenfalls fortlaufend nummeriert sind, auf der linken Gangseite jeweils von 0 bis 4 und auf der rechten Gangseite jeweils von 5 bis 9. Jedes Regal besteht aus drei Regalfächern mit den Nummern 7, 8 und 9, angeordnet von unten nach oben. Aufgrund der Größe und Konstruktion der Regale können sich in den Palettenlägern von Global Bike nur drei Regalfächer übereinander befinden. Entsprechend ergibt sich in diesen Palettenlägern eine gegenüber Lagertyp 001 abweichende Interpretation der Platzkoordinaten. Folgendes Format wird für die Platzkoordinaten in Lagertyp 002 verwendet: STBN-<Regalfach>-<Sektion><Gang><Regal> mit Regalfach aus dem Wertebereich 7, 8 und 9. Im Lagertyp 005 gilt ein sehr ähnliches Format: <Regalfach>-<Sektion><Gang><Regal> mit Regalfach aus dem Wertebereich 11, 12 und 13.

Im gezeigten Beispiel (für den Benutzer LEARN-019) ist STBN-8-019 demgemäß ein Lagerplatz, der sich in Sektion 0, Gang 1, Regal 9 und Regalfach 8 des Palettenlagers befindet. Alle drei Lagerplätze eines Benutzers befinden sich also übereinander im gleichen Regal.

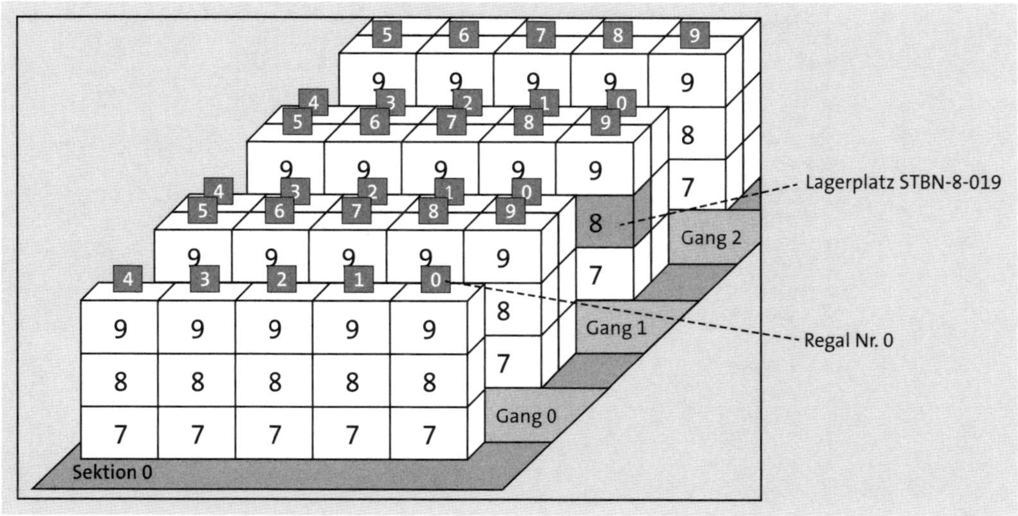

Abbildung 6.15 Vergrößerung eines Teils von Sektion 0 des Palettenlagers (Lagertyp 002) aus Abbildung 6.14

[!]

Codierung von Platzkoordinaten

Auch hier sei wieder darauf hingewiesen, dass die Codierung von Platzkoordinaten frei gestaltbar ist. Insbesondere wurden die hier vorgestellten Begriffe »Sektion«, »Gang«, »Regal« und »Regalfach« spezifisch für das Unternehmen Global Bike gewählt.

6.4.2 Quant

In der Lagerverwaltung wird die kleinste adressierbare Menge eines Materials als Quant bezeichnet. Mit Transaktion LS23 lassen sich die Daten eines Quants anzeigen (siehe Abbildung 6.16). Diese Transaktion ist alternativ über den Menüpfad **Logistik • Logistics Execution • Lagerinterne Prozesse • Plätze und Bestände • Anzeigen • Einzelanzeigen • Lagerquant** erreichbar. Bei dem dargestellten Quant handelt es sich um den gelagerten Bestand des schwarzen Profi Touringbikes, das in Abbildung 6.11 in der ersten Zeile unter **Bestände pro Lagerplatz** erscheint. Durch Doppelklick auf diese Zeile werden auch die Transaktion LS23 gestartet und die zugehörigen detaillierten Quantdaten angezeigt.

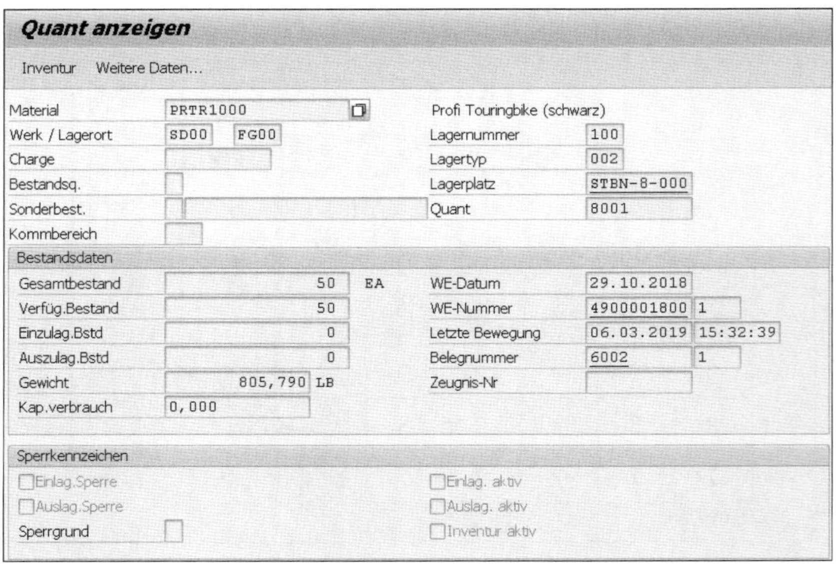

Abbildung 6.16 Beispiel eines Quants im Palettenlager im Werk San Diego (Transaktion LS23)

Angaben zum Quant

Das gezeigte **Quant** trägt die Nummer 8001. Hierdurch wird das Quant eindeutig identifiziert. Quantnummern werden ausschließlich automatisiert durch das SAP-System erzeugt. Das angezeigte Quant enthält einen

Gesamtbestand von 50 Stück des Materials Profi Touringbike (schwarz). Das Quant führt zugleich Angaben über den Ort, an dem es sich befindet, sowohl in der Lagerverwaltung als auch in der Bestandsführung. In der Lagerverwaltung findet man das obige Quant im Lagerhaus San Diego (**Lagernummer** 100) im Palettenlager (**Lagertyp** 002) auf **Lagerplatz** STBN-8-000. In der Bestandsführung ist es den Fertigerzeugnissen (**Lagerort** FG00) in San Diego (**Werk** SD00) zugeordnet. Quants können durch Wareneingänge entstehen. Die Materialbelegnummer 4900001800 im Feld **WE-Nummer** und das Wareneingangsdatum (**WE-Datum**) 29.10.2018 verweisen im dargestellten Beispiel auf den Ursprung dieses Quants. Prozesse in der Lagerverwaltung oder in der Bestandsführung können den Bestand des Quants z. B. durch Einlagerungen, Auslagerungen oder Umbuchungen ändern. Stets wird die **Letzte Bewegung** einer solchen Bestandsänderung mit Datum und Uhrzeit im Quant gespeichert. Die Belegnummer verweist auf den Beleg dieser letzten Bewegung. Es kann sich um einen Materialbeleg in der Bestandsführung, einen Transportauftrag im WM oder um einen Lagerbeleg aus einem dezentralen Lagerverwaltungssystem handeln. Im obigen Beispiel wurde die **Letzte Bewegung** mit dem Transportauftrag 6002 quittiert.

Quanttrennende Merkmale

Das Material in einem Quant weist stets gleiche Ausprägungen hinsichtlich verschiedener Merkmale auf. Zu diesen Merkmalen gehören z. B. die Materialnummer, die Chargennummer, die Bestandsqualifikation oder das Sonderbestandskennzeichen. Man bezeichnet diese Merkmale als *quanttrennend*. So können niemals zwei Materialien (mit verschiedenen Materialnummern) zum gleichen Quant gehören. Ebenso können sich die Bestände eines Materials aus zwei unterschiedlichen Chargen nie im gleichen Quant befinden.

Bestandsqualifikation

Die *Bestandsqualifikation* beschreibt den Status oder die Verfügbarkeit des Materials im Quant. Das Feld **Bestandsq.** in Abbildung 6.16 ist leer, wodurch die gelagerten Fahrräder als frei verwendbar gelten. Alternativ könnten die Fahrräder des Quants einen Lagerbestand in Qualitätsprüfung (Bestandsqualifikation Q), Sperrbestand (S) oder Retourenbestand (R) darstellen.

Sonderbestandskennzeichen

Das *Sonderbestandskennzeichen* gibt Auskunft über die Art des Sonderbestandes des im Quant enthaltenen Materials. Im obigen Beispiel ist das Feld **Sonderbest.** leer; die gelagerten Fahrräder sind also kein Sonderbestand. Alternativ könnte der Bestand als Auftragsbestand (Sonderkennzeichen E) gekennzeichnet sein, wenn er bereits für einen Kundenauftrag vorgesehen ist. Ein Sonderbestand Q kennzeichnet einen Projektbestand; dies ist ein Materialbestand, der für die Ausführung eines Projekts vorgesehen ist. Ein weiteres Beispiel sind Mehrwegverpackungen (z. B. Paletten oder Behälter).

Diese gehören nicht zum bewerteten Bestand des eigenen Unternehmens, sondern befinden sich im Eigentum eines Lieferanten und besitzen das Sonderbestandskennzeichen M.

Transaktionen zur Verwaltung von Quants

Tabelle 6.6 gibt einen Überblick über die wichtigsten Transaktionen zur Verwaltung von Quants.

Transaktion	Name	Menüpfad
LS07	Quants sperren und entsperren	**Infosysteme • Allgemeine Berichtsauswahl • Logistics Execution • Lagerverwaltung • Stammdaten • Sperren von Lagerquants**
LS23	Quant anzeigen (einzeln)	**Logistik • Logistics Execution • Lagerinterne Prozesse • Plätze und Bestände • Anzeigen • Einzelanzeigen • Lagerquant**
LS24	Quants anzeigen (zum Material)	**Infosysteme • Allgemeine Berichtsauswahl • Logistics Execution • Stammdaten • Lagerverwaltung • Anzeigen Quants zum Material**
LS25	Quants anzeigen (zum Lagerplatz)	**Infosysteme • Allgemeine Berichtsauswahl • Logistics Execution • Lagerverwaltung • Stammdaten • Anzeigen Quants pro Lagerplatz**
LS27	Quants anzeigen (zur Lagereinheit)	**Infosysteme • Allgemeine Berichtsauswahl • Logistics Execution • Lagerverwaltung • Stammdaten • Anzeigen Quants zur Lagereinheit**

Tabelle 6.6 Auswahl von Transaktionen zur Verwaltung von Quants

6.4.3 Lagereinheit

Eine Lagereinheit bezeichnet eine Zusammenfassung von Mengen eines Materials oder mehrerer Materialien. Paletten, Gitterboxen oder sonstige Behälter sind typische Beispiele von Lagereinheiten. Lagereinheiten lassen sich mit der Transaktion LS33 anzeigen (siehe Abbildung 6.17). Diese Transaktion ist alternativ über den Menüpfad **Logistik • Logistics Execution • Lagerinterne Prozesse • Plätze und Bestände • Anzeigen • Einzelanzeigen • Lagereinheit** erreichbar.

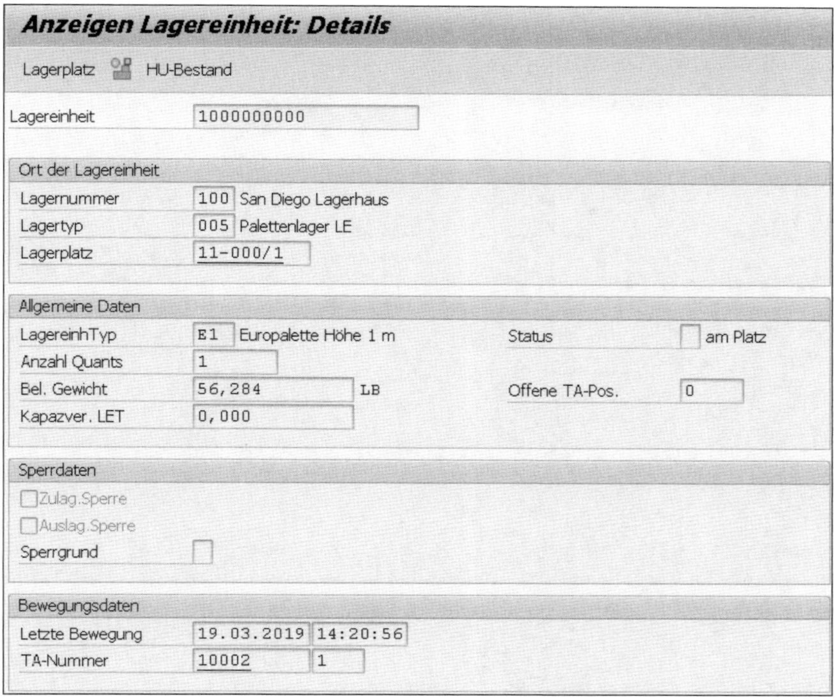

Abbildung 6.17 Lagereinheit im Palettenlager LE (Transaktion LS33)

Angaben zur Lagereinheit

Die dargestellte Lagereinheit wird eindeutig durch die Lagereinheitennummer (hier 1000000000) identifiziert. Es handelt sich um eine Europalette von Lagereinheitentyp (**LagereinhTyp**) E1. Sie befindet sich im Palettenlager LE auf dem **Lagerplatz** 11-000. Dieser Lagerplatz besitzt drei *Platzpositionen*, die mit den Ziffern 1, 2 und 3 nummeriert sind. Jede Platzposition kann eine Europalette aufnehmen. Die Platzposition einer eingelagerten Lagereinheit wird am Ende der Lagerplatzangabe angehängt. Im gezeigten Beispiel lagert die Europalette auf Platzposition 1. Auf der Europalette befindet sich genau ein Quant. Durch Mausklick auf den Button (**Bestand**) lassen sich die Quantinformationen anzeigen (siehe Abbildung 6.18). Es handelt sich um ein Quant bestehend aus drei Deluxe Touring Bikes (schwarz).

Transaktionen zur Verwaltung von Lagereinheiten

Tabelle 6.7 zeigt eine Auswahl von Transaktionen zur Verwaltung von Lagereinheiten. Es existiert eine Reihe von Transaktionen zur Verwaltung von Transportaufträgen mit Bezug zu Lagereinheiten. So lassen sich Transportaufträge zu Lagereinheiten anlegen (Transaktion LT07, LT08, LT09), anzeigen (Transaktion LT27), quittieren (Transaktion LT13), drucken (Transaktion LT32) und stornieren (Transaktion LT16).

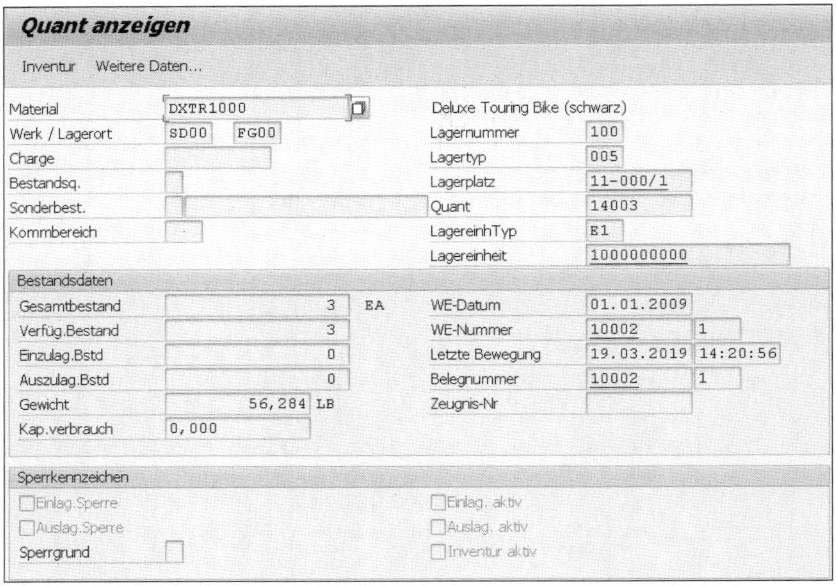

Abbildung 6.18 Quant in Lagereinheit aus Abbildung 6.17 (Transaktion LS23)

Transaktion	Name	Menüpfad
LS33	Lagereinheit anzeigen	**Logistik • Logistics Execution • Lagerinterne Prozesse • Plätze und Bestände • Anzeigen • Einzelanzeigen • Lagereinheit**
LT0A	Lagereinheiten vorplanen	**Logistik • Logistics Execution • Wareneingangsprozeß • Wareneingang zu Bestellung, Auftrag und sonstigen Vorgängen • Einlagerung • Transportauftrag anlegen • Lagereinheiten vorplanen**
LT07	Lagereinheit bilden	**Logistik • Logistics Execution • Lagerinterne Prozesse • Umlagerung • Transportauftrag anlegen • Lagereinheit bilden**
LT08	Lagereinheit erweitern	**Logistik • Logistics Execution • Lagerinterne Prozesse • Umlagerung • Transportauftrag anlegen • Lagereinheit erweitern**
LT27	Bestände zur Lagereinheit	**Logistik • Logistics Execution • Infosystem • Lager • Bestand • pro Lagereinheit**

Tabelle 6.7 Auswahl von Transaktionen zur Verwaltung von Lagereinheiten

6.4.4 Material

Materialien in SAP ERP stellen materielle und immaterielle Güter des Unternehmens dar. Für die Lagerverwaltung sind natürlich lagerfähige materielle Güter von zentralem Interesse. Im Folgenden werden am Beispiel des Materials Deluxe Touring Bike (schwarz) diejenigen Attribute vertieft erläutert, die für WM relevant sind. Diese Attribute stammen aus den Sichten **Grunddaten** und **Lagerverwaltung**.

Grunddaten

Die Grunddaten eines Materials wurden bereits in Abschnitt 1.4.2, »Stammdaten«, eingeführt. Sie haben allgemeinen Charakter und werden für vielfältige Funktionen eines Unternehmens benötigt. Die Grunddaten sind auf zwei Registerkarten verteilt.

Lagerungsrelevante Grunddaten

Für die Lagerverwaltung relevante Grunddaten befinden sich auf der Registerkarte **Grunddaten 1**. Diese informiert über die **Basismengeneinheit**. Im dargestellten Beispiel handelt es sich um Stückware (EA). Das Gewicht (**Bruttogewicht** und **Nettogewicht**) und das **Volumen** können angegeben werden. Das Volumen des Materials bezieht sich auf die Menge 1 in der definierten Basismengeneinheit. Gewicht und Volumen sind Angaben, die in Lagerverwaltungsprozessen zur Kapazitätsprüfung herangezogen werden können. Die Angaben von **Größe** und **Abmessung** haben hingegen nur informativen Charakter und werden nicht weiter kalkulatorisch verwendet.

Lagerverwaltung

Die Angaben in der Sicht **Lagerverwaltung** sind für die Steuerung der Prozesse im WM von Bedeutung. Abbildung 6.19 zeigt die Registerkarte **Lagerverwaltung 1** für das schwarze Deluxe Touring Bike im Werk San Diego (SD00) im Lagerhaus San Diego (Lagernummer 100).

Allgemeine Daten

Im Bereich **Allgemeine Daten** werden die **Basismengeneinheit**, das **Volumen** und das **Bruttogewicht** übernommen, die bereits in der Sicht **Grunddaten** definiert wurden. Abweichend von der Basismengeneinheit, die Grundlage der Berechnungen in der Bestandsführung ist, kann in der Lagerverwaltung eine **WM-Mengeneinheit** verwendet werden. Der **Kapazitätsverbrauch** ist eine einheitslose Größe. Das Feld rechts daneben führt die zugehörige **Bezugsmengeneinheit**. Der eingetragene Kapazitätsverbrauch kennzeichnet also die beanspruchte Kapazität bei Lagerung einer Bezugsmengeneinheit des betrachteten Materials. Bei der Lagerung des Materials wird ein Teil der auf Lagerplatzebene definierten Gesamtkapazität beansprucht. Auch diese Gesamtkapazität ist eine einheitslose Größe. Ist auf Lagertypebene die Kapazitätsprüfung aktiviert, signalisiert die Lagerverwaltung die Kapazitätsüberschreitung des Lagerplatzes.

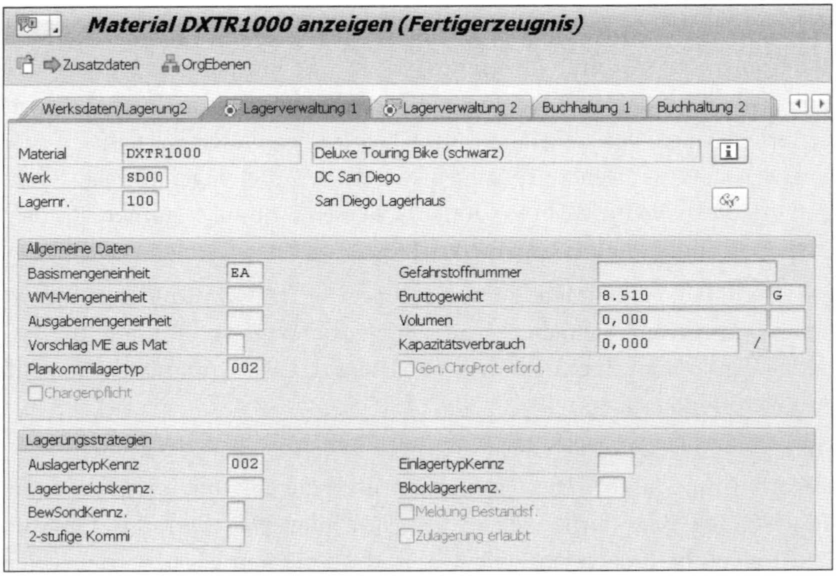

Abbildung 6.19 Materialstamm von Deluxe Touring Bike (schwarz) – Registerkarte »Lagerverwaltung 1« (Transaktion MM03)

Lagerungsstrategien

Im Bereich **Lagerungsstrategien** können jeweils Lagertypkennzeichen für die Einlagerung und die Auslagerung eingetragen werden. Im Fall des dargestellten Deluxe Touring Bikes bewirkt etwa der Eintrag des *Auslagertypkennzeichens* (**AuslagertypKennz.** 002), dass das Fahrrad bevorzugt aus dem Palettenlager (Lagertyp 002) ausgelagert werden soll. Das Auslagertypkennzeichen wird im Customizing definiert. Es ist prinzipiell frei wählbar und muss nicht (wie hier bei Global Bike) mit dem präferierten Lagertyp übereinstimmen. Über das Customizing kann für ein Lagertypkennzeichen eine hierarchische Suchreihenfolge von bis zu zehn Lagertypen definiert werden, die bei der Lagertypfindung berücksichtigt werden. Entsprechend kann ein *Einlagertypkennzeichen* (**EinlagertypKennz**) eingetragen werden, mit dem im Customizing eine hierarchische Suchreihenfolge von Lagertypen verknüpft ist, die bei der Einlagerung des Materials berücksichtigt werden. Analog steuert das *Lagerbereichskennzeichen* (**Lagerbereichskennz.**), dass das Material bevorzugt in einem bestimmten Lagerbereich eingelagert wird. Auch für die Lagerbereichssuche lässt sich im Customizing mit dem Lagerbereichskennzeichen eine hierarchische Suchreihenfolge über mehrere Lagerbereiche verbinden.

Die Registerkarte **Lagerverwaltung 2** in Abbildung 6.20 zeigt die Materialstammdaten des schwarzen Deluxe Touring Bikes im Lagerhaus San Diego (Lagernummer 100) im Palettenlager (Lagertyp 002).

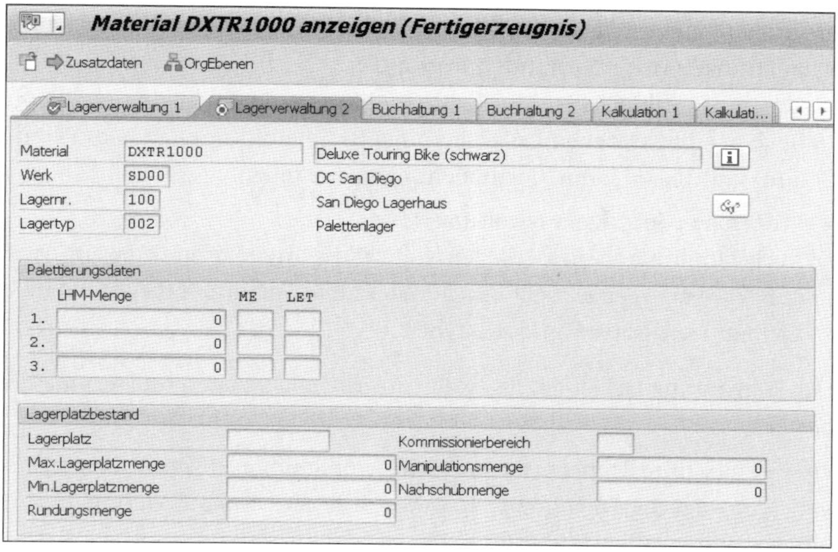

Abbildung 6.20 Materialstamm von Deluxe Touring Bike (schwarz) – Registerkarte »Lagerverwaltung 2« (Transaktion MM03)

Lagerplatzbestand

Im Bereich **Lagerplatzbestand** werden lagertypspezifische Parameter festgelegt. Durch einen Eintrag in das Feld **Lagerplatz** kann im Fall eines Festplatzlagertyps ein fester Lagerplatz im Materialstamm vorgegeben werden. Wird ein solcher **Lagerplatz** definiert, dann beschränkt der Eintrag in **Max.Lagerplatzmenge**, wie viele Einheiten des Materials dort höchstens gelagert werden dürfen. Entsprechend spezifiziert der Eintrag **Min.Lagerplatzmenge** einen minimalen Lagerplatzbestand, bei dessen Unterschreitung ein Nachschubvorschlag erzeugt wird. Die Menge des Materials, die bei einer Nachfüllung nachgeschoben werden soll, definiert der Eintrag im Feld **Nachschubmenge**.

6.5 Bewegungsdaten

Zu den Bewegungsdaten im WM gehören Belege über den geplanten oder durchgeführten Transport und über die Inventur.

6.5.1 Transportbedarf

Der Transportbedarf dokumentiert einen Transport in der Planung. Es besteht also Bedarf, Material zu transportieren.

Transportbedarfe können auf unterschiedliche Weise entstehen:

- **Buchungen in der Bestandsführung:**
  Ein Transportbedarf kann z. B. durch Anlegen einer Auslieferung, durch Buchen eines Wareneingangs aus einer Bestellung oder aus einem Fertigungsauftrag oder durch Umbuchungen entstehen.
- **Prozesse in der Lagerverwaltung:**
  Auch durch manuelles Anlegen von Transportbedarfen direkt im WM (z. B. Wareneingänge) oder durch Materialnachschub für die Produktion können Transportbedarfe entstehen.

Der Transportbedarf ist ein Beleg, der aus Übersichtsdaten und Kopfdaten besteht.

Übersichtsdaten

Ein Beispiel eines Transportbedarfs zeigt Abbildung 6.21. Der Transportbedarf (TB) trägt die **TB-Nummer** 12 und wurde durch einen Wareneingang ohne Bestellung (**Bewegungsart** 501) im Lagerhaus San Diego ausgelöst. Der **Vonlagertyp** weist darauf hin, dass sich die Ware gegenwärtig im Wareneingang befindet, genauer gesagt, auf dem Lagerplatz WE-ZONE des Lagertyps 003 (Wareneingang extern).

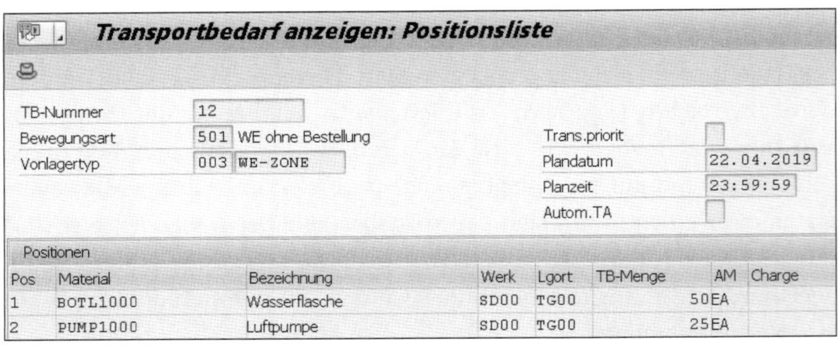

Abbildung 6.21 Transportbedarf zur Abholung von Handelsware von der Wareneingangszone (Übersichtsdaten, Transaktion LB03)

Im Bereich **Positionen** erkennt man, dass es sich um 50 Wasserflaschen und 25 Luftpumpen handelt. Diese wurden bereits dem Werk San Diego (SD00) und den Handelswaren (Lagerort TG00) zugeordnet. Dieser Lagerort unterliegt jedoch der Lagerverwaltung. Folglich muss die Ware durch einen Transportprozess der Lagerverwaltung abgeholt, transportiert und schließlich eingelagert werden.

Kopfdaten

Abbildung 6.22 zeigt die zugehörigen Kopfdaten des Transportbedarfs im Lagerhaus San Diego (**Lagernummer** 100). Die **Transportart** E weist auf die geplante Einlagerung der Ware hin. Auch informiert der Kopf über die **Anzahl Positionen** und deren **Gewicht**. Beim Anlegen des Transportbedarfs für eine Einlagerung zu einem Wareneingang wird der **Vonlagertyp** automatisch ermittelt und ausgefüllt. Typischerweise bleibt jedoch der **Nachlagertyp**, der Ort, an dem die Ware eingelagert werden soll, zunächst noch leer. Optional kann der Nachlagertyp in den Transportbedarf eingetragen werden. Normalerweise wird er aber erst später mit der Erstellung des zugehörigen Transportauftrags und im Zuge der Lagerplatzfindung ermittelt.

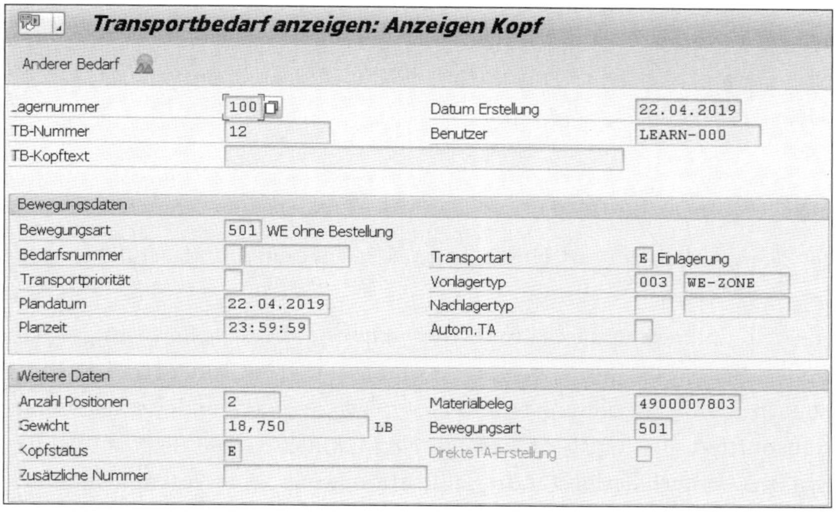

Abbildung 6.22 Zugehörige Kopfdaten des Transportbedarfs (Transaktion LB03)

Umgekehrt ist beim Anlegen eines Transportbedarfs zu einer Auslagerung der Nachlagertyp bereits bekannt und wird automatisch ermittelt. Der Vonlagertyp hingegen bleibt in der Regel noch offen, er wird erst mit der Erstellung des zugehörigen Transportauftrags und im Zuge der Lagerplatzfindung für die Auslagerung ermittelt.

Transaktionen zur Verwaltung von Transportbedarfen

Tabelle 6.8 zeigt eine Auswahl von Transaktionen zur Verwaltung einzelner Transportbedarfe.

Transaktion	Name	Menüpfad
LB01	Transportbedarf anlegen	**Logistik • Logistics Execution • Lagerinterne Prozesse • Transportbedarf • Anlegen**
LB02	Transportbedarf ändern	**Logistik • Logistics Execution • Lagerinterne Prozesse • Transportbedarf • Ändern**
LB03	Transportbedarf anzeigen	**Logistik • Logistics Execution • Lagerinterne Prozesse • Transportbedarf • Anzeigen • Einzeln**

Tabelle 6.8 Auswahl von Transaktionen zur Verwaltung von Transportbedarfen

Darüber hinaus existieren weitere Transaktionen zu Transportbedarfen unter dem Menüpfad **Logistik • Logistics Execution • Lagerinterne Prozesse • Transportbedarf • Anzeigen**. Diese Transaktionen dienen der Anzeige vorhandener Transportbedarfe zu einem Lagertyp (Transaktion LB10), zum Material (Transaktion LB11), zum Materialbeleg (Transaktion LB12) oder zum Bedarf (Transaktion LB13). Zusätzliche Transaktionen bietet das Infosystem über den Menüpfad **Infosysteme • Allgemeine Berichtsauswahl • Logistics Execution • Lagerverwaltung • Transportbedarfe**. Hierzu gehören eine Gesamtübersicht (Transaktion LX09) und archivierte Transportbedarfe (Transaktion LX33).

6.5.2 Transportauftrag

Der Transportauftrag ist ein Beleg zur Umsetzung von *Materialbewegungen* in der Lagerverwaltung.

Physische und logische Materialbewegungen

Die Materialbewegungen können *physische* oder *logische* Bewegungen darstellen. Bei physischen Bewegungen wird Material entweder aus dem Lager oder in das Lager oder von einem Lagerplatz zu einem anderen Lagerplatz transportiert. Bei logischen Bewegungen handelt es sich um Umbuchungen (z. B. Ändern der Bestandsqualifikation, wenn Ware von der Qualitätsprüfung in den frei verfügbaren Bestand wechselt).

Transportaufträge werden beispielsweise bei Einlagerungen, bei Auslagerungen, für Umbuchungen, beim Umpacken und in der Inventur benötigt. Transportaufträge können manuell angelegt werden, oder sie haben ihren Ursprung in einem *Quellbeleg*. Dies kann ein Lieferbeleg (eine Anlieferung oder eine Auslieferung), ein Transportbedarf (siehe Abschnitt 6.5.1), ein Materialbeleg oder eine Umbuchungsanweisung sein. Der Transportauftrag besteht aus Übersichtsdaten und Kopfdaten.

Übersichtsdaten

Abbildung 6.23 zeigt einen Transportauftrag (TA) im Lagerhaus San Diego (**Lagernummer** 100). Er trägt die **TA-Nummer** 11019 und basiert auf dem Transportbedarf in Abbildung 6.21. Aus diesem Transportbedarf wurde der **Vonlagerplatz** übernommen, der sich aus den Angaben Lagertyp 003 (Wareneingang extern), Lagerbereich 001 (Gesamtbereich) und Lagerplatz (WE-ZONE) zusammensetzt.

Im Gegensatz zum Transportbedarf, benötigt der Transportauftrag eindeutige Angaben über den Zielort, den sogenannten *Nachlagerplatz*. Dieser ist aus der Registerkarte **Nach-Daten** ersichtlich: zwei Materialpositionen sollen in Lagertyp 001 (Regallager) im Lagerbereich 001 (Gesamtbereich) eingelagert werden. Die erste Position besteht aus 50 Wasserflaschen (**Material** BOTL1000), einzulagern auf **Lagerplatz** STBN-2-000.

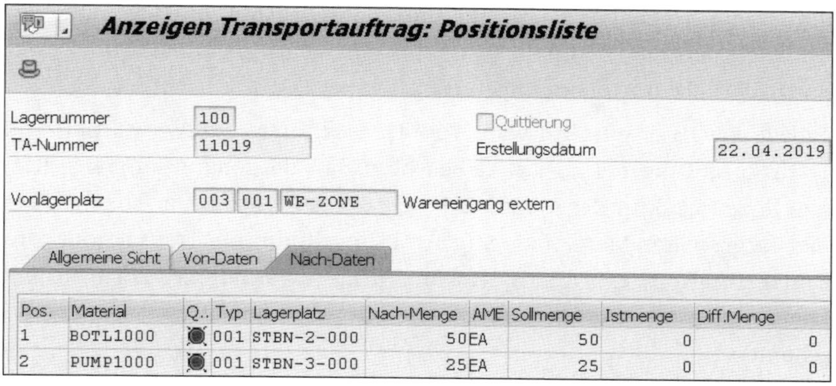

Abbildung 6.23 Transportauftrag zum Transport und Einlagern der Ware (Übersichtdaten, Transaktion LT21)

Die zweite Position bilden 25 Luftpumpen (**Material** PUMP1000), die auf **Lagerplatz** STBN-3-000 einzulagern sind. Beide Positionen befinden sich noch im Status »offen«, erkennbar an den roten Punkten in Spalte **Q** (Quittierungsstatus). Nach erfolgreicher Ausführung des Transportauftrags wird der Beleg quittiert, und der Quittierungsstatus erhält die Farbe Grün (Entnahme und Transport quittiert).

Kopfdaten

Abbildung 6.24 zeigt die zugehörigen Kopfdaten des Transportauftrags 11019 im Lagerhaus San Diego.

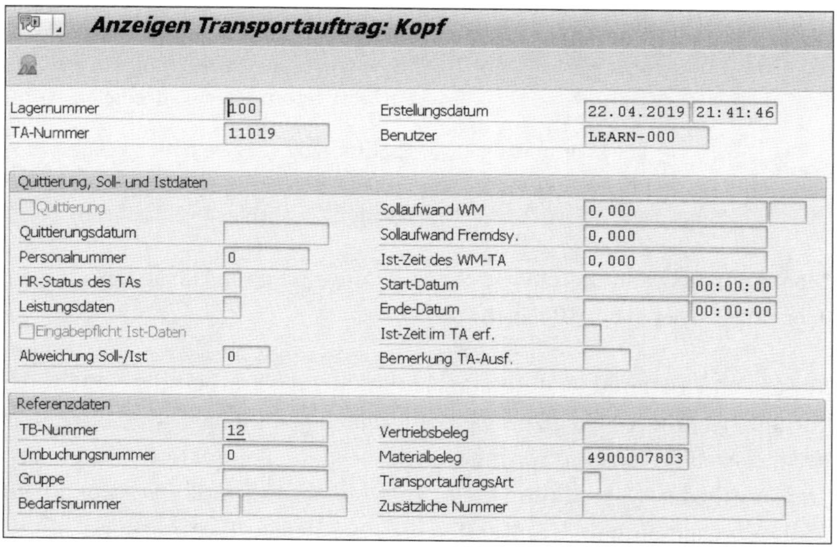

Abbildung 6.24 Zugehörige Kopfdaten des Transportauftrags (Transaktion LT21)

Die Checkbox **Quittierung** weist nochmals auf den offenen Quittierungsstatus hin. Erst mit erfolgter Quittierung wird zudem das **Quittierungs-**

datum eingetragen. Im Bereich **Referenzdaten** ist im Feld **TB-Nummer** der Quellbeleg ersichtlich. Im dargestellten Beispiel handelt es sich um Transportbedarf 12 aus Abschnitt 6.5.1.

Transaktionen zur Verwaltung von Transportaufträgen

Tabelle 6.9 listet eine Auswahl von Transaktionen zur Verwaltung von Transportaufträgen. Dabei ist zu beachten, dass die genannten Transaktionen in der Struktur des Menüs **SAP Easy Access** mehrfach erscheinen. Die hier dargestellten Menüpfade zeigen die Einordnung der Transaktionen im Umlagerungsprozess. Alternativ können die Transaktionen auch in den Menüpfaden des Wareneingangs- oder des Warenausgangsprozesses erscheinen.

Transaktion	Name	Menüpfad
LT01	Transportauftrag anlegen	**Logistik • Logistics Execution • Lagerinterne Prozesse • Umlagerung • Transportauftrag anlegen • Ohne Vorlage**
LT12	Transportauftrag quittieren	**Logistik • Logistics Execution • Lagerinterne Prozesse • Umlagerung • Transportauftrag quittieren • Einzelbeleg • In einem Schritt**
LT15	Transportauftrag stornieren	**Logistik • Logistics Execution • Lagerinterne Prozesse • Umlagerung • Transportauftrag stornieren • Einzelbeleg**
LT21	Transportauftrag anzeigen	**Logistik • Logistics Execution • Lagerinterne Prozesse • Umlagerung • Transportauftrag anzeigen • Einzelbeleg**
LT31	Transportauftrag drucken	**Logistik • Logistics Execution • Lagerinterne Prozesse • Umlagerung • Transportauftrag anzeigen • Einzelbeleg**

Tabelle 6.9 Auswahl von Transaktionen zur Verwaltung von Transportaufträgen (hier eingeordnet in den Umlagerungsprozess)

Außerdem existieren weitere Transaktionen zur Verarbeitung von Transportaufträgen mit Bezug zu einem speziellen Datenobjekt. So lassen sich beispielsweise Transportaufträge zur Lieferung (Transaktion LT03), zum Transportbedarf (Transaktion LT04), zum Materialbeleg (Transaktion LT06) oder zur Lagereinheit (Transaktion LT09) anlegen. Entsprechend lassen sich Transportaufträge zum Lagertyp (Transaktion LT22), zum Nummernintervall (Transaktion LT23), zum Material (Transaktion LT24), pro Gruppe (Transaktion LT25, LT28), zum Lagerplatz (Transaktion LT26) oder zur Lagereinheit (Transaktion LT27) anzeigen.

6.5.3 Umbuchungsanweisung

Die Umbuchungsanweisung dokumentiert eine Umbuchung an den Bestandsmerkmalen eines Materials. Eine solche Umbuchung kann beispielsweise die Änderung der Bestandsqualifikation oder des Sonderbestandskennzeichens sein. Eine Umbuchung kann eine physische Bewegung des Materials auslösen, muss es aber nicht. So kann beispielsweise eine Änderung der Bestandsqualifikation eines Materialbestandes am Lagerplatz ohne physische Materialbewegung erlaubt sein. Hingegen würde die Änderung des zugeordneten Werkes einen physischen Transport des Materialbestandes erfordern. Abbildung 6.25 zeigt eine exemplarische Umbuchungsanweisung.

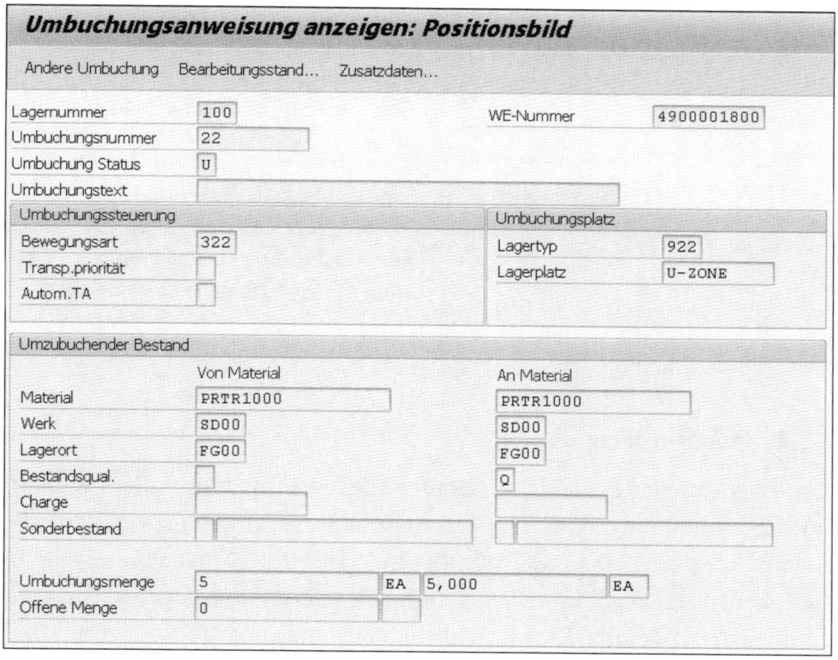

Abbildung 6.25 Beispiel einer Umbuchungsanweisung (Transaktion LU03)

Angaben der Umbuchungsanweisung

Der Bereich **Umzubuchender Bestand** gibt Auskunft, worum es konkret geht: Die Spalten **Von Material** und **An Material** beschreiben die Eigenschaften des Materials vor bzw. nach der Umbuchung. Im gezeigten Beispiel soll das Bestandsqualifikationskennzeichen von fünf Profi Touringbikes (schwarz) mit der Materialnummer PRTR1000 im Werk San Diego (SD00) im Lagerort Fertigerzeugnisse (FG00) durch eine Umbuchung geändert werden. Vor der Umbuchung sind diese Fahrräder noch frei verwendbar. Entsprechend ist das Feld **Bestandsqual.** leer. Nach der Umbuchung soll die Bestandsqualifikation lauten: Lagerbestand in Qualitätsprüfung (Q). Mit dieser Umbuchung bewirkt der Benutzer also, dass fünf Fahrräder im Lagerbestand für eine Qualitätsprüfung gekennzeichnet werden. Diese sind somit vorerst für die freie Verwendung (z. B. für den Verkauf) gesperrt. Für diese Art der Umbuchung ist im Customizing die Bewegungsart 322 im WM gepflegt.

Transaktionen zu Umbuchungsanweisungen

Tabelle 6.10 zeigt eine Übersicht von Transaktionen zur Verwaltung von Umbuchungsanweisungen.

Transaktion	Name	Menüpfad
LU01	Umbuchungsanweisung anlegen	**Logistik • Logistics Execution • Lagerinterne Prozesse • Umbuchung über Bestandsführung • Umbuchungsanweisung • Anlegen**
LU02	Umbuchungsanweisung ändern	**Logistik • Logistics Execution • Lagerinterne Prozesse • Umbuchung über Bestandsführung • Umbuchungsanweisung • Ändern**
LU03	Umbuchungsanweisung anzeigen	**Logistik • Logistics Execution • Lagerinterne Prozesse • Umbuchung über Bestandsführung • Umbuchungsanweisung • Anzeigen • Einzelbeleg**

Tabelle 6.10 Transaktionen zur Verwaltung von Umbuchungsanweisungen

6.5.4 Inventurbeleg

Der Inventurbeleg steuert und dokumentiert die Inventur in der Lagerverwaltung. Abbildung 6.26 zeigt ein Beispiel eines Inventurbelegs für die Lagerplätze STBN-7-000, STBN-8-000 und STBN-9-000 im Palettenlager im Lagerhaus San Diego. Das SAP-System verzeichnet dort gegenwärtig eins, zwei bzw. null Quants. Die tatsächlichen Bestände auf diesen Lagerplätzen sollen in einer Inventur gezählt werden.

Mit dem Anlegen des Inventurbelegs werden die enthaltenen Lagerplätze zur Zählung vorgemerkt. Die anschließende Aktivierung des Inventurbelegs sperrt die Lagerplätze, sodass vorerst keine weiteren Ein- und Auslagerungen stattfinden können. Erst nach Abschluss der Zählung und Ausbuchung der Zähldifferenzen werden die Lagerplätze wieder freigegeben.

Transaktionen zur Verwaltung von Inventurbelegen

Tabelle 6.11 zeigt eine Auswahl von Transaktionen zur Verwaltung von Inventurbelegen.

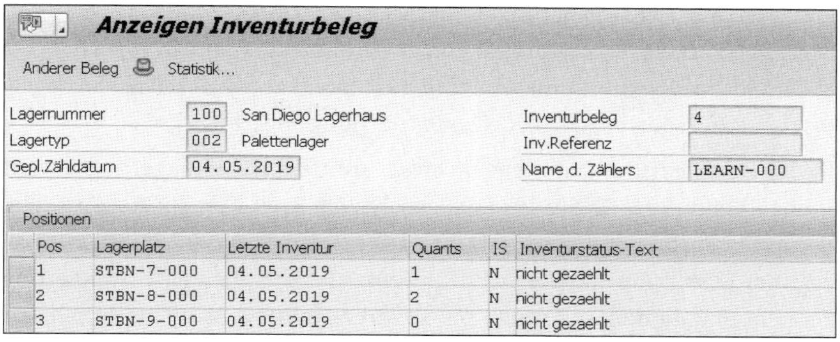

Abbildung 6.26 Positionsdaten eines Inventurbelegs (Transaktion LI03N)

Transaktion	Name	Menüpfad
LI01N	Iventurbeleg anlegen	**Logistik • Logistics Execution • Lagerinterne Prozesse • Inventur • in der Lagerverwaltung • Inventurbeleg anlegen • Manuell**
LI02N	Iventurbeleg ändern	**Logistik • Logistics Execution • Lagerinterne Prozesse • Inventur • In der Lagerverwaltung • Inventurbeleg • Ändern**
LI03N	Iventurbeleg anzeigen	**Logistik • Logistics Execution • Lagerinterne Prozesse • Inventur • In der Lagerverwaltung • Inventurbeleg • Anzeigen**

Tabelle 6.11 Auswahl von Transaktionen zur Verwaltung von Inventurbelegen

6.6 Teilprozesse in der Lagerverwaltung

Die Lagerverwaltung umfasst zahlreiche Teilprozesse. Hierzu gehören z. B. das Anlegen, Pflegen und Weiterverarbeiten von Transportbedarfen, Transportaufträgen, Umbuchungsanweisungen, Inventurbelegen und Lagerplätzen oder das Verpacken von Materialien. Die nachfolgende Darstellung konzentriert auf vier zentrale Teilprozesse: Material einlagern, Material umlagern, Material umbuchen und Material auslagern.

6.6.1 Material einlagern

Die *Einlagerung* beschreibt einen in der Lagerverwaltung häufig ausgeführten Prozess. Wird bei Global Bike beispielsweise Material zu einer Bestellung geliefert, so wird das Material im Wareneingang extern (Lagertyp 003)

bereitgestellt. Die Einlagerung wird über einen Transportauftrag realisiert. Dieser steuert, dass das Material von einem Vonlagerplatz in Lagertyp 003 abgeholt, transportiert und schließlich an einem zu suchenden Nachlagerplatz in den Lagertypen 001, 002 oder 005 eingelagert wird.

Referenzbeleg In der Regel existiert ein *Referenzbeleg*, auf dem die Einlagerung basiert (siehe Abbildung 6.27). Ein solcher Beleg kann z. B. ein Transportbedarf sein, der in der Bestandsführung (IM) durch die Buchung eines Wareneingangs zu einer Bestellung erzeugt wurde. Alternativ kann auch eine Anlieferung als Referenz dienen, die durch die Lagerverwaltung (WM) bei Erhalt der Ware aus einer Bestellung angelegt wurde. Es kann sich auch um einen Materialbeleg aus der Buchung eines Wareneingangs zu einem Fertigungsauftrag oder eines sonstigen Wareneingangs (ohne Bestellung) handeln.

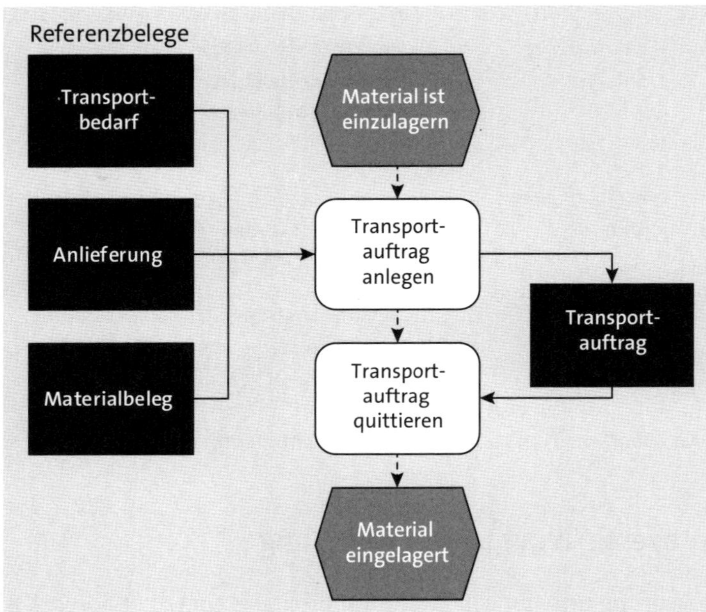

Abbildung 6.27 Prozess »Material einlagern«

Einlagerungsprozess Der erste Schritt besteht im Anlegen eines Transportauftrags (oder mehrerer Transportaufträge). Dabei werden die Positionen des Referenzbelegs in den Transportauftrag übernommen. Je nach Referenzbeleg stehen hierfür unterschiedliche Transaktionen zur Verfügung:

- **Auf Basis von Transportbedarfen**:
  z. B. durch direkte Eingabe der Transportbedarfsnummer (Transaktion LT04), durch Eingabe einer Materialnummer (Transaktion LB11) oder durch Eingabe eines Von- oder Nachlagertyps (Transaktion LB10)

- **Auf Basis von Anlieferungen**:
  z. B. durch direkte Eingabe der Anlieferungsnummer (Transaktion LT0F) oder über den Anlieferungsmonitor (Transaktion VL06IP)
- **Auf Basis eines Materialbelegs**:
  z. B. durch direkte Eingabe der Materialbelegnummer (Transaktion LT06)

Beim Anlegen des Transportauftrags müssen der Vonlagerplatz und der Nachlagerplatz erfasst werden. Bei Global Bike befindet sich der Vonlagerplatz im Lagertyp 003 (Wareneingang extern). Der Vonlagerplatz kann ein dynamischer Lagerplatz sein, wobei die Lagerplatznummer z. B. der Nummer der zugehörigen Bestellung entspricht. Alternativ wird der Lagerplatz WE-ZONE als Vonlagerplatz verwendet, z. B. bei einem sonstigen Wareneingang ohne Bestellung. Der Nachlagerplatz wird typischerweise automatisch ermittelt oder manuell eingetragen. Nach dem Transport und dem Einlagern des Materials wird im nächsten und letzten Schritt der Transportauftrag quittiert.

Einlagerungssteuerung

Beim Anlegen des Transportauftrags muss der Nachlagerplatz ermittelt werden. Die *Einlagerungssteuerung* des SAP-Systems kann die automatische Suche nach einem adäquaten Nachlagerplatz unterstützen (siehe Abbildung 6.28).

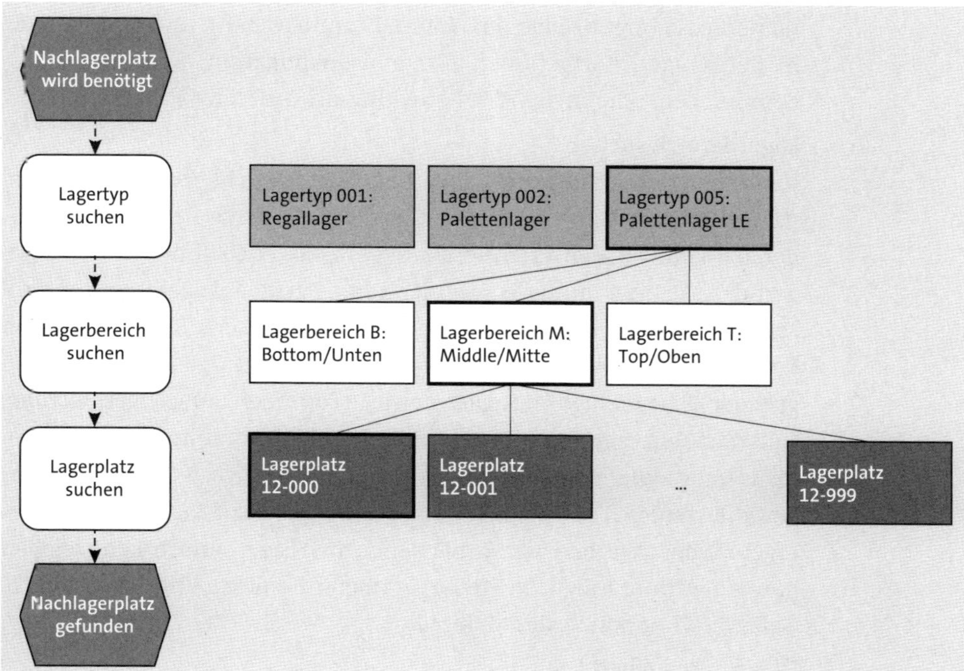

Abbildung 6.28 Prozess der Einlagerungssteuerung (vereinfacht) am Beispiel von Global Bike

Der Prozess der Einlagerungssteuerung kann im Rahmen dieses Buches für den Einstieg in SAP ERP aus Platzgründen nur grob skizziert werden. Für eine ausführliche Darstellung (insbesondere zur Wirkung der weiteren Steuerparameter) empfiehlt sich das Buch »Warehouse Management mit SAP ERP. Effektive Lagerverwaltung mit WM« von A. Käber (SAP PRESS, 3., aktualisierte Auflage 2018).

Der Prozess besteht aus drei Schritten und geht hierarchisch entlang der definierten Lagerstrukturen vor:

1. **Lagertyp suchen**:
   Das System versucht zunächst, für das einzulagernde Material einen geeigneten Lagertyp zu finden. Dabei orientiert es sich beispielsweise an dem im Materialstamm definierten Einlagerungstypkennzeichen mit der zugehörigen, im Customizing definierten Lagertypsuchreihenfolge. Das Verfahren beginnt mit der Suche nach freien Lagerplatzkapazitäten im ersten Lagertyp dieser Reihenfolge. Ist dort kein ausreichend freier Platz vorhanden, wird die Suche im zweiten Lagertyp fortgesetzt. Wurde nach Abarbeitung der gesamten Suchreihenfolge kein ausreichender Platz gefunden, scheitert die automatische Suche. Im in Abbildung 6.28 dargestellten Beispiel wurde Lagertyp 005 (Palettenlager LE) gefunden. Neben dem Einlagerungstypkennzeichen können weitere Steuerparameter berücksichtigt werden: im Materialstamm (Gefahrstoffkennzeichen), in den Quantinformationen (Bestandsqualifikation, Sonderbestandskennzeichen) oder in der WM-Bewegungsart (Referenzlagertyp).
2. **Lagerbereich suchen**:
   Innerhalb des gefundenen Lagertyps wird anschließend nach dem passenden Lagerbereich gesucht. Dabei kann sich das System am Lagerbereichskennzeichen orientieren, das im Materialstamm des einzulagernden Materials hinterlegt werden kann. Für jedes Lagerbereichskennzeichen existiert im Customizing eine hierarchische Reihenfolge von bevorzugten Lagerbereichen. So würde leichtgewichtiges Material im Regallager LE bevorzugt im Lagerbereich T (Top/oben) eingelagert werden. Falls dort kein Lagerplatz mehr vorhanden ist, könnte alternativ Lagerbereich M (Middle/Mitte) und ansonsten Lagerbereich B (Bottom/unten) gewählt werden. Das Beispiel in Abbildung 6.28 zeigt Lagerbereich M als Ergebnis der Lagerbereichssuche. Neben dem Lagerbereichskennzeichen können weitere mögliche Steuerparameter berücksichtigt werden, z. B. Gefahrstoffmerkmale des Materials.
3. **Lagerplatz suchen**:
   Zuletzt sucht das System innerhalb des zuvor gewählten Lagerbereichs nach einem freien und geeigneten Lagerplatz. Dabei spielt die Einlage-

rungsstrategie des Lagertyps eine wesentliche Rolle. Diese Einlagerungsstrategie ist im Customizing definiert und orientiert sich z. B. an der Lagertechnik oder an den Anforderungen des Lagerverwalters. Es existiert eine Reihe von Standardeinlagerungsstrategien, z. B. wähle bevorzugt einen Lagerplatz, an dem das gleiche Material bereits lagert. Alternativ können auch eigene Strategien definiert werden. Bei Einlagerung von Lagereinheiten müssen zudem die verwendeten Lagereinheitentypen zum betrachteten Lagerplatztyp passen. Darüber hinaus werden bei aktivierter Kapazitätsprüfung nur Lagerplätze mit zureichender Restkapazität berücksichtigt. Im gezeigten Beispiel in Abbildung 6.28 soll das Material auf Lagerplatz 12-000 eingelagert werden. Aus Gründen der Übersichtlichkeit wurde hier die Lagerplatzposition (1, 2 oder 3) nicht visualisiert.

Endet die automatische Suche erfolglos, so zeigt das System einen Fehler an, und der Benutzer hat die Möglichkeit, den Nachlagerplatz manuell zu identifizieren.

6.6.2 Material umlagern

Umlagerungsformen

Unter *Umlagern* versteht man das Transportieren von Material von einer Startlokation zu einer Ziellokation. Dabei können Start- und Ziellokation auf unterschiedlichen Ebenen angegeben werden. So lässt sich zwischen folgenden Umlagerungsformen unterscheiden:

- von einem Lager zu einem anderen Lager
- von einem Lagerplatz zu einem anderen Lagerplatz innerhalb eines Lagers
- von einem Werk zu einem anderen Werk
- von einem Lagerort zu einem anderen Lagerort innerhalb eines Werkes

Umlagerungskonzepte

Darüber hinaus bietet SAP ERP unterschiedliche Konzepte, um eine Umlagerung zu initiieren oder zu steuern:

- Umlagerungstransportauftrag (in der Lagerverwaltung)
- Umbuchungsanweisung (in der Lagerverwaltung)
- Umbuchung (in der Bestandsführung)
- Umlagerungsbestellung (in der Materialwirtschaft)

Varianten von Umlagerungsprozessen

Dementsprechend entstehen zahlreiche Varianten von Umlagerungsprozessen mit unterschiedlicher Komplexität. Zwei Beispiele zeigt Abbildung 6.29.

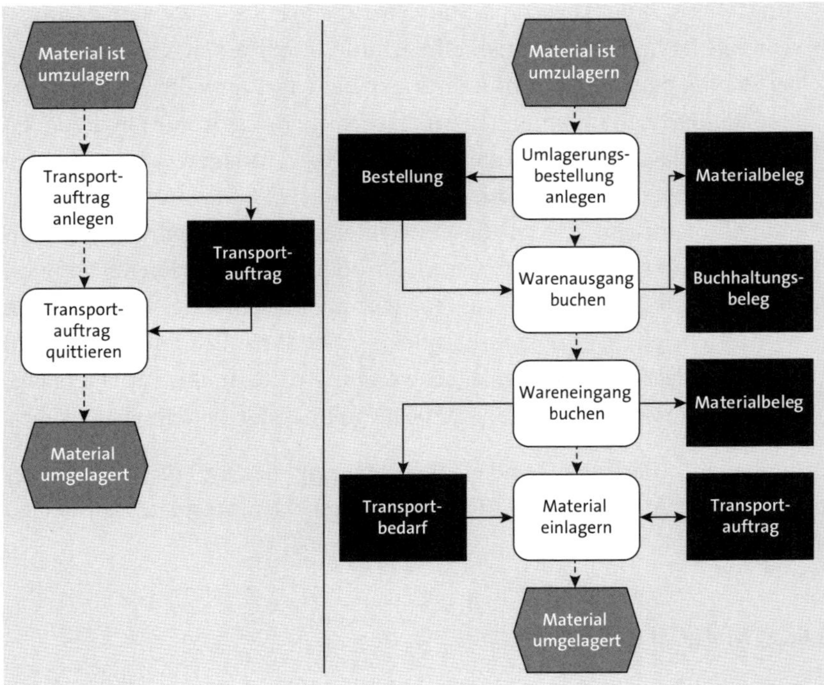

Abbildung 6.29 Beispiele von Umlagerungsprozessen: lagerinterne Umlagerung (links), Umlagerung von Werk an Werk (rechts)

Beispiel 1: Lagerinterne Umlagerung

Den einfachsten Fall stellt die lagerinterne Umlagerung auf Basis eines Umlagerungstransportauftrags dar (siehe Abbildung 6.29 links). Für den ersten Schritt, das Anlegen des Transportauftrags, kann beispielsweise Transaktion LT10 (Umlagern) verwendet werden (siehe Abbildung 6.30). Im gezeigten Beispiel sollen zunächst alle verfügbaren Quants im Lagerhaus San Diego (Lagernummer 100) im Regallager (Lagertyp 001) auf Lagerplatz STBN-1-000 angezeigt werden.

Das Suchergebnis ist in Abbildung 6.31 dargestellt. Das einzige auf Lagerplatz STBN-1-000 lagernde Quant, bestehend aus fünf Ellenbogenschonern (EPAD1000), wird zur Umlagerung selektiert.

Im Fenster **Nach-Daten spezifizieren** wird der **Lagerplatz** STBN-2-000 im Regallager als Nachlagerplatz festgelegt. Die WM-**Bewegungsart** lautet 999 (Lagerleitung), woran die lagerinterne Umlagerung zu erkennen ist. Mit der Quittierung des Transportauftrags schließt die Umlagerung ab. Das gezeigte Beispiel lagert Material um, wobei sich Von- und Nachlagerplatz innerhalb des gleichen zugeordneten Lagerortes befinden. Diese Umlagerung hat keine Auswirkung auf die Bestandsführung, denn der Gesamtbestand innerhalb des Lagerortes Trading Goods (TG00) ändert sich nicht.

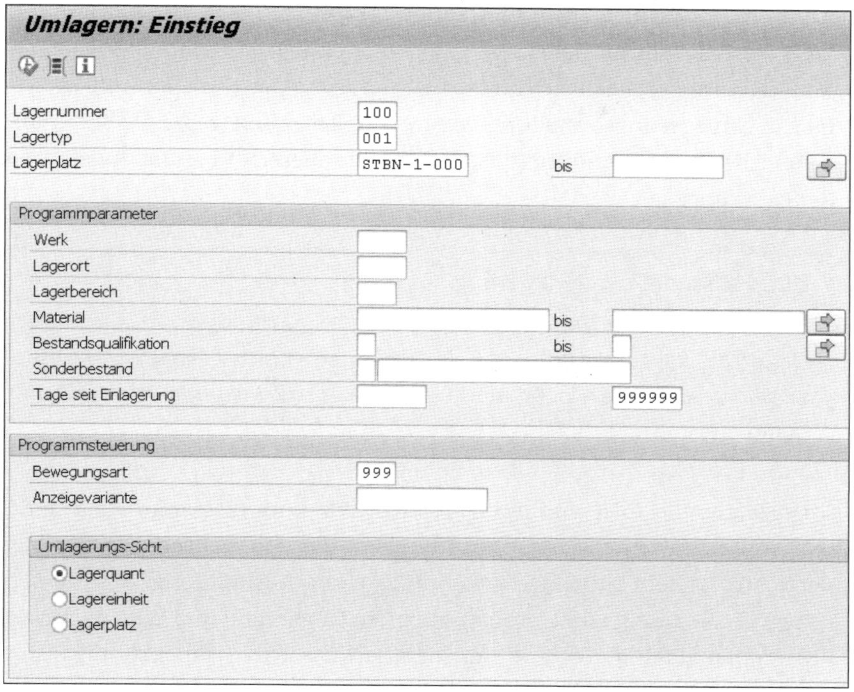

Abbildung 6.30 Umlagerungstransportauftrag anlegen: Einstieg (Transaktion LT10)

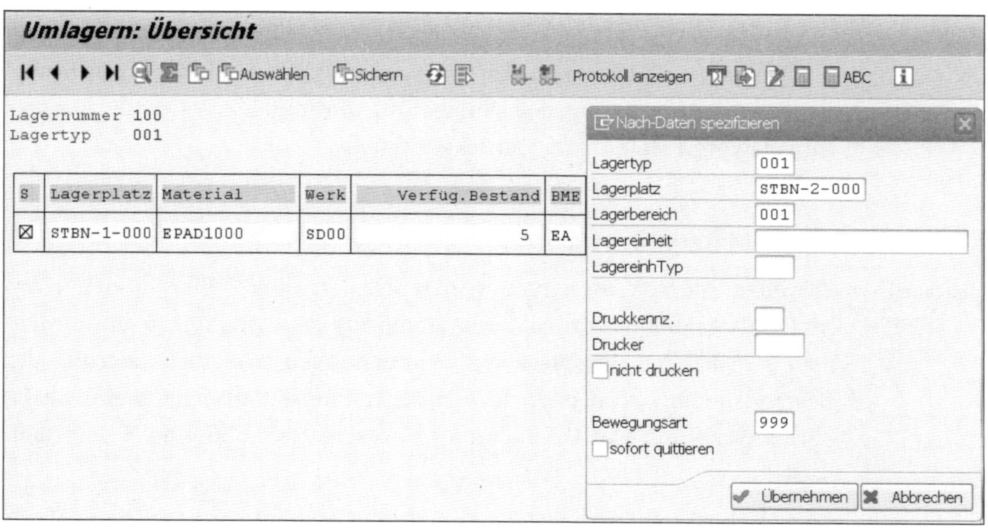

Abbildung 6.31 Spezifikation des Nachlagerplatzes (Transaktion LT10)

Beispiel 2: Umlagerung von Werk an Werk

Einen komplexeren Fall stellt die Umlagerung von Werk an Werk dar (siehe Abbildung 6.29 rechts). Die Umlagerung wird in diesem Beispiel durch das

Anlegen einer Umlagerungsbestellung (Transaktion ME21N) initiiert. Ein Werk bestellt hiermit bei einem Lieferwerk eine gewünschte Menge eines Materials. Im Vergleich zur direkten Umlagerung per Transportauftrag bietet die Umlagerungsbestellung andere Möglichkeiten, z. B. Erstellung von Lieferschein, Lieferterminierung, Frachtkostenberechnung und Avisierung der Lieferung.

UCC-Fallstudie zur Umlagerung

Den in Abbildung 6.29 (rechts) dargestellten Umlagerungsprozess können Sie in UCC-Fallstudie WM II am Beispielunternehmen Global Bike selbst nachvollziehen. Sie finden diese unter *http://www.sap-press.de/4640*, **Materialien zum Buch**. Die Analyse der Fallstudie erfolgt in Abschnitt 6.8.2.

Im gezeigten Beispiel wird die Ware nicht WM-kommissioniert, das heißt, die Ware kann ohne Transportauftrag bereitgestellt werden. Das Beispiel verzichtet zudem auf die Verwendung einer Auslieferung. Stattdessen erfolgt die Buchung von Warenausgang (im Lieferwerk) und Wareneingang (im empfangenden Werk) in der Materialwirtschaft (Transaktion MIGO). Abschließend wird das empfangene Material per Transportauftrag eingelagert. Im Gegensatz zu Beispiel 1 werden durch diese Umlagerung die Lagerortbestände des Lieferwerkes und des empfangenden Werkes geändert. Entsprechend werden auf beiden Seiten Materialbelege erzeugt. Werden die Bestände des umgelagerten Materials in beiden Werken unterschiedlich bewertet, wird mit dem Warenausgang zusätzlich ein Buchhaltungsbeleg erzeugt, um die mit der Umlagerung verbundene Wertänderung des umgelagerten Materials zu berücksichtigen.

6.6.3 Material umbuchen

Umbuchungsprozess

Zuweilen müssen Merkmale von Beständen oder Teilbeständen eines Materials geändert werden. Diese Änderung lässt sich durch eine *Umbuchung* realisieren. Beispiele von Umbuchungen sind die Änderung der Bestandsqualifikation oder des Sonderbestandskennzeichens eines gelagerten Materials. Der Umbuchungsprozess ist in Abbildung 6.32 visualisiert.

Eine Umbuchung kann wahlweise über die Bestandsführung (siehe Abbildung 6.32 links) oder über die Lagerverwaltung (siehe Abbildung 6.32 rechts) gestartet werden.

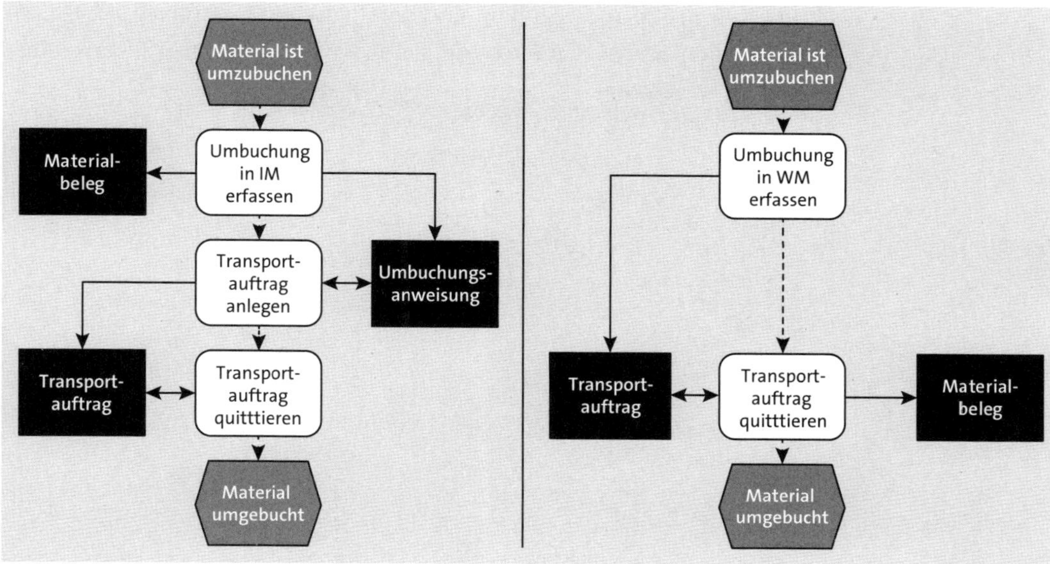

Abbildung 6.32 Prozess Material umbuchen: mit Start in IM (links), mit Start in WM (rechts)

Start in der Bestandsführung

Im ersten Fall erfasst man in IM zunächst einen Umbuchungsbeleg (Materialbeleg) mit der Transaktion MB1B. Durch diese Umbuchung ändern sich die Lagerortbestände in IM. Anschließend muss dafür gesorgt werden, dass Änderungen an den Beständen von WM-verwalteten Lagerorten durch entsprechende Anpassungen an den zugehörigen Lagerplatzbeständen in WM nachgezogen werden. Deshalb erstellt das System automatisch eine zugehörige Umbuchungsanweisung im WM. Zu dieser Umbuchungsanweisung lässt sich anschließend mit der Transaktion LU04 ein Transportauftrag anlegen, mit dem die Umbuchung in WM nachgeholt wird. Abschließend wird der Transportauftrag quittiert (bei Global Bike geschieht dies automatisch).

Beispiel

Das Beispiel in Abbildung 6.33 zeigt nochmals die Umbuchungsanweisung aus Abbildung 6.25. Diese Umbuchungsanweisung entstand durch eine in IM durchgeführte Umbuchung am Lagerort Fertigerzeugnisse (FG00): Fünf schwarze Profi Touringbikes (Material PRTR1000) wurden vom frei verwendbaren Bestand in den Qualitätsprüfbestand umgebucht. Die Umbuchungsanweisung dokumentiert die noch ausstehenden Anpassungen in WM: Das Quant, das die betroffenen frei verwendbaren schwarzen Profi Touringbikes enthält, muss um fünf Stück reduziert werden. Zugleich muss ein Quant mit der Bestandsqualifikation Q und einer Größe von fünf Stück des Materials PRTR1000 auf einen Lagerplatz gebracht werden. Diese Anpassungen realisiert ein Transportauftrag, der auf Basis der Umbuchungsanweisung angelegt wird und den logischen Lagerplatz U-ZONE im Schnittstellenlagertyp Umbuchungsschnittstelle (Lagertyp 922) verwendet.

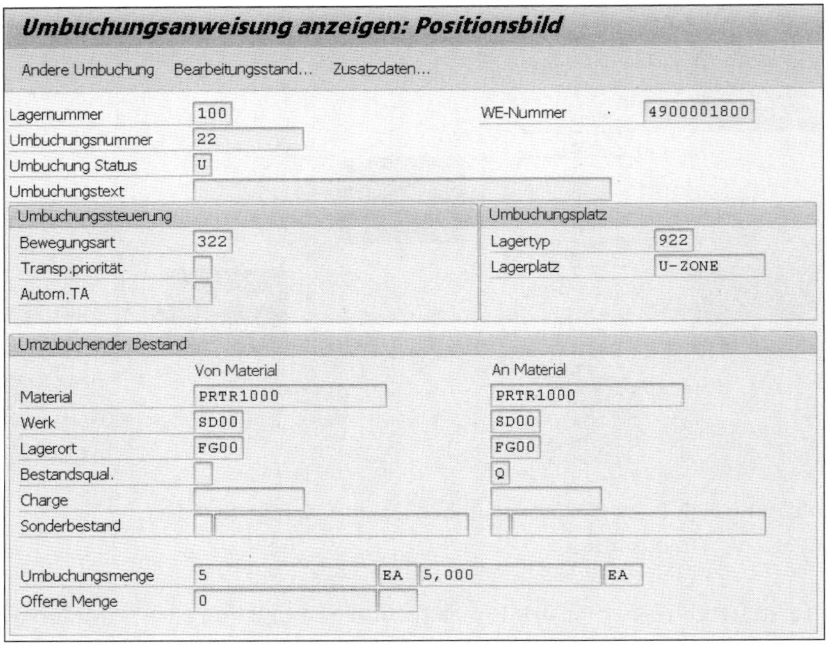

Abbildung 6.33 Beispiel einer Umbuchungsanweisung (Transaktion LU03)

Start in der Lagerverwaltung

Im zweiten Fall startet man die Umbuchung in WM z. B. mit der Transaktion LQ02. Damit wird die Umbuchung zunächst in WM bewirkt. Bei Global Bike wird anschließend automatisiert ein Transportauftrag angelegt und quittiert sowie ein Materialbeleg in IM gebucht, um die Umbuchung auch in der Bestandsführung nachzuholen. Dies geschieht jedoch ohne Verwendung einer Umbuchungsanweisung.

6.6.4 Material auslagern

Die *Auslagerung* beschreibt einen Prozess, in dem Material aus einem Lagerplatz entnommen, kommissioniert und bereitgestellt wird. Wird bei Global Bike beispielsweise Material zu einem Kundenauftrag ausgelagert, so wird das Material auf Grundlage eines Transportauftrags von einem zu suchenden Vonlagerplatz in den Lagertypen 001, 002 oder 005 entnommen und zu einem Nachlagerplatz in Lagertyp 004 (Warenausgang) gebracht.

Referenzbeleg

Typischerweise basiert die Auslagerung auf einem Referenzbeleg (siehe Abbildung 6.34). Ein solcher Beleg kann z. B. ein Transportbedarf sein, der in der Bestandsführung (IM) durch die Buchung eines Warenausgangs zu einem Fertigungsauftrag entstanden ist. Als Referenz kann auch eine Auslieferung dienen, die im Logistics Execution System (LES) zu einem Kundenauftrag angelegt wurde. Alternativ kann auch direkt ein Materialbeleg, z. B. ein Verbrauch durch eine Kostenstelle, als Referenz verwendet werden.

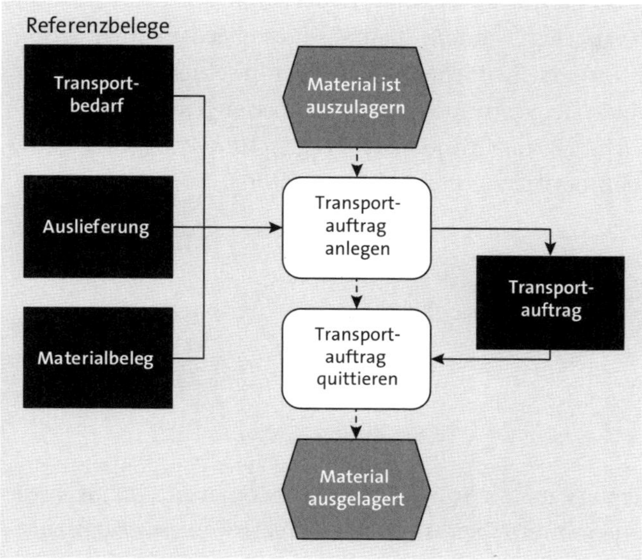

Abbildung 6.34 Prozess Material auslagern

Transportauftrag anlegen

Im ersten Schritt wird der Transportauftrag (oder werden mehrere Transportaufträge) für die Kommissionierung angelegt. Der Transportauftrag übernimmt dabei die Positionen des Referenzbelegs. Je nach Referenzbeleg stehen hierfür im Prinzip die gleichen oder vergleichbare Transaktionen wie im Einlagerungsprozess zur Verfügung:

- **Auf Basis von Transportbedarfen**:
  z. B. durch direkte Eingabe der Transportbedarfsnummer (Transaktion LT04), durch Eingabe einer Materialnummer (Transaktion LB11) oder durch Eingabe eines Von- oder Nachlagertyps (Transaktion LB10)
- **Auf Basis von Auslieferungen**:
  z. B. durch direkte Eingabe der Auslieferungsnummer (Transaktion LT03) oder über den Auslieferungsmonitor (Transaktion VL06P)
- **Auf Basis eines Materialbelegs**:
  z. B. durch direkte Eingabe der Materialbelegnummer (Transaktion LT06)

Einfluss des Kommissionierverfahrens

So weit entspricht der Auslagerungsprozess in großen Teilen dem Einlagerungsprozess, der in Abschnitt 6.6.1 vorgestellt wurde. Das Anlegen des Transportauftrags wird jedoch auch maßgeblich vom verwendeten Kommissionierverfahren beeinflusst. So können mit dem Auslieferungsmonitor (Transaktion VL06O) auch mehrere Auslieferungen (oder Positionen mehrerer Auslieferungen) zu einer *Gruppe* zusammengefasst werden, um die Lagerbewegungen zu bündeln und zu optimieren. Im Anschluss können die Transportaufträge für die erzeugte Gruppe in der *Sammelgangsbearbeitung* (Transaktion LT42) angelegt werden. Ebenfalls lassen sich zu einer Gruppe die Positionen aus unterschiedlichen Lieferungen in einem sogenannten *lieferübergreifenden* Transportauftrag zusammenfassen (Transaktion LTOS). Umgekehrt lässt sich, z. B. aus Gründen der Wegeoptimierung, eine Auslieferung auch auf mehrere Transportaufträge *aufsplitten*.

[!]

Transportauftragssplit und Wegeoptimierung

Praxisfall WM2 vertieft das Konzept der Splittung von Transportaufträgen und der parallelen Kommissionierung. Dort können Sie die Vorteile dieses Kommissionierverfahrens im Beispielunternehmen Global Bike selbst untersuchen (siehe Abschnitt 6.10).

Ein weiteres Werkzeug zur Steuerung der Kommissionierung, inklusive des Anlegens von Transportaufträgen, stellt der *Kommissionierwellenmonitor* (Transaktion VL37) dar, mit dem sich der gesamte Kommissionierprozess besser überwachen lässt.

Transportauftrag anlegen

Beim Anlegen des Transportauftrags müssen der Vonlagerplatz und der Nachlagerplatz erfasst werden. Bei Global Bike befindet sich der Nachlagerplatz im Lagertyp 004 (Warenausgang). Beim Nachlagerplatz handelt es sich um einen dynamischen Lagerplatz, wobei sich die Lagerplatznummer meist aus der Nummer eines Referenz- oder Ursprungbelegs ergibt, z. B. die Nummer der zugehörigen Auslieferung. Der Vonlagerplatz wird typischerweise automatisch ermittelt oder manuell eingetragen. Nach dem Auslagern und Transport des Materials wird im nächsten und letzten Schritt der Transportauftrag quittiert.

Auslagerungssteuerung

Mit dem Anlegen des Transportauftrags muss der Vonlagerplatz erfasst werden. Die Auslagerungssteuerung kann die automatische Suche eines geeigneten Vonlagerplatzes unterstützen (siehe Abbildung 6.35). Wie die Einlagerungssteuerung so kann auch die Auslagerungssteuerung im Rahmen dieses Einsteigerhandbuches aus Platzgründen nur kurz vorgestellt werden. Für ausführlichere Erläuterungen (insbesondere zur Wirkung der weiteren Steuerparameter) siehe erneut »Warehouse Management mit SAP ERP. Effektive Lagerverwaltung mit WM« von A. Käber (SAP PRESS, 3., aktualisierte Auflage 2018).

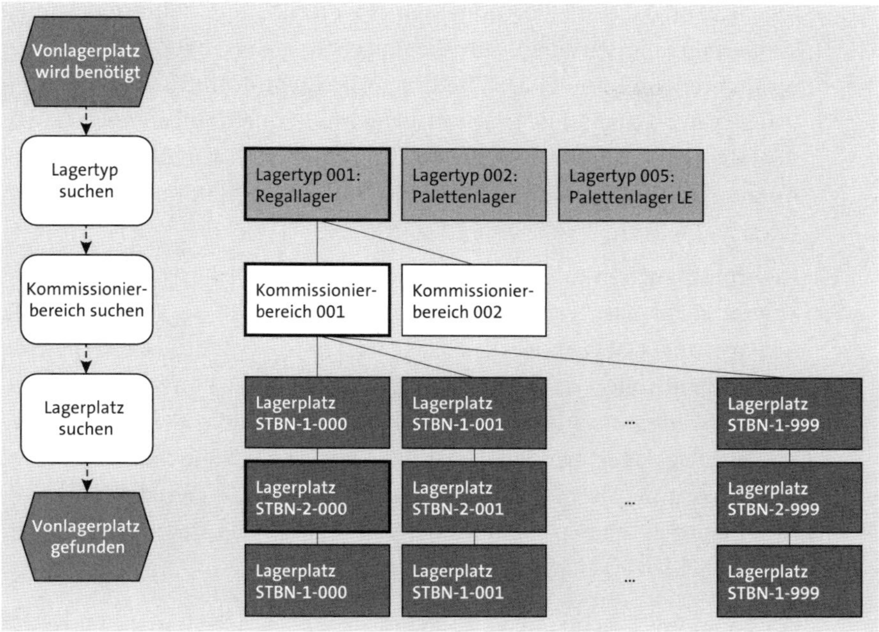

Abbildung 6.35 Prozess der Auslagerungssteuerung (vereinfacht) am Beispiel von Global Bike

Der Prozess besteht ebenfalls aus drei Schritten und geht hierarchisch entlang der definierten Lagerstrukturen vor:

1. **Lagertyp suchen**:
   Das System sucht zunächst einen geeigneten Lagertyp für das auszulagernde Material. Hierfür kann es das im Materialstamm definierte Auslagerungstypkennzeichen verwenden. Mit diesem Kennzeichen ist im Customizing eine Lagertypsuchreihenfolge verbunden. Das Verfahren beginnt mit der Suche nach Platzbeständen im ersten Lagertyp in dieser Reihenfolge. Sind dort keine Bestände vorhanden, dann wird die Suche im zweiten Lagertyp fortgesetzt. Sollten in der gesamten Suchreihenfolge keine Lagertypen mit Platzbeständen vorhanden sein, scheitert die automatische Suche. Im dargestellten Beispiel in Abbildung 6.35 wurde Lagertyp 001 (Regallager) gefunden. Neben dem Auslagerungstypkennzeichen können weitere Steuerparameter berücksichtigt werden: im Materialstamm (Gefahrstoffkennzeichen), in den Quantinformationen (Bestandsqualifikation, Sonderbestandskennzeichen) oder in der Lagerortreferenz.
2. **Kommissionierbereich suchen**:
   Ein Lagertyp kann optional in mehrere Kommissionierbereiche unterteilt sein, um die Auslagerung besser zu steuern. Das System sucht nach Kommissionierbereichen, die die auszulagernden Materialien enthal-

ten. Es kann dabei die Positionen einer Lieferung auf mehrere Kommissionierbereiche verteilen, um die Auslastung der Lagerressourcen zu optimieren. Im Beispiel in Abbildung 6.35 wurde Kommissionierbereich 001 gewählt. Dabei ist zu beachten, dass im Beispielunternehmen Global Bike die Lagerplätze von Lagertyp 001 initial noch keinen Kommissionierbereichen zugewiesen sind (diese Zuordnung findet nachträglich in Praxisfall WM2 in Abschnitt 6.10 statt).

3. **Lagerplatz suchen**:
   Zuletzt sucht das System nach dem erforderlichen Lagerplatz für die Auslagerung. Dabei spielt die Auslagerungsstrategie des Lagertyps eine wesentliche Rolle. Das SAP-System bietet eine Reihe von Standardauslagerungsstrategien, z. B. zuerst eingelagerter Bestand soll auch als Erstes wieder ausgelagert werden. Diese Strategie ist auch als first in first out (FIFO) bekannt. Alternativ können auch eigene Strategien definiert werden. Im gezeigten Beispiel in Abbildung 6.35 soll das Material aus Lagerplatz STBN-2-000 ausgelagert werden.

Endet die automatische Suche erfolglos, so zeigt das System einen Fehler an, und der Benutzer hat die Möglichkeit, den Vonlagerplatz manuell zu identifizieren.

6.7 Prozesse in der Lagerverwaltung

Die im vorangegangenen Abschnitt beschriebenen Teilprozesse lassen sich in komplexeren Prozessen der Lagerverwaltung in unterschiedlichen Prozessvarianten verwenden. In der folgenden Darstellung liegt der Schwerpunkt auf Prozessen, die im weiteren Verlauf dieses Kapitels in Form von Übungen, Fallstudien und Praxisfällen wieder aufgegriffen werden: der Wareneingangsprozess, der Warenausgangsprozess und der Inventurprozess.

Weitere von WM unterstützte Prozesse

Auf andere von WM unterstützte Prozesse kann hier aus Platzgründen nicht eingegangen werden. Kurz zusammengefasst gehören hierzu:

- **Produktionsversorgung und Nachschubprozesse**:
  Materialbewegungen in und aus dem Lager zur termingerechten Versorgung der Produktion
- **Handling Unit Management**:
  Verwaltung von Packstücken und den darin enthaltenen Waren
- **Chargenverwaltung**:
  Verwaltung von Teilmengen eines Produkts oder Materials mit homogenen Eigenschaften

- **Verwaltung von Gefahrstoffen**:
  Verwaltung von Stoffen, die beispielsweise giftig, brennbar, ätzend, explosiv oder umweltgefährdend sind
- **Yard Management**:
  Verwaltung der Vorgänge und Ressourcen für die Übergabe und Annahme von Waren an der Schnittstelle zwischen Lager und Transportmitteln, z. B. Lkw und Zügen
- **Cross-Docking**:
  Prozess, in dem Ware vom Wareneingang zum Warenausgang ohne zwischenzeitliche Einlagerung gebracht wird
- **Mobile Datenerfassung und RFID**:
  Unterstützung von mobilen Terminals und der kontaktlosen Erfassung von Daten basierend auf der Radio-Frequency-Identification-Technologie (RFID)

6.7.1 Wareneingangsprozess

Der Wareneingang stellt in der Lagerverwaltung einen häufig ausgeführten Prozess dar, in dem Materialien in Empfang genommen, kontrolliert und schließlich eingelagert werden.

Typen von Wareneingängen

Folgende Typen von Wareneingängen lassen sich unterscheiden:

- **Geplante Wareneingänge**:
  Hierzu gehören externe Wareneingänge (z. B. zu einer Bestellung bei einem Lieferanten) und interne Wareneingänge (z. B. zu einem Fertigungsauftrag).
- **Sonstige Wareneingänge**:
  Wareneingänge ohne Referenzbeleg (z. B. bei einer Bestandsaufnahme)

Die folgende Darstellung beschränkt sich auf externe Wareneingänge zu einer Bestellung bei einem Lieferanten. Solche Wareneingänge können auf unterschiedliche Weise verarbeitet werden:

- Wareneingang ohne Anlieferung (siehe Abbildung 6.36 links)
- Wareneingang mit Anlieferbezug (siehe Abbildung 6.36 rechts)

Wareneingang ohne Anlieferung

Der Wareneingang ohne Anlieferung startet mit der Buchung des Wareneingangs in der Bestandsführung, z. B. mit Transaktion MIGO_GR. In diesem Prozess wird keine Anlieferung angelegt. Stattdessen wird der Wareneingang mit Bezug zu einem Ursprungsbeleg (hier eine Bestellung beim Lieferanten) gebucht.

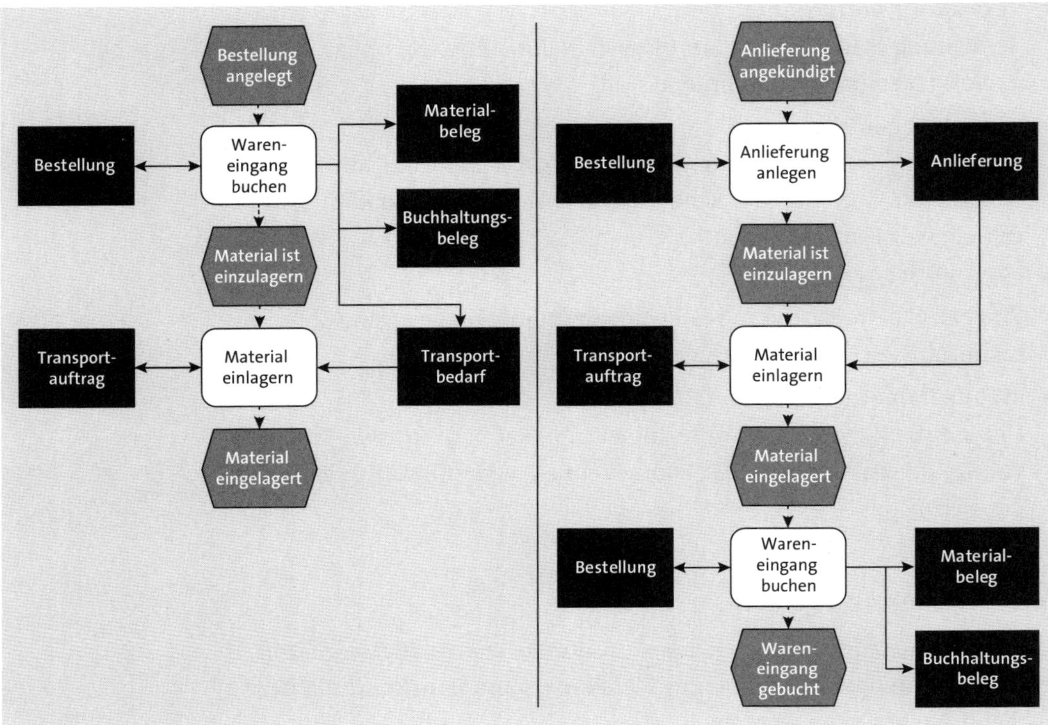

Abbildung 6.36 Beispiele von Wareneingangsprozessen: Wareneingang ohne Anlieferung (links), Wareneingang mit Anlieferbezug (rechts)

Die Wareneingangsbuchung ermittelt alle relevanten Informationen aus der Bestellung und erzeugt einen Materialbeleg über die eingegangenen Mengen mit der Bewegungsart 101 (Wareneingang zur Bestellung) in der Bestandsführung. Zudem entsteht ein Buchhaltungsbeleg, um den wertmäßigen Zuwachs auf den zugehörigen Bestandskonten zu dokumentieren. Nach einer Prüfung des Zustandes der eingegangenen Materialien ist über die Bestandsart zu entscheiden. So können die empfangenen Mengen in den frei verwendbaren Bestand, den Qualitätsprüfbestand oder in den gesperrten Bestand gebucht werden.

Das System erkennt die bestellten Positionen, die auf Lagerplätzen im WM einzulagern sind. Im Fall des Beispielunternehmens Global Bike entsteht für jede dieser Materialpositionen ein Quant im Lagertyp 003 (Wareneingang extern). Zur Vorbereitung der Einlagerung wird für diese Quants ein Transportbedarf erzeugt. Nachfolgend werden im Teilprozess »Material einlagern« aus dem Transportbedarf ein oder mehrere Transportaufträge erzeugt, die die physische Einlagerung steuern (siehe Abschnitt 6.6.1).

Wareneingang ohne Anlieferung bei Global Bike

Den in Abbildung 6.36 (links) dargestellten Prozess zum Wareneingang ohne Anlieferung können Sie in UCC-Fallstudie WM I am Beispielunternehmen Global Bike selbst erproben. Sie finden diese unter *http://www.sap-press.de/4640*, **Materialien zum Buch**. Die Analyse erfolgt in Abschnitt 6.8.1.

Wareneingang mit Anlieferbezug

Der Wareneingang mit Anlieferbezug startet im Logistics Execution System (LES). Hierfür ist es erforderlich, dass eine Anlieferung angelegt wird (Transaktion VL31N). Diese Anlieferung besitzt ihrerseits einen Bezug zur ursprünglichen Bestellung. In der Bestellung wird je Bestellposition über den sogenannten *Bestätigungssteuerschlüssel* festgelegt, dass der Wareneingang über eine Anlieferung bestätigt werden muss. Mit der Bestätigung der Anlieferung wird jedoch noch kein Wareneingang gebucht. Folglich werden auch noch kein Materialbeleg und kein Buchhaltungsbeleg erzeugt. Die Ankunft der Waren ist zu diesem Zeitpunkt zwar in LES bekannt, jedoch nicht in der Bestandsführung. Um die Lagerortbestände und die Lagerplatzbestände konsistent zu halten, erzeugt das System in der Lagerverwaltung für jede gelieferte Position ein positives und ein negatives Quant. Die beiden Quants einer Position ergeben in der Summe 0.

Im Fall von Global Bike werden diese positiven und negativen Quants in Lagertyp 003 (Wareneingang extern) erzeugt. Die negativen Quants verbleiben dort zunächst. Im Teilprozess »Material einlagern« werden die positiven Quants per Transportauftrag auf einem Nachlagerplatz eingelagert (siehe Abschnitt 6.6.1). Die verbliebenen negativen Quants auf Lagertyp 003 signalisieren, dass die Lagerortbestände der gelieferten Materialien in der Bestandsführung noch korrigiert werden müssen. Dies erfolgt mit der anschließenden Buchung des Wareneingangs zur Anlieferung (Transaktion VL32N).

Wareneingang mit Anlieferbezug selbst erproben

In Praxisfall WM2 können Sie den Wareneingang mit Anlieferbezug im Beispielunternehmen Global Bike selbst erproben (siehe Abschnitt 6.10).

6.7.2 Warenausgangsprozess

Der nachfolgend beschriebene Prozess fokussiert sich auf den Warenausgang zur Belieferung eines Kunden. Der Warenausgangsprozess bewirkt einen physischen Abgang von Materialien aus dem Lager und umfasst die

Schritte vom Anlegen der Auslieferung bis zur Buchung des Warenausgangs (siehe Abbildung 6.37).

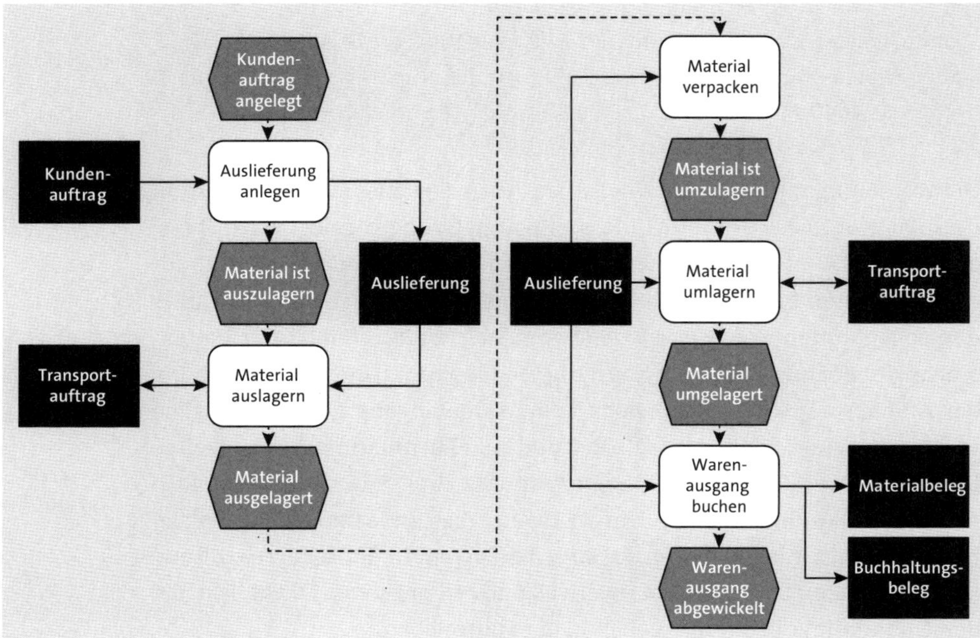

Abbildung 6.37 Exemplarischer Warenausgangsprozess

Auf Basis eines Kundenauftrags wird eine Auslieferung angelegt (Transaktion VL01N). Das System erkennt in der Auslieferung anhand der eingetragenen Lagerorte die Positionen, die der WM-Kommissionierung unterliegen. Diese Positionen werden im Teilprozess »Material auslagern« durch eine oder mehrere Auslagerungen (siehe Abschnitt 6.6.3) kommissioniert. Sofern erforderlich, werden die Materialien verpackt. Die Verpackungsfunktionalität ist an verschiedenen Stellen im System verankert, z. B. im Logistics Execution System (LES), in der Materialwirtschaft (MM) oder in der Produktionsplanung (PP), wird jedoch in diesem Buch aus Platzgründen nicht weiter besprochen. Abschließend erfolgt im Teilprozess »Material umlagern« der Transport der verpackten Ware zum Warenausgang durch eine oder mehrere Umlagerungen (siehe Abschnitt 6.6.2) und die Buchung des Warenausgangs zur Auslieferung (Transaktion VL02N).

6.7.3 Inventurprozess

Gründe für die Inventur

Unternehmen sind daran interessiert, regelmäßig den genauen Bestand und die Werte von Vermögensteilen und Schulden zu erfassen. Dies geschieht zum einen aufgrund einer gesetzlichen Verpflichtung (§ 240

Handelsgesetzbuch), zum anderen sind aktuelle und korrekte Bestandsmengen und -werte eine Voraussetzung für fundierte Entscheidungen in der Beschaffungs-, Produktions-, Lager- und Vertriebslogistik. Für eine ausführlichere Einführung in die betriebswirtschaftlichen Grundlagen der Inventur siehe Abschnitt 3.5.7, »Inventur«.

Inventurprozesse in SAP ERP

Das SAP-System unterstützt den Inventurprozess eines Unternehmens als Funktionalität des Logistics Execution Systems (LES) auf zwei Ebenen:

- in der Bestandsführung als materialbezogene Inventur in der Komponente Materialwirtschaft (MM)
- in der Lagerverwaltung als lagerplatzbezogene Inventur in der Komponente Warehouse Management (WM)

Das vorliegende Kapitel beschäftigt sich ausschließlich mit der lagerplatzbezogenen Inventur im WM und mit der Schnittstelle zur Bestandsführung. Einblicke in die materialbezogene Inventur in der Bestandsführung liefert Abschnitt 3.5.7, »Inventur«. Wird ein Lagerort eines Werkes mit WM verwaltet, so kann die Inventur dieses Lagerortes ausschließlich lagerplatzbezogen mit den Mitteln der Komponente WM durchgeführt werden.

Inventurverfahren

WM unterstützt auch die in Abschnitt 3.5.7 bereits vorgestellten Inventurverfahren: permanente Inventur, Stichtagsinventur und Stichprobeninventur. Darüber hinaus wird auch das Cycle-Counting-Verfahren unterstützt, das jedoch in diesem Buch nicht behandelt wird.

Sonderverfahren

WM bietet zwei *Sonderverfahren*, die rechtlich der permanenten Inventur zugehörig sind:

- **Einlagerungsinventur**:
  Durch einen Transportauftrag soll ein Lagerplatz erstmals in einem Geschäftsjahr befüllt werden. Deshalb wird der Transportauftrag mit einem Inventurvermerk versehen. Bei Ankunft am eingetragenen Nachlagerplatz wird erwartet, dass er leer ist. Sollten dort jedoch Restbestände gefunden werden, sind diese als Inventurdaten auf dem Transportauftrag zu erfassen und anschließend als Inventurdifferenz auszubuchen.
- **Nullkontrolle**:
  Durch einen Transportauftrag soll der gesamte systemseitig verzeichnete Bestand eines Lagerplatzes ausgelagert werden. Nach der Auslagerung wird also erwartet, dass der Lagerplatz tatsächlich leer ist. Sollten jedoch Restbestände übrig bleiben oder Bestände am Lagerplatz fehlen, wird die Abweichung mit dem Transportauftrag erfasst und danach als Inventurdifferenz ausgebucht.

Einlagerungsinventur und Nullkontrolle erfordern keine Inventurplanung. Es muss auch kein Inventurbeleg angelegt werden. Stattdessen wird die

Inventur mit den zugehörigen Einlagerungs- bzw. Auslagerungstransportaufträgen protokolliert und gesteuert. Nach Durchführung einer Einlagerungsinventur oder Nullkontrolle gilt der jeweilige Lagerplatz als gezählt, und bis zum Ende des Geschäftsjahres muss keine weitere Inventur dieses Lagerplatzes mehr stattfinden. Beide Sonderverfahren bieten eine beiläufige Inventur im Laufe des Geschäftsjahres und somit eine pragmatische Arbeitserleichterung.

Prozessübersicht

Unabhängig vom betrachteten Inventurverfahren verläuft der grundlegende Prozess einer Inventur in WM, wie in Abbildung 6.38 dargestellt. Eine Ausnahme bilden die zuvor vorgestellten Sonderverfahren Einlagerungsinventur und Nullkontrolle, die hier nicht visualisiert sind.

Inventurprozess bei Global Bike

Den in Abbildung 6.38 dargestellten Inventurprozess können Sie in UCC-Fallstudie WM IV am Beispielunternehmen Global Bike selbst durchführen. Sie finden diese unter *http://www.sap-press.de/4640*, **Materialien zum Buch**. Die Analyse der Fallstudie erfolgt in Abschnitt 6.8.4. Beachten Sie dabei, dass der Druck der Aufnahmeliste nicht Bestandteil der UCC-Fallstudie ist.

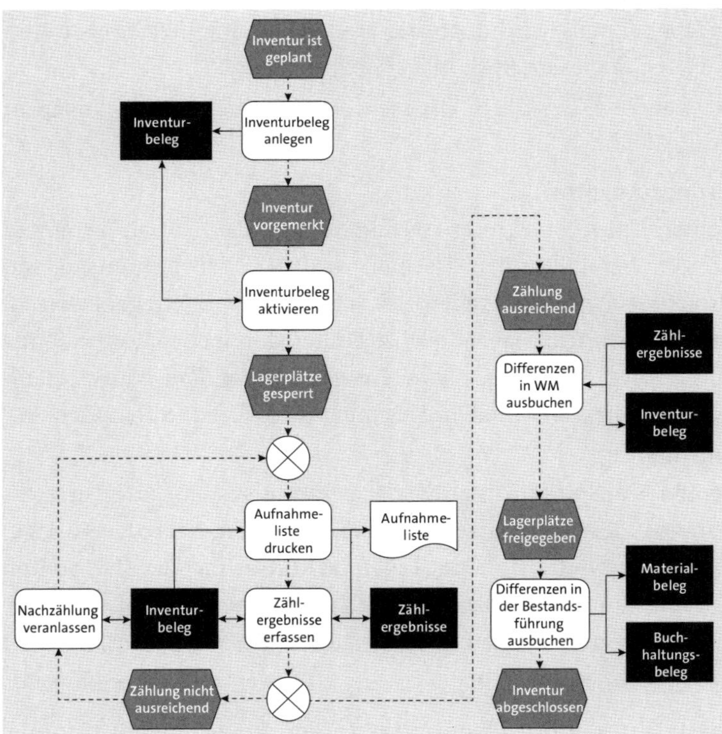

Abbildung 6.38 Übersicht Inventurprozess im WM

Inventurbeleg anlegen und aktivieren

Der Prozess startet mit dem Anlegen eines Inventurbelegs für eine Menge von Lagerplätzen. Je nach verwendetem Inventurverfahren unterscheiden sich die Vorgehensweisen zum Anlegen des Inventurbelegs. Bei einer permanenten Inventur bietet es sich an, Inventurbelege manuell anzulegen (Transaktion LI01N) oder mit Unterstützung von Selektionsparametern (Transaktion LX16). Für das Cycle-Counting-Verfahren bieten die Transaktionen LX26 oder LICC vergleichbare Selektionsparameter. Bei einer Stichtagsinventur oder Stichprobeninventur würden zuvor Batch-Input-Mappen erzeugt und zur automatisierten Beleggenerierung abgespielt werden (Transaktion LX15). Die Lagerplätze eines Inventurbelegs müssen zu genau einem Lagertyp innerhalb einer Lagernummer gehören. Nach dem Abspeichern des Inventurbelegs ist dieser zunächst noch inaktiv. Jedoch wurde der Inventurstatus eines jeden Lagerplatzes, der auf dem Inventurbeleg eingetragen ist, auf **geplant** gesetzt. Dadurch werden diese Lagerplätze zur Inventur vorgemerkt, und es wird zugleich signalisiert, dass geplante Einlagerungen und Auslagerungen für diese Lagerplätze noch zügig vollzogen und alle offenen Transportaufträge abgeschlossen werden müssen. Nach der Aktivierung des Inventurbelegs sind die zugehörigen Lagerplätze gesperrt.

Aufnahmeliste drucken

Anschließend wird eine *Aufnahmeliste* gedruckt (Transaktion LI04). Diese Liste erhalten die Inventurzähler, die ihre Zählergebnisse positionsweise eintragen. Abbildung 6.39 zeigt exemplarisch die Druckausgabe der Aufnahmeliste zum Inventurbeleg aus Abbildung 6.26. Im gezeigten Beispiel sollen die Lagerplätze STBN-7-000, STBN-8-000 und STBN-9-000 im Palettenlager von Lagerhaus San Diego gezählt werden. Die Aufnahmeliste wurde im Customizing so konfiguriert, dass die im WM verzeichneten Quants mit deren (erwarteten) Lagerplätzen bereits auf dem Ausdruck erscheinen. Die Inventurzähler tragen die Zählergebnisse in die Mengenspalte ein. Die Liste weist Lagerplatz STBN-9-000 als Leerplatz aus. Unerwartet dort vorgefundene Bestände werden auf der Liste vermerkt.

Zählergebnisse erfassen, Nachzählung

Nach Übergabe der Aufnahmeliste erfolgt die Erfassung der Zählergebnisse mit Transaktion LI11N. Dabei überträgt ein Erfasser die Zählmengen von der Aufnahmeliste in das SAP-System. Dadurch werden Differenzen zwischen Zählmenge und gebuchtem Lagerplatzbestand erkannt. Die Lagerplatzbestände werden jedoch noch nicht korrigiert. Sollte die Zählung nicht ausreichend sein (z. B. bei großen Differenzen), können beliebig viele Nachzählungen veranlasst werden. Hierzu würden wieder neue Aufnahmelisten gedruckt werden. Auf der Aufnahmeliste in Abbildung 6.39 ist am Vermerk »Hauptzählung« erkennbar, dass sie für die Hauptzählung (und nicht für eine Nachzählung) angelegt wurde.

```
          INVENTUR-AUFNAHME-LISTE FÜR PERMANENTE INVENTUR
          ===============================================

Lager-Nummer.:  100 San Diego Lagerhaus            Inventur Nr..:  4
Lager-Typ....:  002 Palettenlager                  Seite........:  1/1
Datum........:  04.05.2019                         Hauptzählung

Pos  Lagerplatz Werk Materialnummer.....  Charge....  Menge............ MEH
     Quantnum.  Lort Materialkurztext...  B S Sonderbestand
---------------------------------------------------------------------------

0001 STBN-7-000 SD00 DXTR1000                         ________________  EA
     16116      FG00 Deluxe Touring Bike (

0002 STBN-8-000 SD00 PRTR1000                         ________________  EA
     16113      FG00 Profi Touringbike (sc

0002 STBN-8-000 SD00 PRTR2000                         ________________  EA
     12001      FG00 Profi Touringbike (si

0003 STBN-9-000                                       ________________
                    L E E R P L A T Z

Zähldatum       : .................. Erfassungsdatum   : ..................

Name            : .................. Erfasser          : ..................

Name            : .................. Name              : ..................
```

Abbildung 6.39 Druckausgabe der Aufnahmeliste (Transaktion LI04)

Differenzen in WM ausbuchen

Im nächsten Schritt werden die Differenzen im WM ausgebucht (Transaktion LI20). Dabei werden die Lagerplatzbestände entsprechend den Zählergebnissen korrigiert. Zugleich werden die erkannten Differenzen auf dem Schnittstellenlagertyp 999 (namens Differenzen) verbucht. Für jede erkannte Differenz entsteht dort ein Quant, wobei die Quantgröße dem Wert der Differenz entspricht. Im Falle von Fehlmengen besitzt die Quantgröße ein positives Vorzeichen (positives Quant), andernfalls ein negatives Vorzeichen (negatives Quant). Stimmen Zählergebnis und Buchbestand am Lagerplatz überein, wird kein Quant auf der Schnittstelle erzeugt. Aber auch dann müssen die Differenzen ausgebucht werden. Denn erst mit der Ausbuchung im WM werden die Lagerplätze wieder entsperrt.

Differenzen in der Bestandsführung ausbuchen

Letztlich sind die Differenzen in der Bestandsführung auszubuchen (Transaktion LI21). Dabei werden die auf dem Schnittstellenlagertyp erzeugten Quants aufgelöst und Abweichungen zwischen Lagerplatzbeständen (WM-Ebene) und Lagerortbeständen (IM-Ebene) ausgeglichen. Im Fall eines positiven Quants wird der Lagerortbestand des zugehörigen Materials um die Quantgröße reduziert. Bei einem negativen Quant wird der Lagerortbestand entsprechend erhöht. Zugleich werden ein Materialbeleg über die verbuchten Mengendifferenzen und ein Buchhaltungsbeleg über die damit verbundenen Wertdifferenzen erzeugt.

[/]

Übung zum Inventurprozess

Vertiefen Sie nun den Inventurprozess durch eine Übung zur Inventur. Sie finden diese unter *http://www.sap-press.de/4640*, **Materialien zum Buch**.

6.8 UCC-Fallstudien

In diesem Abschnitt analysieren Sie retrospektiv die Lagerhaltungsprozesse aus den insgesamt vier UCC-Fallstudien zur Komponente WM:

- WM I: Wareneingang und Einlagerung
- WM II: Umlagerung und Einlagerung
- WM III: Auslagerung und Warenausgang
- WM IV: Inventur

Hierdurch wird das Verständnis der in Abschnitt 6.1 bis Abschnitt 6.7 vermittelten Grundlagen vertieft. Sie können die nachfolgend beschriebenen Darstellungen selbst am SAP-System nachvollziehen. Hierzu ist es erforderlich, dass Sie die genannten UCC-Fallstudien zuvor vollständig bearbeitet haben, damit die von Ihnen erstellten Stamm- und Bewegungsdaten vorliegen. Sie erhalten die Fallstudien auf *http://www.sap-press.de/4640*, **Materialien zum Buch**.

[!]

Ihre persönliche LEARN-Nummer

Beachten Sie (wie immer), dass Sie in den nachfolgenden Abschnitten stets die dreifachen Hashtags ### durch Ihre persönliche LEARN-Nummer ersetzen. Das Gleiche gilt für die in den Screenshots verwendete Nummer 000, der die LEARN-Nummer des Demobenutzers kennzeichnet. Entsprechend ist diese Nummer ebenfalls durch Ihre persönliche LEARN-Nummer zu ersetzen.

6.8.1 UCC-Fallstudie WM I: Wareneingang und Einlagerung

Ausgehend von einer Beschreibung des Anwendungsszenarios und einem Prozessüberblick analysieren Sie nachfolgend die wesentlichen in der UCC-Fallstudie angelegten Belege und erforschen die Integration mit der Bestandsführung und dem Finanzwesen.

Szenario

Global Bike initiiert aus dem Werk San Diego heraus einen Einkauf von 50 Knie- und 50 Ellenbogenschonern beim Lieferanten Dallas Bike Basics. Der Wareneingang der bestellten Materialien wird in der Materialwirtschaft in San Diego erfasst. Die eingegangene Ware wird anschließend mithilfe der Lagerverwaltung im Lagerhaus San Diego im Regallager eingelagert.

Prozessübersicht

Abbildung 6.40 gibt einen Überblick über die Auswirkungen des oben beschriebenen Anwendungsszenarios mit Fokus auf dem Werk San Diego. Dargestellt sind die relevanten Schritte (eingezeichnet als Kreissymbole mit Schrittnummern), durch die Sie Bewegungsdaten oder Belege anlegten oder änderten:

- Schritt 1: Bestellung anlegen
- Schritt 4: Wareneingang buchen
- Schritt 8: Transportauftrag anlegen
- Schritt 9: Transportauftrag quittieren

Die sonstigen Schritte der UCC-Fallstudie dienten ausschließlich der Analyse von Lagerbeständen und -werten. Abbildung 6.40 zeigt auch die erzeugten Bewegungsdaten und Materialbelege. Buchhaltungsbelege wurden im Sinne der Übersichtlichkeit nicht visualisiert. Die schwarzen Pfeile stellen die Materialflüsse dar. Die Lage der dargestellten Pakete und Quants zeigt eine Momentaufnahme nach abgeschlossenem Wareneingang (Schritt 4).

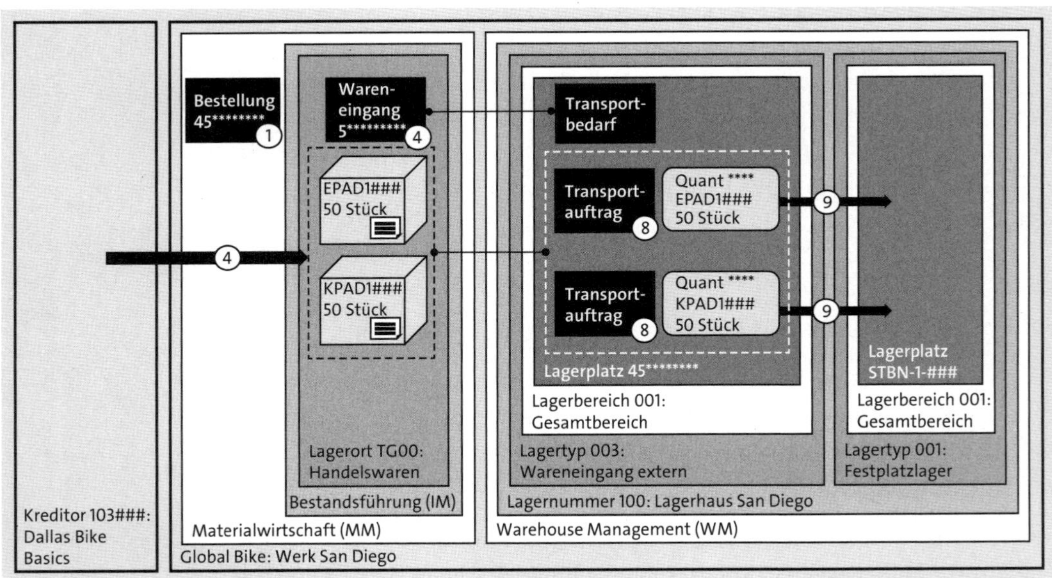

Abbildung 6.40 Übersicht über den Wareneingangs- und Einlagerungsprozess in UCC-Fallstudie WM I

Bestellung

In Schritt 1 legten Sie eine Bestellung mit einer fortlaufenden zehnstelligen Nummer 45******** an. Die Bestellung über jeweils 50 Knie- und Ellenbogenschoner (Materialnummer KPAD1### bzw. EPAD1###) adressierten Sie an den Lieferanten Dallas Bike Basics mit der Kreditorennummer 103###.

Der Wareneingang der gelieferten Ware erfolgte zwar im Lagerhaus San Diego und die Ware wurde dort physisch im Lagertyp 003 (Wareneingang extern) abgelegt, allerdings verbuchten Sie den Wareneingang in Schritt 4 in der Materialwirtschaft (MM) mit der Transaktion MIGO_GR. Dadurch erzeugten Sie den dargestellten Wareneingangsbeleg. In diesem Materialbeleg erfassten Sie in der Bestandsführung am Lagerort TG00 (Handelswaren) im Werk San Diego eine Erhöhung der Lagerortbestände um jeweils 50 Stück der gelieferten Materialien. Der Lagerort TG00 steht in San Diego jedoch unter Lagerverwaltung (siehe Abbildung 6.9).

Wareneingang

Folglich musste das SAP-System, damit Lagerortbestände in der Bestandsführung und Lagerplatzbestände in der Lagerverwaltung weiterhin im Gleichgewicht bleiben, zeitgleich zwei Quants im Lagerhaus San Diego (Lagernummer 100) erzeugen. Diese Quants erhielten jeweils eine automatisch generierte vierstellige Nummer (****) und wurden einem temporär erzeugten dynamischen Lagerplatz im Lagertyp 003 (Wareneingang extern) zugeordnet. Die Nummer dieses Lagerplatzes entsprach der Nummer der in Schritt 1 angelegten Bestellung. Mit dem Wareneingang legte das SAP-System auch automatisch einen Transportbedarf an, der signalisierte, dass die eingegangene Ware abgeholt und eingelagert werden sollte.

Transportauftrag

Mit Bezug zu diesem Transportbedarf legten Sie in Schritt 8 zwei Transportaufträge an, je einen pro Quant. Jeder Transportauftrag übernahm wesentliche Daten aus dem Transportbedarf. Hierzu gehörten insbesondere Angaben zum Material, die Quantgröße und der Vonlagerplatz, das ist der Lagerplatz, von dem das Material abgeholt werden sollte. Zudem ergänzten Sie jeden Transportauftrag um den Nachlagerplatz STBN-1-###, zu dem die Quants transportiert werden sollten. In Schritt 9 führten Sie die Transportaufträge aus. Für jeden Transportauftrag verwendeten Sie das Einschrittverfahren, das heißt, Sie quittierten die Entnahme und zugleich den Transport der Ware. Der Transport umfasste auch das Einlagern am Nachlagerplatz. Schließlich wurde nach dem Quittieren beider Transportaufträge der temporäre dynamische Lagerplatz in Lagertyp 003 gelöscht.

Analysieren Sie nachfolgend die von Ihnen erzeugten Bewegungsdaten in der Lagerverwaltung.

Transportbedarf analysieren

Transportbedarf suchen

In Schritt 4 buchten Sie im Werk San Diego den Wareneingang der bestellten Knieschoner und Ellenbogenschoner. Das ERP-System erstellte dadurch automatisch einen Transportbedarf. Suchen Sie nun diesen Transportbedarf. Folgen Sie hierzu dem Menüpfad **Logistik • Logistics Execution • Lagerinterne Prozesse • Transportbedarf • Anzeigen • Zum Material** (Transaktion LB11).

In der Sicht **Transportbedarf anzeigen: Liste zum Material** geben Sie als **Lagernummer** »100« (Lagerhaus San Diego) und als **Material** »KPAD1###« ein. Als Werk geben Sie »SD00« (DC San Diego) ein und selektieren die Checkbox **Endgeliefert** im Bereich **Status der Bewegung**. Drücken Sie [↵]. Dadurch gelangen Sie in die Sicht **Transportbedarfe zum Material**. Dort erhalten Sie eine Übersicht mit den Transportbedarfen, die Ihrer Suchanfrage entsprechen (siehe Abbildung 6.41).

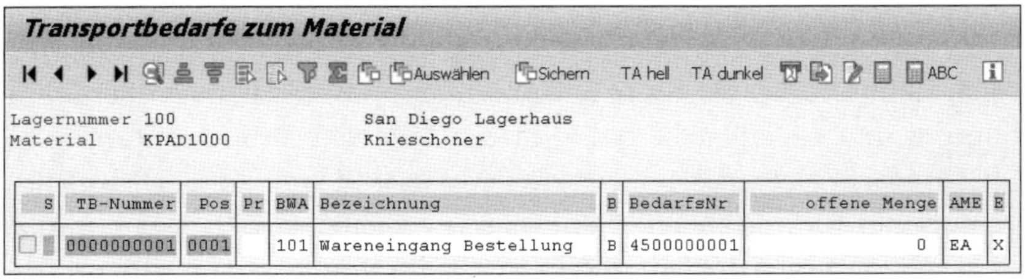

Abbildung 6.41 Gefundene Transportbedarfe zum Material KPAD1### (Transaktion LB11)

Suchen Sie den für Ihren Vorgang erzeugten Transportbedarf. Dieser trägt als **BedarfsNr** die Nummer der Bestellung, die Sie in Schritt 1 der UCC-Fallstudie angelegt haben. Klicken Sie in der Spalte **TB-Nummer** auf die zugehörige Nummer des Transportbedarfs. In der Sicht **Transportbedarf anzeigen: Anzeigen Einzelposition** klicken Sie auf den Button [icon] (**Positionsübersicht**). Es erscheint die Positionsliste des automatisch erzeugten Transportbedarfs (siehe Abbildung 6.42).

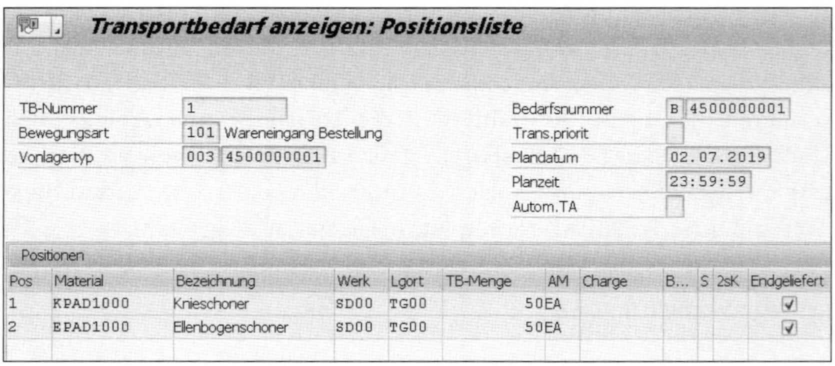

Abbildung 6.42 Positionsliste des Transportbedarfs

Transportbedarf analysieren

Im dargestellten Beispiel wurde die **TB-Nummer** 1 für den Transportbedarf automatisch durch das ERP-System generiert. Die Einträge unter **Bedarfsnummer** zeigen, dass der Transportbedarf durch eine Bestellung (B) mit der Nummer 4500000001 verursacht wurde. Mit der Buchung des zugehörigen Wareneingangs in der Bestandsführung lösten Sie zugleich im WM eine

Warenbewegung mit der **Bewegungsart** 101 (Wareneingang Bestellung) aus. Wie unter dem Eintrag **Vonlagertyp** zu erkennen ist, wurde durch diese Warenbewegung im Lagertyp 003 (Wareneingang extern) ein dynamischer Lagerplatz mit der Nummer Ihrer Bestellung (hier 4500000001) erzeugt. Auf diesem dynamischen Lagerplatz wurden zwei Quants angelegt, wie im Bereich **Positionen** zu erkennen ist. Es handelte sich um je ein Quant der Größe 50 Stück für die gebuchten Knieschoner und Ellenbogenschoner (siehe auch Abbildung 6.40). Der angelegte Transportbedarf signalisierte, dass Ware eingegangen war und durch einen Transportauftrag vom spezifizierten **Vonlagertyp** abgeholt werden sollte.

Analysieren Sie die zugehörigen Kopfdaten des Transportbedarfs, indem Sie auf den Button (**Kopf**) klicken. In der Sicht **Transportbedarf anzeigen: Anzeigen Kopf** ist mit der **Transportart E** zu erkennen, dass die eingegangene Ware eingelagert werden sollte (siehe Abbildung 6.43). Ebenfalls wurde im Kopf des Transportbedarfs die zehnstellige fortlaufende Nummer des **Materialbelegs** über den gebuchten Wareneingang hinterlegt (auch gezeigt in Abbildung 6.40).

Abbildung 6.43 Kopfdaten des Transportbedarfs

Transportaufträge analysieren

Transportaufträge suchen

In Schritt 8 der UCC-Fallstudie legten Sie aus dem oben untersuchten Transportbedarf zwei Transportaufträge an. Anschließend quittierten Sie mit Schritt 9 die erfolgreiche Einlagerung der Ware. Suchen und analysieren Sie diese Transportaufträge mit der Transaktion LX11, oder folgen Sie dem zugehörigen Menüpfad **Logistik • Logistics Execution • Infosystem Lager • Transportauftrag • Belegübersicht**.

Geben Sie als **Lagernummer** 100 und als **Name des Bearbeiters** Ihren Benutzer LEARN-### ein. Als Ergebnis Ihrer Suche erhalten Sie eine mit Abbildung 6.44 vergleichbare Liste von Transportaufträgen.

Abbildung 6.44 Belegübersicht der gefundenen Transportaufträge des Benutzers LEARN-### (Transaktion LX11)

Selektieren Sie die erste Zeile, und klicken Sie auf den Button. Es erscheint der zuerst von Ihnen angelegte Transportauftrag für die Einlagerung der Knieschoner (siehe Abbildung 6.45).

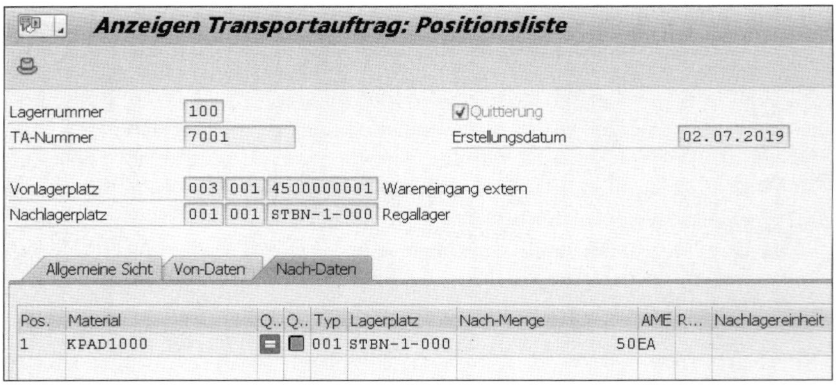

Abbildung 6.45 Positionsliste des Transportauftrags zur Einlagerung des Materials KPAD1###

Transportauftrag analysieren

Im dargestellten Screenshot ist ersichtlich, dass Sie mit der Erstellung des Transportauftrags die Angaben des dynamischen Lagerplatzes aus dem ursprünglichen Transportbedarf (siehe Abbildung 6.42) in das Feld **Vonlagerplatz** des Transportauftrags übernahmen. Im Gegensatz zum Transportbedarf enthält der Transportauftrag die spezifizierte Angabe des **Nachlagerplatzes**, definiert durch den Lagertyp 001 (Regallager), den Lagerbereich 001 (Gesamtbereich) und den Lagerplatz (STBN-1-###). Auf der Registerkarte **Nach-Daten** erkennen Sie, dass durch den Transportauftrag ein Quant bestehend aus 50 Stück Knieschonern (KPAD1###) transportiert wurde. Die grüne Ampel signalisiert, dass Sie die Entnahme und den Transport dieses Quants quittierten. In der UCC-Fallstudie bestätigten Sie die Einlagerung der beauftragten Menge von exakt 50 Stück ohne Differenzen, worauf das Symbol ▤ (**Quittiert ohne Differenz**) hinweist. Der gesetzte Haken in der Checkbox **Quittierung** bedeutet, dass auch der gesamte Transportauftrag als quittiert gilt.

Wiederholen Sie die obigen Schritte für den zweiten in Abbildung 6.44 gefundenen Transportauftrag über die Einlagerung Ihrer Ellenbogenschützer.

Integration mit der Bestandsführung und dem Finanzwesen

Materialbeleg suchen

Mit der Buchung des Wareneingangs in Schritt 4 der UCC-Fallstudie erzeugten Sie in der Bestandsführung des SAP-Systems einen Materialbeleg, der in den Kopfdaten sowohl des Transportbedarfs (siehe Abbildung 6.43) als auch des Transportauftrags notiert wurde. Analysieren Sie diesen Materialbeleg mit der Transaktion MB03 (Materialbeleg anzeigen), oder folgen Sie dem Menüpfad **Logistik • Logistics Execution • Wareneingang zu Bestellung, Auftrag und sonstigen Vorgängen • Materialbeleg anzeigen**. Sofern bekannt, geben Sie die Nummer des Wareneingangsbelegs direkt in das Feld **Materialbeleg** ein. Alternativ öffnen Sie die [F4]-Suche im Feld **Materialbeleg**. In der Sicht **Materialbelegliste** geben Sie als **Material** »KPAD1###« ein und starten die Belegsuche. In der danach folgenden **Materialbelegliste** doppelklicken Sie auf die Belegnummer des von Ihnen gebuchten Wareneingangs. Die Belegnummer wird übernommen. Geben Sie das aktuelle Jahr in das Feld **MatBelegjahr** ein, und lassen Sie sich den Materialbeleg wie in Abbildung 6.46 ausgeben.

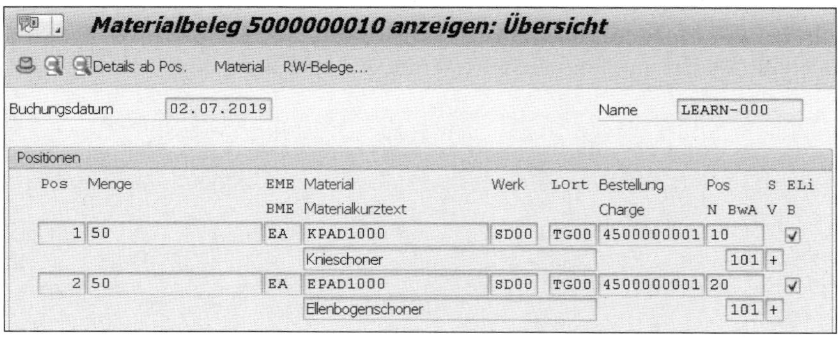

Abbildung 6.46 Materialbeleg zum Wareneingang (Transaktion MB03)

Materialbeleg analysieren

Der Materialbeleg weist den Wareneingang mit der MM-Bewegungsart (**BwA**) 101 nach. Zudem ist ersichtlich, dass der Wareneingang zu einer **Bestellung** mit der dargestellten Bestellnummer gehört. Mit dem Wareneingang verbuchten Sie den Bestandszugang von je 50 Stück der zwei dargestellten Materialpositionen im Lagerort Trading Goods (TG00) im Werk

San Diego (SD00). Wie aus Abbildung 6.9 ersichtlich, steht dieser Lagerort jedoch unter WM-Verwaltung und wurde folglich von Ihnen per Transportauftrag im Lagerhaus San Diego eingelagert.

Buchhaltungsbeleg anzeigen

Der von Ihnen in der Bestandsführung gebuchte Wareneingang veränderte direkt den Bestand im Lagerort TG00. Der Vorgang war FI-relevant und erzeugte somit zugleich eine Buchung im Rechnungswesen. Lassen Sie sich den zugehörigen Buchhaltungsbeleg anzeigen, indem Sie in der Toolbar auf den Button **RW-Belege** klicken. Der Buchhaltungsbeleg in Abbildung 6.47 zeigt die beteiligten Hauptbuchkonten 200200 (Materialbestand Handelswaren) und 31000 (Wareneingang-Rechnungseingang-Verrechnungskonto).

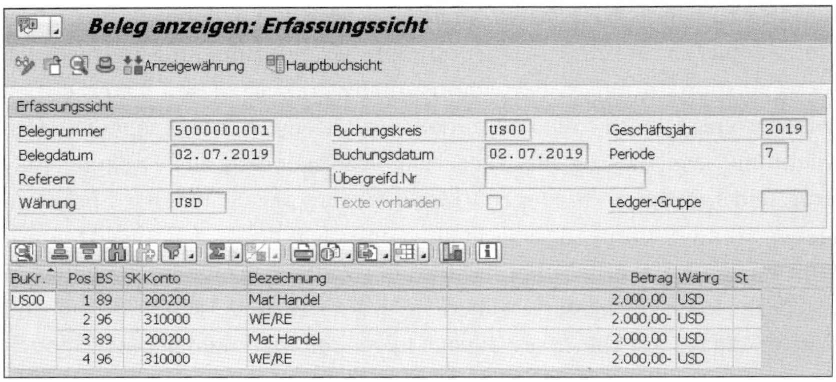

Abbildung 6.47 Zugehöriger Buchhaltungsbeleg

Buchungssatz analysieren

Der Wareneingang enthielt zwei Positionen (Knieschoner und Ellenbogenschoner), jeweils über den gleichen Wert von 2.000,00 US$. Der zugehörige Buchungssatz in Tabelle 6.12 zeigt die positionsweise Verbuchung des Wareneingangs auf der Soll-Seite (S) und Haben-Seite (H).

Vorgang	Belegnr. (FI)	Bel.-Art	S/H	Konto	Betrag (USD)
Wareneingang buchen	5000000001	WE	S	200200	2.000,00
			H	310000	2.000,00
			S	200200	2.000,00
			H	310000	2.000,00

Tabelle 6.12 Buchungssatz zum Wareneingang

Der Wareneingang führte insgesamt zu einer monetär bewerteten Bestandszunahme von 4.000,00 US$ bei den Handelswaren. Die habenseitige Buchung im Konto 310000 (WE/RE) dient der zeitlichen Überbrückung bis zur Fakturierung der Lieferantenrechnung (nicht Bestandteil der UCC-Fallstudie).

6.8.2 UCC-Fallstudie WM II: Umlagerung und Einlagerung

Zunächst wird wieder das Anwendungsszenario kurz vorgestellt und ein Prozessüberblick gegeben. Anschließend bearbeiten Sie eine Übung, mit der Sie die wesentlichen, in der UCC-Fallstudie angelegten Bewegungsdaten und FI-relevanten Buchungen analysieren.

Szenario

Global Bike im Werk San Diego benötigt Nachschub an schwarzen Deluxe Touring Bikes. Deshalb ordert San Diego per Umlagerungsbestellung zehn Fahrräder beim Produktionsstandort Dallas. Der Wareneingang der bestellten Materialien wird in der Materialwirtschaft in San Diego erfasst. Die eingegangene Ware wird anschließend mithilfe der Lagerverwaltung im Lagerhaus San Diego im Palettenlager eingelagert.

Prozessübersicht

Abbildung 6.48 gibt einen Überblick über die Auswirkungen des oben beschriebenen Anwendungsszenarios. Wieder sind nur die relevanten Schritte dargestellt (eingezeichnet als Kreissymbole mit Schrittnummern), mit denen Sie Bewegungsdaten oder Belege anlegten oder änderten:

- Schritt 2: Bestellung anlegen
- Schritt 5: Warenausgang buchen
- Schritt 8: Wareneingang buchen
- Schritt 12: Transportauftrag anlegen
- Schritt 13: Transportauftrag quittieren

Die sonstigen Schritte der UCC-Fallstudie dienten ausschließlich der Analyse von Lagerbeständen und -werten. Abbildung 6.48 enthält auch die erzeugten Bewegungsdaten und Materialbelege (Buchhaltungsbelege sind nicht dargestellt). Die schwarzen Pfeile repräsentieren die Materialflüsse. Die Lage des dargestellten Pakets und des Quants zeigt eine Momentaufnahme nach abgeschlossenem Wareneingang (Schritt 8).

Umlagerungsbestellung

UCC-Fallstudie WM II ähnelt sehr der in Abschnitt 6.8.1 untersuchten UCC-Fallstudie WM I. Deshalb beschränkt sich die nachfolgende Prozessbeschreibung auf eine kurze Zusammenfassung und hebt die Unterschiede hervor. In Schritt 2 legten Sie eine Umlagerungsbestellung mit einer fortlaufenden zehnstelligen Nummer 45******** an. Sie orderten damit zehn schwarze Deluxe Touring Bikes (Materialnummer DXTR1###) beim Werk Dallas. Für dieses Werk buchten Sie in Schritt 5 den Warenausgang.

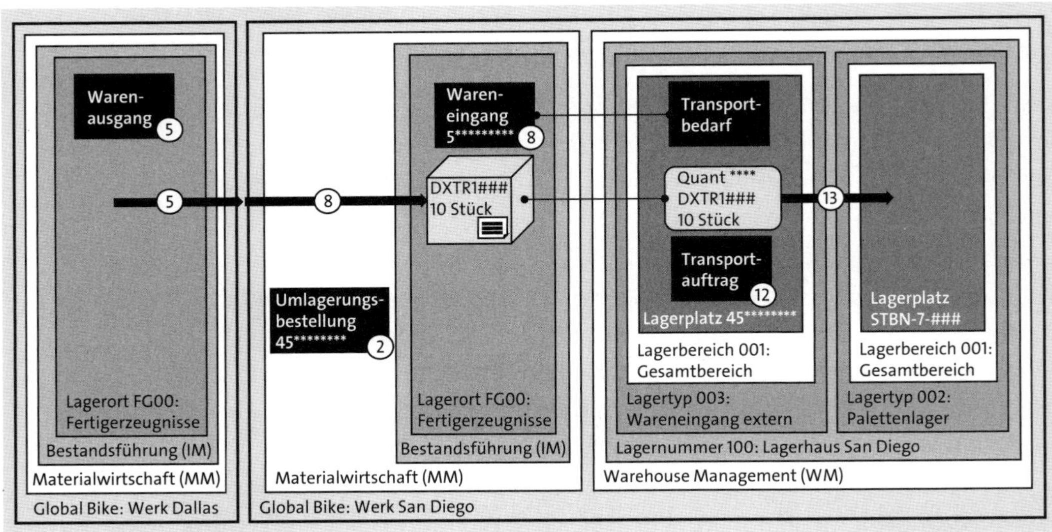

Abbildung 6.48 Übersicht über den Umlagerungs- und Einlagerungsprozess in UCC-Fallstudie WM II

Wareneingang

Den Wareneingang verbuchten Sie in Schritt 8 in der Materialwirtschaft. Dadurch erzeugten Sie den dargestellten Wareneingangsbeleg, der in der Bestandsführung am Lagerort FG00 (Fertigerzeugnisse) in Werk San Diego eine Erhöhung der Lagerortbestände um 10 Stück der gelieferten Fahrräder dokumentierte. Lagerort FG00 steht in San Diego jedoch unter Lagerverwaltung. Folglich erzeugte das SAP-System zeitgleich ein Quant auf einem temporär erzeugten dynamischen Lagerplatz im Lagertyp 003 (Wareneingang extern). Die Nummer dieses Lagerplatzes entsprach der Nummer der in Schritt 2 angelegten Umlagerungsbestellung. Mit dem Wareneingang legte das SAP-System auch automatisch einen Transportbedarf an, der signalisierte, dass die eingegangene Ware abgeholt und eingelagert werden sollte.

Die weiteren Schritte führten Sie analog zu UCC-Fallstudie WM I durch. So legten Sie in Schritt 12 einen Transportauftrag mit Bezug zum obigen Transportbedarf an. In Schritt 13 transportierten Sie das Quant bestehend aus zehn Fahrrädern, lagerten es im Einschrittverfahren auf Lagerplatz STBN-7-### in Lagertyp 002 (Palettenlager) ein und quittierten den Transportauftrag.

Übung: Erzeugte Bewegungsdaten und Belege analysieren

Analysieren Sie nachfolgend die von Ihnen erzeugten Bewegungsdaten und Belege:

1. Lassen Sie sich den automatisch erzeugten Transportbedarf und den darauf basierenden Transportauftrag aus UCC-Fallstudie WM II anzeigen.
2. Untersuchen Sie die in UCC-Fallstudie WM II durchgeführten FI-relevanten Vorgänge, und notieren Sie die im Hintergrund erzeugten Buchungssätze. Geben Sie für jeden Buchungssatz eine Vorgangsbezeichnung, die Belegnummer, die Belegart und die Soll- und Haben-Buchungen auf den genutzten Konten mit Buchungsbeträgen an.

Folgen Sie zur Lösung den gleichen Schritten wie in Abschnitt 6.8.1. Nutzen Sie Transaktion LB11 zur Anzeige des Transportbedarfs und beispielsweise Transaktion LX11 für den zugehörigen Transportauftrag.

Suchen Sie die von Ihnen durch Warenausgang und -eingang erzeugten Materialbelege. Hierzu öffnen Sie die Transaktion ME23N oder folgen dem Menüpfad **Logistik • Materialwirtschaft • Einkauf • Bestellung • Anzeigen**.

Wählen Sie **Umlagerungsbestellung** als **Bestellart**, und geben Sie Ihre Bestellnummer aus Schritt 2 der UCC-Fallstudie ein. In den Positionsdetails wählen Sie die Registerkarte **Bestellentwicklung** zur Position 10. Dort erscheinen die beiden von Ihnen angelegten Materialbelege mit **Kurztext** WA für Warenausgang (Schritt 5) und WE für Wareneingang (Schritt 8). Abbildung 6.49 zeigt die Bestellentwicklung am Beispiel, wobei Ihre eigenen Belegnummern sehr wahrscheinlich von den hier dargestellten abweichen.

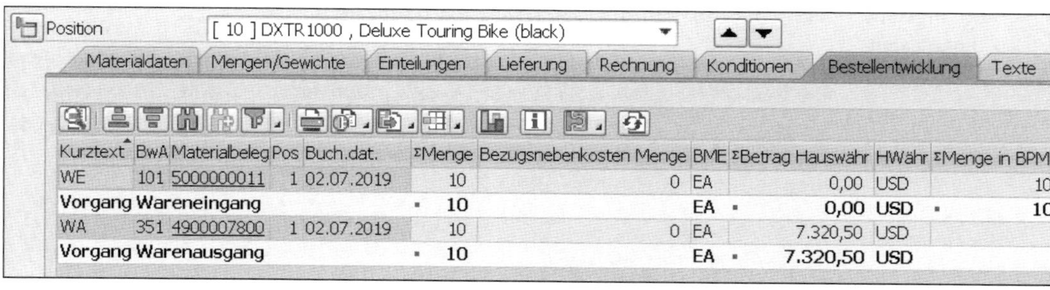

Kurztext	BwA	Materialbeleg	Pos	Buch.dat.	ΣMenge	Bezugsnebenkosten Menge	BME	ΣBetrag Hauswähr	HWähr	ΣMenge in BPME
WE	101	5000000011	1	02.07.2019	10	0	EA	0,00	USD	10
Vorgang Wareneingang					▪ **10**		**EA**	▪ **0,00**	**USD**	▪ **10**
WA	351	4900007800	1	02.07.2019	10	0	EA	7.320,50	USD	
Vorgang Warenausgang					▪ **10**		**EA**	▪ **7.320,50**	**USD**	

Abbildung 6.49 Materialbelege zur Umlagerung (Transaktion ME23N)

Klicken Sie zunächst auf die Nummer des Wareneingangsbelegs. Daraufhin öffnet sich das Bild **Anzeigen Materialbeleg**. Wählen Sie in den Kopfdaten die Registerkarte **Beleginfo**, und klicken Sie auf den Button **RW-Belege**. Es erscheint der Hinweis »Kein Folgebeleg im Rechnungswesen gefunden«. Im Gegensatz zum Wareneingang zur Normalbestellung in UCC-Fallstudie

WM I hatte der Wareneingang bei der Umlagerungsbestellung in UCC-Fallstudie WM II offenbar keine FI-Relevanz. Es wurde also kein zugehöriger Buchhaltungsbeleg erzeugt.

Buchhaltungsbeleg anzeigen

Kehren Sie zurück zur Bestellentwicklung, und klicken Sie nun auf die Nummer des Warenausgangsbelegs. Klicken Sie wieder den Button **RW-Belege** auf der Registerkarte **Beleginfo**. Im anschließend erscheinenden Pop-up-Fenster klicken Sie doppelt auf die Nummer des Buchhaltungsbelegs. Es erscheint der in Abbildung 6.50 gezeigte Buchhaltungsbeleg.

Abbildung 6.50 Zugehöriger Buchhaltungsbeleg

Wieder entlastete das ERP-System die Akteure, die an der Umlagerung beteiligt waren. Das System erzeugte im Hintergrund automatisch die benötigte Buchung im Rechnungswesen. Die Umlagerung bewirkte genau einen Buchungssatz, verbunden mit dem Speichern des Warenausgangs im Werk Dallas.

Buchungssatz analysieren

Den zugehörigen Buchungssatz zeigt Tabelle 6.13.

Vorgang	Belegnr. (FI)	Bel.-Art	S/H	Konto	Betrag (USD)
Warenausgang buchen	4900007499	WA	S	200100	14.000,00
			H	200100	7.320,50
			H	660000	6.679,50

Tabelle 6.13 Buchungssatz zur Umlagerung

Das SAP-System verbuchte den Warenausgang im Werk Dallas habenseitig als Bestandsabgang im Konto »Materialbestand Fertigerzeugnisse« (Kontonummer 200100) mit einem Wert von 7.320,50 US$. Zugleich wurde auch schon der Wareneingang im Werk San Diego als Bestandszugang im gleichen Konto auf der Soll-Seite mit einem Wert von 14.000,00 US$ gebucht.

Die Fahrräder besaßen also in den beiden Werken unterschiedliche Bestandswerte. Die Differenz, hier eine Werterhöhung um 6.679,50 US$, wurde als Ertrag im Konto »Ertrag aus Umlagerung« (Kontonummer 660000) habenseitig erfasst. Hinweis: Sie beobachteten die unterschiedliche Bewertung des schwarzen Deluxe Touring Bikes bereits in den Schritten 7 und 10, als Sie sich die Lagerbestandswerte der verschiedenen Werke ausgeben ließen.

6.8.3 UCC-Fallstudie WM III: Auslagerung und Warenausgang

Die retrospektive Betrachtung der dritten UCC-Fallstudie zu WM startet mit einer kurzen Einführung in das Anwendungsszenario, gefolgt von einem Prozessüberblick. Anschließend analysieren Sie den von Ihnen angelegten Transportauftrag, die Lagerplatzfindung und die FI-relevanten Buchungen.

Szenario

Global Bike im Werk San Diego legt einen Kundenauftrag für den Kunden SoCal Bikes an. Der Kunde benötigt fünf silberne Profi Touringbikes. Die Ware wird aus dem Palettenlager vom Lagerhaus San Diego ausgelagert und über die Versandstelle San Diego ausgeliefert.

Prozessübersicht

Einen Überblick über die Auswirkungen des oben beschriebenen Anwendungsszenarios liefert Abbildung 6.51. Wieder sind nur die relevanten Schritte dargestellt (eingezeichnet als Kreissymbole mit Schrittnummern), mit denen Sie Bewegungsdaten oder Belege anlegten oder änderten:

- Schritt 1: Kundenauftrag anlegen
- Schritt 3: Auslieferung anlegen
- Schritt 5: Transportauftrag anlegen
- Schritt 7: Transportauftrag quittieren
- Schritt 10: Warenausgang buchen

Die sonstigen Schritte der UCC-Fallstudie dienten ausschließlich der Analyse von Lagerbeständen und -werten. Abbildung 6.51 visualisiert auch die erzeugten Bewegungsdaten und Materialbelege (Buchhaltungsbelege wurden zur besseren Übersichtlichkeit nicht eingezeichnet). Die schwarzen Pfeile stellen die Materialflüsse dar. Die Lage des dargestellten Pakets und des Quants zeigt eine Momentaufnahme nach dem Quittieren des Transportauftrags (Schritt 7).

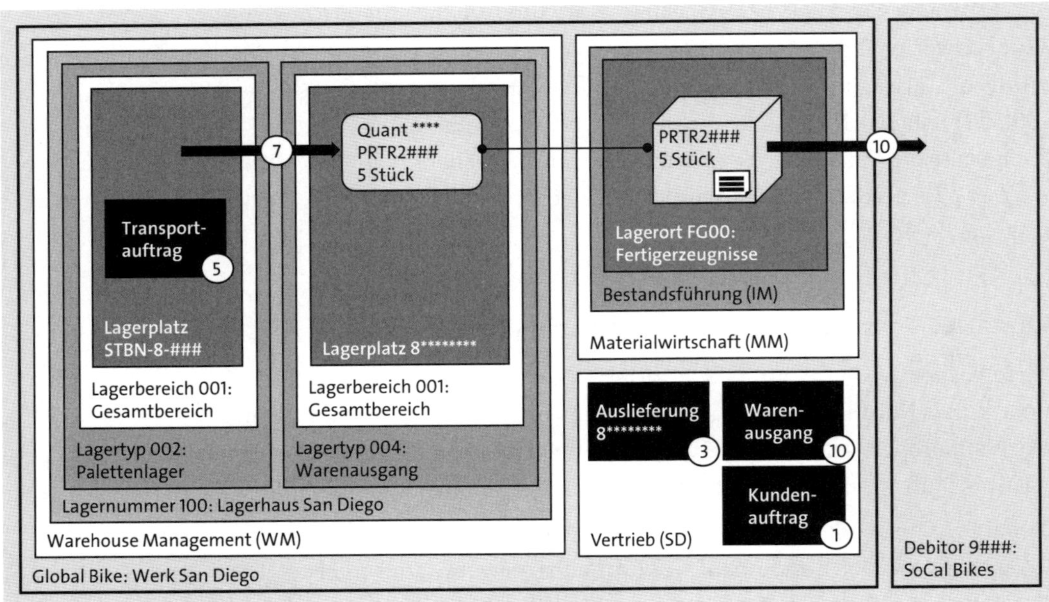

Abbildung 6.51 Übersicht über den Auslagerungs- und Warenausgangsprozess in UCC-Fallstudie WM III

Kundenauftrag

In Schritt 1 legten Sie einen Kundenauftrag für den Kunden SoCal Bikes über fünf silberne Profi Touringbikes (Materialnummer PRTR2###) an. Der Kunde sollte aus dem Werk San Diego heraus beliefert werden. Deshalb erzeugten Sie in Schritt 3 eine Auslieferung mit einer fortlaufenden achtstelligen Nummer 8*******. Die Ware befand sich im Lagerort Fertigerzeugnisse (FG00), der in San Diego unter Lagerverwaltung (siehe Abbildung 6.9) stand. Folglich konnten Sie die Lieferung nicht wie gewohnt (siehe UCC-Fallstudie zum Vertrieb) mit der Transaktion VL02N (Auslieferung ändern) kommissionieren.

Transportauftrag

Stattdessen mussten Sie die Ware über einen Transportauftrag auslagern. Im Gegensatz zu den UCC-Fallstudien WM I und WM II wurde jedoch kein Transportbedarf automatisiert angelegt, der als Grundlage für den Transportauftrag hätte dienen können. Stattdessen nutzten Sie in Schritt 5 den Auslieferungsmonitor (Transaktion VL06P), um speziell nach Auslieferungen zu suchen, die noch WM-kommissioniert werden mussten, und legten einen Transportauftrag auf Basis Ihrer eigenen Auslieferung an. Dabei bestimmte das SAP-System mittels der automatischen Lagerplatzfindung selbstständig die für die Auslagerung relevanten Von-Daten: Lagertyp 002 (Palettenlager), Lagerbereich 001 (Gesamtbereich) und Lagerplatz STBN-8-###. Als Nachlagerplatz übernahm der Transportauftrag ebenfalls automatisch die Nummer des Auslieferungsbelegs, den Sie in Schritt 3 anlegten. Es handelte sich dabei um einen temporär erzeugten dynamischen Lagerplatz im Lagertyp 004 (Warenausgang).

In Schritt 7 quittierten Sie den Transportauftrag und wählten das Einschrittverfahren, das heißt, Sie quittierten die Entnahme und zugleich den Transport der Ware. Dadurch erzeugten Sie auf dem Nachlagerplatz ein Quant, bestehend aus fünf silbernen Profi Touringbikes. Das Quant erhielt eine systemgenerierte vierstellige Nummer (****).

Warenausgangsbeleg

Schließlich buchten Sie in Schritt 10 den Warenausgang im Vertrieb (SD) und erzeugten dabei einen Warenausgangsbeleg. Dieser Materialbeleg dokumentierte in der Bestandsführung einen Abgang aus Lagerort FG00 (Fertigerzeugnisse). Lagerort FG00 steht in San Diego jedoch unter Lagerverwaltung (siehe Abbildung 6.9). Deshalb wurde zeitgleich das zugehörige Quant im Lagertyp 004 aufgelöst. Auf diese Art und Weise reduzierten Sie die Lagerortbestände in der Bestandsführung und Lagerplatzbestände in der Lagerverwaltung gleichermaßen und sicherten das Gleichgewicht der Bestände in Lagerverwaltung und Bestandsführung.

Übung: Erzeugte Bewegungsdaten und Belege analysieren

[/]

Analysieren Sie nachfolgend die von Ihnen erzeugten Bewegungsdaten und Belege:

1. Lassen Sie sich Ihren Transportauftrag aus UCC-Fallstudie WM III anzeigen.
2. Rekapitulieren Sie die automatische Ermittlung der Von-Daten Ihres Transportauftrags.
3. Untersuchen Sie die in der UCC-Fallstudie WM III durchgeführten FI-relevanten Vorgänge, und notieren Sie die im Hintergrund erzeugten Buchungssätze. Geben Sie für jeden Buchungssatz eine Vorgangsbezeichnung, die Belegnummer, die Belegart und die Soll- und Haben-Buchungen auf den genutzten Konten mit Buchungsbeträgen an.

Suchen Sie zunächst Ihren Transportauftrag. Nutzen Sie hierfür Transaktion LX11, oder folgen Sie dem Menüpfad **Logistik • Logistics Execution • Infosystem • Lager • Transportauftrag • Belegübersicht**. Geben Sie als **Lagernummer** »100« (Lagerhaus San Diego) und als Bearbeiter »LEARN-###« ein. Daraufhin erscheint eine Liste der residenten Belege. Dort doppelklicken Sie auf den Transportauftrag mit der Nummer Ihres Auslieferungsbelegs in Spalte **BedarfsNr.** Es erscheint die in Abbildung 6.52 gezeigte Positionsliste Ihres Transportauftrags.

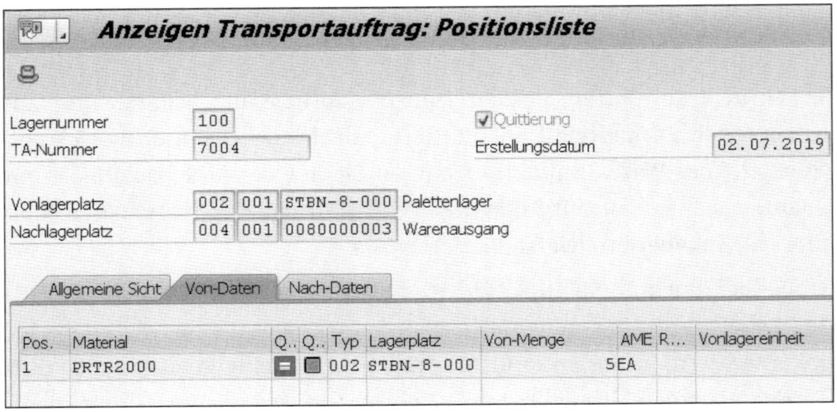

Abbildung 6.52 Transportauftrag zur Auslagerung (Transaktion LT21)

Der Quittierstatus zeigt, dass die Ware entnommen, transportiert und ohne Differenzen quittiert wurde. Als Vonlagerplatz wurde STBN-8-### im Palettenlager automatisch ermittelt. Der Nachlagerplatz ist ein dynamischer Lagerplatz und trägt die Nummer Ihres Auslieferungsbelegs aus Schritt 3 der UCC-Fallstudie.

Material anzeigen

Lassen Sie sich das Material PRTR2### anzeigen. Nutzen Sie hierfür die Transaktion MM03, oder folgen Sie dem Menüpfad **Logistik • Materialwirtschaft • Materialstamm • Material • Anzeigen • Anzeigen akt. Stand**. Selektieren Sie die Sicht **Lagerverwaltung**, und geben Sie als **Werk** »SD00« und als **Lagernr.** »100« ein. Es erscheint die in Abbildung 6.53 gezeigte Registerkarte im Materialstamm des silbernen Profi Touringbikes.

Materialstamm analysieren

Im Bereich **Lagerungsstrategien** erkennen Sie das Auslagertypkennzeichen 002. Im Customizing wurde dieses Kennzeichen definiert und eine Suchreihenfolge zugeordnet. Die Suchreihenfolge wurde für das Lagerhaus San Diego so definiert, dass alle Materialien mit Auslagerkennzeichen 002 aus Lagertyp 002 (Palettenlager) auszulagern sind. Dort fand das SAP-System einen einzigen Lagerplatz STBN-8-###, in dem das Material PRTR2### in ausreichender Menge enthalten war. Auf diesem Wege wurden die Von-Daten des Transportauftrags in Abbildung 6.52 automatisch ausgefüllt.

Materialbeleg suchen

Suchen Sie den von Ihnen durch den Warenausgang erzeugten Materialbeleg über den Belegfluss Ihres Kundenauftrags. Hierzu öffnen Sie die Transaktion VA03, oder folgen Sie dem Menüpfad **Logistik • Vertrieb • Verkauf • Auftrag • Anzeigen**. Geben Sie die Nummer Ihres Kundenauftrags aus der UCC-Fallstudie WM III ein, und klicken Sie auf den Button (**Belegfluss anzeigen**). Selektieren Sie den Beleg mit der Bezeichnung **WL Warenauslieferung**, und klicken Sie auf den Button **Beleg anzeigen**.

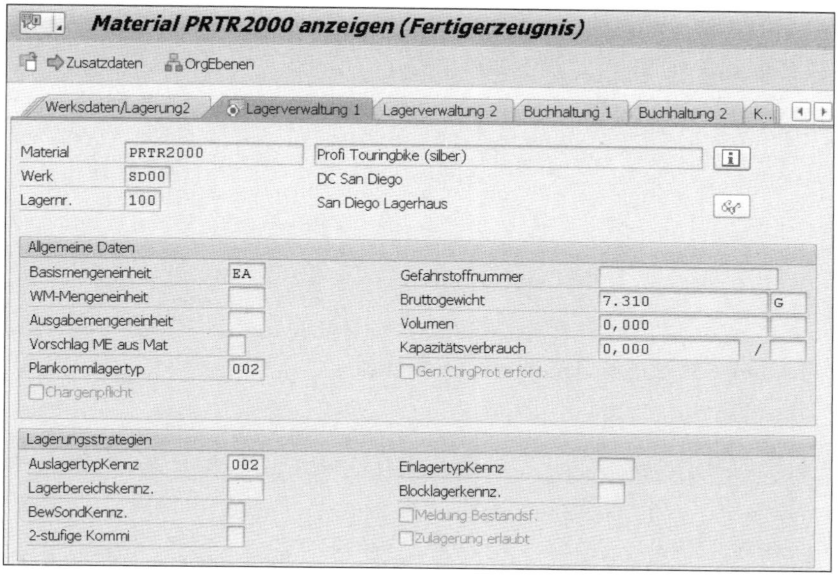

Abbildung 6.53 Materialstamm von Profi Touringbike (silber) auf der Registerkarte »Lagerverwaltung 1« (Transaktion MM03)

Es erscheint der in Abbildung 6.54 gezeigte Materialbeleg, der den Warenausgang von fünf Fahrrädern mit der Bewegungsart 601 (Warenauslieferung) dokumentiert.

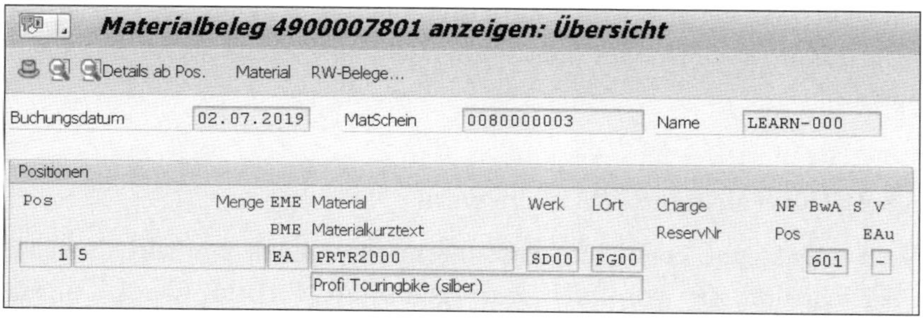

Abbildung 6.54 Materialbeleg zum Warenausgang (Transaktion MB03)

Buchhaltungsbeleg anzeigen

Klicken Sie auf den Button **RW-Belege...**, und doppelklicken Sie danach auf die Nummer des Buchhaltungsbelegs. Dieser Beleg ist in Abbildung 6.55 dargestellt.

Buchungssatz analysieren

Während Sie in der UCC-Fallstudie den Warenausgang buchten, erzeugte das ERP-System im Hintergrund die zugehörige Buchung im Rechnungswesen. Den zugehörigen Buchungssatz können Sie direkt ablesen (siehe Tabelle 6.14).

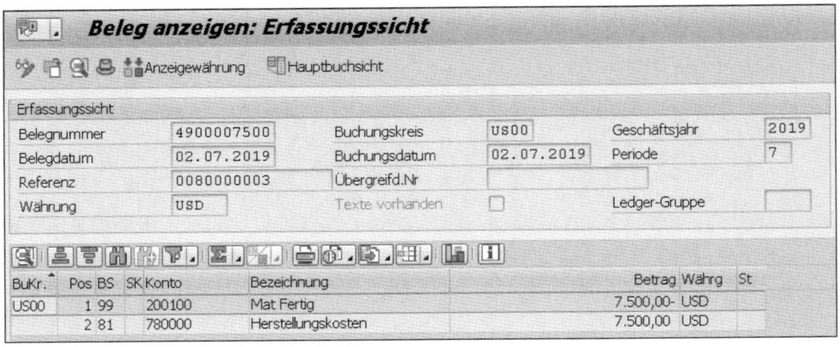

Abbildung 6.55 Zugehöriger Buchhaltungsbeleg

Vorgang	Belegnr. (FI)	Bel.-Art	S/H	Konto	Betrag (USD)
Warenausgang buchen	4900007500	WL	S	780000	7.500,00
			H	200100	7.500,00

Tabelle 6.14 Buchungssatz zum Warenausgang

Das SAP-System verbuchte den Warenausgang als Abgang aus dem Bestand der Fertigerzeugnisse durch eine habenseitige Buchung im Konto »Materialbestand Fertigerzeugnisse« (Kontonummer 200100) über einen Wert von 7.500,00 US$. Zugleich wurde der gleiche Betrag als Wert der verkauften Ware auf der Soll-Seite des Kontos »Herstellungskosten« als Aufwand verbucht.

6.8.4 UCC-Fallstudie WM IV: Inventur

Nach einer kurzen Vorstellung des Anwendungsszenarios erhalten Sie eine Übersicht über den von Ihnen durchgeführten Inventurprozess. Danach analysieren Sie detailliert die von Ihnen durchgeführten Buchungen von Inventurdifferenzen.

Szenario

Global Bike im Werk San Diego führt eine Inventur von Lagerplatz STBN-9-### im Palettenlager durch. Das Zählergebnis weicht von den Lagerplatzbeständen des SAP-Systems ab. Eine Nachzählung bestätigt die Korrektheit der Abweichung, die schließlich als Differenz in der Lagerverwaltung und in der Bestandsführung ausgebucht wird.

Prozessübersicht

Einen Überblick über die Auswirkungen des oben beschriebenen Anwendungsszenarios liefern Abbildung 6.56 bis Abbildung 6.59. Nur solche Schritte sind dargestellt (Kreissymbole mit Schrittnummern), mit denen Sie Bewegungsdaten oder Belege anlegten oder änderten:

- Schritt 1: Inventurbeleg anlegen und aktivieren
- Schritt 4: Zählergebnisse erfassen
- Schritt 5: Nachzählung veranlassen
- Schritt 6: Nachzählung erfassen
- Schritt 8: Differenzen im WM ausbuchen
- Schritt 11: Differenzen in der Bestandsführung ausbuchen

Die sonstigen Schritte der UCC-Fallstudie dienten ausschließlich der Analyse von Lagerbeständen und -werten.

Ausgangssituation

In der Ausgangssituation sind im SAP-System auf Lagerplatz STBN-9-### im Palettenlager zwei Quants verzeichnet: 25 Mountainbikes Herren (ORMN1###) und zehn Mountainbikes Damen (ORWN1###). Entsprechend lauten die in der Bestandsführung gespeicherten Bestände im Lagerort Fertigerzeugnisse (FG00) über die gleichen Mengen. Die nachfolgend erläuterten Schritte der UCC-Fallstudie basieren auf dem Inventurprozess, der in Abschnitt 6.7.3 vorgestellt wurde.

Inventurbeleg

In Schritt 1 legten Sie einen Inventurbeleg für Ihren Lagerplatz STBN-9-### im Palettenlager an und signalisierten dadurch die bevorstehende Zählung (siehe Abbildung 6.56). Der Inventurbeleg erhielt eine systemerzeugte fortlaufende Nummer X.

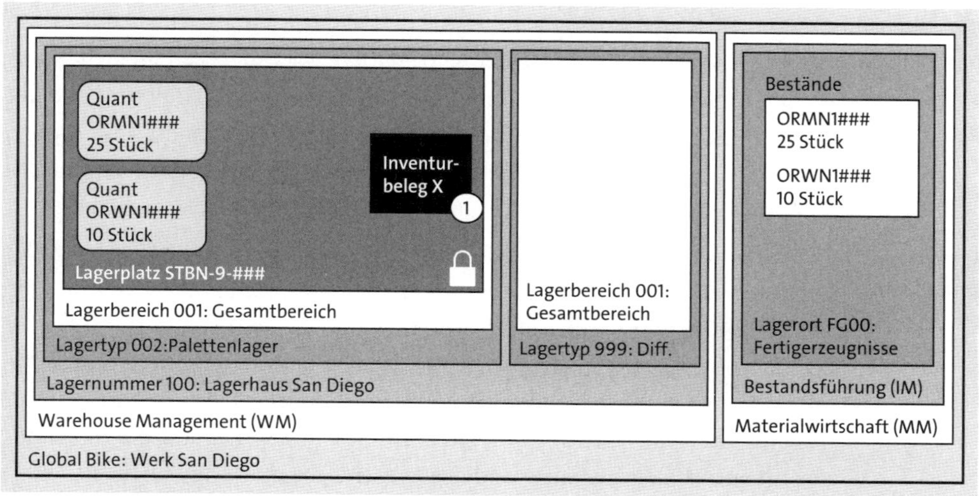

Abbildung 6.56 Bestände und Belege nach Schritt 1

Zugleich aktivierten Sie den Inventurbeleg, wodurch Sie den Lagerplatz für alle Ein- und Auslagerungen sperrten (hervorgehoben durch das Schlosssymbol).

Zählergebnisse In Schritt 4 zählten Sie die Lagerplatzbestände und erfassten diese im Inventurbeleg (siehe Abbildung 6.57).

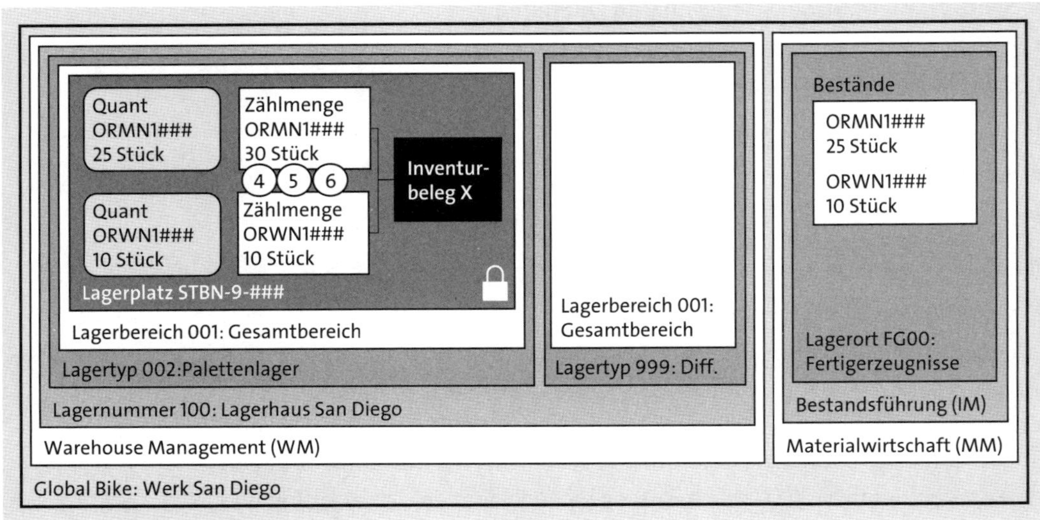

Abbildung 6.57 Bestände und Belege nach Schritt 6

Die Zählergebnisse trugen Sie in den Inventurbeleg ein. Das Zählergebnis für die Mountainbikes Herren wich dabei um 5 Stück nach oben von der im SAP-System verzeichneten Quantgröße ab.

Nachzählung Daraufhin veranlassten Sie in Schritt 5 eine Nachzählung und führten sie mit Schritt 6 aus. Auch das Ergebnis der Nachzählung speicherten Sie im Inventurbeleg ab. Die Nachzählung bestätigte nochmals das ursprüngliche Zählergebnis und die Abweichung. Mit dem Speichern der Zählung und der Nachzählung aktualisierten Sie die offenbar falsche Quantgröße jedoch noch nicht. Weiterhin blieben die verzeichneten Lagerplatzbestände im WM und die Lagerortbestände in der Bestandsführung im Gleichgewicht.

Umgang mit Differenzen In Schritt 8 buchten Sie die Differenz für das Mountainbike Herren in der Lagerverwaltung aus (siehe Abbildung 6.58). Dadurch korrigierten Sie die falsche Quantgröße auf Lagerplatz STBN-9-###. Zeitgleich erzeugten Sie damit ein negatives Quant der Größe –5 Stück auf der Differenzenschnittstelle (Lagertyp 999). Auf diesem logischen Lagertyp wurde temporär ein dynamischer Lagerplatz mit der Nummer X (entsprechend der Nummer des Inventurbelegs) erzeugt und das negative Quant darauf abgelegt.

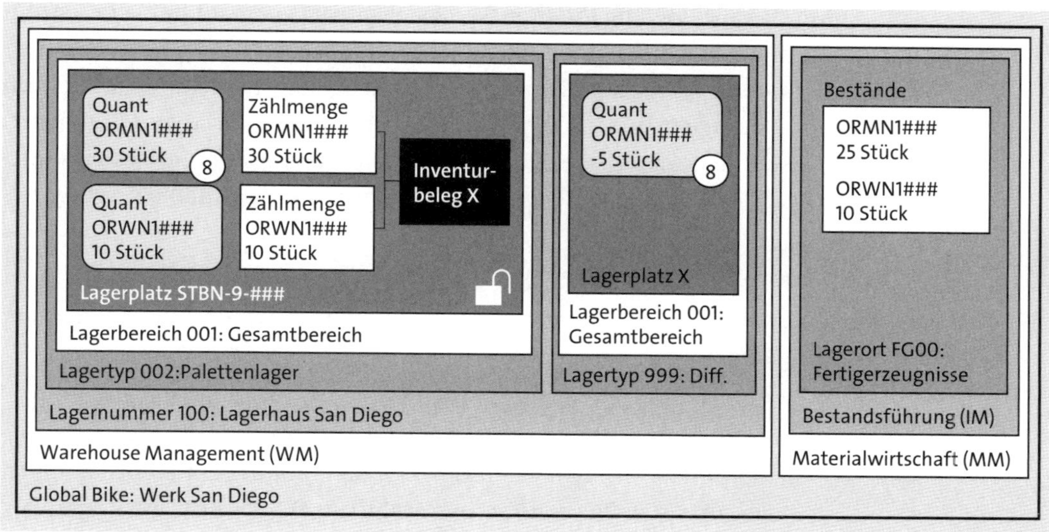

Abbildung 6.58 Bestände und Belege nach Schritt 8

Durch diese Maßnahme verblieben die Lagerplatzbestände (WM) und die Lagerortbestände (IM) im Gleichgewicht, obgleich der Lagerortbestand von ORMN1### zunächst keine Korrektur erfuhr. Mit der Ausbuchung in der Lagerverwaltung entsperrten Sie zudem den Lagerplatz STBN-9-### und gaben ihn somit wieder für Ein- und Auslagerungen frei.

Mit Schritt 11 buchten Sie die Zähldifferenz auch in der Bestandsführung aus (siehe Abbildung 6.59).

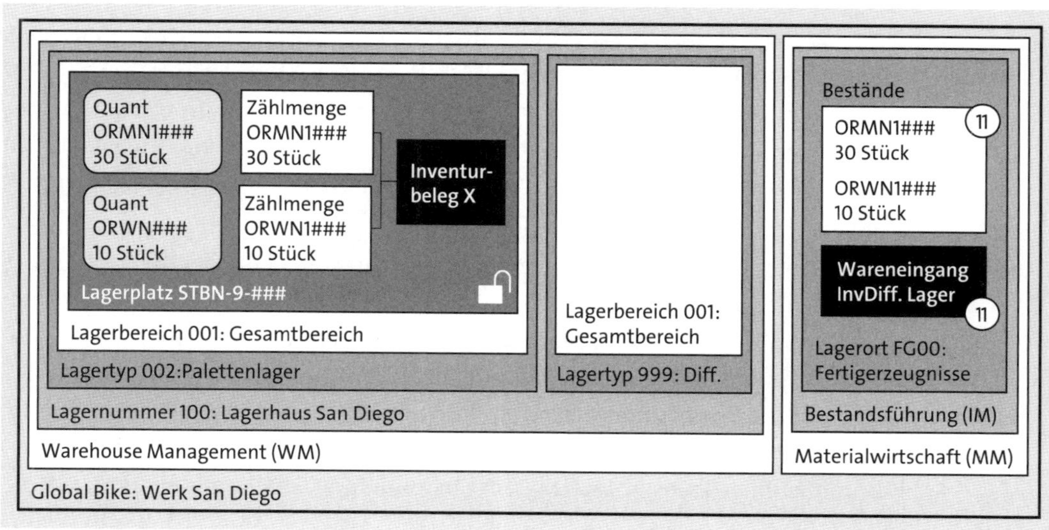

Abbildung 6.59 Bestände und Belege nach Schritt 11

Mit diesem Vorgang löschten Sie das negative Quant auf der Differenzenschnittstelle und ebenso den temporären Lagerplatz X. Der Lagerortbestand des Mountainbikes Herren wurde entsprechend um +5 Stück nach oben korrigiert und entsprach fortan dem physisch erfassten Lagerplatzbestand. Ein Materialbeleg dokumentierte diese Erhöhung des Lagerortbestandes als einen Wareneingang aus einer Inventurdifferenz im Lager.

Übung: Erzeugte Bewegungsdaten und Belege analysieren

[/] Analysieren Sie nachfolgend die von Ihnen erzeugten Bewegungsdaten und Belege:

1. In Schritt 8 der UCC-Fallstudie buchten Sie die Zähldifferenz in der Lagerverwaltung aus. Abbildung 6.58 zeigt die Wirkung dieses Vorgangs: Die Zähldifferenz erschien als negatives Quant auf der Differenzenschnittstelle, und die Quantgröße des Materials ORMN1### auf Lagerplatz STBN-9-### wurde korrigiert. Untersuchen Sie das letztgenannte Quant, und finden Sie heraus, wie das SAP-System die Ausbuchung technisch realisierte.
2. Untersuchen Sie die in der UCC-Fallstudie WM IV durchgeführten FI-relevanten Vorgänge, und notieren Sie die im Hintergrund erzeugten Buchungssätze. Geben Sie für jeden Buchungssatz eine Vorgangsbezeichnung, die Belegnummer, die Belegart und die Soll- und Haben-Buchungen auf den genutzten Konten mit Buchungsbeträgen an.

[o] Lassen Sie sich zunächst alle Quants auf Lagerplatz STBN-9-### anzeigen. Nutzen Sie hierfür die Transaktion LS03N, oder folgen Sie dem Menüpfad **Logistik • Logistics Execution • Stammdaten • Lager • Lagerplatz • Anzeigen**. Geben Sie ein: **Lagernummer** »100«, **Lagertyp** »002«, **Lagerplatz** »STBN-9-###«. Im Bereich **Bestände pro Lagerplatz** erscheinen die gelagerten Quants. Selektieren Sie die Zeile mit Material ORMN1###, und klicken Sie auf den Button **Quant** (Detailansicht Quant). Es erscheinen die Detailangaben zum gelagerten Quant (siehe Abbildung 6.60).

Transportauftrag anzeigen

Erwartungsgemäß verzeichnet der Gesamtbestand die per Inventur um +5 Stück nach oben korrigierte Quantgröße. Im Feld **Letzte Bewegung** erkennen Sie Datum und Uhrzeit der letzten Änderung des Quants. Dies ist der Zeitpunkt des Ausbuchens aus der Lagerverwaltung. Darunter erkennen Sie im Feld **Belegnummer** den mit dieser letzten Bewegung assoziierten Beleg. Doppelklicken Sie auf diese Belegnummer. Die Belegnummer ist die Nummer eines Transportauftrags, der in Abbildung 6.61 dargestellt ist.

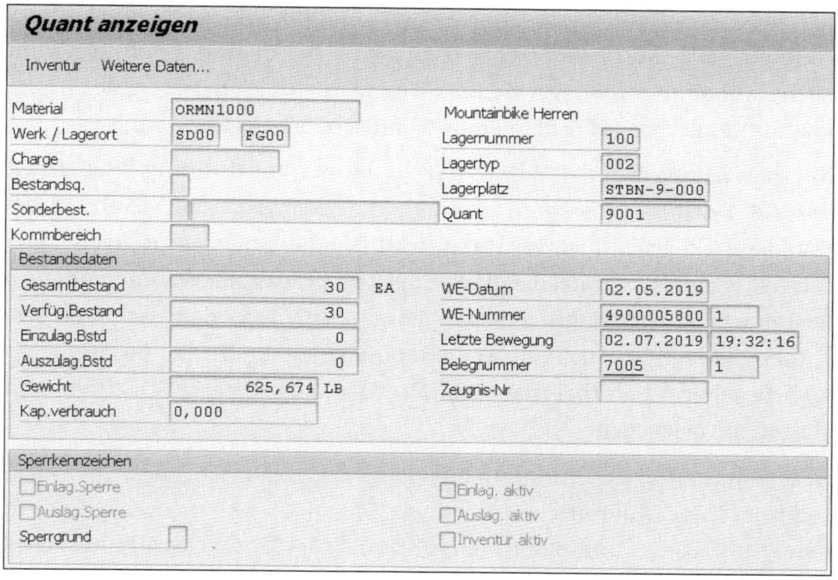

Abbildung 6.60 Detailangaben des korrigierten Quants nach der Ausbuchung aus der Lagerverwaltung (Transaktion LS23)

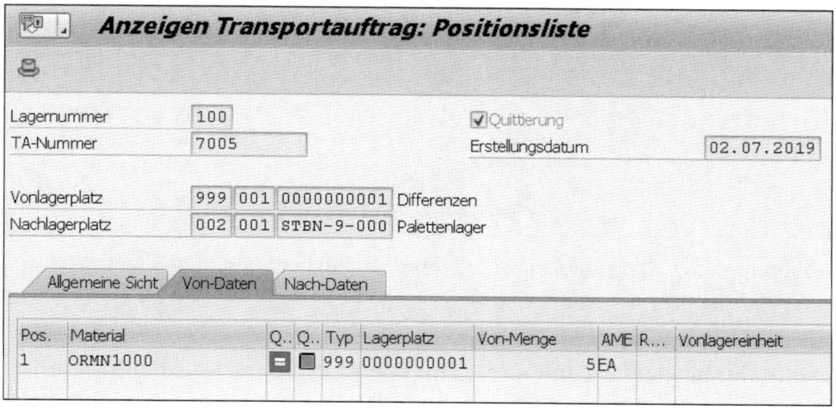

Abbildung 6.61 Transportauftrag zur Ausbuchung von Inventurdifferenzen in der Lagerverwaltung (Transaktion LT21)

Beachten Sie, dass durch das Ausbuchen der Zähldifferenz in der Lagerverwaltung das SAP-System im Hintergrund den dargestellten Transportauftrag erzeugte und zugleich quittierte. Dieser Transportauftrag führte einen logischen Transport über 5 Stück von Lagertyp 999 (Differenzen) zu Lagertyp 002 (Palettenlager) durch. Der Vonlagerplatz trug die Nummer des auslösenden Inventurbelegs. Dieser dynamische Lagerplatz war initial leer. Der Transportauftrag lagerte davon 5 Stück des Materials ORMN1### aus, wodurch ein negatives Quant der Größe –5 Stück auf dem Vonlagerplatz verblieb. Durch den logischen Transport und die anschließende Einlagerung auf dem Nachlagerplatz vergrößerte sich das dort lagernde Quant (siehe Abbildung 6.58). Auf diesem Weg wurde die Anpassung des Lagerplatzbestandes an das Zählergebnis technisch realisiert.

Materialbeleg analysieren

Mit dem Ausbuchen der Differenzen in der Bestandsführung in Schritt 11 der UCC-Fallstudie erzeugten Sie einen Materialbeleg. Analysieren Sie diesen Materialbeleg mit der Transaktion MB03 (Materialbeleg anzeigen), oder folgen Sie dem Menüpfad **Logistik • Logistics Execution • Wareneingang zu Bestellung, Auftrag und sonstigen Vorgängen • Materialbeleg anzeigen**. Öffnen Sie die [F4]-Suche im Feld **Materialbeleg**. In der Sicht **Materialbelegliste** geben Sie als **Material** »ORMN1###« und als **Werk** »SD00« ein und starten die Belegsuche.

In der danach folgenden **Materialbelegliste** doppelklicken Sie auf die Belegnummer Ihrer Differenzenausbuchung. Es handelt sich um den Beleg mit Bewegungsart 712 und einer Menge von 5 Stück. Die Belegnummer wird übernommen. Geben Sie das aktuelle Jahr in das Feld **MatBelegjahr** ein, und lassen Sie sich den Materialbeleg wie in Abbildung 6.62 ausgeben.

Abbildung 6.62 Materialbeleg zur Differenzenausbuchung in der Bestandsführung (Schritt 11, Transaktion MB03)

Buchhaltungsbeleg anzeigen

Der Materialbeleg dokumentiert einen Zugang über 5 Stück des Materials ORMN1### in Lagerort FG00, verursacht durch eine Bewegungsart 712 (Wareneingang durch Inventurdifferenzen aus der Lagerverwaltung). Klicken Sie auf den Button **RW-Belege...**, und doppelklicken Sie danach auf die Nummer des Buchhaltungsbelegs. Dieser ist in Abbildung 6.63 dargestellt.

Buchungssatz analysieren

Wenn Sie die Differenzen in der Bestandsführung ausbuchten, erzeugte das ERP-System im Hintergrund die zugehörige Buchung im Rechnungswesen. Den zugehörigen Buchungssatz zeigt Tabelle 6.15.

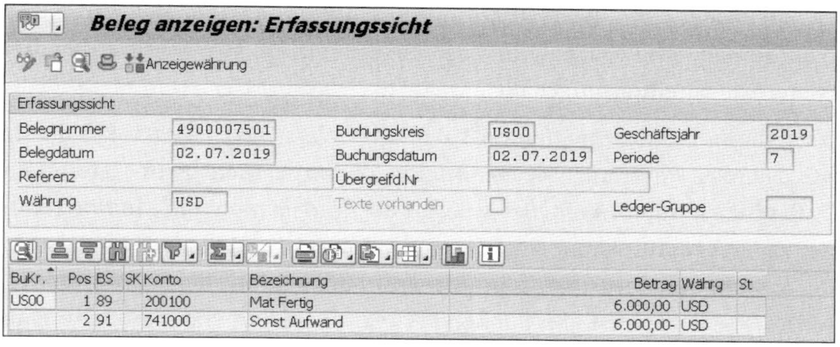

Abbildung 6.63 Buchhaltungsbeleg zur Differenzenausbuchung in der Bestandsführung (Schritt 11)

Vorgang	Belegnr. (FI)	Bel.-Art	S/H	Konto	Betrag (USD)
Differenz ausbuchen	4900007501	WA	S	200100	6.000,00
			H	741000	6.000,00

Tabelle 6.15 Buchungssatz zur Differenzenausbuchung in der Bestandsführung

Die Differenzenbuchung bewirkte einen Zugang in den Bestand der Fertigerzeugnisse mit einer sollseitigen Buchung im Konto »Materialbestand Fertigerzeugnisse« (Kontonummer 200100) über einen Wert von 6.000,00 US$. Der gleiche Betrag wurde als Wert der bei der Inventur gefundenen fünf Fahrräder auf der Haben-Seite des Kontos »Sonstige Aufwendungen« (Kontonummer 741000) verbucht.

6.9 Praxisfall WM1: Lagerausbau und Wareneingang mit Anlieferbezug

Für diesen Praxisfall benötigen Sie Grundkenntnisse im Einkauf und in der Buchung von Wareneingängen. Deshalb sollten Sie vor Bearbeitung des Praxisfalls die UCC-Fallstudie WM I abgeschlossen und die Rekapitulation in Abschnitt 6.8.1 nachvollzogen haben.

6.9.1 Einführung

Das folgende Szenario schildert aktuelle Entwicklungen am Global-Bike-Standort San Diego.

Anwendungsszenario

Global Bike erwartet nachhaltig steigende Absätze von Handelswaren und baut deshalb das Regallager im Lagerhaus San Diego aus. Dort werden drei weitere Regalreihen aufgebaut.

Nach dieser Umstellung füllt Global Bike im Werk San Diego das Regallager mit Handelswaren auf. Die benötigten Waren werden beim Lieferanten Dallas Bike Basics bestellt. Bei Ankunft der Ware erzeugt ein Mitarbeiter in der Lagerverwaltung eine Anlieferung. Auf Basis dieser Anlieferung erstellt der Mitarbeiter einen Transportauftrag zur Einlagerung der Ware im erweiterten Regallager. Erst anschließend erfolgt die Wareneingangsbuchung in der Bestandsführung.

Zum besseren Verständnis des Praxisfalls beachten Sie auch nachfolgende Erläuterungen.

Regallager erweitern

Gegenwärtig ist der Lagertyp 001 (Regallager) in San Diego noch nicht voll ausgebaut, wie Sie in Abbildung 6.12 erkennen können. Dort existieren nur drei Regalreihen: In Reihe 1 befinden sich die Lagerplätze STBN-1-000 bis STBN-1-999, in Reihe 2 die Lagerplätze STBN-2-000 bis STBN-2-999 und in Reihe 3 dementsprechend die Lagerplätze STBN-3-000 bis STBN-3-999. Im vorliegenden Praxisfall nutzt Global Bike die noch vorhandene freie Lagerfläche im Regallager und baut dort drei weitere Regalreihen auf (siehe Abbildung 6.64).

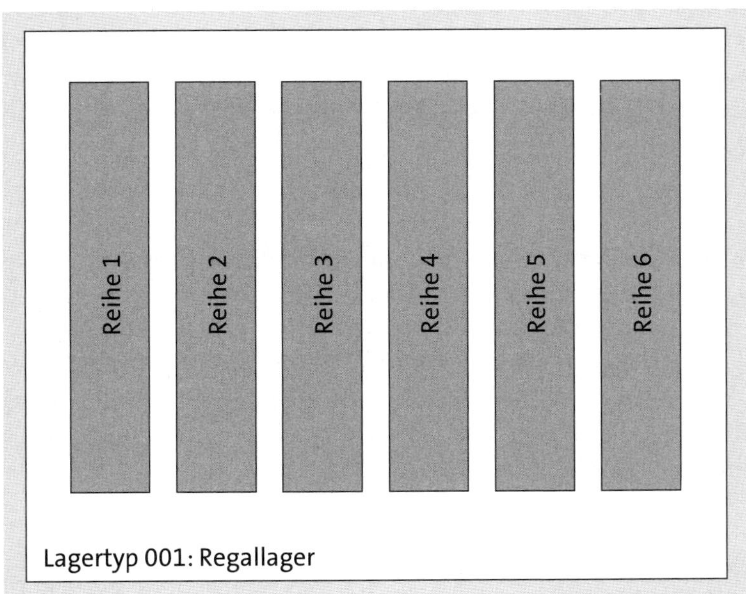

Abbildung 6.64 Regallager nach Erweiterung um drei Reihen

Im SAP-System erzeugen Sie Ihre eigenen Lagerplätze in den drei neuen Reihen und führen dabei das bisherige Nummerierungsschema fort. Mit Ihrem Benutzer LEARN-### legen Sie also drei neue, eigene Lagerplätze an: STBN-4-### in Reihe 4, STBN-5-### in Reihe 5 und STBN-6-### in Reihe 6.

Bestellte Ware einlagern

Im weiteren Verlauf des Praxisfalls bestellen Sie die benötigten Handelswaren und lagern diese nach Anlieferung im erweiterten Regallager ein. Dabei verteilen Sie die erhaltenen Waren auf die Lagerplätze STBN-1-### bis STBN-6-###. Abbildung 6.65 zeigt die Verteilung der eingelagerten Materialien für den exemplarischen Benutzer LEARN-294.

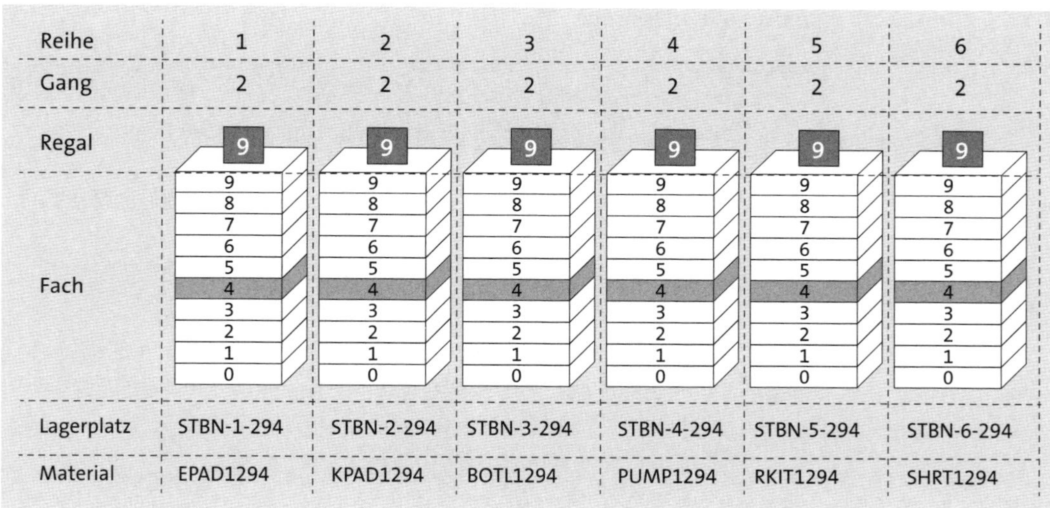

Abbildung 6.65 Verteilung der Waren in den Lagerplätzen des Regallagers (hier am Beispiel des Benutzers LEARN-294)

Zur Erinnerung: Die Codierung der Platzkoordinaten im Regallager folgt dem Schema STBN-<Reihe>-<Gang><Regal><Regalfach> (siehe auch Abbildung 6.13). Nach dem Lagerausbau befinden sich folglich alle Lagerplätze des Benutzers LEARN-294 im Regallager in den Reihen 1 bis 6, in Gang 2, Regal 9 und Fach 4.

[!]

Übersicht der Schritte

Wie in der Einleitung im Abschnitt »Konzept der Praxisfälle« vorgestellt, stehen Ihnen drei Stufen zur Bearbeitung dieses Praxisfalls zur Verfügung:

1. ohne Hilfestellung (beschrieben in Abschnitt 4.10.2)
2. mit Hilfestellung (beschrieben in Abschnitt 6.9.3)
3. mit anleitender Fallstudie (beschrieben in Abschnitt 6.9.4)

Der Lösungsweg durch den Praxisfall wird in insgesamt sechs Blöcken und in der Variante mit Hilfestellung in 13 Schritten dargestellt. Entscheiden Sie sich nun, auf welcher Stufe Sie mit der Bearbeitung dieses Praxisfalls einsteigen möchten.

6.9.2 Praxisfall ohne Hilfestellung

Setzen Sie die in Abschnitt 6.9.1 skizzierte Szenariobeschreibung in Ihrem SAP-System um. Bearbeiten Sie hierfür die in Tabelle 6.16 dargestellte Folge von Aufgabenblöcken.

Block	Aufgabenbeschreibung
A	Legen Sie im bestehenden Regallager im Lagerhaus San Diego drei neue Lagerplätze in den Reihen 4, 5 und 6 an: ■ Bezeichnen Sie diese neuen Lagerplätze mit STBN-4-###, STBN-5-### und STBN-6-###. ■ Die sonstigen Angaben übernehmen Sie aus den Daten der Lagerplätze STBN-1-###, STBN-2-### oder STBN-3-###.
B	Legen Sie eine Normalbestellung beim Lieferanten Dallas Bike Basics an, und bestellen Sie je 100 Stück Ihrer eigenen Materialien zu den genannten Nettopreisen: ■ Ellenbogenschoner: 40,00 US$ ■ Knieschoner: 40,00 US$ ■ Wasserflasche: 10,00 US$ ■ Luftpumpe: 14,00 US$ ■ Flickzeug: 2,00 US$ ■ T-Shirt: 15,00 US$ Legen Sie für jede Position fest, dass der Wareneingang über eine Anlieferung bestätigt werden kann.
C	Legen Sie eine Anlieferung zur Bestellung aus Block B an.
D	Legen Sie einen Transportauftrag zur Anlieferung aus Block C an. Geben Sie für jede angelieferte Materialposition den gewünschten Nachlagerplatz, wie in Abbildung 6.65 gezeigt, ein.
E	Quittieren Sie den Transportauftrag aus Block D. Dabei quittieren Sie die Einlagerung in einem Schritt, also Entnahme und Transport gleichzeitig.
F	Buchen Sie den Wareneingang zur Anlieferung aus Block C.

Tabelle 6.16 Aufgabenbeschreibung zum Praxisfall ohne Hilfestellung

[!]

Bestandskontrolle und Stornieren von Buchungen

Überprüfen Sie regelmäßig, wie sich der Bestand der sechs relevanten Handelswaren entwickelt: Zur Ausgabe der Lagerplatzbestände lassen Sie sich einen Lagerspiegel (Transaktion LX03) anzeigen; zur Anzeige der Lagerortbestände verwenden Sie z. B. die Transaktion MB52. Lassen Sie sich zum Schluss anzeigen, wie die angelieferten Materialpositionen in der Bestellung bestätigt werden (Transaktion ME23N).

Sollte es erforderlich sein, abgeschlossene Buchungen rückgängig zu machen, suchen Sie nach zugehörigen Stornotransaktionen.

6.9.3 Praxisfall mit Hilfestellung

Setzen Sie die in Abschnitt 6.9.1 skizzierte Szenariobeschreibung in Ihrem SAP-System um. Bearbeiten Sie hierfür die nachfolgend dargestellte Folge von Aufgabenblöcken.

[!]

Stornieren von Buchungen

Sollte es erforderlich sein, abgeschlossene Buchungen rückgängig zu machen, erhalten Sie in der Aufgabenbeschreibung des jeweiligen Schritts einen Hinweis auf die zugehörige Stornotransaktion.

Block A

Legen Sie im bestehenden Regallager im Lagerhaus San Diego drei neue Lagerplätze in den Reihen 4, 5 und 6 an. Bezeichnen Sie diese neuen Lagerplätze mit STBN-4-###, STBN-5-### und STBN-6-###. Die sonstigen Angaben übernehmen Sie aus den Daten der Lagerplätze STBN-1-###, STBN-2-### oder STBN-3-###.

Schritt 1: Lagerplätze anlegen

Lagerplätze anlegen

Legen Sie im bestehenden Regallager im Lagerhaus San Diego drei neue Lagerplätze in den Reihen 4, 5 und 6 an:

1. Folgen Sie dem Menüpfad **Logistik • Logistics Execution • Stammdaten • Lager • Lagerplatz • Anlegen • Manuell** (Transaktion LS01N).
2. Legen Sie den ersten Lagerplatz mit den folgenden Eingaben an:
   - **Lagernummer**: San Diego Lagerhaus
   - **Lagertyp**: Regallager
   - **Lagerplatz**: STBN-4-###

- **Lagerbereich**: Gesamtbereich
- **Lagerplatztyp**: Regal
- **Max. Gewicht**: 9999 LB

Wiederholen Sie Schritt 1, um die weiteren Lagerplätze STBN-5-### und STBN-6-### anzulegen. Sollten Ihnen nach dem Anlegen des Lagerplatzes falsche oder fehlende Einträge auffallen, nutzen Sie die Transaktion LS02N, um den Lagerplatz zu editieren.

Block B

Legen Sie eine Normalbestellung beim Lieferanten Dallas Bike Basics an, und bestellen Sie je 100 Stück Ihrer eigenen Materialien zu den genannten Nettopreisen: Ellenbogenschoner (40,00 US$), Knieschoner (40,00 US$), Wasserflasche (10,00 US$), Luftpumpe (14,00 US$), Flickzeug (2,00 US$) und T-Shirt (15,00 US$). Legen Sie für jede Position fest, dass der Wareneingang über eine Anlieferung bestätigt werden kann.

Schritt 2: Bestellung anlegen

Bestellung anlegen

Legen Sie eine Normalbestellung bei Dallas Bike Basics an:

1. Folgen Sie dem Menüpfad **Logistik • Materialwirtschaft • Einkauf • Bestellung • Anlegen Lieferant/Lieferwerk bekannt** (Transaktion ME21N).
2. Legen Sie die Bestellung mit folgenden Kopfdaten an:
   - **Bestellart**: Normalbestellung
   - **Lieferant**: Nummer des Lieferanten Dallas Bike Basics des Benutzers LEARN-###
   - **Belegdatum**: aktuelles Tagesdatum
   - **Einkaufsorg**: GBI US
   - **Einkäufergruppe**: North America
   - **Buchungskreis**: Global Bike Inc.
3. Tragen Sie die sechs Positionsdaten gemäß obiger Aufgabenstellung ein. Verwenden Sie für jede Position folgende weiteren Angaben:
   - **Bestellmenge**: 100 Stück
   - **Lieferdatum**: aktuelles Tagesdatum + 1 Tag
   - **Werk**: DC San Diego
   - **Lagerort**: Trading Goods
4. Definieren Sie je Bestellposition die **Positionsdetails**: Setzen Sie auf der Registerkarte **Bestätigungen** die Bestätigungssteuerung auf Anlieferung.

Sollten Ihnen nach dem Anlegen der Bestellung falsche oder fehlende Einträge auffallen, nutzen Sie die Transaktion ME22N, um die Bestellung zu editieren.

Schritt 3: Lagerspiegel anzeigen

Kontrollieren Sie die Lagerplatzbestände der Ihnen zugeordneten Materialien:

Lagerspiegel anzeigen

1. Folgen Sie dem Menüpfad **Logistik • Logistics Execution • Lagerinterne Prozesse • Plätze und Bestände • Anzeigen • Lagerspiegel** (Transaktion LX03).
2. Tragen Sie die **Lagernummer** von San Diego Lagerhaus ein.
3. Klicken Sie den Button **Freie Abgrenzungen**, und bestimmen Sie wie folgt die relevanten Quants:
   - Doppelklicken Sie auf **Material** im Ordner **Lagerquants**.
   - Im Feld **Material** geben Sie ein »*###«.
   - Checkbox **Nur Plätze mit Bestand**: selektieren
4. Führen Sie die Suche aus, und merken Sie sich die gegenwärtige Lagerplatzverteilung aller Quants der von Ihnen zugeordneten Materialien, insbesondere im Regallager.

Schritt 4: Lagerbestand anzeigen

Überprüfen Sie die Lagerortbestände der von Ihnen bestellten Waren:

Lagerbestand anzeigen

1. Folgen Sie dem Menüpfad **Logistik • Materialwirtschaft • Bestandsführung • Umfeld • Bestand • Lagerbestand** (Transaktion MB52).
2. Erzeugen Sie eine Mehrfachselektion für das Feld **Material**: Auf der Registerkarte **Einzelwerte** geben Sie die Materialnummern Ihrer in Schritt 2 bestellten Materialien ein. Übernehmen Sie die Mehrfachselektion.
3. Geben Sie als **Werk** »DC San Diego« ein, und führen Sie die Suche aus. Betrachten Sie die Ausgabe, und merken Sie sich die frei verwendbaren Bestände.

Block C

Legen Sie eine Anlieferung zur Bestellung aus Block B an.

Schritt 5: Anlieferung anlegen

Legen Sie die Anlieferung der bestellten Ware an:

Anlieferung anlegen

1. Folgen Sie dem Menüpfad **Logistik • Logistics Execution • Wareneingangsprozeß • Wareneingang zur Anlieferung • Anlieferung • Anlegen • Einzelbelege** (Transaktion VL31N).

2. Legen Sie die Anlieferung mit den folgenden Eingaben an:
   - **Lieferant**: Nummer des Lieferanten Dallas Bike Basics des Benutzers LEARN-###
   - **Bestellung**: Nummer Ihrer Bestellung aus Schritt 2

Sollten Ihnen nach dem Anlegen der Anlieferung falsche oder fehlende Einträge auffallen, nutzen Sie die Transaktion VL32N, um die Anlieferung zu editieren oder zu löschen.

Block D

Legen Sie einen Transportauftrag zur Anlieferung aus Block C an. Geben Sie für jede angelieferte Materialposition den gewünschten Nachlagerplatz, wie in Abbildung 6.65 gezeigt, ein.

Schritt 6: Transportauftrag zur Anlieferung anlegen

Transportauftrag zur Anlieferung anlegen

Legen Sie einen Transportauftrag mit Bezug zur Anlieferung aus Block C an:

1. Folgen Sie dem Menüpfad **Logistik • Logistics Execution • Wareneingangsprozeß • Wareneingang zur Anlieferung • Einlagerung • Transportauftrag anlegen • zur Anlieferung** (Transaktion LTOF).
2. Bereiten Sie den Transportauftrag mit folgenden Eingaben vor:
   - **Lagernummer**: San Diego Lagerhaus
   - **Anlieferung**: Nummer Ihrer Anlieferung aus Schritt 5
3. Generieren Sie die Transportauftragspositionen. Hierfür definieren Sie für jede Auftragsposition die **Bewegungsdaten** im Bereich **Nach**:
   - **Typ**: Regallager
   - **Ber**: Gesamtbereich
   - **Lagerplatz**: wie in Abbildung 6.65 gezeigt

Sollten Ihnen nach dem Anlegen des Transportauftrags falsche oder fehlende Einträge auffallen, nutzen Sie die Transaktion LT15, um den Transportauftrag zu stornieren.

Schritt 7: Lagerspiegel anzeigen

Lagerspiegel anzeigen

Untersuchen Sie die Lagerplatzbestände:

1. Lassen Sie sich den Lagerspiegel für alle Quants mit Ihren Materialien, wie in Schritt 3 beschrieben, anzeigen.
2. Analysieren Sie die Quants, die durch Schritt 6 in den Lagertypen Regallager und Wareneingang extern erzeugt wurden.

Block E

Quittieren Sie den Transportauftrag aus Block D. Dabei quittieren Sie die Einlagerung in einem Schritt, also Entnahme und Transport gleichzeitig.

Schritt 8: Transportauftrag quittieren

Transportauftrag quittieren

Quittieren Sie den Transportauftrag, den Sie in Schritt 6 erzeugt haben:

1. Folgen Sie dem Menüpfad **Logistik • Logistics Execution • Wareneingangsprozeß • Wareneingang zur Anlieferung • Einlagerung • Transportauftrag quittieren • Einzelbeleg • in einem Schritt** (Transaktion LT12).
2. Quittieren Sie den Transportauftrag mit folgenden Angaben:
   - **TA-Nummer**: Nummer Ihres Transportauftrags aus Schritt 6
   - **Lagernummer**: San Diego Lagerhaus
   - **Quittierung**: Entnahme + Transport

Schritt 9: Lagerspiegel anzeigen

Lagerspiegel anzeigen

Untersuchen Sie die Lagerplatzbestände:

1. Lassen Sie sich den Lagerspiegel für alle Quants mit Ihren Materialien, wie in Schritt 3 beschrieben, anzeigen.
2. Analysieren Sie, wie sich durch Schritt 8 die Quants in den Lagertypen Regallager und Wareneingang extern geändert haben.

Block F

Buchen Sie den Wareneingang zur Anlieferung aus Block C.

Schritt 10: Wareneingang buchen

Wareneingang buchen

Buchen Sie den Wareneingang in der Materialwirtschaft:

1. Folgen Sie dem Menüpfad **Logistik • Logistics Execution • Wareneingangsprozeß • Wareneingang zur Anlieferung • Buchen Wareneingang • Anlieferung Einzelbeleg** (Transaktion VL32N).
2. Buchen Sie den Wareneingang wie folgt:
   - **Anlieferung**: Nummer Ihrer Anlieferung aus Schritt 5
   - Öffnen Sie die Anlieferung, und untersuchen Sie die Registerkarte **Einlagerung**.
   - Button **Wareneingang buchen**: Klicken Sie den Button.

Schritt 11: Lagerspiegel anzeigen

Lagerspiegel anzeigen

Untersuchen Sie die Lagerplatzbestände:

1. Lassen Sie sich den Lagerspiegel für alle Quants mit Ihren Materialien, wie in Schritt 3 beschrieben, anzeigen.

2. Analysieren Sie, wie sich durch Schritt 10 die Quants in den Lagertypen Regallager und Wareneingang extern geändert haben.

Schritt 12: Lagerbestand anzeigen

Lagerbestand anzeigen

Überprüfen Sie die Lagerortbestände der von Ihnen bestellten Waren:

1. Lassen Sie sich den Lagerbestand von allen bestellten Materialien im Werk DC San Diego, wie in Schritt 4 beschrieben, anzeigen.
2. Analysieren Sie, wie sich durch Schritt 10 die Bestände am Lagerort Trading Goods verändert haben.

Schritt 13: Bestellung anzeigen

Bestellung anzeigen

Untersuchen Sie, wie die ausgeführten Schritte in Ihrer Bestellung dokumentiert wurden:

1. Folgen Sie dem Menüpfad **Logistik • Materialwirtschaft • Einkauf • Bestellung • Anzeigen**.
2. Geben Sie die Nummer Ihrer Bestellung ein, die Sie in Schritt 2 angelegt haben, und öffnen Sie die Bestellung.
3. Öffnen Sie die **Positionsdetails**: Untersuchen Sie auf der Registerkarte **Bestätigungen** je Bestellposition die Bestätigung über die angelieferte Ware.

6.9.4 Praxisfall mit anleitender Fallstudie

Setzen Sie das in Abschnitt 6.9.1 skizzierte Anwendungsszenario in Ihrem SAP-System gemäß der Fallstudie zum Praxisfall WM1 um. Sie erhalten diese im Downloadbereich zum Buch unter *http://www.sap-press.de/4640*, **Materialien zum Buch**.

6.10 Praxisfall WM2: Warenausgang mit paralleler Kommissionierung

Dieser Praxisfall baut auf dem vorhergehenden Praxisfall in Abschnitt 6.9 auf. Schließen Sie also zunächst die Bearbeitung von Praxisfall WM1 ab. Zudem benötigen Sie Grundkenntnisse in der Kundenauftragsabwicklung und in der WM-kommissionierten Warenausgangsabwicklung. Deshalb sollten Sie vor Bearbeitung des Praxisfalls WM2 die UCC-Fallstudie WM III abgeschlossen und die Rekapitulation in Abschnitt 6.8.3 nachvollzogen haben.

6.10.1 Einführung

Das folgende Szenario schildert aktuelle Entwicklungen am Global-Bike-Standort San Diego.

Anwendungsszenario

Global Bike erwartet nachhaltig steigende Absätze von Handelswaren, die aus dem Lagerhaus San Diego bedient werden. Zur effizienteren Gestaltung der Auslagerung unterteilt Global Bike die Lagerplätze des zuvor ausgebauten Regallagers in zwei Kommissionierbereiche.

Nach dieser Umstellung erfasst Global Bike im Werk San Diego einen umfangreichen Kundenauftrag des Kunden Silicon Valley Bikes. Jetzt profitiert Global Bike von der verbesserten Lagerverwaltung: Der Transportauftrag wird gesplittet, die Ware wird parallel kommissioniert und wegeoptimiert ausgelagert. Anschließend erfolgt die Buchung des Warenausgangs.

Zum besseren Gelingen beachten Sie auch die nachfolgenden Erläuterungen.

In Praxisfall WM1 erweiterten Sie zuvor den Lagertyp 001 (Regallager) um drei weitere Regalreihen (siehe Abbildung 6.64). In diesem Regallager existieren bereits zwei Kommissionierbereiche, jedoch sind ihnen noch keine Lagerplätze zugeordnet. Folglich können Sie die Kommissionierbereiche noch nicht nutzen.

Lagerplätzen Kommissionierbereiche zuordnen

In Praxisfall WM2 ordnen Sie mit Ihrem Benutzer LEARN-### Ihre Lagerplätze STBN-1-### bis STBN-3-### dem Kommissionierbereich 001 und Ihre neuen Lagerplätze STBN-4-### bis STBN-6-### dem Kommissionierbereich 002 zu. Abbildung 6.66 zeigt die Strukturierung des Regallagers, nachdem jeder Benutzer die Zuordnung auf diese Weise abgeschlossen hat.

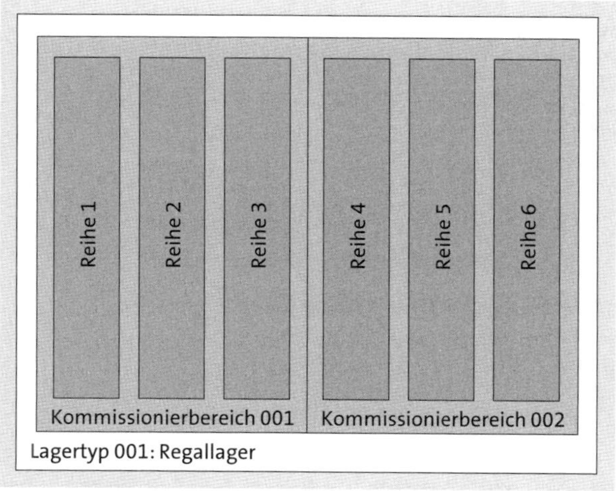

Abbildung 6.66 Regallager nach Zuordnung von Lagerplätzen zu Kommissionierbereichen

Auslieferung anlegen

Im weiteren Verlauf des Praxisfalls legen Sie einen Kundenauftrag mit sechs Auftragspositionen an. Darauf basierend erstellen Sie eine Auslieferung, bestehend aus sechs Positionen in der in Abbildung 6.67 gezeigten Reihenfolge.

Pos	Material	VLTYP	KOBER	VLPLA
10	RKIT1###	001	002	STBN-5-###
20	KPAD1###	001	001	STBN-2-###
30	SHRT1###	001	002	STBN-6-###
40	BOTL1###	001	001	STBN-3-###
50	PUMP1###	001	002	STBN-4-###
60	EPAD1###	001	001	STBN-1-###

Abbildung 6.67 Übersicht der Auslieferungspositionen und deren Vorkommen im Lagerhaus San Diego

Wegeoptimierte Kommisierung

Die Materialien lagern in den Lagerplätzen STBN-1-### bis STBN-6-###, wo sie zuvor von Ihnen in Praxisfall WM1 eingelagert wurden (siehe Abbildung 6.65). Zur wegeoptimierten Kommissionierung berechnet SAP ERP die benötigten Transportaufträge unter Berücksichtigung des Vonlagertyps (Spalte VLTYP in Abbildung 6.67), des Kommissionierbereichs (Spalte KOBER) und des Vonlagerplatzes (Spalte VLPLA). Hierzu werden die Positionen der Auslieferung als Transportauftragspositionen übernommen (siehe Abbildung 6.68 links) und anschließend aufsteigend sortiert, zunächst nach VLTYP, dann nach KOBER und schließlich nach VLPLA.

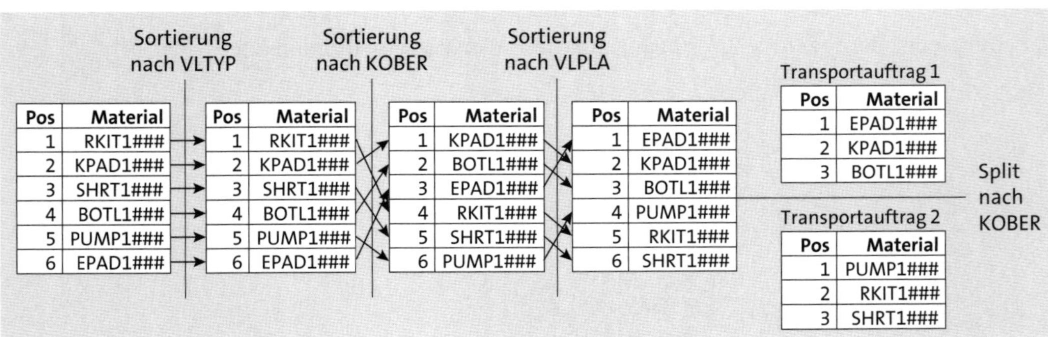

Abbildung 6.68 Wegeoptimierung durch Sortierung und Split in zwei Transportaufträge

Die relevanten Sortierkriterien und die Sortierreihenfolge sind als sogenanntes Sortierprofil im Customizing für die Lagernummer definiert (siehe Abbildung 6.69): 1. Sortierkriterium VLTYP, 2. Sortierkriterium KOBER und 3. Sortierkriterium VLPLA.

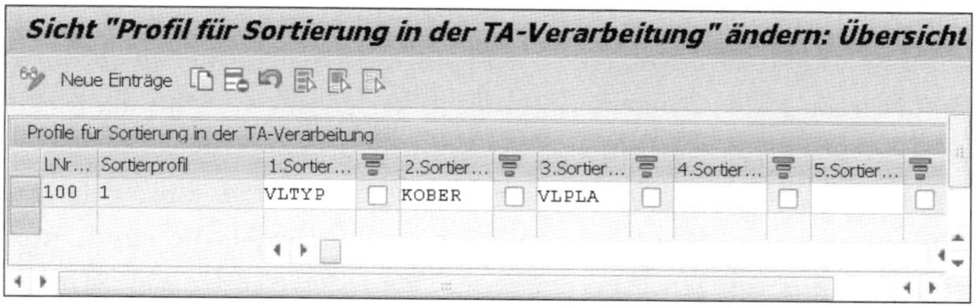

Abbildung 6.69 Im Customizing definiertes Sortierprofil für die Transportauftragsverarbeitung

Transportauftragssplit

Nach abgeschlossener Sortierung splittet SAP ERP die Auftragspositionen in zwei Transportaufträge (siehe Abbildung 6.68). Als Splitkriterium wird der Kommissionierbereich (KOBER) verwendet. Das im Customizing definierte Profil für den Transportauftragssplit für Lagernummer 100 verwendet das obige Sortierprofil. Zugleich ist dort der Kommissionierbereich als Splitkriterium ersichtlich (siehe Abbildung 6.70).

Abbildung 6.70 Im Customizing definiertes Profil für den Transportauftragssplit

Kommissionierliste drucken

Auf Basis der beiden Transportaufträge drucken Sie im Praxisfall je eine Kommissionierliste. Diese Listen können an zwei verschiedene Kommissionierer (K1 und K2) übergeben werden. Abbildung 6.71 zeigt einen Blick von oben in das Regallager mit den optimierten Wegen von K1 und K2.

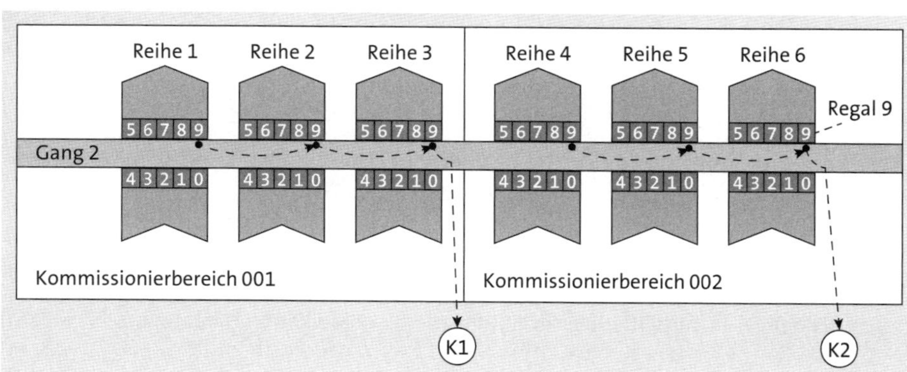

Abbildung 6.71 Wegeoptimierte, parallele Kommissionierung mit zwei Kommissionierern (K1, K2)

Wegeoptimierte, parallele Kommissionierung

Die Grafik zeigt die aus der Sortierung und Splittung resultierende Wegeoptimierung für den exemplarischen Benutzer LEARN-294. Die beiden Kommissionierer sind für getrennte Kommissionierbereiche zuständig: K1 für Kommissionierbereich 001 und K2 für Kommissionierbereich 002. Beide können zeitgleich (also parallel) arbeiten. Dabei laufen sie durch Gang 2 und entnehmen Dank der Sortierung auf kurzen Wegen die benötigten Waren aus den jeweiligen Lagerplätzen: STBN-1-294, STBN-2-294, STBN-3-294 für Kommissionierer K1 und STBN-4-294, STBN-5-294, STBN-6-294 für Kommissionierer K2. Die gepickten Waren legen die Kommissionierer auf Lagertyp 004 (Warenausgang) ab.

[!]

Übersicht der Schritte

Wie in der Einleitung im Abschnitt »Konzept der Praxisfälle« vorgestellt, stehen Ihnen drei Stufen zur Bearbeitung dieses Praxisfalls zur Verfügung:

1. ohne Hilfestellung (beschrieben in Abschnitt 2.8.2)
2. mit Hilfestellung (beschrieben in Abschnitt 2.8.3)
3. mit anleitender Fallstudie (beschrieben in Abschnitt 2.8.4)

Der Lösungsweg durch den Praxisfall wird in insgesamt sieben Blöcken und in der Variante mit Hilfestellung in elf Schritten dargestellt. Entscheiden Sie sich nun, auf welcher Stufe Sie mit der Bearbeitung dieses Praxisfalls einsteigen möchten.

6.10.2 Praxisfall ohne Hilfestellung

Setzen Sie die in Abschnitt 6.10.1 skizzierte Szenariobeschreibung in Ihrem SAP-System um. Bearbeiten Sie hierfür die in Tabelle 6.17 dargestellte Folge von Aufgabenblöcken.

Block	Aufgabenbeschreibung
A	Führen Sie folgende Änderungen im Regallager im Lagerhaus San Diego durch: ▪ Ordnen Sie Ihren Lagerplätzen STBN-1-###, STBN-2-### und STBN-3-### den Kommissionierbereich 001 zu. ▪ Ordnen Sie danach Ihren Lagerplätzen STBN-4-###, STBN-5-### und STBN-6-### den Kommissionierbereich 002 zu.

Tabelle 6.17 Aufgabenbeschreibung zum Praxisfall ohne Hilfestellung

Block	Aufgabenbeschreibung
B	Legen Sie für Global Bike im Werk San Diego einen Kundenauftrag für Ihren Kunden Silicon Valley Bikes an: ■ Der Kunde möchte heute in zehn Tagen beliefert werden. ■ Der Kunde kauft je 10 Stück von Ihren Materialien: Flickzeug, Knieschoner, T-Shirt, Wasserflasche Luftpumpe und Ellenbogenschoner. ■ Legen Sie die sechs Positionen des Kundenauftrags in genau dieser Reihenfolge an.
C	Legen Sie eine Auslieferung zum Kundenauftrag aus Block B an.
D	Nutzen Sie den Auslieferungsmonitor, und erzeugen Sie Transportaufträge zur Auslieferung aus Block C. Hinweis: Durch eine automatische Splittung entstehen zwei Transportaufträge.
E	Drucken Sie je eine Kommissionierliste zu den in Block D angelegten Transportaufträgen. Lassen Sie sich den Druck auf dem Bildschirm ausgeben.
F	Die Kommissionierer haben die Waren vollständig (ohne Fehlmengen) ausgelagert und zum Warenausgang transportiert. Nutzen Sie den Auslieferungsmonitor, und quittieren Sie die Transportaufträge aus Block D.
G	Buchen Sie den Warenausgang.

Tabelle 6.17 Aufgabenbeschreibung zum Praxisfall ohne Hilfestellung (Forts.)

[!]

Bestandskontrolle und Stornieren von Buchungen

Überprüfen Sie, wie sich der Bestand der sechs beauftragten Handelswaren auf den Lagerplätzen im Laufe des Praxisfalls entwickelt, indem Sie sich nach den relevanten Schritten einen Lagerspiegel (Transaktion LX03) anzeigen lassen. Kontrollieren Sie zum Schluss auch den Belegfluss Ihres Kundenauftrags.

Sollte es erforderlich sein, abgeschlossene Buchungen rückgängig zu machen, suchen Sie nach zugehörigen Stornotransaktionen.

6.10.3 Praxisfall mit Hilfestellung

Setzen Sie die in Abschnitt 6.10.1 skizzierte Szenariobeschreibung in Ihrem SAP-System um. Bearbeiten Sie hierfür die nachfolgend dargestellte Folge von Aufgabenblöcken.

[!]

Stornieren von Buchungen

Sollte es erforderlich sein, abgeschlossene Buchungen rückgängig zu machen, erhalten Sie in der Aufgabenbeschreibung des jeweiligen Schritts einen Hinweis auf die zugehörige Stornotransaktion.

Block A

Führen Sie folgende Änderungen im Regallager im Lagerhaus San Diego durch: Ordnen Sie Ihren Lagerplätzen STBN-1-###, STBN-2-### und STBN-3-### den Kommissionierbereich 001 zu. Ordnen Sie danach Ihren Lagerplätzen STBN-4-###, STBN-5-### und STBN-6-### den Kommissionierbereich 002 zu.

Schritt 1: Lagerplätze ändern

Lagerplätze ändern

Führen Sie nachfolgende Änderungen im Regallager im Lagerhaus San Diego durch:

1. Folgen Sie dem Menüpfad **Logistik • Logistics Execution • Stammdaten • Lager • Lagerplatz • Ändern • Einzeln** (Transaktion LS02N).
2. Rufen Sie die Daten des ersten Lagerplatzes auf:
   - **Lagernummer**: San Diego Lagerhaus
   - **Lagertyp**: Regallager
   - **Lagerplatz**: STBN-1-###
3. Ordnen die dem Lagerplatz den **Kommissionierbereich** 001 zu.
4. Wiederholen Sie Schritt 1 zweimal, um Kommissionierbereich 001 auch den weiteren Lagerplätzen STBN-2-### und STBN-3-### zuzuordnen.
5. Wiederholen Sie Schritt 1 weitere dreimal, um den Kommissionierbereich 002 den Lagerplätzen STBN-4-###, STBN-5-### und STBN-6-### zuzuordnen.

Sollten Ihnen nach dem Anlegen des Lagerplatzes falsche oder fehlende Einträge auffallen, nutzen Sie die Transaktion LS02N, um den Lagerplatz zu editieren.

Block B

Legen Sie für Global Bike im Werk San Diego einen Kundenauftrag für Ihren Kunden Silicon Valley Bikes an. Der Kunde möchte heute in zehn Tagen beliefert werden. Der Kunde kauft je 10 Stück von Ihren eigenen Materialien: Flickzeug, Knieschoner, T-Shirt, Wasserflasche Luftpumpe und Ellenbogenschoner. Legen Sie die sechs Positionen des Kundenauftrags in genau dieser Reihenfolge an.

Schritt 2: Kundenauftrag anlegen

Legen Sie den Kundenauftrag an:

Kundenauftrag anlegen

1. Folgen Sie dem Menüpfad **Logistik • Vertrieb • Verkauf • Auftrag • Anlegen** (Transaktion VA01).
2. Bereiten Sie einen neuen Kundenauftrag mit folgenden Eingaben vor:
   - **Auftragsart**: Terminauftrag
   - **Verkaufsorganisation**: US West
   - **Vertriebsweg**: Großhandel
   - **Sparte**: Zubehör
3. Legen Sie den Kundenauftrag mit folgenden Eingaben an:
   - **Auftraggeber**: Nummer Ihres eigenen Kunden Silicon Valley Bikes
   - **Bestellnummer**: »###-Praxisfall-WM2«
   - **Bestelldatum**: aktuelles Tagesdatum
   - **Wunschlieferdat** (Wunschlieferdatum): aktuelles Tagesdatum + zehn Tage
   - **AusliefWerk** (Auslieferungswerk): DC San Diego
   - **Zahlungsbed** (Zahlungsbedingungen): sofort zahlbar ohne Abzug
   - **Incoterms**: frei an Bord
   - **Incoterms Teil 2**: San Diego
4. Erstellen Sie die sechs Auftragspositionen gemäß obiger Aufgabenstellung in der gegebenen Reihenfolge. Füllen Sie hierfür die Spalten **Material** und **Auftragsmenge** aus.

Sollten Ihnen nach dem Anlegen des Kundenauftrags falsche oder fehlende Einträge auffallen, nutzen Sie die Transaktion VA02, um den Kundenauftrag zu editieren. Zum jetzigen Zeitpunkt können Sie mit dieser Transaktion den Kundenauftrag sogar noch löschen.

Block C

Legen Sie eine Auslieferung zum Kundenauftrag aus Block B an.

Schritt 3: Auslieferung anlegen

Legen Sie eine Auslieferung mit Bezug auf den Kundenauftrag aus Schritt 2 an:

Auslieferung anlegen

1. Folgen Sie diesem Menüpfad: **Logistik • Vertrieb • Versand und Transport • Auslieferung • Anlegen • Einzelbeleg • mit Bezug zum Kundenauftrag** (Transaktion VL01N).

2. Bereiten Sie die Auslieferung mit folgenden Eingaben vor:
   - **Versandstelle**: VS San Diego
   - **Selektionsdatum**: aktuelles Tagesdatum + zehn Tage
   - **Auftrag**: Nummer Ihres Kundenauftrags aus Schritt 2
3. Auf der Registerkarte **Kommissionierung** setzen Sie für jede Position den **LOrt** (Lagerort) auf Trading Goods.

Sollten Ihnen nach dem Anlegen der Auslieferung falsche oder fehlende Einträge auffallen, nutzen Sie die Transaktion VL02N, um die Auslieferung zu editieren. Sofern keine (nicht stornierten) Folgebelege existieren, können Sie mit dieser Transaktion sogar die Auslieferung löschen.

Schritt 4: Lagerspiegel anzeigen

Lagerspiegel anzeigen

Untersuchen Sie die Lagerplatzbestände der Ihnen zugeordneten Materialien:

1. Folgen Sie dem Menüpfad **Logistik • Logistics Execution • Lagerinterne Prozesse • Plätze und Bestände • Anzeigen • Lagerspiegel** (Transaktion LX03).
2. Tragen Sie die **Lagernummer** vom San Diego Lagerhaus ein.
3. Klicken Sie den Button **Freie Abgrenzungen**, und bestimmen Sie wie folgt die relevanten Quants:
   - Doppelklicken Sie auf **Material** im Ordner **Lagerquants**.
   - Im Feld **Material** geben Sie ein: »*###«.
   - Checkbox **Nur Plätze mit Bestand**: selektieren
4. Führen Sie die Suche aus, und untersuchen Sie die gegenwärtige Lagerplatzverteilung aller Quants mit den Ihnen zugeordneten Materialien, insbesondere im Regallager. Zu allen Materialien des Kundenauftrags aus Schritt 2 sollte ein Quant mit einem **Gesamtbestand** von mindestens 10 Stück existieren.

Block D

Nutzen Sie den Auslieferungsmonitor (Transaktion VL06P), und erzeugen Sie Transportaufträge zur Auslieferung aus Block C. Hinweis: Durch eine automatische Splittung entstehen zwei Transportaufträge.

Schritt 5: Transportaufträge anlegen über Auslieferungsmonitor

Transportaufträge anlegen

Legen Sie über den Auslieferungsmonitor Transportaufträge an:

1. Folgen Sie dem Menüpfad **Logistik • Logistics Execution • Warenausgangsprozeß Kommissionierung • Transportauftrag anlegen • über Auslieferungsmonitor** (Transaktion VL06P).

2. Bereiten Sie die Suche nach Ihrer Auslieferung vor:
   - **Versandstelle/Annahmestelle**: VS San Diego
   - **Kommissionierdatum**: aktuelles Tagesdatum **bis** das aktuelle Tagesdatum + zehn Tage
   - Kennzeichen **Nur WM-Kommissionierung**: selektieren
3. Selektieren Sie Ihre Auslieferung aus Schritt 3, und klicken Sie den Button **TA hell**. Die Positionen der Auslieferung werden automatisch gesplittet. Folgen Sie den weiteren Eingabeaufforderungen, um zwei Transportaufträge zu erstellen. Für jeden Transportauftrag gehen Sie wie folgt vor:
   - **Werk**: DC San Diego
   - Button **Generieren TA-Pos.** klicken

Sollten Ihnen nach dem Anlegen eines Transportauftrags falsche oder fehlende Einträge auffallen, nutzen Sie die Transaktion LT15, um den Transportauftrag zu stornieren.

Block E

Drucken Sie je eine Kommissionierliste zu den in Block D angelegten Transportaufträgen. Lassen Sie sich den Druck auf dem Bildschirm ausgeben.

Schritt 6: Kommissionierlisten drucken

Kommissionierlisten drucken

Führen Sie einen Einzeldruck der Kommissionierpapiere durch:

1. Folgen Sie dem Menüpfad **Logistik • Logistics Execution • Warenausgangsprozeß • Warenausgang zur Auslieferung • Kommunikation/Druck • Einzeldruck Kommissionierpapiere** (Transaktion LT31).
2. Drucken Sie die erste Kommissionierliste (Ausgabe auf den Bildschirm):
   - **Lagernummer**: San Diego Lagerhaus
   - **TA-Nummer**: Nummer des ersten Transportauftrags aus Schritt 5
   - **Druckkennzeichen**: Kommi-Liste Version 1
   - Kennzeichen **Drucken Scheine wie selektiert**: aktivieren
   - Kennzeichen **TA-Beleg(e)**: aktivieren
   - Alle anderen Kennzeichen: deaktivieren
   - Toolbar-Button **Drucken** klicken
3. Drucken Sie analog die zweite Kommissionierliste. Diese soll auf dem zweiten Transportauftrag auf Schritt 5 basieren.

Block F

Die Kommissionierer haben die Waren vollständig (ohne Fehlmengen) ausgelagert und zum Warenausgang transportiert. Nutzen Sie den Auslieferungsmonitor, und quittieren Sie die Transportaufträge aus Block D.

Schritt 7: Transportaufträge quittieren über Auslieferungsmonitor

Transportaufträge quittieren

Bestätigen Sie, dass beide Transportaufträge erfolgreich ausgeführt wurden:

1. Folgen Sie diesem Menüpfad: **Logistik • Logistics Execution • Warenausgangsprozeß • Warenausgang zur Auslieferung • Kommissionierung • Transportauftrag quittieren • Über Auslieferungsmonitor** (Transaktion VL06C).
2. Bereiten Sie die Suche nach Ihrer Auslieferung vor:
   - **Versandstelle/Annahmestelle**: VS San Diego
   - **Planwarenbew. Datum**: das Datum, an dem Sie die Auslieferung in Schritt 3 angelegt haben **bis** das aktuelle Tagesdatum + zehn Tage
3. Quittieren Sie die Transportaufträge zu Ihrer Auslieferung:
   - Kennzeichen in Spalte **Lieferung**: selektieren
   - Button **Quittieren hell** klicken

Schritt 8: Lagerspiegel anzeigen

Lagerspiegel anzeigen

Untersuchen Sie die Lagerplatzbestände der Ihnen zugeordneten Materialien:

1. Lassen Sie sich den Lagerspiegel für alle Quants mit Ihren Materialien, wie in Schritt 4 beschrieben, anzeigen.
2. Analysieren Sie, wie sich die Quants in den Lagertypen Regallager und Warenausgang durch Schritt 7 verändert haben.

Block G

Buchen Sie den Warenausgang.

Schritt 9: Warenausgang buchen

Warenausgang buchen

Buchen Sie den Warenausgang:

1. Folgen Sie diesem Menüpfad: **Logistik • Logistics Execution • Warenausgangsprozeß • Auslieferung • Ändern • Einzelbeleg** (Transaktion VL02N).
2. Buchen Sie den Warenausgang:
   - **Auslieferung**: Nummer Ihrer Auslieferung aus Schritt 3
   - Button **Warenausgang buchen** klicken

Sollten Sie den Warenausgang zu einer falschen Auslieferung gebucht haben, nutzen Sie Transaktion VL09 zur Stornierung.

Schritt 10: Lagerspiegel anzeigen

Untersuchen Sie die Lagerplatzbestände der Ihnen zugeordneten Materialien:

Lagerspiegel anzeigen

1. Lassen Sie sich den Lagerspiegel für alle Quants mit Ihren Materialien, wie in Schritt 4 beschrieben, anzeigen.
2. Überprüfen Sie, dass die Quants aller Waren Ihres Kundenauftrags aus dem Lagertyp Warenausgang entfernt wurden.

Schritt 11: Belegfluss anzeigen

Öffnen Sie Ihren Kundenauftrag, und lassen Sie sich den zugehörigen Belegfluss anzeigen:

Belegfluss anzeigen

1. Folgen Sie diesem Menüpfad: **Logistik • Vertrieb • Verkauf • Auftrag • Anzeigen** (Transaktion VA03)
2. Öffnen Sie den Belegfluss zu Ihrem Kundenauftrag:
   - **Auftrag**: Nummer Ihres Kundenauftrags aus Schritt 2
   - Button **Belegfluss anzeigen** klicken
3. Analysieren Sie den Belegfluss auf Kopfebene. Anschließend analysieren Sie den Belegfluss auf Positionsebene über **Belegfluss • Sicht • Positionen** im Pulldown-Menü.

6.10.4 Praxisfall mit anleitender Fallstudie

Setzen Sie das in Abschnitt 6.10.1 skizzierte Anwendungsszenario in Ihrem SAP-System gemäß der Fallstudie zum Praxisfall WM2 um. Sie erhalten diese im Downloadbereich zum Buch unter *http://www.sap-press.de/4640*, **Materialien zum Buch**.

Anhang

Anhang A
Literaturverzeichnis

M. E. Porter, *Competitive Advantage: Creating and Sustaining Superior Performance*, 1. Aufl., The Free Press 1985

D. Vahs, J. Schäfer-Kunz, *Einführung in die Betriebswirtschaftslehre*, 7. Aufl., Schäffer-Poeschel 2015

N. Gronau, *Enterprise Resource Planning: Architektur, Funktionen und Management von ERP-Systemen*, 3. Aufl., De Gruyter Oldenbourg 2014

M. Hesseler, M. Görtz, *Basiswissen ERP-Systeme*, 1. Aufl., Springer 2017

F. Bäuerle, *Global Bike Images*, auf: *https://github.com/FlorianBaeuerle/Global-Bike-Images* [2019]

A.-W. Scheer, *Architektur integrierter Informationssysteme*, 2. Aufl., Springer 1992

J. Scheibler, W. Schuberth, *Praxishandbuch Vertrieb mit SAP*, 4. Aufl., SAP PRESS 2013

A. Käber, *Warehouse Management mit SAP ERP. Effektive Lagerverwaltung mit WM*, 3. Aufl., SAP PRESS 2018

d-maps, *Landkarten Vereinigte Staaten* (USA), unter: *https://d-maps.com/m/america/usa/usa/usa25.wmf* [2019]

d-maps, *Landkarten Deutschland*, unter: *https://d-maps.com/m/europa/germany/allemagne_de/allemagne_de21.wmf* [2019]

Anhang B
Die Autoren

Prof. Dr. Christian Drumm unterrichtet Betriebliche Informationssysteme an der FH Aachen im Fachbereich Wirtschaftswissenschaften. Seine Lehrveranstaltung umfassen sowohl die praxisnahe Einführung in ERP Systeme auf Basis von SAP ERP als auch deren Implementierung und Erweiterung. Vor seinem Wechsel an die FH Aachen arbeitet er über 10 Jahre in verschiedenen leitenden Funktionen als Berater im SAP Umfeld. Neben seiner Lehrtätigkeit ist Prof. Drumm weiterhin als Berater tätig, er ist SAP Mentor und einer der Initiatoren des ABAP CodeRetreat.

Marlene Knigge arbeitet als Senior Consultant Business Intelligence und promoviert an der Technischen Universität München am Lehrstuhl für Wirtschaftsinformatik (Prof. Dr. Helmut Krcmar). Seit 2007 ist sie regelmäßig an verschiedenen Hochschulen als Dozentin im Bereich Wirtschaftsinformatik tätig. Von 2014 bis 2018 war sie am SAP University Competence Center in München verantwortlich für die Erstellung von Lehrmaterialien und Fallstudien für den Einsatz in Hochschulen im Bereich EMEA. Diese deckten die Bereiche ERP, Business Intelligence und Analytics ab und basierten auf den Produkten ERPsim, SAP ERP, SAP BW, SAP HANA, SAP S/4HANA und SAP BusinessObjects.

Prof. Dr. Bernd Scheuermann verantwortet an der Hochschule Karlsruhe – Technik und Wirtschaft die Lehre in Enterprise Resource Planning an der Fakultät für Wirtschaftswissenschaften. Je Semester begleitet er etwa 150 Studierende durch ein praxisorientiertes Programm auf Basis von SAP ERP. Zu den Forschungsthemen gehören Betriebliche Informationssysteme, Datenbanken und die Optimierung in der Logistik. Zuvor arbeitete er acht Jahre als Projektleiter in der Forschung und Entwicklung bei der SAP SE.

Stefan Weidner verantwortet seit 2004 als kaufmännischer Leiter des SAP University Competence Center an der Otto-von-Guericke-Universität Magdeburg den Betrieb und Support von SAP-Lösungen für mehr als 500 Bildungseinrichtungen in Europa, dem Mittleren Osten und Afrika im Bereich Lehre, Forschung und Co-Innovation. Zu seinen Forschungsschwerpunkten gehören Design, Konfiguration und Betrieb von Very Large Business Applications sowie Curriculum Design für Ausbildung und Lehre.

Index

A

B

C

D

E

F

L

M

Q

T

U

V

W

X

Z